职业技术·职业资格培训教材

维修电工

WEIXIU DIANGONG

（五级）

第2版

主　编　王照清

编　者　张孝三　杨德林

张　霓

主　审　柴敬镛

中国劳动社会保障出版社

图书在版编目(CIP)数据

维修电工：五级/人力资源和社会保障部教材办公室等组织编写．—2 版．—北京：中国劳动社会保障出版社，2014

1 + X 职业技术 · 职业资格培训教材

ISBN 978 - 7 - 5167 - 1090 - 6

Ⅰ. ①维…　Ⅱ. ①人…　Ⅲ. ①电工-维修-技术培训-教材　Ⅳ. ①TM07

中国版本图书馆 CIP 数据核字(2014)第 152552 号

中国劳动社会保障出版社出版发行

(北京市惠新东街 1 号　邮政编码：100029)

*

三河市华骏印务包装有限公司印刷装订　新华书店经销

787 毫米×1092 毫米　16 开本　40.25 印张　784 千字

2014 年 7 月第 2 版　2024 年 7 月第 12 次印刷

定价：78.00 元

营销中心电话：400－606－6496

出版社网址：http: // www.class.com.cn

内容简介

本教材由人力资源和社会保障部教材办公室依据国家职业标准维修电工（五级）和上海维修电工（五级）职业技能鉴定细目组织编写。教材从强化培养操作技能，掌握实用技术的角度出发，较好地体现了当前最新的实用知识与操作技术，对于提高从业人员基本素质，掌握维修电工的核心知识与技能有直接的帮助和指导作用。

本教材在编写中根据本职业的工作特点，以能力培养为根本出发点，采用模块化的编写方式。本教材主要内容包括：电工基础、电子技术基础、电工仪表及测量、低压电器与动力照明、变压器与电动机、电气控制6篇共22章。

第1篇电工基础部分包括直流电路、磁与电磁、正弦交流电路；第2篇电子技术基础部分包括半导体二极管和三极管、直流稳压电源、电子技术技能操作实例；第3篇电工仪表及测量部分包括电工测量基础知识、直流电流和电压的测量、交流电流和电压的测量、功率和电能的测量、万用表和兆欧表；第4篇低压电器与动力照明部分包括电工常用材料、低压电器、动力与照明、电气安全技术、低压电器与动力照明操作技能实例；第5篇变压器与电动机部分包括变压器、交流异步电动机、电动机与变压器操作技能实例；第6篇电气控制部分包括识图知识、交流异步电动机控制电路、电气控制操作技能实例。

本教材除了讲述必要的理论知识外，还重点讲述操作技能实例分析。理论知识部分每章后附有部分模拟测试题，教材最后附有理论知识考试模拟试卷和操作技能考核模拟试卷，供读者检验学习效果使用。

本教材由王照清主编，柴敬镛主审。参加本教材编写的具体分工为：第1~3章由张孝三编写，第4~11章由王照清编写，第12~19章由杨德林编写，第20～22章由张霓编写。

本教材可作为维修电工职业技能培训与鉴定考核教材，也可供全国中、高等职业院校相关专业师生参考使用，以及本职业从业人员培训使用。

改版说明

中国劳动社会保障出版社于2005年出版的《1+X职业技术·职业资格培训教材——维修电工（初级）》已使用近9年，在这9年中得到了广大老师、同学和读者的充分肯定，也提了不少宝贵的意见。《1+X职业技术·职业资格培训教材——维修电工（初级）》是根据当时《国家职业标准——维修电工》和上海1+X职业技能鉴定考核细目——维修电工（五级）而编写的。

在这9年中，《国家职业标准——维修电工》中五级部分的内容和上海维修电工（五级）职业技能鉴定考核细目表也进行了相应修订。因此，有必要根据新的国家职业标准和上海职业技能鉴定考核细目对《1+X职业技术·职业资格培训教材——维修电工（初级）》进行修改和再版。

第2版教材继承了原第1版教材的特点，突出应用性、实用性、理论与实际相结合原则，力求体现五级维修电工所必需的理论知识及操作技能和本职业当前最新的实用知识和操作技能。

第2版教材除了讲述必要的理论知识外，还重点讲述操作技能实例分析。理论知识部分每章后附有部分模拟测试题，教材最后附有理论知识考试模拟试卷和操作技能考核模拟试卷，供读者检验学习效果使用。

本教材可作为维修电工（五级）职业资格培训与鉴定考核教材，也可作为维修电工进行岗位培训与技术业务培训的参考用书。本教材还对中等、高等职业技术学校进行维修电工技能培训有很好的学习使用价值，可作为中等、高等职业技术学校相关专业的教学用书。

目　录

第1篇　电工基础

第1章　直流电路

第1节　电路及基本物理量 …………………… 4
第2节　欧姆定律 …………………… 11
第3节　电阻的串联、并联及混联 …………………… 14
第4节　电功与电功率 …………………… 20
第5节　基尔霍夫定律 …………………… 24
第6节　电位及电位的计算 …………………… 27
第7节　电容器 …………………… 28
测试题 …………………… 32
测试题答案 …………………… 35

第2章　磁与电磁

第1节　电流的磁场 …………………… 38
第2节　磁场及基本物理量 …………………… 41
第3节　磁场对电流的作用 …………………… 43
第4节　磁化与磁性材料 …………………… 46
第5节　电磁感应定律 …………………… 49
测试题 …………………… 57
测试题答案 …………………… 59

第3章　正弦交流电路

第1节　正弦交流电的基本概念 …………………… 62

第2节　正弦交流电的三种表示法 …………………………… 68
第3节　单相交流电路 ……………………………………… 71
第4节　R—L 串联电路……………………………………… 80
第5节　R—L—C 串联电路 ………………………………… 84
第6节　涡流与集肤效应 …………………………………… 86
第7节　三相交流电路 ……………………………………… 88
测试题 ………………………………………………………… 96
测试题答案 …………………………………………………… 99

第2篇　电子技术基础

第4章　半导体二极管和三极管

第1节　半导体的基础知识 ………………………………… 104
第2节　半导体器件的核心——PN 结……………………… 107
第3节　半导体二极管 ……………………………………… 110
第4节　特殊半导体二极管 ………………………………… 114
第5节　半导体三极管 ……………………………………… 118
第6节　基本放大电路 ……………………………………… 127
测试题 ………………………………………………………… 134
测试题答案 …………………………………………………… 136

第5章　直流稳压电源

第1节　整流电路 …………………………………………… 138
第2节　滤波电路 …………………………………………… 144

第 3 节　稳压管稳压电路 …… 149
第 4 节　简单串联型晶体管稳压电路 …… 151
测试题 …… 153
测试题答案 …… 155

第 6 章　电子技术技能操作实例

第 1 节　电子电路的手工锡焊工艺 …… 158
第 2 节　印制电路板的制作 …… 160
第 3 节　常用电子元器件及其简易测试 …… 162
第 4 节　单相桥式整流、滤波电路的安装、调试及故障处理 …… 180
第 5 节　直流稳压电源电路的安装、调试及故障分析处理 …… 184
第 6 节　基本放大电路安装与调试 …… 193
第 7 节　电池充电器电路安装与调试 …… 196
测试题 …… 197

第 3 篇　电工仪表及测量

第 7 章　电工测量基础知识

第 1 节　电工仪表的分类及符号 …… 206
第 2 节　常用电工仪表的结构和工作原理 …… 210
第 3 节　测量误差及减小测量误差的方法 …… 220
测试题 …… 224

测试题答案 …… 225

第8章 直流电流和电压的测量

第1节 直流电流的测量 …… 228
第2节 直流电压的测量 …… 231
测试题 …… 235
测试题答案 …… 237

第9章 交流电流和电压的测量

第1节 交流电流的测量 …… 240
第2节 交流电压的测量 …… 245
测试题 …… 248
测试题答案 …… 249

第10章 功率和电能的测量

第1节 功率的测量 …… 252
第2节 交流电能的测量 …… 258
测试题 …… 264
测试题答案 …… 266

第11章 万用表和兆欧表

第1节 万用表及其使用 …… 270
第2节 兆欧表及其使用 …… 281
测试题 …… 288
测试题答案 …… 289

第 4 篇　低压电器与动力照明

第 12 章　电工常用材料

第 1 节　导电材料 ………………………………………… 294
第 2 节　磁性材料 ………………………………………… 296
第 3 节　绝缘材料 ………………………………………… 301
测试题 ……………………………………………………… 306
测试题答案 ………………………………………………… 307

第 13 章　低压电器

第 1 节　低压电器概述 …………………………………… 310
第 2 节　低压熔断器 ……………………………………… 313
第 3 节　刀开关 …………………………………………… 317
第 4 节　低压断路器 ……………………………………… 320
第 5 节　控制继电器 ……………………………………… 325
第 6 节　接触器 …………………………………………… 339
第 7 节　主令电器 ………………………………………… 343
第 8 节　电阻器与变阻器 ………………………………… 347
第 9 节　电磁铁与电磁离合器 …………………………… 349
测试题 ……………………………………………………… 354
测试题答案 ………………………………………………… 359

第 14 章　动力与照明

第 1 节　常用电光源 ……………………………………… 362

第2节　常用照明灯具的配套插座与开关 …… 371
第3节　动力与照明电路 …… 373
测试题 …… 378
测试题答案 …… 380

第15章　电气安全技术

第1节　触电保护与安全电压 …… 382
第2节　电气安全工作规程 …… 384
第3节　保护接地和保护接零 …… 386
第4节　线路装置安全技术 …… 393
第5节　用电设备安全技术 …… 396
第6节　触电急救知识 …… 399
测试题 …… 401
测试题答案 …… 402

第16章　低压电器与动力照明操作技能实例

第1节　电工常用工具 …… 404
第2节　导线加工 …… 411
第3节　室内照明线路的安装 …… 419
第4节　安装有功电度表组成的量电装置 …… 425
第5节　交流接触器的拆装与检修 …… 428
第6节　空气阻尼式时间继电器的拆装与检修 …… 432
测试题 …… 435

第5篇　变压器与电动机

第17章　变压器

第1节　变压器种类 …… 444
第2节　变压器的铭牌数据 …… 446
第3节　变压器的基本结构 …… 447
第4节　变压器的工作原理 …… 450
第5节　变压器的极性 …… 454
第6节　小型变压器的常见故障 …… 457
第7节　特殊变压器 …… 459
测试题 …… 463
测试题答案 …… 466

第18章　交流异步电动机

第1节　异步电动机的用途、分类与结构 …… 468
第2节　异步电动机的工作原理 …… 474
第3节　异步电动机的启动、调速和制动 …… 478
第4节　异步电动机的常见故障及修理 …… 487
测试题 …… 493
测试题答案 …… 496

第19章　电动机与变压器操作技能实例

第1节　异步电动机的拆装 …… 498
第2节　异步电动机装配后的检查与测试 …… 502

第3节　异步电动机常见故障与检修方法 …………………… 503
第4节　三相笼型异步电动机绕组判别与试验 ………… 509
测试题 …………………………………………………… 514

第6篇　电气控制

第20章　识图知识

第1节　电气图的分类 …………………………………… 520
第2节　电气制图的原则与图示符号 …………………… 523
第3节　电气控制原理图的阅读与分析 ………………… 526
测试题 …………………………………………………… 529
测试题答案 ……………………………………………… 530

第21章　交流异步电动机控制电路

第1节　交流异步电动机的启动控制电路 ……………… 532
第2节　交流异步电动机的正反转控制电路 …………… 538
第3节　交流异步电动机的位置控制与自动往返控制线路 ………………………………………… 542
第4节　交流异步电动机的顺序控制与多地控制线路 … 546
第5节　交流异步电动机的降压启动控制线路 ………… 549
第6节　交流异步电动机的制动控制线路 ……………… 557
第7节　绕线式异步电动机的启动控制线路 …………… 568
测试题 …………………………………………………… 571
测试题答案 ……………………………………………… 573

第22章 电气控制操作技能实例

第1节 异步电动机正反转控制电路及其故障分析与排除 …… 576
第2节 异步电动机星三角降压启动控制电路及其故障分析与排除 …… 578
第3节 异步电动机延时启动、延时停止控制电路及其故障分析与排除 …… 580
第4节 异步电动机连续运行与点动混合控制电路及其故障分析与排除 …… 583
第5节 带抱闸制动的异步电动机两地控制电路及其故障分析与排除 …… 585
测试题 …… 588

理论知识考试模拟试卷 …… 592
理论知识考试模拟试卷答案 …… 602
操作技能考核模拟试卷（一） …… 603
操作技能考核模拟试卷（二） …… 611
附录 电气图常用图形及文字符号新旧对照表 …… 620

第1篇　电工基础

第1章

直流电路

第1节　电路及基本物理量　/4
第2节　欧姆定律　/11
第3节　电阻的串联、并联及混联　/14
第4节　电功与电功率　/20
第5节　基尔霍夫定律　/24
第6节　电位及电位的计算　/27
第7节　电容器　/28

第1节　电路及基本物理量

一、电路和电路图

电荷做有规则的移动就形成了电流，电流经过的路径就是电路，最基本的电路由电源、负载、开关和连接导线四个基本部分组成。图1—1a所示为由干电池、小电珠、开关和连接导线构成的一个简单直流电路。当合上开关（电键）时，电池向外输出电流，电流流过小电珠，小电珠就发光。

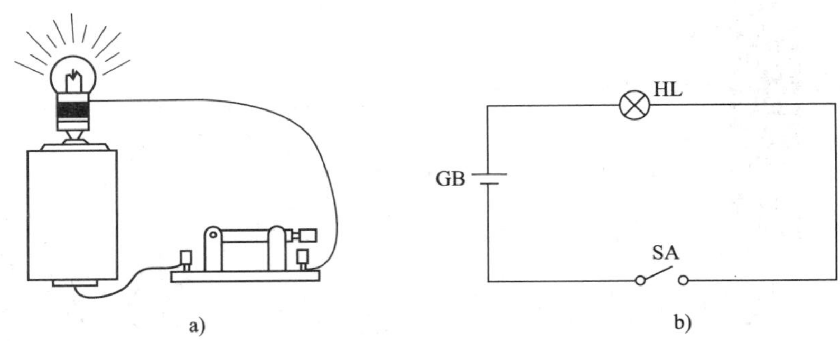

图1—1　电路和电路图

a）实物图　b）电路图

电源——把非电能转换成电能的装置，如发电机、干电池等。

负载——把电能转换成其他形式能量的装置，如电灯、电炉、电烙铁、扬声器、电动机等一切用电设备。

开关——接通或断开电路的控制元件。

连接导线——把电源、负载及开关连接起来，组成一个完整的闭合回路，起传输和分配电能的作用。

电路可以用电路图来表示，分析电路经常用到电路图，图中的设备或元件用国家统一规定的图形符号和文字符号来表示。图1—1b是图1—1a的电路图。

电路图在实际工作中应用广泛，可用来表明各种电路的工作原理。由于应用电路往往比较复杂，电路图不可能按实物一一画出，本书以下电路图中设备或元件均以国家统一规定的符号表示。表1—1是常用电路元件的图形符号和文字符号。本书附录列举了部分

GB/T 4728—1999 国标图形符号和国标文字符号，同时对旧国家标准做了对应的比较，提供给学生在读电气图时参考。

表 1—1 常用电路元件的图形符号和文字符号

元件名称	图形符号	文字符号	元件名称	图形符号	文字符号
电池		GB	电感		L
电压源	− +	*U*	相连接的交叉导线		
电阻		R			
电容		C	不相连接的交叉导线		
开关		S			

电路通常有三种状态：

（1）通路。将电路接通，构成闭合回路，电路中有正常的工作电流通过。

（2）开路。整个电路中某处断开，如开关断开、连接导线断开等。开路又称断路。开路时，电路中无电流通过。

（3）短路。电路（或电路中的一部分）被短接。如负载或电源两端被导线连接在一起，就称为短路。短路时电源输出电流将会大幅度高出通路时的正常工作电流，电源会因短路而损耗大量的能量；导线、熔丝则会因短路而引起烧毁。电路的短路就是故障，是不允许的。

二、电路中几个物理量

1. 电流

电荷定向有规则的移动，称作电流。在导体中，电流是由各种不同的带电粒子在电场作用下做有规则的运动形成的。

（1）电流的大小。电流的大小取决于在一定时间内通过导体横截面电荷量的多少，称为“电流强度”，简称“电流”。

若在 t 秒内通过导体横截面的电量为 Q 库仑，则电流 I 就可用下式表示：

$$I = Q/t$$

式中 I——电流，A；

Q——导体截面的电量，C；

t——电量流过导体截面的时间，s。

如果在1秒（s）内通过导体横截面的电量为1库仑（C），则导体中的电流就是1安培，简称安，以字母A表示。除安培外，常用的电流单位还有千安（kA）、毫安（mA）和微安（μA）等。

$$1\ \mathrm{kA}=1\ 000\ \mathrm{A}$$

$$1\ \mathrm{A}=1\ 000\ \mathrm{mA}$$

$$1\ \mathrm{mA}=1\ 000\ \mu\mathrm{A}=10^{-3}\ \mathrm{A}$$

（2）电流的方向。电流不仅有大小，而且有方向。习惯上规定正电荷移动的方向为电流的方向。

在分析电路时，常常要知道电流的方向，但有时对某段电路中电流的方向往往难以判断，此时可先任意假定电流的参考方向（也称正方向），然后列方程求解。当解出的电流为正值时，即 $I>0$ 就认为电流的实际方向与参考方向一致，如图1—2a所示。反之，当电流为负值时，即 $I<0$ 就认为电流的实际方向与参考方向相反，如图1—2b所示。

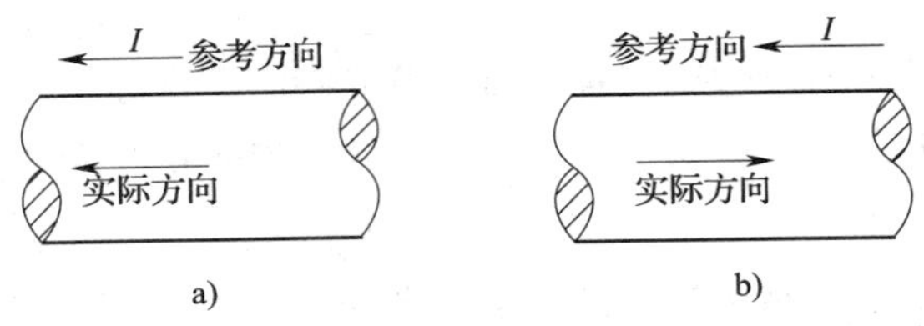

图1—2　电流的正负

a）电流的实际方向与参考方向一致　b）电流的实际方向与参考方向相反

电路中的电流大小，可用电流表（安培表）进行测量。测量时应注意以下几点：

1）对交、直流电流应分别采用交流电流表、直流电流表进行测量。

2）电流表必须串接到被测量的电路中。

3）直流电流表表壳接线柱上标明的“+”“-”记号，应和电源的极性相一致，不能接错，保证电流从“+”极流入，从“-”极流出；否则指针要反转，既影响正常测量，也容易损坏电流表，如图1—3所示。

4）合理选择电流表的量程。如果量程选用不当，例如用小量程去测量大电流，就会烧坏电流表；若用大量程去测量小电流，会影响测量的准确度。在进行电流测量时，一般要先估计被测电流的大小，再选择电流表的量程。若一时无法估计，可先用电流表的最大量程挡，当指针偏转不到三分之一刻度时，再改用较小挡去测量，直到测得正确数值为止。

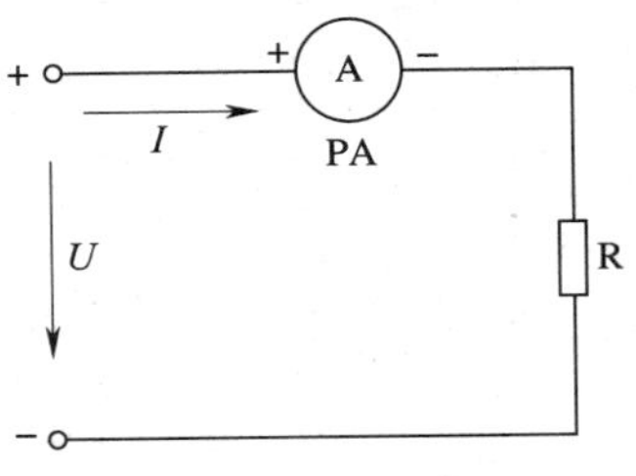

图1—3　直流电流的测量

2. 电流密度

在实际工作中，有时要选择导线的粗细（横截面），这就涉及电流密度这一概念。所谓电流密度是指当电流在导体的截面上均匀分布时，该电流与导体横截面的比值。其数学表达式为：

$$J = \frac{I}{S}$$

式中 J——电流的密度，A/mm²；

I——流过的电流，A；

S——导线的横截面，mm²。

选择合适的导线横截面积就是考虑导线的电流密度在允许的范围内，保证用电量和用电安全。导线允许的电流密度随导体横截面的不同而不同。例如，1 mm²及2.5 mm² 铜导线的 J 取6 A/mm²；而120 mm² 铜导线的 J 取2.3 A/mm²。当导线中通过的电流超过允许值时，导线将过热、冒火，甚至出现电器事故。

【例1—1】 某照明电路需要通过21 A的电流，问应采用多粗的铜导线（设 J = 6 A/mm²）？

解：

$$S = \frac{I}{J} = \frac{21}{6} = 3.5(\text{mm}^2)$$

以上为例题，实际中可通过查“导线安全流量表”来选择导线的截面。

3. 电压

电压又称电位差，是衡量电场力做功本领大小的物理量。

（1）电压的大小。如图1—4所示，在电场中若电场力将电荷 Q 从A点移动到B点，所做的功为 W_{AB}，则功 W_{AB} 与电量 Q 的比值就称为该两点之间的电压，用带双下标的符号 U_{AB} 表示，其数学表达式为：

$$U_{AB} = W_{AB}/Q$$

若电场力将1库仑（C）的电荷从A点移动到B点，所做的功是1焦耳（J），则AB两点之间的电压大小就是1伏特，简称伏，用字母V表示。除伏特以外，常用的电压单位还有千伏（kV）、毫伏（mV）和微伏（μV）。

1 KV = 1 000 V

1 V = 1 000 mV

1 mV = 1 000 μV

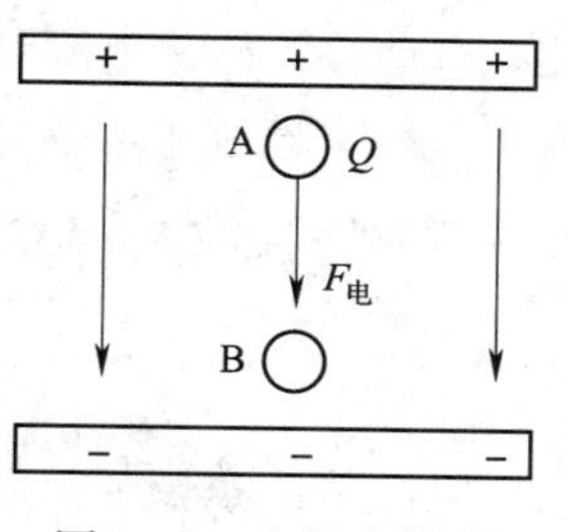

图1—4 电场力做功

（2）电压的方向。电压和电流一样，不仅有大小，而且有方向，即有正负。对于负载来说，规定电流流进端为电压的正端，电流流出端为电压的负端。电压的方向由正指向负。

电压的方向在电路图中有两种表示方法，一种用箭头表示，如图1—5a所示；另一种用极性表示，如图1—5b所示。

在分析电路时往往难以确定电压的实际方向，此时可先任意假设电压的参考方向，再根据计算所得值的正、负来确定电压的实际方向。

对于电阻负载来说，没有电流就没有电压，有电流就一定有电压。电阻两端的电压叫电压降。电路中任意两点之间的电压大小，可用电压表进行测量。测量时应注意以下几点：

1）对交、直流电压应分别采用交流电压表、直流电压表进行测量。

2）电压表必须并联在被测电路的两端。

3）直流电压表表壳接线柱上标明的“+”“-”记号，应和被测两点的电位相一致，即“+”端接高电位，“-”端接低电位，不能接错，否则指针要反转，并会损坏电压表，如图1—6所示。

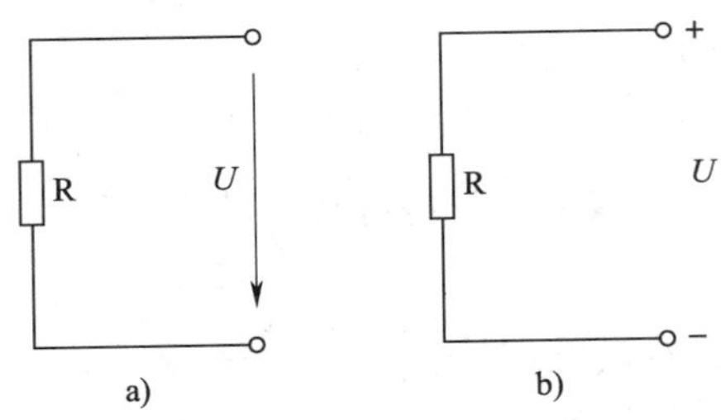

图1—5　电压方向的两种表示方法

a）用箭头表示电压的方向　b）用极性表示电压的方向

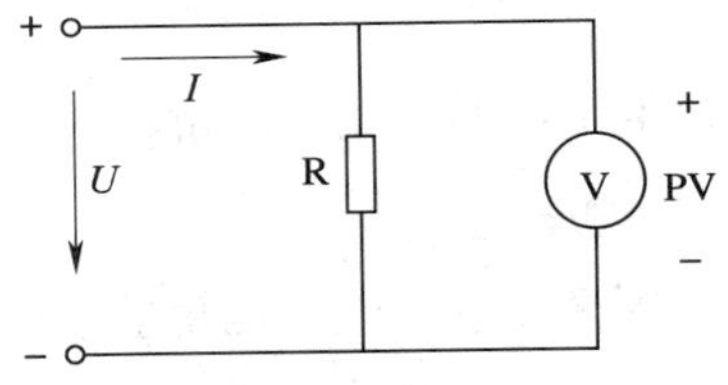

图1—6　直流电压的测量

4）合理选择电压表的量程，其方法和电流表相同。

4. 电动势

电动势是衡量电源将非电能转换成电能的本领大小的物理量。电动势的定义为在电源内部，外力将单位正电荷从电源的负极移动到电源正极所做的功。如图1—7所示，用符号E表示，其数学表达式为：

$$E = \frac{W_E}{Q}$$

电动势的单位与电压相同，也是伏特（V）。电动势的方向规定为在电源内部由负极指向正极。如图1—8所示，表示直流电动势的两种图形符号。

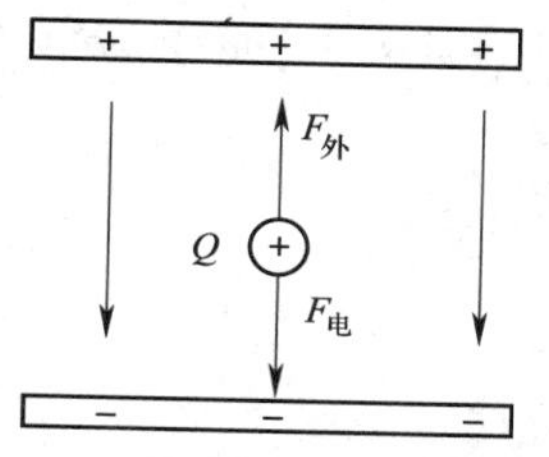

图 1—7 外力克服电场力做功

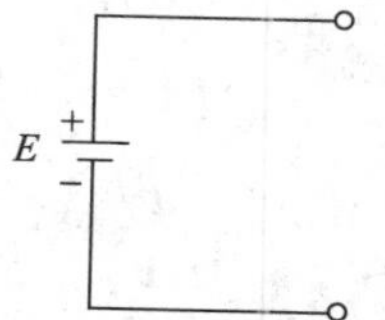

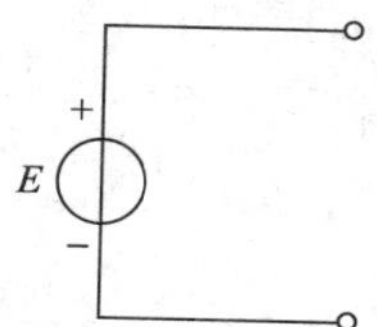

图 1—8 直流电动势的两种图形符号

对于一个电源来说，既有电动势，又有端电压。电动势只存在于电源内部；端电压只存在于电源的外部，其方向由正极指向负极。一般情况下，电源的端电压总是低于电源内部的电动势，只有当电源开路时，电源的端电压才与电源的电动势相等。

三、电阻和电阻率

从导电的角度可把物体分为三类：导体、绝缘体（电介质）和半导体。

常见的导体有金属、人体、碳、大地、水等；常见的绝缘体有玻璃、橡胶、瓷器、云母、塑料、干燥的空气等；而导电能力介于导体与绝缘体之间的、基本无导电能力的半导体有硒、锗、硅，这些物质经过特殊处理后导电能力得到加强从而能制成晶体二极管和晶体三极管。

导体对电流所呈现的阻碍作用称为电阻。电阻用字母 R 表示。其单位为欧姆，简称欧。欧姆的文字符号为 Ω。若导体两端所加的电压为 1 V，通过的电流是 1 A，那么该导体的电阻就是 1 Ω。常用的电阻单位除了 Ω 还有千欧（kΩ）、兆欧（MΩ）等，它们之间的关系是：

$$1\ \text{M}\Omega = 1\ 000\ \text{k}\Omega$$

$$1\ \text{k}\Omega = 1\ 000\ \Omega = 10^3\ \Omega$$

导体电阻是客观存在的，即使没有外加电压，导体仍然有电阻。金属导体的电阻大小与其几何尺寸及材料性质有关，可用下式计算：

$$R = \frac{\rho L}{S}$$

式中 R——导体的电阻，Ω；

ρ——导体的电阻率，Ω · m；

L——导体的长度，m；

S——导体的横截面积，m^2。

式中 ρ 是与材料性质有关的物理量，称为电阻率（或电阻系数）。电阻率的大小等于长度为 1 m、截面为 1 m^2的导体，在一定温度下的电阻值，其单位是欧 · 米（Ω · m）。

【例1—2】 用康铜丝来绕制一个10 Ω的电阻，问需要直径为1 mm的康铜丝多少米（20℃时康铜的$\rho=5\times10^{-7}\ \Omega\cdot m$）？

解：

$$S=\pi\left(\frac{d}{2}\right)^2=\pi\frac{d^2}{4}$$

$$\approx\frac{\pi d^2}{4}=\frac{3.14\times(1\times10^{-3})^2}{4}=7.85\times10^{-7}(m)^2$$

$$R=\frac{\rho L}{S}$$

$$L=\frac{RS}{\rho}=\frac{10\times7.85\times10^{-7}}{5\times10^{-7}}=15.7\ (m)$$

实践证明，导体的电阻与温度有关。一般金属的电阻随温度的升高而增大。如220 V、40 W的白炽灯不通电时，灯丝电阻为100 Ω；正常发光时，灯丝电阻可高达1 210 Ω。

导体电阻的大小可用欧姆表进行测量。测量时要注意：

（1）首先切断电路上的电源，如图1—9a所示。

（2）使被测电阻的一端断开，如图1—9b所示。

（3）避免把人体的电阻量入，例如双手同时接触被测电阻，如图1—10所示。

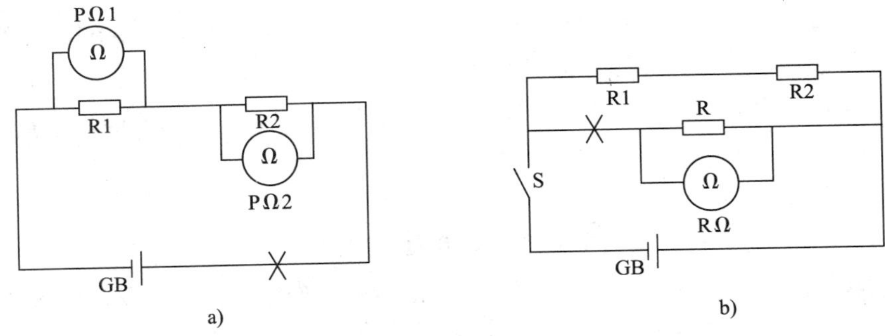

图1—9 电阻的测量

a）切断电源后再测量 b）断开电阻的一端

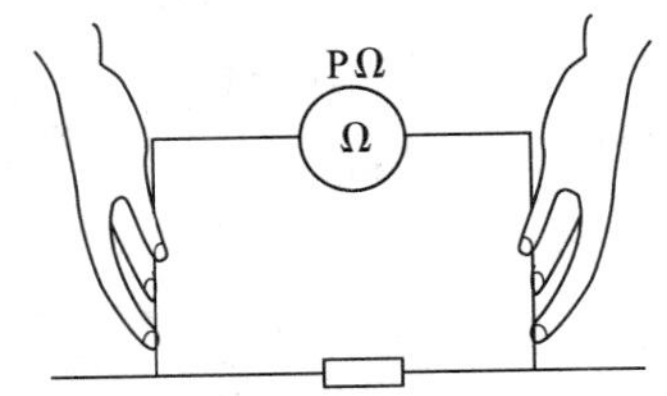

图1—10 测量电阻时接入了人体电阻

第 2 节　欧 姆 定 律

一、部分电路欧姆定律

部分电路欧姆定律是指：在不包含电源的电路中，如图 1—11 所示，流过导体的电流，与导体两端的电压成正比，与导体的电阻成反比。

即：

$$I = \frac{U}{R}$$

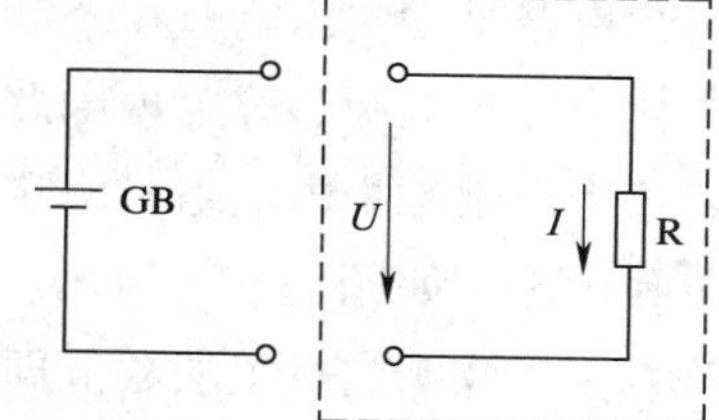

图 1—11　部分电路欧姆定律例图

式中　I——导体中的电流，A；

U——导体两端的电压，V；

R——导体的电阻，Ω。

部分电路欧姆定律揭示了电路中电流、电压、电阻三者之间的联系，是电路分析的基本定律之一，实际应用非常广泛。

【例 1—3】　已知某 100 W 的白炽灯在电压 220 V 时正常发光，此时通过的电流是 0.455 A，试求该灯泡工作时的电阻。

解：

$$R = \frac{U}{I} = \frac{220}{0.455} \approx 484(\Omega)$$

【例 1—4】　有一个量程为 300 V（即测量范围是 0 ~ 300 V）的电压表，它的内阻 R_0 为 40 kΩ。用它测量电压时，允许流过的最大电流是多少？

解：根据题意，可画出电路的分析简图，如图 1—12 所示。由于电压表的内阻是一个定值，测量的电压越高，通过电压表的电流就越大。因此，当被测电压为 300 V 时，该电压表中允许流过的最大电流为：

$$I = \frac{U}{R} = \frac{300}{40 \times 10^3} = 0.0075(\text{A}) = 7.5(\text{mA})$$

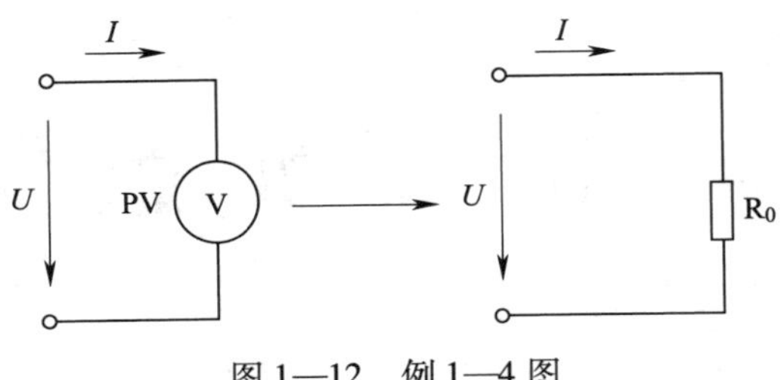

图1—12　例1—4图

二、全电路欧姆定律

全电路是指由内电路和外电路组成的闭合电路的整体，如图1—13所示。图中的虚线框内代表一个电源，称为内电路。电源内部一般都是有内阻的，这个电阻称为内电阻，用字母r或者r0表示。内电阻可以单独画出，如图1—13所示。也可以不单独画出，只在电源符号旁边注明内电阻的数值即可。从电源的一端A经过负载R再回到电源另一端B的电路，称为外电路。

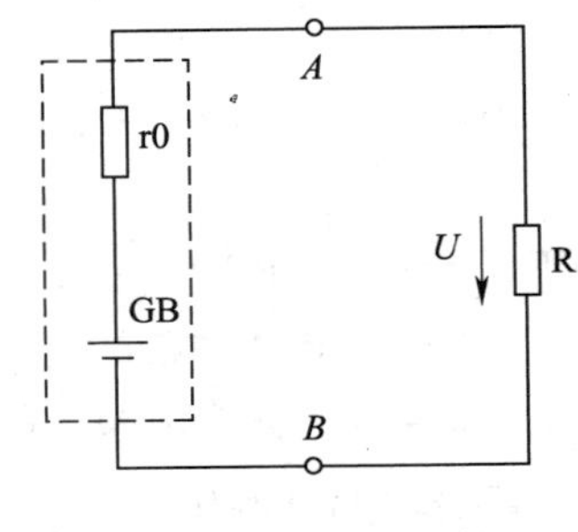

图1—13　全电路

全电路欧姆定律是指：在全电路中电流与电源的电动势成正比，与整个电路的内、外电阻之和成反比。其数学表达式为：

$$I = \frac{E}{R + r_0}$$

式中　E——电源的电动势，V；

R——外电路（负载）电阻，Ω；

r_0——内电路电阻，Ω；

I——电路中电流，A。

由上式可得到：

$$E = I(R + r_0) = IR + Ir_0 = U_{外} + U_{内}$$

上式中$U_{内}$是电源内阻的电压降，$U_{外}$是电源向外电路的输出电压，也称电源的端电压。因此，全电路欧姆定律又可描述为电源电动势在数值上等于闭合电路中各部分的电压之和。它反映了电路中的电压平衡关系。

【例1—5】　如图1—13所示电路，$R = 15\ \Omega$、$r_0 = 5\ \Omega$、$E = 20\ \text{V}$，求电路中的电流I，$U_{外}$。

解：电路中的电流为：

$$I = \frac{E}{R + r_0}$$

$$= \frac{20}{15 + 5} = 1\ (\text{A})$$

外电路电压 $U_{外}$ 为：

$$U_{外} = IR$$

$$= I \times 15 = 15(\text{V})$$

电路中电流为 1 A，外电路电压为 15 V。

三、电路的三种状态

根据全电路欧姆定律，可以具体地分析电路在三种不同的状态下，电源端电压与输出电流之间的关系。

1. 通路

如图 1—14 所示，开关 SA 接通“1”号位置，电路处于通路状态。电路中的电流为：

$$I = E/(R + r)$$

端电压与输出电流的关系为：

$$U_{外} = E - U_{内} = E - Ir$$

上式表明，当电源具有一定值的内阻时，端电压总是小于电源电动势；当电源电动势和内阻一定时，端电压随输出电流的增大而下降。这种电源端电压随输出（负载）电流的变化关系，称为电源的外特性。绘成曲线，则称为外特性曲线，如图 1—15 所示。

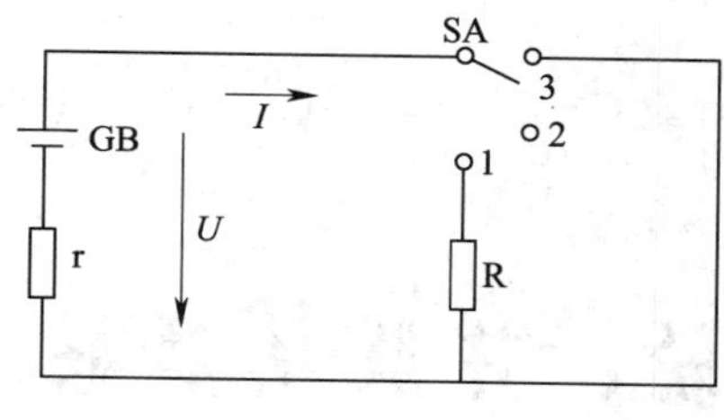

图 1—14　电路的三种状态

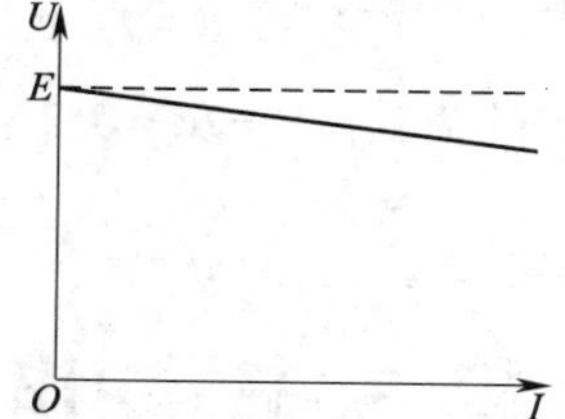

图 1—15　电源的外特性曲线

通常人们把能通过大电流的负载称为大负载（导线粗、电阻小），而把只允许通过小电流的负载称为小负载（导线细、电阻大）。这样，由外特性曲线可知：在电源的内阻一定时，电路接大负载时，端电压下降较多；而电路接小负载时，端电压下降较少。

2. 断路

图 1—14 中，开关 SA 接通“2”号位置。在断路状态下，负载电阻趋于无穷大或电路

中某处的连接导线断线，则电路中的电流 $I=0$，内阻压降 $U_{内}=Ir=0$，$U_{外}=E-Ir=E$，即电源的开路电压等于电源电动势。电路断路也叫电源空载。

3. 短路

图1—14中，开关SA接通“3”号位置，电源被短接。电路中流过短路电流 $I_{短}=E/r$，由于电源内阻一般都很小，所以 $I_{短}$ 极大，此时，电源对外输出电压 $U_{外}=E-I_{短}r=0$。

在实际工作中，电源输电线的绝缘破损使两根电源线相碰而发生短路。由于短路电流很大，会使导线和电源过热烧毁，引起火灾，因此，短路是严重的故障状态，必须严格禁止，避免发生。在电路中常串接保护电器，如熔断器等。一旦电路发生短路故障，可以自动切断电路，起到安全保护作用。

【例1—6】 如图1—16所示，不计电压表和电流表内阻对电路的影响，求开关在不同位置时，电压表和电流表的读数各为多少？

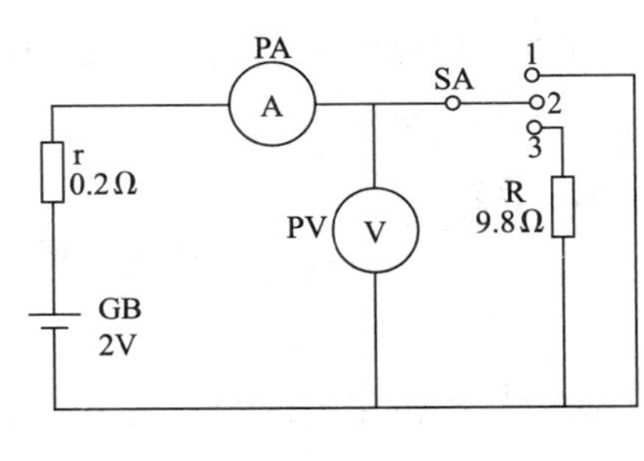

图1—16 例1—6题图

解： 开关接“1”号位置：电路处于短路状态，所以电压表的读数为零；电流表中流过短路电流 $I_{短}=E/r=2/0.2=10$（A）。

开关接“2”号位置：电路处于断路状态，所以电压表的读数为电源电动势的数值，即2 V；电流表无电流流过，即 $I_{断}=0$（A）。

开关接“3”号位置：电路处于通路状态，则：

电流表的读数：$I=\dfrac{E}{R+r}=\dfrac{2}{9.8+0.2}=0.2$（A）

电压表的读数：$U=IR=0.2\times9.8=1.96$（V）或 $U=E-Ir=2-0.2\times0.2=1.96$（V）。

第3节 电阻的串联、并联及混联

一、电阻的串联电路

把两个或两个以上电阻依次连接，组成一条无分支电路，这样的连接方式叫作电阻的串联，如图1—17所示。

经分析、实验、推导可知，电阻串联具有以下性质。

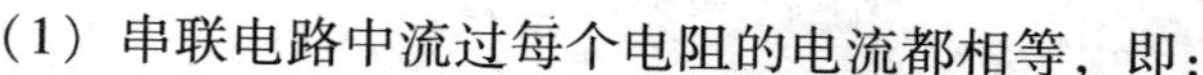

（1）串联电路中流过每个电阻的电流都相等，即：

$$I = I_1 = I_2 = \cdots = I_n$$

式中脚标 1，2，…，n 分别代表第 1，第 2，…，第 n 个电阻（以下出现的含义相同）。

（2）串联电路两端的总电压等于各电阻两端的分电压之和，即：

$$U = U_1 + U_2 + \cdots + U_n$$

（3）串联电路的等效电阻（即总电阻）等于各串联电阻值之和，即：

$$R = R_1 + R_2 + \cdots + R_n$$

若串联的 n 个电阻值相等（均为 R_0），则上式变为：

$$U_1 = U_2 = \cdots = U_n = \frac{U}{n}$$

$$R = nR_0$$

根据欧姆定律 $U = IR$、$U_1 = I_1R_1$、$U_n = I_nR_n$ 及串联性质可得到下式：

$$\frac{U_1}{R_1} = \frac{U_n}{R_n} \quad \frac{U_1}{U_n} = \frac{R_1}{R_n}$$

上式表明，在串联电路中，电压的分配与电阻成正比，即阻值越大的电阻分配到的电压越大；反之电压越小。此公式称为分压公式，这是串联电路性质的重要推论，用途很广。如图 1—18 所示是典型的电阻分压器电路。

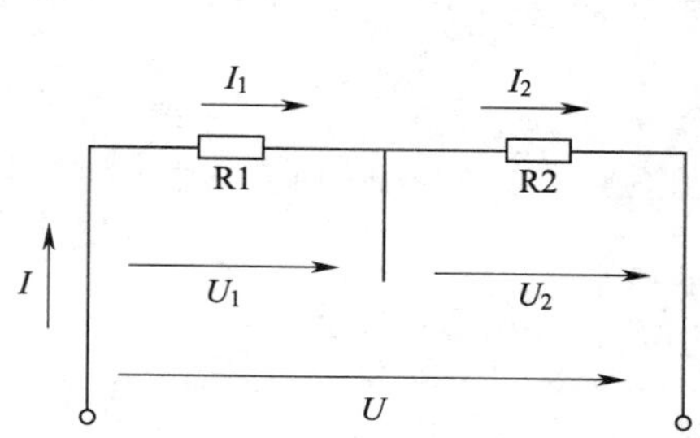

图 1—17　两个电阻串联电路

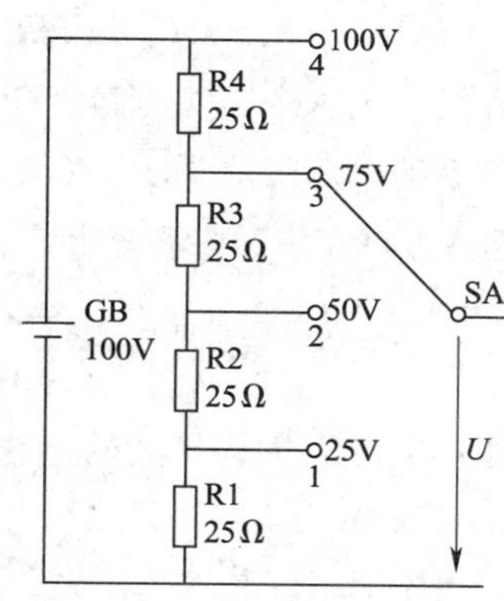

图 1—18　电阻分压器

若已知串联电路的总电压 U 及电阻 R1、R2，则：

$$U_1 = \frac{R_1 U}{R_1 + R_2} \quad U_2 = \frac{R_2 U}{R_1 + R_2}$$

运用串联电路的分压公式，可以为计算串联电路中各电阻的分压带来许多方便。

在实际工作中，电阻串联有如下应用：

（1）用几个电阻串联以获得较大的电阻。

（2）采用几个电阻串联构成分压器，使同一电源能供给几种不同数值的电压，如图1—18所示。

（3）当负载的额定电压低于电源电压时，可用串电阻的方法满足负载接入电源。

（4）利用串电阻的办法来限制和调节电路中电流的大小。

（5）可用串电阻的方法来扩大电压表量程。

【例1—7】 如图1—19所示，要使弧光灯燃点稳定，须供给40 V的电压和10 A的电流，现电源电压为100 V，问应串联多大阻值的电阻（不计电阻的功率）?

解： 按题意，串联后的电阻应承受100 − 40 = 60 V的电压，才能保证弧光灯所需的工作电压。

根据欧姆定律 $U = IR$，计算需串联的电阻为：

$$R = \frac{U_2}{I} = \frac{60}{10} = 6(\Omega)$$

【例1—8】 图1—20是一个万用表表头，它的等效内阻 $R_a = 10\ \mathrm{k}\Omega$，满刻度电流（即允许通过的最大电流）$I_a = 50\ \mu\mathrm{A}$，若改装成量程（即测量范围）为10 V的电压表，则应串联多大的电阻?

解： 按题意，当表头满刻度时，表头两端电压 U_a 为：

$$U_a = I_a R_a = 50 \times 10^{-6} \times 10 \times 10^3 = 0.5\ (\mathrm{V})$$

显然，用这个表头测量大于0.5 V的电压必使表头烧坏，所以需要串联分压电阻，分压电阻上的电压降应为10 − 0.5 = 9.5 V，表头两端电压保持0.5 V，这样就可扩大测量范围。量程扩大到10 V需要串入的电阻为 R_X，则：

$$R_X = \frac{U_X}{I_a} = \frac{U - U_a}{I_a} = \frac{10 - 0.5}{50 \times 10^{-6}} = 190\ 000\ (\Omega) = 190\ (\mathrm{k}\Omega)$$

即：电压表量程扩大的方法是与表头串联一个大电阻。

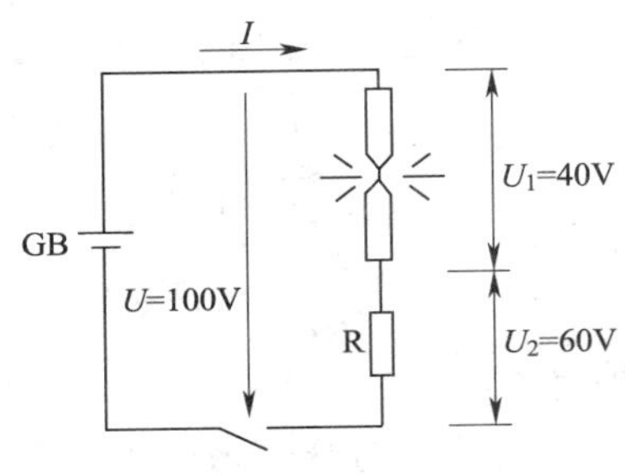

图1—19　分压电路

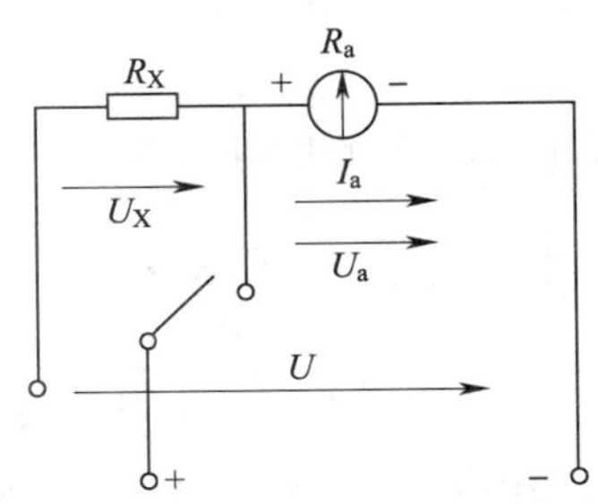

图1—20　串联电阻扩大电压表量程

二、电阻的并联电路

两个或两个以上电阻接在电路中相同的两点之间，承受同一电压，这样的连接方式叫作电阻的并联。图1—21是两个电阻的并联电路。

经分析、实验、推导可知，电阻并联具有以下性质：

（1）并联电路中各电阻两端的电压相等，且等于电路两端的电压，即：

$$U = U_1 = U_2 = \cdots = U_n$$

（2）并联电路中的总电流等于各电阻中的电流之和，即：

$$I = I_1 + I_2 + \cdots + I_n$$

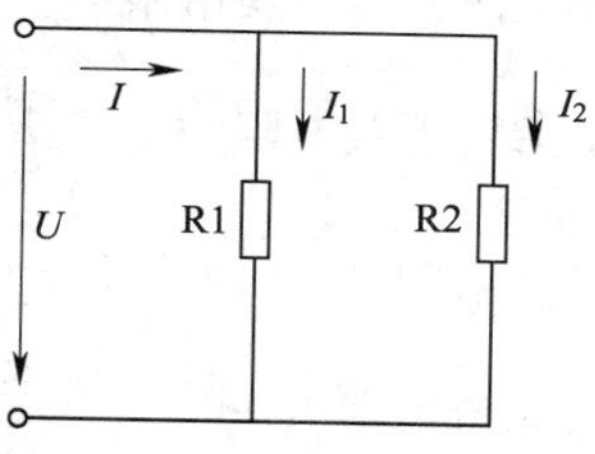

图1—21　两个电阻并联电路

（3）并联电路的等效电阻（即总电阻）的倒数等于各并联电阻的倒数之和，即：

$$1/R = 1/R_1 + 1/R_2 + \cdots + 1/R_n$$

若并联的几个电阻值都是 R_0，则根据上式可变为：

$$I_1 = I_2 = \cdots = I_n = I/n$$

$$R = \frac{R_0}{n}$$

可见，总电阻一定比任何一个并联电阻的阻值都要小。

另外，根据并联电路电压相等的性质可得到下式：

$$\frac{I_1}{I_n} = \frac{R_n}{R_1}$$

上式表明，在并联电路中电流的分配与电阻值成反比，即阻值越大的电阻所分配到的电流越小；反之电流越大。这是并联电路性质的重要推论，应用较广。

如果已知两个电阻R1、R2并联，并联电路的总电流为 I，则总电阻为：

$$R = \frac{R_1 R_2}{R_1 + R_2}$$

两个电阻中的分流 I_1、I_2 分别为：

$$I_1 = \frac{R_2}{R_1 + R_2} I \quad I_2 = \frac{R_1}{R_1 + R_2} I$$

上式通常被称为两电阻并联时的分流公式。

在实际工作中，电阻并联的应用如下：

（1）凡是额定工作电压相同的负载都采用并联的工作方式。这样各个负载都是一个可独立控制的回路，任一负载的正常启动或关断都不影响其他负载。

（2）用并联电阻以获得较小的电阻。

（3）用并联电阻的方法来扩大电流表的量程。

【例1—9】 如图1—22所示的并联电路中，求等效电阻R_{AB}，总电流I，各负载电阻的端电压，各负载电阻中的电流。

解： 等效电阻：
$$R_{AB}=R_1//R_2=\frac{R_1R_2}{R_1+R_2}=\frac{6\times3}{6+3}=2\ (\Omega)$$

总电流：
$$I=\frac{U}{R_{AB}}=\frac{12}{2}=6\ (\text{A})$$

各负载端电压：
$$U_1=U_2=U=12\ (\text{V})$$

各负载中电流：
$$I_1=\frac{R_2I}{R_1+R_2}=\frac{3\times6}{6+3}=2\ (\text{A})$$
$$I_2=I-I_1=6-2=4(\text{A})$$

【例1—10】 已知某微安表的内阻$R_a=3\ 750\ \Omega$，允许流过的最大电流$I_a=40\ \mu\text{A}$。现要用此微安表制作一个量程为500 mA的电流表，问需并联多大的分流电阻R？

解： 因为此微安表允许流过的最大电流为40 μA，用它测量大于40 μA的电流必使该电流表烧坏，可采用并联电阻的方法将表的量程扩大到500 mA，让流过微安表的最大电流等于40 μA，其余电流从并联电阻中分流。如图1—23所示。

$$U_a=I_aR_a=(I-I_a)R$$
$$R=\frac{I_aR_a}{I-I_a}=\frac{40\times10^{-6}\times3\ 750}{500\times10^{-3}-40\times10^{-6}}=0.3(\Omega)$$

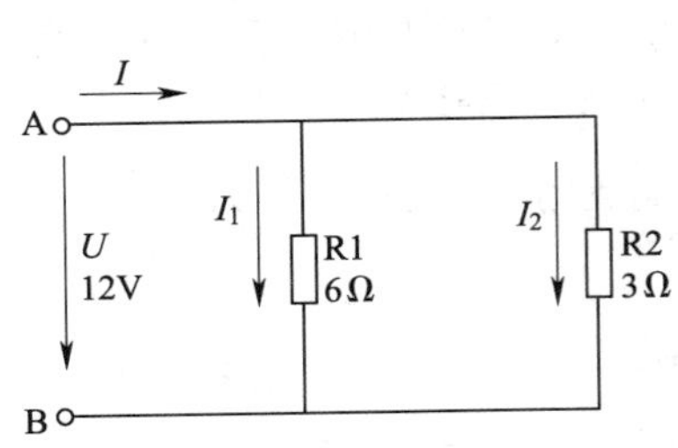

图1—22 并联电路

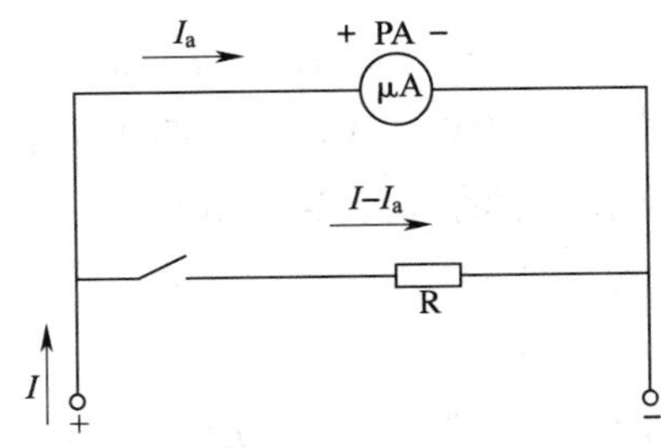

图1—23 并联电阻扩大电流表量程

即：电流表扩大量程的方法是与表头并联一个小电阻。

在实际应用中，大多数直流电流表采用闭路式分流器来扩大量程。如图1—24a所示是一挡测量量程的电路；如图1—24b所示是两挡测量量程的电路（其中$I_1>I_2$）。

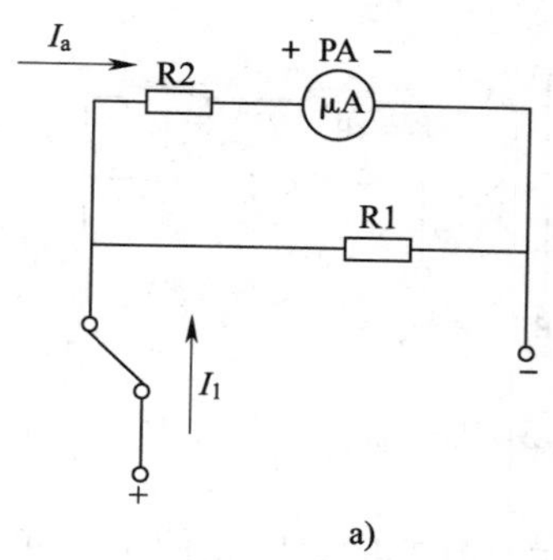

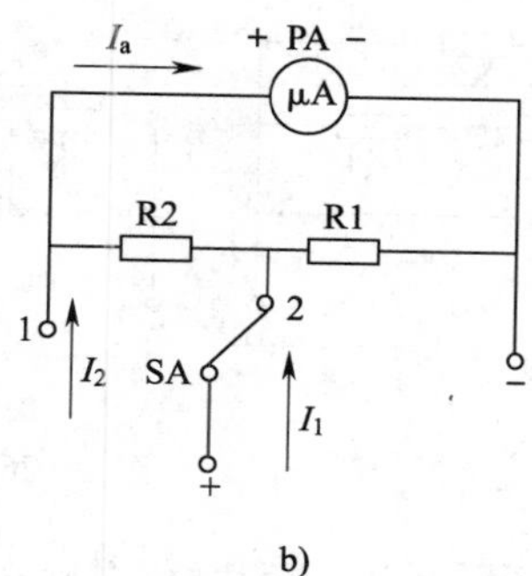

图 1—24　闭路式分流器扩大量程

a）一挡量程　b）二挡量程

在图 1—24b 中，开关 SA 打在“1”位置时，两个分流电阻 R1 与 R2 串联后再与微安表并联，量程较小。开关 SA 打在“2”位置时，电阻 R2 与微安表串联后再与分流电阻 R1 并联，量程较大，此时的电路图就与图 1—24a 等效了。

三、电阻的混联电路

既有电阻串联又有电阻并联的电路叫电阻的混联，如图 1—25 就是一个电阻的混联电路。混联电路的串联部分具有串联电路的性质，并联部分具有并联电路的性质。

电阻混联电路的分析、计算方法和步骤如下：

1. 画等效电路简图，计算等效电阻

分析混联电路，首先要能够识图。要能把电阻的混联电路分解为若干个串联和并联关系的电路，再根据电阻串、并联的关系逐步一一化简、计算，最后得到等效电路简图及等效电阻值。

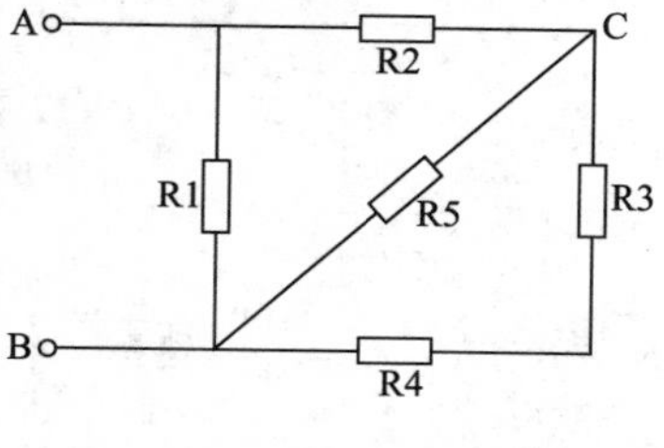

图 1—25　电阻混联电路

2. 电阻混联的计算

利用已化简的等效电路图，根据欧姆定律，可容易地计算出通过电路的总电流，各支路电流及各电阻的端电压。

【例 1—11】　已知图 1—25 中的 $R_1 = R_2 = R_3 = R_4 = R_5 = 1\ \Omega$，求 AB 间的等效电阻 R_{AB}等于多少？

解： 通过识图，可画出图 1—25 所示的一系列等效电路，如图 1—26 所示，然后计算。

图 1—26a 中因为 R3 和 R4 依次相连，中间无分支，则它们是串联，其等效电阻为 $R' = R_3 + R_4 = 1 + 1 = 2$（Ω）。

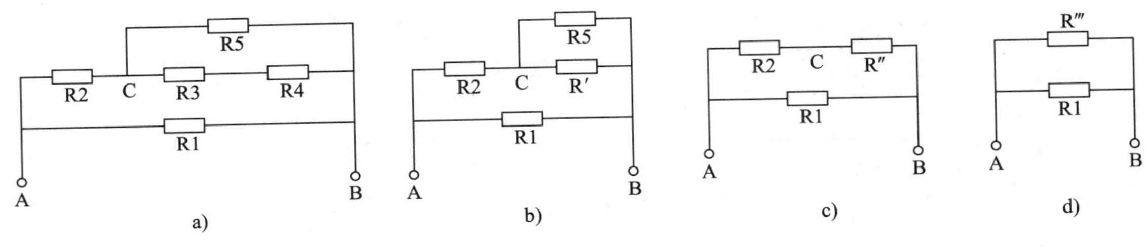

图1—26　图1—25的等效简图

由图1—26b看出，R5和R′都接在相同的两点BC之间，则它们是并联，其等效电阻为 $R''=R_5//R'=R_5R'/(R_5+R')=1\times2/(1+2)=2/3$（Ω）。

由图1—26c看出，R_2和R''串联，则 $R'''=R_2+R''=1+2/3=5/3$（Ω）。

由图1—26d看出，$R_{AB}=R_1//R'''=(1\times5/3)/(1+5/3)=5/8$（Ω）。

【例1—12】　如图1—27所示，已知 $R_1=R_2=R_3=R$，求AD间的总电阻 R_{AD}。

解：从电阻的连接关系中可看出，三个电阻为相互并联，如图1—28所示。

则：

$$R_{AD}=R_1//R_2//R_3=R/3\ (\Omega)$$

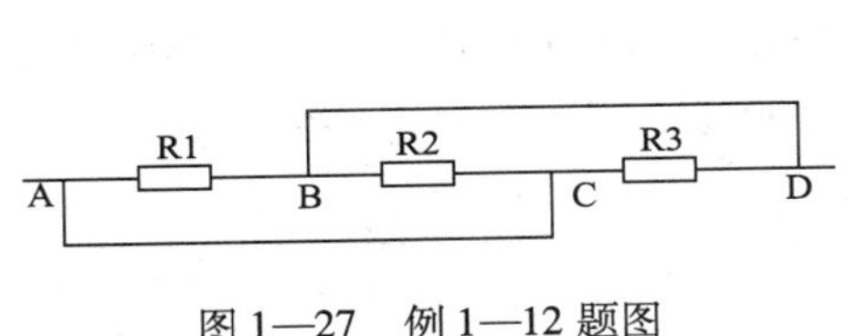

图1—27　例1—12题图

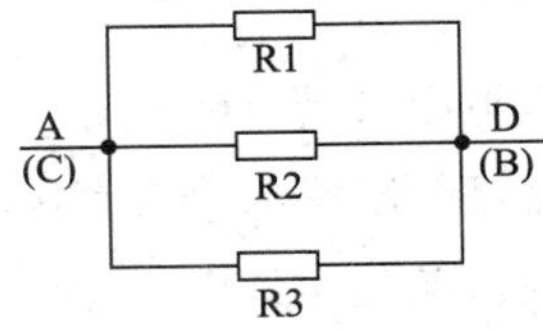

图1—28　图1—27的等效电路图

第4节　电功与电功率

一、电功与电功率

1. 电功

电流流过电气设备时，电气设备将电能转换成其他形式的能量（如：磁、热、机械能等），这一过程，称为电流做功，简称电功。电功用字母 W 表示。根据公式 $I=Q/t$、$U=W/Q$ 及 $I=U/R$，可得到电功的数学表达式：

$$W=UQ=IUt=I^2Rt=\frac{U^2}{R}t$$

式中 U——电压，V；

I——电流，A；

R——电阻，Ω；

t——时间，s；

W——电功，J。

2. 电功率

电流在单位时间（1 s）内所做的功，称为电功率，简称功率。电功率用字母 P 表示，其数学表达式为：

$$P = W/t$$

式中 W——电功，J；

t——时间，s；

P——电功率，W。

在实际工作中，电功率的常用单位还有千瓦（kW）、毫瓦（mW）等。它们之间的关系为：

$$1\ \text{kW} = 10^3\ \text{W}$$

$$1\ \text{W} = 10^3\ \text{mW}$$

电功率的常用计算公式为：

$$P = IU = I^2R = U^2/R$$

由上式可见：

（1）当用电器的电阻一定时，由 $P = I^2R = U^2/R$ 可知，电功率与电流的平方或电压的平方成正比。若流过用电器的电流是原来的两倍，则电功率就是原功率的四倍；若加在用电器两端的电压是原电压的两倍，则电功率也是原功率的四倍。

（2）当流过用电器的电流一定时，由 $P = I^2R$ 可知，电功率与电阻值成正比。由于串联电路流过同一电流，则串联电阻的功率与各电阻的阻值成正比。

（3）当加在用电器两端的电压一定时，由 $P = U^2/R$ 可知，电功率与电阻值成反比。因并联电路中各电阻两端的电压相等，则各电阻的功率与各电阻的阻值成反比。如额定电压均为 220 V 的白炽灯，25 W 灯泡的灯丝电阻（工作时的电阻约为 1 936 Ω）比 40 W 灯泡的灯丝电阻（工作时的电阻约为 1 210 Ω）大。如果把它们并接到 220 V 电源上，由 $P = U^2/R$ 可知，40 W 灯泡比 25 W 灯泡亮；但是如果把它们串联后接到 220 V 电源上，由 $P = I^2R$ 可知，25 W 灯泡反比 40 W 灯泡要亮。

电功的一个单位是焦耳（J）；在实际工作中，电气设备用电量的常用单位是千瓦·小时（kW·h）。1 千瓦·小时就是我们常说的一度电，它表示功率为 1 千瓦的用电器在 1 小时内所消耗的电能。度与焦耳的换算关系为：

$$1\text{度}=3.6\times10^{6}\ \text{J}$$

电能的大小可用电能表（俗称：小火表）测量。

【例1—13】 一只220 V、25 W的白炽灯，工作40 h后消耗多少电能？

解： $W=Pt=25\times10^{-3}\times40=1$（kW·h）

【例1—14】 某29″彩色电视机的功率为183 W，平均每天开机2 h，若每度电为0.61元，则一年（以365天计算）要交纳多少电费？

解： 耗电 $W=Pt=183\times10^{-3}\times2\times365=133.59$（kW·h）

电费 $133.59\times0.61=81.49$（元）

3. 负载获得最大功率的条件

图1—29a是一个接有负载的含源闭合回路，电源在向负载提供电流的同时，又不断地向负载传输功率。由于电源内阻的存在，因而电源提供的总功率由内阻上消耗的功率与外接负载获得的功率两部分所组成。如果内阻上消耗的功率较大，那么负载得到的功率就较小。

怎样才能使负载获得较大的功率呢？通过前面所学内容，可知：

$$\begin{aligned}P&=I^2R\\&=\left(\frac{E}{R+R_0}\right)^2R\\&=\frac{E^2R}{R^2+R_0^2+2RR_0}\\&=\frac{E^2R}{(R-R_0)^2+4RR_0}\\&=\frac{E^2}{\dfrac{(R-R_0)^2}{R}+4R_0}\end{aligned}$$

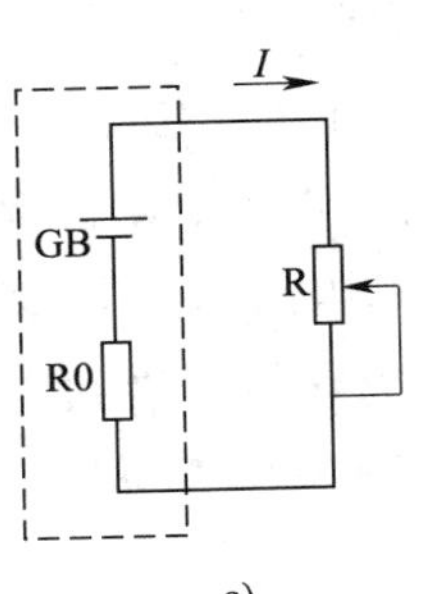

a)

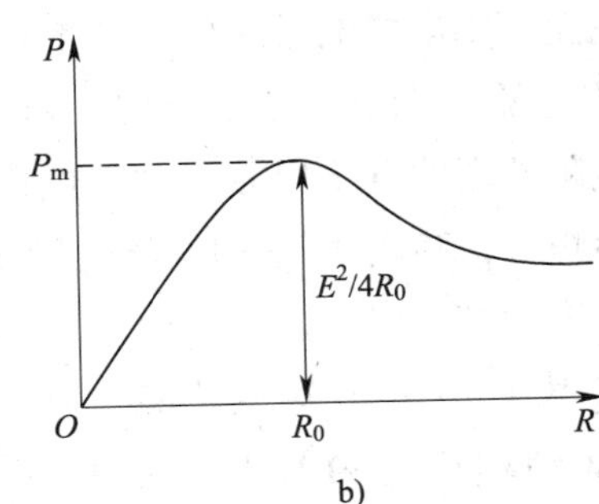

b)

图1—29 负载获得最大功率的条件

a）含源闭合回路 b）$R=R_0$，P达到最大

上式中，E 和 R_0 一般认为是常量，只有当分母最小时，负载才获得最大功率，即 $R=R_0$ 时，P 达到最大，如图 1—29b 所示。

因此，负载获得最大功率的条件是：负载电阻等于电源内阻，即：$R=R_0$。

由于负载获得的最大功率就是电源输出的最大功率，因而这一条件也是电源输出最大功率的条件。负载功率（或电源输出功率）随负载电阻 R 变化的关系曲线如图 1—29b 所示。

负载的最大功率为：

$$P_m = \frac{E^2}{4R_0}$$

二、焦耳—楞次定律

电流通过导体使导体发热的现象，叫作电流的热效应。

焦耳和楞次两位物理学家做了大量的实验，明确了电能转变成热能的关系，即楞次定律，其数学表达式如下：

$$Q = I^2Rt$$

式中 Q——热量，J；

I——电流，A；

R——电阻，Ω；

t——时间，s。

上述定律的物理意义在于，电路中产生的热量与电流的平方成正比，与电路中的电阻以及通电时间成正比。也就是说，电能转换成了热能。

热效应有利有弊。利用它，可制造许多电器，如电灯、电炉、电烙铁、电熨斗等；但热效应会使导线发热、电气设备温度升高等，若温度超过规定值，会加速绝缘材料的老化变质，从而引起导线漏电或短路，甚至烧毁设备。

【例 1—15】 某工厂有一电烤箱，其电阻为 5 Ω，工作电压为 220 V，问通电 15 min 能放出多少的热量？消耗的电能为多少度？

解：热量 $Q=\frac{U^2t}{R}=\frac{220^2\times15\times60}{5}=8\ 712\ 000=8.712\times10^3$（kJ）

电能 $W=Q=\frac{8.712\times10^6}{3.6\times10^6}=2.42$（kW·h）

三、负载的额定值

为了保证电气元件和设备能长期安全工作，通常规定了一个最高工作温度。很显然，工作温度取决于热量，而热量又由电流、电压或功率决定。所以，通常把电气元件和设备安全工作时所允许的最大电流、电压和功率分别叫作额定电流、额定电压和额定功率。一般元器件和设备的额定值都标在其明显位置，如灯泡上标有“220 V、40 W”和电阻上标有“100 Ω、2 W”等，都是它们的额定值；又如电动机的额定值通常标在其外壳的铭牌上，故额定值也称铭牌数据。

一只额定电压为220 V、额定功率60 W的灯泡，接到220 V电源上时，它的实际功率是60 W，正常发光；当电源电压低于220 V时，它的实际功率小于60 W，发光暗淡；当电源电压很低时，灯泡的实际功率由于极小而不会发光；当电压高于220 V时，灯泡的实际功率就会超过60 W，甚至烧坏灯泡。这说明当实际电压等于额定电压时，实际功率才等于额定功率。电气设备才能安全可靠、经济合理地运行。

电气元件和设备在额定功率下的工作状态叫作额定工作状态，也称满载；低于额定功率的工作状态叫轻载；高于额定功率的工作状态叫过载或超载。电器在过载状态运行很容易被烧坏，一般不允许过载。预防过载的保护器件有熔断器、热继电器等。

【例1—16】 阻值为100 Ω、额定功率为1 W的电阻两端所允许加的最大直流电压为多少？允许流过的直流电流又是多少？

解： 因为 $P=\frac{U^2}{R}$

所以 $U=\sqrt{PR}=\sqrt{1\times100}=\sqrt{100}=10$（V）

又因为 $P=I^2R$

所以 $I=\sqrt{\frac{P}{R}}=\sqrt{\frac{1}{100}}=0.1$（A）

第5节　基尔霍夫定律

运用欧姆定律及电阻串、并联能进行化简、计算的直流电路，叫简单直流电路。但是在实际工作中，经常会遇到如图1—30所示的电路。在图1—30a中，虽然电阻元件只有三个，可是两个电源接在不同的一段电路上，三个电阻之间不存在串、并联关系；同样在图1—30b中的五个电阻也不存在串、并联关系。这种不能用电阻串、并联化简的直流电路叫复杂直流电路。

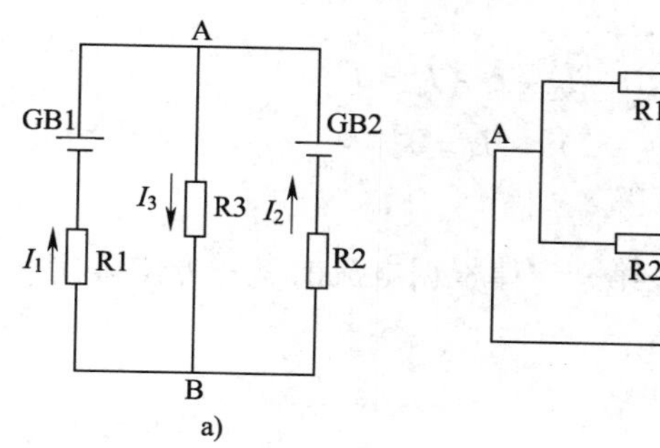

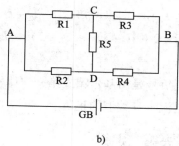

图 1—30　复杂直流电路

分析复杂直流电路的方法很多，但它们的依据是电路的两条基本定律——欧姆定律和基尔霍夫定律。支路、节点、回路、网孔是基尔霍夫定律的基本术语。

一、基尔霍夫第一定律

基尔霍夫第一定律是用来分析电路中某一节点上各支路之间电流关系的，故又称为节点电流定律。在任一瞬间，流进某一节点的电流之和恒等于流出该节点的电流之和，即：

$$\sum I_{进} = \sum I_{出}$$

在图 1—30a 中，对于节点 A，则有：

$$I_1 + I_2 = I_3$$

可将上式改写成：

$$I_1 + I_2 - I_3 = 0$$

因此得到：

$$\sum I = 0$$

即对任一节点来说，流入（或流出）该节点电流的代数和恒等于零，这就是基尔霍夫第一定律。

在分析未知电流时，可先任意假设支路电流的参考方向，列出节点电流方程。通常可将流进节点的电流取为正值，流出节点的电流取为负值。再根据计算值的正负结果，来确定未知电流的实际方向。有些支路的电流可能是负值，这是由于所假设的电流方向与实际方向相反所致。

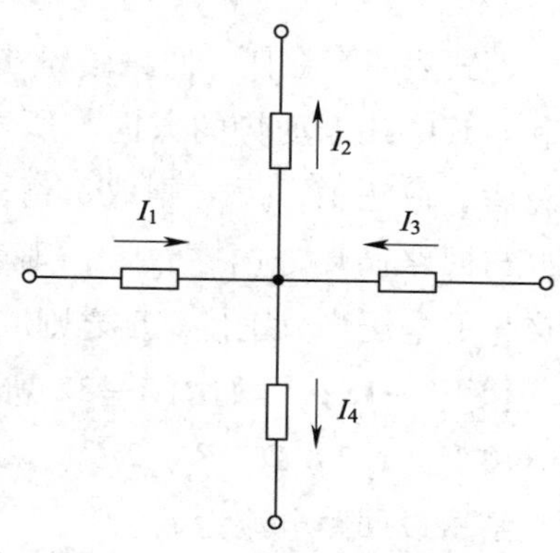

图 1—31　例 1—17 题图

【例 1—17】　在图 1—31 中，$I_1 = 2$ A，$I_2 = -3$ A，

$I_3=-2$ A，试求 I_4。

解：由基尔霍夫第一定律可知：$I_1-I_2+I_3-I_4=0$

代入已知数后：$2-(-3)+(-2)-I_4=0$

得：$I_4=3$（A）

式中括号外正负号是由基尔霍夫第一定律根据电流的参考方向确定的，括号内数字前的正负号则表示电流本身数值的正负。

二、基尔霍夫第二定律

基尔霍夫第二定律是用来分析任一回路内各段电压之间关系的，故又称为回路电压定律。如果从回路任意一点出发，以顺时针方向或逆时针方向沿回路循环一周，尽管电位有时升高，有时降低，但起点和终点是同一点，它们的电位差（电压）为零。而这个电压又等于回路内各段电压的代数和。所以在电路的任意闭合回路中，各段电压的代数和等于零。这就是基尔霍夫第二定律，用公式表示为：

$$\sum U=0$$

在图1—32中按虚线方向循环一周，根据电压与电流的参考方向可列出：

$$U_{ca}+U_{ad}+U_{db}+U_{bc}=0$$

即：

$$I_1R_1-I_2R_2+E_2-E_1=0$$

或：

$$E_1-E_2=I_1R_1-I_2R_2$$

由此，可得到基尔霍夫第二定律的另一种表示形式：

$$\sum E=\sum IR$$

上式表明，在任一回路循环方向上，回路中电动势的代数和恒等于电阻上电压降的代数和。其中凡电动势的方向与所选回路循环方向一致者，取正值，反之则取负值；凡电流的参考方向与回路循环方向一致者，则该电流在电阻上所产生的电压降取正值，反之则取负值。

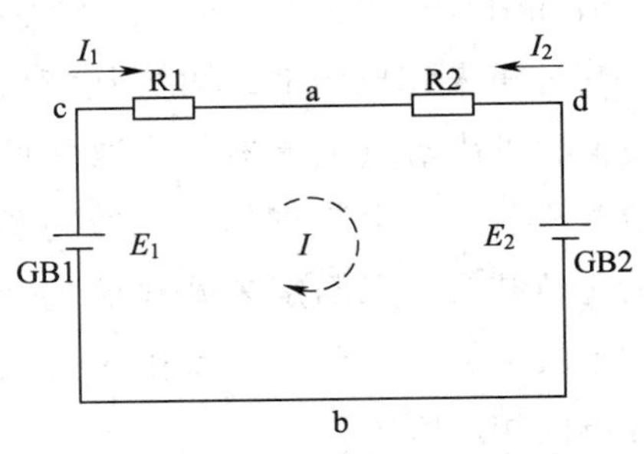

图1—32　回路

【例1—18】　如图1—32所示，$E_1=20$ V，$E_2=10$ V，$R_1=8$ Ω，$R_2=2$ Ω，求电路中的电流 I。

解：设回路电流为 I，则：

$$I=I_1\quad I_2=-I$$

$$E_1 - E_2 = IR_1 - (-I)R_2$$
$$20 - 10 = I \times 8 - (-I) \times 2$$
$$10 = 8I + 2I = 10I$$
$$I = 1(\text{A})$$

电路中电流为1 A。

第6节　电位及电位的计算

一、电位

在分析电路时，有时需要引入电位的概念。电位是指电路中某点与参考点之间的电压。通常把参考点的电位规定为零，又称零电位点。电位的文字符号用带单下标的字母 V（或 φ）表示，即电位又代表一点的数值，如 V_A 表示 A 点的电位。电位的单位也是伏特（V）。

一般选大地为参考点，即视大地电位为零电位。在电子仪器和设备中又常把金属外壳或电路的公共接点的电位规定为零电位。零电位的符号为“⊥”，表示接大地。

二、电位差

电路中任意两点（如 A 和 B 两点）之间的电位差（电压）与该两点电位的关系式为：

$$U_{AB} = V_A - V_B$$

由图 1—33 可知，电位具有相对性，即电路中某点的电位值随参考点位置的改变而改变；而电位差具有绝对性，即任意两点之间的电位差值与电路中参考点的位置选取无关。

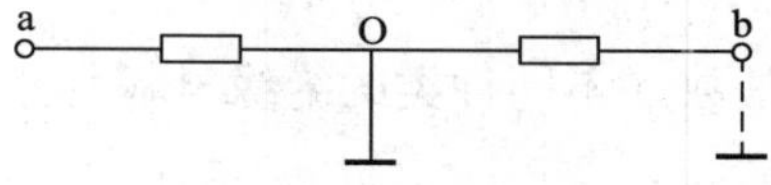

图 1—33　电位与电位差

由等式 $U_{AB} = V_A - V_B$ 可知，$U_{AB} = -U_{BA}$。如果 $U_{AB} > 0$，则 $V_A > V_B$，说明 A 点电位高于 B 点电位；反之当 $U_{AB} < 0$ 时，A 点电位低于 B 点电位。

电位有正电位与负电位之分，当某点的电位大于参考点电位（零电位）时，称其为正电位，反之叫负电位。

【例1—19】　已知 $V_A=10$ V，$V_B=-10$ V，$V_C=5$ V，求 U_{AB} 和 U_{BC} 各为多少？

解： 根据电位差与电位的关系可知：

$$U_{AB}=V_A-V_B=10-(-10)=20\ (\mathrm{V})$$

$$U_{BC}=V_B-V_C=(-10)-5=-15\ (\mathrm{V})$$

第7节　电　容　器

电容器是储存电荷的容器，是电工、电子技术中的一个重要元件。

一、电容器及电容量

由两个导电体中间用绝缘材料隔开，就形成一个电容器。如图1—34所示是两块导电板并引出引线，中间的绝缘材料是空气，所构成的平板电容器以及电容器图形符号。

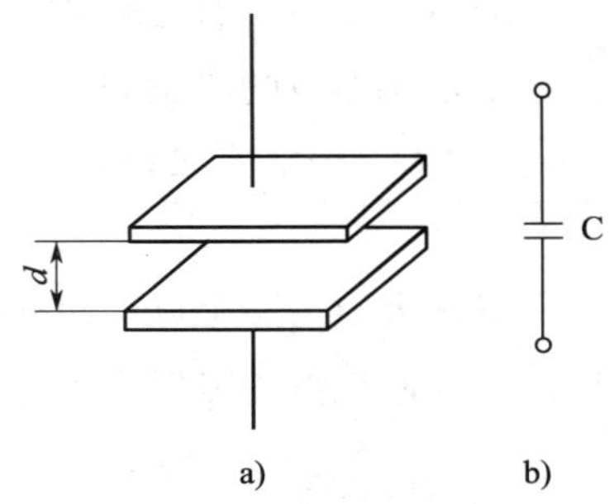

图1—34　平板电容器

a）电容器示意图

b）电容器图形符号和文字符号

电容器中间的绝缘材料称为介质，电容器常用的介质有空气、云母片、涤纶薄膜、陶瓷等，两块导电板称为极板。当电容器两个极板上加上直流电压后，极板上就会有电荷储存，其储存电荷能力的大小称为电容量，用同样的字母C表示。电容量的大小取决于电容器本身的形状、极板的尺寸、极板间的距离和介质品种。如平形板电容器的电容量计算公式为：

$$C=\varepsilon\frac{S}{d}$$

式中　ε——绝缘材料的介电常数（不同种类的绝缘材料其介电常数是不同的）；

S——极板的有效面积，m^2；

d——两极板间的距离，m；

C——电容量，F。

电容器两端加上直流电压 U，那么两极板上就会储存等量电荷 Q，电荷与电容量、电压的关系为：

$$Q=CU$$

表 1—2 常用绝缘材料的介电常数 ε

空气	矿物油	云母	玻璃	橡胶	陶瓷	涤纶薄膜
$1\times\varepsilon_0$	$2.2\times\varepsilon_0$	$7\times\varepsilon_0$	$(5.5-8)\times\varepsilon_0$	$2.7\times\varepsilon_0$	$5.8\times\varepsilon_0$	ε_0

注：ε_0是真空介电常数。

实验证明对某一确定电容量电容器来说，任一极板所带电荷量与两极板间电压比值是一个常数。采用这一比值可以表示电容器加上单位电压时储存电荷的多少，也就是电容器的电容量。

电容量的单位为法拉 F、微法 μF、皮法 pF。

$$1\ \text{F}=10^6\ \mu\text{F}$$

$$1\ \mu\text{F}=10^6\ \text{pF}$$

1 法拉（F）表示在电容器上每加 1 伏（V）电压可以充入 1 库仑（C）的电荷。

二、电容器的种类和主要指标

电容器的种类，按电容量的可变性分有固定电容器、可变电容器和半可变电容器，图形符号如图 1—35 所示。按电容器的绝缘介质不同来分有纸介电容器、瓷介电容器、涤纶薄膜电容器等。

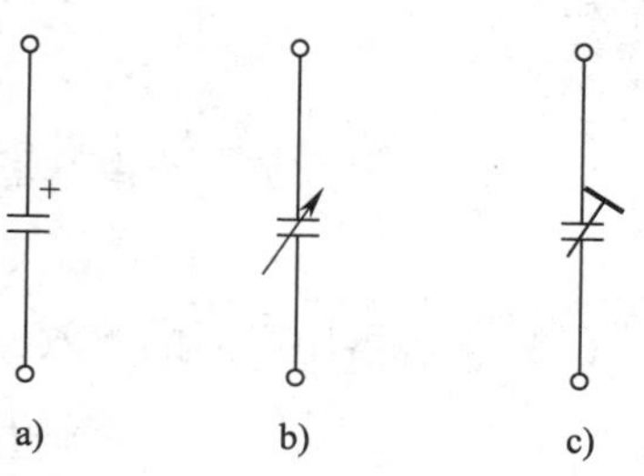

图 1—35 不同种类电容器的符号
a）固定电容器
b）可变电容器 c）半可变电容器

电容器的最主要的指标有三项：标称容量、允许误差、额定工作电压。这三项指标一般都标注在电容器的外壳上，可作为正确使用电容器的依据。成品电容器上所标注的电容量称为标称容量，而标称容量往往有误差，但是，只要这误差是在国家标准规定的允许范围内，这个误差就称为允许误差。电容器的额定工作电压习惯上称为“耐压”，指电容器在线路中能够长期可靠工作而介质性能不变的最大直流电压。

电容器常用的标注分为直标法和文字符号法。直标法是将标称容量、允许误差、额定工作电压这三项最主要的指标直接标在电容器的外壳上。如某一电容器标注 0.22 μF ± 10%　25 V 字样，则说明该电容器的电容量为 0.22 μF，允许误差为 ±10%，额定工作电压为 25 V。文字符号法是将容量的整数部分写在单位标志符号的前面，容量的小数部分写在单位标志符号的后面。如某一电容器的容量为 6 800 pF，则可写成 6n8，（n 为 10^{-9}，称为“纳”）又如容量为 2.2 pF 可写成 2p2，0.01 μF 可写成 10n 等。

三、电容器的串联、并联和混联

电容器在实际应用中往往会遇到电容器的电容量和耐压不能满足电路要求，这时可以将若干只电容器通过串、并联使其符合电路要求。

1．电容器的串联

两个或两个以上的电容器首尾相连的方式叫作电容器的串联，如图1—36所示。

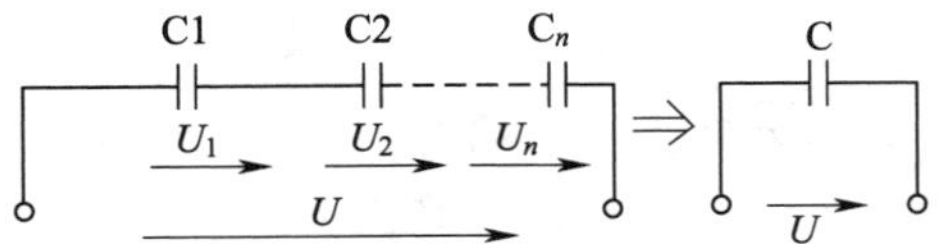

图1—36　电容器的串联

经实验、推导、分析，电容器的串联有以下性质：

（1）串联中的每一个电容器所带电荷量相等，并与电容器串联后等效电容器所带的电荷量相等，即：

$$Q = Q_1 = Q_2 = Q_3 \cdots = Q_n$$

（2）串联中的每一个电容器上电压之和等于总电压，即：

$$U = U_1 + U_2 + U_3 \cdots + U_n$$

（3）电容器串联后的等效电容量为：

$$\frac{U}{Q} = \frac{U_1}{Q_1} + \frac{U_2}{Q_2} + \frac{U_3}{Q_3} + \cdots + \frac{U_n}{Q_n}$$

$$\frac{1}{C} = \frac{1}{C_1} + \frac{1}{C_2} + \frac{1}{C_3} + \cdots + \frac{1}{C_n}$$

上式说明串联电容器的等效电容量的倒数等于各个电容器的倒数之和。通常两个电容器串联后其等效电容量的计算公式为：

$$C = \frac{C_1 C_2}{C_1 + C_2}$$

上式说明串联电容器的等效电容量比串联中的每一个电容器的电容量要小，同时也说明串联的电容器越多，总的电容量越小。

（4）电容器串联后，每一个电容器两端的端电压与电容量的大小成反比，即：

$$C_1 U_1 = C_2 U_2 = C_3 U_3 = \cdots = C_n U_n$$

上式说明电容器串联后，电容量越小的电容器其承受的端电压越高，串联电容器的分压公式为：

$$U_1 = \frac{C_2}{C_1 + C_2}U \quad U_2 = \frac{C_1}{C_1 + C_2}U$$

（5）总电压等于各个电容器上电压的代数和，即：

$$U = U_1 + U_2 + U_3 + \cdots + U_n$$

2. 电容器的并联

两个或两个以上的电容器接在相同的两点之间，这种连接方法叫作电容器的并联。如图 1—37 所示。经实验、推导、分析，电容器的并联有以下性质：

（1）并联后的电容器其电容量等于各个电容器的电容量之和，即：

$$C = C_1 + C_2 + C_3 + \cdots + C_n$$

（2）并联后的电容器其每个电容器上的端电压相等。

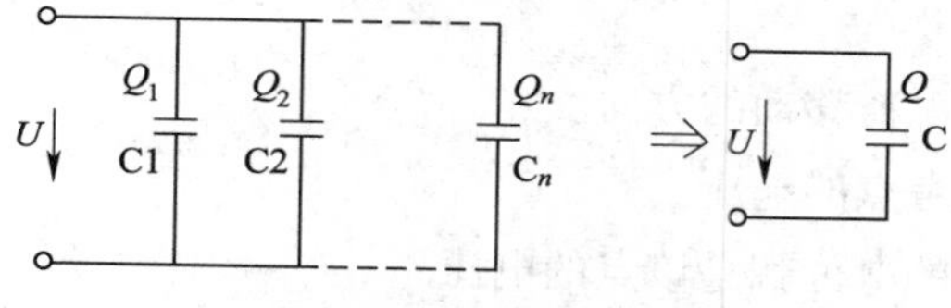

图 1—37　电容器的并联

3. 电容器的混联

既有电容器串联又有电容器并联的电路叫作电容器混联电路。在计算混联的电容器等效电容量时，应根据电路的实际情况，利用串联和并联的等效方法逐步化简，逐一求解，最终求得等效电容量。

【例 1—20】　两个电容器 C1、C2，C1 标注为 2 μF　500 V、C2 标注为 3 μF　900 V，求：

（1）将 C1、C2 电容器串联后的等效电容量。

（2）将 C1、C2 电容器并联后的等效电容量。

（3）将 C1、C2 电容器串联后两端加 1 000 V 电压，是否会击穿？

解： 串联后的等效电容量为：

$$C = \frac{C_1C_2}{C_1 + C_2} = \frac{2 \times 3}{2 + 3} = 1.2(\mu\text{F})$$

并联后的等效电容量为：

$$C = C_1 + C_2 = 5\ (\mu\text{F})$$

C1、C2 串联后每个电容器两端电压分别为：

$$U_{C1} = \frac{C_2}{C_1 + C_2}U = \frac{3}{2 + 3}1\,000 = 600(\text{V})$$

$$U_{C2} = \frac{C_1}{C_1 + C_2}U = \frac{2}{2 + 3}1\,000 = 400(\text{V})$$

由于C1电容器的耐压为500 V，而实际承受电压为600 V，因而电容器C1首先被击穿，C1被击穿后，1 000 V电压全部加到电容器C2上，而C2的耐压为900 V，也不能承受，因而电容器C2也将被击穿。

测 试 题

一、判断题

1. 若将一段电阻为 R 的导线均匀拉长至原来的两倍，则其电阻值为 $2R$。（ ）

2. 用4个0.5 W、100 Ω的电阻分为两组分别并联后再将两组串联连接，可以构成一个1 W、100 Ω的电阻。（ ）

3. 电流的方向是正电荷移动的方向。（ ）

4. 电位是相对于参考点的电压。（ ）

5. 电路中某个节点的电位就是该点的电压。（ ）

6. 1.4 Ω的电阻接在内阻为0.2 Ω，电动势为1.6 V的电源两端，内阻上通过的电流是1.4 A。（ ）

7. $\sum IR = \sum E$ 适用于任何有源的回路。（ ）

8. $\sum I = 0$ 只适用于节点和闭合回路。（ ）

9. 用电多少通常用“度”来做单位，它是表示电功率的物理量。（ ）

10. 两只“100 W、220 V”灯泡串联接在220 V电源上，每只灯泡的实际功率是25 W。（ ）

11. 电源电动势是衡量电源输送电荷能力的物理量。（ ）

12. 电源中的电动势只存在于电源的内部，其方向由负极指向正极。（ ）

13. 在一个闭合电路中，当电源内阻一定时，电源的端电压随电流的增大而增大。（ ）

14. 如图1—38所示电路，C点的电位是 -3 V。（ ）

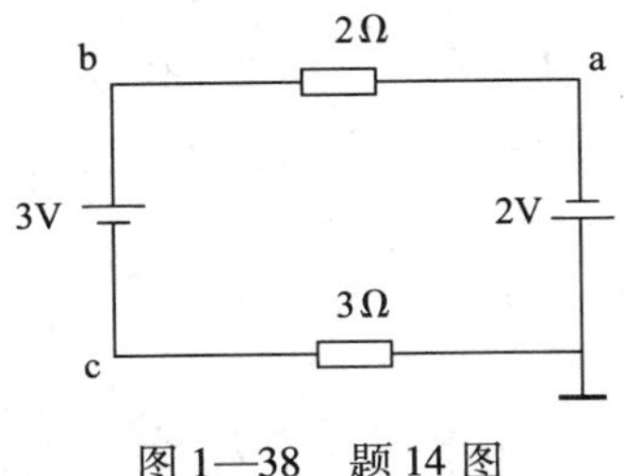

图1—38 题14图

15. 电容器具有隔直流通交流作用。 (　　)

16. 电容器也与电阻一样，可以串联使用，也可以并联使用，电容器并联的越多则总的电容容量就越小。 (　　)

二、单项选择题

1. 若将一段电阻为 R 的导线均匀拉长至原来的两倍则其电阻值为（　　）。

A. $2R$　　B. $1/2R$　　C. $4R$　　D. $1/4R$

2. 用4个0.5 W、100 Ω 的电阻分为两组分别并联后再将两组串联连接，可以构成一个（　　）的电阻。

A. 0.5 W、100 Ω　　B. 1 W、100 Ω　　C. 1 W、200 Ω　　D. 0.5 W、400 Ω

3. 电流的方向是（　　）。

A. 负电荷定向移动的方向　　B. 电子移动的方向

C. 正电荷定向移动的方向　　D. 正电荷定向移动的相反方向

4. 电流为正值时表示电流的方向与（　　）。

A. 参考方向相同　　B. 参考方向相反

C. 参考方向无关　　D. 电子定向移动的方向相同

5. 关于电位的概念，（　　）的说法是正确的。

A. 电位就是电压　　B. 电压是绝对值

C. 电位是相对于参考点的电压　　D. 参考点的电位不一定等于零

6. 电压与电流一样，（　　）。

A. 有大小之分　　B. 有方向不同

C. 不仅有大小，而且有方向　　D. 不分大小与方向

7. 1.4 Ω 的电阻接在内阻为 0.2 Ω，电动势为 1.6 V 的电源两端，内阻上通过的电流是（　　）A。

A. 1　　B. 1.4　　C. 1.6　　D. 0.2

8. $\sum IR=\sum E$ 适用于（　　）。

A. 复杂电路　　B. 简单电路　　C. 有电源的回路　　D. 任何闭合回路

9. 基尔霍夫电压定律的形式为（　　），它适用于任何闭合电路。

A. $\sum I=0$　　B. $\sum IR+\sum E=0$　　C. $\sum IR=\sum E$　　D. $\sum E=0$

10. 基尔霍夫电流定律的形式为（　　），它适用于节点和闭合回路。

A. $\sum IR=0$　　B. $\sum IR=\sum E$　　C. $\sum I=0$　　D. $\sum E=0$

11. 用电多少通常用“度”来做单位，它表示的是（　　）。

A. 电功　　B. 电功率　　C. 电压　　D. 热量

12. 两只“100 W、220 V”灯泡串联接在220 V电源上，每只灯泡的实际功率是（　　）。

A. 220 W　　B. 100 W　　C. 50 W　　D. 25 W

13. 电源的电动势是（　　）。

A. 电压

B. 外力将单位正电荷从电源负极移动到电源正极所做的功

C. 衡量电场力做功本领的大小

D. 电源两端电压的大小

14. 电源中的电动势只存在于电源的内部，其方向（　　）；端电压只存在于电源的外部，其方向由正极指向负极。

A. 由负极指向正极　　B. 由正极指向负极

C. 不定　　D. 与端电压相同

15. 一般情况下，电源的端电压总是（　　）电源内部的电动势。

A. 高于　　B. 低于　　C. 等于　　D. 超过

16. 在一个闭合电路中，当电源内阻固定时，电源的端电压随电流增大而（　　）。

A. 减小　　B. 增大　　C. 不变　　D. 增大或减小

17. 如图1—39所示电路，b点的电位是（　　）。

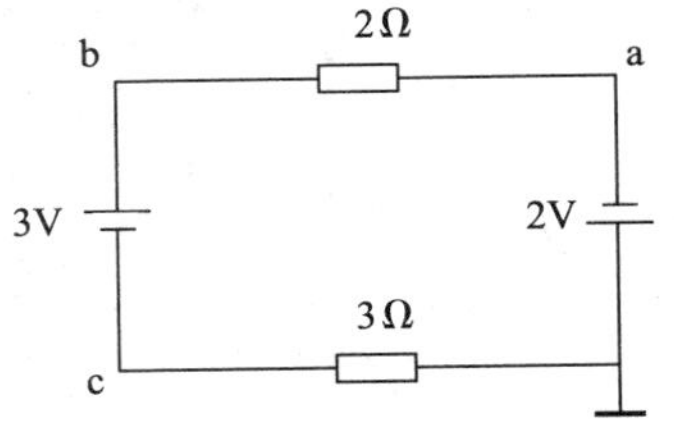

图1—39　题18图

A. 2 V　　B. 0 V　　C. 3 V　　D. －3 V

18. 如图1—39所示电路，a点的电位是（　　）。

A. 2 V　　B. 0 V　　C. －2 V　　D. －3 V

19. 电容器具有（　　）作用。

A. 隔直流，通交流　　B. 隔交流，通直流

C. 直流，交流都能通过　　D. 直流，交流都被隔离

20. 用4个100 μF的电容器并联，可以构成一个（　　）的等效电容。

A. 100 μF　　B. 200 μF　　C. 400 μF　　D. 25 μF

21．用 4 个 100 μF 的电容器串联，可以构成一个（　　）的等效电容。

A. 100 μF　　B. 200 μF　　C. 400 μF　　D. 25 μF

测试题答案

一、判断题

1．×　2．×　3．√　4．√　5．×　6．×　7．√　8．×
9．×　10．√　11．√　12．√　13．×　14．√　15．√　16．×

二、单项选择题

1．C　2．B　3．C　4．A　5．C　6．C　7．A　8．D　9．C
10．C　11．A　12．D　13．B　14．A　15．B　16．A　17．B　18．C
19．A　20．C　21．D

第 2 章

磁与电磁

第 1 节　电流的磁场　/38
第 2 节　磁场及基本物理量　/41
第 3 节　磁场对电流的作用　/43
第 4 节　磁化与磁性材料　/46
第 5 节　电磁感应定律　/49

电与磁是电工学中两个基本现象。自19世纪20年代人们就已经发现电与磁彼此间有密切的联系。很多电气设备如电表、接触器、变压器和电动机等，它们的工作原理与电磁现象密切相关。要全面分析电气设备，必须要掌握电与磁之间的关系。

第1节　电流的磁场

一、磁的基本知识

我国劳动人民在公元前300多年就已经知道磁铁能吸引铁等物质，而且在世界上最早发明指南针并应用于航海事业。

1. 磁铁及其性质

人们把能够吸引铁、镍、钴等金属及其合金的性质叫作磁性。具有磁性的物体就叫磁体（磁铁）。磁体分天然磁体（磁铁矿）和人造磁体两大类。工业上用的永久磁铁通常是人造的，一般做成条形、蹄形、圆环形和针形等，如图2—1所示。

不论磁铁的形状如何，磁体两端的磁性总是最强，我们把磁性最强的区域叫磁极。若将实验用的小磁针人为地转动，待静止时会发现它停止在地球的南北方向上，如图2—2所示。

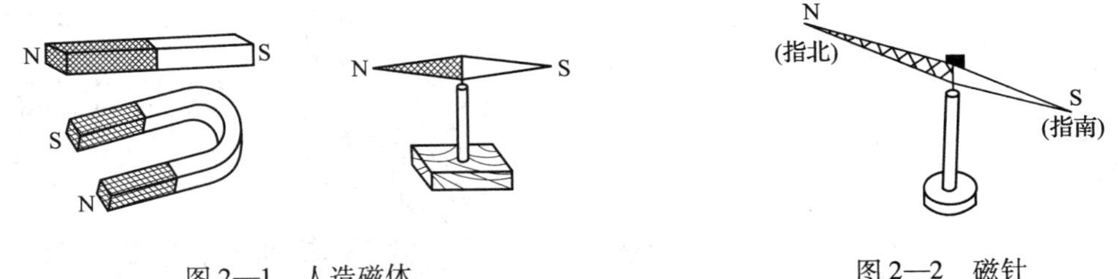

图2—1　人造磁体

图2—2　磁针

磁针指北的一端叫北极，用N表示；指针指南的一端叫南极，用S表示。任何磁体都具有两个磁极。而且无论怎样把磁体分割总保持有两个异极性磁极，也就是说，N极和S极总是成对出现的，如图2—3所示。

与电荷间的相互作用力相似，磁极间也存在相互的作用力，即同极性相排斥，异极性相吸引。

2. 磁场与磁感应线

两块尚不接触的磁体之间存在着相互的作用力，这说明磁体周围的空间存在着一种特殊的物质——磁场。磁场具有力和能的特性。作用力就是通过磁场这一特殊物质进行传递的。空间有无磁场存在，一般可用一个比较轻巧的小磁针来检验。能使小磁针转动，并最后取得一个确定方向的空间，我们就认为这一空间中具有磁场存在。

我们发现有的磁铁吸引铁屑的能力强、力量大，那是因为它产生的磁场强。为了能形象地表示磁场的存在，并描绘出磁场的强弱和方向，人们通常用一根根假想的线条（磁感应线）来表示。如图 2—4 所示。磁感应线具有以下几个特点：

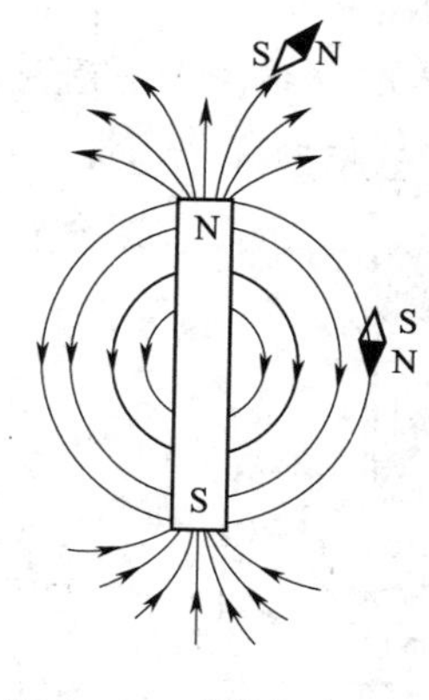

图 2—3　磁体都有磁极

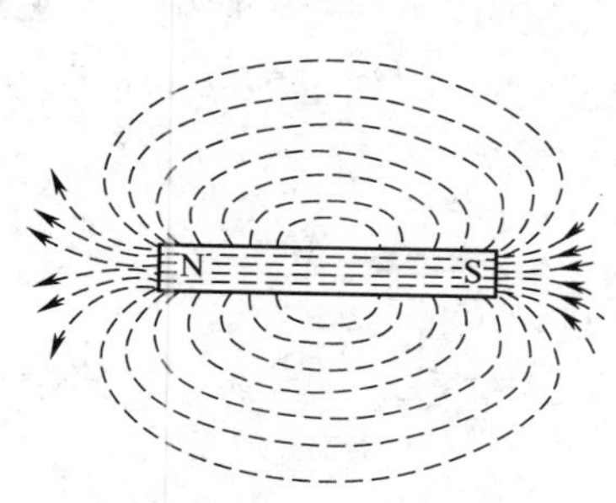

图 2—4　磁感应线

（1）磁感应线是互不交叉的闭合曲线：在磁体外部由 N 极指向 S 极，在磁体内部由 S 极指向 N 极。

（2）磁感应线上任意一点的切线方向，就是该点的磁场方向（即小磁针 N 极的指向）。

（3）磁感应线越密磁场越强；磁感应线越疏磁场越弱。磁感应线均匀分布而又相互平行的区域，称为均匀磁场；反之则称为非均匀磁场。

二、电流的磁场

实验证明，通电导体周围与永久磁铁一样也存在着磁场。小磁针放在通电导线（载流导线）附近也会受到磁力作用而偏转。由此可知，电流周围存在着磁场，这种现象叫作电流的磁效应。近代科学又进一步证明，产生磁场的根本原因是电流。而且，电流越大它所产生的磁场就越强。

电流与其产生磁场的方向可用安培定则（又称右手螺旋法则）来判断。安培定则既适用于判断电流产生的磁场方向，也适用于在已知磁场方向同时判断电流的方向。一般可分两种情况使用。

1. 直线电流产生的磁场

如图 2—5 所示，在一个可以自由旋转的磁针上面放一根直导线，当导线通入电流时，下面的小磁针就会发生偏转，并保持在一个新的位置。如果将导线通入电流的方向改变，则小磁针偏转的方向也会改变。我们已知道小磁针只有在磁场中才会偏转，磁场的方向改变，小磁针偏转的方向也会改变，这个现象说明了小磁针的偏转是与通电导线有关，这个现象验证了通电导线周围会产生磁场。

如果用磁感应线来描述通电导线周围的磁场，那么通电导线周围的磁感应线是以导线为圆心的一组同心圆，如图 2—6a 所示。这些同心圆离通电导线越近，磁感应线就越密。至于磁感应线的方向可用右手螺旋定则来判断。右手拇指的指向表示电流方向，弯曲四指的指向即为磁场方向，如图 2—6b 所示。

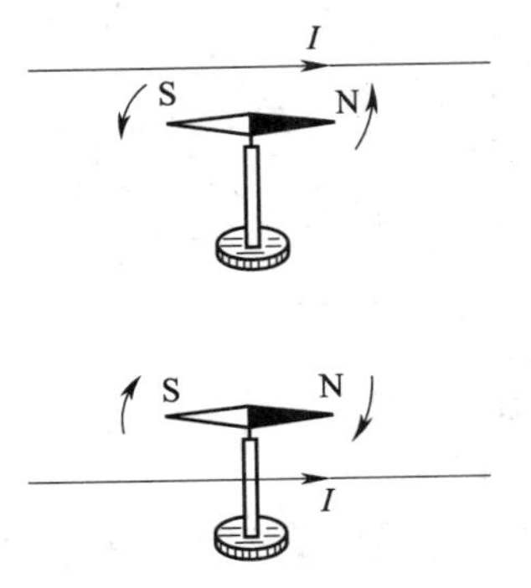

图 2—5　直线电流产生的磁场

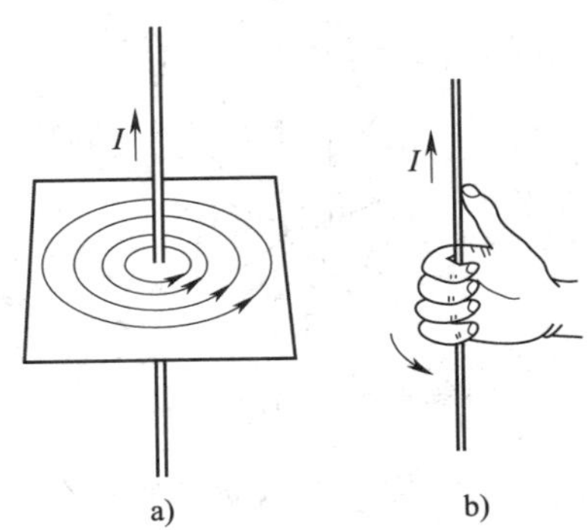

图 2—6　通电导线与磁感应线
a）磁感应线　b）右手螺旋定则

2. 环形电流产生的磁场

环形电流产生的磁场是指直流电流通入线圈后所产生的磁场。如图 2—7a 所示是通电线圈中的电流的方向和产生的磁场的方向，它们之间的关系同样可以用右手螺旋定则来判断，如图 2—7b 所示，即右手弯曲的四指表示电流方向，拇指所指的方向即为磁场方向。

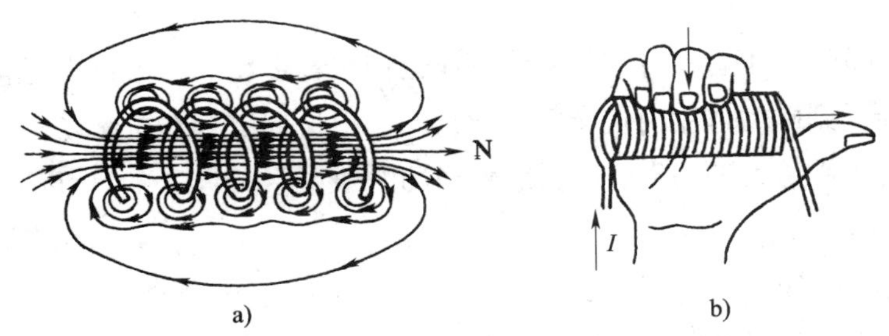

图 2—7　环形电流产生的磁场
a）通电线圈中的电流和产生的磁场的方向　b）右手螺旋定则

第2节　磁场及基本物理量

一、磁通

通过与磁场方向垂直的某一面积上的磁感应线的总数，叫作通过该面积S的磁通量，简称磁通。用字母Φ表示，其单位为韦伯，用字母Wb表示。当面积一定时，通过单位面积的磁通越多，磁场就越强。

在匀强磁场中，磁通量表示为：

$$\Phi = BS$$

式中　B——磁感应强度。

二、磁感应强度

磁感应强度是定量描述磁场中某点磁场强弱和方向的物理量，用字母B表示。磁感应强度定义为：在磁场中垂直通过磁场方向的通电导线，所受电磁力F与电流I和导线有效长度L的乘积IL的比值为该处的磁感应强度。磁感应强度可表示为：

$$B = \frac{F}{IL}$$

磁感应强度的国际单位是特斯拉，简称特（T）；工程上常用较小的单位叫高斯（Gs），简称高。它们之间的换算关系是：

$$1\text{特（T）} = 10^4\text{高斯（Gs）}$$

一般永久磁铁的磁感应强度为（0.4～0.7）T；在电动机和变压器的铁芯中，磁感应强度可达（0.8～1.4）T。

磁感应强度是个矢量。磁场中某点的方向，是放在该点试验小磁针N极的指向。

若磁场中各点的磁感应强度的大小相等，方向相同，则该磁场叫均匀磁场。本书在均匀磁场范围内讨论问题，并且用符号“⊗”和“⊙”分别表示磁感应线垂直穿进和穿出纸面的方向。

三、磁导率

用磁导率这个物理量可以来表征介质磁化的性质，它反映了磁介质导磁性。不同的介质其磁导率是不同的，如分别用一个插入铁棒和插入铜棒的通电线圈去吸引铁屑，便会发现插入铁棒和插入铜棒其吸引力大小明显不同，前者比后者大得多。这表明磁感应强度的大小不仅与电流的大小、导体的形状有关，而且与磁场内媒体介质的性质有关。

磁导率用符号μ表示，单位为：亨/米（H/m）。不同的介质，其磁导率都不同。由实验测得真空中的磁导率$\mu_0 = 4\pi \times 10^{-7}$ H/m，且为常数。

世界上大多数物质对磁场的影响甚微，只有少数物质对磁场有着明显的影响。为了比较物质的导磁性能，把任一物质的磁导率与真空中磁导率的比值称作相对磁导率，用μ_r表示，则：

$$\mu_r = \frac{\mu}{\mu_0}$$

式中　μ_r——相对磁导率，无单位；

μ——任一物质的磁导率，H/m；

μ_0——真空磁导率，H/m。

相对磁导率只是一个比值，无单位。它表示在其他条件相同的情况下，媒介质中的磁感应强度是真空中的多少倍。

四、磁场强度

磁场强度是为了磁场计算而引入的一个物理量，用来确定磁场和电流的关系，用字母H表示。图2—8所示环形线圈，它的磁场强度计算公式为：

$$H = \frac{IN}{L}$$

式中　H——磁场强度，A/m；

N——线圈的匝数；

I——线圈中流过的电流，A；

L——线圈的长度，m。

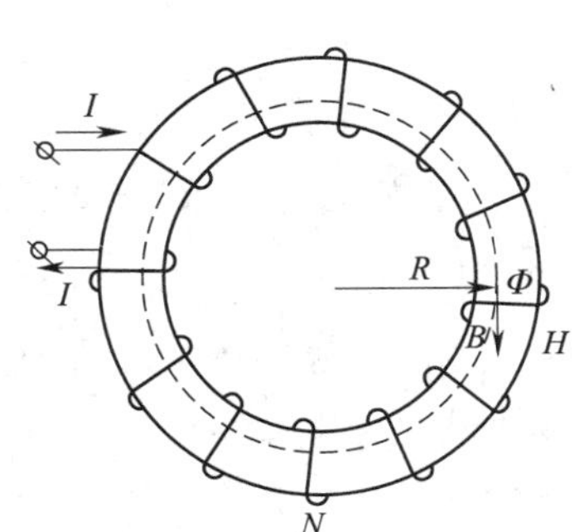

图2—8　环形线圈

式中的IN称为磁通势，用字母F表示，因此磁场强度的计算公式又可以写成：

$$H = \frac{F}{L}$$

从磁场强度公式可以明显看出，磁场强度与流过线圈中电流大小、线圈结构有关，而

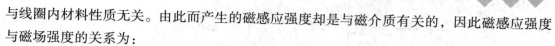

与线圈内材料性质无关。由此而产生的磁感应强度却是与磁介质有关的，因此磁感应强度与磁场强度的关系为：

$$B = \mu H$$

显然，磁场强度相同，磁介质不同，所产生的磁感应强度也不同。

第 3 节　磁场对电流的作用

一、磁场对通电直导线的作用

通电的直导体周围存在磁场（电流的磁效应），它就成了一个磁体，把这个磁体放到另一个磁场中，它就必然会受到磁力的作用。这就是通常所说的“电磁生力”。

如图 2—9 所示，在蹄形磁铁的两极中悬挂一根直导体并使导体与磁力线垂直。当有电流通过导体时，导体就会在磁场内受力而运动。如果磁场越强，导体中的电流越大，导体在磁场内的有效部分越长，导体所受的力就越大。通常把通电导体在磁场中受到的作用力叫作电磁力。

电磁力的大小可用下式表示：

$$F = BIL\sin\alpha$$

式中　F——电磁力，N；

B——磁感应强度，T；

I——导体中的电流，A；

L——导体在磁场中的长度，m；

α——导体与磁感应线的夹角。

当通电导体与磁感应线垂直，即 $\alpha = 90°$时，则 $\sin 90° = 1$，此时导体受到的电磁力最大。

当通电导体与磁感应线平行，即 $\alpha = 0°$时，则 $\sin 0° = 0$，导体受到的电磁力最小为零。

通电导体在磁场内的受力方向，可用左手定则来判断。如图 2—10 所示，平伸左手，使拇指垂直其余四指，手心正对磁场的 N 极，四指指向表示电流方向，则拇指的指向就是通电导体的受力方向。

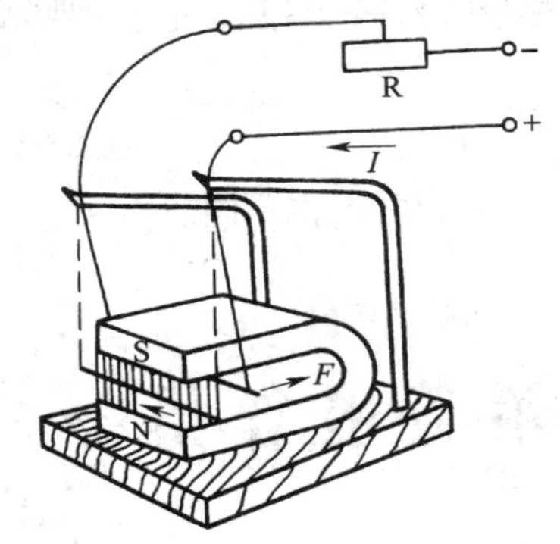

图2—9　通电导体在磁场中受到电磁力作用

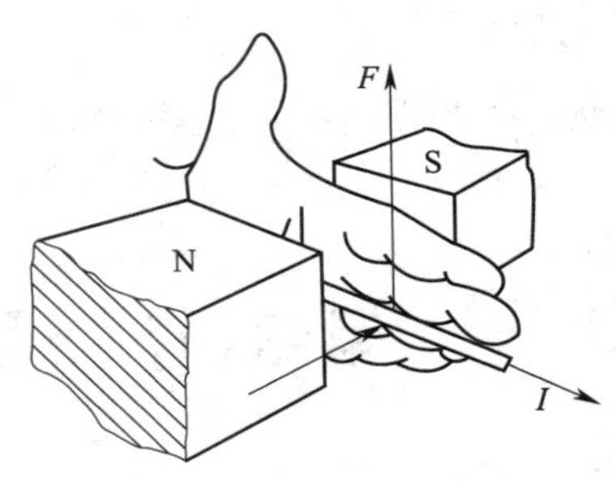

图2—10　左手定则

【例2—1】　如图2—11a和图2—11b所示，用左手定则根据图中的受力方向判断电流方向；根据图中电流方向判断线圈旋转受力方向。

解：图2—11a所示用左手定则可以判断出导体中的电流方向是垂直纸面向里的；图2—11b所示用左手定则可以判断出线圈将是逆时针方向旋转的。

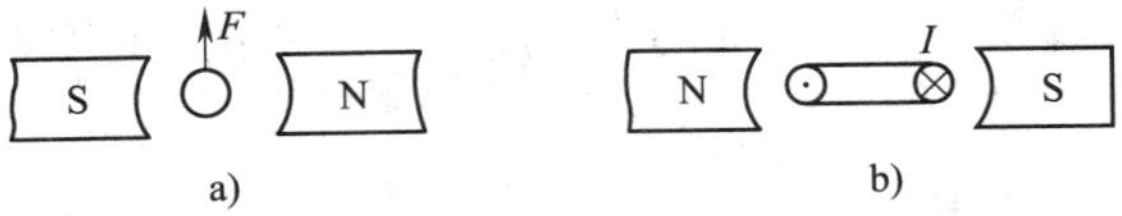

S　F　N　　　N　I　S

a)　　　　　b)

图2—11　例2—1题图

a）判断导线电流的方向　b）判断导线受力方向

通电直导体在磁场中受到电磁力的作用，那么，运动的电荷在磁场中也将受到电磁力的作用。这一现象在生产与科学实验中得到广泛的应用，例如：回旋加速器、质谱仪、电视机中的显像管等。在显像管颈部上装有产生磁场的磁偏转线圈，若线圈内为均匀磁场B，且磁场方向垂直穿出纸面。当一束从电子枪发射出来的电子以速度v进入磁场B时，就会受到电磁力的作用，电子束向下偏转（受力方向可用左手定则确定）。偏转量d的大小和位置随着磁感应强度B的改变而改变。由于偏转线圈中的磁场是随着信号电流的大小和方向的变化而变化的，于是利用信号电流就可控制荧光屏上光点的位置，达到描绘图像的目的。

发电厂或变电所的大电流母线排（汇流排）是用20 cm左右宽的铜条或铝条做成的。互相平行的母线之间，每隔一定的距离就得安装一个支柱绝缘子用来增强机械强度。这是什么原因呢？

如图2—12所示是相距较近且相互平行的通电（平直）导线，由于每根载流导线的周围都产生磁场，两根导线又互相平行，所以每根导线都处在另一根导线所产生的磁场中，并且和磁感应线方向垂直。因此，这两根导线都受到电磁力的作用。用安培定则可判断每根导线产生的磁场方向，再用左手定则来判断另一根导线所受到的电磁力方向。因而得出结论：通过同方向电流的平行导线是互相吸引的，如图 2—12a 所示；通过反方向电流的平行导线是互相排斥的，如图 2—12b 所示。发电厂或变电所的母线排就是这种互相平行的载流直导体，它们之间经常受到这种电磁力的作用。尤其在发生短路事故时，通过母线的电流会骤然增大几十倍，这时两排平行母线之间的作用力可以达到几千牛顿。为了使母线有足够的机械强度，不致因短路时所产生的巨大电磁力作用而受到破坏，所以每隔一定间距就得安装一个支柱绝缘子。

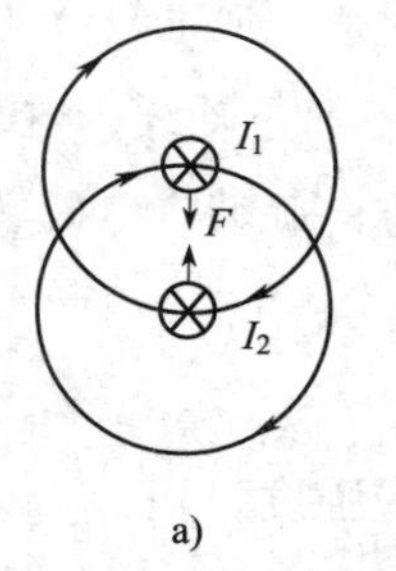

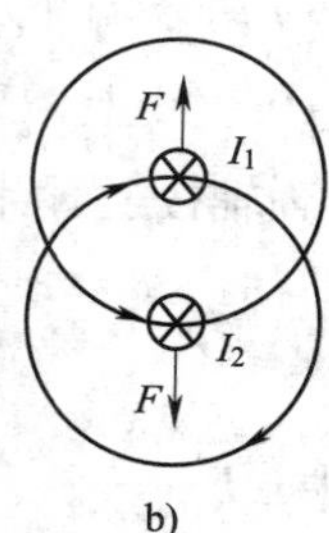

图 2—12 通电平行直导体间的电磁力

a）同方向电流的平行导线互相吸引

b）反方向电流的平行导线互相排斥

二、磁场对通电线圈的作用

由于磁场对通电直导体有作用力，因此，磁场对通电线圈也有作用力。如图 2—13 所示，将一钢性（受力后不变形）的矩形载流线圈放入均匀磁场中，当线圈在磁场中处于不同位置时，磁场对它的作用力大小也不同。

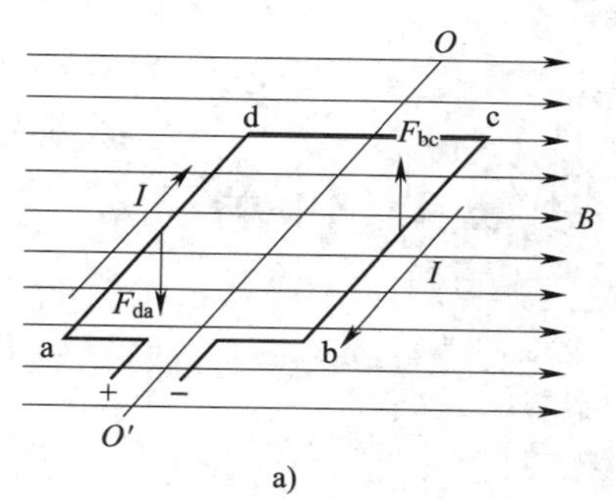

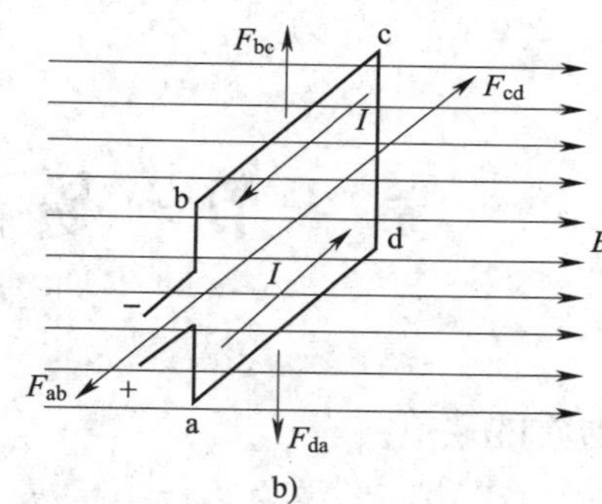

图 2—13 磁场对通电线圈的作用

a）线圈平面与磁感应线平行 b）线圈平面与磁感应线垂直

1. 线圈平面与磁感应线平行

从图 2—13a 中可知，线圈 abcd 可看成是由 ab、bc、cd、da 四条载流直导体所组成的，且 $L_{ab}=L_{cd}=L_1$，$L_{da}=L_{bc}=L_2$。

依据 $F=BIL\sin\alpha$ 和左手定则分析可知，ab 及 cd 两导线与磁感应线平行，不受电磁力作用。而 da 及 bc 两导线与磁感应线垂直，受电磁力作用，所受电磁力的大小为 $F_{da}=F_{bc}=BIL_2$，且 F_{da} 向下，F_{bc} 向上。这两个力大小相等、方向相反、互相平行，既不作用在同一条直线上，又不通过轴线，这就构成了一对力偶矩，形成了电磁转矩 M，使线圈以 OO' 为轴按逆时针方向旋转。电磁转矩 M 为：

$$M=BIL_1L_2$$

$$M=BIS$$

式中 B——磁感应强度，T；

I——流过线圈的电流，A；

S——线圈的面积，m^2；

M——电磁转矩，N · m。

2. 线圈平面与磁感应线垂直

从图 2—13b 中可看出，ab、bc、cd、da 四条边都与磁感应线垂直，其中 $F_{ab}=F_{cd}=BIL_1$，且这两个力方向相反；$F_{bc}=F_{da}=BIL_2$，这两个力方向也相反。这两对力分别大小相等，方向相反且作用在同一条直线上，于是这两对力分别平衡，线圈静止不动。

综上所述，把通电的线圈放到磁场中，磁场将对通电线圈产生电磁力矩作用，使线圈绕轴线转动。常用的电工仪表如：电流表、电压表、万用表等指针的偏转，就是根据这一原理制成的。

第 4 节　磁化与磁性材料

一、物质的磁化

使原来没有磁性的物质具有磁性的过程称为磁化。凡是铁磁物质都能被磁化，而非铁磁物质都不能被磁化。

铁磁物质之所以能够被磁化，是因为铁磁物质是由许多被称为磁畴的磁性小区域所组成，每一个磁畴相当于一个小磁铁，在无外磁场作用时，磁畴排列杂乱无章，磁性互相抵消，对外不呈现磁性。在外磁场作用下，磁畴趋向外磁场，形成附加磁场，从而使磁场显著增强。

二、磁导率与铁磁材料的分类及特点

磁感应强度 B 不仅决定于电流的大小及导体的几何形状，而且与导体周围的物质（介质）有关。例如，在通电线圈内放入一段铁芯，就会发现这时的磁场会大大增强。大多数物质对磁场的影响甚微，只有少数物质对磁场有着明显的影响。为了比较物质的导磁性能，把任一物质的磁导率与真空中磁导率的比值称作相对磁导率，根据物质磁导率的不同，可把物质分成三类：

$\mu_r \leqslant 1$ 的物质叫逆磁物质。如：铜、银等；

$\mu_r \geqslant 1$ 的物质叫顺磁物质。如：空气、锡、铝等；

$\mu_r >> 1$ 的物质叫铁磁物质。如：铁、镍、钴及其合金等。由于它们的相对磁导率 μ_r 远大于 1，其产生的磁场往往比真空中的磁场要强几千甚至几万倍以上。例如，硅钢片的相对磁导率 μ_r 为 7 500 左右，而坡莫合金的相对磁导率 μ_r 则高达几万到几十万以上。所以铁磁物质被广泛应用于电工技术方面，计算机甚至火箭等尖端技术也离不开铁磁物质。

铁磁物质基本上分为两大类：

1. 软磁材料

其特点是容易磁化，也容易退磁。常用来制作电动机、变压器、继电器、电磁铁等电器的铁芯。

2. 硬磁材料

其特点是不易磁化，也不易退磁。常用来制作各种永久磁铁、扬声器的磁钢等。

在铁芯（铁磁材料）外面套上一个线圈，通以电流，使它产生强大磁场的设备称为“电磁铁”。电磁铁应用很广泛，本书后面将要叙述一台电动机启动或停止，要用到接触器。接触器的主要部件就是一个电磁铁。操作时，只要按下启、停按钮，使电磁铁内的电流接通或切断，就能使各触头闭合或断开，从而控制电动机的启动或停止。表 2—1 是几种常用铁磁物质的相对磁导率。

表 2—1　　几种常用铁磁物质的相对磁导率

钴	174	没退火铁	7 000
没经退火铸铁	240	硅钢片	7 500
经退火铸铁	620	电解铁	12 950
镍	1 120	镍铁合金	60 000
软钢	2 180	C 型坡莫合金	115 000

三、铁磁物质的磁化曲线

如图2—14所示是测量磁感应强度与磁场强度关系的一个实验电路。通过实验验证可以描述出磁感应强度 B 与磁场强度 H 的关系曲线。实验过程是闭合开关S，调节电位器R可改变流入线圈电流的大小，从而可改变磁场强度 H，在线圈铁芯缝口处用高斯计测量磁感应强度 B。每改变一次电流的大小就可以得到一个磁场强度 H，每一个磁场强度 H 就可以对应一个磁感应强度 B。这样就可以得到一组 B—H 的数据，用线条连接这些数据就可以得到一条 B—H 曲线，这条曲线称为磁化曲线。

1. 起始磁化曲线

在开关S闭合前，铁芯处于无磁状态，也称起始状态。然后闭合开关S给定一个电流，即可得到一对 B—H 的数据，如图2—15图中的 a 点，反复测出 b、c 点，再用线条连接 O、a、b、c 点，得到图2—15所示曲线。

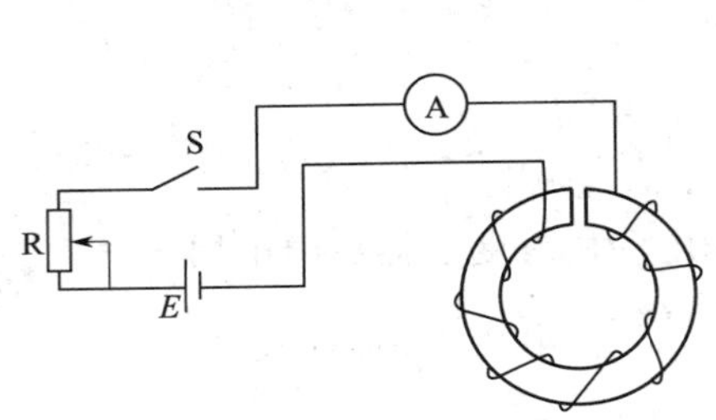

图2—14　测量 B—H 实验电路

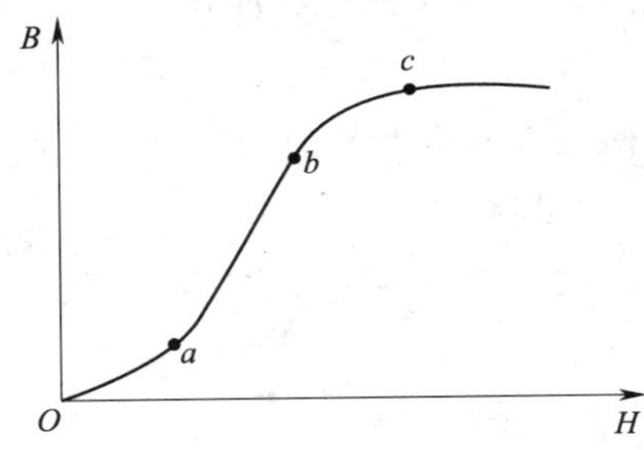

图2—15　起始磁化曲线

从这条曲线可以看出，Oa段表示随其磁场强度 H 的增加而铁芯中磁感应强度 B 增长较慢，进入 ab 段磁感应强度 B 增长变快，进入 bc 段磁感应强度 B 增长又变慢，逐渐趋于饱和，c 点称为饱和点。可以看出铁磁物质的 B—H 呈非线性关系。

2. 铁磁物质的磁滞特性

如果继续上述实验，将磁场强度 H 由零增加到 H_m，则磁感应强度 B 也由零增加到 B_m，然后将磁场强度 H 慢慢减小，这时可以看到磁感应强度 B 将沿着比起始磁化曲线稍高的曲线下降。当反向磁场强度到达 $-H_m$ 时，磁感应强度到达 $-B_m$。然后磁场强度 H 回到零，反向磁感应强度回到 $-B_r$；磁场强度再调到 H_m，磁感应强度也相应提升到 B_m。经多次重复便可获得一幅对称于原点的闭合曲线，如图2—16所示。即铁磁物质的磁滞回线。磁滞回线体现了铁磁物质所特有的磁滞特性。

在磁滞回线图中可以看到：当 $H=0$ 时，$B=B_r$，则 B_r 称为剩余磁场强度，简称剩磁；

当 $B=0$ 时，$H=-H$，则反向磁场强度 $-H$ 称为矫顽磁力。

在实验时如果改变 H_m 数值，并重复上述实验过程就可得到另一幅磁滞回线。图 2—17 所示是三个不同 H_m 数值的磁滞回线图，如果将三幅磁滞回线图的顶点与坐标的原点连起来，那么这条曲线称为铁磁物质的基本磁化曲线。每一种铁磁物质都有一根唯一的基本磁化曲线，而且与上述的起始磁化曲线相差很小。磁化曲线反映了铁磁物质的磁性能。磁化曲线由磁性材料生产厂家提供。

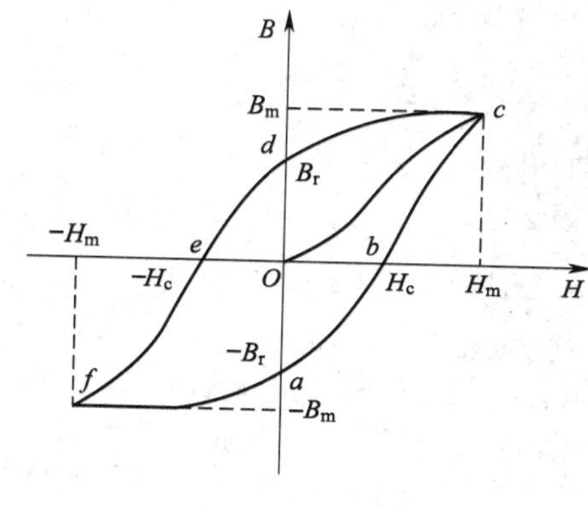

图 2—16　磁滞回线

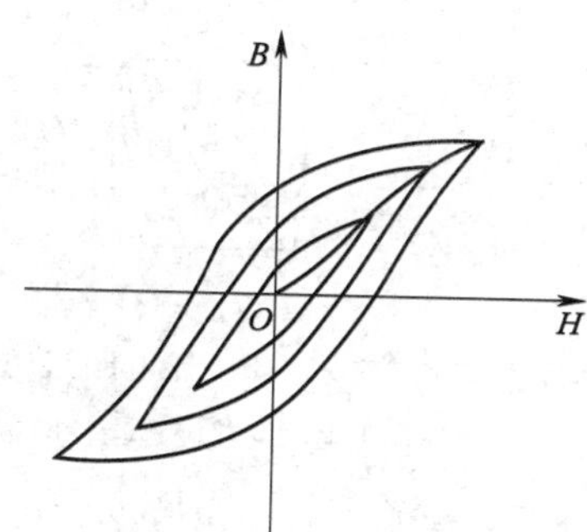

图 2—17 三个不同 H_m 数值的磁滞回线图

第 5 节　电磁感应定律

一、电磁感应现象及其产生条件

电流能够产生磁场，那么磁能否产生电流呢？事实上，电和磁同属电磁过程中的两个方面，在一定条件之下，它们相互依存，共处于“电磁”统一体中，而且又相互转化。这“一定条件”就是“动”，电动能生磁，磁动能生电。

变动磁场在导体中引起电动势的现象称为电磁感应，也称“动磁生电”。由电磁感应引起的电动势叫作感应电动势；由感应电动势引起的电流叫感应电流。

这里所说的磁动或动磁有两种情况，一种是磁场与导体之间发生相对切割运动，另一种是线圈内的磁通发生变化。下面就这两种情况分别进行说明。

1．直导体切割磁感应线时的感应电动势

如图 2—18 所示，当导体在磁场中静止不动或沿磁感应线方向运动时，检流计的指针都不偏转；当导体向下或磁体向上运动时，检流计指针向右偏转一下，如图2—18a所示；当导体向上或磁体向下运动时，检流计指针向左偏转一下，如图2—18b所示。而且导体切割磁感应线的速度越快，指针偏转的角度越大。

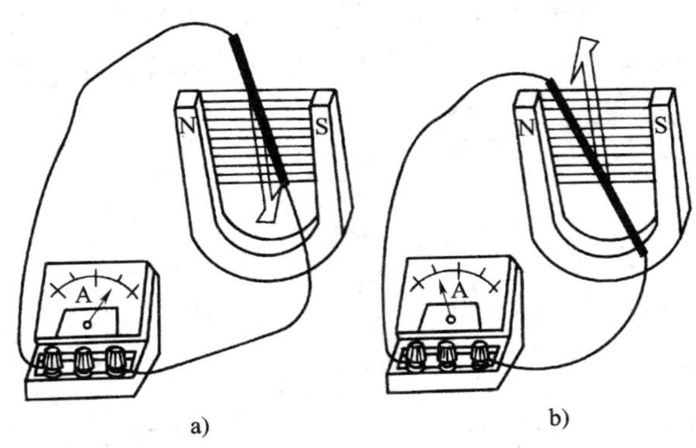

图2—18　导电回路切割磁感应线时产生感应电动势和感应电流

a）导体向下运动时检流计指针向右偏转一下　b）导体向上运动时检流计指针向左偏转一下

上述现象表明，感应电动势不但与导体在磁场中的运动方向有关，还与导体的运动速度 v 有关。

直导体中产生感应电动势的大小为：

$$e = Blv\sin\alpha$$

式中　B——磁感应强度，T；

v——导体运动速度，m/s；

α——v 与 B 的夹角；

l——导体的有效长度，m；

e——感应电动势，V。

当导体垂直磁感线方向运动时，$\alpha = 90°$；$\sin 90° = 1$，感应电动势最大。

直导体中产生感应电动势的方向，可用右手定则判断。如图2—19所示，平伸右手，拇指与其余四指垂直，让掌心正对磁场N极，以拇指指向表示导体运动方向，则其余四指的指向就是感应电动势的方向。

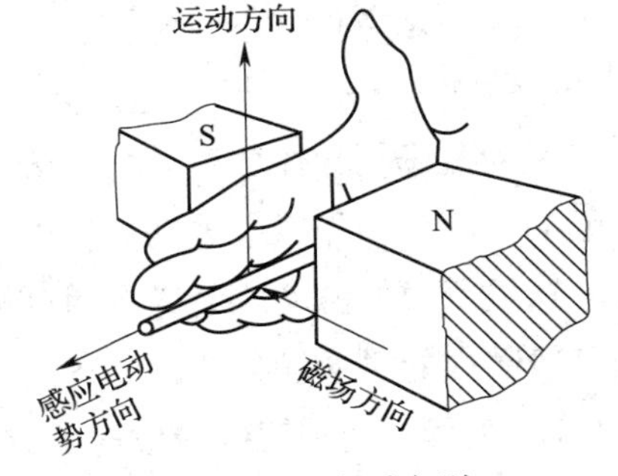

图2—19　右手定则

2. 线圈中磁通变化时的感应电动势

如图2—20所示，当把一条形磁铁的N极插入或拔出线圈时，检流计指针都会偏转，但偏转方向不同，如图 2—20a 和图 2—20c 所示；当磁铁在线圈中静止时，检流计的指针不偏转，如图 2—20b 所示；若改用磁铁的 S 极来重复上述实验，观察到的现象基本上相同，只是指针偏转方向有了改变。检流计指针偏转说明线圈中产生了电流，指针偏转方向不同说明电流方向不同，指针偏转的原因是由于磁铁的插入或拔出导致线圈中的磁通发生了变化。

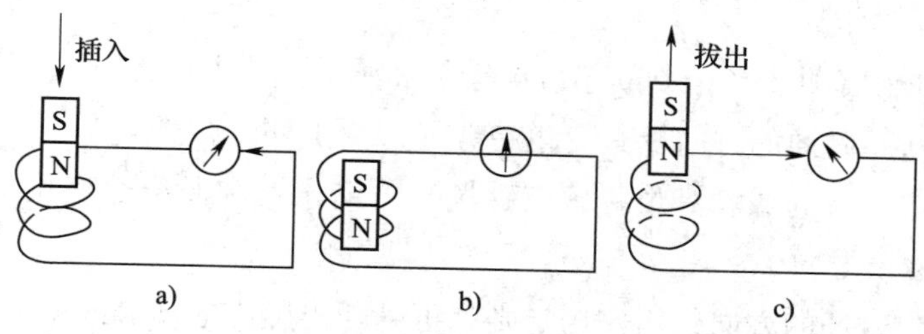

图 2—20　条形磁铁在线圈中运动而产生感应电流

a）磁铁插入　b）磁铁静止在线圈中　c）磁铁拔出

在图 2—21 中，两个邻近的同轴线圈，线圈 A 接有电源 E 和开关 S 及可变电阻 R，线圈 B 两端接有检流计 G。当 A 线圈回路中的开关在闭合或断开的瞬间，或者开关 S 闭合时改变 R 的阻值使 A 线圈电流增大或减小时，都会使线圈 B 的检流计指针发生偏转。

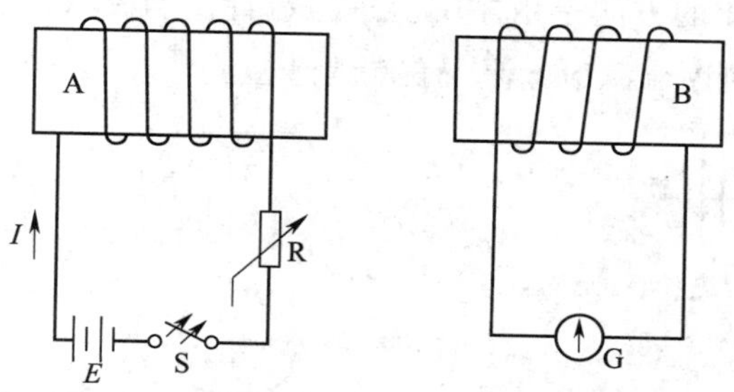

图 2—21　同轴线圈电磁感应

以上两实验都说明当穿过线圈中的磁通量发生变化时，在线圈回路中就会产生感应电动势和感应电流。

二、楞次定律

楞次定律指出了变化的磁通与感应电动势在方向上的关系。

通过大量实验可得出以下两个结论：

1．导体中产生感应电动势和感应电流的条件

导体相对磁场做切割磁感应线运动或线圈中磁通发生变化时，导体或线圈中就产生感应电动势；若导体或线圈是闭合电路的一部分，就会产生感应电流。

2. 感应电流产生的磁场总是阻碍原磁通的变化

当线圈中的磁通要增加时，感应电流就要产生一个磁场去阻碍它的增加；当线圈中的磁通要减少时，感应电流所产生的磁场将阻碍它减少。这个规律是楞次于1834年首次发现的，所以称为楞次定律。

楞次定律为我们提供了一个判断感应电动势和感应电流方向的方法，具体步骤是：

（1）首先判断原磁通的方向及其变化趋势（即增加还是减少）。

（2）根据感应电流的磁场（俗称感应磁场）方向永远和原磁通变化趋势相反的原则，确定感应电流的磁场方向。

（3）根据感应磁场的方向，用安培定则就可判断出感应电动势或感应电流的方向。应当注意，必须把线圈或导体看成一个电源。在线圈或直导体内部，感应电流从电源的“-”端流到“+”端；在线圈或直导体外部，感应电流由电源的“+”端经负载流回“-”端。因此，在线圈或直导体内部感应电流的方向永远和感应电动势的方向相同。

在图2—22a中，当把磁铁插入线圈时，线圈中的磁通将增加。根据楞次定律，感应电流的磁场应阻碍磁通的增加，则线圈的感应电流产生的磁场方向为上N下S。再根据安培定则可判断出感应电流的方向是由左端流进检流计。当磁铁拔出线圈时，如图2—22b所示。用同样的方法可判断出感应电流由右端流进检流计。

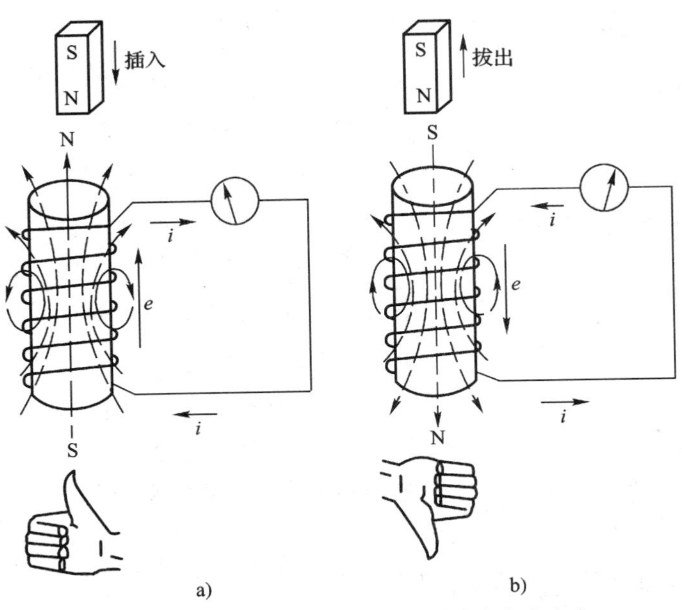

图2—22　磁铁插入和拔出线圈时感应电流方向

a）判断磁铁插入时感应电流方向　b）判断磁铁拔出时感应电流方向

三、法拉第电磁感应定律

楞次定律说明了感应电动势的方向，而没有回答感应电动势的大小。为此，重复图2—22的实验，可以发现检流计指针偏转角度的大小与磁铁插入或拔出线圈的速度有关，当速度越快时，指针偏转角度越大，反之越小。而磁铁插入或拔出的速度，正是反映了线圈中磁通变化的快慢。所以，线圈中感应电动势的大小与线圈中磁通的变化速度（即变化率）成正比。这个规律，就叫作法拉第电磁感应定律。

用 $\Delta\Phi$ 表示在时间间隔 Δt 内一个单匝线圈中磁通变化量。则一个单匝线圈产生的感应电动势为：

$$e=-\frac{\Delta\Phi}{\Delta t}$$

对于 N 匝线圈，其感应电动势为：

$$e=-\frac{N\Delta\Phi}{\Delta t}=-\frac{\Delta\psi}{\Delta t}$$

式中 e——在 Δt 时间内感应电动势的平均值，V；

N——线圈的匝数；

$\Delta\psi$——N 匝线圈的磁通链变化量，Wb；

Δt——磁通变化 $\Delta\psi$ 所需要的时间，s。

上式是法拉第电磁感应定律的数学表达式。式中负号表示了感应电动势的方向永远和磁通变化的趋势相反。在实际应用中，常用楞次定律来判断感应电动势的方向，而用法拉第电磁感应定律来计算感应电动势的大小（取绝对值）。所以这两个定律是电磁感应的基本定律。

另外，用法拉第电磁感应定律求 Δt 时间间隔内感应电动势平均值较为方便。

【例2—2】 如图2—23所示，如磁感应强度 $B=0.01\text{T}$，导体 $cd=0.1\text{ m}$，导体以0.4m/s的速度向右做垂直切割磁感应线的滑动，求感应电动势的大小和感应电流的方向。

解： 当导体cd做切割磁感应线滑动时，其感应电动势的大小为：

$$E=Blv\sin\alpha=0.01\times0.1\times0.4\times\sin90^\circ=4\times10^{-4}\text{ (V)}$$

感应电动势的方向由右手定则可判断出，其感应电流的方向为dcba逆时针流动。

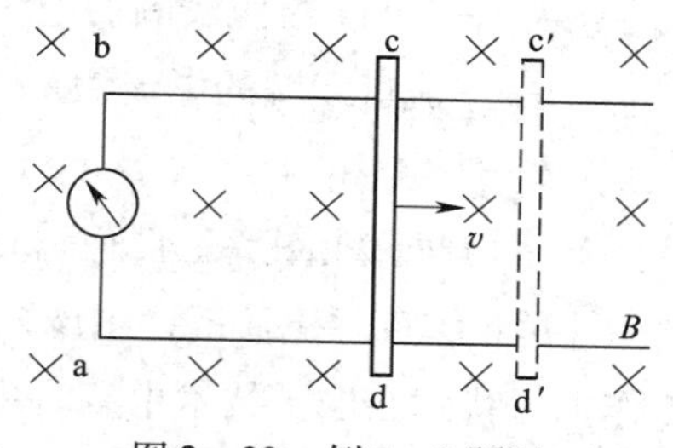

图2—23　例2—2题图

四、自感现象、自感系数

在图2—24a所示的电路中，可以看到这样的现象，当开关SA合上瞬间，灯泡HL1立即正常发光，此后灯的亮度不发生变化；但灯泡HL2的亮度却是由暗逐渐变亮，然后正常发光。在图2—24b所示的电路中，又可以看到另外一个现象，当开关SA打开瞬间，SA的刀口处会产生火花。上述现象是由于线圈电路在合闸和拉闸瞬间，电流发生着从无到有和从有到无的变化，线圈自身变化的电流产生了变化的磁通，变化的磁通又必然在线圈中产生感应电动势和感应电流。根据楞次定律分析，感应电动势要阻碍线圈中电流的变化，图2—24a中的HL2灯正是感应电流阻碍了正常发光，因此灯亮得迟缓些。图2—24b也是感应电流使电路电流在瞬间因线圈中能量的释放而产生火花。

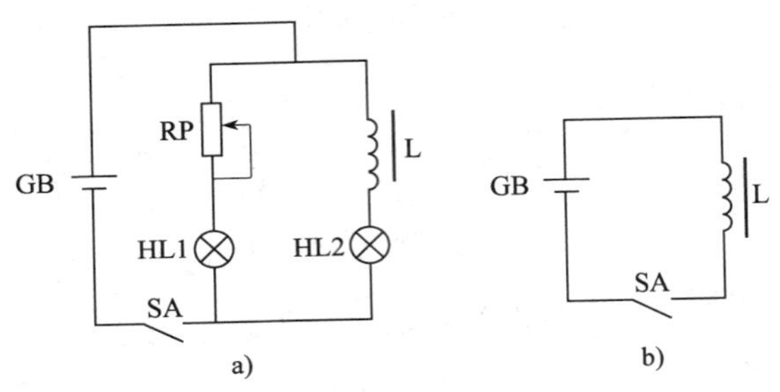

图2—24　自感现象

a）自感现象1　b）自感现象2

以上这种由于流过线圈本身的电流发生变化，而引起的电磁感应叫自感现象，简称自感。由自感产生的感应电动势称为自感电动势，用e_L表示。自感电流用i_L表示。

为找出e_L与外电流i之间的关系，把线圈中每通过单位电流所产生的自感磁通链数，称为自感系数，也称电感量，简称电感，用L表示。其数学式为：

$$L = \frac{\psi}{i}$$

式中　ψ——流过N匝线圈的电流i所产生的自感磁通链，Wb；

i——流过线圈的电流，A；

L——电感，H。

电感是衡量线圈产生自感磁通本领大小的物理量。如果一个线圈中通过1 A电流，能产生1 Wb的自感磁通链，则该线圈的电感就叫1亨利，简称亨，用字母H表示。在实际工作中，特别在电子技术中有时用H做单位太大，常采用较小的单位。它们与亨利的换算关系是：

$$1\text{ 亨（H）}=10^3\text{ 毫亨（mH）}$$

$$1\text{ 毫亨（mH）}=10^3\text{ 微亨（μH）}$$

电感 L 的大小不但与线圈的匝数以及几何形状有关（一般情况下，匝数越多，L 越大），而且与线圈中媒介质的磁导率有密切关系。对有铁芯的线圈，L 不是常数，对空心线圈，当其结构一定时，L 为常数。L 为常数的线圈称为线性电感，把线圈称为电感线圈，也称电感器或电感。

由于自感也是电磁感应，因此自感电动势方向也可用楞次定律判断，当线圈中的电流 i 增大时，感应电动势的方向与 i 的方向相反；电流 i 减小时，感应电动势的方向与 i 的方向相同，如图 2—25 所示。

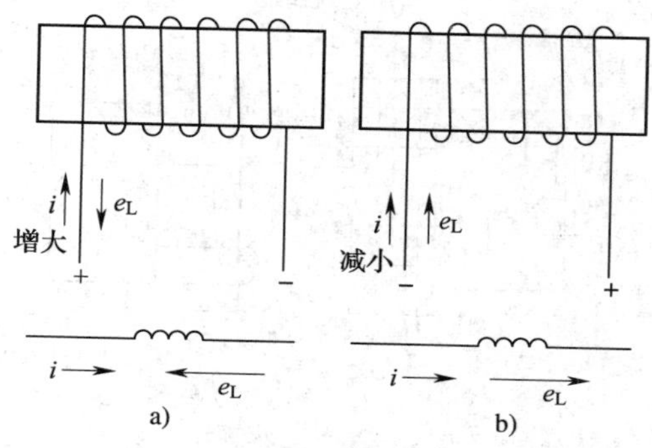

图 2—25　自感电动势的方向

a）外电流 i 增大感应电流的方向与 i 的方向相反　b）外电流 i 减小感应电流的方向与 i 的方向相同

自感电动势大小计算也应遵从法拉第电磁感应定律，所以将 $\Psi=Li$ 代入 $e_L=-\dfrac{\Delta\psi}{\Delta t}$ 中可得线性电感中的自感电动势为：

$$e_L=-\frac{L\Delta i}{\Delta t}$$

式中 $\dfrac{\Delta i}{\Delta t}$——电流的变化率（单位是 A/s），负号表示自感电动势的方向永远和电流的变化趋势相反。

自感对人们来说，既有利又有弊。例如日光灯是利用镇流器中的自感电动势来点燃灯管的，同时也利用它来限制灯管的电流；但在含有大电感元件的电路被切断的瞬间，因电感两端的自感电动势很高，在开关刀口的断开处会产生电弧，容易烧坏刀口，或者容易损坏设备的元器件，这都要尽量避免。通常在含有大电感的电路中都有灭弧装置。最简单的办法是在开关或电感两端并接一个适当的电阻或电容，或先将电阻和电容串接然后接到电感两端，让自感电流有一通路。

五、互感现象、互感电动势、同名端

1. 互感现象和互感电动势

如图 2—26 所示是一个实验电路。当可变电阻的阻值发生变化时，电路中的电流也发生变化，线圈 1 即产生变化的磁通，该磁通的变化影响到线圈 2，从而引起线圈 2 产生感应电动势和感应电流。如果线圈 1 中的电流强度不改变，线圈 2 电路中不会产生感应电动势和感应电流。

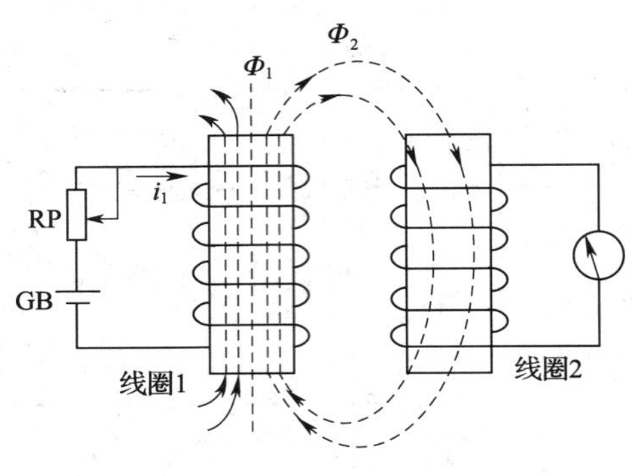

图 2—26　互感现象

这种由一个线圈中的电流发生变化而在另一线圈中产生电磁感应的现象叫互感现象，简称互感。由互感产生的感应电动势称为互感电动势，用 e_M表示。

互感电动势的大小正比于穿过本线圈磁通的变化率，或正比于另一线圈中电流的变化率。在一般情况下，当第一个线圈的磁通全部穿过第二个线圈时，互感电动势最大；当两个线圈互相垂直时，互感电动势最小。

2. 同名端

互感电动势的方向，不但与原磁通及其变化的方向有关，还与线圈的绕向有关，虽然仍可用楞次定律来判断，但比较复杂。尤其是对于已经制造好的互感器，从外观上无法知道线圈的绕向，判断互感电动势的方向就更加困难了。为了方便地判断互感电动势的方向，一般在绕制多线圈的线圈时，要注明同名端。

把绕向一致而产生感应电动势的极性始终保持一致的端子叫线圈的同名端。如图 2—27 中 1、4、5 是同名端。同名端处用小实心点“ · ”表示。根据同名端及利用电流方向和电流变化趋势就可以很容易把互感电动势的方向判断出来。

下面就以图 2—27 所示电路进行分析，当 SA 合上瞬间分析各线圈感应电动势极性。

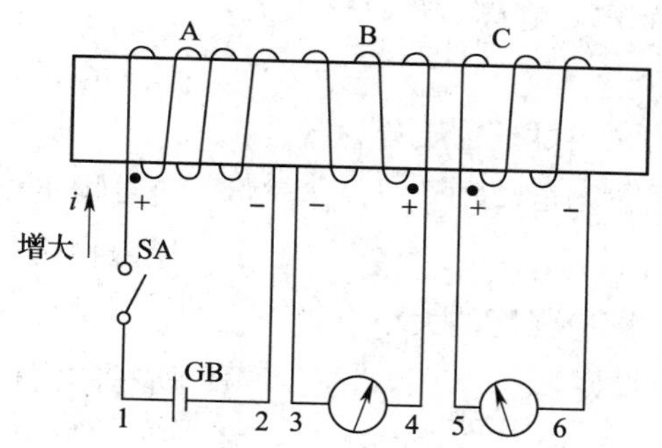

图 2—27　互感线圈同名端

SA 合上瞬间，A 线圈有一电流从 1 号端子流进线圈，并且电流在增大，根据楞次定律在 A 线圈两端产生自感电动势 e_L，左“+”右“-”。在 B、C 线圈产生互感电动势 e_{MB}、e_{MC}，利用同名端可确定 e_{MB}为左“-”右“+”，e_{MC}为左“+”右“-”。

和自感一样，互感既有利也有弊。在工农业生产中具有广泛用途的各种变压器，电动机都是利用互感原理工作的，这是其有利的一面，但在电子电路中，若线圈的位置安放不当，各线圈产生的磁场就会互相干扰，严重时会使整个电路无法工作，这就是互感有害的一面。为此人们常把互不相干的线圈的间距拉大或把两个线圈垂直安放，在某些场合下不得不用铁磁材料把线圈或其他元器件封闭起来进行磁屏蔽。

测　试　题

一、判断题

1. 根据物质磁导率的大小可把物质分为逆磁物质、顺磁物质和铁磁物质。（　　）
2. 匀强磁场中各点磁感应强度的大小与介质的性质有关。（　　）
3. 通电直导线在磁场里受力的方向应按左手定则确定。（　　）
4. 通电导线在与磁感应线平行位置时受的力最大。（　　）
5. 当导体在磁场里沿磁感应线方向运动时，产生的感应电动势为零。（　　）
6. 两个极性相反的条形磁铁相互靠近时它们会相互排斥。（　　）
7. 磁感应线总是从 N 极出发到 S 极终止。（　　）
8. 铁磁物质的磁导率 μ 很高，它是一个常数，不随磁场强度 H 或磁感应强度 B 值而变化。（　　）
9. 铁磁物质在外磁场作用下产生磁性的过程为磁化。（　　）

10．铁磁材料可分为软磁、硬磁、矩磁三大类。（ ）

二、单项选择题

1．根据物质磁导率的大小可把物质分为（ ）。

A．逆磁物质和顺磁物质
B．逆磁物质和铁磁物质
C．顺磁物质和铁磁物质
D．逆磁物质、顺磁物质和铁磁物质

2．匀强磁场中各点磁感应强度的大小与（ ）。

A．该点所处位置有关
B．所指的面积有关
C．介质的性质无关
D．介质的性质有关

3．（ ）各点磁感应强度的大小是相同的。

A．磁场不同位置
B．通电导线周围
C．匀强磁场中
D．铁磁物质周围

4．通电直导线在磁场里受力的方向应按（ ）确定。

A．右手定则
B．右手螺旋定则
C．左手定则
D．左手螺旋定则

5．当通电导体在（ ）位置时受的力最大。

A．与磁感应线平行
B．与磁感应线垂直
C．与磁感应线夹角为45°
D．与磁感应线夹角为30°

6．通电导体在与磁感应线垂直位置时受的力（ ）。

A．最大
B．最小
C．在最大与最小之间
D．无法判断

7．当导体在磁场里沿磁感应线方向运动时，产生的感应电动势（ ）。

A．最大
B．较大
C．为0
D．较小

8．当导体在磁场里（ ）运动时，产生的感应电动势最大。

A．沿磁感应线方向
B．与磁感应线垂直方向
C．与磁感应线夹角为45°
D．与磁感应线夹角为30°

9．两个极性相同的条形磁铁相互靠近时它们会（ ）。

A．相互吸引
B．相互排斥
C．互不影响
D．有时吸引，有时排斥

10．两个极性相反的条形磁铁相互靠近时它们会（ ）。

A．相互吸引
B．相互排斥
C．互不影响
D．有时吸引，有时排斥

11. 磁感应线在磁体外部是（　　）。

A. 从 S 极出发到 N 极终止　　B. 从 N 极出发到 S 极终止

C. 从磁体向外发散　　D. 无规则分布

12. 磁感应线在（　　）是从 N 极出发到 S 极终止。

A. 任何空间　　B. 磁体内部

C. 磁体外部　　D. 磁体两端

13. 铁磁物质是一类相对磁导率（　　）的物质。

A. $\mu_r<1$　　B. $\mu_r=1$

C. $\mu_r>1$　　D. $\mu_r>>1$

14. （　　）在外磁场作用下产生磁性的过程为磁化。

A. 顺磁物质　　B. 逆磁物质

C. 铁磁物质　　D. 非铁磁物质

15. 铁磁材料可分为软磁、（　　）、矩磁三大类。

A. 顺磁　　B. 逆磁

C. 硬磁　　D. 剩磁

测试题答案

一、判断题

1. √　2. √　3. √　4. ×　5. √　6. ×　7. ×　8. ×
9. √　10. √

二、单项选择题

1. D　2. D　3. C　4. C　5. B　6. A　7. C　8. B
9. B　10. A　11. B　12. C　13. D　14. C　15. C

第 3 章

正弦交流电路

第 1 节　正弦交流电的基本概念　/62
第 2 节　正弦交流电的三种表示法　/68
第 3 节　单相交流电路　/71
第 4 节　R—L 串联电路　/80
第 5 节　R—L—C 串联电路　/84
第 6 节　涡流与集肤效应　/86
第 7 节　三相交流电路　/88

第1节　正弦交流电的基本概念

一、交流电

交流电在日常的生产和生活中应用极为广泛，即使是在某些需要直流电的场合，也往往是将交流电通过整流设备变换为直流电。大多数的电气设备，如电动机、照明器具、家用电器也使用交流电。

直流电和交流电的根本区别是：直流电的方向不随时间变化而变化，交流电的方向则随着时间的变化而变化，正弦交流电则是按正弦规律进行变化。如图3—1所示。各种电流的波形如图3—2所示。

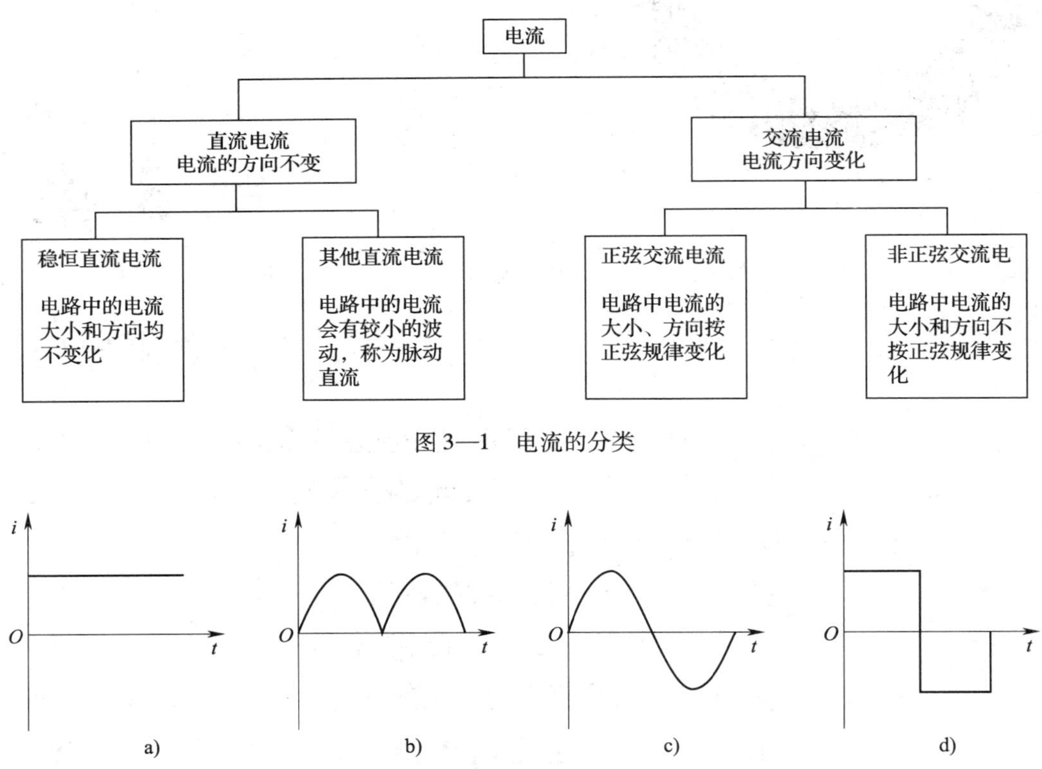

图3—1　电流的分类

图3—2　各种电流的波形

a）直流电　b）脉动直流电　c）交流电　d）非正弦交流电

以下如果没有特别说明所讲的交流电均指正弦交流电。

二、正弦交流电的产生

正弦交流电是由交流发电机产生的。图 3—3a 是最简单的交流发电机示意图。发电机由定子和转子组成。定子有 N、S 两极。转子铁芯是一个可以转动的由硅钢片叠成的圆柱体，铁芯上绕有线圈，线圈两端分别接到两个相互绝缘的铜质滑环上，通过电刷与电路接通。

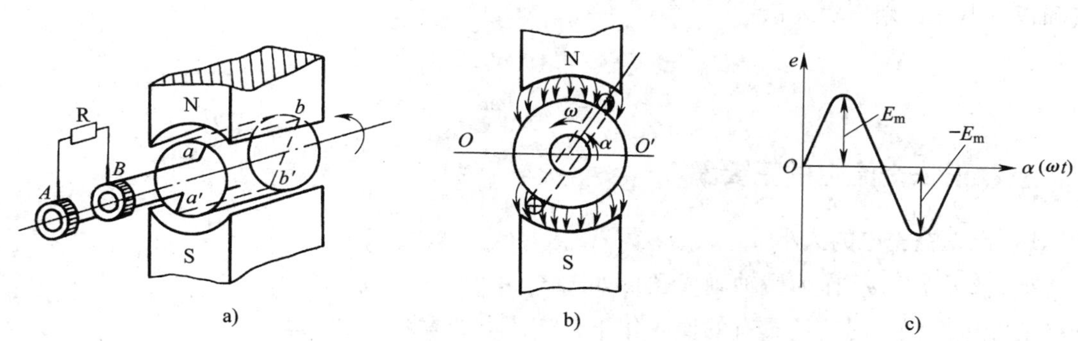

图 3—3　最简单的交流发电机示意图

a）交流发电机示意图　b）正弦规律分布　c）正弦规律变化的交流电

当用原动机（如水轮机或汽轮机）拖动电枢转动时，由于导体切割磁感应线而在线圈中产生感应电动势。为了得到正弦波形的感应电动势，应采用适当的磁极形状，使磁极和转子之间的磁感应强度按正弦规律分布，如图 3—3b 所示。在磁极中心位置，磁感应强度最大，用 B_m 表示；在磁极分界面处，磁感应强度为零。磁感应强度为零的点组成的平面叫中性面，如图 3—3b 中的 OO' 水平面。如果线圈所在位置与中性面成 α 角，此处电枢表面的磁感应强度为：

$$B = B_m \sin\alpha$$

当电枢在磁场中从中性面开始以匀角速度逆时针转动时，每匝线圈中产生的感应电动势的大小为：

$$e = 2Blv = 2B_m lv\sin\alpha$$

如果线圈有 N 匝，则总的感应电动势为：

$$e = 2NB_m lv\sin\alpha = E_m \sin\alpha$$

式中　E_m——感应电动势最大值，$E_m = 2NB_m lv$，V；

N——线圈的匝数；

B_m——最大磁感应强度，T；

l——线圈一边的有效长度，m；

v——导线切割磁感应线的速度，m/s。

由上式看出，线圈中的感应电动势是按正弦规律变化的交流电，如图3—3c所示。

因为电枢在磁场中以角速度 ω 做匀速转动，所以 $\omega t=\alpha$，于是又可写成：

$$e=E_m\sin\omega t$$

因为发电机经电刷与外电路的负载接通，形成闭合回路，所以电路中就产生了正弦电流和正弦电压，用下式表示：

$$i=I_m\sin\omega t$$

$$u=U_m\sin\omega t$$

三、正弦交流电的三要素

1. 正弦交流电的大小

$i=I_m\sin\omega t$ 以 ωt 作为横轴画成图形如图3—4所示。正弦交流电在任一时刻所具有的值叫作正弦交流电的瞬时值。

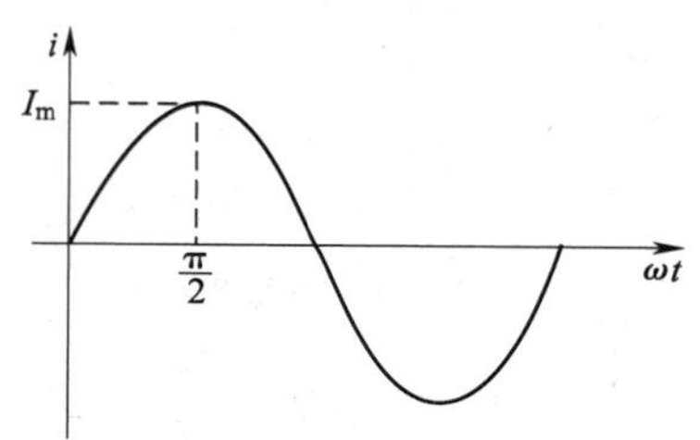

图3—4　交流电的波形图

正弦交流电的电动势、电压和电流的瞬时值分别用小写字母 e、u 和 i 表示。

正弦交流电中最大的瞬时值叫作正弦交流电的最大值（又称峰值、振幅）。最大值用大写字母附加下标 m 表示。如 E_m、U_m 和 I_m。

2. 正弦交流电的变化速度

（1）周期。交流电每重复变化一次所需时间称为周期，用字母 T 表示，单位是秒，用字母 s 表示。常用单位还有毫秒（ms）、微秒（μs）、纳秒（ns）。

1 毫秒（ms）$=10^{-3}$秒（s）

1 微秒（μs）$=10^{-6}$秒（s）

1 纳秒（ns）$=10^{-9}$秒（s）

（2）频率。交流电 1s 内重复的次数称为频率，用字母 f 表示。f 的单位是赫兹，用字母 Hz 表示。频率的常用单位还有千赫（kHz）和兆赫（MHz）。

1 千赫（kHz）$=10^3$赫（Hz）

1 兆赫（mHz）$=10^6$赫（Hz）

根据周期和频率的定义可知，周期和频率互为倒数，即：

$$f=\frac{1}{T} \quad \text{或} \quad T=\frac{1}{f}$$

我国的电力标准频率为 50 Hz（习惯上称为工频），其周期为 0.02 s。而在美国、日本则采用 60 Hz。

（3）角频率。角度 α 的大小反映着线圈中感应电动势大小和方向的变化。这种以电磁关系来计量交流电变化的角度叫电角度。当然电角度并不是在任何情况下都等于线圈实际转过的机械角度，只有在两个磁极的发电机中的电角度才等于机械角度。今后在正弦交流电的表达式中的角度，都是指电角度。

正弦交流电每秒内变化的电角度称为角频率，用 ω 表示。ω 的单位是弧度/秒（rad/s）。根据角频率的定义有：

$$\omega=2\pi f=\frac{2\pi}{T}$$

在我国的供电系统中，交流电的频率是 50 Hz，周期是 0.02 s，角频率是 100 π rad/s 即 314 rad/s。

3. 正弦交流电的变化起点

相位和初相位。在讲述正弦交流电动势的产生时，是假设线圈开始转动的瞬时，线圈平面与中性面重合。由于此时 $\alpha=0°$，所以线圈中的感应电动势 $e=E_m\sin\alpha=0$。即假设正弦交流电的起点为零。但实际上正弦交流电的起点不一定为零。如图 3—5 所示，a1b1 和 a2b2 是两个完全相同的线圈，设开始计时即 $t=0$ 时 a1b1 线圈平面与中性面夹角为 φ_1，a2b2 线圈平面与中性面夹角为 φ_2，则任意时刻这两个电动势的瞬时值分别是：

$$e_1=E_m\sin(\omega t+\varphi_1)$$

$$e_2=E_m\sin(\omega t+\varphi_2)$$

上式中的电角度（$\omega t+\varphi$）称为该交流电的相位或相角，用它来描述正弦交流电在不同瞬间的变化状态（如增长、减小、通过零点或最大值等），即它反映了交流电变化的进程。显然 e_1 的相位是（$\omega t+\varphi_1$），e_2 的相位是（$\omega t+\varphi_2$），电动势 e_1 和 e_2 的波形如图 3—5b 所示。

$t=0$ 时的相位叫初相位或初相，显然 e_1 的初相是 φ_1，e_2 的初相是 φ_2。交流电的初相可以为正也可以为负。在波形图中可看出 $t=0$ 时，若 $e_1>0$ 则初相为正，若 $e_1<0$ 则初相为负。初相角通常用不大于 180° 的角来表示。

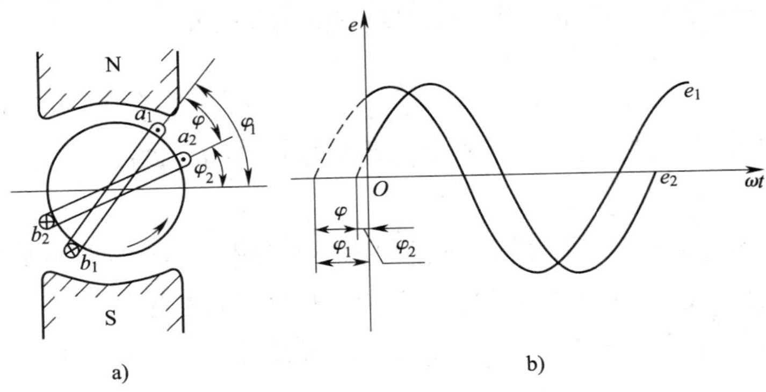

图 3—5　交流电相位与初相位

a）起点不为零的位置　b）起点不为零的波形图

综上所述，交流电的最大值反映了正弦量的变化范围；角频率反映了正弦量的变化快慢；初相位反映了正弦量的起始状态。如果交流电的最大值、频率和初相位确定以后，就可以确定交流电随时间变化的情况。因此，把最大值、频率和初相位叫作交流电的三要素。

四、正弦交流电的有效值

在电工技术中，经常要利用交流电的热效应和机械效应等。为了衡量交流电中这些效应的大小，用最大值是不行的，因为交流电的大小是随时间变化的。通常是以热效应或机械效应相等的直流电的大小来表示交流电的大小。例如，使交流电和直流电分别通过电阻相同的两个导体，如果在相同的时间内产生的热量相等，那么这个直流电的大小就叫作交流电的有效值。有效值用大写字母表示。如 E、U 和 I。电工仪表测出的交流电数值以及通常所说的交流电数值都是指有效值。如现在的生活用电为交流 220 V，就是指它的有效值，它的最大值为 $\sqrt{2}\times 220\approx 311$ V。

在正弦交流电的有效值和最大值之间，有下列关系式：

$$有效值=\frac{1}{\sqrt{2}}\times 最大值$$

即：

$$U=\frac{1}{\sqrt{2}}U_{\mathrm{m}}\approx 0.707U_{\mathrm{m}}$$

$$I=\frac{1}{\sqrt{2}}I_{\mathrm{m}}\approx 0.707I_{\mathrm{m}}$$

$$E=\frac{1}{\sqrt{2}}E_{\mathrm{m}}\approx 0.707E_{\mathrm{m}}$$

交流电的瞬时值在半个周期内的平均数值称为交流电的平均值。平均值用大写字母加下标 a 来表示，如 E_a、U_a和 I_a。

五、正弦交流电的相位差

两个同频率交流电的相位之差叫相位差，用字母 φ 表示，即：

$$\varphi = (\omega t + \varphi_1) - (\omega t + \varphi_2) = \varphi_1 - \varphi_2$$

可见，两个同频率交流电的相位差就等于它们的初相之差。如果一个交流电比另一个交流电提前达到零值或最大值，则前者叫超前，后者叫滞后，如图 3—5b 所示，e_1超前 e_2，当然也可以说成 e_2滞后 e_1；若两个交流电同时达到零值或最大值，即两者的初相角相等，则称它们同相位，简称同相。如图 3—6a 所示；若一个交流电达到正最大值时，另一个交流电达到负最大值，即它们的初相位相差 180°，则称它们的相位相反，简称反相，如图 3—6b 所示。

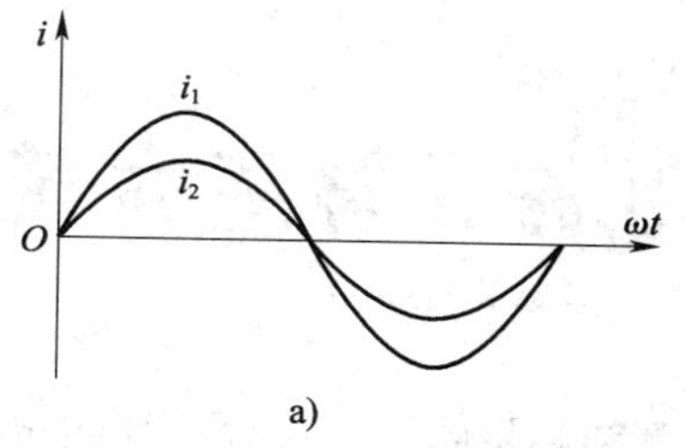

a)

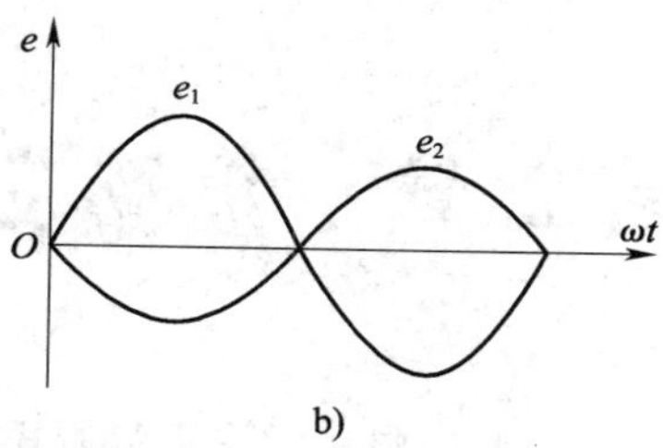

b)

图 3—6 两个交流电的同相和反相

a）两个交流电同相 b）两个交流电反相

【例 3—1】 已知两正弦电动势 $e_1 = 100\sin(100\pi t + 60°)$ V，$e_2 = 65\sin(100\pi t - 30°)$ V。

求：(1) 各电动势的最大值和有效值。

(2) 频率、周期。

(3) 相位、初相位、相位差。

(4) 画出波形图。

解：(1) 最大值：$E_{m1} = 100$ (V)　　$E_{m2} = 65$ (V)

有效值：$E_1 = 71$ (V)，$E_2 = 46$ (V)

(2) 频率：$f = \omega/2\pi = 100\pi/2\pi = 50$ (Hz)

周期：$T = 1/f = 1/50 = 0.02$ (s)

(3) 相位：$\alpha_1 = 100\pi t + 60°$　　$\alpha_2 = 100\pi t - 30°$

初相位：$\varphi_1=60°$　　$\varphi_2=-30°$

相位差：$\varphi=\varphi_1-\varphi_2=60°-(-30°)=90°$

（4）波形如图3—7所示。

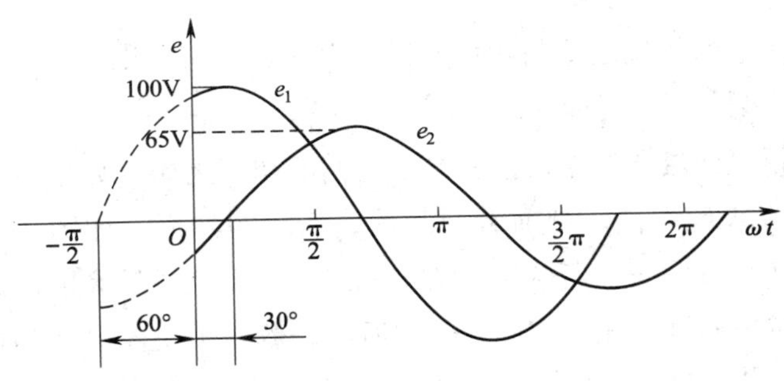

图3—7　例3—1题图

第2节　正弦交流电的三种表示法

为了便于研究交流电，常采用解析式、波形图和相量图，这些方法都能包含交流电的三要素，并都能进行运算。

一、解析法

$$e=E_m\sin(\omega t+\varphi_e)$$

$$u=U_m\sin(\omega t+\varphi_u)$$

$$i=I_m\sin(\omega t+\varphi_i)$$

三个解析式中都包含了最大值、频率和初相角，根据解析式就可以计算交流电任意瞬时的数值。如解析式 $e=E_m\sin(\omega t+\varphi_e)$ 中 E_m 为最大值，ω 为角频率，φ_e 为初相角。

二、波形图法

用波形图来表示正弦交流电的方法称为波形图表示法。如图3—8所示，横坐标表示时间 t 或电角度 ωt，纵坐标表示瞬时值。从图中还可以看出交流电的振幅、周期和初相角。

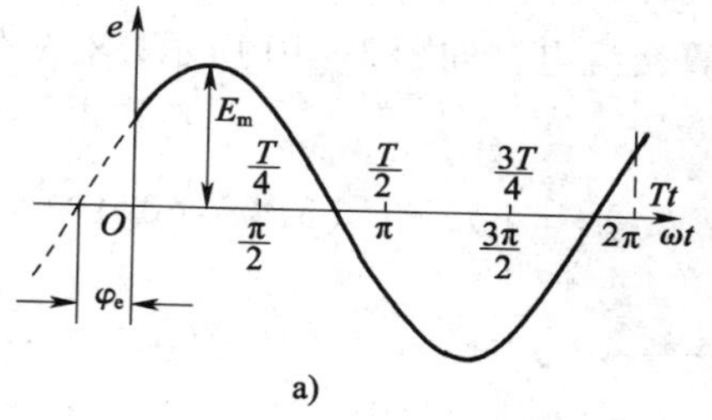

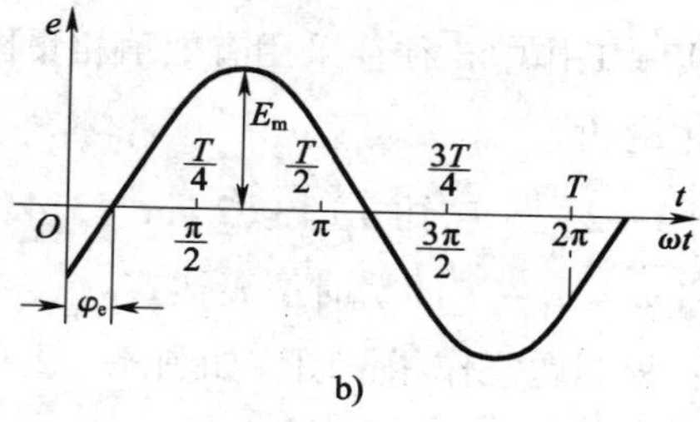

图 3—8　正弦交流电的波形图

a）初相角大于零　b）初相角小于零

三、相量图

正弦交流电也可以用相量图表示，如图 3—9 所示，在平面上作一有向线段 OA，并使其长度与正弦交变量的最大值成比例，如图中的最大值 E_m，使 OA 与 Ox 轴的夹角等于正弦交变量的初相角 φ，设有向线段 OA 以角速度 ω 绕原点逆时针旋转，在 $t=0$ 时，有向线段 OA 的初始位置在纵坐标上的投影 $Oa=E_m\sin\varphi$；经过 t_1时间，逆时针旋转到 B 处，在纵坐标上的投影 $Ob=E_m\sin（\omega t_1+\varphi）$。这样旋转的有向线段表达出的峰值、角频率、初相角就是正弦量的三要素。旋转有向线段 OA 任一瞬间在纵轴 Oy 的投影（Oa）即为正弦交变量的瞬时值。

$$Oa=e_1=U_m\sin（\omega t+\varphi）$$

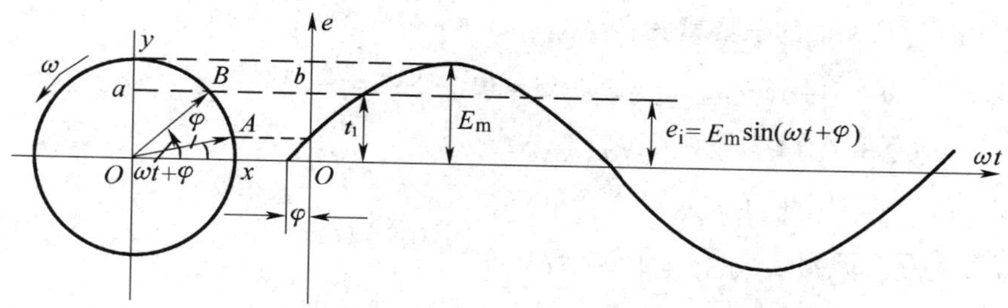

图 3—9　相量表示法

把同频率的交流电画在同一相量图上时，由于相量的角频率相同，所以不管其旋转到什么位置，彼此之间的相位关系始终保持不变。因此，在研究相量之间的关系时，一般只要按初相角作出相量，而不必标出角频率，如图 3—10 所示，这样作出的图叫相量图。

采用相量图表示正弦交流电，在计算和决定几个同频率的交流电的和或差的时候，比解析法和波形图要简单得多，而且比较直观，故它是研究交流电的重要工具之一。同时应该指出，旋转相量法只适用于同频率正弦交流电的计算。

在实际工作中，往往采用有效值相量图来计算交流电，如图3—10所示，有效值相量图简称相量图。

【例3—2】 已知 $u_1=3\sqrt{2}\sin(314t+30°)$ V，$u_2=4\sqrt{2}\sin(314t-60°)$ V。求 $u=u_1+u_2$ 和 $u'=u_1-u_2$ 的瞬时值表达式。

解： 根据题意作相量图，如图3—11所示。

则：$U=\sqrt{U_1^2+U_2^2}=\sqrt{3^2+4^2}=5(\text{V})$

$\varphi=\arctan\dfrac{U_2}{U_1}=\arctan\dfrac{4}{3}\approx53°$ （u_1 超前 u 角度）

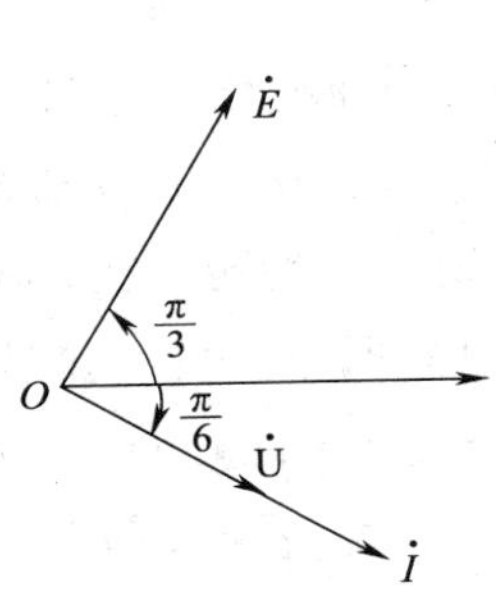

图3—10 相量图

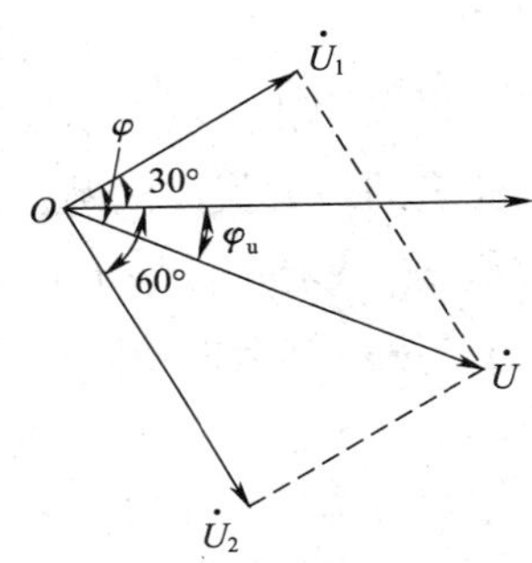

图3—11 例3—2题图1

于是可得 $u=u_1+u_2$ 的三要素为：

$U_m=5\sqrt{2}$ V，$\omega=314$ rad/s，$\varphi_u=\varphi_1-\varphi=30°-53°=-23°$

所以：$u=5\sqrt{2}\sin(314t-23°)(\text{V})$

而：$u'=u_1-u_2=u_1+(-u_2)$

则：$U'=\sqrt{U_1+U_2}=\sqrt{3^2+4^2}=5(\text{V})$

$$\varphi'=\arctan\frac{U_2}{U_1}=\arctan\frac{4}{3}\approx53°$$

画出相量图如图3—12所示，于是 u' 的三要素为：

$$U_m'=5\sqrt{2}\text{ V},\ \omega=314\text{ rad/s}$$

$$\varphi_u'=\varphi'+\varphi_1=53°+30°=83°$$

所以：$u'=5\sqrt{2}\sin(314t+83°)(\text{V})$

【例3—3】 已知 $u_1=120\sin(100\pi t+210°)$ V，$u_2=70\sin(100\pi t+30°)$ V。求

u_1+u_2和u_1-u_2的瞬时值表达式。

解： 由已知条件作相量图，如图3—13所示。

u_1和u_2反相，则：

$$U_m=U_{1m}-U_{2m}=120-70=50\ (V)$$

$\therefore u_1+u_2=U_m\sin\ (100\pi t+210°)$

$=50\sin\ (100\pi t+210°)\ (V)$

$U'_m=U_{1m}-\ (-U_{2m})\ =120-\ (-50)\ =170\ (V)$

$\therefore u_1-u_2=U'_m\sin\ (100\pi t+210°)$

$=170\sin\ (100\pi t+210°)\ (V)$

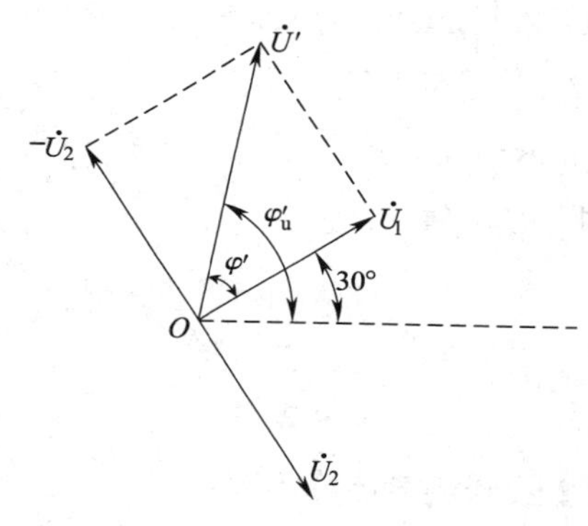

图3—12　例3—2题图2

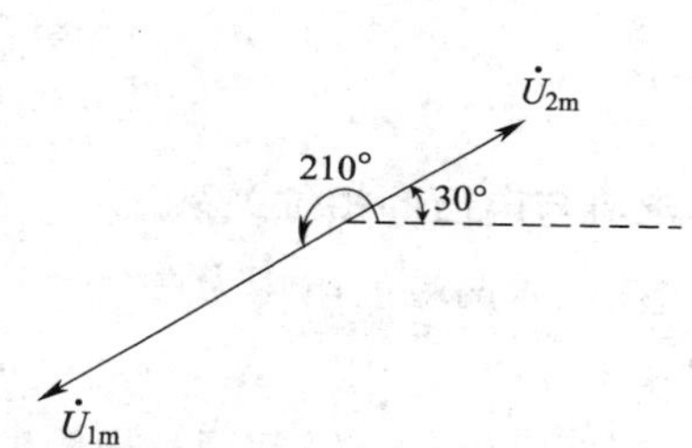

图3—13　例3—3题图

第3节　单相交流电路

由交流电源、用电器和中间环节等组成的电路称为交流电路。若电源中只有一个交变电动势，称为单相交流电路。与直流电路不同之处在于分析各种交流电路不但要确定电路中电压与电流之间的大小关系，而且要确定它们之间的相位关系，同时还要讨论电路中的功率问题。为分析复杂的交流电路，首先必须掌握单一参数（电阻、电感、电容）元件电路中电压与电流之间的关系，因为复杂的交流电路均可看成是单一参数元件的组合。

由于交流电路中的电压和电流都是交变的，因而有两个作用方向。为分析电路时方便，常把其中的一个方向规定为正方向，且同一电路中的电压和电流以及电动势的正方向完全一致。

一、纯电阻电路

由白炽灯、电烙铁、电阻器组成的交流电路都可近似看成是纯电阻电路，如图3—14a所示，因为在这些电路中，影响电路中电流大小的主要因素是电阻R。

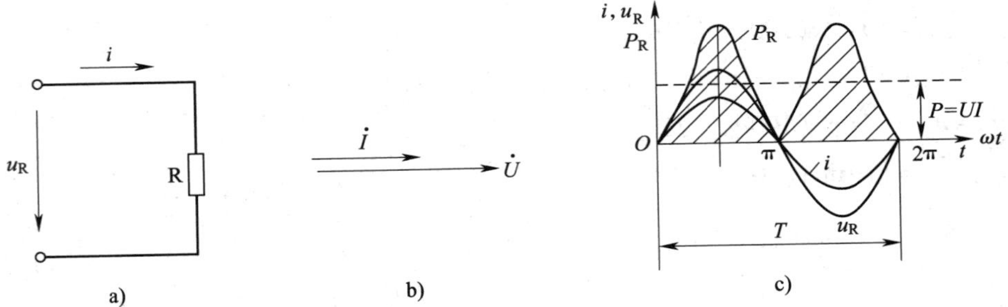

图3—14　纯电阻电路

a）纯电阻电路　b）相量图　c）波形图

1. 电流与电压的相位关系

设加在电阻两端的电压为：

$$u_R = U_{Rm}\sin\omega t$$

实验证明，在任一瞬间通过电阻的电流 i 仍可用欧姆定律计算，即：

$$i = \frac{u_R}{R} = \frac{U_{Rm}\sin\omega t}{R}$$

上式表明，在正弦电压的作用下，电阻中通过的电流也是一个同频率的正弦电流，且与加在电阻两端的电压同相位。图3—14b和图3—14c分别画出了电流、电压相量图和波形图。

2. 电流与电压的数量关系

由电阻两端的电压公式可知，通过电阻的最大电流为：

$$I_m = \frac{U_{Rm}}{R}$$

若把上式两边同除以$\sqrt{2}$，则得有效值：

$$I = \frac{U_R}{R}$$

这说明，在纯电阻电路中，电流与电压的瞬时值、最大值、有效值都符合欧姆定律。

3. 功率

在任一瞬间，电阻中电流瞬时值与同一瞬间的电阻两端电压的瞬时值的乘积，称为电

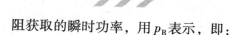

阻获取的瞬时功率，用 p_R 表示，即：

$$p_R = u_R i = \frac{U_{Rm}^2}{R}\sin^2\omega t$$

瞬时功率的变化如图 3—14c 中画有线条的曲线所示。由于电流和电压同相，所以 p_R 在任一瞬间的数值都是正值（除电压和电流都是零的瞬时外），这就说明电阻总是要消耗功率，是耗能元件。

由于瞬时功率时刻变动，不便计算，通常用电阻在交流电一个周期内消耗的功率的平均值来表示功率的大小，叫作平均功率。平均功率又称有功功率，用 P 表示，单位仍是瓦特（W）。经数学证明，电压、电流用有效值表示时，其功率 P 的计算与直流电路相同，即：

$$P = U_R I = I^2 R = \frac{U_R^2}{R}$$

【例 3—4】 已知某白炽灯的额定参数为 220 V/100 W，其两端加有电压为 $u = 311\sin 314t$，试求（1）白炽灯的工作电阻；（2）电流有效值及解析表达式。

解：（1）因为白炽灯额定电压、额定功率分别为 220 V 和 100 W，所以：

$$R = U^2/P = 220^2/100 = 484\ (\Omega)$$

（2）由 $u = 311\sin 314t$ 可知电压有效值为：

$$U = \frac{U_m}{\sqrt{2}} = \frac{311}{\sqrt{2}} = 220\ (\text{V})$$

与白炽灯的额定电压相符。则电流有效值为：

$$I = \frac{U}{R} = \frac{220}{484} = 0.455(\text{A})$$

又因为白炽灯可视为纯电阻，电流与电压同频、同相，所以电流 i 解析表达式为：

$$i = 0.455\sqrt{2}\sin 314t(\text{A})$$

二、电感与纯电感电路

由电阻很小的电感线圈组成的交流电路，可近似地看成是纯电感电路。图 3—15a 所示为由一个线圈构成的纯电感电路。

1. 电流与电压的相位关系

当纯电感电路中有交变电流 i 通过时，根据电磁感应定律，线圈 L 上将产生自感电动势，它的大小和方向为：

$$e_L = -L\frac{\Delta i}{\Delta t}$$

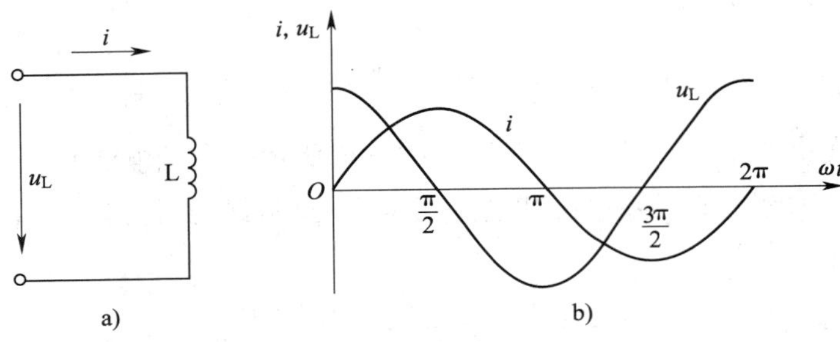

图3—15　纯电感电路及电压和电流的波形图

a）纯电感电路　b）电压超前电流$\frac{\pi}{2}$

在第1章已学过，对于内阻很小的电源，其电动势与端电压几乎大小相等且方向相反，因而：

$$u_L = -e_L = -\left(-L\frac{\Delta i}{\Delta t}\right) = L\frac{\Delta i}{\Delta t}$$

设电感L中流过电流 i 为：

$$i = I_m \sin\omega t$$

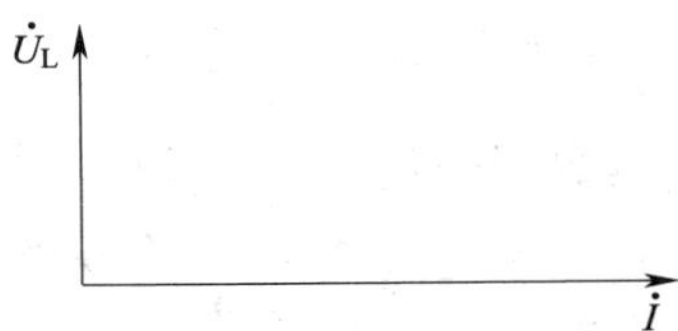

图3—16　纯电感电路中相量关系

由数学推导可知：$u_L = \omega L I_m \sin\left(\omega t + \frac{\pi}{2}\right)$

所以纯电感电路中，电压超前电流 $\frac{\pi}{2}$，即90°，如图3—15b和图3—16所示。

2．电压与电流的频率关系

由上面分析可知，电流与电压频率相同。

3．电流与电压的数量关系

同样由上面分析可知：$U_{Lm} = \omega L I_m$　或　$U = \omega L I$

对比纯电阻电路欧姆定律可知，ωL 与 R 相当，表示电感对交流电的阻碍作用，称为感抗，用 X_L 表示，单位是欧姆，即：

$$X_L = \omega L = 2\pi f L$$

显然感抗的大小，取决于线圈的电感量 L 和流过它的电流的频率 f。对某一个线圈而言，L 越高则 X_L 越大，f 越大则 X_L 越大，因此电感线圈对高频电流的阻力很大。对直流电而言，由于 $f=0$，则 $X_L=0$，电感线圈可视为短路。

值得注意的是，虽然感抗 X_L 和电阻 R 相当，但感抗只有在交流电路中才有意义，而且感抗只代表电压和电流最大值或有效值的比值；感抗不能代表电压和电流瞬时值的比值，即 $X_L \neq u/i$，这是因为 u 和 i 相位不同。

4. 功率

在纯电感电路中，电压瞬时值和电流瞬时值的乘积，称为瞬时功率，即：

$$p_L = u_L i$$

将 u_L 和 i 代入，得：

$$\begin{aligned} p_L &= U_{Lm}\sin\left(\omega t + \frac{\pi}{2}\right) \times I_{Lm}\sin\omega t \\ &= 2 \times \frac{U_{Lm}}{\sqrt{2}}\cos\omega t \times \frac{I_{Lm}}{\sqrt{2}}\sin\omega t \\ &= \frac{U_{Lm}}{\sqrt{2}}\frac{I_{Lm}}{\sqrt{2}}\sin 2\omega t \\ &= U_L I_L \sin 2\omega t \end{aligned}$$

通过上面分析可以画出波形图如图 3—17 所示，图中 p_L 在 $0-\frac{\pi}{2}$、$\pi-\frac{\pi}{2}$ 周期内，p_L 为正值，即电源将电能传给线圈并以磁能形式储存于线圈中；在 $\frac{\pi}{2}-\pi$、$\frac{3\pi}{2}-2\pi$ 周期内，p_L 为负值，即线圈将磁能转换成电能送还给电源。这样，在半个周期内，纯电感电路的平均功率为零。就是说纯电感电路中没有能量损耗，只有电能和磁能做周期性的转换。因此，电感元件是一种储能元件。

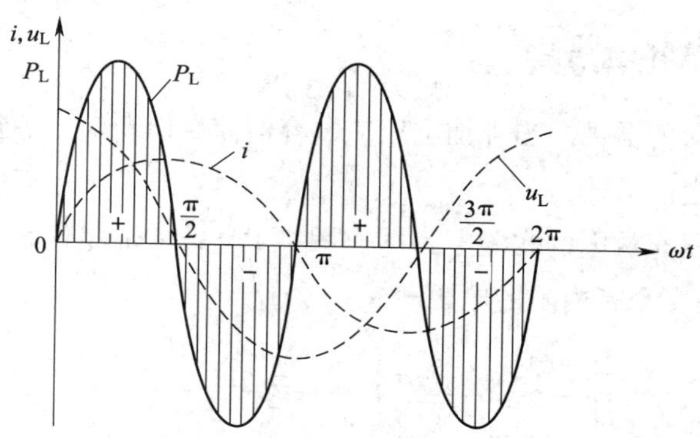

图 3—17　纯电感电路功率曲线

需要注意的是，虽然在纯电感电路中平均功率为零，但事实上电路中时刻进行着能量的交换，所以瞬时功率并不为零。瞬时功率的最大值称为无功功率，用 Q_L 表示，单位是乏（var），数学式为：

$$Q_L = U_L I = I^2 X_L = \frac{U_L^2}{X_L}$$

上式中各物理量的单位分别用伏特、安培、欧姆时，无功功率的单位就是乏（var）。

必须指出，“无功”的含义是“交换”而不是“消耗”，它是相对“有功”而言的，绝不能理解为“无用”。事实上无功功率在生产实践中占有很重要的地位。具有电感性质的变压器、电动机等设备都是靠电磁转换工作的，因此，若无无功功率，这些设备就无法工作。

【例3—5】 某一电感量 $L=0.7\text{H}$、电阻可以忽略的线圈接在交流电源上，已知交流电压为：$u=220\sqrt{2}\sin(314t+30°)$ V。

试求：（1）感抗；

（2）流过线圈电流的瞬时值表达式；

（3）电路的无功功率；

（4）作出电压和电流的相量图。

解：（1）$X_L=\omega L=314\times0.7=220$（Ω）

（2）$I=U/X_L=220/220=1$（A），因为是纯电感电路，电流滞后电压90°，而电压初相为30°，所以电流初相为 $\varphi_i=\varphi_u-90°=30°-90°=-60°$

所以：$i=\sin(314t-60°)$（A）

（3）$Q_L=UI=220\times1=220$（var）

（4）电流和电压相量图如图3—18所示。

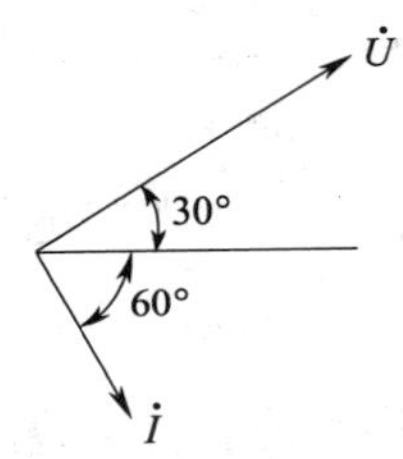

图3—18　例3—5题图

三、电容与纯电容电路

电容器是储存电荷的器件。当外加电压使电容器储存电荷时，就叫充电，而电容器向外释放电荷时就叫放电。

图3—19是电容器充放电的实验电路图。图中PA是一个零位在中间，指针可以左右偏转的电流表，PV是一个高内阻的电压表。

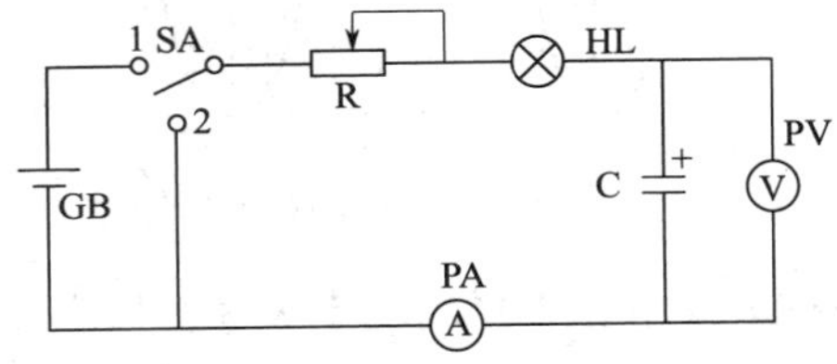

图3—19　电容器的充放电实验电路

当把开关拨到1时，可同时观察到如下现象，指示灯突然亮了一下就慢慢变暗了；电流表的指针突然向右偏转到某一数值，然后慢慢回到零位；而电压表的读数则随着灯由亮到暗而由零逐渐达到电源电压。

当把开关从 1 拨到 2 时，将发现指示灯又突然亮了一下就变暗；电流表的指针却突然向左偏转到某一数值，然后慢慢回到零位；而电压表的读数则随着灯由亮到暗而由电源电压逐渐减小到零。

若把开关迅速地在 1 和 2 之间拨动，则指示灯就始终保持发光。

以上实验说明，当开关拨向 1 时，电源对电容充电，电容器储存电荷，电荷移动情况如图 3—20a 所示。电荷在电路中有规律的移动就形成了电流，所以串联在电路中的指示灯会发光、电流表的指针会偏转。但随着电荷的积累，电容器两端的电压不断升高并且阻止电荷继续移向电容器，因此电路中的电流就逐渐减小。当电容器两端的电压达到电源电压时，电荷的移动就完全停止，线路中的电流就等于零，指示灯变暗，电流表的指针回到零位。

实验还说明，当开关从 1 拨到 2 时，电容器放电，电荷移动情况如图 3—20b 所示。由于电荷在电路中有规律地移动，所以电路中有电流流过指示灯和电流表（但方向与原来相反），从而使指示灯发光、电流表指针反向偏转。但随着电荷的释放，电容中储存的电荷越来越少，最后为零。于是电路中不再有电荷移动，也就不存在电流，指示灯变暗、电流表指针回到零位、电压表的读数也为零。

当开关迅速地在 1 和 2 之间拨动时，电容器就不断地在充放电，线路中始终有电流，所以指示灯保持发光。

若将图 3—19 中的电源改为数值相同的交流电源，我们发现一旦把开关拨向 1 后，指示灯仍能保持发光。

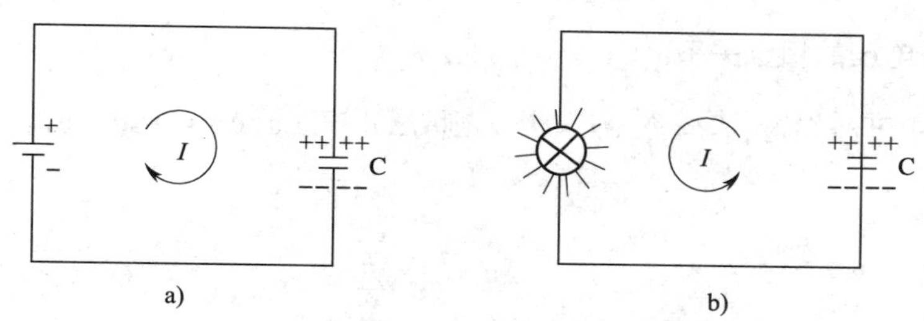

图 3—20　电容器的充放电过程

a）电源对电容充电　b）电容器放电

由此可得结论：

（1）电容器在储存和释放电荷（即充放电）的过程中，必然使电路中产生电流。但这个电流并不是从电容器的一个极板穿过绝缘物到达另一极板，而是电荷在电路中移动。电容电流就是指这种电荷在电路中移动所引起的电流，即充放电电流。

（2）电容器两端的电压是随着电荷的储存和释放而变的。当电容器中无储存电荷时，其两端的电压为零；当储存的电荷增加时，其两端的电压逐渐升高，最后等于电源电压；当电容器释放电荷时，其两端的电压逐渐下降，最后为零。

（3）当电容器充电结束时，电容器两端虽然仍加有直流电压，但电路中的电流却为零，这说明电容器具有阻隔直流电的作用。若电容器不断充放电，电路中就始终有电流通过，这说明电容器具有能通过交变电流的作用。通常称这种性质为“隔直通交”。

由介质损耗很小，绝缘电阻很大的电容器组成的交流电路，可近似看成纯电容电路，如图3—21a所示。

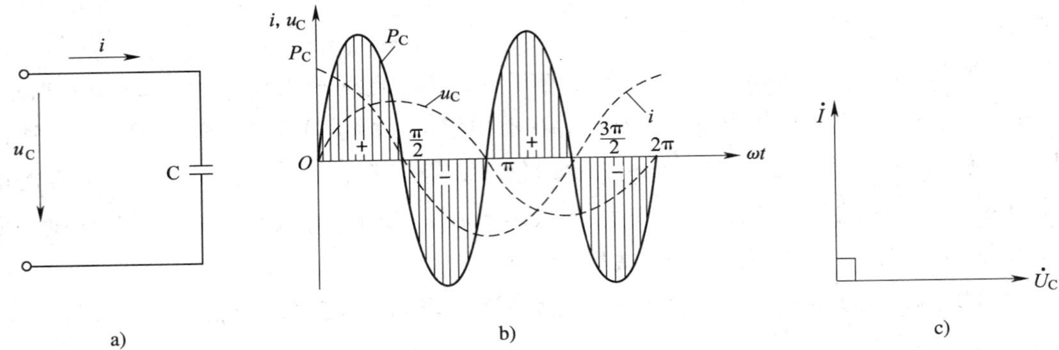

图3—21　纯电容电路中的电流、电压和功率

a）纯电容电路　b）电路中的电流、电压和功率波形图　c）相量图

1. 电流与电压的相位关系

在物理课中已经知道，$C = \frac{Q}{U}, Q = It$，则 $C\Delta u_C = \Delta q, \Delta q = i\Delta t$，所以在 Δt 时间内电流为：

$$i = \frac{\Delta q}{\Delta t} = C\frac{\Delta u_C}{\Delta t}$$

设加在电容两端的电压 u_C 为：

$$u_C = U_{Cm}\sin\omega t$$

由数学推导可以得到：

$$i = \omega C U_{Cm}\sin\left(\omega t + \frac{\pi}{2}\right)$$

所以纯电容电路中，电流超前电压90°，如图3—21b和图3—21c所示。

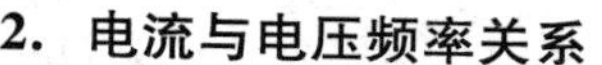

2. 电流与电压频率关系

由上式可知，电流与电压频率相同。

3. 电路与电压的数量关系

同样由上式可知：

$$I_{m} = \omega C U_{Cm} \quad 或 \quad I = \omega C U_{C} = \frac{U_{C}}{X_{C}}$$

式中 X_C称为电容抗，简称容抗，计算公式为：

$$X_{C} = \frac{1}{\omega C} = \frac{1}{2\pi F_{C}}$$

容抗是用来表示电容器对电流阻碍作用大小的一个物理量，单位是欧姆。容抗大小与频率及电容量成反比。当电容量一定时，频率 f 越高则容抗 X_C 越小。在直流电路中，因 $f=0$，故电容器的容抗无限大。这表明，电容器接入直流电路时，在稳态下是处于断路状态。

与纯电感电路相似，容抗只代表电压和电流最大值或有效值之比，不等于它们的瞬时值之比。

4. 功率

采用和纯电感电路相似的方法，可求得纯电容电路的瞬时功率的解析式为：

$$P_{C} = u_{C} i = U_{C} I \sin 2\omega t$$

根据上式可作出瞬时功率的波形图，如图 3—21b 所示。由瞬时功率的波形看出，纯电容电路的平均功率为零。但是电容器与电源间进行着能量的交换，在第一和第三个 1/4 周期内，电容器吸取电源能量并以电场能的形式储存起来；第二和第四个 1/4 周期内，电容器又向电源释放能量。和纯电感电路一样，瞬时功率的最大值被定义为电路的无功功率，用以表示电容器和电源交换能量的规律。无功功率的数学定义为：

$$Q_{C} = U_{C} I = I^{2} X_{C} = \frac{U_{C}^{2}}{X_{C}}$$

无功功率 Q_C的单位也是乏（var）。

【例 3—6】 已知某纯电容电路两端的电压为 $u=220\sqrt{2}\sin(314t+30°)$ V，电容量 $C=15.9\ \mu F$。

求：（1）写出电容电流的瞬时值表达式；

（2）电路的无功功率；

（3）作电流和电压的相量图。

解：

（1）容抗：$X_C=\frac{1}{\omega C}=\frac{1}{314\times15.9\times10^{-6}}\approx200(\Omega)$

电压有效值：$U=220$ V

则流过电容的电流有效值：$I=U/X_C=220/200=1.1$（A）

又因为电流超前电压90°，而电压的初相 $\varphi_u=30°$，则电流初相：

$$\varphi_i=\varphi_u+90°=30°+90°=120°$$

所以电流 i 为：

$$i=1.1\sqrt{2}\sin(314t+120°)\ (A)$$

（2）电路的无功功率为：

$$Q_C=U_CI=220\times1.1=242\ (var)$$

（3）电流和电压相量图如图3—22所示。

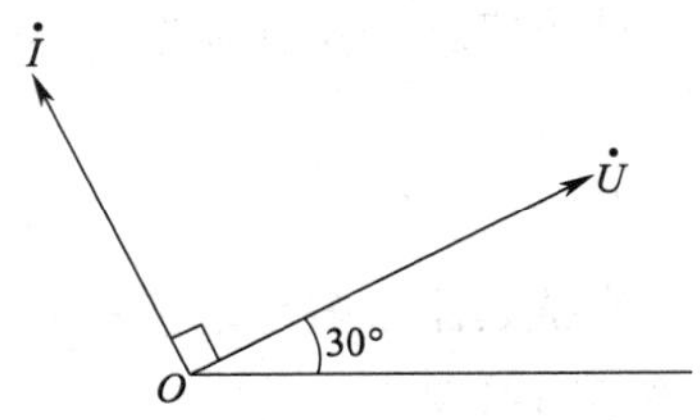

图3—22　例3—6题图

第4节　R—L串联电路

在含有线圈的交流电路中，当线圈的电阻不能被忽略时，就构成了由电阻R和电感L串联后所组成的交流电路，简称R—L串联电路。工厂里常见的电动机、变压器及日常生活中的日光灯等都可看成是R—L电路。下面就来讨论R—L串联交流电路的一些性质。

一、电流与电压的频率关系

由于纯电阻电路及纯电感电路中的电流和电压频率相同，所以R—L串联电路中电流与电压的频率也相同。

二、电流与电压的相位的相位关系

R—L串联电路如图3—23a所示。由于是串联电路，故通过各元件的电流相同，以电流为参考相量，因 $\dot{U}_R$ 与 $\dot{I}$ 同相，$\dot{U}_L$ 超前 $\dot{I}$ 90°，所以作出的相量图如图3—23b所示。图中 $\dot{U}_R$、$\dot{U}_L$ 分别表示电阻、电感两端交流电压的有效值相量，$\dot{U}$ 是用平行四边形法则作出的总电压有效值相量。由图可知，总电压超前总电流一个角度 φ，且 $90°>\varphi>0°$。通常把总电压超前电流的电路叫感性电路，或者说负载是感性负载，有时也说电路呈感性。

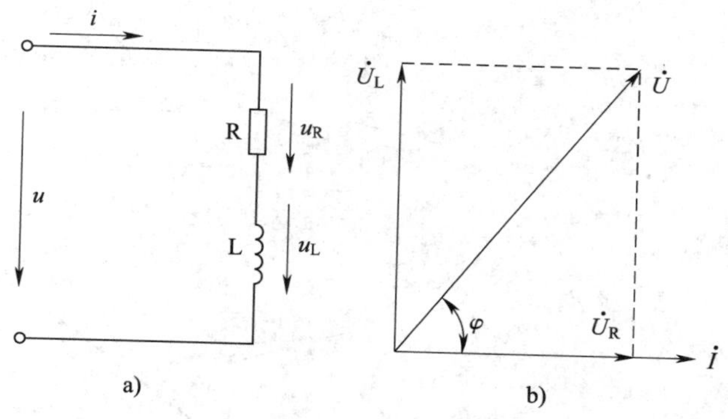

图 3—23　电阻与电感的串联电路及相量图

a）电阻与电感的串联电路　b）相量图

三、电流和电压的数量关系

由相量图可以看出，$\dot{U}_R$、$\dot{U}_L$ 和 $\dot{U}$ 构成一个直角三角形，总电压并不等于各分电压的代数和而应是各个分电压的相量和，即 $\dot{U}=\dot{U}_R+\dot{U}_L$。总电压和各分电压的数量关系为：

$$U = \sqrt{U_R^2 + U_L^2}$$

又因 $U_R = IR$，$U_L = IX_L$，将它们代入上式便可求得总电压和电流的数量关系为：

$$U = \sqrt{(IR)^2 + (IX_L)^2} = I\sqrt{R^2 + X_L^2}$$

令：$Z = \sqrt{R^2 + X_L^2}$

则：$U = IZ$

由此可得常见的欧姆定律形式为：

$$I = \frac{U}{Z}$$

式中 Z 在电路中起着阻碍电流通过的作用，称为电路的阻抗，单位为 Ω。上式与直流电路欧姆定律具有类似的形式，称为交流电路的欧姆定律。电压超前电流的角度 φ 可根据电压三角形计算：

$$\varphi = \arctan\frac{U_L}{U_R}$$

若把电压三角形的各边同时缩小 I 倍（I 是电流的有效值）就得到一个与电压三角形相似的三角形如图 3—24 所示。它的三条边分别为 R、X_L 和 Z，这三个量都不是相量，这个三角形称为阻抗三角形，它形象地体现了电阻 R、感抗 X_L 和阻抗 Z 之间的关系，即：

$$Z = \sqrt{R^2 + {X_L}^2}$$

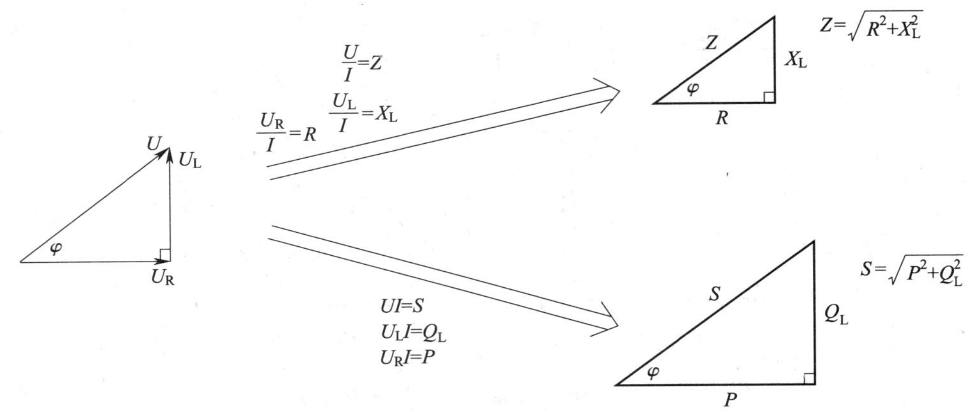

图 3—24　R—L 串联电路的三个三角形

当电路参数 R、L 及 f、U 一定时，往往从阻抗三角形出发先求阻抗 Z，再求出电流 I 及电流和电压之间的相位关系，$\varphi=\arctan\dfrac{X_L}{R}$ 或 $\varphi=\arccos\dfrac{R}{Z}$。

四、功率

在 R—L 电路中，电阻消耗的电能即有功功率 $P=IU_R=I^2R$，电感与电源进行能量交换即无功功率 $Q_L=IU_L=I^2X_L$，电源提供的总功率，即电路两端的电压与电流有效值的乘积，叫视在功率，以 S 表示，其数学式为：

$$S=UI$$

视在功率又称表观功率，它表示电源提供的总功率，即表示交流电源的容量大小，单位为 V·A。

若把电压三角形各边同时扩大 I 倍，就又得到一个与电压三角形相似的三角形。它的三条边分别为有功功率 P，单位为瓦特（W）；无功功率 Q，单位为乏（var）；视在功率 S，单位为伏安（V·A）。这三个量都不是相量，这个三角形称为功率三角形，如图 3—24 所示，它形象地体现了有功功率 P、无功功率 Q、视在功率 S 三者间的关系，即：

$$S=\sqrt{P^2+Q^2}$$

$$P=S\times\cos\varphi$$

$$Q=S\times\sin\varphi$$

从功率三角形可见，电源提供的功率不能被感性负载完全吸收。这样就存在电源功率的利用问题。为了反映这种利用率，把有功功率与视在功率的比值称为功率因数，即：

功率因数 = 有功功率 P/视在功率 S

上式表明，当电源容量（即视在功率）一定时，功率因数大说明电路中电源的利用率高。但工厂中的用电器（如交流异步电动机等）多数是感性负载，功率因数往往较低。提高功率因数的意义和方法将在下文介绍。

【例 3—7】 将电感为 25.5 mH，电阻为 6 Ω 的线圈接到交流电源上，电源电压为 $u = 220\sqrt{2}\sin(314t + 30°)$ V。

求：（1）线圈的阻抗；

（2）电路中电流的有效值 I 和瞬时值 i；

（3）电路的 P、Q、S；

（4）功率因数；

（5）画出电流和电压的相量图。

解：（1）$X = \omega L = 314 \times 25.5 \times 10^{-3} = 8$（Ω）

$$Z = \sqrt{R^2 + X_L^2} = \sqrt{6^2 + 8^2} = 10\ (\Omega)$$

（2）$I = U/Z = 220/10 = 22$（A）

又 $\varphi = \arctan \dfrac{X_L}{R} = \arctan \dfrac{8}{6} \approx 53°$　即电压超前电流 53°

$\therefore \varphi = \varphi_u - \varphi_i$

$$\varphi_i = \varphi_u - \varphi = 30° - 53° = -23°$$

$\therefore I = 22\sqrt{2}\sin(314t - 23°)$（A）

（3）$P = I^2R = 22^2 \times 6 = 2\ 904$（W）

$$Q = I^2X_L = 22^2 \times 8 = 3\ 872\ (\text{var})$$

$$S = UI = 220 \times 22 = 4\ 840\ (\text{V} \cdot \text{A})$$

（4）$\cos\varphi = \cos 53° = 0.6$ 或 $\cos\varphi = R/Z = 6/10 = 0.6$

（5）相量图如图 3—25 所示。

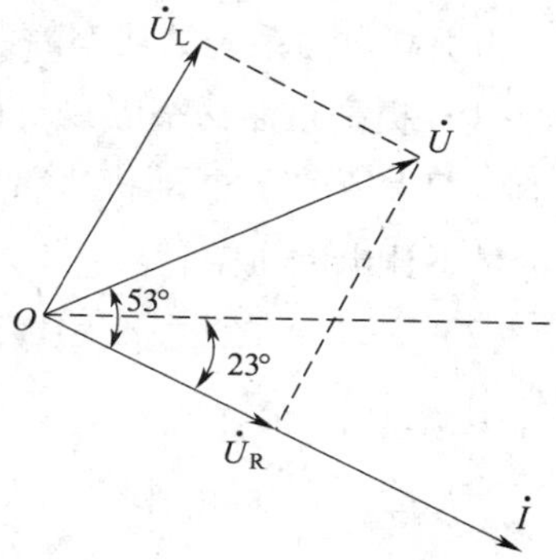

图 3—25　例 3—7 题图

生活中广泛接触的日光灯电路就是一个典型的 R—L 串联电路，它主要由日光灯管（相当于电阻 R）和镇流器（在忽略电阻时相当于 L）两大部分组成。

五、提高功率因数的意义和一般方法

1. 提高功率因数的意义

下面用例题说明提高 $\cos\varphi$ 的意义。

【例3—8】　已知某发电机的额定电压为220 V，视在功率为440 kV·A。

求：(1) 用该发电机向额定工作电压为220 V、有功功率为4.4 kW、功率因数为0.5的用电器供电，问能供多少个这样的负载？

(2) 若把功率因数提高到1时，又能供多少个这样的负载（设线路损耗忽略不计）？

解：(1) 发电机的额定电流 $I_N = S/U_N = 440 \times 10^3/220 = 2\ 000$（A）

每个用电器的电流 $I = P/U\cos\varphi = 4.4 \times 10^3/(220 \times 0.5) = 40$（A）

供电负载数：$I_N/I = 2\ 000/40 = 50$（个）

(2) 若 $\cos\varphi$ 提高到1，则每个用电器电流：

$$I' = P/U\cos\varphi' = 4.4 \times 10^3/220 \times 1 = 20\ (\mathrm{A})$$

供电负载数：$I_N/I' = 2\ 000/20 = 100$（个）

此例说明，发电厂输出的总功率中，有功功率和无功功率各占多少，不是由发电厂所决定的，而是取决于负载的需要，即由负载的功率因数而定。当电源提供的总功率 S 为定值时，负载的功率因数 $\cos\varphi$ 越小，电源输出的有功功率就越小，说明电源提供的能量只有少部分被负载利用了，大部分是在负载与电源之间进行能量交换，即供电设备的利用率低。

2. 提高功率因数的一般方法

电力系统中的大多数负载是感性负载，如电动机、日光灯等，这类负载的功率因数较低。为提高电力系统的功率因数，通常采用下面两种方法：

(1) 提高自然功率因数。在电力系统中提高自然功率因数主要是指合理选用电动机，即不要用大容量的电动机来带动小功率负载（俗话说的“不要用大马拉小车”）。另外，应尽量不让电动机空转。

(2) 并联补偿法。在感性电路两端并联适当电容量的电容器，可以起到提高功率因数的作用。

第5节　R—L—C串联电路

R—L—C串联电路就是电阻R、电感L和电容C串联在交流回路中的电路，如图3—26a所示。设在此电路中通过的交流电流为：

$$i = I_m \sin\omega t$$

则电阻、电感、电容上的电压都是和电流同频率的正弦量，它们的电压分别为：

$$u_R = I_m R\sin\omega t$$

$$u_L = I_m X_L \sin\left(\omega t + \frac{\pi}{2}\right)$$

$$u_C = I_m XC\sin\left(\omega t - \frac{\pi}{2}\right)$$

电路总电压的瞬时值为：

$$u = u_R + u_L + u_C$$

总电压 u 也是和电流 i 同频率的正弦量。

图 3—26b 所示是以电流 $\dot{I}$ 为参考相量的电压相量图。从相量图可以看出，电感上的电压和电容上的电压相位相反，这两个相反的电压之和称为电抗电压，用 U_X 表示。

以相量形式表示则为：$\dot{U}_X = \dot{U}_L + \dot{U}_C$

根据相量图求总电压：$\dot{U} = \dot{U}_R + \dot{U}_X$

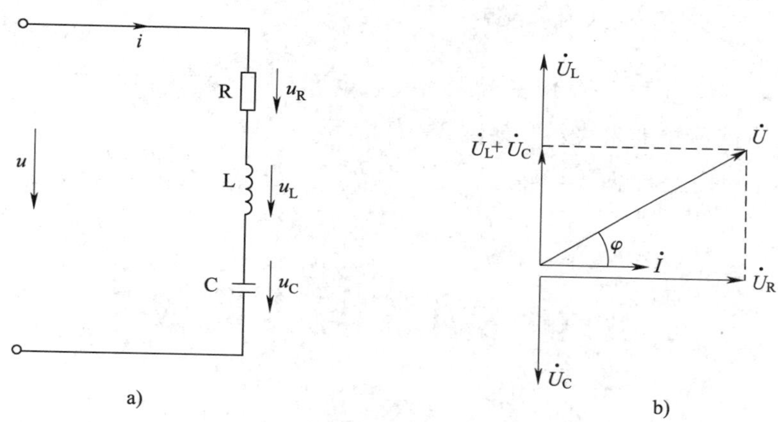

图 3—26　R—L—C 串联电路和相量图

a）电路　b）相量图

在图 3—26b 所示的 $\dot{U}_R$、$\dot{U}_X$ 和 $\dot{U}$ 组成电压三角形，可通过此电压三角形求出总电压的有效值：

$$U = \sqrt{U_R^2 + (U_L - U_C)^2}$$

$$U = \sqrt{(IR)^2 + (IX_L - IX_C)^2}$$

$$U = I\sqrt{R^2 + (X_L - X_C)^2}$$

从图 3—26b 相量图还可以求出端电压超前于电流的相位差，即电路的阻抗角：

$$\varphi = \arctan\frac{U_L - U_C}{U_R} = \arctan\frac{X_L - X_C}{R}$$

用相量式来表示 R、L 和 C 串联电路的各电压时，可根据基尔霍夫电压定律得：

$$\dot{U} = \dot{U}_R + \dot{U}_L + \dot{U}_C$$

上式中 X_L 为感抗：$X_L = \omega L = 2\pi fL$

上式中 X_C 为容抗：$X_C = \frac{1}{\omega C} = \frac{1}{2\pi fC}$

电路中电压与电流的有效值之比称为阻抗，用字母 Z 表示。单位也是欧姆，也会对电流起到阻碍作用。

$$Z = \frac{U}{I} = \sqrt{R^2 + (X_L - X_C)^2}$$

上式中的 Z、R、$(X_L - X_C)$ 三者之间关系也可以用一个直角阻抗三角形来表示，如图 3—27 所示。图中 $X = X_L - X_C$，称为电路的“电抗”。

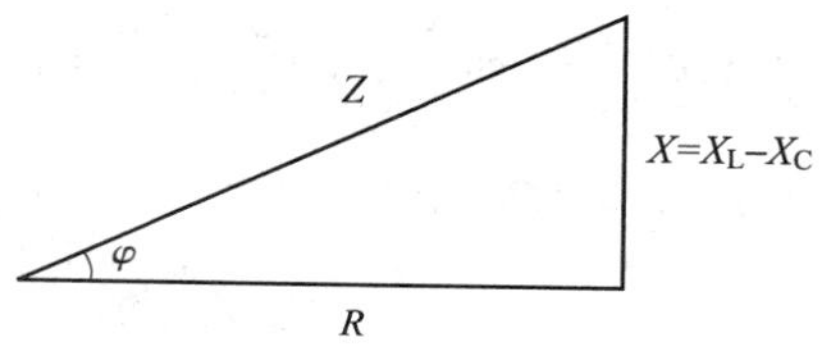

图 3—27　阻抗三角形

第 6 节　涡流与集肤效应

一、涡流

在具有铁芯的线圈中通以交流电时，就有交变的磁通穿过铁芯，由楞次定律知，在导电的铁芯内部必然感应出感应电流。由于这种电流在铁芯中自成闭合回路，其形状如同水中旋涡，所以称作涡流，如图 3—28a 所示。

涡流流动时，由于整块铁芯的电阻很小，所以涡流往往可以达到很大的数值，使铁芯发热造成不必要的损耗，如变压器通电工作时铁芯发热等。这种由于涡流而造成的损耗称为涡流损耗。涡流损耗和磁滞损耗之和叫作铁损。此外，涡流有去磁作用，会削弱原磁场，这在某些场合下也是有害的。

为了减小涡流，可以用增大涡流回路电阻的方法。如：在低压电器、变压器、电动机等电气设备的磁路中，通常使用相互绝缘的硅钢片叠成铁芯，如图 3—28b 所示。这样，一则可将涡流的区域分割划小，二则硅钢片材料的电阻率比较大，同时每片又经绝缘处理，从而大大增加了涡流回路的电阻，达到了减小涡流的目的。

涡流有其有害的一面，但也有有利的一面。例如，生产、生活中使用的电能表（俗称火表）就是利用涡流进行工作的。又如高频感应熔炼炉和高频感应炉也都是利用涡流产生高温使金属熔化来进行熔炼的，如图 3—29 所示。此外，利用涡流还可对金属进行热处理；在电磁测量仪表中还可用涡流来制动等。

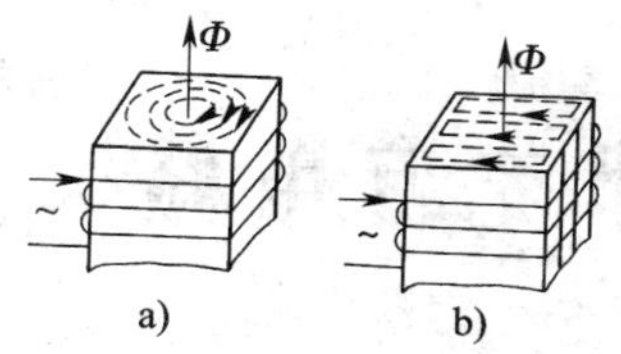

图 3—28　涡流

a）涡流的形成　b）硅钢片铁芯减小涡流

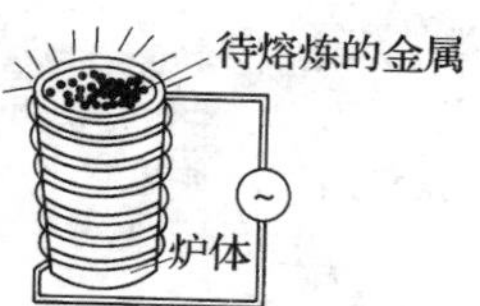

图 3—29　高频感应炉

二、集肤效应

实践证明，直流电通过导线时，导线横截面上各处的电流密度相等。而交流电通过导线时，导线横截面上电流的分布是不均匀的，越是靠近导线中心，电流密度越小；越是靠近导线表面，电流密度越大。这种交变电流在导线内趋于导线表面流动的现象叫集肤效应（也称表面效应）。图 3—30 表示不同频率电流在导线中流动的情况（各图皆取导线的横截面）。

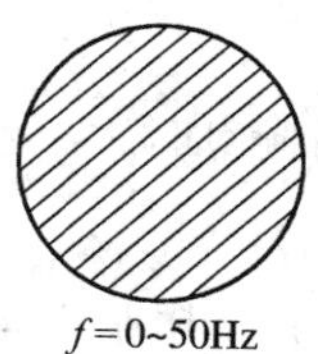

$f=0\sim50\text{Hz}$

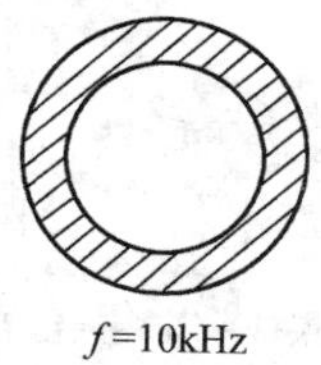

$f=10\text{kHz}$

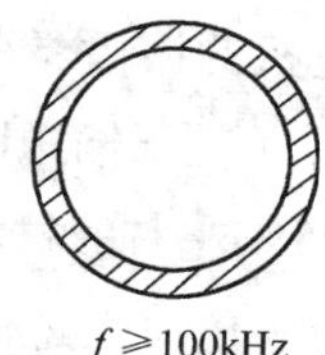

$f\geqslant100\text{kHz}$

图 3—30　集肤效应

由于集肤效应的影响，在高频电流通过导线时，其导线中心几乎无电流，这实际上就减少了导线的有效截面，使电阻增加，这对传输高频电流来说是不利的。但正因为高频电流沿导线表面流动，所以在高频电路中采用空心导线以节省有色金属，有时则用多股相互绝缘的绞合导线或编织线以增大导线的表面来减小电阻。如绕制收音机中波天线用的纱包线就是 7 股或 12 股相互绝缘的漆包线绞合而成。

集肤效应也有其有用的一面。其中高频淬火就是一例。所谓高频淬火就是将工件放在通有高频电流的线圈中，此时工件中将产生高频涡流。由于集肤效应的影响，工件中的涡流只沿表面流动并使工件表面发热，而工件中心几乎不热。当工件表面温度达到预期温度时，突然使工件冷却就能达到使工件表面硬度高、内部韧性足的目的。表面淬火的深度可通过改变电流频率来控制，当电流频率越高时，表面淬火深度就越浅。通常采用的电流频率是200～600 kHz。

第7节　三相交流电路

一、三相交流电

前面所讲的单相交流电路中的电源只有两根输出线，而且电源只有一个交变电动势。如果在交流电路中有几个电动势同时作用，每个电动势的大小相等，频率相同，只有初相角不同，那么就称这种电路为多相制电路，其中每一个电动势构成的电路称为多相制的一相。

目前应用最为广泛的是三相制电路，其电源是由三相发电机产生的。和单相交流电相比，三相交流电具有以下优点：

（1）三相发电机比尺寸相同的单相发电机输出的功率要大。

（2）三相发电机的结构和制造不比单相发电机复杂多少，且使用、维护都较方便，运转时比单相发电机的振幅要小。

（3）在同样条件下输送同样大的功率时，特别是在远距离输电时，三相输电线比单相输电线可节约25%左右的材料。

由于三相交流电有上述优点，自从1888年世界上首次出现三相制以来，它一直在电力系统中被广泛应用。

二、三相电动势的产生

三相电动势是由三相交流发电机产生的。图3—31为三相交流发电机的示意图，它主要由定子和转子组成。转子是电磁铁，其磁极表面的磁场按正弦规律分布。定子铁芯中嵌放三个相同的对称线圈。这里所说的相同线圈是指三个在尺寸、匝数和绕法上完全相同的线圈绕组，三相绕组始端分别用U1、V1、W1表示，末端用U2、V2、W2表示，分别称为U相、V相、W相，颜色一般用黄色、绿色、红色表示。这里所说的对称安放是指三个绕组的所有对应导线都在空间相隔120°。

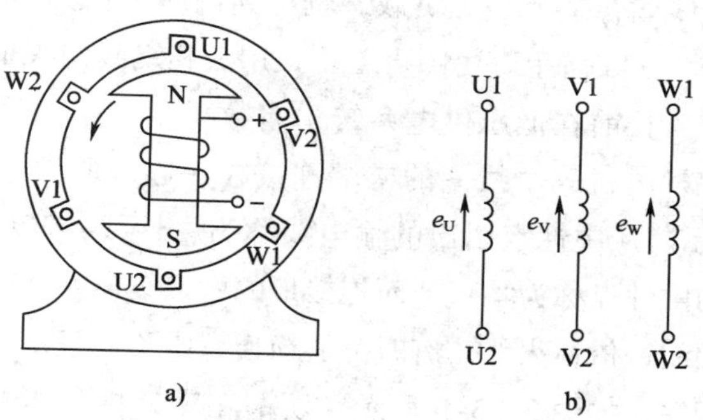

图3—31　三相交流发电机示意图

当转子在原动机（汽轮机、水轮机等）带动下以角速度 ω 做逆时针匀速转动时，在定子三相绕组中就能感应出三相正弦交流电动势，其解析式为：

$$e_U = 2E\sin(\omega t + 0°)$$

$$e_V = 2E\sin(\omega t - 120°)$$

$$e_W = 2E\sin(\omega t - 240°) = 2E\sin(\omega t + 120°)$$

对称 e_U、e_V、e_W 的波形图和相量图如图3—32所示。

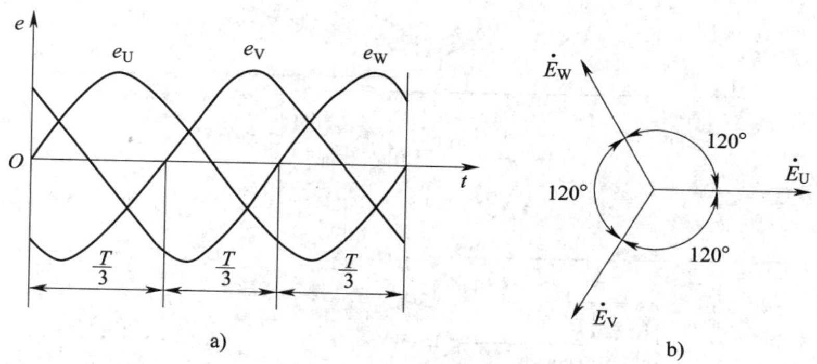

图3—32　对称三相电动势的波形图与相量图

一般把三个大小相等、频率相同、相位彼此相差120°的三个电动势称为对称三相电动势；在没有特别指明的情况下，所谓三相交流电就是指对称的三相交流电，而且规定每相电动势的正方向是从线圈的末端指向始端，即电流从始端流出时为正，反之为负。

三、三相四线制

上述发电机的每个线圈各接上一个负载，就得到彼此不相关的三个独立的单相电路，构成三相六线制，如图 3—33 所示。由图可看出，用三相六线制来输电需要六根导线，很不经济，没有实用价值。目前在低压供电系统中多数采用三相四线制供电，如图 3—34a 所示。三相四线制是把发电机三个线圈的末端连接在一起，成为一个公共端点（称中性点），用符号“N”表示。从中性点引出的输电线称为中性线，简称中线。中线通常与大地相接，并把接大地的中性点称为零点，而把接地的中性线叫零线。从三个线圈始端引出的输电线叫作端线或相线，俗称火线。有时为了简便，常不画发电机的线圈连接方式，只画四根输电线，以表相序，如图 3—34b 所示。所谓相序是指三相电动势达到最大值的先后次序。习惯上的相序为第一相超前第二相 120°，第二相超前第三相 120°，第三相超前第一相 120°。零线或中线用黄绿相间色表示。

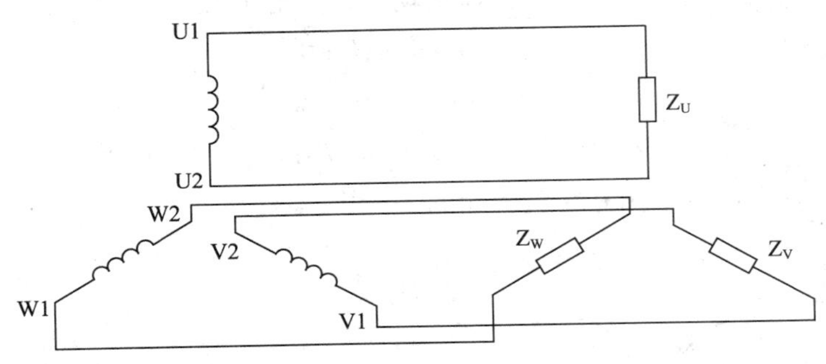

图 3—33　三相六线制电路

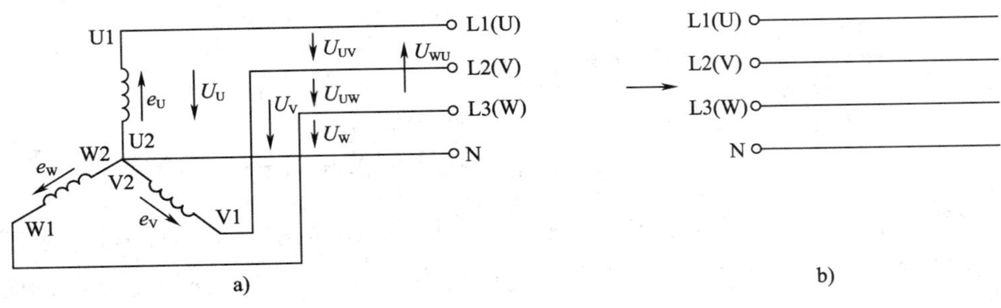

图 3—34　三相四线供电制

a）三相四线电源　b）四根输电线

三相四线制可输送两种电压，一种是端线与端线之间的电压，叫线电压，$U_{线}=U_{UV}=U_{VW}=U_{WU}$；另一种是端线与中线间的电压，叫相电压，$U_{相}=U_U=U_V=U_W$。

根据正方向规定，作出U_U、U_V和U_W的相量图如图3—35所示，又因为：

$$\dot{U}_{UV}=\dot{U}_U-\dot{U}_V=\dot{U}_U+(-\dot{U}_V)$$

在图中作出$-\dot{U}_V$，利用相量合成法则作出$\dot{U}_U$和$-\dot{U}_V$的相量和$\dot{U}_{UV}$，于是可得：

$$\frac{U_{UV}}{2}=U_U\cos 30°=\frac{\sqrt{3}U_U}{2}$$

$$U_{UV}=\sqrt{3}U_U$$

同理可求得：$U_{WV}=\sqrt{3}U_V$ ，$U_{WU}=\sqrt{3}U_W$，所以线电压和相电压数量关系为：

$$U_{线}=\sqrt{3}U_{相}$$

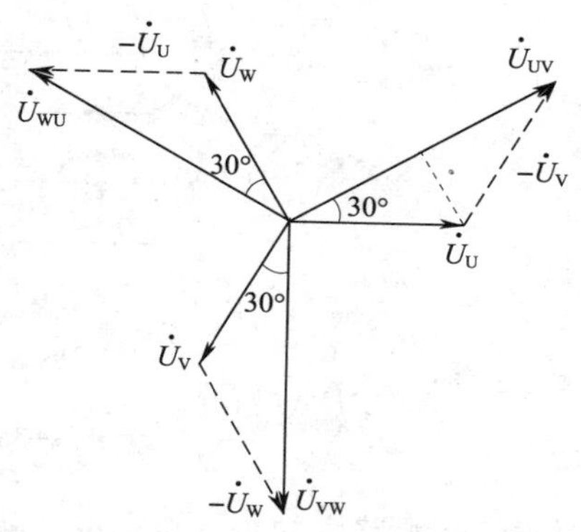

图3—35　三相四线制线电压与相电压相量图

从图3—35中可以看出，线电压和相电压的相位不同，线电压总是超前与之对应的相电压30°。

生产实际中的四眼插座就是三相四线制电路的典型应用。其中较粗的一孔接中线，其余三孔分别接U、V、W三相，则细孔和粗孔之间的电压就是相电压，而细孔之间的电压就是线电压。

四、三相负载的联结方式

1. 三相负载的星形联结

三相电路中的三相负载，可能相同也可能不同。通常把各相负载相同的三相负载称为对称三相负载，如三相电动机、三相电炉等。如果各相负载不同，就叫不对称负载，如三相照明电路中的负载。

把三相负载分别接在三相电源的一根相线和中线之间的接法称为三相负载的星形联结，如图3—36所示，Z_U、Z_V、Z_w为各负载的阻抗值，N′为负载的中性点。

把负载两端的电压称为负载的相电压。在忽略输电线上的电压降时，负载的相电压就等于电源的相电压。三相负载的线电压就是电源的线电压。负载的相电压$U_{相}$和负载的线电压$U_{线}$的关系仍然是：$U_{Y线}=\sqrt{3}\,U_{Y相}$

星形负载接上电源后，就有电流产生。流过每相负载的电流叫作相电流，用I_u、I_v、I_w表示，统记为$I_{相}$。流过相线的电流叫作线电流，用I_U、I_V、I_W表示，统记为$I_{线}$。由图

3—36 可见线电流的大小等于相电流，即：

$$I_{Y线} = I_{Y相}$$

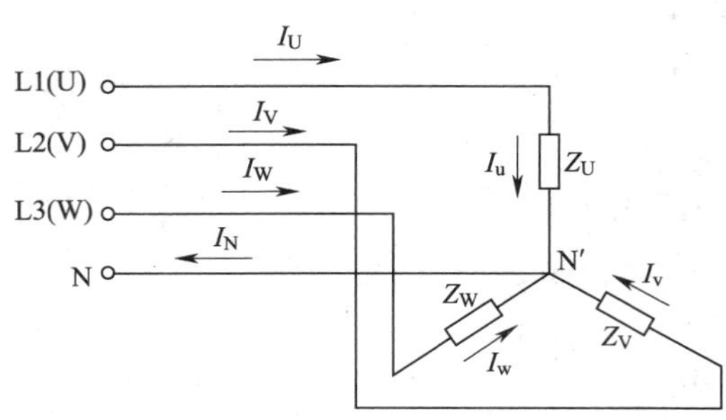

图 3—36　三相负载的星形联结

对于三相电路中的每一相来说，就是一个单相电路，所以各相电流与相电压的数量关系和相位关系都可以用单相电路的方法来讨论。设相电压为 $U_{相}$，该相的阻抗为 $Z_{相}$，那么按欧姆定律可得每相相电流 $I_{相}$ 的数值均为：

$$I_{相} = \frac{U_{相}}{Z_{相}}$$

对于感性负载来说，各相电流滞后对应电压的角度，可按下式计算：

$$\varphi = \arctan\frac{X_L}{R}$$

式中　X_L 和 R——该相的感抗和电阻。

从图 3—36 中可以看出，负载星形联结时，中线电流为各相电流的相量和。在三相对称电路中，由于各负载相同，因此流过各相负载的电流大小应相等，而且每相电流间的相位差仍为 120°，其相量图如图 3—37 所示（以 U 相电流为参考）：

$$\dot{I}_N = \dot{I}_u + \dot{I}_v + \dot{I}_w = 0$$

即中线电流为 0。

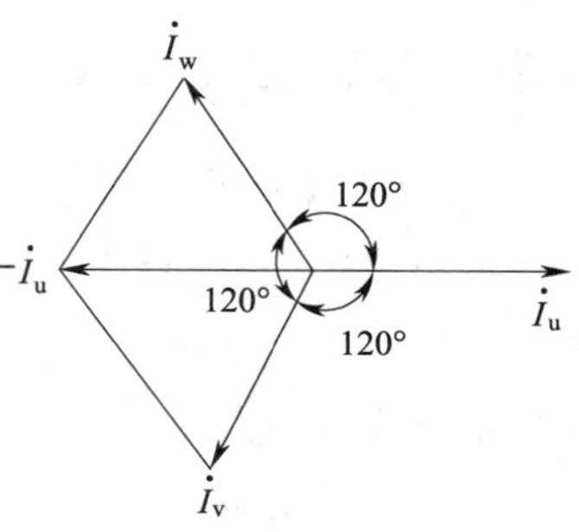

图 3—37　星形负载的电流相量图

由于三相对称负载Y形联结时中线电流为零，因而取消中线也不会影响三相电路的工作，三相四线制就变成了三相三线制。通常在高压输电时，由于三相负载都是对称的，所以都采用三相三线制。

当三相负载不对称时，各相电流的大小不一定相等，相位差也不一定为 120°，通过计算可知道此时中线电流不为零，中线不能取消。通常在低压供电系统中，由于三相负载经常要变动（如照明电路中的灯具经常要开关），是不对称负载，因此当中线存在时，它能平衡各相电压、保证三相成为三个互不影响的独立回路，此时各相负载电压等于电源的相电压，不会因负载变动而变动。但是当中线断开后，各相电压就不再相等了。经计算和实际测量都证明，阻抗较小的相电压低，阻抗大的相电压高，这可能烧坏接在相电压升高的这相中的电器。所以在三相负载不对称的低压供电系统中，不允许在中线上安装熔断器或开关，以免中线断开引起事故。当然，另一方面要力求三相负载平衡以减小中线电流。如在三相照明电路中，就应将照明负载平均分接在三相上，而不要全部集中接在某一相或两相上。

【例 3—9】 已知加在作星形联结的三组异步电动机上的对称线电压为 380 V，每相的电阻为 6 Ω，感抗为 8 Ω，电动机工作在额定状态下，求此时流入电动机每相绕组的电流及各端线的电流。

解：由于电源电压对称，各相负载对称，则各相电流应相等，各线电流也应相等。由于：

$$U_{相} = \frac{U_{线}}{\sqrt{3}} = \frac{380}{\sqrt{3}} = 220(\text{V})$$

$$Z_{\text{Y}} = \sqrt{R^2 + X_{\text{L}}^2} = \sqrt{6^2 + 8^2} = 10(\Omega)$$

则：$I_{\text{Y}相} = \frac{U_{\text{Y}相}}{Z_{\text{Y}}} = \frac{220}{10} = 22(\text{A})$

$$I_{\text{Y}线} = I_{\text{Y}相} = 22\ (\text{A})$$

2. 三相负载的三角形联结

把三相负载分别接在三相电源每两根相线之间的接法称为三角形联结，如图 3—38a 所示。在三角形联结中，由于各相负载是接在两根相线之间，因此负载的相电压就是电源的线电压，即 $U_{\triangle线} = U_{\triangle相}$。

三角形负载接通电源后，就会产生线电流和相电流，图 3—38a 中所标的 $\dot{I}_{\text{U}}$、$\dot{I}_{\text{V}}$、$\dot{I}_{\text{W}}$ 为线电流，$\dot{I}_{\text{u}}$、$\dot{I}_{\text{v}}$、$\dot{I}_{\text{w}}$ 为相电流。图 3—38b 是以 I_{u}的初相为零作出的电流相量图。

线电流和相电流的关系，可根据基尔霍夫第一定律求得。

$$\dot{I}_{\text{U}} = \dot{I}_{\text{u}} - \dot{I}_{\text{w}} = \dot{I}_{\text{u}} + (-\dot{I}_{\text{w}})$$

根据相量合成法，即可得 $I_{\text{U}} = \sqrt{3}I_{\text{u}}$ 同理可求得 $I_{\text{V}} = \sqrt{3}I_{\text{v}}$，$I_{\text{W}} = \sqrt{3}I_{\text{w}}$。所以对于作三角形联结的对称负载来说，线电流和相电流的数量关系为：

$$I_{\triangle线} = \sqrt{3}I_{\triangle相}$$

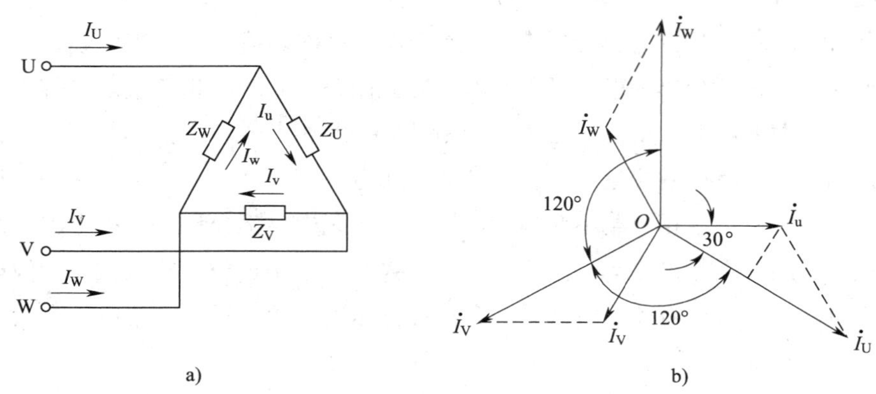

图3—38　三相负载三角形联结及电流相量图

a）三相负载三角形联结　b）相量图

从图3—38b中可以看出，线电流总是滞后与之对应的相电流30°。

由以上讨论可知，三相对称负载作三角形联结时的相电压比作星形联结时的相电压高$\sqrt{3}$倍。因此，三相负载接到电源中，应作△形还是Y形联结，要根据负载的额定电压而定。

3. 三相负载的功率

在三相交流电路中，三相负载消耗的总功率为各相负载消耗功率之和，即：

$$\begin{aligned}P &= P_u + P_v + P_w \\ &= U_u I_u \cos\varphi_u + U_v I_v \cos\varphi_v + U_w I_w \cos\varphi_w\end{aligned}$$

上式中U_u、U_v、U_w为各相电压，I_u、I_v、I_w为各相电流，$\cos\varphi_u$、$\cos\varphi_v$、$\cos\varphi_w$为各相功率因数。

在对称三相电路中，各相电压、相电流的有效值相等，功率因数也相等，因而上式变为：

$$P = 3U_{相} I_{相} \cos\varphi_{相} = 3P_{相}$$

在实际工作中，测量线电流比测量相电流要方便些（指△形联结的负载），三相功率的计算式通常用线电流、线电压来表示。

当对称负载作Y形联结时，有功功率为：

$$P_Y = 3U_{相} I_{相} \cos\varphi = \sqrt{3}\, U_{线} I_{线} \cos\varphi$$

当对称负载作△形联结时，有功功率为：

$$P_{\triangle} = 3U_{相} I_{相} \cos\varphi = \sqrt{3} U_{线} I_{线} \cos\varphi$$

因此，对称负载不论是连成星形还是连成三角形，其总有功功率均为：

$$P=\sqrt{3}U_{线}I_{线}\cos\varphi$$

上式中的 φ 仍是相电压与相电流之间的相位差，而不是线电流和线电压间的相位差，这一点要注意。另外负载作△形联结时的线电流并不等于作Y形联结时的线电流。

同理，可得到对称三相负载的无功功率和视在功率的数学式，它们分别为：

$$Q=\sqrt{3}\,U_{线}I_{线}\sin\varphi=3U_{相}I_{相}\cos\varphi$$

$$S=\sqrt{3}\,U_{线}I_{线}=3U_{相}I_{相}$$

【例 3-10】 已知某三相对称负载接在线电压为 380 V 的三相电源中，其中 $R_{相}=6\ \Omega$，$X_{相}=8\ \Omega$。试分别计算：

（1）负载作Y形联结时的相电流、线电流以及有功功率；

（2）负载作△形联结时的相电流、线电流以及有功功率；

（3）两种负载联结作一比较。

解：（1）负载作Y形联结时

因：$Z_{相}=\sqrt{R_{相}^2+X_{相}^2}=\sqrt{6^2+8^2}=10(\Omega)$

$$U_{Y相}=\frac{U_{Y线}}{\sqrt{3}}=\frac{380}{\sqrt{3}}=220(V)$$

则：$I_{Y相}=\dfrac{U_{Y相}}{Z_{相}}=\dfrac{220}{10}=22\ A=I_{Y线}$

又：$\cos\varphi=\dfrac{R_{相}}{Z_{相}}=\dfrac{6}{10}=0.6$

所以：$P_Y=3U_{相}I_{相}\cos\varphi=3\times220\times22\times0.6=8.7$（kW）

或：$P=\sqrt{3}U_{线}I_{线}\cos\varphi=\sqrt{3}\times380\times22\times0.6=8.7$（kW）

（2）负载作△形联结时

因：$U_{\triangle 相}=U_{线}=380$（V）

则：$I_{\triangle 相}=U_{\triangle 相}/Z_{相}=380/10=38$（A）

$$I_{\triangle 线}=\sqrt{3}I_{\triangle 相}=\sqrt{3}\times38=66\text{（A）}$$

$$P_{\triangle}=3U_{\triangle 相}I_{\triangle 相}\cos\varphi=3\times380\times38\times0.6=26\text{（kW）}$$

或：$P_{\triangle}=\sqrt{3}U_{线}I_{线}\cos\varphi=\sqrt{3}\times380\times66\times0.6=26$（kW）

（3）两种联结的比较

$$\frac{I_{\triangle 相}}{I_{Y相}}=\frac{38}{22}=\sqrt{3}$$

$$\frac{I_{\triangle 线}}{I_{Y线}}=\frac{66}{22}=3$$

$$\frac{P_{\triangle}}{P_{Y}} = \frac{26}{8.7} \approx 3$$

测 试 题

一、判断题

1. 正弦交流电的三要素是指最大值、角频率、初相位。（ ）

2. 若一个正弦交流电比另一个正弦交流电提前到达正的峰值，则前者比后者滞后。（ ）

3. 用三角函数可以表示正弦交流电有效值的变化规律。（ ）

4. 在 RLC 串联电路中，总电压的瞬时值时刻都等于各元件上电压瞬时值之和；总电压的有效值总大于各元件上电压有效值之和。（ ）

5. 三相对称负载作星形联结时，线电压与相电压的相位关系是线电压超前相电压 30°。（ ）

6. 在三相供电系统中，无论是否接到对称负载上，相电压总是等于线电压的 $1/\sqrt{3}$ 。（ ）

7. 三相交流电产生旋转磁场，是电动机旋转的根本原因。（ ）

8. 功率因数反映的是电路对电源输送功率的利用率。（ ）

9. 纯电阻电路的功率因数一定等于 1，如果某电路的功率因数等于 1，则该电路一定是只含电阻的电路。（ ）

10. 正弦交流电 $i = 10\sqrt{2}\sin\omega t$A 的瞬时值不可能等于 15 A。（ ）

11. 通常把正弦交流电每秒变化的电角度称为角频率。（ ）。

12. 在 RL 串联电路中，电感上的电压超前电流 90°。（ ）

13. 在 RC 串联电路中，电容上的电压滞后电流 90°。（ ）

14. 在纯电阻交流电路中，电压与电流的有效值、最大值、瞬时值、平均值均符合欧姆定律。（ ）

15. 额定电压为 380 V，Y 形的负载接在 380 V 的三相电源上，应接成△形接法。（ ）

16. 三相对称负载作星形联结时，其线电压一定为相电压的 $\sqrt{3}$ 倍。（ ）

二、单项选择题

1. 正弦交流电的三要素是指（ ）。

A. 最大值、频率和角频率　　B. 有效值、频率和角频率

C. 最大值、角频率、相位　　D. 最大值、角频率、初相位

2. 若一个正弦交流电比另一个正弦交流电提前到达正的峰值，则前者比后者(　　)。

A. 滞后　　B. 超前　　C. 同相位　　D. 不能判断初相位

3. 用三角函数可以表示正弦交流电（　　）的变化规律。

A. 最大值　　B. 有效值　　C. 平均值　　D. 瞬时值

4. 在 RLC 串联电路中，(　　) 的瞬时值时刻都等于各元件上电压瞬时值之和。

A. 总电压　　B. 电容上的电压　　C. 电阻上的电压　　D. 电感上的电压

5. 在 RLC 串联电路中，总电压（　　）。

A. 超前于电流　　B. 滞后于电流

C. 与电流同相位　　D. 与电流的相位关系是不确定的

6. 三相对称负载作星形联结时，线电压与相电压的相位关系是（　　）。

A. 相电压超前线电压 30°　　B. 线电压超前相电压 30°

C. 线电压超前相电压 120°　　D. 相电压超前线电压 120°

7. 三相对称负载作星形联结时，线电流与相电流的关系是（　　）。

A. 相电流小于线电流　　B. 线电流超前相电流

C. 线电流与相电流相等　　D. 不能确定

8. 在三相供电系统中，当三相对称负载作星形联结时，相电压与线电压的关系是（　　）。

A. 线电压 = $\sqrt{3}$ 相电压　　B. 相电压 = $\sqrt{3}$ 线电压

C. 线电压 = $1/\sqrt{2}$ 相电压　　D. 相电压 = $\sqrt{2}$ 线电压

9. 在三相供电系统中，相电压与线电压的相位关系是（　　）。

A. 相电压超前线电压 30°　　B. 线电压超前相电压 30°

C. 线电压超前相电压 120°　　D. 相电压与线电压同相位

10. 三相交流电通到电动机的三相对称绕组中（　　），是电动机旋转根本原因。

A. 产生脉动磁场　　B. 产生旋转磁场

C. 产生恒定磁场　　D. 产生合成磁场

11. （　　）反映了电路对电源输送功率的利用率。

A. 无功功率　　B. 有功功率　　C. 视在功率　　D. 功率因数

12. 纯电阻电路功率因数一定等于 1，如果某电路的（　　），则该电路可能只含电阻，也可能是包含电阻、电容和电感的电路。

A. 无功功率为1　　B. 功率因数为1
C. 电阻上电压与电流同相　　D. 电容量和电感量相等

13. 正弦交流电 $i=10\sqrt{2}\sin\omega t$A 的最大值约等于（　　）A。
A. 10　　B. 20　　C. 14　　D. 15

14. 通常把正弦交流每秒变化的电角度称为（　　）。
A. 角度　　B. 频率　　C. 弧度　　D. 角频率

15. 在 RL 串联电路中，总电压（　　）。
A. 超前于电流　　B. 滞后于电流
C. 与电流同相位　　D. 与电流的相位关系是不确定的

16. 在 RL 串联电路中，电感上电压（　　）。
A. 超前于电流　　B. 滞后于电流
C. 超前电流 90°　　D. 滞后电流 90°

17. 在 RC 串联电路中，总电压（　　）。
A. 超前于电流　　B. 滞后于电流
C. 与电流同相位　　D. 与电流的相位关系是不确定的

18. 在 RC 串联电路中，电容上电压（　　）。
A. 超前于电流　　B. 滞后于电流
C. 超前电流 90°　　D. 滞后电流 90°

19. 纯电阻交流电路中，电阻上电压（　　）。
A. 超前于电流　　B. 滞后于电流
C. 与电流同相位　　D. 与电流的相位关系是不确定的

20. 纯电阻交流电路中，电压与电流的（　　）欧姆定律。
A. 有效值符合，最大值不符合　　B. 平均值符合，瞬时值不符合
C. 瞬时值符合，有效值不符合　　D. 有效值、最大值、瞬时值、平均值均符合

21. 额定电压为 660/380 V，Y/△的负载接在 380 V 的三相电源上，正确接法是（　　）。
A. △形接法　　B. Y形接法　　C. △/Y接法　　D. Y/△接法

22. 额定电压为 220 V，△形的负载接在 380 V 的三相电源上，正确接法是（　　）。
A. △形接法　　B. Y形接法　　C. △/Y接法　　D. Y/△接法

23. 三相对称负载作三角形联结时，其线电压一定（　　）。
A. 与相电压相等　　B. 等于三相电压之和
C. 是相电压的$\sqrt{3}$倍　　D. 是相电压的 $1/\sqrt{3}$

测试题答案

一、判断题

1. √　2. ×　3. ×　4. ×　5. √　6. ×　7. √　8. √
9. ×　10. √　11. √　12. √　13. √　14. √　15. √　16. √

二、单项选择题

1. D　2. B　3. D　4. A　5. D　6. B　7. C　8. A
9. B　10. B　11. D　12. B　13. C　14. D　15. A　16. C
17. B　18. D　19. C　20. D　21. A　22. B　23. A

第2篇　电子技术基础

第 4 章

半导体二极管和三极管

第 1 节　半导体的基础知识　/104
第 2 节　半导体器件的核心——PN 结　/107
第 3 节　半导体二极管　/110
第 4 节　特殊半导体二极管　/114
第 5 节　半导体三极管　/118
第 6 节　基本放大电路　/127

半导体二极管和三极管是最常用的半导体器件。它们的工作原理、特性和参数是学习电子技术和分析电子电路的基础知识。为了使学员对半导体二极管和三极管的工作原理及特性有一个较深刻的了解，先简要介绍半导体的基础知识。

第1节　半导体的基础知识

一、半导体的导电特性

就物质导电能力的强弱而言，可以把物质分为导体、绝缘体及半导体三种。常用的半导体有硅、锗、硒以及部分化合物等。半导体的导电能力介于导体和绝缘体之间，此外半导体还具有如下重要特性：

（1）半导体的导电能力在不同条件下有很大差别，具有热敏性和光敏性。例如有些半导体对温度变化反应特别灵敏，随温度升高，它们的导电能力显著增强，即具有热敏性。利用这种特性制成了各种热敏电阻。有些半导体对光照变化反应特别灵敏，受到光照时，它们的导电能力显著增强，即具有光敏性。利用这种特性制成了各种光敏元件。

（2）在纯净半导体中如果加入微量特定的杂质元素，它的导电能力将会急剧地增强。例如在纯硅中加入百万分之一的硼后，其电阻率就会从 $2\times10^{3}\ \Omega\cdot m$ 减少到 $4\times10^{-3}\ \Omega\cdot m$左右。利用这种特性制成了不同类型的半导体器件，如二极管、三极管等。

为什么半导体会有这样的导电特性呢？这就需要从半导体晶体材料的内部结构和导电机理谈起。

二、本征半导体和共价键结构

常用的半导体材料是锗和硅，它们的原子结构图如图4—1所示。

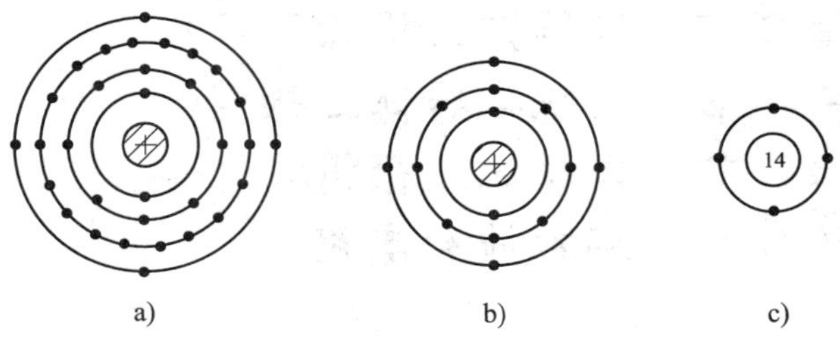

图4—1　锗和硅原子的结构

a）锗原子的结构　b）硅原子的结构　c）硅原子的简化结构

它们都是四价元素，在原子结构的最外层都是四个电子。如硅原子的原子核外有三层电子，电子数分别是2、8、4，就其导电状态而言，我们可以把原子核以及里面的两层电子看成是一个带有4个电子电量的正电荷核，它的外面就是4个价电子，如图4—1c所示。纯净的不含任何杂质的半导体称为本征半导体。而对于本征半导体来讲，其中的每一个原子又与其左右上下的其他原子相结合，最外层的价电子相互共用，组成一种共价键结构，如图4—2所示。每一个原子看上去最外层都有8个电子，这是一种较为稳定的结构，最外层的价电子因为受到原子核的束缚，如果没有得到一定的能量（如光、热），不能成为自由电子，也就不能导电。

三、本征激发和空穴导电

本征半导体中外层的价电子在获得一定的能量之后，例如受到光照或周围环境温度升高的激发，就有一部分会脱离原子核的束缚，成为能够导电的自由电子，并且在原来的位置上，由于缺少了一个价电子，就产生了一个价电子的空位，称为“空穴”，如图4—3所示。

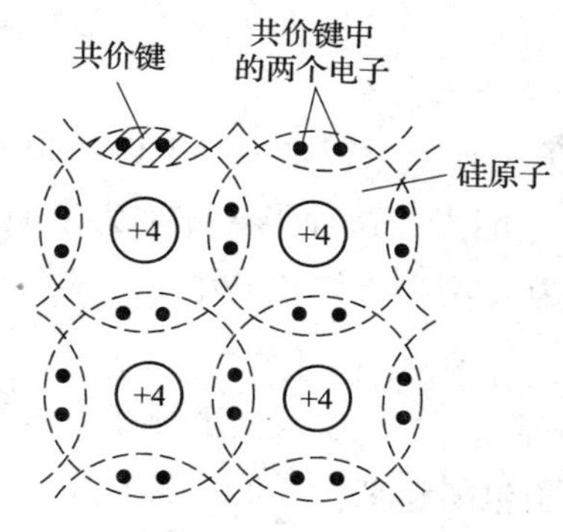

图4—2　硅原子的共价键结构

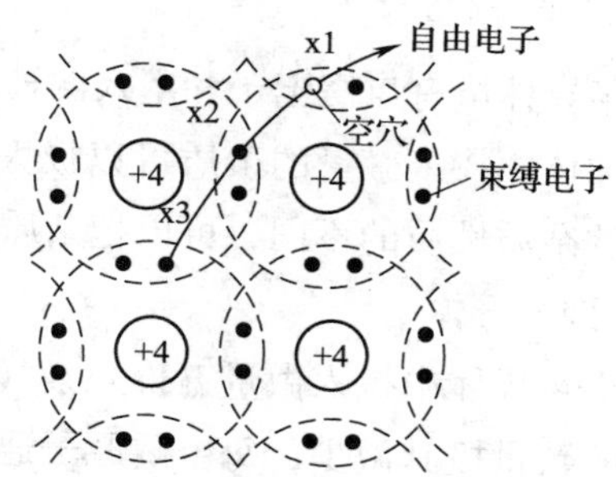

图4—3　自由电子和空穴

价电子获得能量之后，激发产生一对自由电子和空穴的过程称为“本征激发”。相反，如果自由电子在运动时又进入了空穴，则一对自由电子和空穴又复合成了价电子，这一与本征激发相反的逆过程称为“复合”。空穴的出现，意味着空穴所在地方的硅原子失去了一个价电子，使得原来是电中性的硅原子由于负电荷减少而变成带正电的正离子。在外电场的作用下，邻近原子中的价电子会进入这一空穴而把它填补掉，但在邻近原子中的价电子所在的位置上就会产生一个新的空穴，这就是空穴的移动，如图4—3所示。在图中x1位置上有了一个空穴，在同一层面上的x2处的价电子填补了它，使空穴移到了x2处，接着x3处的电子又移到了x2，使空穴移到了x3处……，由此可见，空穴的移动实质上是价电子向相反方向移动的结果。这就像在一个剧场中看戏，第一排有了一个空座位，第二排的人上去填补了它，第三排的人又坐到了第二排的空座位上……，可以明显地看出一个空座位从第一排逐渐移动到了最后一排。同样的道理，可以用空穴的运动来表示这一价电子运动所产生的电流，可以认为一个空穴运动就是带有一个电子电量的正电荷的运动，形成半导体中的空穴电流，这就是半导体的空穴导电。

综上所述，半导体中同时存在电子导电和空穴导电，即有自由电子和空穴两种载流子，这是半导体和金属导体在导电原理上的本质差异。本征半导体中，自由电子和空穴总是成对出现的，同时又不断复合。在一定的条件下，半导体内总是具有一定数量的载流子，这说明在一定的时间内，本征激发产生的载流子数和复合失去的载流子的数目相等，载流子的浓度保持不变，处于一种动态平衡的状态。但如果外界激发的能量增大（例如温度升高），则激发就会加强，从而使载流子的浓度增大，而载流子浓度的增大又增加了复合的机会，将使得激发和复合达到一个新的平衡状态，但这一新的平衡状态下的载流子的浓度显然已经比原先要增大了。由此可见，半导体材料的导电特性具有光敏性、热敏性的原因就在于此。

四、N型半导体和P型半导体

本征半导体虽有自由电子和空穴两种载流子，但由于数量很少，导电能力很差。如果在本征半导体中掺入微量的杂质可以极大地提高导电能力，这种半导体称为杂质半导体。根据掺入的杂质性质的不同，可以把杂质半导体分为N型半导体和P型半导体两种。

1. N型半导体

在本征半导体中掺入微量五价元素（如磷、锑等），就成为N型半导体。由于五价元素磷原子的数量极其微少，每个磷原子通常被硅原子包围起来。五价元素磷原子的最外层有五个电子，在其中的四个电子与周围的硅原子组成共价键后，必然会多出一个电子，这个电子只需要极小的能量就能脱离磷原子的束缚而成为自由电子，同时这一磷原子也因为失去了一个电子而成为一个正离子，如图4—4所示。N型半导体中由于掺入了微量的五价元素，自由电子的数量就大量增加，自由电子导电成为N型半导体的主要导电方式，故又称为电子半导体。考虑到半导体材料中还有本征激发产生的少量电子空穴对，把N型半导体中的自由电子称为多数载流子，而把其中的空穴称为少数载流子。

2. P型半导体

在本征半导体中掺入微量三价元素（如硼、铟等），就成为P型半导体。由于三价元素硼原子的数量极其微少，每个硼原子通常被硅原子包围起来。由于三价硼原子的最外层只有三个电子，因此每一个硼原子与周围的硅原子组成共价键后，必然会因缺少一个电子无法组成共价键而产生一个空穴，这个空穴很容易会被周围硅原子的价电子填补掉，从而使空穴运动起来，同时这一硼原子也因为得到了一个电子而成为一个负离子，如图 4—5 所示。P 型半导体中由于掺入了微量的三价元素，空穴的数量就大量增加，空穴导电成为 P 型半导体的主要导电方式，故又称为空穴半导体。

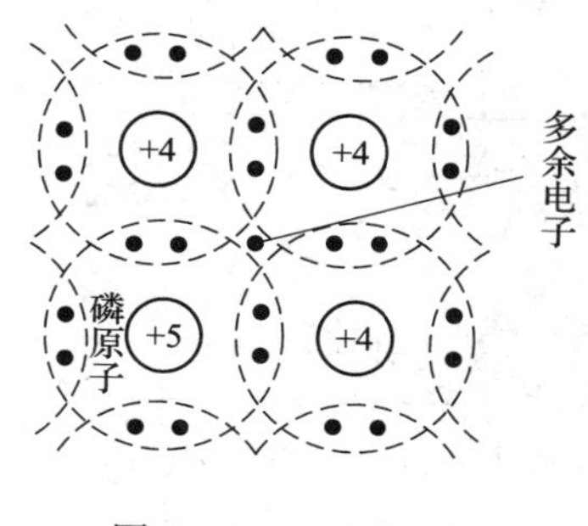

图 4—4　N 型半导体

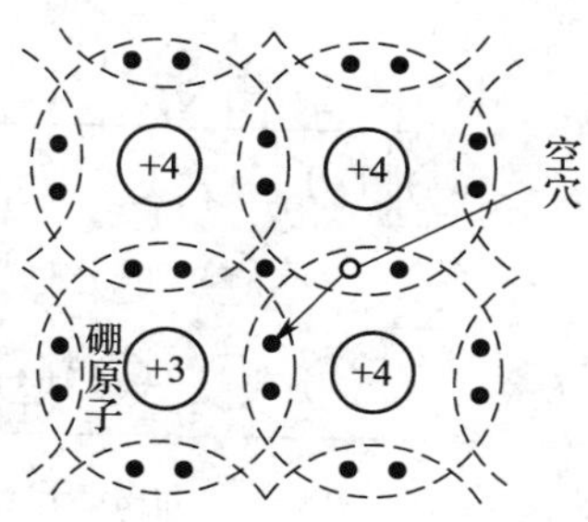

图 4—5　P 型半导体

同样考虑到半导体材料中本征激发产生的少量电子空穴对，把 P 型半导体中的空穴称为多数载流子，而把其中的自由电子称为少数载流子。

最后必须指出，虽然 N 型半导体中有大量的自由电子载流子，P 型半导体中有大量的空穴载流子，但整个半导体仍然是电中性的，即不带电。

第 2 节　半导体器件的核心——PN 结

N 型或 P 型半导体的导电能力虽然大大增加，但并不能直接用来制造半导体器件。在实际应用时，经常在一块半导体晶片上用不同的掺入杂质工艺使其在一边成为 P 型半导体而在另一边成为 N 型半导体，从而在这两种半导体的交界面上形成一种特殊的结构——PN 结，PN 结是构成二极管、三极管等各种半导体器件的核心。

一、PN 结的形成

把一块半导体晶片的两边分别做成 P 型和 N 型半导体，如图 4—6a 所示，图中 ⊖ 表示得到一个电子的三价元素负离子，带负电：图中⊕表示失去一个电子的五价元素正离子，带正电。在它们的交界面上因为两边的多数载流子的浓度不同，很自然地，由于 P 区空穴浓度大，因此空穴要从浓度大的 P 区向浓度小的 N 区扩散，在交界面上的 P 区留下带负电的三价元素负离子。同理，N区的自由电子要向P区扩散，在交界面上的N区留下带正电的五价元素正离子。这样，在交界面两侧的一个很薄的区域内形成一个空间电荷区，如图4—6b所示。这个空间电荷区也称为PN结，由于PN结中的载流子已经耗尽，所以又称为耗尽层。

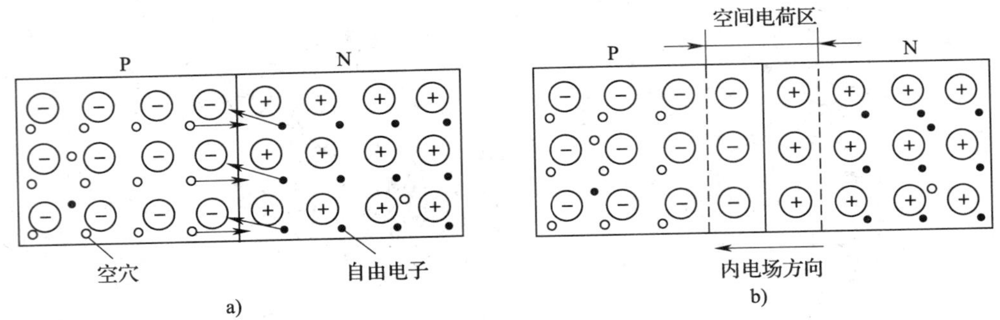

图4—6　PN结的形成

显然，由于正负离子的存在，会在PN结处产生一个电场，称为内电场，其方向从带正电的N区指向带负电的P区。这个内电场对于多数载流子和少数载流子的作用是完全不同的。对于多数载流子，即P区的空穴和N区的电子，电场力的方向是阻挡其继续扩散的，即内电场对多数载流子的扩散运动起阻挡作用；对于少数载流子，即P区的电子和N区的空穴，电场力的方向是帮助其向对方运动的，在这一电场力作用下少数载流子的运动称为漂移。在开始形成空间电荷区（PN结）时，多数载流子的扩散作用很强，随着空间电荷区（PN结）的建立并逐渐变厚，内电场也随之产生并逐渐增强，多数载流子的扩散受阻而且由于内电场的增强使扩散量逐渐减小，但是少数载流子的漂移量则随着内电场的增强逐渐加大，最终会使扩散量等于漂移量，即P区扩散过去的空穴与N区漂移过来的空穴数相等，N区扩散过去的电子和P区漂移过来的电子数相等，使载流子的运动处于一种动态平衡状态，空间电荷区（PN结）的厚度也就随之固定下来，PN结处于相对稳定状态。

二、PN结的单向导电性

上面叙述的是PN结两端没有外加电压的情况。当PN结两端加上外加电压时，就会打破原来载流子运动的平衡状态，产生电流。但这一电流的大小与电压的极性有极大的关系，当电压的极性是P区接正、N区接负，即加上正向电压时，电流较大；当电压的极性是N区接正、P区接负，即加上反向电压时，电流极小，表现出明显的单向导电性。下面具体分析说明PN结的特征。

1. PN 结加上正向电压

如图 4—7 所示，在 PN 结加上正向电压，即 P 区接电源正极，N 区接电源负极。由于外加电压产生的外电场的作用，将使多数载流子，即 P 区的空穴和 N 区的自由电子进入空间电荷区。P 区的空穴将会抵消空间电荷区的一部分负电荷，N 区的自由电子将会抵消空间电荷区的一部分正电荷，从而使空间电荷区（PN 结）变薄，削弱内电场，也就使得多数载流子的扩散活动增强而漂移活动削弱，原先的平衡状态被打破，多数载流子产生的扩散电流就成为正向电流，这一正向电流的大小与正向电压的大小有关，正向电压只要略有增大，空间电荷区（PN 结）就会变得更薄，多数载流子的扩散更容易进行，正向电流就越大，这时 PN 结具有很小的电阻，PN 结处于导通状态。

2. PN 结加上反向电压

如图 4—8 所示，在 PN 结加上反向电压，即 P 区接电源负极，N 区接电源正极，情况正好相反，外加电压产生的外电场将使多数载流子，即 P 区的空穴和 N 区的自由电子背离空间电荷区（PN 结），从而使空间电荷区（PN 结）变厚，这样就加强了内电场，也就使得多数载流子的扩散运动难以进行而少数载流子的漂移运动增强，这一少数载流子产生的漂移电流就成为反向电流。由于少数载流子的数量很少，因此反向电流很小，一般仅为微安数量级。这时 PN 结具有很大的电阻，PN 结处于截止状态。又因为少数载流子的浓度是由本征激发所决定的，反向电流与反向电压的大小基本无关，因此反向电压再高，只要 PN 结没有击穿，反向电流几乎不随反向电压的增大而增大，但与温度的高低以及半导体材料有密切的关系，温度越高，本征激发就强，少数载流子的浓度越大，反向电流就大，且锗管的反向电流比硅管大。

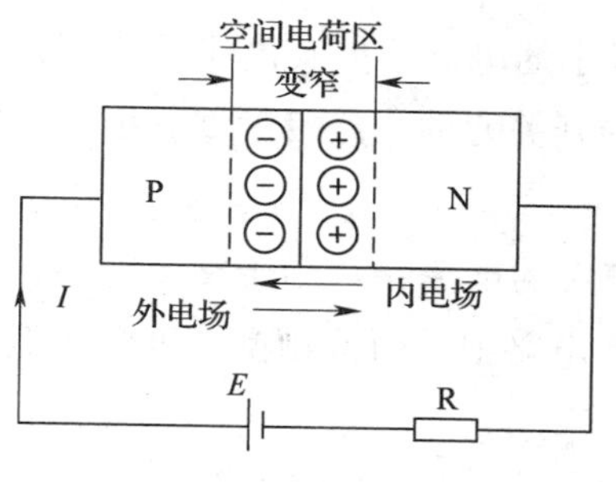

图 4—7　PN 结加上正向电压

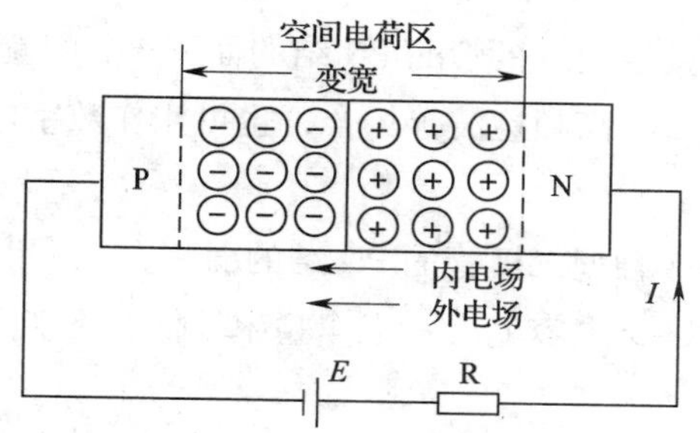

图 4—8　PN 结加上反向电压

由上分析可知，PN 结具有单向导电性。当 PN 结加上正向电压时，PN 结处于导通状态，正向电流较大，PN 结的电阻很小；当 PN 结加上反向电压时，PN 结处于截止状态，反向电流很小，PN 结的电阻很大。

第3节　半导体二极管

一、半导体二极管的结构

半导体二极管（简称二极管）是由一个PN结构成的最简单的半导体器件。在一个PN结的P区和N区各接出一条引线，然后再封装在管壳内，就制成一只半导体二极管。二极管按结构分可分为点接触型和面接触型两种类型，其结构和符号如图4—9所示。图中P区引出端叫阳极，N区引出端叫阴极，符号中箭头所指的方向就是导通的方向。

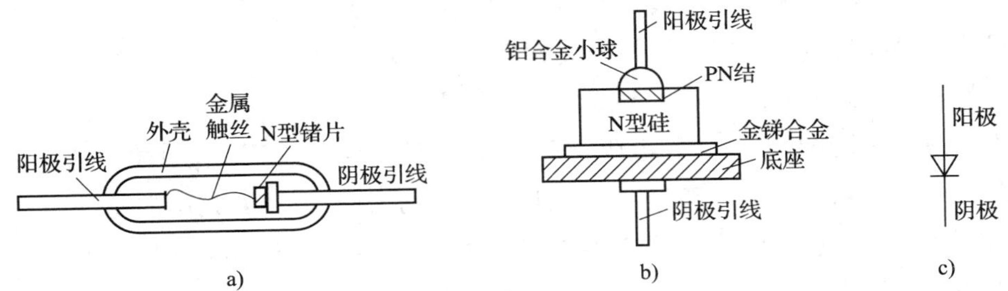

图4—9　二极管的结构和符号

a）点接触型　b）面接触型　c）符号

点接触型二极管的PN结的面积小，只能通过很小的电流，但其高频性能好，主要用于小电流、高频检波等场合，也可用作数字电路中的开关元件。点接触型二极管一般为锗二极管。

面接触型二极管的PN结的面积大，可以承受较大的电流，常用于整流电路，因为结面积大，结电容就大，工作频率较低，不能用于高频电路中。面接触型二极管一般为硅二极管。

二、二极管的伏安特性

二极管的伏安特性是指加在二极管两端的电压和流过二极管的电流之间的关系。图4—10给出了硅管和锗管两种典型二极管的伏安特性，二极管的伏安特性可以分成三部分来加以说明。

1. 正向特性

当外加正向电压较小时，由于外电场还不能克服PN结内电场的阻挡作用，正向电流很小，只有当正向电压超过一定数值后（这个数值称为死区电压），内电场才被大大地削弱，二极管开始导通，并且随着电压的增大，电流很快地增大。对于锗管和硅管来说，死区电压的大小是不同的，锗管约为0.2 V，硅管约为0.5 V。从特性曲线还可以看出，导通时锗管的正向压降约为0.3 V，硅管的正向压降约为0.7 V。

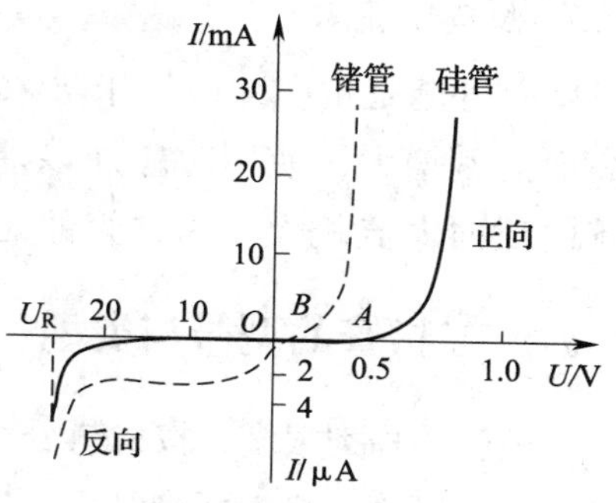

图4—10　二极管的伏安特性

2. 反向特性

在二极管上加上反向电压时，当反向电压不超过某一数值（此电压称为反向击穿电压）时，其反向电流是很小的，并且几乎不随反向电压而变化，故称为反向饱和电流。通常硅管的反向饱和电流比锗管的反向饱和电流小，一般可以不予考虑。

3. 反向击穿特性

当反向电压超过某一数值时，特性曲线几乎直线下降，二极管的反向电流急剧增大，这种现象称为“反向击穿”。产生反向击穿时加在二极管两端的反向电压称为“反向击穿电压”，图4—10中用U_R表示。反向击穿电压的高低主要取决于PN结的厚度，也就是由掺杂浓度决定的，可以从数伏到上千伏。产生击穿的原因：一种是外电场过强，从而使载流子动能过大，不断碰撞产生“雪崩”效应；另一种原因是过高的外电场直接激发价电子所致。应该说明的是，击穿并不意味着管子一定损坏，管子是否损坏要看击穿后管子通过的反向电流的大小，如果在电路中采取限流措施，限制电流在一定的范围内，二极管就不会烧坏，如下面所学习的稳压二极管就是利用反向击穿特性进行工作的，如果电流过大也会烧坏稳压二极管。

三、二极管的主要参数

1. 最大整流电流 I_{DM}

最大整流电流通常称为额定工作电流，是指二极管长期运行允许通过的最大正向平均电流，它由PN结的面积和散热条件决定。使用时应注意电流不要超过这一数值，并满足规定的散热条件，否则二极管将由于PN结过热而损坏。

2. 最高反向工作电压 U_{Rm}

最高反向工作电压又称额定工作电压，是指二极管允许承受的最高反向峰值电压，通常是反向击穿电压的一半。

3．反向电流 I_R

反向电流是指在二极管未进入击穿区的反向电流值。由于反向电流会随着温度的升高而急剧增大，使用时应加以注意。硅管的反向电流较小，一般在几个微安以下。锗管的反向电流较大，为硅管的几十倍到几百倍，受温度的影响大。

四、二极管的型号与类型

二极管的种类很多，按材料分类有锗二极管和硅二极管。锗二极管一般为点接触型二极管，硅二极管一般为面接触型二极管。按用途分类有普通二极管，整流二极管，开关二极管等。常用二极管的外形如图4—11所示。

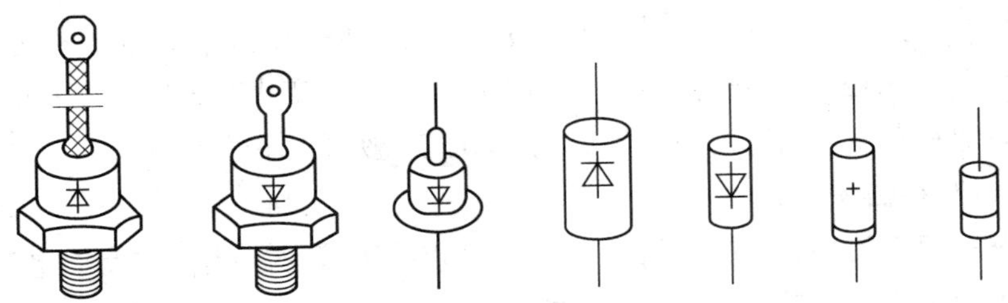

图4—11　常用二极管的外形

国产二极管、三极管型号命名方法见表4—1。

表4—1　　半导体分立器件型号命名方法

第一部分		第二部分		第三部分		第四部分	第五部分
用阿拉伯数字表示半导体器件的电极数目		用汉语拼音字母表示半导体器件的材料和极性		用汉语拼音字母表示半导体器件的类别		用阿拉伯数字表示序号	用汉语拼音字母表示规格号
符号	意义	符号	意义	符号	意义		
2	二极管	A B C D	N型锗材料 P型锗材料 N型硅材料 P型硅材料	P V W C	小信号管 混频检波管 电压调整管和电压基准管 变容管		

续表

符号	意义	符号	意义	符号	意义		
3	三极管	A B C D E	PNP 型锗材料 NPN 型锗材料 PNP 型硅材料 NPN 型硅材料 化合物材料	Z L S K U X G D A T	整流管 整流堆 隧道管 开关管 光电管 低频小功率管 (f_a<3 MHz，P_c<1 W) 高频小功率管 (f_a≥3 MHz，P_c<1 W) 低频大功率管 (f_a<3 MHz，P_c≥1 W) 高频大功率管 (f_a≥3 MHz，P_c≥1 W) 晶体闸流管		

现举例说明如下：

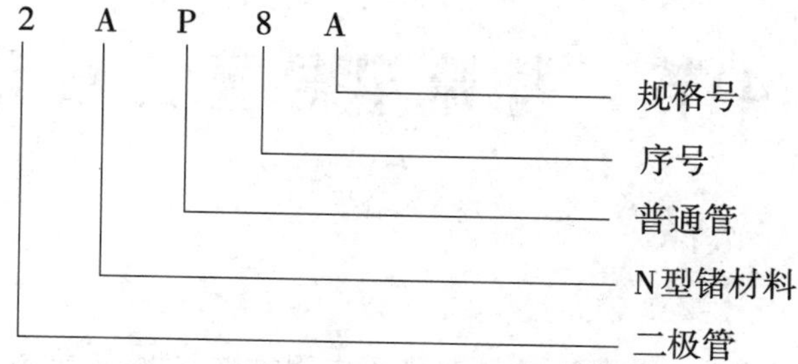

部分常用国产二极管的参数见表4—2、表4—3，供参考。

表4—2 **检波二极管型号和主要参数**

型号	最高反向工作电压 U_{RM}/V	最大整流电流 I_{DM}/mA	反向击穿电压 U_{BR}/V	零偏压电容 C_O/pF	最高工作频率/MHz
2AP1	≥10	16	≥40	≤1	150
2AP2	≥25	16	≥45		
2AP3	≥25	25	≥45		
2AP4	≥50	16	≥75		
2AP5	≥75	16	≥110		
2AP7	≥100	12	≥150		

表4—3　　2CP、2CZ系列整流二极管型号和主要参数

型号	最大整流电流 I_f/mA	最高反向工作电压 U_{RM}/V	正向电压降 U_F/V	反向电流 I_R/μA
2CP10	100	25	≤1.5	5
2CP11		50		
2CP12		100		
2CP14		200		
2CP16		300		
2CP18		400		
2CP19		500		
2CP20		600		
2CZ11A	1.0	100	≤1.0	10
2CZ11B		200		
2CZ11C		300		
2CZ11D		400		
2CZ11E		500		

第4节　特殊半导体二极管

一、稳压管

稳压管是一种采用特殊工艺制造的具有稳压作用的硅二极管。它的外形与普通二极管基本相同，稳压管的伏安特性和符号如图4—12所示。

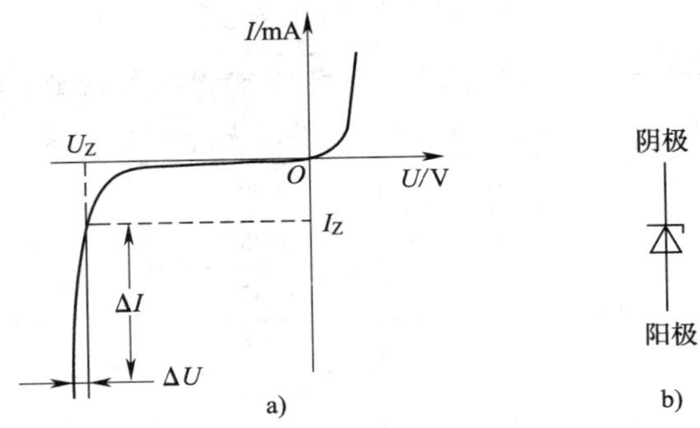

图4—12　稳压管的伏安特性和符号

由图 4—12 可知，稳压管的正向特性与普通二极管相似，但反向特性曲线比普通二极管陡。当反向电压在一定范围内变化时，反向电流很小。当反向电压达到某一数值 U_Z时，管子被反向击穿，反向电流突然剧增，此时电压稍有增加的话，电流就会增加很多。在反向击穿区，稳压管的电流在很大范围内变化时，U_Z却基本不变。稳压管正是利用这一特性来进行稳压的。稳压管与一般二极管不同，只要控制反向击穿电流不超过允许值，稳压管就可长时间工作在反向击穿区。但是，如果反向电流超过允许范围，稳压管将会发生热击穿而损坏。由于稳压管是工作在反向击穿状态，所以使用时它的阳极必须接电源的负极，它的阴极接电源的正极，为了限制电流，电源和稳压管之间还必须串有限流电阻。

稳压管的主要参数有以下几个：

1. 稳定电压 U_Z

稳定电压 U_Z指正常工作时稳压管两端的反向电压。同一型号的稳压管由于制造工艺等原因，它们的稳定电压也不完全相同，稍有高低。所以手册中通常是给出该型号管子的稳定电压值的一个范围，例如 2CW53 为 4.0～5.8 V。但对于每一个稳压管来说，稳定电压值是确定的。

2. 稳定电流 I_Z

对应电压为稳定电压 U_Z时的工作电流称为稳定电流 I_Z。稳压管工作时的电流通常应不小于 I_z才能保证较好的稳压效果。

3. 最大稳定电流 I_{ZM}

稳压管工作时允许通过的最大电流称为最大稳定电流 I_{ZM}。如超过该电流，稳压管将会过热而损坏。

4. 最大允许耗散功率 P_M

即管子不致发生热击穿所允许的最大功率损耗，$P_M = U_Z I_{ZM}$。

5. 动态电阻 r_z

动态电阻是指稳压管在工作范围内，管子两端的电压变化量与相应的电流变化量之比，即 $r_z = \Delta U / \Delta I$。动态电阻越小，说明电流变化时电压变化越小，稳压性能就越好。

6. 电压温度系数

指稳定电压在温度每升高一度时，稳定电压变化的百分数，数值越小说明温度稳定性越好。通常，低于 6 V 的稳压管的电压温度系数是负的，高于 6 V 的稳压管的电压温度系数是正的，而 6 V 左右的稳压管受温度的影响最小。在稳压精度要求高的场合，可以使用具有温度补偿的稳压管如2DW7，它是由两个相同的稳压管反向串联而成的，如图4—13所示。工作时用1、2两端，使一个管子反向工作于稳压状态，其温度系数为正，另一个管子正向导通，而正向导通时管压降的温度系数是负的，这样就起到了温度补偿作用。

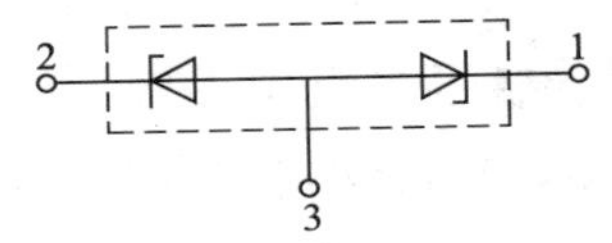

图4—13 具有温度补偿作用的稳压管

常用的部分国产稳压管参数见表4—4。

表4—4 常用部分稳压管型号及其主要参数

型号	稳定电压/V	稳定电流/mA	最大稳定电流/mA	动态电阻/Ω	电压温度系数（10^{-4}/℃）	最大耗散功率/W
2CW53	4.0～5.8	10	41	≤50	-6～4	0.25
2CW54	5.5～6.5	10	38	≤30	-3～5	
2CW55	6.2～7.5	10	33	≤15	≤6	
2CW56	7.0～8.8	10	27	≤15	≤7	
2CW57	8.5～9.5	5	26	≤20	≤8	
2CW58	9.2～10.5	5	23	≤25	≤8	
2CW59	10～11.8	5	20	≤30	≤9	
2CW60	11.5～12.5	5	19	≤40	≤9	
2CW21	3.2～4.5	50	220	30	-8	1
2CW21A	4～5.8	50	165	20	-6～4	
2CW21B	5.5～6.5	30	150	15	-3～5	
2CW21C	6.2～7.5	30	130	7	≤6	
2CW21D	7～8.8	30	110	5	≤7	
2CW21E	8.5～9.5	20	100	10	≤8	
2CW21G	10～11.8	20	83	15	≤9	
2CW21H	11.5～12.5	20	76	20	≤9	
2CW21J	16～19	10	52	40	≤11	
2DW7A	5.8～6.6	10	30	≤25	0.005	0.2
2DW7B	5.8～6.6	10	30	≤15		
2DW7C	6.1～6.5	10	30	≤10		

二、发光二极管

发光二极管是常用的半导体发光器件，它是用特殊的半导体材料制成并用透明的塑料封装。发光二极管和普通二极管一样，管芯也是由一个 PN 结组成，也具有单方向导电的特性，在正向导通时，能把电能转换成光能，发出可见光。光的颜色主要取决于半导体材料，例如砷化镓半导体发出红光，磷化镓半导体发出绿光或黄光。发光二极管的正向压降通常在 1.4 V 以上，工作电流为 10 mA 左右。发光二极管应用非常广泛，常用来作为各种电子设备的信号显示器件，制造厂通常还把几个发光二极管封装在一起做成发光数码管。发光二极管的符号如图 4—14 所示。

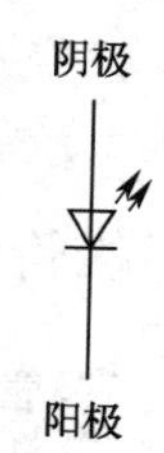

图 4—14　发光二极管的符号

三、光敏二极管

光敏二极管又称光电二极管。光敏二极管是将光信号变成电信号的半导体器体。光敏二极管工作时，管子处于反向接法，管子的端部有一个小小的透镜，没有光照时，管子的漏电流很小，称为“暗电流”，当接受光照时，漏电流急剧增大，称为“亮电流”。检测这一电流的变化可以实现光电信号的转换，例如基本电路中的输出电压就会随光照的增强而增大。光敏二极管的外形、符号及基本电路如图 4—15 所示。光敏二极管应用广泛，常用于自动控制中光电转换。

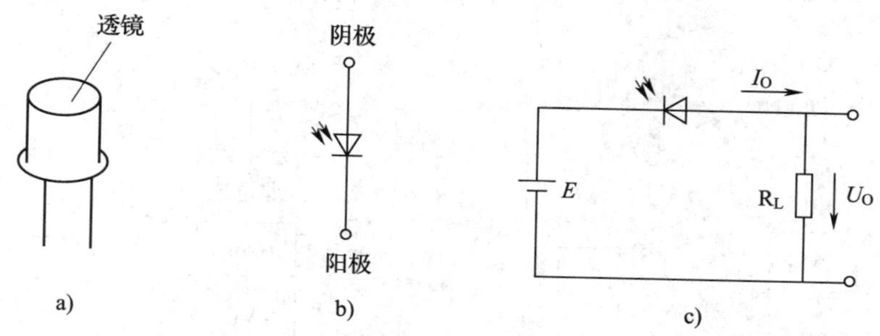

图 4—15　光敏二极管

a）外形　b）符号　c）基本电路

第5节 半导体三极管

一、三极管的基本结构和型号

半导体三极管（简称三极管）又称为晶体管，三极管是最重要的一种半导体器件。三极管按材料分可分为硅管和锗管，按频率高低来分可分为高频管和低频管，按功率大小来分可分为小功率、中功率和大功率管，常用三极管的外形如图4—16所示。

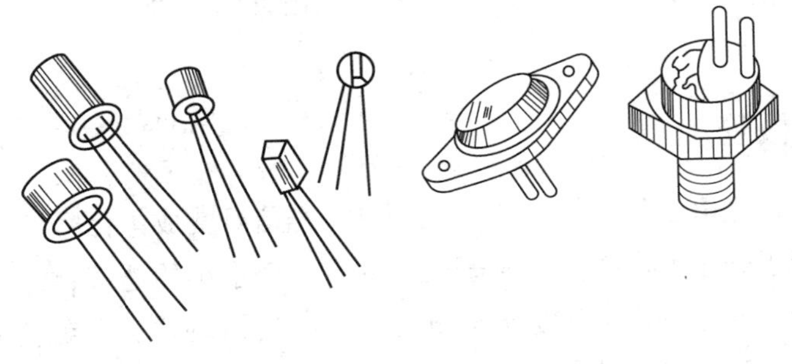

图4—16 常用三极管的外形

三极管种类繁多，但其基本结构都是相同的。三极管是由两个PN结的三层半导体制成的，按结构可分成NPN型和PNP型两种，其结构和符号如图4—17所示。

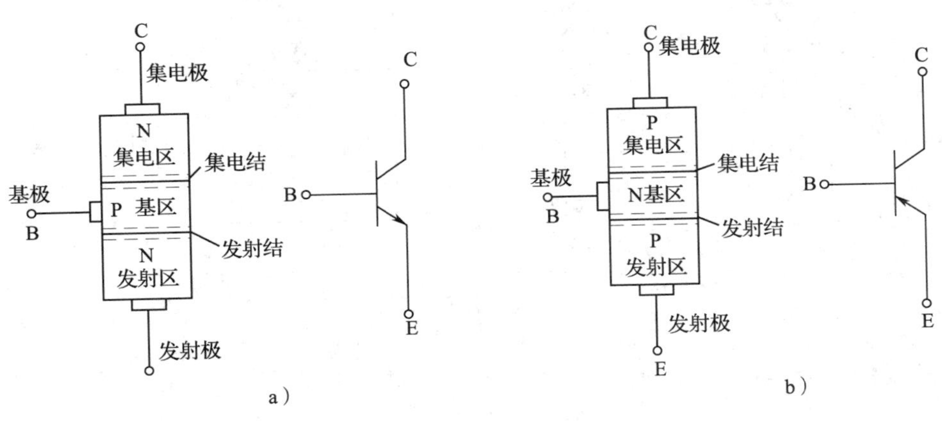

图4—17 三极管的结构和符号

a）NPN型 b）PNP型

在三层半导体中，中间的一层做得很薄且掺杂浓度很低被称为基区，引出的电极称为基极，以字母 B 表示；两边的半导体掺杂浓度是不同的，浓度高的称为发射区，引出的电极称为发射极，以字母 E 表示；浓度低的称为集电区，其电极称为集电极，以字母 C 表示。两个 PN 结则分别称为发射结和集电结。

三极管的型号命名方法见表 4—1。现举例说明：

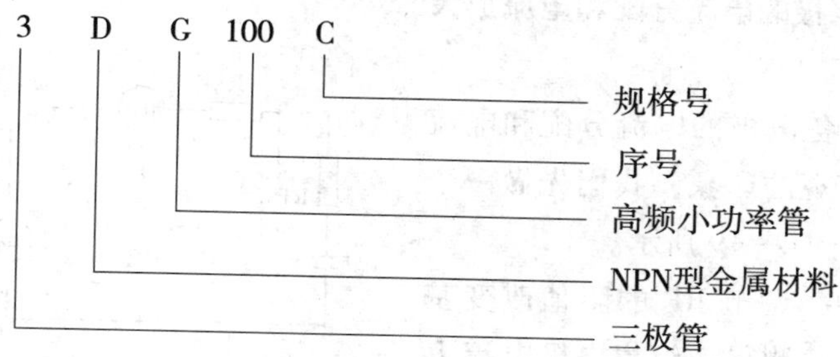

上述符号表示为锗 NPN 型高频小功率三极管。

二、三极管的电流分配和放大作用

1. 三极管工作于放大状态时的接法

三极管工作于放大状态时，对于管子的两个 PN 结的接法有一定的要求，即发射结应该加上正向电压，称为正向偏置；集电结应该加上反向电压，称为反向偏置。NPN 型和 PNP 型三极管双电源具体的接法如图 4—18 所示。

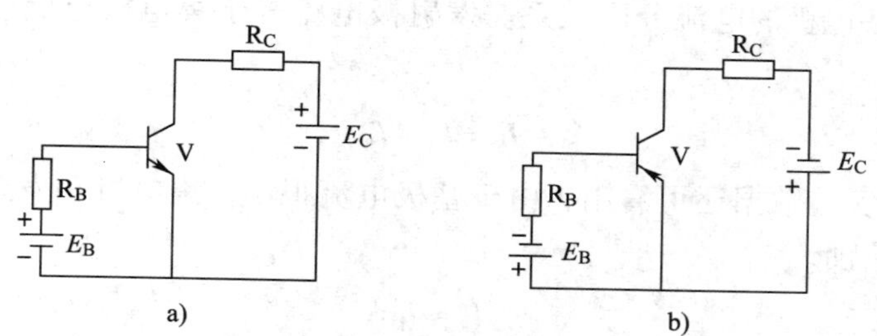

图 4—18　三极管放大电路的双电源接法

a）NPN 型　b）PNP 型

NPN 型和 PNP 型三极管的工作原理类似，仅在使用时电源极性连接不同。由于实际电路中绝大多数放大电路都采用 NPN 型三极管，本书就以 NPN 型三极管为例来分析。在图 4—18a 中，NPN 型三极管发射结由电源 E_B经过电阻 R_B加上正向电压，由于PN结的正向压降为0.7 V左右。而集电极与发射极之间接上电源E_C，显然，只要E_C大于0.7 V（实际情况要大得多），就可以使集电极的电位高于基极的电位，也就是说可以使集电结处于反向偏置。对于这种连接方法，三极管的基极是输入端，集电极是输出端，而发射极是输入端和输出端的公共端，所以称为三极管的共发射极接法。

2. 三极管各电极的电流分配和电流放大作用

为了对三极管各电极的电流分配和电流放大作用有一个直观的印象，我们先做一个实验，实验电路如图4—19所示。

在实验电路中，调节RP的阻值改变基极电流I_B，可相应地测得一组集电极电流I_C和发射极电流I_E的数据，见表4—5。

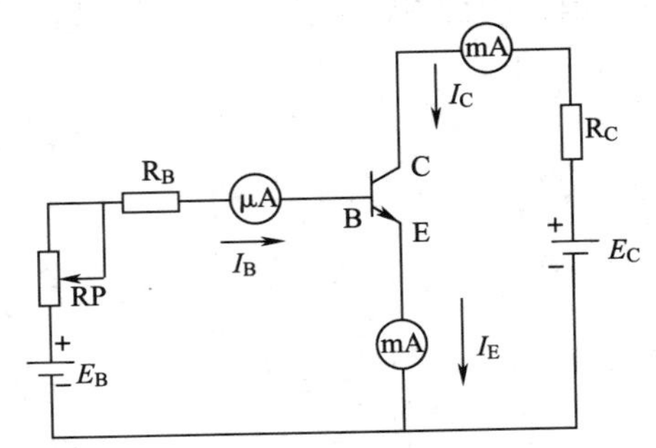

图4—19　三极管电流分配和电流放大的作用实验电路

表4—5　**三极管各电极的电流测量数据**

I_B/mA	0	0.05	0.10	0.15	0.30	0.45	0.60
I_C/mA	<0.01	1.10	3.50	6.50	18.50	29.30	40.20
I_E/mA	<0.01	1.15	3.60	6.65	18.80	29.75	40.80

从表4—5中实验数据可以看出：

（1）三极管各电极的电流分配关系。发射极电流等于集电极电流与基极电流之和。即：

$$I_E = I_C + I_B$$

从表4—5中实验数据还可看出，由于基极电流很小，集电极和发射极电流都较大，且两者近似相等，即：

$$I_E \approx I_C$$

（2）三极管的电流放大作用。从表4—5中实验数据可看出，当基极电流I_B从0.10 mA变化到0.15 mA时，集电极电流I_C却从3.50 mA变化到6.50 mA，这两个变化量的比为：

$$\frac{\Delta I_C}{\Delta I_B} = \frac{6.50-3.50}{0.15-0.10} = \frac{3.00}{0.05} = 60$$

即I_C的变化量约为I_B变化量的60倍。由此可见，只要使基极电流I_B微小变化，就能

引起集电极电流 I_C 的较大变化，这就是三极管的电流放大作用。这个比值通常用字母 β 表示，称为三极管的交流电流放大系数，即 $\beta=\frac{\Delta I_C}{\Delta I_B}$。交流电流放大系数 β 的大小表示三极管交流放大能力的强弱，是三极管的重要参数。从表 4—5 实验数据中还可看出，当基极电流 I_B 为 0. 30 mA 时，集电极电流 I_C 为 18. 50 mA，$\frac{I_C}{I_B}=\frac{18.50}{0.30}=61.7$，即集电极电流 I_C 与基极电流 I_B 的比值等于 61. 7，这也表明三极管电流放大作用，这个比值通常用字母 $\bar{\beta}$ 表示，称为三极管的直流电流放大系数，即 $\bar{\beta}=\frac{I_C}{I_B}$。

为什么三极管有上述电流分配规律和电流放大作用呢？下面从载流子运动的角度来做一些说明。按照载流子的传输顺序，一般可分成以下三个过程。

1）发射区向基区扩散电子。当三极管工作在放大状态时，发射结处于正向偏置，PN 结的内电场被大大削弱，多数载流子的扩散运动加强，发射区（N 区）的自由电子（多数载流子）不断扩散到基区（P 区），并不断从电源补充电子形成发射极电流 I_E。与此同时，基区的空穴（多数载流子）也要向发射区扩散，如图 4—20 所示。但由于制作三极管时，发射区（N 区）的自由电子浓度比基区（P 区）的空穴浓度大得多，所以流过发射结的电流主要是从发射区扩散基区的自由电子，而从基区扩散到发射区的空穴数量很小，可以忽略不计。

2）电子在基区的复合与扩散。由于基区（P 区）中自由电子是少数载流子，原有自由电子很少。从发射区（N 区）扩散到基区（P 区）的自由电子就成为基区（P 区）中特殊的少数载流子。这时靠近发射结边界处的自由电子浓度比基区（P 区）中原有自由电子浓度要大得多，而靠近集电结边界处的自由电子浓度则很小，因而形成浓度上的差别。由于这种浓度上的差别就促使自由电子向集电结方向继续扩散。在扩散过程中，会有部分自由电子与基区的空穴相遇而复合，由于基区（P 区）接电源 E_B 的正极，电源 E_B 的正极就要源源不断地将基区中受激发的价电子拉走，不断补充基区中被复合掉的空穴，形成电流 I'_B，它基本上等于基极电流 I_B。如图 4—20 所示。由于基区很薄，基区掺杂浓度又很小，空穴不多，所以这部分电子流数量不多，从发射区扩散到基区绝大多数的自由电子都能扩散到集电结边界。

3）集电区收集从发射区扩散到基区的电子。由于集电结在反向偏置时，PN 结的内电场大大增强，它对基区和集电区的多数载流子的扩散运动起阻挡作用，但是从发射区扩散到基区并到达集电结边界的自由电子相当于基区中少数载流子，受到集电结强力电场的作用，被拉入集电区，从而形成电流 I'_C，它基本上等于集电极电流 I_C。

三极管在制造时掺杂浓度、基区厚度等都已确定，因此发射的电子流的分配比例，即 I'_C 与 I'_B 之比 β 也就确定了下来，所以有 $I'_C=\beta I'_B$。

此外，集电结在反向偏置时，在内电场的作用下，集电区的少数载流子空穴和基区的少数载流子自由电子发生漂移运动，形成集电结反向电流，这一电流以 I_{CBO} 表示。考虑 I_{CBO} 时的三极管的电流分配如图4—21所示。

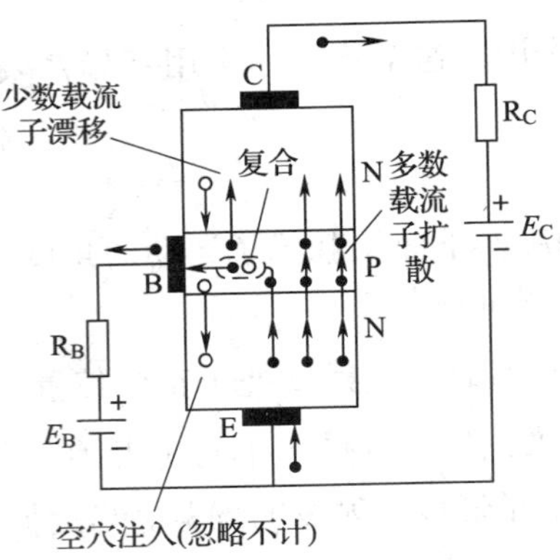

图4—20　三极管的内部载流子运动

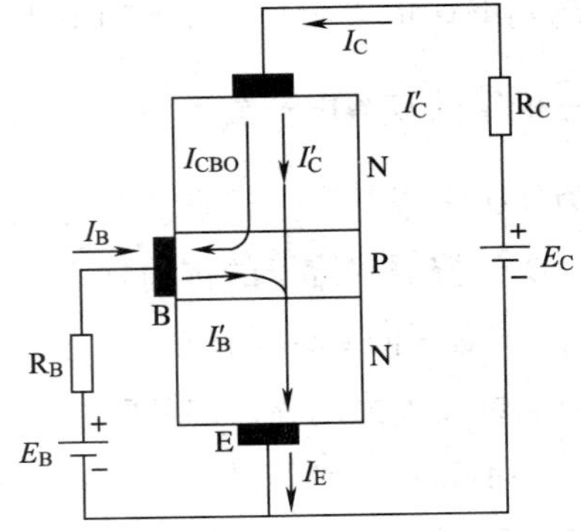

图4—21　考虑 I_{CBO} 时三极管的电流分配

由于 I_{CBO} 的存在，将使 I_C 增大，I_B 减小，即：

$$I_B=I'_B-I_{CBO}$$

$$I_C=I'_C+I_{CBO}$$

经过简单的推导可得 I_C 和 I_B 的关系：

$$I_C=\beta I'_B+I_{CBO}=\beta\ (I_B+I_{CBO})\ +I_{CBO}$$

$$=\beta I_B+\ (1+\beta)\ I_{CBO}$$

令：$I_{CEO}=\ (1+\beta)\ I_{CBO}$

可得：$I_C=\beta I_B+I_{CEO}$

由上式可见，考虑集电结反向电流时，I_C 基本上还是受 I_B 控制，只是当 $I_B=0$，也就是说基极开路时，集电极还有电流，这一电流就是 I_{CEO}，称为三极管的穿透电流。穿透电流的大小是集电结反向电流 I_{CBO} 的 $(1+\beta)$ 倍。由于 I_{CBO} 随温度的升高而增大，尤其是对于管子发热较严重的锗管来说，穿透电流 I_{CEO} 将变得更大，可能影响电路的正常工作，这是应该引起注意的。

三、三极管的特性曲线

三极管的特性曲线是用来表示三极管各极上的电压和电流之间的关系曲线，它反映了三极管的性能。最常用的是共发射级接法时的输入特性曲线与输出特性曲线，它可以通过图 4—22 所示实验电路先测出各电极间的电压和电流值，再在直角坐标系中作出曲线。

1．输入特性曲线

输入特性曲线是指当 U_{CE} 为某一常数时，三极管的基极电流 I_B 与基极—发射极电压 U_{BE} 之间的关系曲线。如图 4—23 所示。

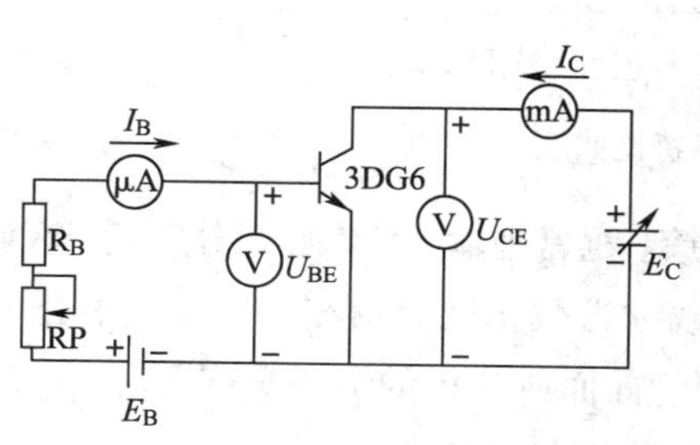

图 4—22　三极管特性曲线的实验电路

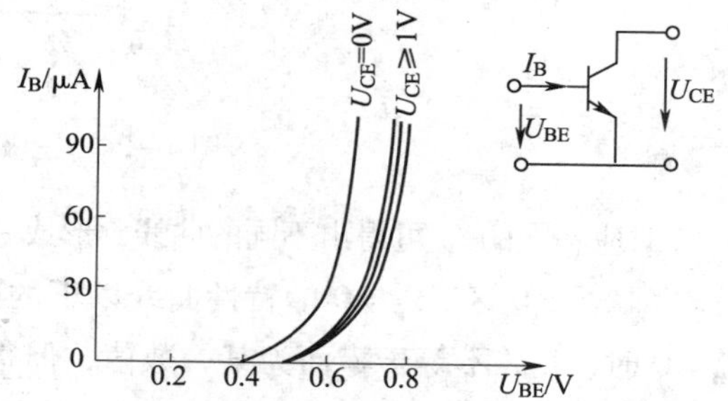

图 4—23　三极管的输入特性曲线

由图 4—23 可见，三极管的输入特性和二极管的正向特性相似，三极管的输入特性也有一段死区。当 U_{BE} 很小时，基极电流 $I_B=0$，只有 U_{BE} 大于死区电压（硅管约为 0.5 V，锗管约为 0.1 V）时，三极管才会出现基极电流，此后基极电流 I_B 在很大的范围内变化时，U_{BE} 几乎不变，此时的 U_{BE} 称为发射结的正向压降，硅管约为 0.7 V，锗管约为 0.3 V。三极管的输入特性和二极管的正向特性相似，这是因为三极管的输入端是一个处于正向偏置的 PN 结，与二极管不同的是三极管的输入特性曲线和输出端的电压 U_{CE} 有关，$U_{CE} \geqslant 1$ V 时的曲线比 $U_{CE}=0$ V 时的曲线要右移一些，这是由于 $U_{CE} \geqslant 1$ V 时，集电结已处于反向偏置，管子已经处于放大状态，集电区收集电子的能力得以加强，在同样的 U_{BE} 下发射区的电子更多地流向集电区而使基极电流 I_B 减小之故。同时也可以看出，$U_{CE}>1$ V 和 $U_{CE}=1$ V的曲线基本是重合的，这是由于 $U_{CE}=1$ V 已经可以使集电结处于反向偏置，三极管处于放大状态，三极管的电流分配规律已经基本确定，U_{CE} 再增大对电流分配的影响已很小，只要 U_{BE} 确定，从发射区发射到基区的电流大小就基本确定了。在分析放大电路时，一般都以 $U_{CE} \geqslant 1$ V 时的曲线作为三极管的输入特性曲线。

2．输出特性曲线

输出特性曲线是指当基极电流 I_B 为某一常数时，三极管的集电极电流 I_C 与集电极—发射极电压 U_{CE} 之间的关系曲线，如图 4—24 所示。

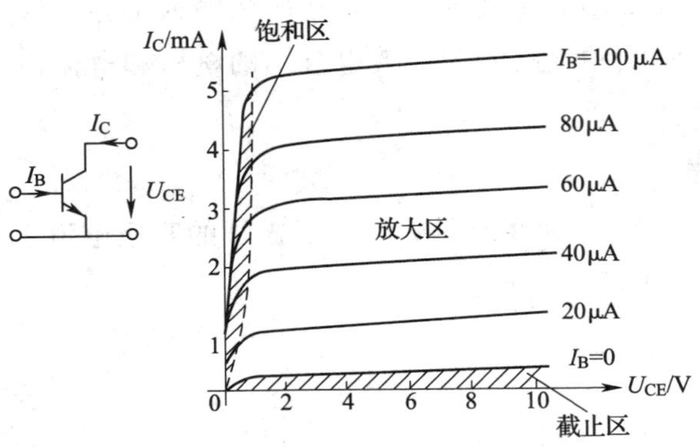

图4—24　三极管的输出特性曲线

对应不同的 I_B 可得出不同的曲线，形成一个曲线簇。通常把输出特性曲线分成三个区域。

（1）截止区。$I_B=0$ 的特性曲线以下的阴影区域称为截止区。由图4—24可看出，当 $I_B=0$ 时，I_C并不等于零而为某一数值，但很小，即为前面所分析的穿透电流 I_{CEO}。这时三极管的发射结和集电结一般都处于反向偏置，三极管处于截止状态。

（2）饱和区。特性曲线起始部分左侧的阴影区称为饱和区。此时 U_{CE} 很小（$U_{CE} \leqslant U_{BE}$），I_C随 U_{CE}的增加而迅速增加到一定值，I_B的变化对 I_C的影响较小，两者不成正比，此时 I_C的大小由集电极外电路决定。这时三极管的发射结和集电结都处于正向偏置，三极管处于饱和状态。

（3）放大区。特性曲线的中间近于水平部分称为放大区。此时 U_{CE}的增加对 I_C的影响已甚小，曲线趋于平坦，I_B的微小变化就能引起集电极电流 I_C较大的变化，I_C和 I_B成正比，即 $I_C=\beta I_B$。此时三极管的放射结处于正向偏置，集电结处于反向偏置，三极管处于放大状态。

四、三极管的主要参数

1. 共发射极电流放大系数 β

三极管的共发射极电流放大系数是指三极管接成共发射极电路时的电流放大系数，它有交流电流放大系数 β 和直流电流放大系数 $\bar{\beta}$ 两种。

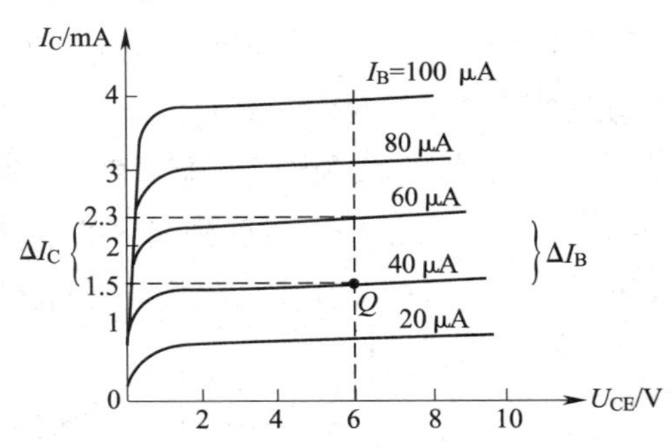

图4—25　共发射极电路的电流放大系数

如图4—25所示，当三极管工作在 Q 点时，该点上的 $I_B=40$ μA、$I_C=1.5$ mA，其直

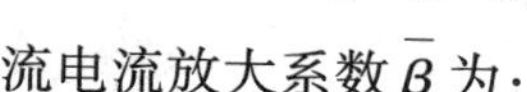

流电流放大系数 $\bar{\beta}$ 为：

$$\bar{\beta}=I_C/I_B=1.5/0.04=37.5$$

如果取 $\Delta I_B=20\ \mu A$，即 I_B 从 40 μA 增大到 60 μA，则可以看到 I_C 从 1.5 mA 增大到 2.3 mA，即 $\Delta I_C=0.8$ mA，那么该点上的交流电流放大系数 β 为：

$$\beta=\frac{\Delta I_C}{\Delta I_B}=\frac{0.8}{0.02}=40$$

显然 $\bar{\beta}$ 和 β 的意义是不同的，$\bar{\beta}$ 反映的是静态工作的情况，而 β 反映的是动态的放大性能。但如果三极管的输出特性接近理想情况，可以认为 $\bar{\beta}=\beta$。由于制造工艺和材料的分散性，同一个型号的三极管 β 值往往有着很大的差别，通常为 20 ~ 100，制造厂常常在管帽上加上不同颜色的色点来表示 β 的大小。即使对于某一个管子，由于三极管特性的非线性，β 的大小还与静态工作点有关，静态电流过大或过小 β 将会减小。实际应用中要选择合适的 β 值，三极管的 β 太小放大作用差，太大将使管子性能受温度变化的影响大，工作不稳定。在电子元件手册中 $\bar{\beta}$ 有时用 h_{FE} 表示，β 用 h_{fe} 表示。

2. 极间反向电流参数

（1）集电结反向电流 I_{CBO}。是指发射极开路时，集电极和基极之间加上规定反向电压时，流过集电结的反向饱和电流，I_{CBO} 受温度的影响大。I_{CBO} 越小越好，一般小功率锗管为 10 μA 左右，硅管在 1 μA 以下，约 nA 数量级。

（2）穿透电流 I_{CEO}。是指基极开路时，在集电极和发射极之间加上规定反向电压时的集电极电流。穿透电流 I_{CEO} 是 I_{CBO} 的（$1+\beta$）倍。由于 I_{CBO} 受温度影响大，当温度上升时，I_{CBO} 增加很快，I_{CEO} 增加更快。因此三极管的 I_{CBO} 越大，β 越大，稳定性越差。

3. 极限参数

（1）集电极最大允许电流 I_{CM}。当集电极电流超过某一数值时，三极管的 β 值将明显下降。保证三极管的参数变化不超过规定允许值时的集电极最大电流称为集电极最大允许电流 I_{CM}，通常 I_{CM} 是指 β 值下降到原来数值的三分之二或二分之一时的集电极电流。在使用时如果 I_C 超过 I_{CM} 并不一定会使三极管损坏，但放大性能却显著变坏，故工作时集电极电流不应超过此值。

（2）集电极最大允许耗散功率 P_{CM}。三极管上的功率 $P_C=I_C\times U_{CE}$，功率过大将使三极管发热超过允许值，不仅会使三极管参数发生变化，还可能造成管子的损坏。保证三极管因受热而引起的参数变化不超过允许值时的最大集电极功率损耗称为集电极最大允许耗散功率 P_{CM}。P_{CM} 主要受结温的限制，硅管的允许结温为 150°、锗管为 75°。在图 4—26 所示的输出特性上可以画出相应的允许功率损耗线，给出三极管的安全工作区。对于大功率管，手册上给出的 P_{CM} 通常是规定了一定的散热条件的，使用时应注意装上规定尺寸的散热片。

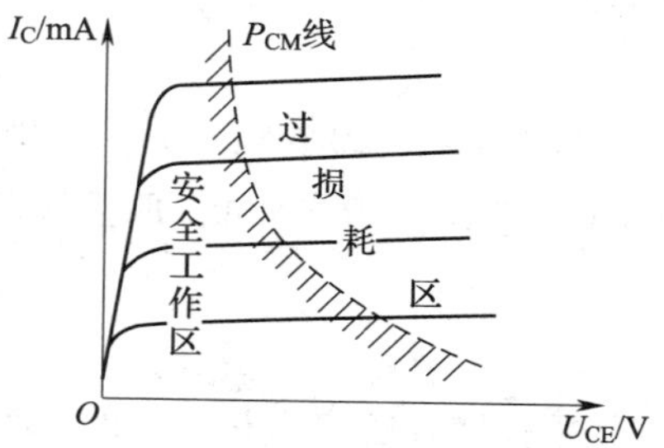

图4—26　三极管集电极最大允许耗散功率曲线

（3）反向击穿电压。根据三极管三个电极的不同接法，三极管的反向击穿电压有多种表达形式，常用有集电极—基极反向击穿电压 $U_{(BR)CBO}$ 和集电极—发射极反向击穿电压 $U_{(BR)CEO}$。集电极—基极反向击穿电压 $U_{(BR)CBO}$ 是指发射极开路时，集电结的最大允许反向电压。集电极—发射极反向击穿电压 $U_{(BR)CEO}$ 是指基极开路时，加在集电极和发射极之间的最大允许电压。相比较，$U_{(BR)CEO}$ 比 $U_{(BR)CBO}$ 要小得多。三极管工作时大多数情况下是电源电压经过集电极电阻 R_C 加在 C—E 间，工作时应注意管子的工作电压不要超过此值，且要留有一定的裕量。

表4—6给出了3DG100、3DG130、3CG150、3CG130等型号中小功率三极管的主要参数，供参考。

表4—6　　高频中小功率三极管部分型号和主要参数

型号		极限参数		直流参数						交流参数	
新	旧	集电极最大耗散功率/mW	集电极最大允许电流/mA	集—基极反向击穿电压/V	集—射极反向击穿电压/V	射—基极反向击穿电压/V	集—基极反向饱和电流/μA	集—射极反向饱和电流/μA	共射极直流放大系数	特征频率/MHz	Cob/pF
3DG100A	3DG6A	100	20	≥30	≥20	≥4	≤0.01	≤0.01	≥30	≥150	≤4
3DG100B	3DG6B			≥40	≥30					≥150	
3DG100C	3DG6C			≥30	≥20					≥300	
3DG100D	3DG6D			≥40	≥30					≥300	
3DG130A	3DG12A	700	300	≥40	≥30	≥4	≤0.5	≤1	≥30	≥150	≤10
3DG130B	3DG12B			≥60	≥45					≥150	
3DG130C	3DG12C			≥40	≥30					≥300	
3DG130D	3DG12D			≥60	≥45					≥300	
3CG100A	3CG1	100	30	—	≥15	≥4	≤0.1	≤0.1	≥25	≥100	≤4.5
3CG100B					≥25						
3CG100C					≥40						
3CG130A	3CG2	700	300	—	≥15	≥4	≤0.5	≤1	≥25	≥80	≤10
3CG130B					≥25						
3CG130C					≥40						

第 6 节　基本放大电路

在电子技术中经常用到各种放大电路。所谓放大电路，就是把微弱的电信号转变为较强的电信号的电子电路。例如在使用音频扩大器时，人说话时的声音经过话筒会转换成音频电压信号，这一电压信号的幅度和频率会随着人说话时声音强度和声调的变化而产生相应的变化，但是这种信号电压非常微弱，一般仅为毫伏级，必须经过电压放大和功率放大等放大电路才能驱动扬声器。放大电路的形式和种类很多，按所放大信号的不同，可分为交流放大电路和直流放大电路两大类；按工作频率来分，有低频和高频放大电路；按所放大信号的强弱来分，有电压放大电路和功率放大电路；按放大电路中三极管的连接方式来分，有共发射极、共基极、共集电极接法放大电路等。在此按初级维修电工培训大纲要求，本节只简要介绍最简单的共发射极电压放大电路的组成及工作原理，详细的分析和其余内容将在中级维修电工培训教材中介绍。

一、共发射极电压放大电路的组成

共发射极电压放大电路如图 4—27 所示。整个电路分成输入回路和输出回路两部分。基极与发射极构成的回路称输入回路，图中 1、1′为输入端，用来接收输入信号。集电极与发射极构成的回路称输出回路，图中 2、2′为输出端，用来输出信号。在实际电路中，基极回路不必使用单独电源，而是通过基极电阻 R_B直接取自集电极电源 E_C来获得基极工作电压，如图 4—27b 所示。在放大电路中，通常把输入电压，输出电压与电源的公共端称为“接地端”（简称为“地”），并以接地端为零电位，作为电路中其余各点电位的参考点。电路中各点的电位，如 U_B、U_E、U_{CC}等都是指该点与接地端之间电位差。同时为了简化电路的画法，在电路图上常常不单独画出电源 E_C 的符号，而只在连接其正极的一端标出它对“地”的电压值 U_{CC}和极性（“+”或“-”），如图 4—27c 所示。如忽略电源 E_C 的内阻，则 $U_{CC}=E_C$。下面对图 4—27b 所示电路中各元件的作用作简单介绍：

1. 三极管 VT

三极管 VT 是放大电路中的放大元件，工作在放大状态，起电流放大作用。输入信号电压 u_i在基极回路中产生基极信号电流 i_b，利用三极管的电流放大作用，在集电极电路获得放大的集电极电流 i_c，$i_c=\beta i_b$，使输入信号电流得到了放大。

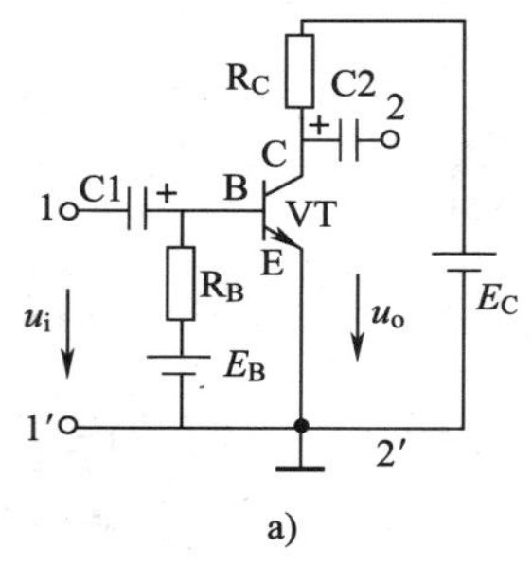

a)

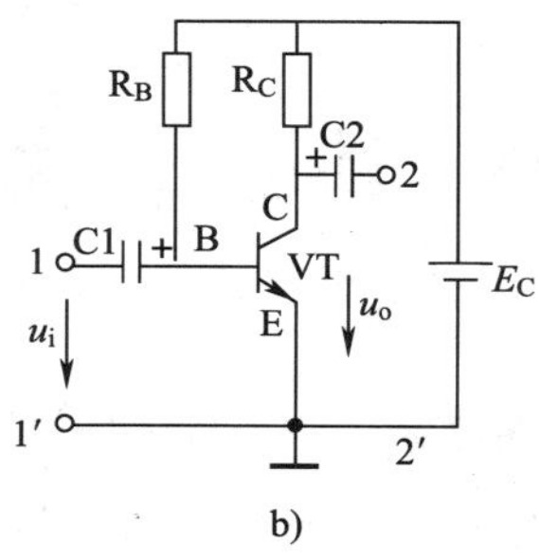

b)

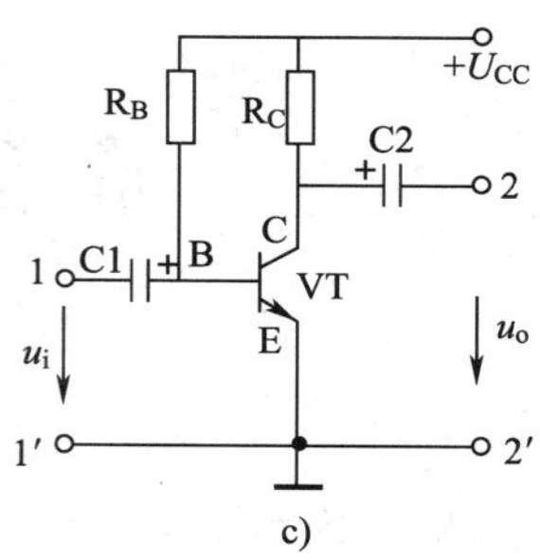

c)

图 4—27　共发射极电压放大电路

a）两电源电路　b）单电源电路　c）简化电路

2. 集电极负载电阻 R_C

集电极负载电阻 R_C 简称集电极电阻，其作用是将集电极电流的变化转化为电压的变化，以实现电压放大。R_C 的阻值一般为几千欧到几十千欧。

3. 直流电源 E_C

直流电源 E_C 有两个作用，一方面是使三极管的发射结处于正向偏置，集电结处于反向偏置，以使三极管起到放大作用，另一方面它是为放大电路提供能源。E_C 一般为几伏到几十伏。

4. 基极偏流电阻 R_B

基极偏流电阻 R_B，简称偏流电阻，其作用是为三极管 VT 提供合适的静态基极电流 I_B，以使放大电路获得合适的静态工作点。在 E_C 的大小已经确定的情况下，改变 R_B 就可以改变三极管的静态基极电流 I_B，也就可以改变三极管的静态工作点。

5. 耦合电容 C_1 和 C_2

耦合电容 C_1 和 C_2 分别接在放大电路的输入和输出端。它们一方面起到交流耦合作用，C_1 和 C_2 对交流信号可视作短路，保证交流输入信号通过放大电路，沟通输入信号源、放大电路和负载之间的交流通路。另一方面又起到直流隔直作用，其中 C_1 用来隔断放大电路与输入信号源之间的直流通路，而 C_2 用来隔断放大电路与负载之间的直流通路。C_1 和 C_2 的电容值一般为几微法到几十微法。

二、基本放大电路的工作原理

1. 静态工作点

放大电路的静态工作点就是指没有交流信号输入时三极管各电极的直流电流和电压。

在图 4—27 所示的基本放大电路中，放大电路的静态工作点是由静态基极电流 I_B 决定，改变 R_B 就可以改变三极管的静态基极电流 I_B，也就可以改变三极管的静态工作点。放大电路为什么要设置合适的静态工作点？为了说明这个问题，首先分析不设置静态工作点的放大电路工作情况，此时静态基极电流 $I_B=0$，如图 4—28 所示。

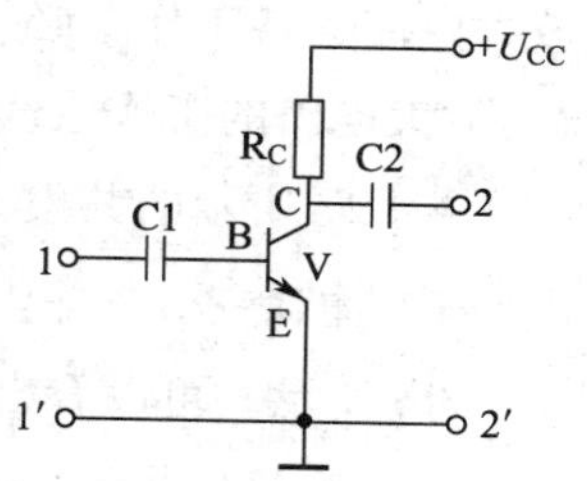

图 4—28　不设置静态工作点的放大电路

三极管的输入端（发射结）是一个 PN 结，具有单向导电性，三极管输入特性上存在一个死区电压。当交流信号输入时，交流信号的负半周使发射结处于反向偏置根本无法输入，三极管截止。交流信号的正半周，由于三极管输入特性上存在一个死区电压，只有交流输入信号瞬时值大于死区电压时才能产生基极电流 i_B，三极管才能导通，如图 4—29a 所示。通常交流输入信号都较小，无法跨越这一门槛（死区电压），交流信号是无法输入的。由上分析可知，不设置静态工作点的放大电路根本不能正常工作。为了解决上述问题，可以在没有交流输入信号时，预先给三极管建立一定的静态基极电流 I_B，即给放大电路设置合适的静态工作点，使交流输入信号 u_i 的整个周期内，u_{BE} 的瞬时值始终大于死区电压，三极管的发射结都处于正向偏置，发射结上的电压只有大小的变化，但其方向始终为正，如图 4—29b 所示。

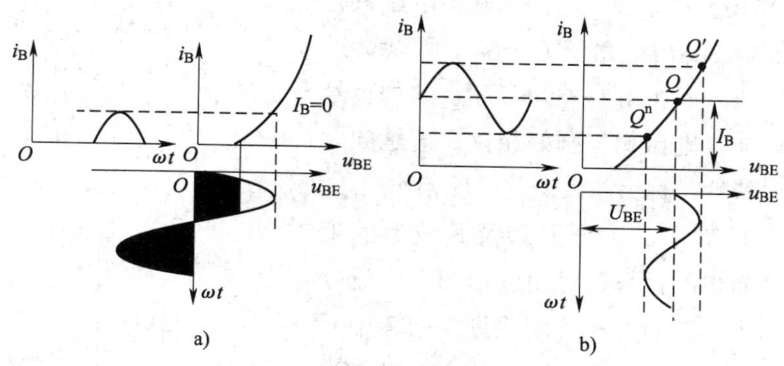

图 4—29　设置静态工作点的作用

a）不设置静态工作点　b）设置静态工作点

图 4—29 中的 Q 点就是三极管的输入特性上的静态工作点。在输入信号的正半周，随着电压的变动，工作点将由 Q 点上升到 Q' 点然后再回到 Q 点；在输入信号的负半周，工作点将下降到 Q'' 点再回到 Q 点。随着工作点周而复始的变动，基极电流也随之起伏波动，可以看到，i_B 与 u_i 的变化步调一致，但其方向始终为正，在静态基极电流（直流电流）的基础上，产生了基极电流的交流分量，达到了输入交流信号的目的。由以上分析可知，为

了使放大电路正常工作，必须给放大电路设置合适的静态工作点。

2. 放大电路的工作原理及其波形

在图4—27所示的共发射极电压放大电路中，设交流输入信号 u_i 如图4—30a所示，通过电容C1加到三极管输入端，基极电流将发生变化，这时基极总电流 $i_B = I_B + i_i$，波形如图4—30b所示，可以看出基极总电流 i_B 是由两个电流合成的，一个是静态基极电流 I_B，另一个是输入交流信号 i_i。

由于三极管的电流放大作用，在集电极上获得了比 i_i 大 β 倍的交流电流 i_c。它叠加到集电极静态电流 I_C 上，所以集电极电流总的瞬时值为 $I_C + i_C$，波形如图4—30c所示。集电极总电流 i_C 流过集电极电阻 R_C 时，将产生电压降（$I_C + i_C$）R_C，从放大电路的集电极回路可看出，三极管集电极与发射极间的总电压 u_{CE} 为：

$$u_{CE} = U_{CC} - (I_C + i_C) R_C = U_{CC} - I_C R_C - i_C R_C$$

因为：$U_{CE} = U_{CC} - I_C R_C$

所以：$u_{CE} = U_{CE} - i_C R_C$

由上式可知，集电极与发射极间的总电压 u_{CE} 由两部分组成，其中 U_{CE} 为直流分量，$-i_C R_C$ 为交流分量，波形如图4—30d所示。由于耦合电容器C2的隔直通交作用，所以放大电路的输出电压只有交流分量，即 $u_o = -i_C R_C$。由于 $i_C = \beta i_i$，所以 u_o 远大于 u_i，输出电压波形如图4—30e所示。式中负号表示输出电压与输入电压相位刚好相反，这是放大电路的一个重要特性，称为放大电路的反相作用。

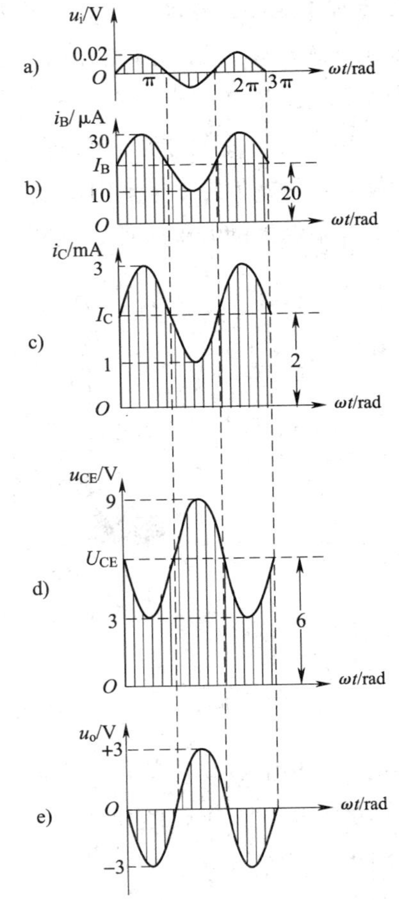

图4—30　放大电路的各点波形图

为了加深对放大电路工作原理及其波形的理解，不妨做一些简单的计算，对照波形图上直流分量和交流分量的大小进行分析。假设图4—27中元件的参数为 $U_{CC} = 12$ V，$R_B = 600$ kΩ，$R_C = 3$ kΩ，$\beta = 100$，此时三极管的静态工作点如下：静态基极电流 I_B 为20 μA，集电极电流为2 mA，集电极与发射极间的电压 U_{CE} 为6 V。在图4—30中可以看到，对应交流输入信号电压 u_i 峰值为0.02 V时，基极交流电流分量 i_b 的峰值是10 μA，此时集电极交流电流 i_C 的峰值是：100×10 μA = 1 000 μA = 1 mA

集电极电流的总量（直流加交流）的变动范围

为 1 ~3 mA。

当集电极电流为 3 mA 时，对应的集电极电压为：

$$u_{CE}=U_{CE}-i_CR_C=12-3\times3=3\ V$$

当集电极电流为 1 mA 时，对应的集电极电压为：

$$u_{CE}=U_{CE}-i_CR_C=12-1\times3=9\ V$$

由此可见，集电极电压将在 3 ~9 V 之间变动，其交流分量为 3 V。与输入的交流电压峰值 0.02 V 比较一下，已经放大了 150 倍了。由于耦合电容的“隔直通交”作用，三极管集电极上的静态电压被隔断，只有交流电压被输出到输出端。$u_o=-i_CR_C=-1\times3=-3\ V$。

综合以上分析，可以得到以下几点结论：

（1）为了使三极管放大电路能够正常工作必须给放大电路设置合适的静态工作点。用以建立静态工作点的电路称为偏置电路，因此偏置电路是放大电路的重要组成部分。

（2）对于三极管放大电路，三极管上的电压和电流存在直流和交流两个分量。直流分量通常称为静态工作点，交流分量叠加在直流分量上工作。放大电路中直流分量流通的路径叫直流通路，交流分量流通的路径叫交流通路。直流通路用以建立静态工作点，交流通路用以保证交流信号流通，向负载提供不失真的交流信号。

（3）共发射极放大电路的输入电压和输出电压是反相的，输入电压的正半周对应的是输出电压的负半周，这是因为输入增大时，i_C 和 i_B 都增大，但 u_{CE} 反而下降之故。

三、放大电路的简单计算与分析

1. 静态工作点的计算

放大电路静态工作点的计算，是直流分量的计算，可根据直流通路进行分析。由于放大电路中的耦合电容器对于直流是相当于开路的，所以画直流通路时，断开有电容的支路即可。图 4—31a 电路的直流通路如图 4—31b 所示。

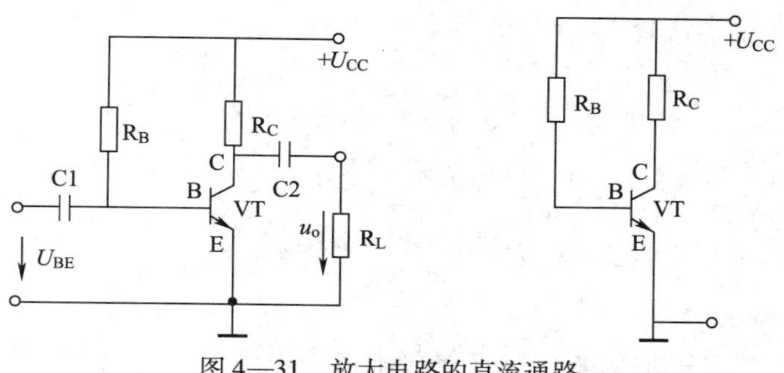

图 4—31　放大电路的直流通路

a）放大电路　b）放大电路的直流通路

由图4—31可得：

$$I_B = \frac{U_{CC} - U_{BE}}{R_B}$$

由于三极管U_{BE}很小（硅管约为0.7 V，锗管约为0.3 V），U_{BE}与U_{CC}相比可忽略不计，所以上式可写为：

$$I_B = \frac{U_{CC}}{R_B}$$

根据三极管的电流放大原理，静态时的集电极电流I_C为：

$$I_C \approx \beta I_B$$

集电极和发射极间的电压U_{CE}为：

$$U_{CE} = U_{CC} - I_C R_C$$

【例4—1】 图4—31所示的电路中，若$U_{CC}=12$ V，$R_B=600$ kΩ，$R_C=3$ kΩ，$\beta=100$，试求静态工作点。

解：

$$I_B \approx \frac{U_{CC}}{R_B} = \frac{12}{600\times 10^3} = 0.02\ (\text{mA}) = 20\ (\mu\text{A})$$

$$I_C \approx \beta I_B = 100\times 0.02 = 2\ (\text{mA})$$

$$U_{CE} = U_{CC} - I_C R_C = 12 - 2\times 10^{-3}\times 3\times 10^3 = 6\ (\text{V})$$

2. 电压放大倍数的计算

放大电路的电压放大倍数是指输出电压变动量Δu_o与输入电压变动量Δu_i之比，即：

$$A_u = \frac{\Delta u_o}{\Delta u_i}$$

在三极管的输入端（B、E端）接上输入电压u_i时，就会引起相应的电流。这就如同在一个电阻的两端加接一个交流电压，能引起一个相应的电流一样。因此，三极管的输入端可用一等效电阻r_{BE}来代替，如图4—32所示，即：

$$r_{BE} = \frac{u_i}{i_B}$$

对于小功率三极管的r_{BE}，通常可用下式估算：

$$r_{BE} \approx 300 + (1+\beta)\frac{26\ \text{mV}}{I_E\text{mA}}$$

式中　I_E——发射极静态电流。

从上式可以看到，三极管的r_{BE}与三极管的静态电流的大小有关，静态电流越大三极管的输入电阻就越小。

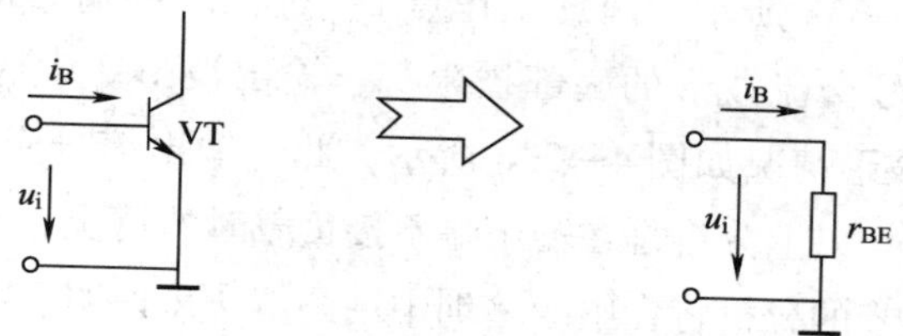

图 4—32　三极管的输入电阻

在输出端，电流变动量 Δi_C 引起的电压变动量为 Δu_o。

$$\Delta u_o = -\Delta i_C R_C$$

由此可以求得电压放大倍数：

$$A_u = \frac{\Delta u_o}{\Delta u_i} = \frac{u_o}{u_i} = \frac{-\Delta i_C R_C}{\Delta i_B r_{BE}} = -\frac{\beta R_C}{r_{BE}}$$

上式中的负号表示放大电路的输出电压与输入电压相位相反。以上分析是在输出端不接负载时的情况，如果在输出端接上负载将会使得输出电压减小，也就是说放大倍数将会下降，进一步的详细分析将在维修电工中级培训教材中用微变等效电路来说明。

【例 4—2】　试求例 4—1 所示基本放大电路输出端不接负载时的电压放大倍数。

解： 小功率三极管的输入电阻 r_{BE}，通常可用下式估算：

$$r_{BE} \approx 300 + (1+\beta)\frac{26\ \text{mV}}{I_E \text{mA}} = 300 + (1+100)\frac{26}{2} = 1.61\ (\text{k}\Omega)$$

电压放大倍数 A_u 为：

$$A_u = \frac{-\Delta i_C R_C}{\Delta i_B r_{BE}} = -\frac{\beta R_C}{r_{BE}} = -\frac{100\times 3}{1.61} = -186$$

3. 静态工作点与非线性失真

对电压放大电路来说除了要求一定的电压放大倍数外，另一个基本要求就是输出信号尽可能不失真。所谓失真就是指输出信号的波形不像输入信号的波形。静态工作点的位置对放大电路的工作状态有很大的影响，不仅直接关系到电压放大倍数，而且若静态工作点安排不当，会造成三极管集电极的静态电流过小或过大，都将使管子工作时脱离放大区而进入截止区或饱和区，这将使输出波形产生失真，这种失真是由于三极管的非线性引起的，所以称为非线性失真。

静态工作点对输出信号波形的影响如图 4—33 所示。三极管的集电极电位 u_{CE} 总是在电源电压的范围内变动，不可能低于 0 V，也不可能超过电源电压 U_{CC}。当 u_{CE} 接近 0 V 时，三极管相当于短路，工作在饱和区；当 u_{CE} 接近 U_{CC} 时，三极管相当于开路，工作在截止区。集电极电位 u_{CE} 波形将受到 0 V 和电源电压 U_{CC} 的限制。静态工作点 U_{CE} 正常时的输出信号波形情况如图 4—33a 所示；静态工作点 U_{CE} 过低时的输出信号波形情况如图 4—33b 所示，此时输出信号交流波形的底部被限幅，输出波形产生底部失真；静态工作点 U_{CE} 过高时的输出信号波形情况如图 4—33c 所示，此时输出信号交流波形的顶部被限幅，输出波形产生顶部失真。以上分析是在输出端不接负载时的情况，如输出端带有负载，情况又将复杂一些，进一步的分析将在中级培训中用图解法来说明。

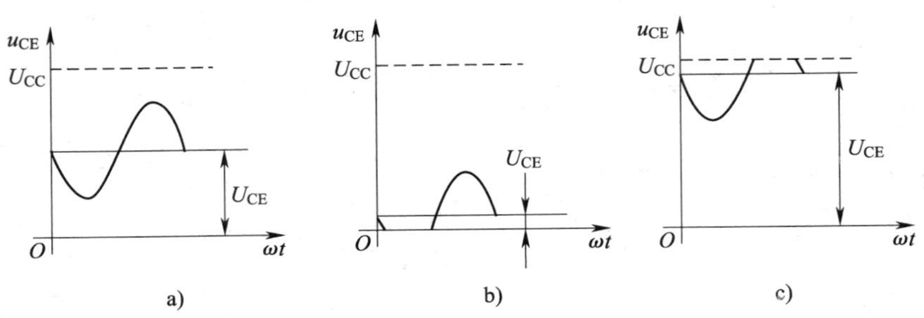

图 4—33　静态工作点对输出信号波形的影响

测　试　题

一、判断题

1. 半导体中的载流子只有自由电子。（　　）
2. 在 N 型半导体中，多数载流子为电子，N 型半导体带正电。（　　）
3. PN 结又可以称为耗尽层。（　　）
4. PN 结具有单向导电性，当 PN 结加上正向电压时，PN 结处于导通状态，当 PN 结加上反向电压时，PN 结处于截止状态。（　　）
5. 晶体二极管按结构可分为点接触型和面接触型。（　　）
6. 晶体二极管反向偏置是指阳极接高电位、阴极接低电位。（　　）
7. 用指针式万用表测量晶体二极管的反向电阻，应该是用 R×1 k 挡，黑表棒接阴极，红表棒接阳极。（　　）
8. 稳压管工作于反向击穿状态下，必须串联限流电阻才能正常工作。（　　）
9. 晶体三极管的输出特性是指三极管在输入电流为任意值时，输出端的电流与电压之间的关系。（　　）
10. 晶体三极管内部的 PN 结有 2 个。（　　）
11. 小电流硅二极管的死区电压约为 0.5 V，正向压降约为 0.7 V。（　　）

12. 发光二极管发光时处于正向导通状态，光敏二极管工作时应加上反向电压。 （　　）

13. 发光二极管常用来作为显示器件。 （　　）

14. 晶体三极管具有放大作用时，发射结正偏，集电结反偏。 （　　）

15. 关于晶体管的漏电流，相同功率的锗管漏电流大于硅管。 （　　）

16. 对于阻容耦合的三极管放大电路，三极管上的电流由直流与交流两部分组成。 （　　）

17. 基本共发射极放大电路中，输入电压与输出电压同相。 （　　）

二、单项选择题

1. 半导体中的载流子（　　）。

A. 只有自由电子　　B. 只有空穴

C. 只有价电子　　D. 有自由电子也有空穴

2. PN 结是 P、N 区（　　）的一个空间电荷区。

A. 交界面处　　B. 两侧　　C. 共有　　D. 内部

3. 晶体二极管正向偏置是指（　　）。

A. 阳极接高电位、阴极接低电位　　B. 阴极接高电位、阳极接低电位

C. 二极管没有阴极、阳极之分　　D. 二极管的极性可以任意接

4. 用指针式万用表测量晶体二极管的反向电阻，应该是（　　）。

A. 用 R×1 挡，黑表棒接阴极，红表棒接阳极

B. 用 R×10 k 挡，黑表棒接阴极，红表棒接阳极

C. 用 R×1 k 挡，红表棒接阴极，黑表棒接阳极

D. 用 R×1 k 挡，黑表棒接阴极，红表棒接阳极

5. 下列晶体管的型号中，（　　）是稳压管。

A. 2AP1　　B. 2CW54　　C. 2CK84　　D. 2CZ50

6. 发光二极管发出的颜色取决于（　　）。

A. 制作塑料外壳的材料　　B. 制作二极管的材料

C. 电压的高低　　D. 电流的大小

7. 晶体三极管电流放大的偏置条件是（　　）。

A. 发射结反偏、集电结反偏　　B. 发射结反偏、集电结正偏

C. 发射结正偏、集电结反偏　　D. 发射结正偏、集电结正偏

8. 晶体二极管的最高反向工作电压是（　　）。

A. 等于击穿电压　　B. 反向漏电流达到 10 mA 时的电压

C．反向漏电流达到 1 mA 时的电压　　D．取反向击穿电压的一半

9．晶体管型号 2CZ50 表示（　　）。

A．50A 的硅整流二极管　　B．硅稳压管

C．50A 的锗整流二极管　　D．普通硅三极管

10．三极管具有电流放大作用，表现在（　　）。

A．集电极电流受发射极电流控制　　B．基极电流受集电极电流控制

C．发射极电流受集电极电流控制　　D．集电极电流受基极电流控制

11．PNP 型三极管是（　　）。

A．硅三极管　　B．锗三极管

C．可能是硅管也可能是锗管　　D．场效应管

12．固定偏置共射放大电路，如果电源电压为 10 V，基极偏置电阻为 200 kΩ，集电极电阻为 1 kΩ，三极管的 $\beta=100$，则三极管的静态电压 U_{CE} 约为（　　）V。

A．2　　B．4　　C．5　　D．7

测试题答案

一、判断题

1．×　2．×　3．√　4．√　5．√　6．×　7．√　8．√
9．×　10．√　11．√　12．√　13．√　14．√　15．√　16．√
17．×

二、单项选择题

1．D　2．A　3．A　4．D　5．B　6．B　7．C　8．D　9．A
10．D　11．C　12．C

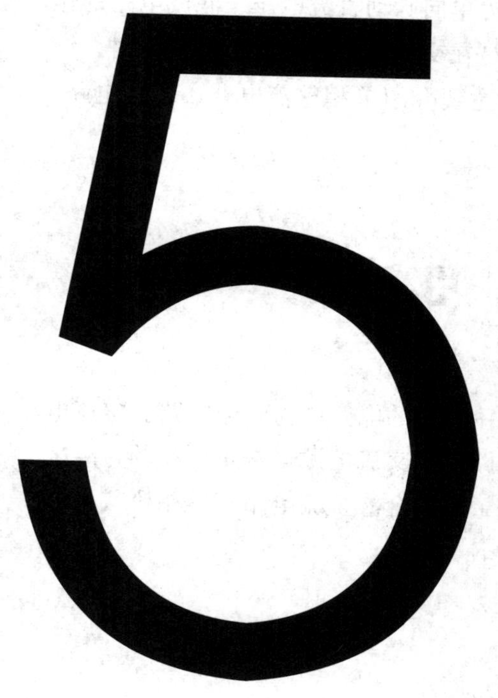

第 5 章

直流稳压电源

第 1 节　整流电路　/138

第 2 节　滤波电路　/144

第 3 节　稳压管稳压电路　/149

第 4 节　简单串联型晶体管稳压电路　/151

在电子电路和自动控制系统中经常要用到直流稳压电源，它通常由整流、滤波和稳压等环节组成。其中整流电路的作用是将交流电压变换为单向脉动直流电压，滤波电路的作用是减小整流输出电压的脉动程度，稳压电路的作用是在交流电压变化或负载变化时，维持输出的直流电压的稳定，以满足负载的要求。本章主要介绍单相整流电路、滤波电路、稳压管稳压电路和简单串联型晶体管稳压电路。

第1节　整　流　电　路

将交流电变为直流电的过程称为整流，能实现这一过程的电路称为整流电路。整流电路有单相整流电路和三相整流电路。在小功率整流电路中，交流电源通常是单相的，故采用单相整流电路。单相整流电路有单相半波整流电路、单相全波整流电路和单相桥式整流电路等。

一、单相半波整流电路

1. 电路组成

单相半波整流电路如图5—1所示，电路由整流变压器T、二极管VD及负载电阻R_d组成。一般情况下由于直流电源要求输出的电压都较低，尤其是在电子电路中通常仅为数伏至数十伏，故单相220 V的交流电源电压一般都需要用整流变压器T把电压降低后才能使用，整流变压器的作用是将交流电源电压变换成所需要的交流电压供整流用，二极管VD是整流元件。

2. 工作原理

设变压器的二次电压为$u_2=\sqrt{2}U_2\sin\omega t$，其波形如图5—2a所示。在$u_2$的正半周时，变压器二次侧a端为正、b端为负，二极管受正向电压而导通。若忽略二极管导通时的管压降，则负载R_d两端的电压u_d就等于u_2；在u_2的负半周时，变压器二次侧a端为负、b端为正，二极管承受反向电压而截止，负载两端的电压u_d为零，u_2电压都加在二极管上。随着u_2周而复始的变化，负载上就得到如图5—2b所示的电压。二极管两端电压波形如图5—2c所示。

3. 负载上的直流电压和电流的计算

负载上得到的整流电压是交流电压u_2的正半周波形，虽然是单方向的，但其大小是变

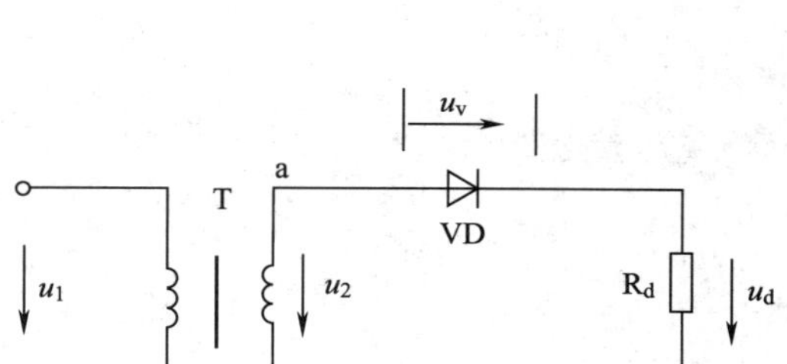

图 5—1　单相半波整流电路

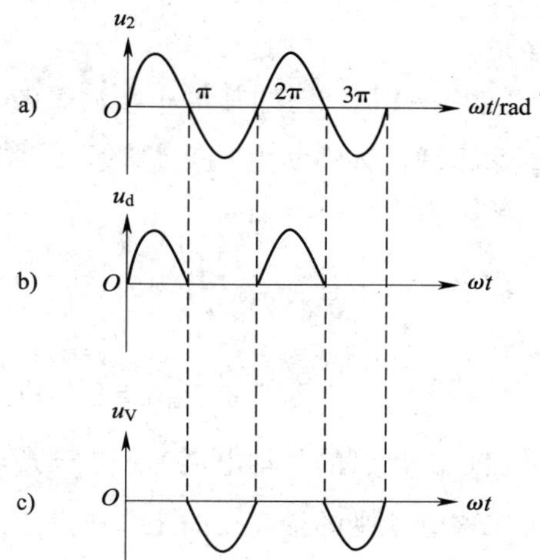

图 5—2　单相半波整流电路的波形
a）二次电压　b）负载电压和电流
c）二极管两端电压

化。这种单向脉动电压常用一个周期的平均值 U_d来表示其大小。经计算，单相半波整流电压平均值 U_d为：

$$U_d = 0.45U_2$$

式中　U_2——变压器二次电压 u_2的有效值。

流过负载 R_d的直流电流平均值 I_d为：

$$I_d = \frac{U_d}{R_d} = 0.45\frac{U_2}{R_d}$$

4. 整流二极管的电流和最高反向电压的计算

计算整流二极管上的电流和最高反向电压是选择整流二极管的主要依据。在半波整流电路中二极管与负载串联，所以流过二极管的平均电流 I_{dT}就等于负载的直流电流 I_d，即：

$$I_{dT} = I_d = 0.45\frac{U_2}{R_d}$$

从图 5—2 中二极管两端电压波形可知，二极管上的最高反向电压 U_{RM}就是交流电压 u_2的峰值，即：

$$U_{RM} = \sqrt{2}U_2$$

选择二极管时，它的最大整流电流应大于实际的 I_{dT}，最高反向工作电压 U_{RM}应大于实

际的交流电压 u_2 的峰值，二极管的最大整流电流和最高反向工作电压都需要留有一定的安全裕量。

【例5—1】 已知某单相半波整流电路输出的直流电压为24 V，负载电阻为12 Ω，试求变压器二次侧电压 U_2、整流二极管的电流和最高反向工作电压 U_{RM}。

解：由于：$U_d = 0.45U_2$

所以：$U_2 = \dfrac{U_d}{0.45} = \dfrac{24}{0.45} \approx 53.3$（V）

负载电流 I_d 为 $I_d = \dfrac{U_d}{R_d} = \dfrac{24}{12} = 2$（A）

流过二极管的平均电流为：$I_{dT} = I_d = 2$（A）

二极管承受的最高反向工作电压 U_{RM} 为：$U_{RM} = \sqrt{2}U_2 = 1.41 \times 53.3 \approx 75.4$（V）

二、单相桥式整流电路

从半波整流电路的输出整流电压波形看，负载上是半个周期有电压、半个周期没电压，整流电压的脉动很大，同时交流电源电压有半个周期也没有加以利用，能否把交流电源电压的负半周也变成正半周呢？这样做既可以成倍提高输出整流电压，又可以减小输出整流电压的脉动情况，可谓一举两得，采用单相桥式整流电路就可以做到这一点。单相桥式整流电路是应用最为广泛的一种小功率整流电路。

1. 电路的组成

单相桥式整流电路如图5—3所示。它由整流变压器、四只二极管及负载 R_d 组成。电路中的四只二极管的接法和电桥相似，电桥的一个对角线上接交流输入端，另一个对角线接直流输出，为简化作图常采用图5—3b所示的简化画法。

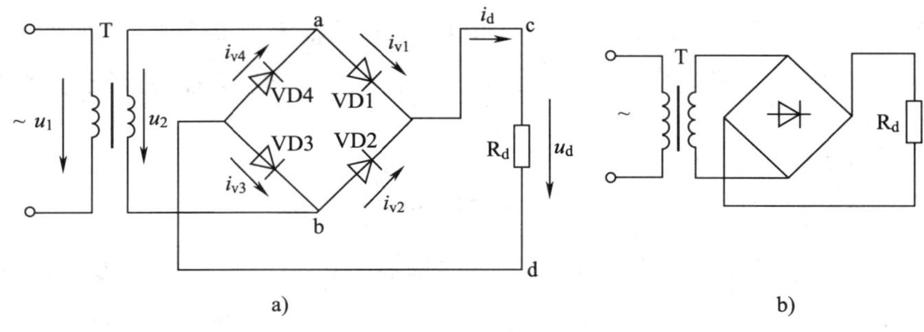

图5—3 单相桥式整流电路

a）原理电路图 b）简化电路图

2. 工作原理

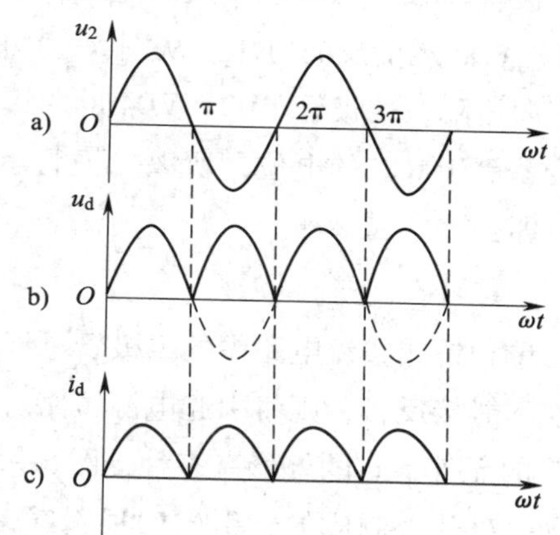

图 5—4　单相桥式整流电路的各点波形

设变压器的二次侧电压为 $u_2=\sqrt{2}U_2\sin\omega t$，其波形如图 5—4a 所示。在交流电压 u_2 的正半周时，变压器二次侧 a 端为正、b 端为负，二极管 VD1 和 VD3 受正向电压而导通，而 VD2 和 VD4 承受反向电压而截止，u_2 电压将产生一条电流 i_1 的通路为：a→VD1→$\mathrm{R_d}$→VD3→b。在忽略 VD1 和 VD3 导通时的管压降的情况下，此时负载两端的电压等于 u_2，如图 5—4b 中的 0 ~ π。

在交流电压 u_2 的负半周，变压器二次侧 a 端为负、b 端为正，此时 VD1 和 VD3 承受反向电压而截止，而 VD2 和 VD4 受正向电压而导通，u_2 电压也将产生一条电流 i_2 通路为：b→VD2→$\mathrm{R_d}$→VD4→a。在忽略 VD2 和 VD4 导通时的管压降的情况下，此时负载两端的电压也等于 u_2，如图 5—4b 中的 π ~ 2π。如此看来，无论是交流电压 u_2 的正半周还是负半周，负载 $\mathrm{R_d}$ 上的整流电压极性没有变化，始终是上正下负的极性，流过负载的电流方向也没变。单相桥式整流电路中负载整流电压 u_d 和负载电流 i_d 的波形如图 5—4b、c 所示。这种整流电路在整个周期内都有输出，在负载上得到的是全波整流电压，和半波整流电路相比，它的输出电压脉动小，整流变压器利用率高。

3. 负载上的直流电压和电流的计算

从图 5—4 波形图上可以看出，单相桥式整流电路因为输出电压的波形比半波多了一倍，显然输出直流电压的平均值也就比半波要大一倍，即：

$$U_d=0.9U_2$$

负载电流的平均值 I_d 也要大一倍，即：

$$I_d=\frac{U_d}{R_d}=\frac{0.9U_2}{R_d}$$

4. 整流二极管的电流和最高反向电压的计算

在桥式整流电路中，负载的直流电流是由二极管 VD1、VD3 和 VD2、VD4 轮流导通的。所以二极管流过的平均电流 I_{dT} 应是负载直流电流 I_d 的一半，即：

$$I_{dT}=\frac{1}{2}I_d=0.45\frac{U_d}{R_d}$$

由工作原理分析可知，桥式整流电路中，当 VD1、VD3 导通时，VD2、VD4 截止，此时二极管 VD2、VD4 承受反向电压。当 VD2、VD4 导通时，VD1、VD3 截止，此时二极管 VD1、VD3 承受反向电压。从图 5—3 中可以看出，当 VD1、VD3 导通时，如忽略二极管的正向压降，二极管 VD2、VD4 的阴极电位就等于 a 点的电位，二极管 VD2、VD4 的阳极电位就等于 b 点的电位，所以二极管承受最高反向电压就等于变压器二次侧电压的最大值，即：

$$U_{RM}=\sqrt{2}U_2$$

单相桥式整流电路中的二极管可以用四个同型号的二极管，但接线时应注意二极管的极性不能接反，否则将引起电源短路。单相桥式整流电路中也经常使用一种称为“整流桥堆”的元件，它的外形有多种，图 5—5 所示是其中的两种。它是制造厂把四个 PN 结集成在同一硅片上制成的，引出四根引线，使用时标有“ ~ ”符号的引线接交流输入，标有“ + - ”号的引线接直流输出。

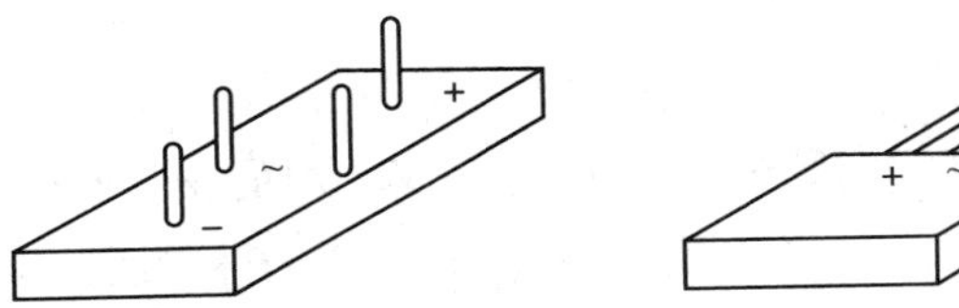

图 5—5　单相整流桥堆的外形

【例 5—2】　采用单相桥式整流电路来获得例 5—1 相同数值的输出电压和电流，试求变压器二次侧电压 U_2、整流二极管的电流和最高反向工作电压 U_{RM}，并选择整流二极管的型号。

解： 变压器的二次侧电压 U_2 为：$U_2=\frac{U_d}{0.9}=\frac{24}{0.9}\approx 26.7$（V）

负载电流 I_d 为：$I_d=\frac{U_d}{R_d}=\frac{24}{12}=2$（A）

二极管的平均电流 I_{dT} 为：$I_{dT}=\frac{1}{2}I_d=1$（A）

最高反向工作电压为：$U_{RM}=\sqrt{2}U_2=\sqrt{2}\times 26.7=37.7$（V）

根据上述数据，可选择最大整流电流为 3 A、最高反向工作电压为 100 V 的整流二极管，整流二极管的型号为 2CZ12B。

对比例 5—1 和例 5—2 可知，在负载直流电压及负载电阻完全相同的情况下，单相桥式整流电路的变压器二次电压比单相半波整流电路要低二分之一；整流二极管的平均电流也要低二分之一。从另一角度讲，在同样的二次电压 U_2 时，单相桥式整流电路的负载直流电压和电流都较单相半波整流的负载直流电压和电流高一倍，对整流二极管的要求也低一些。同时，单相桥式整流电路输出的直流电压和电流的脉动程度都比单相半波整流电路输出的直流电压和电流的脉动程度小，变压器的利用率较高，所以单相桥式整流电路得到了广泛的应用。

三、单相全波整流电路

1. 电路的组成

单相全波整流电路如图 5—6 所示，电路由二次侧带中心抽头的整流变压器 T、二极管 VD1、VD2 及负载电阻 R_d组成。

2. 工作原理

设变压器的二次电压为 $u_2=\sqrt{2}U_2\sin\omega t$，其波形如图 5—7a 所示。在交流电压 u_2的正半周时，变压器二次侧 a 端为正、b 端为负，二极管 VD1 受正向电压而导通，而 VD2 承受反向电压而截止，电流由 a 端经 VD1、R_d流回 O 端，在忽略 VD1 导通时的管压降的情况下，此时负载两端的电压等于 u_2。在交流电压 u_2的负半周，变压器二次侧 a 端为负、b 端为正，二极管 VD2 受正向电压而导通，而 VD1 承受反向电压而截止，电流由 b 端经 VD2、R_d流回 O 端，在忽略 VD2 导通时的管压降的情况下，此时负载两端的电压也等于 u_2。单相全波整流电路中负载整流电压 u_d和负载电流 i_d的波形如图 5—7b、c 所示。

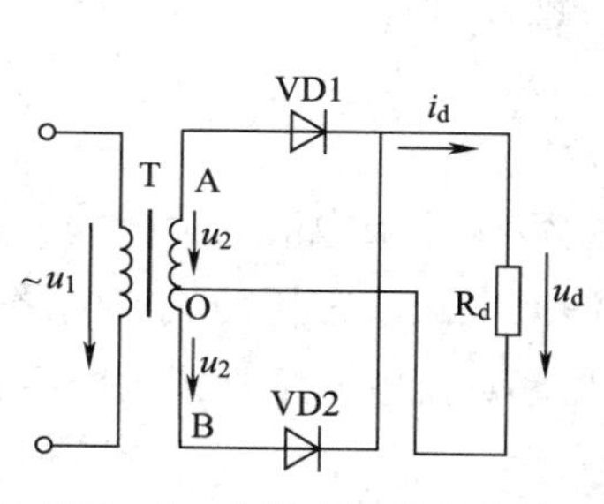

图 5—6　单相全波整流电路

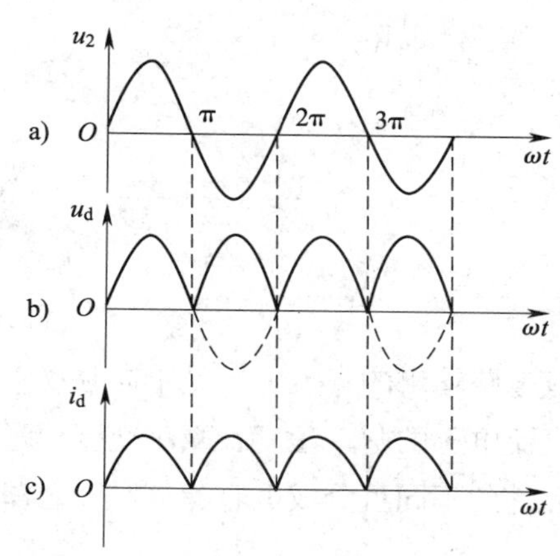

图 5—7　单相全波整流电路的波形

3. 负载上的直流电压和电流的计算

由图 5—4 和图 5—7 可知，单相全波整流电路中负载整流电压 u_d和负载电流 I_d的波形和单相桥式整流电路中负载整流电压 u_d和负载电流 i_d的波形相同，因此单相全波整流电路负载上的直流电压平均值 U_d、负载电流的平均值 I_d计算公式和单相桥式整流电路相同，即：

直流电压平均值 U_d 为：

$$U_d = 0.9U_2$$

负载电流的平均值 I_d 为：

$$I_d = \frac{U_d}{R_d} = \frac{0.9U_2}{R_d}$$

4. 整流二极管的电流和最高反向电压的计算

在全波整流电路中，负载的直流电流是由二极管 VD1、VD2 轮流导通的。所以二极管的流过的平均电流 I_{dT} 应是负载直流电流 I_d 的一半，即：

$$I_{dT} = \frac{1}{2}I_d = 0.45\frac{U_2}{R_d}$$

由工作原理分析可知，全波整流电路中，当 VD1 导通时，VD2 截止，此时二极管 VD2 承受 U_{ab} 反向电压。当 VD2 导通时，VD1 截止，此时二极管 VD1 承受 U_{ab} 反向电压，所以二极管承受的最高反向电压就等于变压器二次侧 u_{ab} 电压的最大值，即：

$$U_{RM} = 2\sqrt{2}U_2$$

由上式可知，单相全波整流电路中整流二极管的最高反向电压是单相桥式整流电路中整流二极管的最高反向电压的 2 倍，这一点在选择整流二极管时必须注意。单相全波整流电路要求有带中心抽头的整流变压器，每个二次绕组一周期内只工作一半时间，变压器利用率低，因此应用较少。

第 2 节　滤 波 电 路

整流电路输出的直流电压是单向脉动直流电压，其中包含有很大的交流分量。为了减小输出直流电压的脉动程度，减小交流分量，就要采用滤波电路。常用的滤波电路按采用的滤波元件的不同可分成电容滤波和电感滤波等。在小功率直流电源中常采用电容滤波。

一、电容滤波电路

1. 工作原理

图 5—8 所示为单相半波整流电容滤波电路。由图可知，电容滤波电路十分简单，滤波电容与负载并联。常采用容量较大的电解电容器，电解电容器有正负极性，在电路中电容器的极性应与滤波电压的极性一致，不能接错。

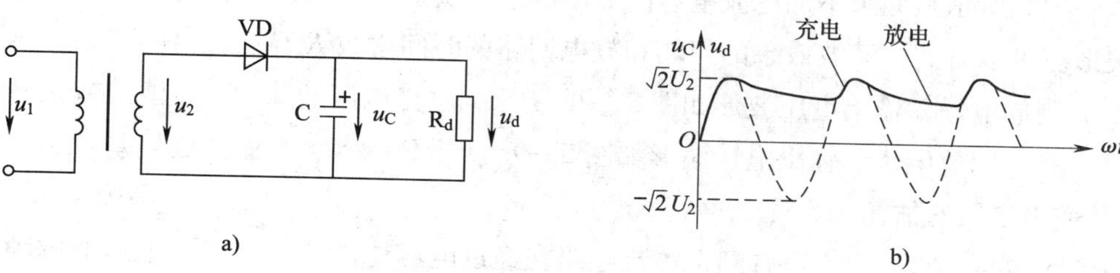

图 5—8　单相半波整流电容滤波电路及波形

a）电路图　b）波形图

电容滤波的原理是利用电容的充放电作用，来改善输出直流电压的脉动程度的。在图5—8 所示电路中，设 $u_2=\sqrt{2}U_2\sin\omega t$，若 $u_2>u_C$ 则二极管 VD 导通，若 $u_2\leqslant u_C$ 则二极管 VD 截止。为分析简便起见，假设图示电路在电源电压 u_2 过零时接通电路，当 u_2 从零开始上升过程中，二极管 VD 导通，流经 VD 的电流分两路，一路流经负载 R_d，另一路对电容 C 充电。如忽略变压器的内阻抗和二极管的管压降，可以认为 u_C 和 u_2 波形是重合的，到达 u_2 的峰值时 $u_C=u_2$。此后 u_2 和 u_C 都开始下降，u_2 按正弦规律下降，当 $u_2<u_C$ 时，二极管 VD 承受反向电压而截止。此时电容 C 通过 R_d 放电，放电使 u_C 逐渐下降，直到下个正半周 $u_2>u_C$ 时，二极管 VD 再次导通，电容 C 再次被充电。电容电压 u_C 将再次按照 u_2 的正弦规律上升，峰值过后电容电压 u_C 又将通过 R_d 放电……，如此周而复始重复上述过程。电容两端电压即为输出电压，其波形如图 5—8b 所示。由图可见，负载上的输出电压的脉动大为减小，达到了滤波的目的。

单相桥式整流电容滤波电路的电路及其输出电压波形如图 5—9 所示。

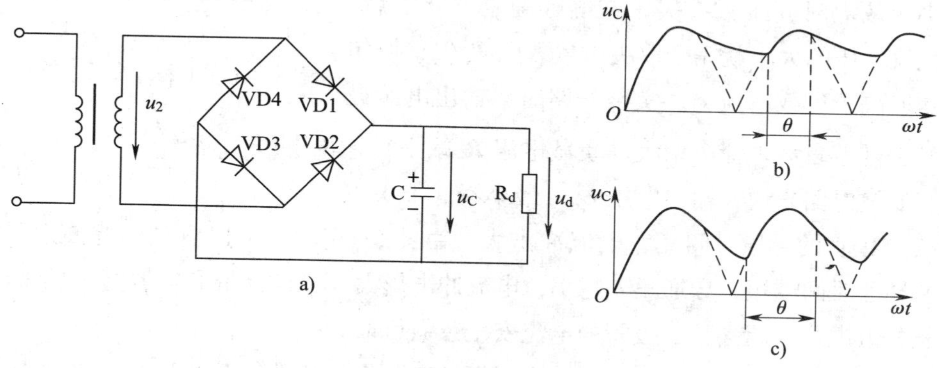

图 5—9　单相桥式整流电容滤波电路及波形

a）电路图　b）R_dC 较大时的波形图　c）R_dC 较小时的波形图

图中虚线所示是原来不加滤波电容的输出波形，实线所示是加了滤波电容之后的输出电压波形。可以看到，滤波效果的好坏和放电回路的时间常数 R_dC 有很大的关系，时间常数 R_dC 大则放电慢，输出电压波形如图 5—9b 所示，输出电压的脉动小、滤波效果好；时间常数 R_dC 小则放电快，输出电压波形如图 5—9c 所示，脉动大、滤波效果差。

2. 输出电压的估算

由图 5—8 和图 5—9 均可看到，整流电路在经过电容滤波之后，输出电压的脉动大为减小，同时输出电压也提高了。由图 5—9b、c 还可看到，输出电压的大小和放电回路的时间常数 R_dC 密切相关。如放电时间常数 R_dC 大，则输出电压高，如放电时间常数 R_dC 极大（相当于负载端开路）时，则电容只充电不放电，此时输出电压最高即 $U_d=\sqrt{2}U_2$。如放电时间常数 R_dC 很小，此时输出电压最低，对单相桥式整流电容滤波电路来说，$U_d=0.9U_2$。为了得到较好的波滤效果，放电时间常数 R_dC 通常按下式选取：

$$R_dC=(1.5\sim2.5)\ T$$

式中　T——电源周期，对于工频 50 Hz，$T=20$ ms。

在这种情况下，桥式整流电路滤波后的输出电压约为：

$$U_d=1.2U_2$$

3. 电容滤波的缺点

电容滤波存在不少缺点，主要有以下两点：

（1）直流电源的外特性较差。电源的外特性就是指电源的输出电压与输出电流之间的关系，好的电源外特性应该是输出电压不随输出电流变化。电容滤波电路的外特性较差，如图 5—10 所示。由于电容滤波电路输出电压大小与放电时间常数有关，在电容确定不变之后，输出的直流电压的大小就完全取决于负载电阻 R_d，换句话说就是取决于负载电流 I_d。负载开路时，输出电压最大为$\sqrt{2}U_2$，随着负载电流 I_d增大（负载电阻 R_d减小）输出电压 U_d逐渐下降，对单相桥式整流电容滤波电路来说，输出电压 U_d 最小不低于 $0.9U_2$。

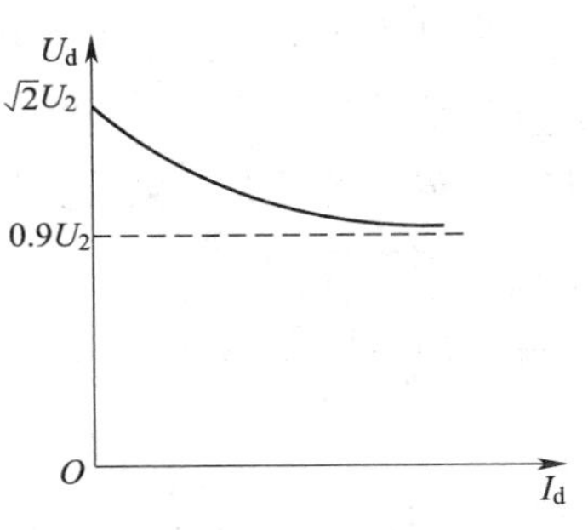

图 5—10　电容滤波电路的外特性

（2）二极管的导通时间短，电流冲击大。由图 5—9b、c 可以看到，滤波效果越好，二极管的导通时间越短，导通角 θ 越小，电流冲击越大。在设计带有电容滤波的整流电路时，应充分考虑这一因素，二极管的电流安全系数可取 2 ~ 3。

综上所述，电容滤波电路简单，输出电压较高，但外特性较差，且有电流冲击，主要应用于输出电压较高，负载电流较小并且变化也较小的场合。

【例 5—3】 有一单相桥式整流电容滤波电路，要求直流输出电压为 24 V，电流为 200 mA。试求变压器二次电压并选择整流二极管和滤波电容器。

解： 变压器二次电压：

$$U_2=\frac{U_d}{1.2}=\frac{24}{1.2}=20\ (\text{V})$$

二极管电流：

$$I_{dT}=\frac{I_d}{2}=\frac{200}{2}=100\ (\text{mA})$$

二极管最高反向电压：

$$U_{RM}=\sqrt{2}U_2=\sqrt{2}\times 20=28.28\ (\text{V})$$

根据上述数据可选择整流二极管，例如可选择 0.5 A、50 V 的二极管。

计算负载电阻：

$$R_d=\frac{U_d}{I_d}=\frac{24}{0.2}=120\ (\Omega)$$

取时间常数 R_dC 为 50 ms，可求得滤波电容器：

$$C=\frac{0.5}{R_d}=\frac{0.5}{120}=417\times 10^{-6}\ \text{F}=417\ (\mu\text{F})$$

滤波电容器可选择为 500 μF、电压为 50 V 的电容器。

4. π 形 RC 滤波电路

为了进一步提高滤波效果，可以采用如图 5—11 所示的 π 形 RC 滤波电路。

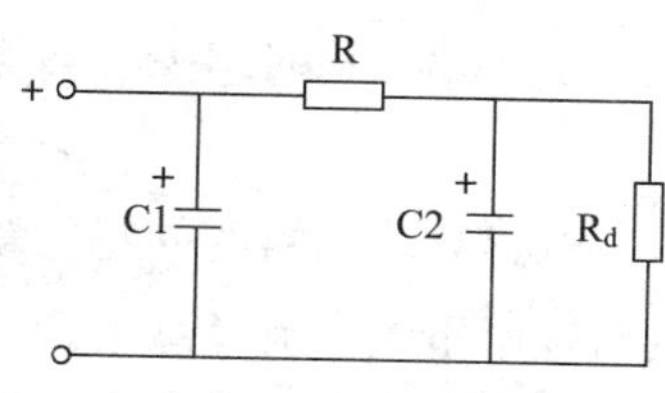

图 5—11　π 形 RC 滤波电路

由图 5—11 可知，由于电容 C1 上的电压的直流分量要经过电阻 R 和负载电阻 R_d 的分压，负载电阻 R_d 两端直流输出电压将有所降低；同理，电容 C1 上的电压的交流分量也要经过电阻 R 和负载电阻 R_d 与 C2 等效并联阻抗的分压，由于 C2 的交流阻抗很小，它和负载电阻 R_d 等效并联阻抗也就很小，使得负载电阻 R_d 两端的输出电压交流分量大大减小。R 的阻值越大，C2 越大，滤波效果越好，但 R 的阻值越大，电阻 R 上的直流电压降越大。因而这种滤波电路主要用于负载电流较小而要求输出电压脉动很小的场合。

二、电感滤波电路

电感滤波电路如图 5—12a 所示，电感和负载串联，整流电路输出的脉动直流电通过电感线圈时，将产生自感电动势，阻碍线圈中电流的变化。当通过电感线圈流向负载的脉

动电流随 u_2 上升而增加时，电感线圈产生的自感电动势就阻碍其增加；当通过电感线圈流向负载的脉动电流随 u_2 下降而减小时，电感线圈产生的自感电动势又阻碍其减小，因而使负载电流和负载电压的脉动大为减小。电感线圈的滤波工作原理也可以从电感对直流和交流具有不同的阻抗来分析。整流电路的输出电压有直流分量和交流分量，如不计电感线圈本身的电阻，电感对直流分量相当于短路，因此直流分量可以全部加到负载上，但是电感对交流分量具有一定阻抗，频率越高，阻抗越大，因而交流分量要被电感阻抗和负载电阻分压，如果电感阻抗远远大于负载电阻，就可以使交流分量绝大部分降落在电感上，负载电阻上的交流分量就大大减小，起到了很好的滤波作用。

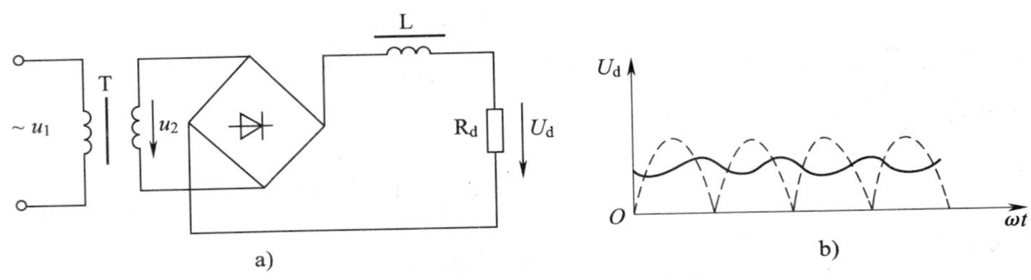

图5—12　电感滤波电路及波形

a）电路图　b）波形图

由以上分析可知，电感滤波电路要有好的滤波效果，必须使电感阻抗远远大于负载电阻，在不计电感线圈本身的电阻时，输出的直流电压和没有滤波时相同，即：

$$U_L = 0.9U_2$$

电感滤波电路的外特性较好，二极管的导通角还是180°，电流冲击小。因此电感滤波电路适用于大电流负载场合，但电感滤波电路的缺点是电感本身是一个铁芯线圈，体积大而笨重，成本高。

对于负载变动较大的场合或者希望得到更好的滤波效果，可以采用电容滤波和电感滤波相结合的LC复式滤波电路如图5—13所示。图中L对交流分量的限流作用和C对交流分量的分流作用联合起来将使得负载上的交流分量大大减小。

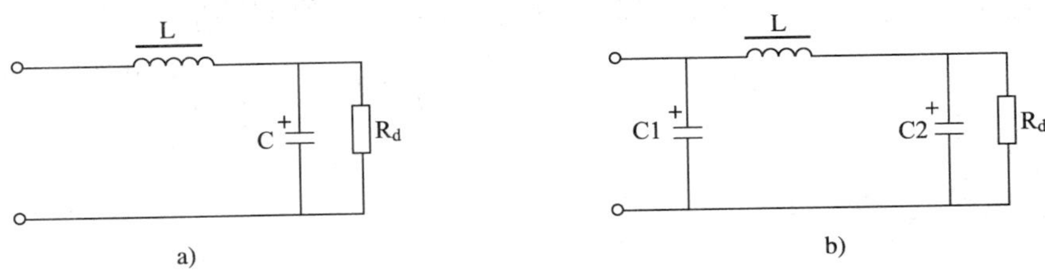

图5—13　LC复式滤波电路

a）LC滤波电路　b）π形LC滤波电路

第 3 节　稳压管稳压电路

经过整流和滤波后的输出直流电压已经变得比较平稳，但是往往会随交流电源电压的波动和负载的变化而变化。为了使输出电压保持稳定，使其不随交流电源电压的波动和负载的变化而变化，必须采用稳压电路。稳压电路种类很多，稳压管稳压电路是其中最简单的一种。

一、工作原理

稳压管稳压电路如图 5—14 所示，经过单相桥式整流和电容滤波电路得到直流电压 U_I，再经过限流电阻 R 和稳压管 V 组成的稳压电路接到负载电阻 R_d上，稳压管 V 反向并联在负载两端。

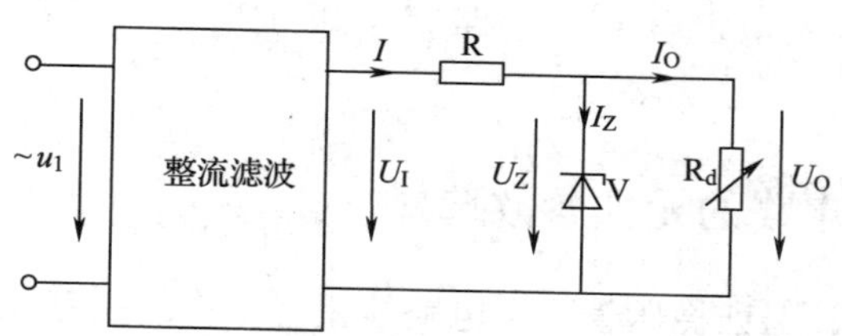

图 5—14　稳压管稳压电路

在前面介绍稳压管特性时已经知道，稳压管是工作在反向击穿状态，只要流过稳压管的电流 I_Z在其工作范围内，其两端的电压 U_Z基本上保持稳定。为了抓住要点，假设稳压管特性是理想的，即认为稳压管的动态电阻为 0，只要稳压管电流 I_Z在最小稳定电流 I_{Zmin}和最大稳定电流 I_{Zmax}之间，稳压管两端的电压 U_Z不变。如果稳压管电流小于最小稳定电流，则说明稳压管还没有工作于反向击穿状态，输出电压减小，电路失去稳压作用；如果大于最大稳定电流则稳压管将烧坏，图中限流电阻 R 就是为了限制稳压管电流 I_Z不至于过大。

由此可见，稳压管能稳压是由其本身的特性决定的，在交流电源电压波动或负载变化时，只要能保证稳压管电流在其工作范围之内，就能保证输出电压 U_O的稳定。

下面分析在交流电源电压波动和负载变化时，稳压电路的工作情况。

由图 5—14 所示电路可看出，其电压、电流的关系为：

$$U_I = IR + U_O$$

$$I = I_Z + I_O$$

为了分析问题方便起见，先假设负载不变，，只分析交流电源电压波动时，稳压电路的工作情况。例如交流电源电压增大，使整流滤波电压 U_I增大，将使电流 I 增大，由于负载电流 I_O不变，因而电流 I 增大的部分全部流过稳压管，使稳压管电流 I_Z增大，只要 I_Z不超过最大稳定电流电路就可以正常工作，稳压管两端电压 U_Z基本上保持不变，此时电阻 R 上的压降增大。同理，当交流电源电压减小，使整流滤波电压 U_I减小，将使电流 I 减小，使稳压管电流 I_Z减小，只要 I_Z不小于最小稳定电流，电路就可以正常工作，稳压管两端电压 U_Z基本上保持不变，此时电阻 R 上的压降减小。

下面再分析交流电源电压保持不变而负载变化时，稳压电路的工作情况。当交流电源电压保持不变时，整流滤波电压 U_I也不变，当负载电流 I_O增大时，使稳压管电流 I_Z减小，只要 I_Z不小于最小稳定电流，电路就可以正常工作，稳压管两端电压 U_Z基本上保持不变，此时流过限流电阻 R 的电流和电阻上的电压降基本保持不变。同理，当负载电流 I_O减小时，使稳压管电流 I_Z增大，当负载开路时，电流 I 全部流过稳压管，只要 I_Z不超过最大稳定电流，电路就可以正常工作，稳压管两端电压 U_Z基本上保持不变。

二、稳压管稳压电路的元件参数选择

从上面的分析可知，保证稳压管稳压电路能正常工作的关键在于当交流电源电压和负载电流变动时，保证稳压管电流 I_Z的变动范围在 I_{Zmin}和 I_{Zmax}之间。

设交流电源电压变动引起整流滤波电压 U_I允许的变动范围是 U_{Imin}至 U_{Imax}，负载电流允许的变动范围是 I_{Omin}至 I_{Omax}。

当交流电源电压和负载电流一起变动时，在什么情况下通过稳压管的电流最小呢？显然是整流滤波电压为最小（U_{Imin}）而负载电流为最大（I_{Omax}）时。在这种情况下，应保证此电流大于 I_{Zmin}，即应满足以下不等式：

$$\frac{U_{Imin} - U_Z}{R} - I_{Omax} \geqslant I_{Zmin}$$

同理，通过稳压管电流最大的情况显然是发生在整流滤波电压为最高（U_{Imax}）而负载电流为最小（I_{Omin}）时，此电流应小于稳压管允许的最大电流 I_{Zmax}，即满足以下不等式：

$$\frac{U_{Imax} - U_Z}{R} - I_{Omin} \leqslant I_{Zmax}$$

稳压管稳压电路工作时只要同时满足以上这两个不等式，就可以保证电路正常工作。

稳压管稳压电路选择稳压管时，一般取 $U_Z = U_O$，I_{Zmax} = （1.5 ~3） I_{Omax}，而整流滤波电压 U_I一般取 U_I = （2 ~3） U_O，限流电阻 R 的阻值可以根据上面两个不等式进行计算。同理，也可以根据上面两个不等式用来计算参数已知的某一稳压管稳压电路所允许的电源电压变动范围或负载电流变动范围。

【例 5—4】 某稳压管稳压电路要求输出 6 V 电压，稳压管的稳定电流范围为 5 ~ 40 mA，整流滤波电压 U_I的变动范围允许为 12 ~16 V，请确定限流电阻 R 并计算允许输出的最大负载电流。

解：在整流滤波电压 U_I最大为 16 V 时，如果负载开路，此时电流全部流入稳压管，稳压管的电流为最大，此电流不应超过 40 mA。

由此可得限流电阻 R：

$$R = \frac{16-6}{40}\ \text{k}\Omega = 0.25\ \text{k}\Omega = 250\ (\Omega)$$

在确定了限流电阻 $R = 250\ \Omega$ 之后，可以求出允许输出的最大负载电流为：

$$I_{Omax} = \frac{U_{Imin} - U_Z}{R} - I_{Zmin} = \left(\frac{12-6}{0.25} - 5\right) = 19\ (\text{mA})$$

在图 5—14 所示稳压管稳压电路中，稳压管 V 作为电压调整器与负载并联，故又称为并联型稳压电路。稳压管稳压电路结构简单，成本低，但输出电流较小，电路稳压性能较差。因此这种电路只能用于要求不高的小电流的稳压电路。

第 4 节　简单串联型晶体管稳压电路

由上节分析可知，稳压管稳压电路输出电流较小，电路稳压性能较差，为了提高稳压电路的输出电流，可以利用三极管的放大作用，图 5—15 所示电路就是在输出端接有三极管的稳压电路，因为三极管与负载是串联的，所以这种电路又称为串联型稳压电路。由图可以看到，简单串联型稳压电路的输出电流是三极管的发射极电流，稳压管输出的电流为三极管的基极电流，三极管发射极电流是基极电流的（1 +β）倍，这样就大大提高了输出电流。

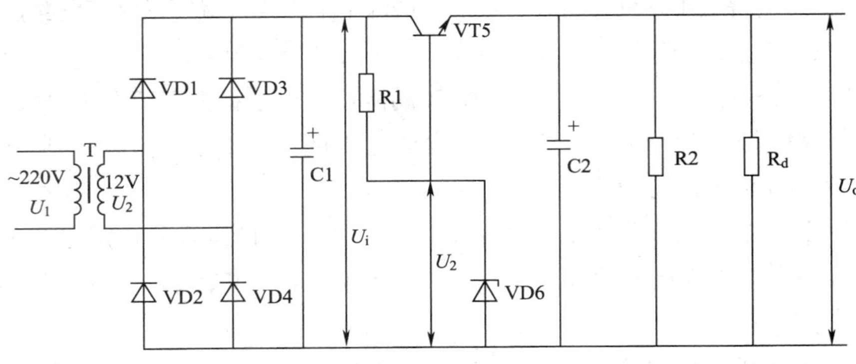

图5—15　简单串联型晶体管稳压电路

一、简单串联型晶体管稳压电路的组成

由图5—15可知，简单串联型晶体管稳压电路可分为由降压变压器及VD1～VD4整流二极管组成的单相桥式整流电路、电容C1组成滤波电路和三极管VT5、硅稳压管VD6等元器件组成的稳压电路等三部分，其中单相桥式整流电路、电容C1组成滤波电路和上节稳压管稳压电路相同。稳压电路中三极管VT5称为调整管，R1既是VD6的限流电阻又是调整管VT5的偏置电阻，它和稳压管VD6组成的稳压电路向调整管VD5基极提供一个稳定的直流基准电压U_Z。当负载R_d开路时，由电阻R2提供给调整管一个直流通路。

二、简单串联型晶体管稳压电路的工作原理

由图5—15可知，交流电源经变压器降压后，二次侧交流电压u_2经过VD1～VD4整流二极管组成的单相桥式整流电路和电容C1滤波后，输出直流电压（即电容C1上电压）U_i，再经稳压电路中三极管VT5输出负载电压U_o。因此，图5—15所示的串联型晶体管稳压电路可等效简化为图5—16所示的串联稳压电路。

由图可知，负载电压U_o为：

$$U_o = \frac{R_d}{R_d + RP} U_i$$

由上式可知，当交流电源电压升高，直流电压（即电容C上电压）U_i增大时，只要调节可变电阻RP使其阻值增大，就可使负载电压U_o保持不变；反之，当交流电源电压降低，直流电压（即电容C上电压）U_i减小时，只要调节可变电阻RP使其阻值减小，就可使负载电压U_o保持不

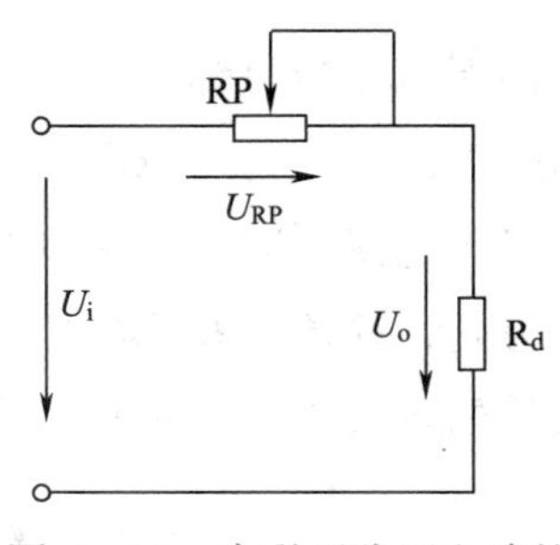

图5—16　串联型稳压电路的等效稳压电路

变。也就是说随着交流电源电压变化自动调节可变电阻 RP 的阻值就可以保证负载电压不变，这就是串联型稳压电路的稳压基本原理。在实际应用中，常采用三极管来代替可变电阻 RP 而组成晶体管串联型稳压电路。

下面分析图 5—15 所示的简单串联型晶体管稳压电路的工作原理。由图可得到下面关系：

$$U_{BE} = U_Z - U_O$$

$$U_O = U_C - U_{CE}$$

假设由于交流电源电压或负载电阻的变化而使输出负载电压 U_O增大时，由于稳压管 VD6 的稳定电压 U_Z不变，因此三极管 VT5 的 U_{BE}减小，三极管 VT5 的基极电流 I_B减小，使三极管 VT5 的集—射极间的电压 U_{CE}增大，使 U_O下降，保证输出负载电压 U_O基本稳定，上述稳压过程表示如下：

$$U_O\uparrow\rightarrow U_{BE}\downarrow\rightarrow I_B\downarrow\rightarrow U_{CE}\uparrow\rightarrow U_O\downarrow$$

同理，由于交流电源电压或负载电阻的变化而使输出负载电压 U_O下降时，由于稳压管 VD6 的稳定电压 U_Z不变，因此三极管 VT5 的 U_{BE}增大，三极管 VT5 的基极电流 I_B增大，使三极管 VT5 的集—射极间的电压 U_{CE}减小，使 U_O上升，保证输出负载电压 U_O基本稳定。

简单的串联型晶体管稳压电路的输出电流比硅稳压管稳压电路输出电流大，稳压性能也要好些，但是图 5—15 所示的简单串联型晶体管稳压电路的输出电压的大小是固定的，基本上由稳压管的稳定电压决定，实际使用中很不方便，同时该电路的稳压性能还较差，还需要进一步改进，具体将在中级维修电工的培训教材中介绍。

测 试 题

一、判断题

1．单相半波整流电路输入的交流电压 U_2的有效值为 100 V，则输出的直流电压平均值大小为 90 V。（ ）

2．单相半波整流电路输入的交流电压 U_2的有效值为 100 V，则输出的直流电压平均值大小为 45 V。（ ）

3．如果把单相桥式整流电路的某一个二极管断开，其后果为输出电压减小一半。（ ）

4．单相全波整流电路也叫双半波整流电路。（ ）

5．单相桥式整流、电容滤波电路，输入的交流电压 u_2的有效值为 50 V，则负载开路

时，输出的直流电压平均值大小约为71 V。（　　）

6. 单相桥式整流电路，加上电感滤波之后，其输出的直流电流将脉动减小。（　　）

7. 对于桥式整流电路来说，电感滤波输出的直流电压与无滤波时一样，都是交流电压有效值 u_2 的0.9倍。（　　）

8. 单相半波整流电路输出的直流电压平均值为输入的交流电压 u_2 的有效值的0.45倍。（　　）

9. 单相全波整流电路输出的直流电压平均值为输入的交流电压 u_2 的有效值的0.9倍。（　　）

10. 简单串联型稳压电路的输出电流是三极管的发射极电流，稳压管输出的电流为三极管的基极电流，三极管发射极电流是基极电流的（$1+\beta$）倍。（　　）

二、单项选择题

1. 单相半波整流电路输入的交流电压 u_2 的有效值为100 V，则输出的直流电压平均值大小为（　　）V。

A. 50　　B. 120　　C. 90　　D. 45

2. 如果把单相半波整流电路的二极管反接，其后果为（　　）。

A. 二极管烧坏　　B. 负载上仍然是交流电压

C. 输出电压为零　　D. 输出电压极性颠倒

3. 单相全波整流电路也叫（　　）。

A. 桥式整流电路　　B. 半波整流电路

C. 双半波整流电路　　D. 滤波电路

4. 如果把单相半波整流、电容滤波电路的电容反接，其后果为（　　）。

A. 输出电压极性颠倒　　B. 负载上仍然是交流电压

C. 输出电压为零　　D. 滤波电容可能爆炸

5. 单相桥式整流、电容滤波电路，输入的交流电压 u_2 的有效值为（　　）V，则负载正常时，输出的直流电压平均值大小约为60 V。

A. 50　　B. 23　　C. 45　　D. 71

6. 单相桥式整流电路，加上电感滤波之后，其输出的直流电压将（　　）。

A. 增大1倍　　B. 增大1.4倍　　C. 不变　　D. 减小

7. 在电源电压不变时，稳压管稳压电路输出的电流如果减小10 mA，则（　　）。

A. 稳压管上的电流将增加10 mA　　B. 稳压管上的电流将减小10 mA

C. 稳压管上的电流保持不变　　D. 电源输入的电流将减小10 mA

8. 串联型稳压电路的稳压过程中，当输入电压上升而使输出电压增大时，调整管的 U_{CE} 自动（　　），使输出电压减小，从而使负载上电压保持稳定。

A. 减小　　B. 增大　　C. 不变　　D. 不确定

9. 如果把单相桥式整流电路的某一个二极管断路，其后果为（　　）。

A. 相邻的一个二极管烧坏　　B. 电路成为半波整流电路

C. 其他三个二极管相继烧坏　　D. 输出电压为零

测试题答案

一、判断题

1. ×　2. √　3. √　4. √　5. √　6. √　7. √　8. √

9. √　10. √

二、单项选择题

1. D　2. D　3. C　4. D　5. A　6. C　7. A　8. B　9. B

第 6 章

电子技术技能操作实例

第 1 节　电子电路的手工锡焊工艺　/158

第 2 节　印制电路板的制作　/160

第 3 节　常用电子元器件及其简易测试　/162

第 4 节　单相桥式整流、滤波电路的安装、调试及故障处理　/180

第 5 节　直流稳压电源电路的安装、调试及故障分析处理　/184

第 6 节　基本放大电路安装与调试　/193

第 7 节　电池充电器电路安装与调试　/196

第1节　电子电路的手工锡焊工艺

在电子线路和自动控制系统的制造和维修过程中，经常遇到手工锡焊问题，为此应加强手工锡焊工艺的技能训练，保证锡焊的质量与效率。

一、手工锡焊工具和材料

1. 手工锡焊工具

手工锡焊的主要工具是电烙铁。常用的电烙铁除了内热式和外热式电烙铁外，还有吸锡电烙铁、恒温电烙铁。吸锡电烙铁具有能方便地吸焊点上的锡，而不易损坏元器件的优点。恒温电烙铁省电、焊料不易氧化和烙铁头不易“烧死”，从而减少虚焊与假焊现象，保证焊件质量和防止元器件损坏。电烙铁的规格以所消耗的电功率来表示，常用电烙铁的功率有20 W、30 W、50 W、100 W等规格。一般说来，应根据焊接对象合理选择电烙铁的功率和种类。手工锡焊工具除了电烙铁外，还有尖嘴钳、镊子等。

2. 锡焊的材料

锡焊的材料有焊料和焊剂。常用的焊料为铅锡合金（俗称焊锡），它具有熔点低，导电性能好，抗腐蚀性好，有一定机械强度，氧化物易去除及成本低等优点。电子电路一般采用直径为1 mm、含锡量为61%的松香焊锡丝。焊锡丝的直径规格有0.5 mm、0.8 mm、1 mm、1.2 mm、1.5 mm、2.5 mm、3 mm等。焊剂又称为助焊剂。助焊剂的作用是：在焊接过程中去除金属表面的氧化物并防止金属氧化，使焊接能尽快地浸润到焊件的表面，以达到助焊的功能。助焊剂的种类较多，电子电路焊接常采用松香焊剂。松香焊剂是中性焊剂，无腐蚀性，不会腐蚀电路元器件和损坏电烙铁。

二、锡焊技术要求

1. 焊点应接触良好

要求焊料与被焊件的表面形成的合金层必须接触良好，防止虚焊和假焊。

2. 焊点应具有一定的机械强度

要求被焊件的表面形成的合金层的面积足够大，以增加焊点的机械强度。

3. 焊点表面应清洁、美观、有光泽

焊点表面应呈光滑状态，不应出现棱角或带尖刺现象。

三、焊接步骤与方法

焊接时，电烙铁的握法有笔握式和拳握式两种，如图 6—1 所示。前者适用于直型电烙铁焊接小型电子设备和印制电路板，后者适用于大弯头电烙铁焊接大型电子设备。

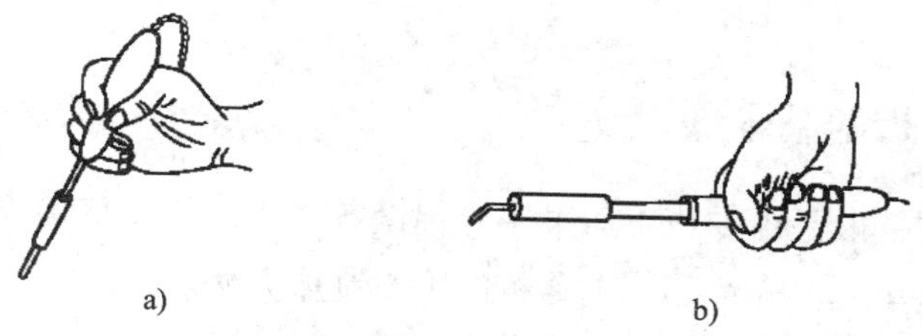

图 6—1　电烙铁的握法

a）笔握式　b）拳握式

下面对焊接步骤及其方法作一介绍。

1. 焊接前电烙铁的准备

电烙铁加热后，去除电烙铁头上的氧化物残渣，把少量的焊料和焊剂加到清洁的电烙铁头上。如果是一把新的电烙铁，首先应清洁电烙铁头并上锡。

2. 元器件引线的焊接前清洁和上锡

焊接前，首先将元器件引线进行“刮脚”处理，即用小刀刮去引线上的油污、氧化物和绝缘漆，并进行清洁处理，然后尽快进行上锡，以防再次氧化。刮脚时应避免损伤或折断引线，元器件引线的根部应留 3 mm 以上。

3. 焊接方法

焊接时不能将烙铁头在焊点上来回磨动，应该将烙铁头搪锡面紧贴焊点，待焊锡全部熔化后，迅速将烙铁头向斜上方45°方向移开。这时，焊锡不会立即凝固，被焊物必须扶稳扶牢、不能晃动，一直到焊点自然冷却凝固再放手。焊接时应掌握好焊接温度和时间，焊接温度过低，焊锡的流动性差，很容易凝固；焊接温度过高，焊锡流淌过快，焊点不易存锡。焊接时，烙铁头的温度应高于焊锡的熔点，一般应在 3 ~5 s 内使焊点达到所要求的温度，然后迅速移开电烙铁使焊点光亮圆滑。若焊接时间太短，则焊点不光滑或呈“豆腐渣”状，甚至会形成虚焊。电烙铁使用过程中，烙铁头要保持清洁，并蘸有一定量的焊料。

4. 焊接后的处理与检查

焊接结束后，对露在电路板面上多余引脚要齐根剪去，并检查电路有无漏焊、错焊、虚焊和假焊等现象，如发现问题应重新焊接。检查合格后，用无水酒精将焊剂清洗干净。

第2节　印制电路板的制作

一、印制电路板的基本知识

印制电路板制作一般是由专业工厂采用专用设备制作，但在日常维修工作中有时也采用手工制作方法。这里主要介绍印制电路板的手工制作方法。

印制电路板上的印制电路图的设计是印制电路板的制作中一项非常重要环节。印制电路图的设计，现在一般借助于计算机专门应用软件来完成，但对于简单的电路也可以用手工设计来完成。印制电路板上的印制电路图的设计依据是电路原理图，研究电路中各元器件的排列，选择各元器件在印制电路板上的最佳位置，按照工艺要求和正确比例，确定各元器件在印制电路板上的具体位置和连接线的具体走向等内容，画出印制电路图的设计。下面简单介绍印制电路图的设计原则。

1. 元器件的布置

（1）各级元器件在印制电路板上的位置尽可能按电路原理图上的顺序排列。

（2）排列力求紧凑、密集、尽量缩短走线，但也应考虑元器件之间的电位差，留有一定的间距，以防短路和击穿。

（3）为了便于加工和安装，所有的元器件都应安装在印制电路板上无敷铜的一面。对于位于边上的元器件，离板边缘的距离至少为2 mm。

（4）发热元器件应安装在有利于散热的位置，必要时可加散热器，并尽量减少对邻近元器件的影响。

（5）在不影响电性能的前提下，元器件应平行或垂直排列，力求整齐美观。

2. 连接线（印制电路板上的铜箔线）的布置

（1）铜箔线的宽度。主要由铜箔线和绝缘板之间的黏附强度及流过它的电流值决定。一般铜箔线的宽度可选择为1.5～3 mm。电流较大时，如电源、功率放大电路的铜箔线的宽度应该大些。

（2）铜箔线应尽量短而直，不应相互交叉。

（3）铜箔线之间的距离一般不小于1 mm。

（4）为了增加焊接或钻孔时铜箔与绝缘板之间的黏附强度，铜箔线的焊接点应成圆环形或加宽，外圆的最小直径取铜箔线宽度的1.5倍较为合适。

（5）在低频电路中，一般是将地线从输入端一直延伸到输出端，各级元器件的接地就近接地，而电源部分的引入地线应接在放大电路的输出级附近。

二、印制电路板的制作技能实训

1. 实训的器材、工具

（1）器材。1 mm 或 1.5 mm 敷铜板、三氯化铁、粘贴用胶布纸（或者快干漆）、砂纸、助焊剂、塑料或玻璃平盘、竹镊子等。

（2）工具 0.8 ~ 1.5 mm 的钻头、电钻或钻床及钢锯。

2. 实训的内容与步骤

现以图 6—2 所示的单相桥式整流滤波电路为例介绍印制电路板制作的步骤与方法。图 6—2 所示的单相桥式整流滤波电路的印制电路图如图 6—3 所示。

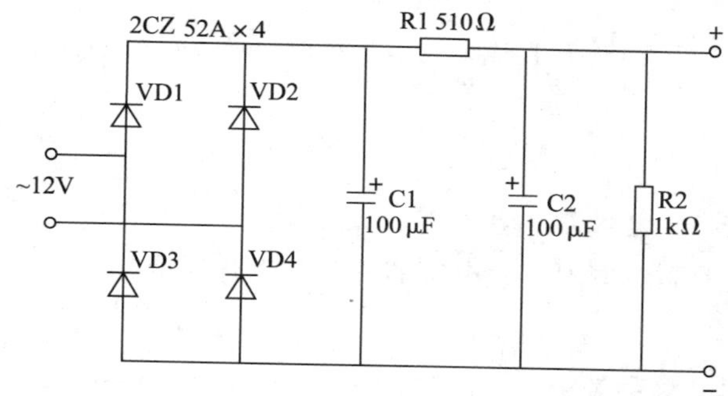

图 6—2　单相桥式整流滤波电路

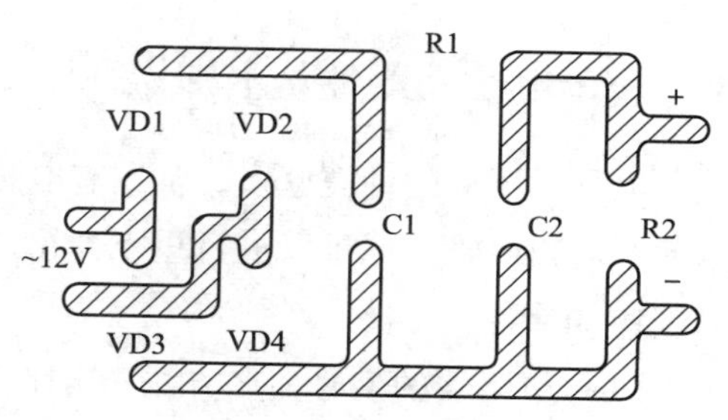

图 6—3　单相桥式整流滤波电路的印制电路板参考图

印制电路板制作的主要步骤是：先在敷铜板上用胶布纸根据印制电路图粘贴电路（或者用快干漆绘制电路），然后放入腐蚀液中进行铜箔腐蚀，撕去胶布纸即制成印制电路板。其制作的步骤与方法如下：

（1）敷铜板的选择与处理。敷铜板有单面板和双面板，厚度有 1.0 mm、1.5 mm、2.0 mm等。根据电路要求选择合适的单面敷铜板，并按图落料。用砂纸将敷铜板边缘打磨光滑，再用去污粉将敷铜板板面擦亮并用干布擦干净。

（2）用胶布纸粘贴电路（或者用快干漆绘制电路）。按所设计的印制电路图（见图 6—3 所示的印制电路图）在敷铜板上用胶布纸粘贴电路（或者用快干漆绘制电路）。

（3）配制腐蚀液、腐蚀电路板。腐蚀液一般以一份三氯化铁和两份水的质量配制，腐蚀液可采用塑料或玻璃平盘形容器盛装。为了加快腐蚀速度，可将溶液稍加温，但不宜超过50℃，也可用竹镊子夹住电路板轻轻晃动，以加快腐蚀速度。腐蚀完毕后，用清水冲洗电路板并晾干。撕去胶布纸或者擦掉快干漆就露出铜箔电路。

（4）钻孔。根据电路板要求，选用1 mm钻头在焊点位置上钻孔（铜箔面向上），孔必须钻正，且垂直板面。钻孔时一定要使钻出的孔光洁、无毛刺。钻好孔后再用细砂纸将印制电路板轻轻擦亮，用干布擦干净。

（5）涂助焊剂。在印制电路板上涂上防腐中性助焊剂，印制电路板制作完成。涂助焊剂的目的是使印制电路板容易焊接、保护印制电路板。防腐助焊剂一般采用松香并用酒精配制。

第3节　常用电子元器件及其简易测试

一、电子元器件基本知识

电子元器件的种类繁多，常用有电阻器、电容器、电位器、二极管、三极管等。已在第四章对二极管、三极管进行重点介绍，下面对电阻器、电容器、电位器作一介绍。

1. 电阻器

（1）电阻器的型号命名方法。电阻器品种种类很多，根据国家标准GB 2470—1981规定，电阻器产品型号一般由四部分组成，具体如下所示。

第一部分：电阻器的主称，用字母R表示。

第二部分：表示电阻器的导电材料，用字母表示，具体见表6—1。

第三部分：表示电阻器的分类，一般用数字表示分类，个别类型用字母表示，具体见表6—2。

第四部分：表示电阻器的序号，用数字表示序号，以区分电阻器的外形尺寸和性能指标。

表 6—1　电阻器导电材料字母符号及含义

字母符号	电阻器导电材料的含义
H	合成膜
I	玻璃釉膜
J	金属膜
N	无机实芯
S	有机实芯
T	碳膜
X	线绕
Y	氧化膜

表 6—2　电阻器的分类符号及含义

符号	分类的含义
1	普通
2	普通
3	超高频
4	高阻
5	高温
7	精密
8	高压
9	特殊
G	高功率
T	可调

例如：

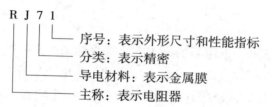

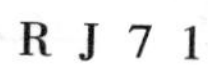

序号：表示外形尺寸和性能指标
分类：表示精密
导电材料：表示金属膜
主称：表示电阻器

RJ71 表示为精密金属膜电阻器。

（2）电阻器的主要参数及其标志方式

1）电阻器的标称阻值系列及其允许偏差。电阻器标称阻值通常标志在电阻器上，允许偏差是实际阻值与标称阻值之间允许的最大偏差范围，一般采用标称阻值的百分数% 表示，一般可分为 ±5% 、±10% 、±20% 、> ±20% 四个等级。

电阻器标称阻值系列及其允许偏差见表 6—3。

表 6—3　电阻器标称阻值系列及其允许偏差

系列	允许误差	电阻器标称值（数值）
E24	±5%	1.0　1.1　1.2　1.3　1.5　1.6　1.8　2.0　2.4　2.7　3.0　3.3　3.6　3.9　4.3　4.7　5.1　5.6　6.2　6.8　7.5　8.2　9.1
E12	±10%	1.0　1.2　1.5　1.8　2.2　2.7　3.3　3.9　4.7　5.6　6.8　8.2
E6	±20%	1.0　1.5　2.2　3.3　4.7　6.8

实际生产和使用中电阻器标称阻值为表6—3所列数值或表6—3所列数值再乘以10^n，其中幂指数n为整数。

2）电阻器额定功率系列。电阻器额定功率是指电阻器在直流或交流电路中，在产品标准规定的大气压力和额定温度下，长期连续负荷所允许消耗的最大功率。线绕电阻器的额定功率系列见表6—4，非线绕固定式电阻器的额定功率系列见表6—5。

表6—4　　线绕电阻器额定功率系列

线绕电阻器额定功率系列（W）										
0.05	0.125	0.25	0.5	1	2	4	8	10	16	
25	40	50	75	100	150	250	500			

表6—5　　非线绕固定式电阻器额定功率系列

非线绕固定式电阻器额定功率系列（W）											
0.05	0.125	0.25	0.5	1	2	5	10	16	25	50	100

3）电阻器的标志方式。电阻器的标志方式有直标法、文字符号法和色标法。直标法是用阿拉伯数字及文字符号单位在元件表面上直接标出电阻器的主要参数和技术性能。电阻值的单位文字符号如下：欧姆（Ω）、千欧姆（kΩ）、兆欧姆（MΩ），允许偏差用百分数表示，如100 Ω±10%。文字符号法是将电阻器的主要参数和技术性能用阿拉伯数字及文字符号两者有规律的组合来标志在电阻器上。

色标法是用不同颜色的带或点，在元件表面上标志出电阻器的主要参数。电阻器标称值及允许偏差的色标符号见表6—6。

表6—6　　电阻器标称值、允许偏差的色标符号

颜色	有效数字	乘数	允许偏差（%）
银色	—	10^{-2}	±10
金色	—	10^{-1}	±5
黑色	0	10^0	—
棕色	1	10^1	±1
红色	2	10^2	±2
橙色	3	10^3	—
黄色	4	10^4	—
绿色	5	10^5	±0.5

续表

颜色	有效数字	乘数	允许偏差（%）
蓝色	6	10^6	±0.25
紫色	7	10^7	±0.1
灰色	8	10^8	—
白色	9	10^9	+50 −20
无色	—	—	±20

电阻器标称电阻值的单位为欧姆（Ω）。轴向引出的电阻器色带的第一条靠近电阻器的一端，其余各条放置在一定的位置并留有一定的间隔。两位有效数字的色标示例如图6—4所示。

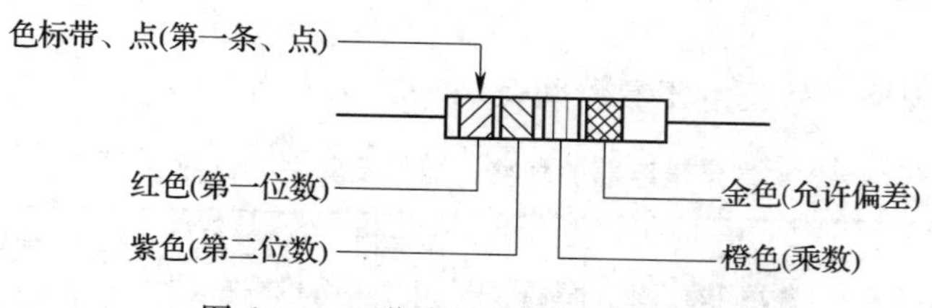

图6—4　两位有效数字的色标示例

上述电阻器表示电阻标称阻值为27 000 Ω，允许偏差±5%。

三位有效数字的色标示例如图6—5所示。

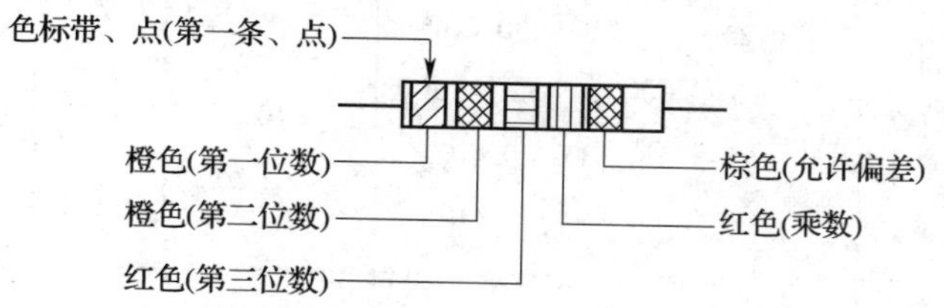

图6—5　三位有效数字的色标示例

上述色标电阻器表示为电阻标称阻值为33 200 Ω，允许偏差为±1%。

（3）常用电阻器的规格型号及主要参数。常用电阻器根据材料不同有RT型碳膜电阻器、RJ型金属膜电阻器、RY型氧化膜电阻器、RX线绕电阻器等不同品种电阻器。常用电阻器的外形如图6—6所示。

电阻器的常用额定功率为0.125～2 W，常用标称阻值范围为1 Ω～10 MΩ。电阻器通常允许偏差为±5%、±10%、±20%三级，常用精密电阻器允许偏差为±0.1%～±2%。

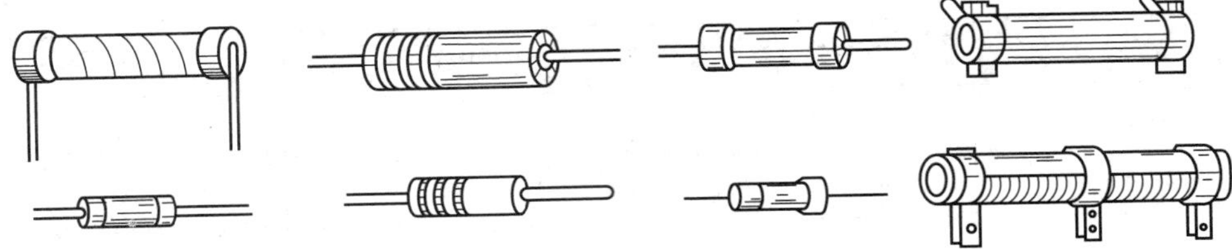

图6—6　电阻器的外形

RJ型金属膜电阻器体积小，工作环境温度范围较宽，其温度系数、电压系数和噪声都较小，低阻值的金属膜电阻器防潮性能较差。RY型金属氧化膜电阻器除了具备RJ型金属膜电阻器的优点外，其低阻值的金属氧化膜电阻器性能好，耐高温，但价格较贵。RT型碳膜电阻性能不如RJ型金属膜电阻，已较少使用，但价格便宜。线绕电阻器额定功率大，适用于直流或低频交流电路，精密电阻器具有较高的精度和稳定性，但体积稍大，价格较贵。

常用电阻器的规格型号及主要参数见表6—7，供参考。

表6—7　常用电阻器的规格、型号及其主要参数

规格型号	名称	额定功率（W）	标称阻值范围（Ω）	允许偏差（%）	最大工作电压（V）	
					直流、交流有效值	脉冲最大值
RJ-0.125	金属膜电阻器	0.125	$30\sim510\times10^3$	±5%或±10%	200	350
RJ-0.25		0.25	$30\sim1.0\times10^6$		250	500
RJ-0.5		0.5	$30\sim5.1\times10^6$		350	750
RJ-1		1	$30\sim10\times10^6$		500	1 000
RJ-2		2	$30\sim10\times10^6$		750	1 200
RY-0.125	金属氧化膜电阻器	0.125	$1\sim1\times10^3$	±5%或±10%	180	350
RY-0.25		0.25	$1\sim47\times10^3$		250	500
RY-0.5		0.5	$1\sim47\times10^3$		350	750
RY-1		1	$1\sim47\times10^3$		500	1 000
RY-2		2	$1\sim47\times10^3$		750	1 200
RY-3		3	$1\sim9.1\times10^3$		1 000	1 500
RY-5		5	$1\sim9.1\times10^3$		1 500	3 000
RY-10		10	$1\sim9.1\times10^3$		2 000	4 000

续表

规格型号	名称	额定功率（W）	标称阻值范围（Ω）	允许偏差（%）	最大工作电压（V）	
					直流、交流有效值	脉冲最大值
RT－0.25 RT－0.5 RT－1 RT－2	碳膜电阻器	0.25 0.5 1 2	$10\sim5.1\times10^6$ $10\sim10\times10^6$ $27\sim10\times10^6$ $27\sim10\times10^6$	±5%或±10%	350 500 700 1 000	750 1 000 1 500 2 000

（4）电阻器的选用。根据电路的具体要求选择电阻器的类型、阻值、允许偏差和额定功率。在一般电路中可采用允许偏差为±10%的E12系列的电阻器，在对电阻器要求高的电路中可采用精密电阻器。在选用电阻器时还必须考虑电阻器的额定功率，否则电阻器将会过热而损坏。

2. 电容器

（1）电容器型号的命名方法。电容器有很多品种种类，根据国家标准规定，电容器产品型号一般由四部分组成，具体如下所示。

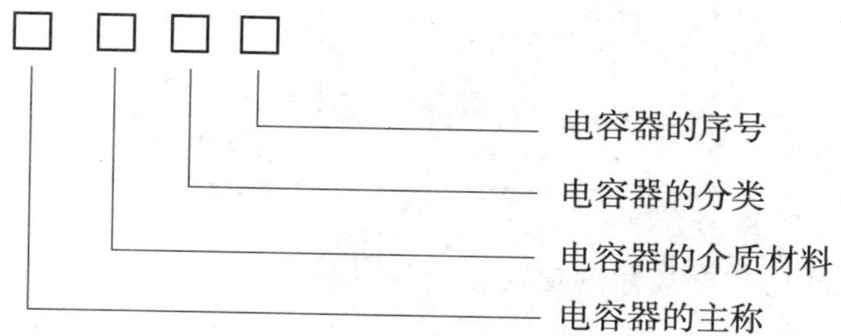

第一部分：电容器的主称，用字母C表示。

第二部分：表示电容器的介质材料、用字母表示，具体见表6—8。

第三部分：表示电容器的分类，一般用数字表示分类，具体见表6—9，个别类型用字母表示，如G表示高功率，W表示微调。

第四部分：表示电容器的序号，用数字表示序号以区分电容器的外形尺寸和性能指标。

表6—8　　电容器的介质材料字母符号及含义

字母符号	电容器介质材料的含义	字母符号	电容器介质材料的含义
A	钽电解	L	聚酯等极性有机薄膜
B	聚苯乙烯等非极性有机薄膜	N	铌电解
C	高频陶瓷	O	玻璃膜
D	铝电解	Q	漆膜
E	其他材料电解	T	低频陶瓷
G	合金电解	V	云母纸
H	纸膜复合	Y	云母
I	玻璃釉	Z	纸
J	金属化纸		

表6—9　　电容器的分类数字符号及含义

数字	瓷介电容器	云母电容器	有机电容器	电解电容器
1	圆形	非密封	非密封	箔式
2	管形	非密封	非密封	箔式
3	叠片	密封	密封	烧结粉　非固体
4	独石	密封	密封	烧结粉　固体
5	穿心		穿心	
6	支柱等			
7				无极性
8	高压	高压	高压	
9			特殊	特殊

例如：CCG1表示高功率高频陶瓷瓷介电容器。

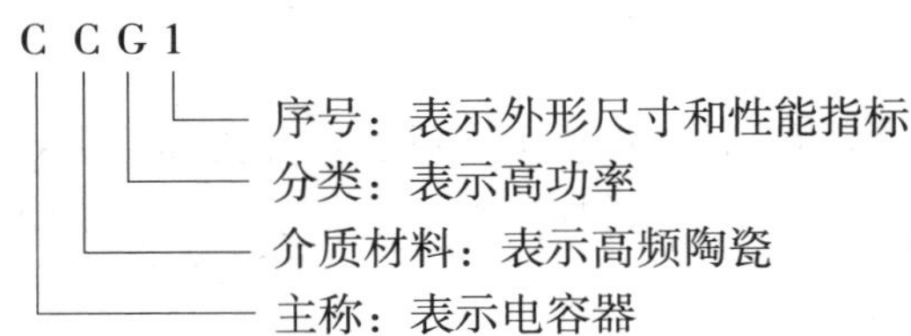

（2）电容器的主要参数及其标志方式

1）电容器的标称值及其允许偏差。电容器上标注的电容量值称为电容器的标称容量，电容器的标称容量和它的实际容量会有误差，常用固定电容器的允许偏差有±2%、

±5%、±10%、±20%、>±20%等。

2）电容器额定工作电压。电容器的额定工作电压是指电容器在电路中长期可靠工作所能承受的最高工作电压。常用固定电容器的额定工作电压有1.6 V、4 V、6.3 V、10 V、16 V、25 V、32 V＊、40 V、50 V＊、63 V、100 V、125 V＊、160 V、250 V、300 V、400 V、450 V＊、500 V、630 V等，其中有“＊”者只限电解电容器采用。

3）电容器标志方式。电容器的标志方式有直标法、文字符号法和色标法。

直标法是用阿拉伯数字及文字符号单位在电容器元件表面上直接标上电容器的主要参数和技术性能。直标法标志电容值的单位文字符号如下：p—皮法（10^{-12}F）、n—纳法（10^{-9}F）、μ—微法（10^{-6}F）、m—毫法（10^{-3}F）、F—法拉（10^{0}F）。色标法是用不同颜色的带或点，在元件表面上标志出电容器的主要参数，电容器标称值及允许偏差，工作电压的色标符号见表6—10。

表6—10　电容器标称值、允许偏差、工作电压的色标符号

颜色	有效数字	乘数	允许偏差（%）	工作电压（V）
银色	—	10^{-2}	±10	
金色	—	10^{-1}	±5	
黑色	0	10^{0}	—	4
棕色	1	10^{1}	±1	6.3
红色	2	10^{2}	±2	10
橙色	3	10^{3}	—	16
黄色	4	10^{4}	—	25
绿色	5	10^{5}	±0.5	32
蓝色	6	10^{6}	±0.25	40
紫色	7	10^{7}	±0.1	50
灰色	8	10^{8}	—	63
白色	9	10^{9}	+50 −20	—
无色	—	—	±20	—

注：工作电压的色标只适用于小型电解电容器，而且标志在正极引线的根部。

电容器标称电容量的单位为皮法（pF）。单向引出的电容器色带（色点）的第一条（第一点）靠近没有引出线的一端，两位有效数字的色标示例如图6—7所示。

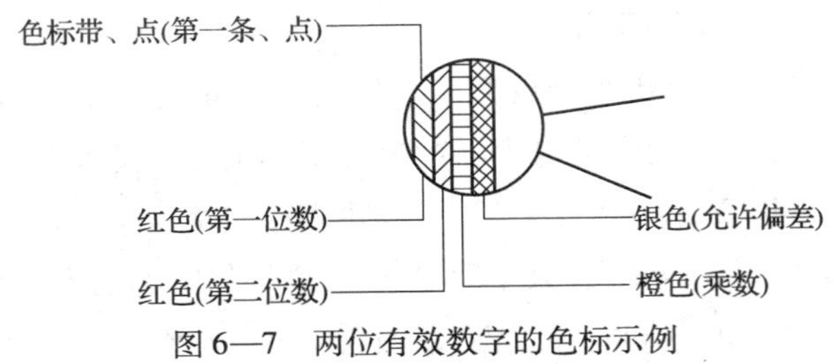

图6—7　两位有效数字的色标示例

上述色标电容器表示电容器标称值为22 000 pF，允许偏差为±10%。

三位有效数字的色标示例如图6—8所示。

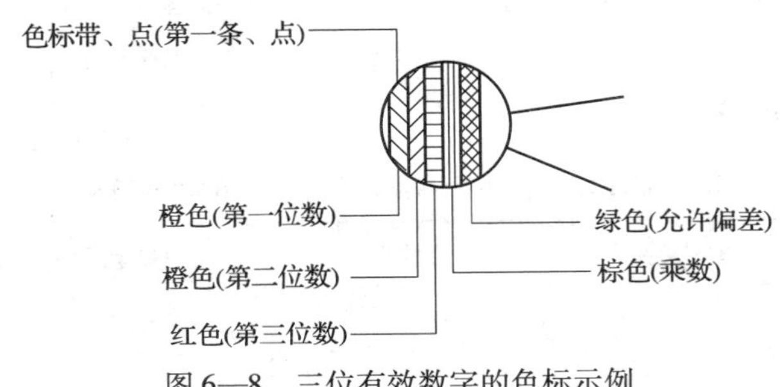

图6—8　三位有效数字的色标示例

上述色标电容器表示电容器标称值为3 320 pF，允许偏差为±0.5%。

（3）常用电容器类型。电容器的种类很多，按结构形式分类有固定电容器、可变电容器；按介质分类有瓷介电容器、纸介电容器、金属化纸介电容器、云母电容器、玻璃釉电容器、钽电容器、电解电容器等种类。常用的电容器的外形如图6—9所示。

高频瓷介电容器，容量小，介质损耗较低，稳定性较高，常用在高频电路及对电容器要求较高的场所。低频瓷介电容器体积小，容量比高频瓷介电容器大，但稳定性较差，介质耗损较大，常用在低频电路。金属化纸介电容器比率电容大，在相同电容量下，它的体积仅为纸介电容器的四分之一，因而体积小，容量大。云母电容器绝缘强度高，损耗小，稳定性高，精度高，常用在高频电路。电解电容器容量大，价格便宜，品种齐全，而得到广泛使用，但电容器正负极不能接错，漏电流和损耗较大，宜用于电源滤波和音频旁路。

（4）电容器的选用。根据电路要求选择电容器的类型，在电源滤波电路中可选用电解电容器；在低频耦合、旁路电容等场合可选用纸介电容器和电解电容器；在高频电路中一般可选用云母电容器和瓷介电容器。在选用电容器时必须同时考虑它的容量和额定工作电压值。电容器的实际承受电压不超过它的额定工作电压值，一般应使工作电压低于额定工作电压值的10%～20%。在电源滤波电路中，电容器的额定工作电压值应大于交流电压有效值的1.42倍。

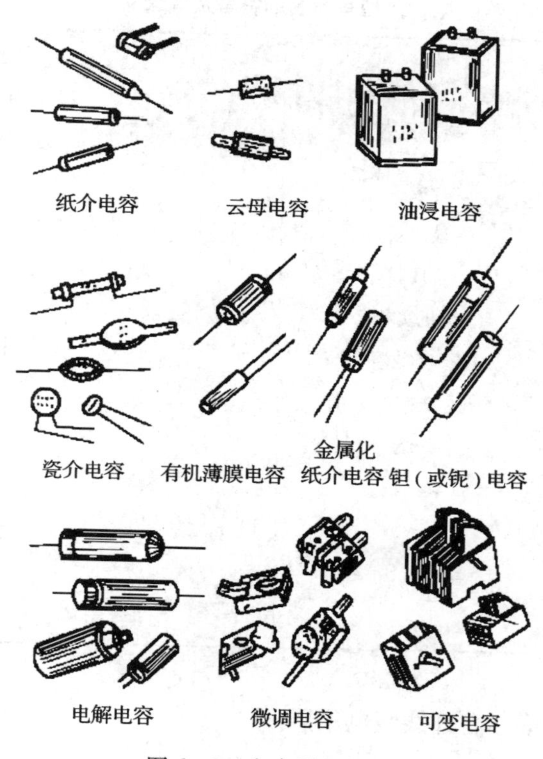

图 6—9　电容器的外形

3. 电位器

(1) 电位器型号命名方法。电位器型号命名由下面四部分组成。

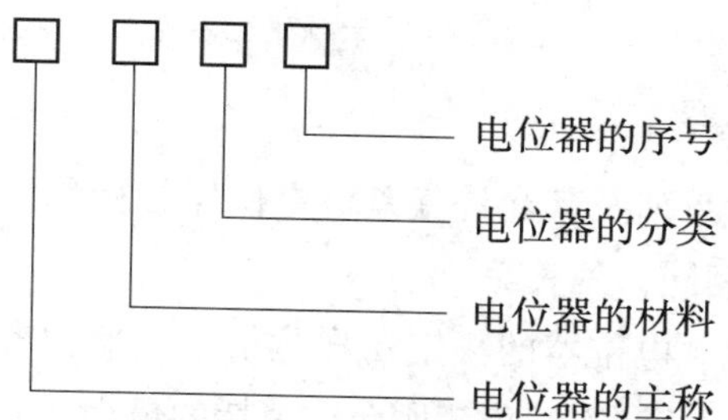

第一部分：电位器的主称，用字母 W 表示。

第二部分：表示电位器的材料，用字母表示，具体见表 6—11。

第三部分：表示电位器的分类，用数字或字母表示，具体见表 6—11。

第四部分：表示电位器的序号。

表 6—11 电位器型号命名的符号及其含义

材料		分类	
符号	材料名称	符号	分类的名称
H	合成膜	1	普通
I	玻璃膜	2	普通
J	金属膜	3	/
N	无机实芯	4	/
S	有机实芯	5	/
T	碳膜	6	/
X	线绕	7	精密
Y	氧化膜	8	/
		9	特殊
		D	多圈
		W	微调

例如，以下电位器表示普通线绕电位器。

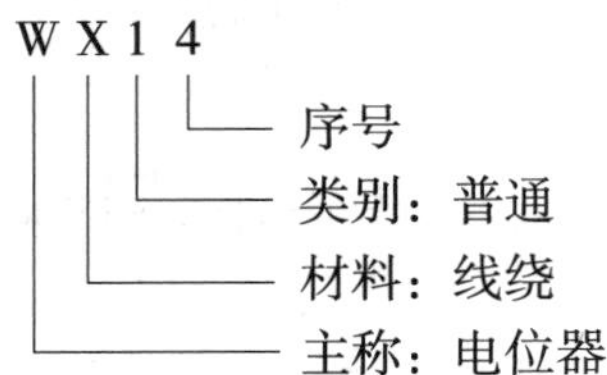

（2）电位器的主要参数

1）电位器的标称阻值系列及其允许偏差。电位器的标称阻值系列及其允许偏差，与固定电阻器标称阻值系列相同，见表 6—3。

2）电位器的额定功耗。电位器的额定功耗是指电位器在直流或交流电路中，在规定的大气压力和额定温度下，长期连续负荷所允许消耗的最大功率。

线绕电位器和非线绕电位器的额定功率系列见表 6—12。

（3）常用电位器类型。电位器的种类很多，常用电位器主要有 WH 型合成膜电位器、WS 型有机实芯电位器、WI 型玻璃釉电位器、WX 型线绕电位器等。

常用的电位器的外形如图 6—10 所示。

表 6—12　　电位器的额定功率系列

电位器功率系列/W	线绕电位器/W	非线绕电位器/W
0. 025		0. 025
0. 05		0. 05
0. 1		0. 1
0. 25	0. 25	0. 25
0. 5	0. 5	0. 5
1	1	1
1. 6	1. 6	
2	2	2
3	3	3
5	5	
10	10	
16	16	
25	25	
40	40	
63	63	
100	100	

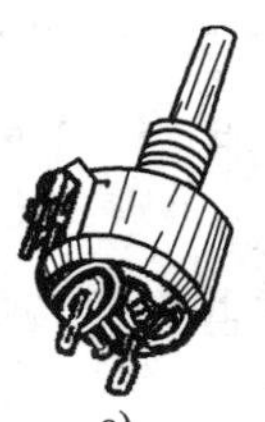
a)

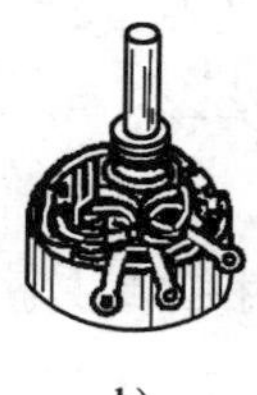
b)

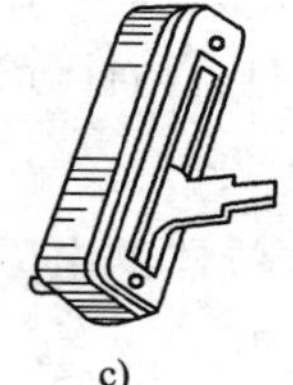
c)

d)

图 6—10　电位器的外形

WH 型合成膜电位器是应用较为广泛的一种电位器，价格便宜，阻值及阻值变化规律灵活，电阻温度系数较大。WS 型有机实芯电位器，耐热性较好，耐磨，可靠性高，体积小，耐潮性能较差。WI 型金属玻璃釉电位器耐热性和耐磨性都好，高频性能及可靠性较好，耐潮性能较好，缺点是接触电阻较大。WX 型线绕电位器功率容量大，性能较稳定，电阻温度系数小，精度较高，但分辨力差，可靠性较差，分布电感及分布电容较大，不宜用于高频。

二、常用电子元器件的简易测试

1. 电阻器与电位器的测试

测量电阻器与电位器一般使用万用表的欧姆挡。具体测量步骤如下：

（1）选择欧姆挡的量程。应根据被测电阻器的标称值选择合适的量程挡，应使被测电阻器与电位器的电阻值靠近万用表的表盘刻度的中心位置。这样在测量时万用表的指针将在表盘刻度的中心位置左右偏转，以提高其测量精度。如果对被测电阻器与电位器的电阻值心中无数，这时可先选择其中一个量程进行粗测，然后根据粗测数值再选择合适的量程进行测量。

（2）万用表欧姆挡调零。在用万用表测量电阻前，必须对万用表进行调零，具体方法是：将万用表的红、黑两表棒短接，调节欧姆调零电位器旋钮使万用表的指针指示在“0”位。如果万用表的指针不能指示在“0”位，说明万用表内电池电压太低，应更换电池。每次更换万用表欧姆挡的量程时，都应该重新调零。

（3）测量时直接将万用表的红、黑两表棒跨接在被测电阻器与电位器的两端，在测量过程中不要用手同时触及被测电阻器与电位器的两端，以避免因与人体电阻并联而造成的测量误差。

（4）用万用表的欧姆挡测量电位器的中间滑动端与两固定端间的电阻时，可缓慢转动电位器的转轴，万用表的指针应平稳连续移动，不应出现停顿或跳动现象，即电位器的中间滑动端与两固定端间的电阻应连续变化，而不是突跳。测量带开关电位器的开关时，用万用表的 R×1 挡测量“开”时，指针读数应为零；用万用表的 R×1 k 挡测量“关”时，指针应不动，读数应为无穷大“∞”。

在测量电路中电阻器与电位器的电阻值时必须注意，在测量前应把电路中的电源切断，严禁在带电状态下测量电阻。

2. 电容器的测试

电容器的容量可用万能电桥等仪表进行测量，这里主要介绍用万用表对电容器的简易测试。

（1）极性电容器（如电解电容器）的测试

1）极性电容器漏电电阻的测试。一般将万用表量程选择在 R×1 k 或 R×100 挡。用万用表的黑表棒（它是万用表内电池的正极）接极性电容器的正极“+”，用万用表的红表棒（它是万用表内电池的负极）接极性电容器的负极“-”，此时，万用表的指针首先迅速向右偏转，然后逐渐向左回转直到稳定位置，这时万用表的指针所指示的读数即为极性电容器漏电电阻的阻值。测试时，如果万用表的指针靠近“0”Ω，表示被测极性电容器短路；如果万用表的指针毫无反应，始终指向“∞”处，表示被测极性电容器内部断路或失效。漏电电阻值越大，绝缘性能越好。

2）极性电容器极性的测试。极性电容器使用时，正负极性不能接错。当极性电容器的“+”“-”极性标记无法辨认时，可根据极性电容器正向连接时漏电电阻大，反向连接时漏电电阻小的特点来判断其极性。测试方法如图6—11所示。将万用表的红、黑表棒分别与极性电容器的两端相接，测量此时漏电电阻值，然后将万用表的红、黑表棒交换后再次与极性电容器的两端相接，测量这时漏电电阻值。两次测量中漏电电阻值大的一次，与万用表的黑表棒连接的一端即为极性电容器“+”正极，另一端即为极性电容器“-”负极。

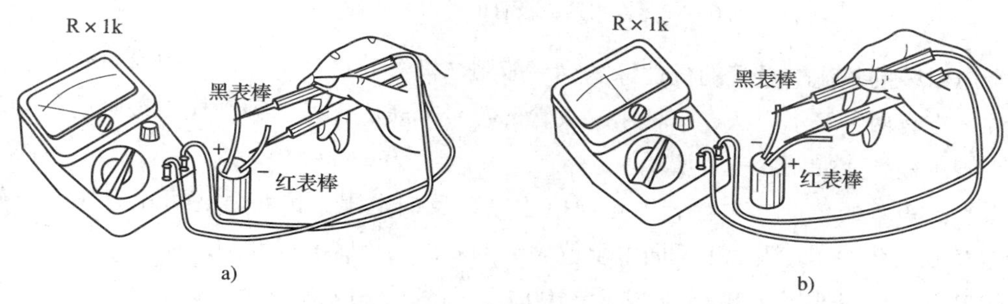

图6—11　用万用表判断极性电容器极性的测试方法

a）正向连接时漏电电阻大　b）反向连接时漏电电阻小

（2）非极性电容器的测试

1）非极性电容器漏电电阻的测试。一般将万用表量程选择在R×10 k挡。将万用表的红、黑表棒接电容器的两端，此时，万用表的指针首先向右偏转跳动一下（5 000 pF以下电容器观察不到跳动），然后逐渐向左回转退回原处“∞”。如果不能退回原处“∞”，而是稳定在某一位置，这时万用表的指针所指示的读数即为电容器漏电电阻的阻值，一般约为几百兆欧至几千兆欧。漏电电阻值越大，绝缘性能越好。

2）非极性电容器容量的测试。对5 000 pF以上的非极性电容器，可用万用表判断它有无容量，并粗略估计其容量的大小。将万用表量程选择在R×10 k挡，将万用表的红、黑表棒接电容器的两端，万用表的指针首先向右偏转跳动一下，然后逐渐向左回转退回原处“∞”；将万用表的红、黑表棒交换后再测，此时万用表的指针会再次向右偏转跳动，且跳动幅度更大，而后又逐渐复原，这表示该电容器有容量。容量越大，指针跳动幅度越大，指针复原速度越慢。根据指针跳动幅度可粗略估计该电容器容量的大小。

3. 二极管的测试

（1）二极管的极性判别。通常可以根据二极管外形和二极管管壳上标志的二极管符号来判别其极性。容量大（一般额定电流 5 A 以上）的整流二极管采用金属封装，容量小（一般额定电流 3 A 以下）的二极管采用塑料封装，常用的二极管的外形如图 6—12 所示。

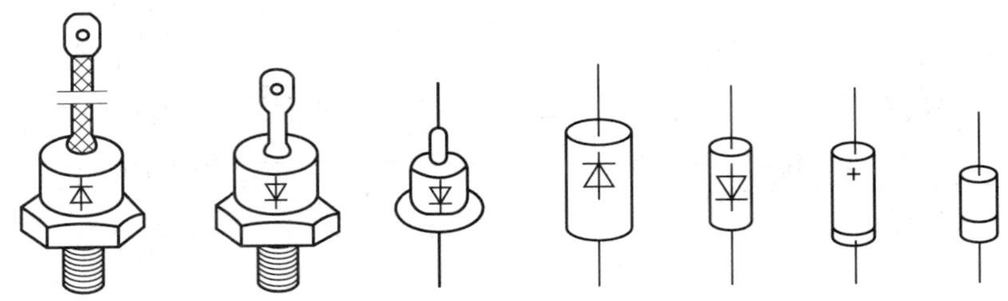

图 6—12　常用的二极管的外形和极性表示法

金属封装的整流二极管的极性标志，一般用二极管的符号来表示；塑料封装的二极管的极性标志有两种表示方法，一种用二极管的符号来表示，另一种则在二极管的一端印上环带来表示极性，如图 6—12 所示。

根据二极管的单向导电性，即正向电阻小，反向电阻大的特性，可用万用表欧姆挡（R×100 或 R×1 k），测量正反向电阻值大致判断出二极管的极性和好坏。

将万用表量程选择在 R×1 k 或 R×100 挡，先将万用表的红黑表棒短接调零，然后将万用表的红黑表棒分别正接和反接二极管的两端，如图 6—13 所示，即可测得大、小两个电阻值。电阻值大的是二极管的反向电阻，此时与黑表棒相接的一端是二极管的阴极，与红表棒相接的一端是二极管的阳极，如图 6—13b 所示。电阻值小的是二极管的正向电阻，此时与黑表棒相接的一端是二极管的阳极，与红表棒相接的一端是二极管的阴极，如图 6—13a 所示。

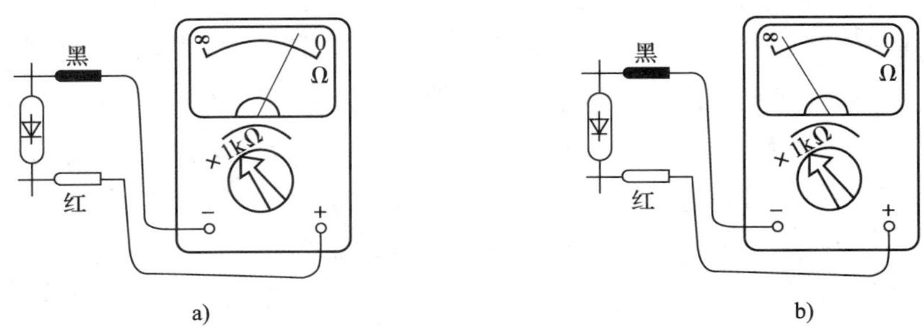

图 6—13　二极管的简易测试

（2）二极管的性能好坏的判断。测量方法如前所述，如果测出的正向电阻值，锗管小于 500 Ω，硅管小于 1 kΩ，反向电阻值大于几百千欧时，表示二极管是好的。由于二极管具有单向导电特性，因此测量出来的正向电阻值和反向电阻值相差越大越好。如果相差不大，说明二极管的性能不好或已损坏。如果测量出来的正向电阻值和反向电阻值均很小，表示二极管已击穿短路；如果测量出来的正向电阻值和反向电阻值均无穷大，表示二极管已开路。

（3）测试时注意事项。测试时必须注意以下几点：第一，使用万用表电阻挡时，红表棒是与表内电池负极接通，黑表棒是与表内电池正极接通，不要与万用表面板上表示测量直流电压或电流“+”“-”符号混淆。第二，测量二极管时，通常用 R×100 或 R×1 k 挡来测量，不要使用 R×1 挡或 R×10 k 挡。R×1 挡电流较大，R×10 k 挡电压较高，都可能使二极管损坏。第三，由于二极管正向伏安特性的非线性，因而同一管子用 R×100 或 R×1 k 挡测量的正向电阻数值是不相同的。

4. 三极管的外形识别及简易测试

（1）三极管的外形识别。三极管种类很多，有不同的外形和封装形式。三极管有金属壳封装管，硅酮塑料封装管和陶瓷封装管等。三极管的发射极 E、基极 B、集电极 C 的管脚可以根据三极管的外形的电极位置进行判别，常用小功率三极管的外形及其电极的位置如图 6—14 所示。常用大功率三极管的外形及其电极的位置如图 6—15 所示。

（2）三极管的简易测试。三极管可用万用表进行简易测试，测试时将万用表拨在 R×100 或 R×1 k 挡位置上。

1）基极和三极管类型的判别。如图 6—16 所示，使用万用表的 R×100 或 R×1 k 挡，用黑表棒接三极管的任一管脚，用红表棒依次去接触另外两个管脚。如果两次测得的电阻都很小或者都很大，则与黑表棒相接三极管的那一管脚是基极。如果两次测得的电阻是一大一小，相差很多，说明黑表棒接三极管的那一管脚不是基极，应更换另一管脚重新进行测试。判断基极可能要反复几次，直到找出基极为止。

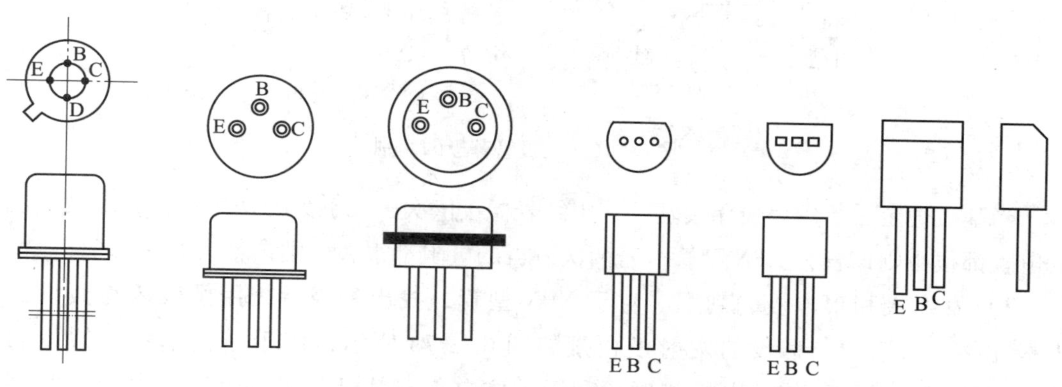

图 6—14　常用小功率三极管的外形及其电极的位置

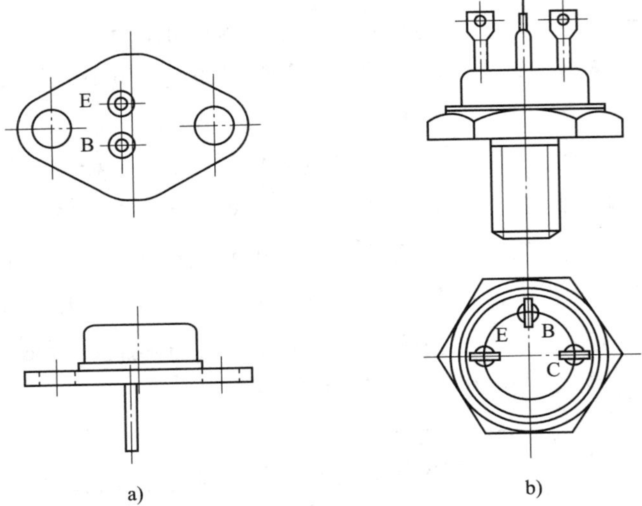

图6—15　常用大功率三极管的外形及其电极的位置

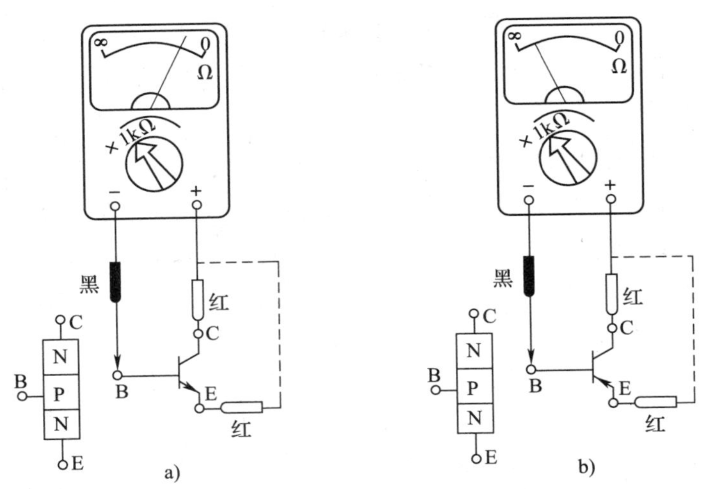

图6—16　三极管基极的判别

当基极确定后，用黑表棒接基极，用红表棒接依次去接触另外两个电极，若两次测得的电阻都很小则该管为NPN型管，若两次测得的电阻都很大，则该管为PNP型管。

2）发射极和集电极的判别。对于NPN型管，找出基极后，用黑表棒与假设的集电极相接，红表棒与假设的发射极相接如图6—17a所示，用手指把基极和假设的集电极一起捏住但又不使两电极相碰，利用人体电阻在基极和黑表笔所接电极之间接上一个偏置电阻，相当于如图6—17b所示，读出此时万用表上电阻值，然后将红、黑表棒调换，用同样方法再测得一个电阻值。比较两次测量结果，若第一次测量电阻值比第二次测量电阻值小，则假设的集电极正确，即与黑表棒相接的电极为集电极。若第一次测量电阻值比第二次测量电阻值大，则假设的集电极不正确，与黑表棒相接的电极不是集电极。

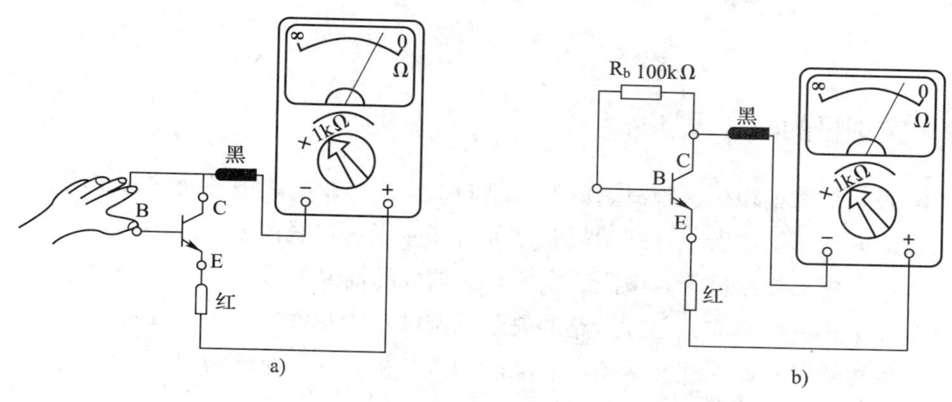

图 6—17　三极管发射极和集电极的判别

用此方法还可简易测试三极管的电流放大系数 β 的大小，β 越大，电阻阻值越小。

3）硅管和锗管的判别。硅管 PN 结的正向电阻阻值为 1 ~ 10 kΩ，反向电阻阻值大于 500 kΩ，锗管 PN 结的正向电阻阻值为 500 Ω ~ 2 kΩ，反向电阻阻值大于 100 kΩ。由于所用的万用表及其欧姆挡量程不同，测量出来的数值可能也不同，为此可用已知三极管作标准，同被测的三极管做对比测定。

4）三极管性能好坏的判断。三极管的管型和管脚确定后，用万用表 R × 100 或 R × 1 k 挡测量三极管集电极和发射极之间电阻阻值来估计三极管的穿透电流 I_{CEO} 的大小。对于 NPN 型管，黑表棒与集电极相接，红表棒与发射极相接，万用表指针越靠近左端，电阻阻值越大，说明三极管的穿透电流 I_{CEO} 越小，管子性能越稳定。对于 PNP 型管，黑表棒与红表棒对换。如果测量的电阻阻值，硅管在几百千欧以上、锗管在几十千欧以上，则表示被测三极管的穿透电流 I_{CEO} 不大，可以使用；如果测量的电阻阻值较小，则表示被测三极管的穿透电流 I_{CEO} 大，管子稳定性差；如果测量的电阻阻值接近于零，则表示被测三极管已击穿；如果测量的电阻阻值为无穷大，则表示被测三极管的内部开路。以上数据是针对小功率三极管来说，大功率三极管一般穿透电流 I_{CEO} 都较大，即使电阻阻值是几十欧姆也不能认为被测三极管已击穿。

第4节　单相桥式整流、滤波电路的安装、调试及故障处理

一、实训目的与要求

1. 熟悉与掌握单相桥式整流、滤波电路的工作原理及电路中各元件的作用。
2. 根据原理图绘制安装接线图（包括元件布置图和接线图）。
3. 基本掌握晶体二极管、电阻、电容等元器件的简易测试方法。
4. 掌握单相桥式整流、滤波电路的安装、调试步骤和方法。
5. 对单相桥式整流、滤波电路中故障能加以分析，并能排除故障。
6. 熟悉万用表的使用方法。

二、实训器材、工具及仪表

1. 器材

单相桥式整流、滤波电路的电路印制电路板及其元器件1套，包括整流变压器、二极管、电阻、电容等元器件及印制电路板1块，焊锡丝及助焊剂、连接导线等。

2. 工具

电烙铁和尖嘴钳、镊子钳及电工刀等电工常用工具。

3. 仪表

万用表1块。

三、单相桥式整流、滤波电路的电路图及其说明

1. 电子电路图的基本知识

将电阻、电容、二极管、三极管等电子元器件用导线连接起来，再接上电源和负载就构成了电子电路。用规定的符号和画法绘制的电路图即为电子电路图。电路图主要有原理图、安装接线图两种。

（1）原理图。原理图是根据电子电路的工作原理绘制的，它表明了电路的输入到输出的工作情况，可供人们研究分析电路的工作原理和性能以及故障分析处理。

（2）安装接线图。安装接线图又可分成元件布置图和接线图。元件布置图是根据元器

件的实际结构和安装位置情况绘制的，用来表示各元器件的位置。接线图是根据元器件的实际结构和安装情况绘制的，用来表示各元器件的连接关系。安装接线图可供人们安装、焊接、连线、检查和维修使用。

2. 单相桥式整流、滤波电路的工作原理

单相整流电路又可分为单相半波整流电路、单相全波整流电路和单相桥式整流电路三种类型。滤波电路又可分为电容滤波电路，RC 滤波电路和电感滤波电路等类型。本节主要介绍单相桥式整流电路和电容滤波电路及 RC 滤波电路。

（1）技能操作实例一：单相桥式整流、电容滤波电路。

单相桥式整流、电容滤波电路如图 6—18 所示。

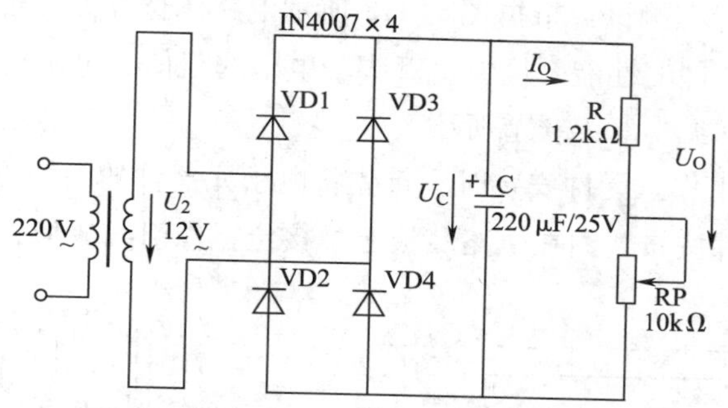

图 6—18　单相桥式整流、电容滤波电路

由图 6—18 所示的单相桥式整流、电容滤波电路图可知，220 V 交流电源经变压器降压后，二次侧交流电压 U_2 为 12 V，经过 VD1 ~ VD4 整流二极管组成的单相桥式整流电路和电容 C 滤波后输出直流电压，供给负载。

（2）技能操作实例二：单相桥式整流、RC 滤波电路。

单相桥式整流、RC 滤波电路如图 6—19 所示。

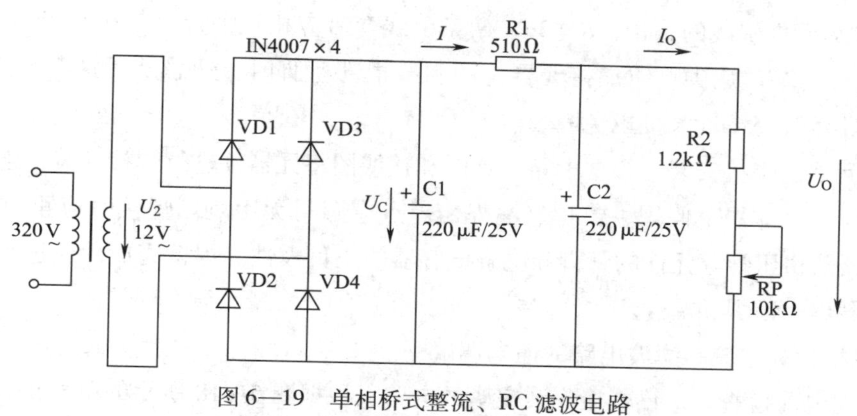

图 6—19　单相桥式整流、RC 滤波电路

图6—19所示的单相桥式整流、RC滤波电路和图6—18所示的单相桥式整流、电容滤波电路基本相同，两者区别仅在于滤波电路，而图6—19所示的电路采用RC滤波电路，而图6—18所示的电路采用电容滤波电路。有关单相整流电路、滤波电路理论知识已在本篇第5章直流稳压电源电路第1、2节中详细介绍。

四、单相桥式整流、滤波电路安装、调试及故障分析

1．单相桥式整流、滤波电路安装、焊接

（1）根据图6—18所示的单相桥式整流、电容滤波电路原理图画出电路元件布置图和接线图。

（2）元器件的选择与测试。根据图6—18所示电路图选择元器件并进行测试，重点对二极管、电容器等元器件的性能、极性、管脚和电阻的阻值、电解电容器容量和极性进行测试。具体测试方法详见本章第3节所述。

（3）焊接前准备工作。元件安装时，首先将电子元器件的引线去除氧化层，然后涂上助焊剂搪锡。将元器件按布置图在电路底板上焊接位置作引线成形，如图6—20所示。

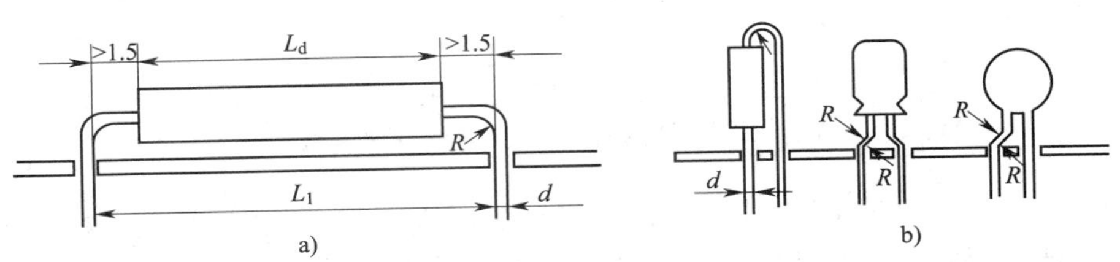

图6—20　电子元器件的引线的成形

a）卧式　b）立式

图6—20a所示为轴向引线卧式安装方式，L_1为两焊点间的距离，L_d为轴向引线元件体的长度，d为元件引线的直径，$R=2d$，两条引线弯后应相互平行。图6—20b所示为立式安装方式，$R=2d$。用尖嘴钳夹持元器件的引线根部弯脚时，切忌从元件根部直接弯曲，应将根部留有3～5 mm长度以免断裂。

（4）元器件焊接安装。根据电路布置图和接线图将元器件进行焊接安装，连接线不应交叉。焊接应无虚焊、假焊、错焊、漏焊，焊点应圆滑无毛刺。焊接时应重点注意二极管、电容器及稳压管等元件的管脚和电解电容器的正负极性。焊接完成后应进行检查，有无虚焊、假焊、错焊和漏焊。

2．单相桥式整流、滤波电路的通电调试

（1）通电前检查。对已焊接安装完毕的电路板根据图6—18所示的单相桥式整流、电

容滤波电路图进行详细检查，重点检查变压器一次侧和二次侧接线，二极管、电容器的管脚及电解电容极性是否正确。变压器一次侧和二次侧接线绝对不能接错，可用万用表的欧姆挡测量变压器一次侧和二次侧绕组的电阻值，一次绕组的电阻值应大于二次绕组的电阻值。用万用表的欧姆挡测量单相桥式整流输出端有无短路现象。

（2）通电调试。合上交流电源观察电路有无异常现象。正常情况下，用万用表的交流电压挡测量输入交流电压 u_2，用万用表的直流电压挡测量电容器两端直流电压 U_C 及输出直流电压 U_O。正常情况下，电容器两端直流电压 U_C 为 13 ~ 15 V，输出直流电压 U_O 的数值随负载电阻 R_P 电阻值而变。

（3）单相桥式整流、滤波电路的外特性测试。电路工作正常后，可进行单相桥式整流、滤波电路的外特性测试。具体可以调节负载电阻 R_P 电阻值，测量输出电流（负载电流）I_O 和输出直流电压（负载电压）U_O 的数值，填入表 6—13 中。

表 6—13

测量结果

输出电流（mA）	2	4	6	8	10
输出电压（V）					

根据上述输出电流（负载电流）I_O 和输出直流电压 U_O 可画出单相桥式整流、滤波电路的外特性，由外特性可看出随着输出电流（负载电流）I_O 增加，输出直流电压（负载电压）U_O 下降。这是由于电容滤波电路输出直流电压 U_O 的大小和放电回路的时间常数 R_dC 即图 6—18 中（$R+R_P$）C 密切相关。如放电时间常数 R_dC 大，则输出电压高，放电时间常数 R_dC 小，此时输出电压低。在电容器 C 确定不变之后，输出直流电压 U_O 的大小就完全取决于负载电阻 R_d，换句话说就是取决于负载电流 I_d。负载开路时，输出电压最大为 $\sqrt{2}U_2$，随着负载电流 I_O 增大（负载电阻 R_d 减小）输出电压 U_d 逐渐下降。电容滤波电路输出直流电压 U_O 的大小和放电回路的时间常数 R_dC 关系的理论知识已在本篇第 5 章第 2 节中进行详细分析。

3. 单相桥式整流、滤波电路的故障分析

（1）一个二极管和滤波电容断开时故障分析。如图 6—18 所示的单相桥式整流、电容滤波电路中，例如二极管 VD3 和滤波电容 C 断开，此时该电路变成单相半波整流电路，无电容滤波作用，输出直流电压 U_O 下降很多，$U_d=0.45U_2=5.4$ V。同时输出直流电压 U_O 的脉动变大。

（2）滤波电容断开时故障分析。如图 6—18 所示的单相桥式整流、电容滤波电路中，当滤波电容 C 断开时，该电路变成单相桥式整流电路，无电容滤波作用，输出直流电压

U_0也下降，$U_d=0.9U_2=10.84$ V。同时输出直流电压U_0的脉动也较大。

（3）一个二极管断开时故障分析。如图6—18所示的单相桥式整流、电容滤波电路中，例如二极管VD3断开，此时该电路变成单相半波整流、电容滤波电路。虽然从单相桥式整流变成单相半波整流电路，但由于仍有电容滤波电路，在负载电流不是很大的情况下，输出直流电压U_0下降不多，同时输出直流电压U_0的脉动稍为增大。

五、技能实训时注意事项

1. 技能实训时必须注意人身安全，杜绝触电事故发生。在接线和拆线过程中必须在断电情况下进行。

2. 技能实训时必须注意实训设备（仪表）安全，接线完成后必须进行检查，防止交流电源、直流电源等短路，在使用仪表（如万用表）测量时也必须注意人身与仪表安全。

第5节　直流稳压电源电路的安装、调试及故障分析处理

一、实训目的与要求

1. 熟悉与掌握简单直流稳压电源的工作原理及电路中各元件的作用。
2. 根据原理图绘制安装接线图（包括元件布置图和接线图）。
3. 基本掌握晶体三极管、二极管、稳压管、电阻、电容等元器件的简易测试方法。
4. 掌握简单直流稳压电源的安装、调试步骤和方法。
5. 对晶体管稳压电路中故障能加以分析，并能排除故障。
6. 熟悉万用表的使用方法。

二、实训器材、工具及仪表

1. 器材

直流稳压电源的电路印制电路板及其元器件1套，包括整流变压器、晶体三极管、二极管、稳压管、电阻、电容等元器件及印制电路板1块，焊锡丝及助焊剂、连接导线等。

2. 工具

电烙铁和尖嘴钳、镊子钳及电工刀等电工常用工具。

3. 万用表1块

4. 单相调压器1台

三、直流稳压电源电路的工作原理

直流稳压电源电路一般由单相整流电路、滤波电路及稳压电路三部分组成。单相整流电路又可分为单相半波整流电路，单相全波整流电路和单相桥式整流电路三种类型。滤波电路又可分为电容滤波电路，RC滤波电路和电感滤波电路等类型。直流稳压电路又可分为并联型稳压管稳压电路和串联型晶体管稳压电路。并联型稳压管稳压电路采用稳压管稳压输出，它的输出电流较小，电压稳定性能也不够好，但电路简单，成本低。串联型晶体管稳压电路采用串联型晶体管稳压输出，它的输出电流较大，电压稳定性能也较好。有关单相整流电路、滤波电路及稳压电路理论知识已在本篇第5章直流稳压电源电路中介绍。

1. 技能操作实例一：单相半波整流、电容滤波、稳压管稳压电路

单相半波整流、电容滤波、稳压管稳压电路如图6—21和图6—22所示。

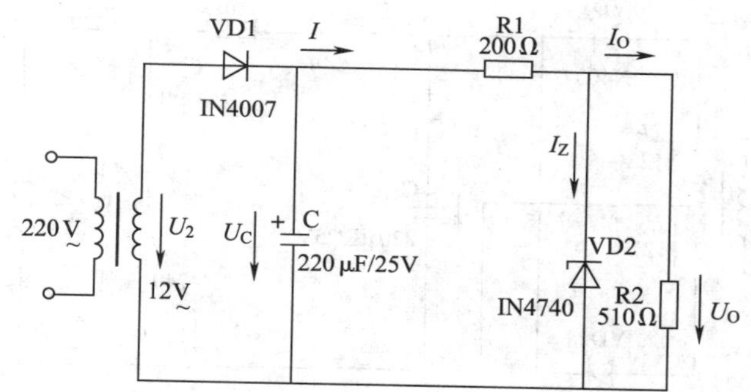

图6—21 单相半波整流、电容滤波、稳压管稳压电路（一）

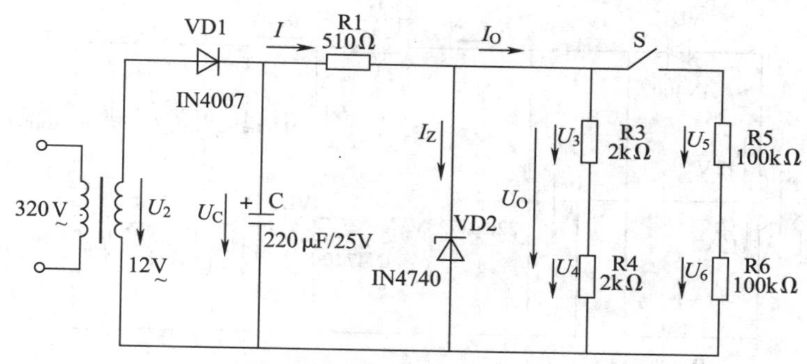

图6—22 单相半波整流、电容滤波、稳压管稳压电路（二）

图6—21和图6—22所示的单相半波整流、电容滤波、稳压管稳压电路基本相同，都是采用单相半波整流电路，电容滤波电路和稳压管稳压电路，属于并联型稳压管稳压电路。两者区别仅在于负载，图6—21所示的稳压电路的负载是固定的，而图6—22所示的稳压电路的负载是变化的。现以图6—21所示的单相半波、电容滤波、稳压管稳压电路为例简要说明其工作原理。220 V交流电源经变压器降压后，二次侧交流电压有效值U_2为12 V，经过VD1整流二极管组成的单相半波整流电路和电容C滤波后，再经过限流电阻R1和稳压管VD2组成的稳压管稳压电路输出直流电压。当220 V交流电源电压升高时，二次侧交流电压有效值U_2增大，输出的直流电压（即电容C上电压）U_C也增大，这时电流I也增大，限流电阻R1上的电压降增大，因而输出电压U_O基本保持不变。同理，220 V交流电源电压降低时，二次侧交流电压有效值U_2降低，输出的直流电压（即电容C上电压）U_C也降低，这时电流I也减小，限流电阻R1上的电压降减小，因而输出电压U_O基本保持不变。

2. 技能操作实例二：单相全波整流、电容滤波、稳压管稳压电路

单相全波整流、电容滤波、稳压管稳压电路如图6—23和图6—24所示。

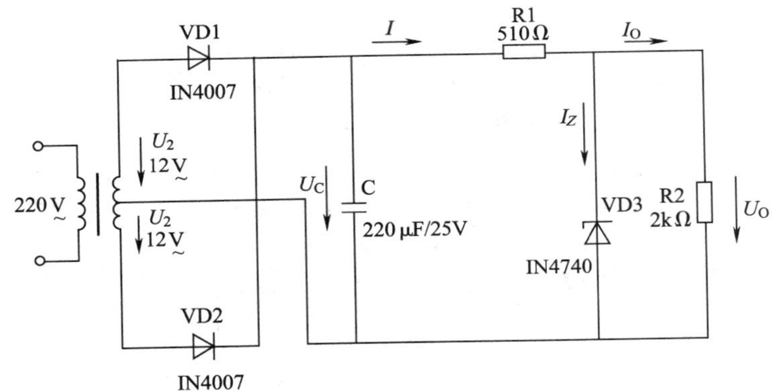

图6—23　单相全波整流、电容滤波、稳压管稳压电路（一）

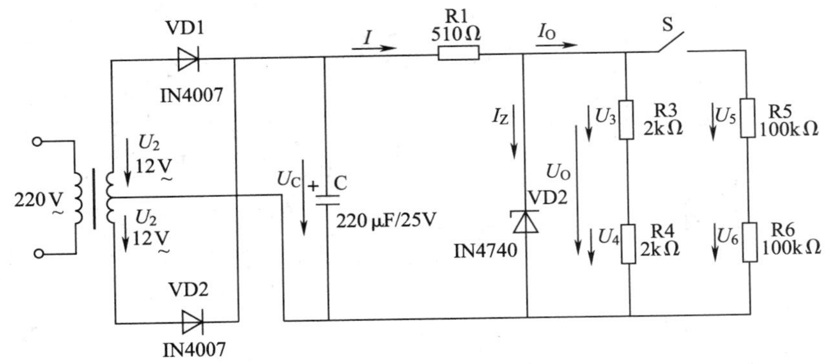

图6—24　单相全波整流、电容滤波、稳压管稳压电路（二）

图 6—23 和图 6—24 所示的单相全波整流、电容滤波、稳压管稳压电路基本相同，两者区别仅在于负载，图 6—23 所示的稳压电路的负载是固定的，而图 6—24 所示的稳压电路的负载是变化的。图 6—23 和图 6—24 所示的单相全波整流、电容滤波、稳压管稳压电路和图 6—21 和图 6—22 所示的单相半波整流、电容滤波、稳压管稳压电路都属于并联型稳压管稳压电路。两者不同之处仅在单相整流电路，图 6—23 和图 6—24 所示的稳压电路采用 VD1，VD2 组成的单相全波整流电路，而图 6—21 和图 6—22 所示的稳压电路采用 VD1 组成的单相半波整流电路，电容滤波、稳压管稳压电路两者相同，因而图 6—23 和图 6—24 所示的稳压电路的工作原理可以参阅实例一图 6—21 所示的单相半波、电容滤波、稳压管稳压电路的工作原理说明。

3. 技能操作实例三：单相桥式整流、电容滤波、稳压管稳压电路

单相桥式整流、电容滤波、稳压管稳压电路如图 6—25 和图 6—26 所示。

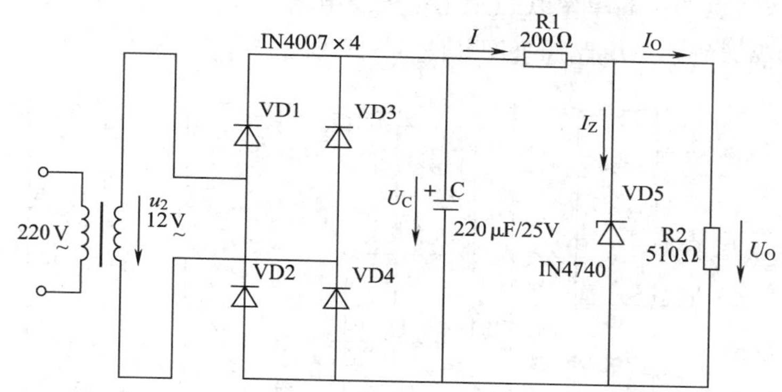

图 6—25 单相桥式整流、电容滤波、稳压管稳压电路（一）

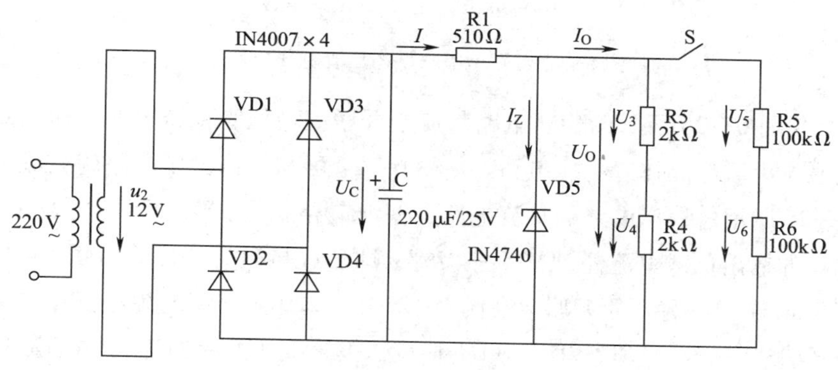

图 6—26 单相桥式整流、电容滤波、稳压管稳压电路（二）

图6—25和图6—26所示的单相桥式整流、电容滤波、稳压管稳压电路基本相同，两者区别仅在于负载，图6—25所示的稳压电路的负载是固定的，而图6—26所示的稳压电路的负载是变化的。图6—25和图6—26所示的单相桥式整流、电容滤波、稳压管稳压电路和图6—21和图6—22所示的单相半波整流、电容滤波、稳压管稳压电路，图6—23和图6—24所示的单相全波整流、电容滤波、稳压管稳压电路都属于并联型稳压管稳压电路。三者不同之处仅在单相整流电路，图6—25和图6—26所示的稳压电路采用VD1～VD4组成的单相桥式整流电路，而图6—21和图6—22所示的稳压电路采用VD1组成的单相半波整流电路，图6—23和图6—24所示的稳压电路采用VD1，VD2组成的单相全波整流电路，除此之外，电容滤波、稳压管稳压电路三者相同，因而图6—25和图6—26所示的稳压电路的工作原理可以参阅实例一图6—21所示的单相半波、电容滤波、稳压管稳压电路的工作原理说明。

4. 技能操作实例四：简单串联型晶体管稳压电路

简单串联型晶体管稳压电路原理图如图6—27所示。

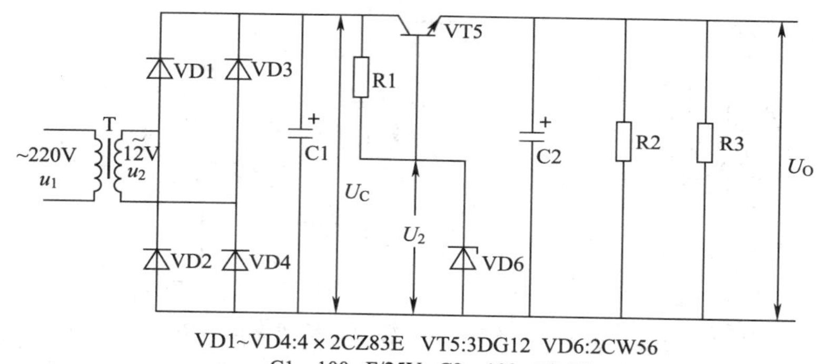

图6—27 简单串联型稳压管稳压电路

图6—21～图6—26所示的稳压电路都属于并联型稳压管稳压电路，而图6—27所示的稳压电路属于串联型晶体管稳压电路。由图6—27可知，该稳压电路的整流电路、滤波电路和图6—25所示的稳压电路的整流电路、滤波电路相同，两者不同之处在于图6—27所示稳压电路的输出负载电流经过VT5三极管，即负载与VT5三极管串联，而图6—25所示稳压电路负载与VD5稳压管并联。在图6—27中，220 V交流电源经变压器降压后，二次侧交流电压u_2为12 V，经过VD1～VD4整流二极管组成的单相桥式整流电路和电容C1滤波后，输出的直流电压（即电容C1上电压）U_C为13～16 V。VT5三极管也称为调整管，VD6为硅稳压管，型号为2CW56，其稳定电压范围为7～8.8 V，但对所采用的

2CW56 稳压管来说，稳压管的稳定电压应是 7 ~ 8.8 V 中一个确定值（如 7.5 V）。此时 VD6 稳压管的电流作为 VT5 三极管的基极电流，因而稳压电路的输出电流增大，但该串联型晶体管稳压电路的输出电压 U_0仍是由 VD6 稳压管的稳定电压来确定，不能够实现连续调节。

串联型晶体管稳压电路采用串联型晶体管稳压输出，它的输出电流较大，电压稳定性能也较好。

四、直流稳压电源安装、调试及故障处理

1. 并联型稳压管稳压电路安装、调试及故障处理

现以图 6—26 所示的单相桥式整流、电容滤波、稳压管稳压电路为例说明并联型稳压管稳压电路安装、调试及故障处理。

（1）并联型稳压电路安装、焊接。

1）根据图 6—25 所示的单相桥式整流、电容滤波、稳压管稳压电路原理图画出电路元件布置图和接线图。

2）元器件的选择与测试。根据图 6—26 所示电路图选择元器件并进行测试，重点对二极管、电容器及稳压管等元器件的性能、极性、管脚和电阻的阻值、电解电容器容量和极性进行测试。具体测试方法详见本章第 3 节所述。

3）焊接前准备工作。元件安装时，首先将电子元器件的引线去除氧化层，然后涂上助焊剂搪锡。将元器件按布置图在电路底板上焊接位置作引线成形，如图 6—20 所示。用尖嘴钳夹持元器件的引线根部弯脚时，切忌从元件根部直接弯曲，应将根部留有 3 ~ 5 mm 以免断裂。

4）元器件焊接安装。根据电路布置图和接线图将元器件进行焊接安装，连接线不应交叉。焊接应无虚焊、假焊、错焊、漏焊，焊点应圆滑无毛刺。焊接时应重点注意二极管、电容器及稳压管等元件的管脚和电解电容器的正负极性。焊接完成后应进行检查，有无虚焊、假焊、错焊和漏焊。

（2）稳压管稳压电路的通电调试

1）通电前检查。对已焊接安装完毕的电路板根据图 6—26 所示的单相桥式整流、电容滤波、稳压管稳压电路图进行详细检查，重点检查变压器一次侧和二次侧接线，二极管、电容器及稳压管的管脚及电解电容极性是否正确。变压器一次和二次接线绝对不能接错，可用万用表的欧姆挡测量变压器一次侧和二次侧绕组的电阻值，一次侧绕组的电阻值应大于二次侧绕组的电阻值。用万用表的欧姆挡测量单相桥式整流输出端及稳压直流输出端有无短路现象。

2）通电调试。合上交流电源观察电路有无异常现象。正常情况下，用万用表的直流电压挡测量输入直流电压 U_C，输出直流电压 U_o。正常情况下输入直流电源电压 U_C 为 13 ~ 15 V，输出直流电压 U_o 的数值具体由所采用的稳压管的稳压电压值决定（例如 10 V）。

3）稳压电路稳压性能测试 。稳压电路工作正常后，可进行稳压电路稳压性能测试。稳压电路稳压性能测试分为输入交流电源电压变化时稳压电路稳压性能测试和负载变化时稳压电路稳压性能测试等两种情况。稳压电路稳压性能测试电路图如图 6—28 所示，即在图 6—26 所示的单相桥式整流、电容滤波、稳压管稳压电路的 220 V 交流电源端接上单相自耦调压器。

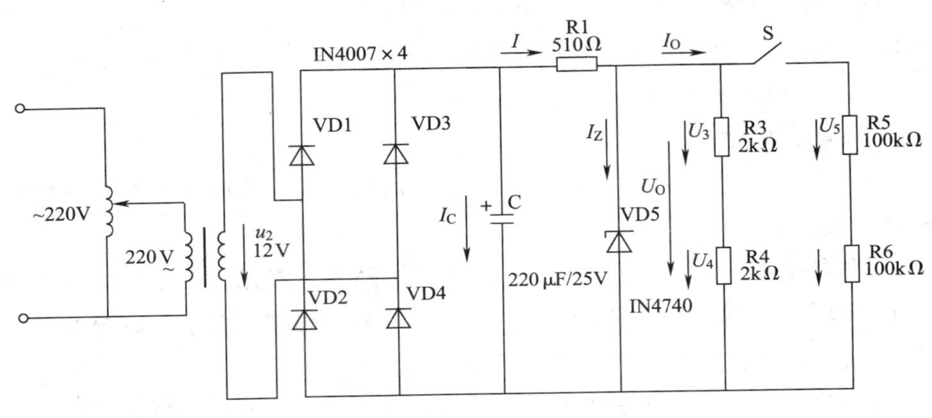

图 6—28　稳压电路稳压性能测试电路

①输入交流电源电压变化时稳压电路稳压性能测试。合上 220 V 交流电源，首先调节单相自耦调压器使交流电源电压（即变压器一次电压）为 220 V，此时变压器二次电压为 12 V。这时用万用表直流电压挡测量稳压电路输出直流电压，具体由所采用的稳压管的稳压电压值决定（例如 10 V）。

其次，调节单相自耦调压器使交流电源电压为 242 V，此时变压器二次侧电压为 13.2 V。这时用万用表直流电压挡测量稳压电路输出直流电压仍应为 10 V 左右，基本上保持不变。

最后，调节单相自耦调压器使交流电源电压为 198 V，此时变压器二次侧电压为 10.8 V。这时用万用表直流电压挡测量稳压电路输出直流电压仍应为 10 V 左右，基本上保持不变。

将上述三次调试测量记录进行整理分析，将会得出一个结论：尽管交流电源电压变化，直流输出电压 U_0 基本保持不变。U_0 变化值越小，稳压电路的稳压性能越好。

②负载变化时稳压电路稳压性能测试。稳压电路稳压性能测试电路仍如图 6—28 所示。

合上 220 V 交流电源，首先调节单相自耦调压器使交流电源电压为 220 V，此时变压器二次侧电压为 12 V。当开关 S 断开时，用万用表直流电压挡测量稳压电路输出直流电压为 10 V。然后将开关 S 合上时，用万用表直流电压挡测量稳压电路输出直流电压仍应为 10 V 左右，基本上保持不变。

将开关 S 断开与合上两种情况下测量记录整理分析也可得出结论：尽管负载变化，直流输出电压 U_O 基本保持不变，U_O 值变化越小，稳压电路稳压性能越好。

（3）稳压管稳压电路的故障分析及处理

1）输出直流电压接近为零或为零 。在通电调试中如发现稳压管稳压电路的输出直流电压接近为零（0.5～0.7 V）或为零时，应断开 220 V 交流电源。产生这类故障的原因有下面几点：

①硅稳压管的正负极接错，此时输出直流电压为 0.5～0.7 V，接近为零，限流电阻 R1 通常有过热现象。

②硅稳压管短路，此时输出直流电压为零，限流电阻 R1 通常有过热现象。

③限流电阻 R1 回路断开，此时输出直流电压为零。

对于输出直流电压接近为零或为零的故障，在断开 220 V 交流电源的情况下，首先用万用表的欧姆挡对硅稳压管 VD5 进行测试，以判断硅稳压管 VD5 的正负极是否接错，硅稳压管 VD5 是否短路。如果硅稳压管 VD5 的正负极接错，则可将硅稳压管 VD5 的正负极调换，如果硅稳压管 VD5 短路，则需更换硅稳压管。如果硅稳压管 VD5 未短路，它的正负极未接错，则需要检查限流电阻 R1 回路是否断开。限流电阻 R1 回路断开包括限流电阻 R1 本身断开和与限流电阻 R1 连接回路断开两种故障情况。一般情况下，限流电阻 R1 本身断开故障情况很少，大多数是与限流电阻 R1 连接回路断开故障情况，如虚焊、假焊、错焊。查出故障点修复。

2）输出直流电压过高。此时输出直流电压大于硅稳压管 VD5 的稳压电压，产生该故障的原因是硅稳压管 VD5 的回路断开，使硅稳压管 VD5 不能起稳压作用，此时输出直流电压 U_O即为单相桥式整流滤波电路的输出直流电压 U_C，因而过高为 13 V 以上。硅稳压管 VD5 的回路断开包括硅稳压管 VD5 本身断开和与硅稳压管 VD5 连接回路断开两种故障情况。一般情况下，硅稳压管 VD5 本身断开故障情况很少，大多数是与硅稳压管 VD5 连接回路断开故障情况，如虚焊、假焊、错焊。对于这类故障，应在断开 220 V 交流电源的情况下，首先对与硅稳压管 VD5 连接回路进行检查，是否有断开故障如虚焊、假焊、错焊，查出故障点修复。如果经过上述检查，与硅稳压管 VD5 连接回路未断开，则用万用表的欧姆挡对硅稳压管 VD5 进行测试，以判断硅稳压管 VD5 是否损坏开路，如硅稳压管 VD5 损坏开路，则需更换硅稳压管。

2. 简单串联型晶体管稳压电路安装、调试及故障处理

现以图6—27所示的简单串联型晶体管稳压电路为例说明简单串联型晶体管稳压电路安装、调试及故障处理。

（1）简单串联型晶体管稳压电路安装、焊接。简单串联型晶体管稳压电路安装、焊接的过程和方法与并联型稳压管稳压电路安装、焊接相同，故参阅并联型稳压管稳压电路安装、焊接的过程和方法，但在简单串联型晶体管稳压电路安装、焊接的过程中必须重点关注三极管的测试，C、E、B的管脚的识别和判断。

（2）简单串联型晶体管稳压电路的通电调试。

1）通电前检查。对已焊接安装完毕的电路板根据图6—27所示电路图进行详细检查，重点检查变压器一次侧和二次侧接线，二极管、三极管、稳压管的管脚及电解电容极性是否正确。变压器一次侧和二次侧接线绝对不能接错，可用万用表的欧姆挡测量变压器一次侧和二次侧绕组的电阻值，一次绕组的电阻值应大于二次绕组的电阻值。用万用表的欧姆挡测量单相桥式整流输出端及稳压直流输出端有无短路现象。

2）通电调试。合上220 V交流电源观察电路有无异常现象。正常情况下，用万用表的交流电压挡测量变压器二次侧电压 U_2，用万用表的直流电压挡测量输入直流电压 U_C，稳压管V6的电压 U_Z，输出直流电压 U_O。正常情况下输入直流电源电压 U_C 为13～15 V，输出直流电压 U_O 的数值为6.3～8.1 V，具体由所采用的稳压管的稳压电压值决定（如7.5 V）。

3）稳压电路稳压性能测试。稳压电路工作正常后，可进行电路稳压性能测试。简单串联型晶体管稳压电路稳压性能测试方法和并联型稳压管稳压电路稳压性能测试方法相同，分别测量输入交流电源电压变化和负载变化时稳压电路稳压性能。

（3）简单串联型晶体管稳压电路的故障分析及处理。

1）输出直流电压为零。这类故障的原因分析及处理如下：

①硅稳压管的正负极接错，此时硅稳压管的电压 U_Z 为0.5～0.7 V，为此输出直流电压为零。

②硅稳压管短路，此时硅稳压管的电压 U_Z 接近为0 V，此时输出直流电压为零。

③限流电阻R1回路断开，此时输出直流电压也为零。

④三极管VT5回路开路，此时输出直流电压为零。

对于上述1～3故障原因的分析处理。在断开220 V交流电源的情况下，首先用万用表的欧姆挡对硅稳压管VD6进行测试，以判断硅稳压管VD6的正负极是否接错，硅稳压管VD6是否短路。如果硅稳压管VD6的正负极接错，则可将硅稳压管VD6的正负极调换，如果硅稳压管VD6短路，则需更换硅稳压管。如果硅稳压管VD6未短路，它的正负极未接错，则需要检查限流电阻 R1 回路是否断开。限流电阻 R1 回路断开包括限流电阻 R1 本身断开和与限流电阻 R1 连接回路断开两种故障情况。一般情况下，限流电阻 R1 本身断开故障情况很少，大多数是与限流电阻 R1 连接回路断开故障情况，如虚焊、假焊、错焊。查出故障点修复。

对于上述 4 故障原因的分析处理。三极管 VT5 回路开路包括三极管 VT5 本身损坏断开和与三极管 VT5 连接回路断开两种故障情况。三极管 VT5 本身损坏断开如集电极 C 和发射极 E 开路，此时可将三极管 VT5 拆下，用万用表欧姆挡对三极管 VT5 进行测试，以判断三极管 VT5 是否损坏开路，具体测试方法见第二节所述。如果三极管 VT5 损坏开路，则需更换三极管 VT5。与三极管 VT5 连接回路断开故障有虚焊、假焊、错焊等情况，具体可根据原理图，元件布置图，接线图进行检查，查出故障点修复。

2）输出直流电压过高。此时输出直流电压大于稳压管稳压电压如 13 V，产生该故障的原因一般是三极管 VT5 的集电极 C 和发射极 E 短路。对于这类故障，在断开 220 V 交流电源的情况下，将三极管 VT5 拆下，用万用表欧姆挡对三极管 VT5 进行测试，以判断三极管 VT5 是否损坏短路，如果三极管 VT5 损坏短路，则需更换三极管 VT5。

五、技能实训时注意事项

1．技能实训时必须注意人身安全，杜绝触电事故发生。在接线和拆线过程中必须在断电情况下进行。

2．技能实训时必须注意实训设备（仪表）安全，接线完成后必须进行检查，防止交流电源、直流电源等短路，在使用仪表（如万用表）测量时也必须注意人身与仪表安全。

第 6 节　基本放大电路安装与调试

一、实训目的与要求

1．熟悉与掌握基本放大电路的工作原理及电路中各元件的作用。
2．根据原理图绘制安装接线图（包括元件布置图和接线图）。
3．基本掌握晶体二极管、电阻、电容、稳压管及三极管等元器件的简易测试方法。
4．掌握基本放大电路的安装、调试步骤和方法。

5. 对基本放大电路中故障能加以分析，并能排除故障。

6. 熟悉万用表的使用方法。

二、实训器材、工具及仪表

1. 器材

基本放大电路的电路印制电路板及其元器件 1 套，包括整流变压器、二极管、电阻、电容、稳压管及三极管等元器件，焊锡丝及助焊剂、连接导线等。

2. 工具

电烙铁和尖嘴钳、镊子钳及电工刀等电工常用工具。

3. 仪表

万用表 1 只。

三、基本放大电路的工作原理

基本放大电路如图 6—29 所示。

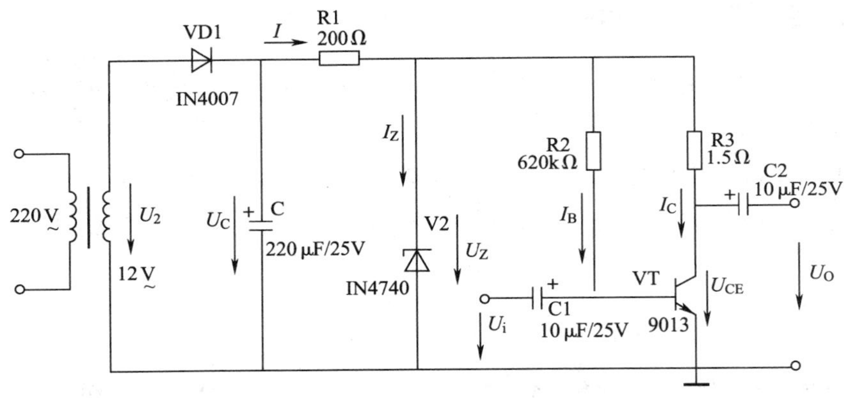

图 6—29　基本放大电路

由图 6—29 所示基本放大电路可知，该电路可分成由直流电源和共发射极放大电路两大部分。直流电源是由二极管 VD1、电容 C、电阻 R1 及稳压管 V2 等元器件组成的单相半波整流、电容滤波、稳压管稳压电路。单相半波整流、电容滤波、稳压管稳压电路和上一节直流稳压电源电路安装、调试及故障分析处理中技能操作实例一电路相同，因而电路的工作原理等可参阅上一节直流稳压电源电路安装、调试及故障分析处理中技能操作实例一部分内容。共发射极电压放大电路由三极管 VT3，电容 C1 和 C2，电阻 R2 和电阻 R3 等组成。图 6—29 中，R2 为基极偏流电阻，改变 R2 就可以改变三极管的静态基极电流 I_B，也就可以改变三极管的静态工作点（即 U_{CE}，I_C）。R3 为集电极负载电阻。集电极电流 I_C 和基极电流 I_B 关系为 $I_C \approx \beta I_B$。电容 C1 和 C2 为耦合电容。共发射极电压放大电路的理论知识已在本篇第 4 章第 6 节中介绍。

四、基本放大电路的安装、调试及测量

1. 基本放大电路的安装、焊接

具体可参阅本章第 4 节单相桥式整流、滤波电路安装、焊接部分内容。

2. 基本放大电路的通电调试

（1）通电前检查。对已焊接安装完毕的电路板根据图 6—29 所示的基本放大电路的电路图进行详细检查，重点检查变压器一次侧和二次侧接线，二极管、电容器、稳压管及三极管的管脚及电解电容极性是否正确。变压器一次侧和二次侧接线绝对不能接错，可用万用表的欧姆挡测量变压器一次和二次绕组的电阻值，一次绕组的电阻值应大于二次绕组的电阻值。用万用表的欧姆挡测量单相桥式整流输出端及稳压直流输出端有无短路现象。

（2）通电调试及测量。基本放大电路的通电调试可分成直流电源和共发射极放大电路两大部分调试。直流电源是采用单相半波整流、电容滤波、稳压管稳压电路，因此通电调试可参阅上一节直流稳压电源电路安装、调试及故障分析处理中技能操作实例一部分内容。合上交流电源观察电路有无异常现象。正常情况下，用万用表的交流电压挡测量变压器二次侧交流电压 U_2 为 12 V，用万用表的直流电压挡测量电容电压 U_C（例如为 13 ~ 15 V），输出直流电压 U_Z，输出直流电压 U_Z 的数值具体由所采用的稳压管的稳压电压值决定（例如 10 V）。用万用表的直流电流挡测量共发射极放大电路基极电流 I_B，集电极电流 I_C，集电极—发射级电压 U_{CE}。

五、技能实训时注意事项

1. 技能实训时必须注意人身安全，杜绝触电事故发生。在接线和拆线过程中必须在断电情况下进行。

2. 技能实训时必须注意实训设备（仪表）安全，接线完成后必须进行检查，防止交流电源、直流电源等短路，在使用仪表（如万用表）测量时也必须注意人身与仪表安全。

第7节　电池充电器电路安装与调试

一、实训目的与要求

1. 熟悉与掌握电池充电器电路的工作原理及电路中各元件的作用。
2. 根据原理图绘制安装接线图（包括元件布置图和接线图）。
3. 基本掌握晶体二极管、电阻等元器件的简易测试方法。
4. 掌握电池充电器电路的安装、调试步骤和方法。
5. 对电池充电器电路中故障能加以分析，并能排除故障。
6. 熟悉万用表的使用方法。

二、实训器材、工具及仪表

1. 器材

电池充电器电路的电路印制电路板及其元器件1套，包括整流变压器、二极管、电阻及充电电池等元器件，焊锡丝及助焊剂、连接导线等。

2. 工具

电烙铁和尖嘴钳、镊子钳及电工刀等电工常用工具。

3. 仪表

万用表1只。

三、电池充电器电路的工作原理

电池充电器电路如图6—30所示。

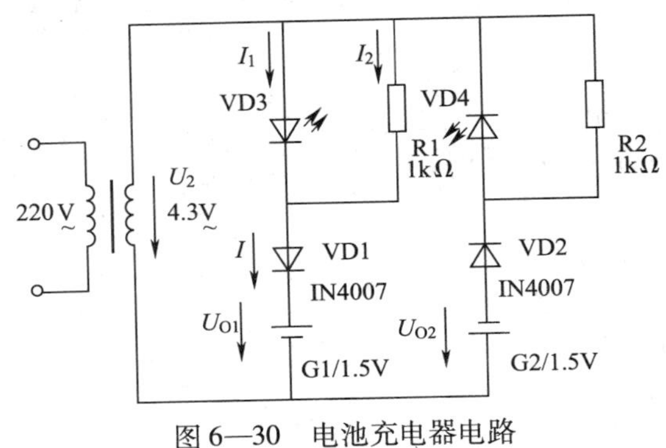

图6—30　电池充电器电路

由图6—30可知，220 V交流电源经变压器降压后，二次侧交流电压为4.3 V，正半周通过二极管VD1对G1电池进行充电，发光二极管VD3作为正半周充电指示作用。负半周通过二极管VD2对G2电池进行充电，发光二极管VD4作为负半周充电指示作用。

四、电池充电器电路的安装、调试及测量

1. 电池充电器电路的安装、焊接

具体可参阅本章第4节单相桥式整流、滤波电路安装、焊接部分内容。

2. 电池充电器电路的通电调试

（1）通电前检查。对已焊接安装完毕的电路板根据图6—30所示的电池充电器电路的电路图进行详细检查，重点检查变压器一次侧和二次侧接线，二极管、发光二极管的管脚及极性是否正确。变压器一次和二次接线绝对不能接错，可用万用表的欧姆挡测量变压器一次侧和二次侧绕组的电阻值，一次侧绕组的电阻值应大于二次侧绕组的电阻值。

（2）通电调试及测量。合上交流电源观察电路有无异常现象。正常情况下，发光二极管VD3、VD4亮，用万用表的交流电压挡测量变压器二次侧电压为4.3 V，用万用表的直流电压挡测量电池电压U_{01}。用万用表的直流电流挡测量电池充电电流I，发光二极管电流I_1及电阻上的电流I_2。

五、技能实训时注意事项

1. 技能实训时必须注意人身安全，杜绝触电事故发生。在接线和拆线过程中必须在断电情况下进行。

2. 技能实训时必须注意实训设备（仪表）安全，接线完成后必须进行检查，防止交流电源、直流电源等短路，在使用仪表（如万用表）测量时也必须注意人身与仪表安全。

测 试 题

第1部分：负载变化的单相半波、电容滤波、稳压管稳压电路

一、试题

1. 操作条件

（1）基本电子电路印制电路板。

（2）万用表一只。

（3）焊接工具一套。

（4）相关元器件一袋。

（5）变压器一只。

2．操作内容

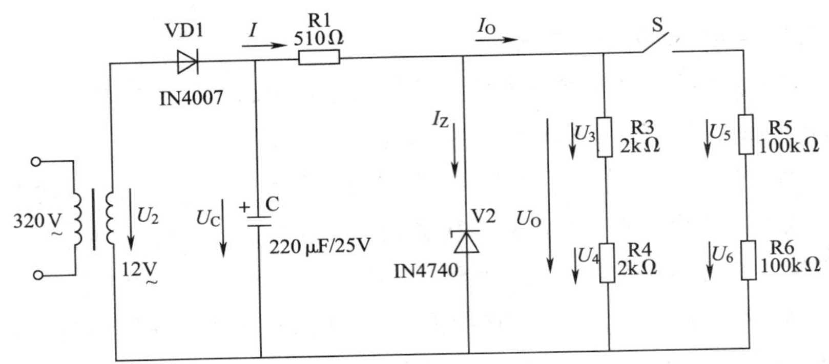

图6—31　单相半波整流、电容滤波、稳压管稳压电路

（1）用万用表测量二极管、三极管和电容，判断好坏。

（2）按图6—31所示的单相半波整流、电容滤波、稳压管稳压电路配齐元件，并检测筛选出技术参数合适的元件。

（3）按图6—31所示的单相半波整流、电容滤波、稳压管稳压电路进行安装。

（4）安装后，通电调试，在开关合上及打开的两种情况下，测量电压U_2、U_C、U_0；电流I、I_Z、I_O及四个负载电阻上的电压U_3、U_4、U_5、U_6。

（5）通过测量结果简述电路的工作原理，说明电压表内阻对测量的影响。

3．操作要求

（1）根据给定的印制电路板和仪器仪表，完成焊接、调试、测量工作。

（2）调试过程中一般故障自行解决。

（3）焊接完成后必须经考评员允许后方可通电调试。

（4）安全生产，文明操作，若未经允许擅自通电，造成设备损坏者该项目零分。

二、答题卷

1．元件检测

（1）判断二极管的好坏________并选择原因________。

A．好　　B．坏　　C．正向导通，反向截止

D．正向导通，反向导通　　E．正向截止，反向截止

（2）判断三极管的好坏________。

A. 好　　B. 坏

（3）判断三极管的基极________。

A. 1 号脚为基极　B. 2 号脚为基极　C. 3 号脚为基极

（4）判断电解电容________。

A. 有充放电功能　B. 开路　C. 短路

2. 在开关 S 合上及打开的两种情况下，测量电压 U_2、U_C、U_O；电流 I、I_Z、I_O及四个负载电阻上的电压 U_3、U_4、U_5、U_6，填入表 6—14 中。（抽选三个参数进行测量）

表 6—14　结果记录表

开关 S 的状态	U_2	U_C	U_O	I	I_Z	I_O	U_3	U_4	U_5	U_6
合上										
打开										

3. 通过测量结果简述电路的工作原理，说明电压表内阻对测量的影响。

第 2 部分：单相桥式整流、电容滤波、稳压管稳压电路

一、试题

1. 操作条件

（1）基本电子电路印制电路板。

（2）万用表一只。

（3）焊接工具一套。

（4）相关元器件一袋。

（5）变压器一只。

2. 操作内容

（1）用万用表测量二极管、三极管和电容，判断好坏。

（2）按图 6—32 所示的单相桥式整流、电容滤波、稳压管稳压电路配齐元件，并检测筛选出技术参数合适的元件。

（3）按图 6—32 所示的单相桥式整流、电容滤波、稳压管稳压电路进行安装。

（4）安装后，通电调试，测量电压 U_2、U_C、U_O及电流 I、I_Z、I_O。

（5）通过测量结果简述电路的工作原理。

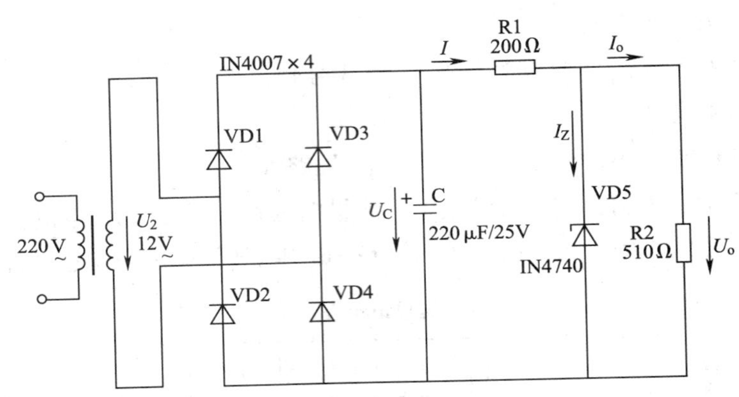

图6—32　单相桥式整流、电容滤波、稳压管稳压电路

3. 操作要求

（1）根据给定的印制电路板和仪器仪表，完成焊接、调试、测量工作。

（2）调试过程中一般故障自行解决。

（3）焊接完成后必须经考评员允许后方可通电调试。

（4）安全生产，文明操作，若未经允许擅自通电，造成设备损坏者该项目零分。

二、答题卷

1. 元件检测

（1）判断二极管的好坏________并选择原因________。

A. 好　　B. 坏　　C. 正向导通，反向截止

D. 正向导通，反向导通　　E. 正向截止，反向截止

（2）判断三极管的好坏________。

A. 好　　B. 坏

（3）判断三极管的基极________。

A. 1号脚为基极　　B. 2号脚为基极　　C. 3号脚为基极

（4）判断电解电容________。

A. 有充放电功能　　B. 开路　　C. 短路

2. 测量电压 U_2、U_C、U_0及电流 I、I_Z、I_0，填入表6—15中。（抽选三个参数进行测量）

3. 通过测量结果简述电路的工作原理。

表 6—15

测量结果记录表

U_1	U_2	U_C	U_O	I	I_Z	I_O
220 V						

第 3 部分：直流电源及基本放大电路

一、试题

1．操作条件

（1）基本电子电路印制电路板。

（2）万用表一只。

（3）焊接工具一套。

（4）相关元器件一袋。

（5）变压器一只。

2．操作内容

（1）用万用表测量二极管、三极管和电容，判断好坏。

（2）按图 6—33 所示的直流电源及基本放大电路配齐元件，并检测筛选出技术参数合适的元件。

（3）按图 6—33 所示的直流电源及基本放大电路进行安装。

（4）安装后，通电调试，并测量电压 U_2、U_C、U_Z及测量三极管静态工作点电流 I_B、I_C及静态电压 U_{CE}。

（5）通过测量结果简述电路的工作原理，说明三极管是否有电流放大作用，静态工作点是否合适。

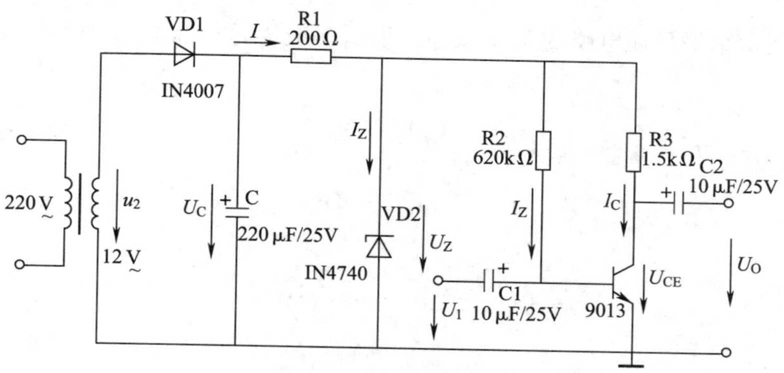

图 6—33　直流电源及基本放大电路

3．操作要求

（1）根据给定的印制电路板和仪器仪表，完成焊接、调试、测量工作；

（2）调试过程中一般故障自行解决；

（3）焊接完成后必须经考评员允许后方可通电调试；

（4）安全生产，文明操作，若未经允许擅自通电，造成设备损坏者该项目零分。

二、答题卷

1．元件检测

（1）判断二极管的好坏________并选择原因________。

A．好　　B．坏　　C．正向导通，反向截止

D．正向导通，反向导通　　E．正向截止，反向截止

（2）判断三极管的好坏________。

A．好　　B．坏

（3）判断三极管的基极________。

A. 1号脚为基极　　B. 2号脚为基极　　C. 3号脚为基极

（4）判断电解电容________。

A．有充放电功能　　B．开路　　C．短路

2．测量电压 U_2、U_C、U_Z填入下表中，测量三极管静态工作点电流 I_B、I_C及静态电压 U_{CE}填入表6—16中。（抽选三个参数进行测量）

表6—16　　测量结果记录表

U_2	U_C	U_Z	I_B	I_C	U_{CE}

3．通过测量结果简述电路的工作原理，说明三极管是否有电流放大作用，静态工作点是否合适。

第 3 篇　电工仪表及测量

第 7 章

电工测量基础知识

第 1 节　电工仪表的分类及符号　/206

第 2 节　常用电工仪表的结构和工作原理　/210

第 3 节　测量误差及减小测量误差的方法　/220

电工测量是电工技术中不可缺少的一个重要部分，它的主要任务是用各种电工仪表和仪器去测量电路中电流、电压、电功率、电能等各种电量以及电路中元件的电阻、电感、电容等参数和特性。掌握电工测量技术对于维修电工来说是十分重要的，因为在各种电气设备的安装、调试、运行及维修中都离不开电工测量技术，了解各种电工测量仪表仪器的工作原理，掌握正确的使用方法及测量技术，是尤为必要的。

根据初级电工培训大纲的要求，本篇只介绍有关电流、电压、电功率、电能等测量技术，着重从应用的角度出发，介绍常用电工仪表的结构、工作原理及使用方法。关于电子仪器方面的内容将在中级维修电工培训教材中介绍。

第1节　电工仪表的分类及符号

一、电工仪表的分类

电工测量是将被测的电量和作为比较单位的同类的标准电量进行比较，以确定被测电量的值。这种比较有两种方法，即直读法和比较法。直读法就是用电工仪表直接读取被测电量的数值。比较法是将被测量和标准量放在比较仪器中进行比较，从而测出被测量的值，例如用电桥测量电阻就是一种比较法。直读法具有简便迅速的特点，但是测量的准确度不如比较法。比较法测量的准确度较高，但是测量时操作较为复杂，调整时间较长，速度较慢。

电工仪器和仪表可以统称为电工仪表，种类繁多，分类方法也各不相同，大致可以分为三类。

1. 指示仪表

指示仪表是应用最为广泛的一类电工仪表。指示仪表是一种采用直读法测量的仪表，又称为直读式仪表。指示仪表通常采用指针式，例如各种电流表、电压表、功率表、万用表等，也有少数采用其他形式，例如转盘式的电度表等。指针式指示仪表的特点是以指针偏转角的大小反映被测电量的大小，使用者可以在标尺上直接读出被测电量的数值，转盘式指示仪表也可以通过积算机构显示被测电量的数值，因而，它具有简便迅速的特点。

2. 比较仪表

比较仪表是一种采用比较法测量的仪表，例如各种电桥、电位差计等。比较仪表的特点是在测量过程中将被测电量和相应标准量进行比较，从而测出被测电量的值。比较仪表一般通过调节面板上几个旋钮来使被测电量和相应标准量达到某种平衡状态，并从旋钮的刻度位置来读取被测电量的数值。比较仪表的测量精度较高，但是测量时操作较为复杂，调整时间较长，速度较慢。

3. 其他电工仪表

除了上述两类的电工仪表以外，还有各种电子仪器和仪表，例如数字式仪表、记录式仪表、示波器、图示仪等。

二、电工指示仪表的符号

为了说明指示仪表的技术性能，在仪表的刻度盘上通常都标有表示测量单位、仪表工作原理、工作电流的种类、仪表的准确度等级、防御外磁场或外电场的等级、使用环境条件以及仪表的绝缘耐压强度和放置位置等符号。常用电工指示仪表符号的具体内容和表示含义详见表7—1。

表7—1　　常用电工指示仪表的符号

（1）工作原理的符号

名　称	符　号	名　称	符　号
磁电系仪表		电动系仪表	
磁电系比率表		电动系比率表	
电磁系仪表		铁磁电动系仪表	
电磁系比率表		感应系仪表	
静电系仪表		整流系仪表	

（2）准确度等级的符号

名　称	符　号
以标度尺上量限百分数表示的准确度等级，例如1.5级	1.5
以标度尺长度百分数表示的准确度等级，例如1.5级	1.5
以指示值的百分数表示的准确度等级，例如1.5级	1.5

续表

(3) 工作位置的符号

名　　称	符　　号
标度尺位置为垂直的	
标度尺位置为水平的	
标度尺位置与水平面倾斜成一角度，例如60°	60°

(4) 绝缘强度的符号

名　　称	符　　号
不进行绝缘强度试验	0
绝缘强度试验电压为500 V	
绝缘强度试验电压为2 kV	2

(5) 防御外磁场或外电场等级的符号

名　　称	符　　号
Ⅰ级防外磁场（例如磁电系）	
Ⅰ级防外电场（例如静电系）	
Ⅱ级防外磁场及电场	
Ⅲ级防外磁场及电场	
Ⅳ级防外磁场及电场	

(6) 使用环境的符号

名　　称	符　　号
A组仪表	A
A_1 组仪表	A_1
B组仪表	B
B_1 组仪表	B_1
C组仪表	C

三、电工指示仪表的分类

电工指示仪表的分类方法很多，按照不同的分类原则，可以有以下几种：

1. 按照被测量对象分类

指示仪表可分为电流表、电压表、功率表、电能表、兆欧表，功率因数表、相位表、频率表等。这在仪表的刻度板上很容易识别，例如 A 表示安培表、mA 表示毫安表、V 表示电压表、kV 表示千伏表等。

2. 按照仪表工作原理分类

常用的指示仪表主要可以分为磁电系、电磁系、电动系及感应系等。各种不同的类型用不同的符号表示在仪表的刻度板上，详见表 7—1。

3. 按照工作电流的种类分类

指示仪表可以分为直流仪表、交流仪表和交直流两用仪表。在仪表的刻度板上以符号“－”表示直流、“～”表示交流、“≃”表示交直流两用。

4. 按照仪表准确度等级分类

指示仪表可分为 0.1、0.2、0.5、1.0、1.5、2.5、5.0 七个等级。0.1 级表示测量的最大绝对误差为电表量程的 ±0.1%，例如某电压表的量程为 450 V，则 0.1 级的仪表最大绝对误差为 $\pm 0.1\% \times 450 = 0.45$ V，0.2 级的仪表最大绝对误差为 $\pm 0.2\% \times 450 = 0.90$ V……其余类推。0.1 级和 0.2 级的仪表可作为标准仪表，0.5 ~ 1.5 级的仪表通常在实验室中使用，1.5 级以下的仪表通常用于工厂测量和设备的面板显示。仪表的准确度等级以数字直接表示在刻度板上，具体见表 7—1。

5. 按照使用环境条件分类

指示仪表可分为 A、A_1、B、B_1、C 五种。这是以仪表使用的环境，即温度、湿度的高低、有无霉菌、盐雾等条件来区分的，其中 C 组允许在最为恶劣的环境下使用，B 组次之、A 组再次之，A、B 两组中加有下标 1 的只能在没有霉菌及盐雾的、较为干燥的环境下使用。使用环境等级通常在刻度板上以上述五种符号外面包围一个三角形来表示，具体见表 7—1。

6. 按照防御外磁场或外电场影响的等级分类

仪表在使用时，如果仪表周围存在较强的外磁场或外电场，将会使仪表产生附加误差，仪表在结构上可以采取一定的措施以防御外磁场或外电场的影响，其防御能力分为Ⅰ、Ⅱ、Ⅲ、Ⅳ四个等级。其中Ⅰ级最好，Ⅰ、Ⅱ、Ⅲ、Ⅳ四个等级允许产生的附加误差分别为 ±0.5%、±1.0%、±2.5% 及 ±5.0%。仪表防御外磁场及外电场的能力在刻度板上以上述罗马数字外面包围一个方框表示，实线方框表示防御外磁场的等级，虚线方框表示防御外电场的等级，具体见表7—1。

7．按外壳防护性能分类

可分为普通式、防尘式、防溅式、防水式、水密式、气密式和隔爆式七种。

8．按照使用方式分类

可分为安装式和便携式两种，安装式仪表是安装在各种机电设备的面板上使用的，准确度较低，但价格较为便宜。便携式仪表携带方便，通常在实验室或流动场合使用，准确度较高，但造价较高。

第2节　常用电工仪表的结构和工作原理

常用电工仪表一般指的是电工指示仪表。电工指示仪表按照工作原理分类主要可分为磁电系、电磁系、电动系和感应系等几种。电工指示仪表都是由测量机构（俗称表头）和测量线路两部分组成。测量线路将被测电量转换为适当大小的电流送到测量机构，测量机构将被测电量转换为可动部分的偏转角，偏转角用固定在可动部分的指针指示出来。测量机构是仪表的核心部分。各类仪表的测量机构尽管工作原理各不相同，其结构也各不相同，但都由产生转动力矩的部分、产生反作用力矩的部分和产生阻尼力矩的阻尼器三个部分组成。下面对磁电系、电磁系、电动系三种仪表的结构、工作原理及其特点用途作一介绍。感应系仪表的结构、工作原理将在第十章功率与电能测量中介绍。

一、磁电系仪表的结构及工作原理

1．磁电系仪表的结构

磁电系仪表结构上可分为外磁式、内磁式和内外磁式等类型。常用的外磁式结构如图7—1所示。整个结构可以分成固定部分和可动部分两个部分。固定部分是由马蹄形永久磁铁1、极掌2及圆柱形铁芯5组成。它的作用是在极掌和圆柱形铁芯之间的气隙中形成一个均匀的磁场。可动部分由绕在铝框架上的可动线圈4、线圈两端的前后两个可以转动的转轴3、固定在前转轴上的指针8、平衡锤6、游丝7以及调零器9组成。游丝7一般有两个，两个游丝绕向相反，一端连在转轴上，另一端分别连在调零器和固定支架上。整个可动部分连成一个整体经过两个转轴支承在轴承上，线圈则安装在磁路的气隙中，线圈两端分别与两个游丝连接。游丝的作用有两个，一个是接通流入线圈的电流电路，另一个是当线圈偏转时产生反作用力矩。

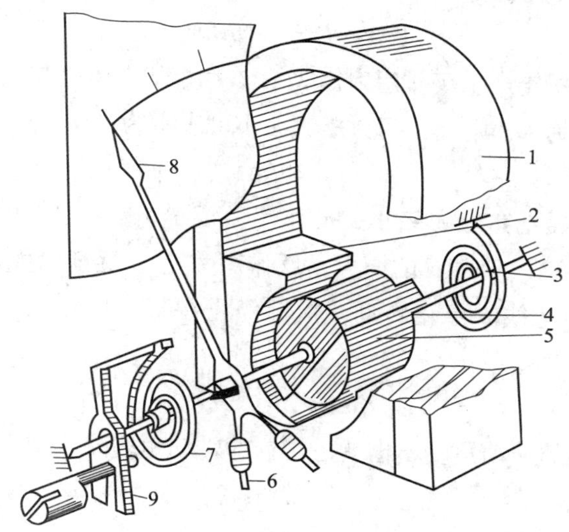

图 7—1　磁电系仪表的测量机构

1—永久磁铁　2—板掌　3—转轴　4—可动线圈　5—圆柱形铁芯　6—平衡器　7—游丝　8—指针　9—调节器

当被测电流经过游丝流入线圈时，线圈在磁场中受到电磁力的作用使线圈带动指针发生偏转，线圈的偏转使游丝扭转变形而产生反作用力矩，此反作用力矩与偏转角大小成正比，当线圈的转动力矩等于反作用力矩时，线圈处于平衡状态，从而使指针静止在某一刻度上，指示出流入线圈的被测电流值。指针的零位可以通过仪表外壳上的调零螺钉来调节，转动调零螺钉时将会带动调零器扭动游丝使指针指零。

2. 磁电系仪表的工作原理分析

当被测电流 I 经过游丝流入线圈时，由于与磁铁的气隙中磁场的相互作用，线圈的两边导线就会受到电磁力的作用，如图 7—2 所示，电磁力的方向可用左手定则确定，电磁力的大小可用下式计算：

$$F = NBLI$$

式中 F ——电磁力，N；

N ——线圈匝数；

B ——气隙中磁通密度，T；

L ——线圈在磁场中的有效边长，m；

I——被测电流，A。

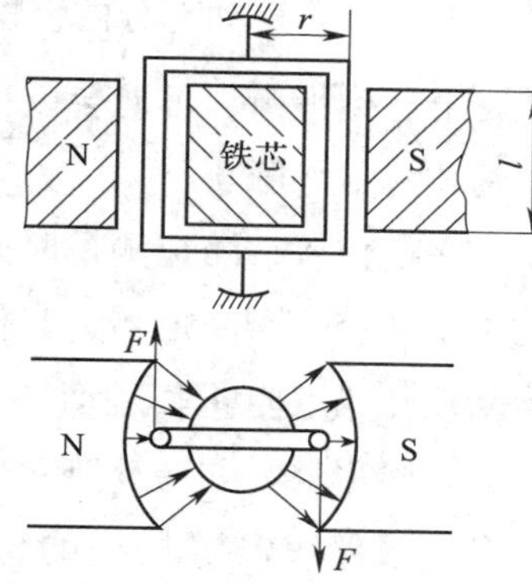

图 7—2　产生转动力矩的原理

由于线圈两边的电流方向相反，受力方向也相反，由此产生了顺时针转动力矩 T_1。由图 7—2 可知，转轴到线圈边的距离 r 为线圈宽度的一半，则转动力矩 T 为：

$$T_1 = 2Fr = 2NBLIr$$

线圈转动带动游丝扭转产生反作用力矩 T_2，该力矩的大小是与其扭转的角度 α 成正比的，设游丝的弹性系数为 K，则反作用力矩的大小可表示为：

$$T_2 = K\alpha$$

当线圈刚通电时，转动角度 α 较小，反作用力矩 T_2 较小，此时转动力矩 T_1 大于反作用力矩 T_2，线圈继续转动。随着 α 的增大，反作用力矩 T_2 逐渐增大，当反作用力矩 T_2 与转动力矩 T_1 达到平衡时，线圈停止转动，指针停止在某一固定的位置上。这时 $T_1 = T_2$，即

$$K\alpha = 2NBLIr$$

由此可以求得线圈的转动角度，也就是指针的转动角度 α 为：

$$\alpha = \frac{2NBLr}{K}I$$

设 $S_1 = \frac{2NBLr}{K}$，则：

$$\alpha = S_1 I$$

由上式可知，仪表指针的偏转角度 α 是与流经线圈的电流成正比的，因此可在标度尺上作均匀刻度。式中 S_1 为仪表测量机构的灵敏度，它的大小显然只取决于仪表测量机构的结构，对于一个已经造好的仪表来说，S_1 是一个常数。灵敏度的含义就是输入一个单位的电流到表头内，指针能偏转多少角度。灵敏度高就意味着用很小的电流就能使指针偏转较大的角度。因为磁电系测量机构气隙中的磁通密度大，所以仪表的灵敏度较高，用磁电系测量机构制作的电流表可以用来测量小到 10^{-7} A（即 0.1 μA）的电流。

指示式仪表在测量时由于转动力矩和反作用力矩的相互作用，最终会指示在一个平衡位置上，但由于可动部分的惯性关系，当仪表接通被测电流或被测电流发生变化时，指针不能马上达到平衡，可能会以平衡位置为中心经过若干次振荡才能最终静止下来。为了使仪表的可动部分迅速静止在平衡位置，缩短测量时间，在指针式仪表的测量机构中都装有一个阻尼器，其作用是在可动部分转动时产生阻尼作用以阻止其运动，达到使指针尽快静止下来的目的。阻尼器只在指针转动过程中才起作用。

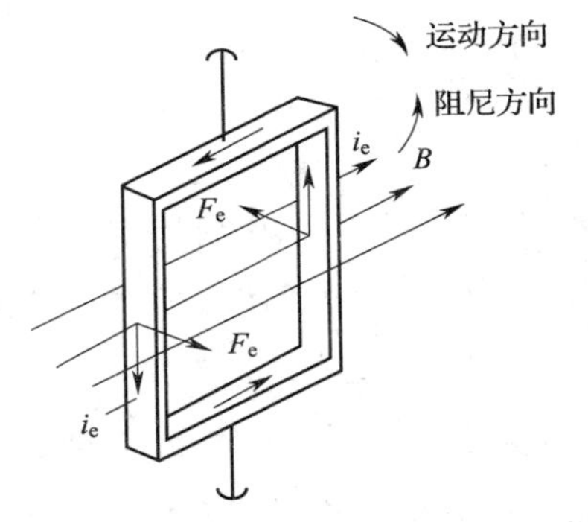

图 7—3　铝框的阻尼作用

磁电系仪表测量机构的阻尼器就是绕制线圈的铝框，可以用图 7—3 说明这一阻尼作用。

当线圈通有电流而发生偏转时，铝框随线圈在气隙

磁场中转动（如顺时针转动）时，因切割磁力线会在铝框内产生感应电流 i_e，此感应电流 i_e与永久磁铁的磁场相互作用，产生与转动方向相反的电磁力，于是仪表的可动部分就受到了阻尼作用，迅速静止在平衡位置。如果铝框运动的方向改变了，那么感应电流和电磁力的方向显然也会改变，不管铝框如何运动，电磁力总是起到阻尼作用，一旦运动停止，没有了感应电流，阻尼作用也就消失了。由上分析可知，阻尼力矩只是在指针运动时才会产生，指针静止时是不产生阻尼力矩的，所以阻尼器不会影响转动力矩和反作用力矩的平衡状态，也就是不会影响仪表的正确读数。

3. 磁电系仪表的特点和用途

（1）磁电系仪表的特点

1）只能测量直流。因为磁电系仪表的指针转动方向和电流方向有关，电流方向颠倒指针就会反转。如果通入交流电流，由于交流电流方向不断改变，转动力矩也是交变，可动部分由于惯性较大，将赶不上电流和转矩的迅速交变而产生快速振动无法测量。也就是说，可动部分的偏转取决于平均转矩即转动力矩的平均值，在交流的情况下，仪表的转动力矩的平均值等于零。所以磁电系仪表通常用来制作直流电压表和直流电流表，使用时应该注意仪表接线的极性，必须使电流从仪表的“+”接线柱流入，“-”接线柱流出。

2）灵敏度高。因为磁电系仪表气隙中的磁场强，线圈匝数较多，所以很小的电流流过线圈就能产生明显的转动力矩，使指针产生相应的偏转。

3）准确度高。因为磁电系仪表气隙中的磁场强，磁场强度稳定，受外界条件如外磁场的影响较小，磁电系仪表的准确度可高达 0.1 级。

4）刻度均匀。因为仪表的指针转动角度与被测电流成正比，所以刻度均匀，读数方便。

5）过载能力小。磁电系仪表的被测电流是通过游丝流进和流出，线圈导线又很细，因此不能承受较大过载，否则将容易损坏游丝或将线圈烧毁。

6）仪表本身消耗功率小。

7）结构较复杂，价格较高。

（2）磁电系仪表的用途。一个磁电系测量机构可以认为是一个电流表，也可以把一个磁电系测量机构认为是一个电压表。例如一个量程为 100 μA 的磁电系测量机构（表头），如果它的内阻是 1 kΩ，那么当它的指针指在满刻度上时，表头两端的电压就是 100 mV，因而完全可以把 100 μA 的表头当成是一个 100 mV 的电压表，只要把表头刻度板 100 μA 换成 100 mV 就可以了。通常磁电系测量机构用电流来表示其量程，可以看成是电流表头。一个磁电系表头较少单独使用，如果一个磁电系表头用并联分流电阻的方法扩大电流量程，就成为一个磁电系电流表；如果用串联附加电阻的方法来扩大电压量程，就成为一个磁电系电压表，因而可以方便做成各种量程的直流电流表和直流电压表，用于直流电路中测量电流和电压，在直流标准仪表和安装式仪表中得到广泛应用。如果磁电系表头加上整流变换装置也可以测量交流电，此时称为整流系仪表。整流系仪表可以做成交流电压表和电流表，用于交流电路中测量电压和电流。所以磁电系仪表的用途十分广泛，如指针式万用表，灵敏电流计和电子仪器上的指示仪表都采用磁电系仪表。

二、电磁系仪表

1. 电磁系仪表的结构

电磁系仪表的结构主要有吸引型和推斥型两种。

（1）吸引型电磁系仪表。吸引型电磁系仪表的测量机构如图 7—4 所示。它的固定部分主要就是固定线圈 4，可动部分由偏心装在转轴上的可动铁片 3、指针 1、游丝 5 及磁感应阻尼器的阻尼翼片 2 等组成。和磁电系仪表的测量机构不同，游丝中不流过电流，电磁系仪表中的游丝仅起到产生反作用力矩的作用。线圈 4 通电后，产生的磁场吸引偏心铁片 3，带动指针偏转，因此这种结构称为吸引型。

（2）推斥型电磁系仪表。推斥型电磁系仪表的测量机构如图 7—5 所示。其固定部分主要由圆筒式螺管线圈 5 和固定在线圈内壁的静止铁片 4 组成，可动部分由装在转轴上的可动铁片 3、指针 6、游丝 1 及阻尼片 2 等组成。当线圈 5 通过被测电流时，动、静两个铁芯同时被磁化，在它们同一端感应有相同的磁化极性，从而产生推斥力，使可动铁片偏转，从而带动指针偏转，因此这种结构称为推斥型。

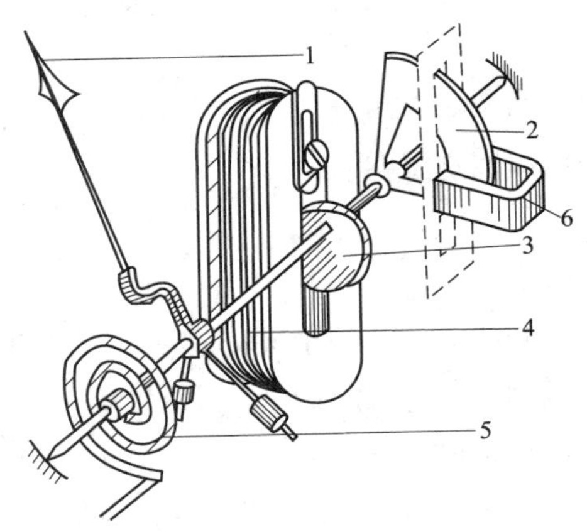

图 7—4　吸引型电磁系仪表

1—指针　2—阻尼翼片　3—可动铁片

4—固定线圈　5—游丝　6—永久磁铁

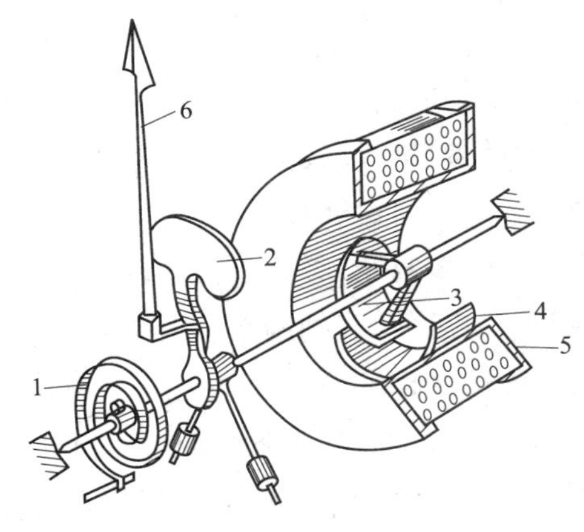

图 7—5　推斥型电磁系仪表的结构

1—游丝　2—阻尼片　3—可动铁片

4—静止铁片　5—线圈　6—指针

2. 电磁系仪表的工作原理

吸引型电磁系仪表的工作原理和推斥型电磁系仪表的工作原理相类似，它们都是利用铁磁性物体（铁片）在通有电流的固定线圈中被磁化而产生的作用力来形成转动力矩，从而使指针偏转。

在吸引型结构中，当被测电流通过线圈 4 时，可动铁片 3 被磁化。铁片磁化后的极性由线圈中的电流方向所决定，如图 7—6 所示。

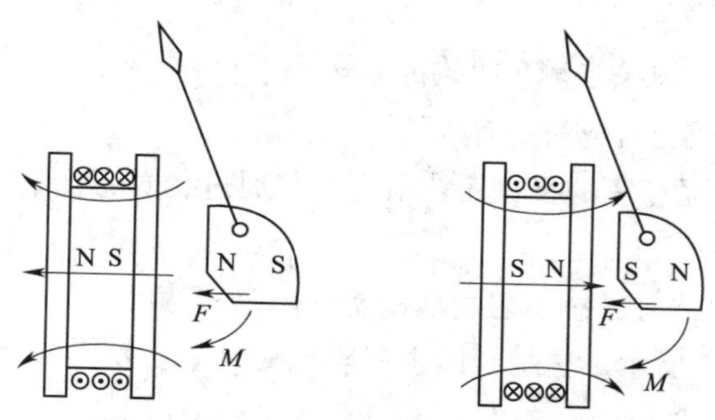

图 7—6 吸引型电磁系仪表的工作原理

由图 7—6 可知，不管线圈中电流是什么方向，铁片和线圈都是互相吸引，线圈磁场产生的吸引力吸引铁片从而形成了转动力矩。这一转动力矩的方向与电流的方向是无关的，虽然电流方向的改变也会引起被磁化的铁片磁极性的改变。所以，电磁系仪表不仅可以用来测量直流，也可以用来测量交流。

在推斥型结构中，当被测电流通过线圈 5 时，可动铁片 3 和静止铁片 4 均被磁化，同一端具有相同的极性，因而互相推斥，可动铁片 3 因受推斥力而偏转，从而带动指针偏转。当线圈电流方向改变时，它所产生的磁场方向也随之改变，两个铁片的极性也同时改变，所以仍然产生推斥力，推斥力的方向和转动方向不变，如图 7—7 所示。

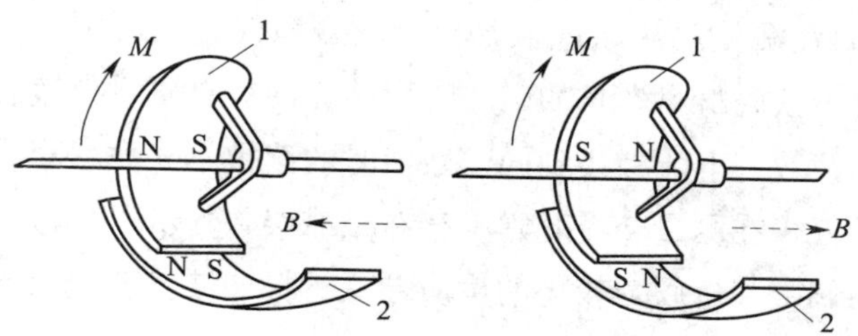

图 7—7 推斥型电磁系仪表的工作原理

这一转动力矩的大小分析起来比较复杂，从电工理论进一步分析可知，转动力矩的大小近似和通入线圈的电流的平方成正比。在通入直流电流 I 的情况下，仪表的转动力矩为

$$T_1 = k_1 I^2$$

在通入交流电流 i 的情况下，仪表的转动力矩和交流电流有效值 I 的平方成正比，即：

$$T_1 = k_1 I^2$$

和磁电系仪表一样，电磁系仪表中的游丝产生反作用力矩的大小与指针的偏转角度成正比，即 $T_2 = k_2\alpha$。当反作用力矩与转动力矩互相平衡时，$T_1 = T_2$，即：

$$\alpha = \frac{k_1}{k_2} I^2 = kI^2$$

式中　k ——比例常数，取决于测量机构的结构；

I ——直流电流或交流电流的有效值。

由上式可知，电磁系仪表的指针偏转角度 α 与通过线圈的直流电流或交流电流的有效值平方成正比。

电磁系仪表的阻尼器有磁感应阻尼器和空气阻尼器两种。磁感应阻尼器如图 7—4 所示。它是利用金属阻尼翼片 2 切割永久磁铁 6 的磁场，使翼片中感应出涡流，在磁场中会受到电磁力，其方向与铁芯的运动方向相反，从而产生阻尼力矩，原理与磁电系仪表中铝框的阻尼作用相似。因为永久磁铁的磁场较强，而测量线圈的磁场很弱，为了避免永久磁铁的磁场干扰线圈磁场，故阻尼磁铁必须用软磁材料屏蔽起来。空气阻尼器的外形如图 7—8 所示。它是在指针的另一侧装了一个阻尼叶片，叶片可以在一个密封的阻尼箱中运动，利用叶片运动时的空气阻力来起到阻尼作用。

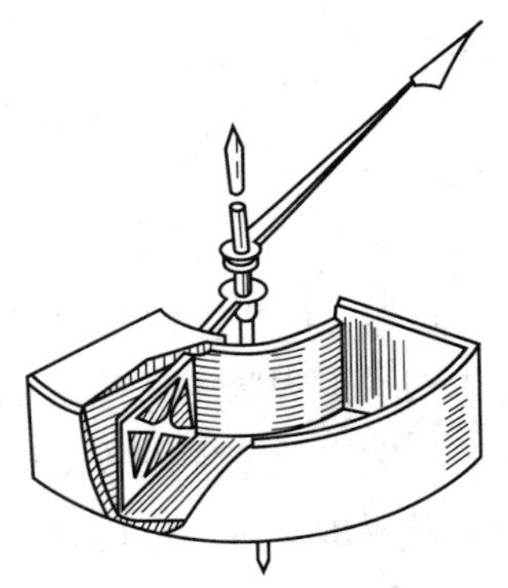

图 7—8　空气阻尼器的结构

3. 电磁系仪表的特点和用途

（1）电磁系仪表的特点

1）可以用于交直流测量。从原理上分析，电磁系仪表既可用于测量直流，也可以用于测量交流。但是由于铁磁材料本身的磁滞特性，会使得电磁系仪表在测量直流时，电流增大到某一数值时的读数与电流减小到同一数值时的读数不一致，存在磁滞误差，使得测量误差增大。电磁系仪表在测量交流时则不存在磁滞误差，所以一般的电磁系仪表都用于测量交流。只有采用剩磁和矫顽力较小的优质导磁材料如坡莫合金材料制作的电磁系仪表才可做成交直流两用的仪表。

2）刻度不均匀。由于电磁系仪表指针的偏转角度不是与线圈电流成正比而是与电流的平方成正比，所以电磁系仪表的刻度是不均匀的。在被测值较小时，分度较密，而被测值较大时，分度较疏，读数不方便。

3）过载能力强，并可测量较大电流。由于电磁系仪表的电流只经过固定线圈，不像磁电系仪表要流过游丝，绕制固定线圈的导线的截面可以较大，因此允许通过较大的电流。

4）灵敏度低、功耗大。电磁系仪表的磁路大部分以空气为介质，需要有足够的安匝数，才能产生足够的磁感应强度，从而产生足够的转动力矩，所以灵敏度低，测量机构的功率消耗大。

5）防御外磁场干扰的能力较差。与磁电系仪表相比，电磁系仪表线圈磁场的工作气隙要大得多，磁场相对较弱，因此防御外磁场干扰的能力较差。因此电磁系仪表为了防止外磁场的干扰，常采用磁屏蔽或无定位结构，如图 7—9 所示。

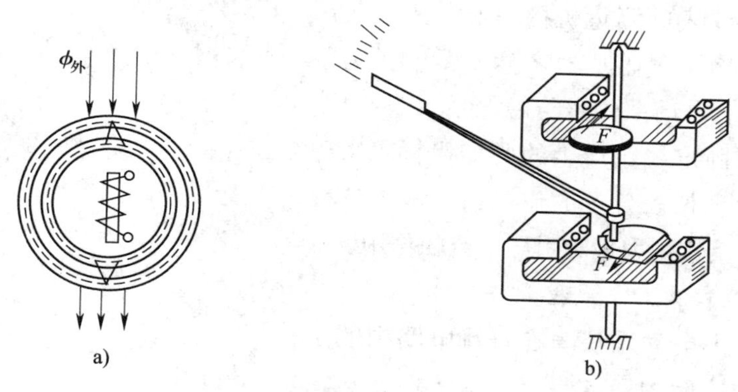

图 7—9　防御外磁场的措施

a）磁屏蔽　b）无定位结构

①磁屏蔽。将测量机构装在导磁良好的屏蔽罩内，外磁场的磁感应线将沿磁屏蔽罩通过而不进入测量机构，从而消除了对测量机构的干扰。为了进一步提高防御外磁场的能力，还可以采用双层屏蔽，如图 7—9 a 所示。

②无定位结构　将测量机构的线圈分成两部分且反向串联，如图 7—9b 所示。当线圈通电时，两线圈产生的磁场方向相反，但转动力矩仍是相加的。当有外磁场时，外磁场磁感应线的方向将使一个线圈磁场被削弱，另一个却被增强，由于两部分结构完全对称，所以外磁场的作用就可互相抵消。采用无定位结构之后，仪表位置就可以随意放置。

6）结构简单，成本较低。

（2）电磁系仪表的主要用途。电磁系仪表具有结构简单，成本较低，过载能力强，可以直接用于交流测量等一系列优点，常用来制作交流电流表与交流电压表。目前，在电力系统的配电柜及电力电气设备上使用的安装式交流电流表与交流电压表绝大部分都使用电磁系仪表。

三、电动系仪表

1. 电动系仪表的结构

电动系仪表的测量机构如图 7—10 所示。它有两个线圈。一个是固定线圈 1，它分为两段，这样可以获得较均匀的磁场分布，又可以在线圈间安装转轴；另一个是安装在固定线圈内部的可动线圈 2。可动部分包括可动线圈 2、游丝 6、指针 7、空气阻尼器的阻尼翼片 3 等，它们都安装在转轴 5 上。电动系仪表的测量机构一般采用空气阻尼器。阻尼力矩由空气阻尼器产生，图中 4 为阻尼箱。由图可知，电动系仪表与磁电系仪表相比，最大的区别是以固定线圈产生的磁场代替永久磁铁的磁场，电动系仪表游丝的作用与磁电系仪表一样能起到产生反作用力矩和引导电流的作用。

图 7—10　电动系仪表的测量机构

1—固定线圈　2—可动线圈

3—阻尼翼片　4—阻尼箱

5—转轴　6—游丝　7—指针

2. 电动系仪表的工作原理

首先分析一下电动系仪表在直流电路中的工作情况。当固定线圈中通入直流电流 I_1 时，会在线圈中产生磁场，其磁通密度 B 与电流 I_1 是成正比的。若在可动线圈中通入直流电流 I_2，则可动线圈在磁场中将受到电磁力，如图 7—11 所示。

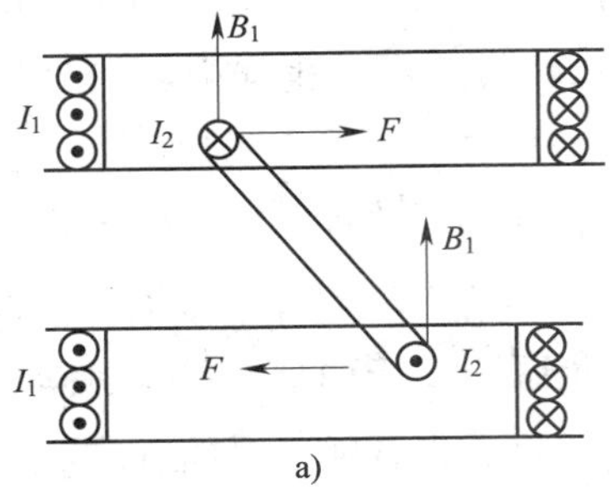

a)

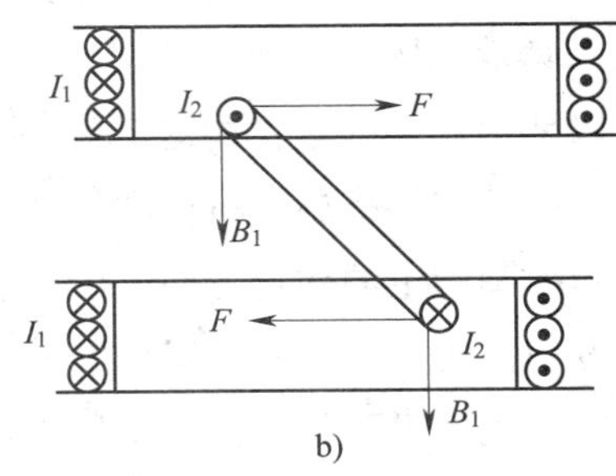

b)

图 7—11　电动系仪表的工作原理

a）可动线圈的电磁力与转动力矩　b）两线圈的电流方向同时改变时的情况

电磁力产生的转动力矩与磁电系仪表相似，应该与磁通密度 B、可动线圈电流 I_2 的乘积成正比，也就是说与电流 I_1、I_2 的乘积成正比，即

$$T_1 = k_1 I_1 I_2$$

在转动力矩的作用下，可动线圈和指针发生偏转。当游丝产生的反作用力矩 $T_2=k_2\alpha$ 与转动力矩相等时，指针平衡，即：

$$\alpha=\frac{k_1}{k_2}I_1I_2=KI_1I_2$$

式中　K——为比例常数，取决于仪表本身的结构。

由上式可知，指针的偏转角度 α 是与电流 I_1、I_2 的乘积成正比的。

由于转动力矩是由电流 I_1 和 I_2 分别通过固定线圈和可动线圈所形成的磁场相互作用而产生。当两个线圈中任意一个线圈中的电流方向改变时，转动力矩的方向也随之改变，即指针偏转的方向也随之改变。当两个线圈中的电流方向同时改变时，转动力矩的方向不变，即指针偏转的方向也不变，如图 7—11b 所示。因此电动系仪表不仅可以用于直流测量，也可以直接用于交流测量。

当电动系仪表用于交流测量时，两个线圈中通入交流电流，经过进一步的分析可以证明，指针的偏转角与两个线圈电流的有效值 I_1、I_2 以及两个电流之间相位差的余弦 $\cos\varphi$ 成正比，即：

$$\alpha=kI_1I_2\cos\varphi$$

3．电动系仪表的特点和用途

（1）电动系仪表的特点

1）使用范围广。电动系仪表可以交直流两用，既可以做成功率表，也可以做成电流表和电压表。

2）准确度高。由于电动系仪表中没有铁磁物质，所以不存在磁滞涡流效应，准确度最高可达 0.1 级。

3）刻度特性。由于电动系仪表的指针的偏转角与两电流乘积有关，故电动系仪表功率表的刻度是均匀的。但电动系电流表或电压表的刻度是不均匀的。

4）过载能力较差。和磁电系仪表一样，由于可动线圈中的电流要流过游丝，可动线圈的导线和游丝都很细，因而过载能力比较差。

5）抗干扰性能较差。和电磁系仪表一样，因为电动系仪表本身磁场较弱，易受外界磁场干扰，为此一般都采取磁屏蔽和无定位结构以抵御外磁场。

（2）电动系仪表的用途。由上面分析可知，电动系测量机构具有两个线圈，如果在制造时，把电动系仪表的两个线圈串联起来，通过同一个电流，此时仪表指针的偏转角 α 就与线圈中电流的平方成正比，情况与电磁系仪表相似，可以做成电动系电流表。如果把上述电流表串联附加电阻，可以改制成电动系电压表，仪表指针的偏转角 α 就与被测支路电压的平方成正比。如把可动线圈作为电压线圈来反映被测电路的电压，把固定线圈作为电流线圈反映被测电路的电流，即可构成电动系功率表。

因此电动系仪表可以做成交直流电流表和电压表，但电动系仪表主要用来做成功率表。

第 3 节　测量误差及减小测量误差的方法

一、测量误差的分类

任何测量都要力求准确，但在实际测量时，由于测量仪表、测量方法、工作环境和测量者等因素，总会产生测量误差，使得测量结果不可能是被测的实际值，而是个近似值。测量值与实际值之间的差值叫作误差。只有在了解产生测量误差的原因以后，才有可能懂得如何减小测量误差。

测量误差按其产生的原因不同可以分为以下三类：

1．系统误差

仪表在测量过程中如果产生的误差经多次测量还保持不变或者虽然变化但其变化遵循一定的规律，这样的误差称为系统误差，也称为确定性误差。产生系统误差的原因主要有以下几个方面：

（1）基本误差。是指仪表在规定的正常使用条件下进行测量时所产生的误差，它是由于仪表本身结构上的不完善而产生的固有的误差，例如刻度的不正确、永久磁铁磁场的不均匀、轴和轴承之间的摩擦、零件位置安装倾斜等引起的误差。

（2）附加误差。这是仪表在偏离了正常使用条件下进行测量时所产生的误差，例如仪表使用的温度、湿度超过了规定使用条件，外磁场及外电场对仪表读数的影响。

（3）测量方法误差。它是由于测量方法不完善、安装或接线不当等因素而产生的误差。例如仪表内阻将使电压或电流的读数偏小，应该水平放置的仪表被垂直放置等，而这些测量误差多次测量保持不变。

2．随机误差

随机误差也称为偶然误差，这是一种大小和符号都不确定且无一定变化规律的误差。这种误差主要由于周围环境的偶发原因引起。产生随机误差的原因很多，例如温度、湿度、电源电压、频率等偶然变化，都会引起随机误差。又例如测量场所附近载重车辆引起的地面振动等偶然因素都会引起误差。这种误差显然是不固定的，没有规律的，在重复进行同一个量的测量过程中其测量误差也不相同，因此不属于系统误差。

3. 疏忽误差

这种误差完全是由于测量者疏忽，操作不准确而引起的一种完全可以避免的误差，例如对测量仪表的不正确读数，对观察结果的不正确的记录及计算错误等。

二、测量误差的表示方法

测量误差主要有下列三种表示方法：

1. 绝对误差

仪表的测量值 X_i 与被测量的真值（实际值）X_0 之间的差值 ΔX 称为绝对误差，即：

$$\Delta X = X_i - X_0$$

例如测得某一电压的测量值为 202 V，而此电压的真值（实际值）为 200 V，则其绝对误差为：

$$\Delta X = X_i - X_0 = (202 - 200)\ \text{V} = 2\ \text{V}$$

当然，真正的真值也是无法得到的，这里所说的真值是指用标准表测量所得的数值。仪表的绝对误差与仪表本身的结构有关，在考虑仪表的准确度时，应该以可能出现的最大绝对误差 ΔX_m 为准。

2. 相对误差

绝对误差 ΔX 与被测量的真值（实际值）X_0 之比称为相对误差，相对误差没有单位，通常用百分数来表示，用符号 γ 表示。即：

$$\gamma = \frac{\Delta X}{X_0} \times 100\%$$

实际测量中，在计算相对误差时，在没有标准表无法得到被测量的真值的情况下，可用仪表的测量值 X_i 近似代替，即：

$$\gamma \approx \frac{\Delta X}{X_i} \times 100\%$$

从上述绝对误差例子来看，其相对误差为：$\gamma \approx \frac{2}{200} = 0.01 = 1\%$ 。

显然，用相对误差来说明测量误差的大小比绝对误差更为确切，更能说明测量的准确程度。绝对误差 2 V 并不能说明准确程度，测量 200 V 电压时有 2 V 测量误差，其相对误差为 1%，如果测量 20 V 时也有 2 V 测量误差，其相对误差就是 10% 了，后者的测量误差显然比前者要大。在实际测量中通常采用相对误差来比较测量结果的准确度。

3. 引用误差

相对误差可以表示测量结果的准确度，但却不足以说明仪表本身的准确度，所以一般

采用引用误差 γ_n 来表示测量仪表的准确度。仪表测量的绝对误差 ΔX 与仪表测量的上量限 X_m 之比称为仪表的引用误差，即 $r=\dfrac{\Delta X}{X_m}\times100\%$。

最大绝对误差 ΔX_m 与仪表测量上量限 X_m 之比称为最大引用误差 γ_m。仪表的准确度等级就是以仪表的最大引用误差来表示的，若仪表的准确度等级为 K，最大引用误差为 γ_m，则：

$$K\% = \gamma_m = \frac{\Delta X_m}{X_m}\times100\%$$

【例7—1】 有一准确度为1.0级，最大量程为450 V的电压表，试求：

（1）用上述电压表测量时可能产生的最大绝对误差为多大？

（2）如果用上述电压表测量某一电压时读数为200 V，则真值在什么范围内？此时最大相对误差为多大？

（3）如果用它来测量50 V电压，则真值在什么范围内？此时最大相对误差为多大？

解：（1）最大绝对误差为：

$$\Delta X_m = X_m\times K\% = 450\times1\% = \pm4.5(\text{V})$$

（2）如果测量值为200 V，则可以知道它的真值范围为：

$$X_0 = X_i + \Delta X_m = 200\pm4.5 = 195.5\sim204.5(\text{V})$$

它的最大相对误差为：$\gamma=\dfrac{\pm4.5}{200}\times100\% = \pm2.25\%$

（3）如果用这一电压表测量50 V电压，则其真值的范围为：

$$X_0 = X_i + \Delta X_m = 50\pm4.5 = 45.5\sim54.5(\text{V})$$

它的最大相对误差为：$\gamma=\dfrac{\pm4.5}{50}\times100\% = \pm9\%$

【例7—2】 在上例中，如仪表分别采用0.5级，最大量程为600 V的电压表和1.5级，最大量程为75 V的电压表来测量50 V电压时，试求各自测量最大相对误差。

解：（1）采用0.5级，最大量程为600 V的电压表时

最大绝对误差为：$\Delta X_m = X_m\times K\% = 600\times0.5\% = \pm3.00(\text{V})$

它的最大相对误差为：$\gamma=\dfrac{\pm3.00}{50}\times100\% = \pm6.00\%$

（2）采用1.5级，最大量程为75 V的电压表时

最大绝对误差为：$\Delta X_m = X_m\times K\% = 75\times1.5\% = \pm1.125(\text{V})$

它的最大相对误差为：$\gamma=\dfrac{\pm1.125}{50}\times100\% = \pm2.25\%$

通过上述两个例子，我们可以知道，测量结果的准确度（最大相对误差）并不等于仪

表的准确度，绝不可把两者混淆起来。因此，在选用仪表时，不仅要考虑仪表的准确度，还应该根据被测量的大小选择合适的仪表量程，才能保证测量结果的准确度。在使用指示仪表时，对于某一量程的仪表的最大绝对误差是固定的，读数越大则相对误差越小，因而使用仪表进行测量时应选用合适的仪表的量程，应使被测量的值越接近满量程越好，即指针尽量接近仪表的满量程，以减小相对误差。一般应使被测量的值达到仪表满量程的2/3以上。例如测量50 V电压可用量程为75 V的电压表，虽然仪表准确度为1.5级，它的最大相对误差为2.25%，而采用准确度为1.0级，最大量程为450 V的电压表测量50 V电压时，它的最大相对误差为9%，而采用准确度为0.5级，最大量程为600 V的电压表测量50 V电压时，它的最大相对误差为6%。由此可见，仪表的准确度等级虽然提高了，但测量结果的准确度却反而差，最大相对误差却反而大。

三、减小测量误差的方法

对于仪表测量中三种测量误差，随机误差一般可以通过多次测量求出其算术平均值来减小随机误差。在测量中由于随机误差较小，通常可以不予考虑。疏忽误差是人为因素造成的，应该从提高人员素质上考虑，通过重复测量及数理统计分析来减小和消除这种误差。下面主要对减小系统误差的方法加以介绍。

1. 减小基本误差

系统误差中的基本误差是由于仪表本身结构上的不完善而产生的固有的误差，是无法减小的，但是可以通过某些特殊的补偿措施来弥补，常用的有以下两种方法：

（1）利用仪表的校正值校正被测量。为了减小仪表的基本误差，在仪表校验时，利用准确度等级高的标准仪表与被测量仪表进行测量校正，可以把各主要刻度点上标准仪表与被测量仪表的误差变化情况画成校正曲线，校正值是真值减去测量值。在校验时被测表读数总是取整数，标准表读数取相对应的数值，这样可以读得精确的读数，例如某300 V的电压表在100 V、200 V、300 V的刻度上标准表的读数分别为98 V、199 V、300.5 V，这三个刻度上的校正值就分别为 -2 V、 -1 V、 +0.5 V。在以后使用该仪表测量时，就可以利用这一校正值对测量读数进行校正，即只要把仪表读数加上校正值就可以求得被测量的真值，例如电压表读数为300 V，则被测量的真值就是电压表的读数加上校正值 +0.5 V，即300.5 V。

（2）替代法。在对被测量进行测量之后，再用已知的标准量替代被测量重新进行测量，同时使第二次测量的仪表读数与第一次测量的仪表读数相同，那么标准量的值就是被测量的值。这样的测量结果是与仪表本身的基本误差、环境因素等都是无关的。例如用电桥测量电阻，在电桥平衡之后，再用标准电阻箱替代被测电阻，调节标准电阻箱的阻值使电桥再次平衡，那么标准电阻箱上的电阻读数就是被测电阻值，这一读数比直接在电桥上读数更加准确，因为这一读数排除了电桥本身的基本误差及外界因素的影响。

2. 减小附加误差

附加误差是由于外界周围环境因素对仪表读数的影响所产生的误差，这是由于仪表偏离了正常工作条件而产生的。为了减小附加误差，应该使测量仪表尽量在正常工作条件下工作。正常工作条件是指仪表的位置正常，周围温度为20℃，无外界电场和磁场（地磁除外）的影响，如果是用于工频的仪表，则电源应该是频率为50 Hz的正弦波。对于某些附加误差，可以采取正负误差补偿法来弥补。这一方法是通过两次测量，使得其中一次测量的误差为正，而另一次的误差为负，然后取其平均值，以减小与消除误差。例如在测量现场有较强的外磁场时，为了补偿外磁场的影响，可以在一次测量后，把仪表的放置位置转过180°再测量一次，然后取两次测量的平均值，外磁场对这两次测量的影响是相反的，可以有效地消除或减小外磁场对测量的影响。

3. 减小测量方法误差

测量方法的误差往往也是人为的，是由于测量者经验不足、操作不当而引起的。例如便携式仪表绝大多数是应该水平放置的，如果调试设备时为了读数方便把仪表垂直放置，则就会增大测量误差。在选用仪表时，不仅要考虑仪表的准确度，还应该根据被测量的大小选择合适的仪表量程，才能保证测量结果的准确度。再例如测量仪表内阻往往对测量数据有很大的影响，如果用实验室用的内阻较小而准确度较高的电压表来测量电子线路的电压时，由于测量端的输出电阻较大而产生很大的误差，这时还不如用内阻较大而准确度较低的万用表来测量更为准确。

测 试 题

一、判断题

1. 系统误差分为基本误差、附加误差及测量误差三种。（　）

2. 指示仪表按工作原理可以分为磁电系、电动系、整流系、感应系四种。（　）

3. 用一个1.5级，500 V的电压表测量电压，读数为200 V，则其可能的最大误差为±3 V。（　）

4. 指示仪表中，和偏转角成正比的力矩是反作用力矩。（　）

5. 磁电系仪表只能测量交流。（　）

6. 电磁系测量机构的主要结构是固定的线圈、可动的磁铁。（　）

7. 电磁系仪表既可以用于测量直流，也可以用于测量交流。（　）

8. 磁电系仪表的灵敏度大于电磁系仪表。 (　　)

9. 电磁系仪表具有刻度均匀的特点。 (　　)

10. 电动系仪表的可动线圈是电流线圈。 (　　)

11. 电动系仪表既可以测量交流电也可以测量直流电。 (　　)

二、单项选择题

1. 指示仪表按工作原理可以分为磁电系、(　　)、电动系、感应系四种。

A. 电磁系　　B. 整流系　　C. 静电系　　D. 铁磁系

2. 用一个1.5级，500 V的电压表测量电压，读数为200 V，则其可能的最大误差为(　　)V。

A. ±1.5　　B. ±7.5　　C. ±3　　D. ±15

3. 指示仪表中，和(　　)成正比的力矩是反作用力矩。

A. 偏转角　　B. 被测电量　　C. 阻尼电流　　D. 调整电流

4. 磁电系仪表能测量(　　)。

A. 交流　　B. 直流　　C. 交流和直流　　D. 功率

5. 以下(　　)级别不是仪表的准确度等级。

A. 0.5　　B. 1　　C. 2　　D. 5

6. 直读式仪表的准确度等级为1级表示(　　)。

A. 仪表的准确度为最高级别　　B. 绝对误差在读数的1%以内

C. 绝对误差在仪表量程的±1%以内　　D. 仪表的误差为刻度的一小格

7. 电磁系仪表测量交流电时，其指示值为交流电的(　　)。

A. 最大值　　B. 有效值　　C. 平均值　　D. 绝对值的平均值

测试题答案

一、判断题

1. √　2. ×　3. ×　4. √　5. ×　6. √　7. √　8. √　9. ×　10. ×　11. √

二、单项选择题

1. A　2. B　3. A　4. B　5. C　6. C　7. B

第 8 章

直流电流和电压的测量

第 1 节　直流电流的测量　/228

第 2 节　直流电压的测量　/231

第1节　直流电流的测量

一、直流电流表的组成和量程的扩展

直流电流表绝大多数采用磁电系直流电流表，但也有少数采用电动系电流表和电磁系电流表。其中磁电系直流电流表只能测量直流电流，而电动系电流表和电磁系电流表可以交、直流两用。下面主要介绍磁电系直流电流表（简称直流电流表）的组成和量程的扩展。

直流电流表一般由磁电系测量机构（表头）和外加分流电阻组成，如图8—1所示。一般表头的量程为10 mA以下，测量几毫安以下的电流时，可以直接选用这种表头。测量较大的电流时，必须在表头两端加有分流电阻以扩大电流表的量程。

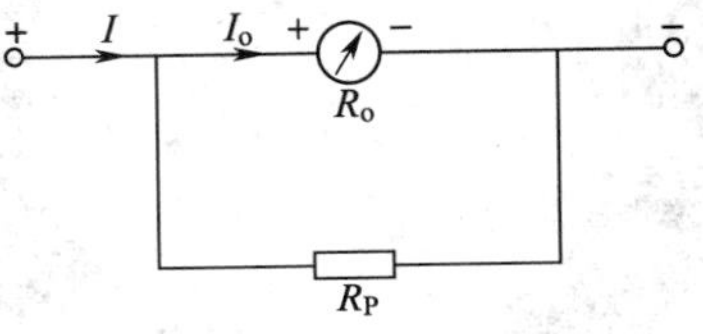

图8—1　直流电流表的组成

设表头的内阻为 R_o，流过表头的满偏电流为 I_o，分流电阻的阻值为 R_p，并联分流电阻之后电路的总电流为 I，则有：

$$I_oR_o = (I - I_o)R_p$$

由此可求得分流电阻的阻值为：

$$R_p = \frac{I_oR_o}{I - I_o} = \frac{R_o}{\frac{I}{I_o} - 1}$$

并联分流电阻之后电路的总电流 I 与表头满偏电流 I_o 之比称为电流量程扩大倍数 n，即：

$$n = \frac{I}{I_o} = \frac{R_o + R_p}{R_p} = 1 + \frac{R_o}{R_p}$$

则分流电阻的阻值计算公式可变为：

$$R_p = \frac{R_o}{n - 1}$$

由上式可知，并联的分流电阻应为表头电阻的 $\frac{1}{n-1}$。

【例8—1】　把一个量程为100 μA、内阻为1 kΩ的微安表头做成一个100 mA的电流表，应并联多大的分流电阻？

解： 电流量程扩大倍数为：

$$n = \frac{100}{0.1} = 1\ 000$$

分流电阻 R_p 为：

$$R_p = \frac{1\ 000}{1\ 000 - 1} = 1.001(\Omega) \approx 1(\Omega)$$

由上例可知，如电流量程扩大倍数 n 很大，分母中的 $n-1$ 可以近似用 n 代替。

在仪表的电流量程扩大倍数不是很大的情况下，通常分流电阻就与表头一起安装在表壳内。当表头电流 I_o 达到满刻度时，流入电流表的电流 I 就比表头电流大 n 倍，只要把电流表刻度板上的数值按照扩大了的数值重新标出，就可以在电流表上直接读数了。由于分流电阻的阻值较小，电阻稍有变化将增大误差，所以分流电阻都采用电阻温度系数很小的锰铜来制作。采用不同阻值的分流电阻即可制成多量程的直流电流表。5 A－10 A 双量程直流电流表的外形和原理接线图如图 8—2 所示。

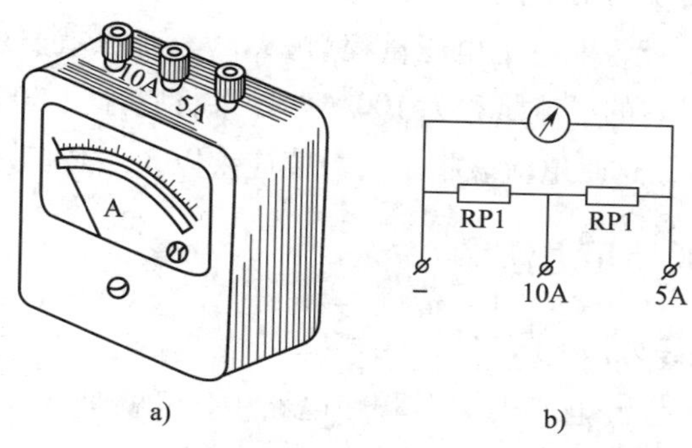

图 8—2　双量程直流电流表

当被测电流很大时，分流电阻要通过很大的电流，发热严重，就不能再把分流电阻安装在电流表内，通常将分流电阻做成外附分流器，测量时要和配套的电流表一起使用。分流器的外形如图 8—3 所示。

图中分流器有大小两对接线端，处于外侧的一对大的接线端称为电流接头，接线时与被测电流连接；内侧的一对小的接线端称为电位接头，接线时与电流表连接，分流器的接线如图 8—4 所示。

这样的接线方法，可以使电流接头的接触电阻出现在分流器和电流表的并联组合之外，接触电阻再大也不会影响分流比，而电位接头的接触电阻是与电流表串联的，电流表本身的内阻比分流器要大得多，接触电阻串联在电表支路上对电表支路的总电阻并无太大的影响，也就不会影响到分流比。

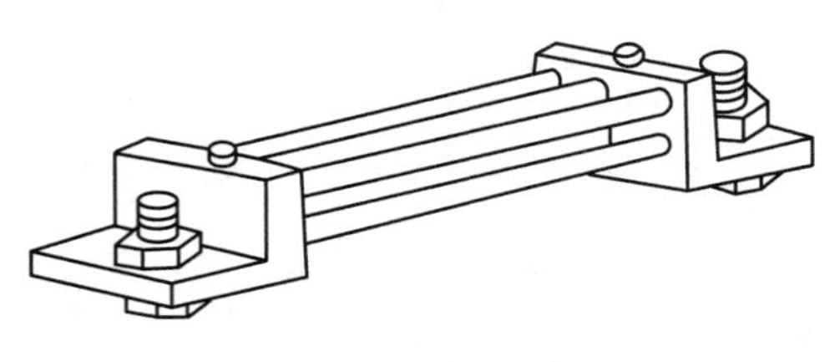
图 8—3 分流器

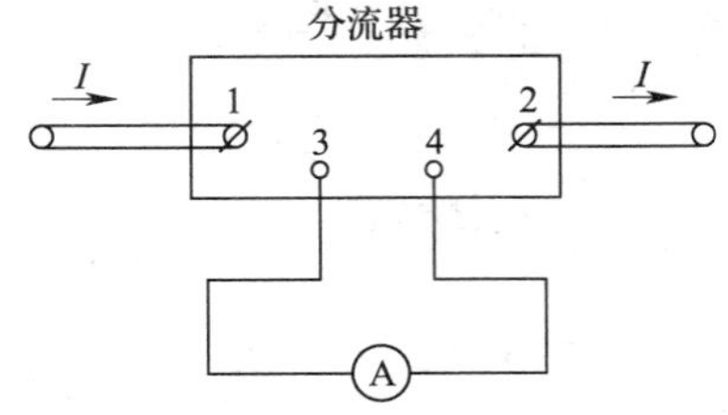

图 8—4 分流器的接法

分流器上一般不标明电阻值，而标注额定电流和额定电压值。额定电流是指扩大量程之后的总电流 I，额定电压有 30 mV、45 mV、75 mV、100 mV、150 mV、300 mV 等数种，通常采用 75 mV。使用时必须注意，和分流器配套的电流表的电压量程应与分流器的额定电压值相等，否则电流表读数不正确。电流表的电压量程的含义和前面介绍磁电系表头的电压量程的含义是完全相同的，即电压量程就是电流表的电流量程乘以它的内阻，这一数值会在电流表面板或产品说明书上注明。例如一个电流表，刻度板上量程为 100 A，注明用 75 mV 的外附分流器，就说明它的电压量程为 75 mV，那么就要用规格为 100 A、75 mV 的分流器和它配套，此时它的电流量程为 100 A。如果将它配上 500 A、75 mV 的分流器，则它的电流量程为 500 A，这时电流表指示的数值应乘以 5，才是所测的实际电流值。

二、直流电流表的使用方法

1. 直流电流表的接线方法

在测量直流电流时，直流电流表应串联在电路中，也就是说在测量某一支路的电流时，电流表应该串联在被测支路上。将电流表串入电路时要注意直流电流表的极性和量程。测量直流电流时被测电流应该从电流表的“+”端流入、“-”端流出，否则指针将反向偏转，并会损坏电流表。当被测支路两端的电位相差较大时，为了减小电流表的线圈与外壳之间的电压，最好把电流表接在电位较低的一端，如图 8—5 所示。

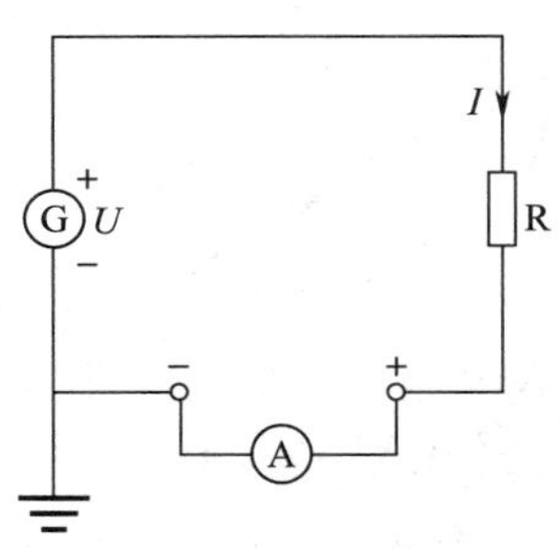

图 8—5 电流表的接法

由于电流表内阻很小，如果不慎将电流表并联在电路的两端，则电流表将被烧坏，电路也将被短路，在使用中务须特别注意。

2. 直流电流表的量程的选择

应根据被测电流大小来选择直流电流表的量程，使选择的量程大于被测电流的数值。不要将小量程的电流表接入大电流的电路以免电流表因过载而损坏。为了减小测量误差，选择直流电流表的量程还应注意使电流表的指针工作在不小于满刻度值的

2/3区域。

3. 电流表内阻对测量的影响

由于电流表有内阻，串入电路后将对电路有所影响，将使被测支路的电阻增大，电流减小，误差增大。电流表的内阻越小，对测量的影响越小，测量结果越接近实际值。为了减小电流表内阻对测量的影响，应该使电流表的内阻远远小于与它串联的负载电阻。

第 2 节　直流电压的测量

一、直流电压表的组成和量程的扩大

和直流电流表一样，直流电压表绝大多数采用磁电系直流电压表，但也有少数采用电动系电压表和电磁系电压表。其中磁电系直流电压表只能测量直流电压，而电动系电流表和电磁系电流表可以交、直流两用。下面主要介绍磁电系直流电压表（简称直流电压表）的组成和量程的扩展。

直流电压表一般由磁电系测量机构（表头）和外加串联附加电阻组成，如图 8—6 所示。

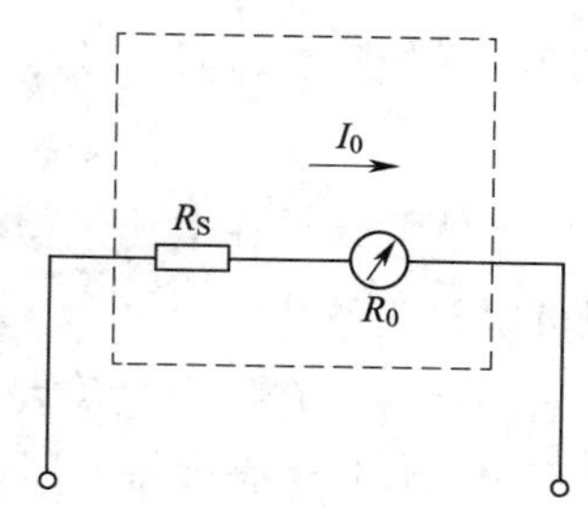

图 8—6　磁电系直流电压表的组成

在讲解磁电系仪表的测量机构时，已经知道一个磁电系表头可以作为电压表，但量程太小。在测量电压时为了尽可能不影响电路的工作状态，希望通过电压表的电流越小越好，所以直流电压表的表头通常都采用微安表头，再串联附加电阻以扩大量程。

设某一个微安表头的电流量程为 I_0，内阻为 R_0，附加电阻为 R_S，串联附加电阻后做成了电压表的电压量程为：

$$U = (R_0 + R_S) \times I_0$$

若已知电压表的电压量程 U、表头的电流量程 I_0及内阻 R_0，则附加电阻 R_S为：

$$R_S = \frac{U}{I_0} - R_0$$

对电压表来说，其内阻应为：

$$R = \frac{U}{I_0} = \frac{1}{I_0} \times U$$

由上式可见，电压表的内阻就是表头电流量程的倒数 $1/I_o$ 乘以电压量程 U。

电流量程的倒数 $1/I_0$ 还可以写成：

$$\frac{1}{I_0}=\frac{R}{U}$$

其物理意义显然就是对于每 1 V 电压量程，电压表应有多大的内阻，我们把它称为电压表的每伏欧姆数。电压表的每伏欧姆数又称为电压表的灵敏度。它决定着电压表在测量时取自被测电路的电流值。电压表的灵敏度越高，即每伏欧姆数越大，测量时电压表取自被测电路的电流值越小。磁电系电压表的灵敏度高，一般为每伏几千欧到每伏几十千欧，而电动系电压表和电磁系电压表的灵敏度较低，一般为每伏几十欧到每伏几百欧。在知道了每伏欧姆数以后，计算电压表的内阻或者计算扩大量程所需的附加电阻的阻值是十分方便的。

【例 8—2】 一个 50 μA 的表头，内阻为 1.0 kΩ，把它制成一个 100 V 的直流电压表，电压表的内阻是多少？串联的附加电阻又应取多大？

解： 电压表的每伏欧姆数为：

$$1/I_0 = 1/50\ \mu\text{A} = 1/0.05\ \text{mA} = 20(\text{k}\Omega/\text{V})$$

电压表的内阻值为：

$$R = 20\ \text{k}\Omega/\text{V}\times 100\ \text{V} = 2\ 000\ \text{k}\Omega = 2(\text{M}\Omega)$$

应串联的附加电阻 R_S 为：

$$R_S = 2\ 000 - 1.0 = 1\ 999\ \text{k}\Omega \approx 2(\text{M}\Omega)$$

由本例可知，在电压量程扩大倍数很大的情况下，计算串联附加电阻时，表头本身的内阻可以忽略不计。

如果手头上有一个电压表，但是量程不够，可以用串联附加电阻的方法来扩大量程，串联电阻的计算方法很简单，只要把每伏欧姆数乘以扩大的电压量程差就可以了。

【例 8—3】 把例 8—2 所得的内阻为 2 MΩ、量程为 100 V 的电压表改装成可以测量 250 V 及 500 V 的多量程电压表，试计算附加电阻。

解： 附加电阻的接法如图 8—7 所示。

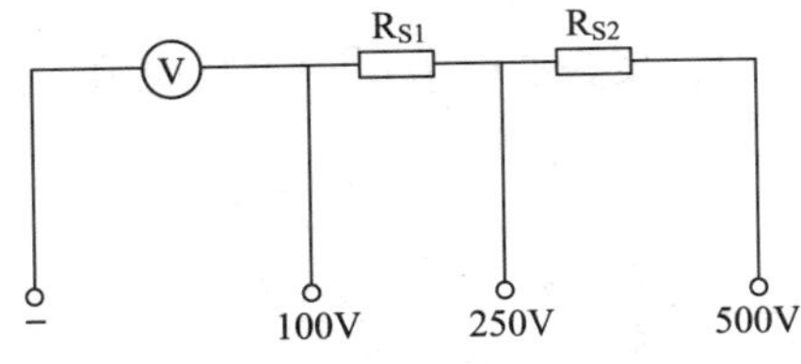

图 8—7　电压表量程的扩大

电压表的每伏欧姆数为：

$$\frac{R_0}{U}=\frac{2\ 000\ \mathrm{k\Omega}}{100\ \mathrm{V}}=20(\mathrm{k\Omega/V})$$

由此可以求得：

$$R_{S1}=20\times(250-100)=3\ 000(\mathrm{k\Omega})=3(\mathrm{M\Omega})$$

$$R_{S2}=20\times(500-250)=5\ 000(\mathrm{k\Omega})=5(\mathrm{M\Omega})$$

由以上分析可知，如果连接几个不同附加电阻即可制成多量程的直流电压表。三量程直流电压表如图 8—8 所示。

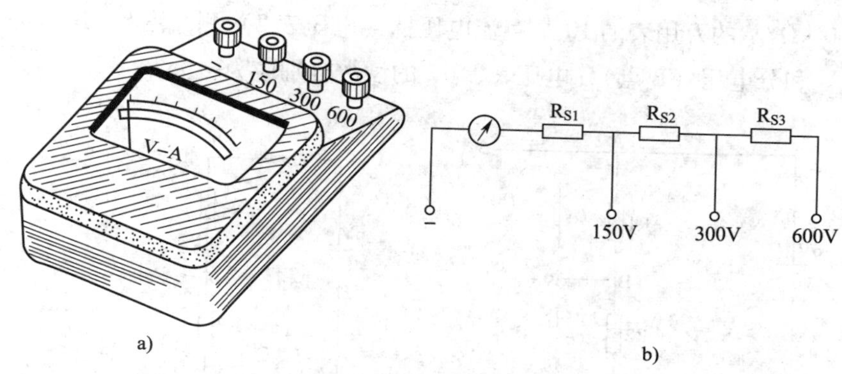

图 8—8 三量程直流电压表

二、电压表的使用方法

1. 电压表的接线

在测量直流电压时，电压表必须并联在被测电压的两端，在测量某一支路的电压时，电压表应该并联在被测支路上。接入磁电系直流电压表时要注意电压表的极性，测量电路中某两点之间的电压时，电压表的“+”端应接在被测电压的高电位端、“-”端应接在低电位端，如图 8—9 所示。

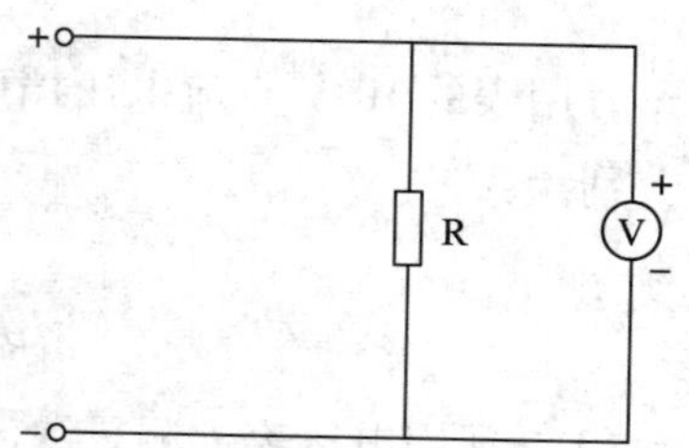

图 8—9 直流电压表的接法

2. 直流电压表量程的选择

应根据被测电压大小来选择直流电压表的量程，使选择的量程大于被测电压的数值。不要将小量程的电压表接入高电压的电路以免电压表因过压而损坏。为了减小测量误差，选择直流电压表的量程还应注意使电压表的指针工作在不小于满刻度值的 2/3 区域。

三、直流电压表的内阻对测量值的影响

由以上分析可知，电压表内阻决定着电压表在测量时取自被测电路的电流值。尽管电压表的内阻通常较大，测量时向被测电路取用的电流也较小，但是由于电路的电压测量端总是存在一定的输出电阻，测量时电压表所取用的电流在这一电阻上总会产生一些压降，使得电压表读数偏小。现举例说明如下：

【例8—4】 在图8—10中，电源 $E=6$ V，电源内阻 $R_0=10\ \Omega$，电阻 $R_1=R_2=50\ \text{k}\Omega$，现分别用每伏欧姆数为20 kΩ/V的万用表的10 V直流电压挡（电压表1）和每伏欧姆数为100 kΩ/V的万用表的10 V直流电压挡（电压表2）测量图8—10所示电路的总电压（A点）和分电压（B点），电压表1、2的读数分别应为多大？

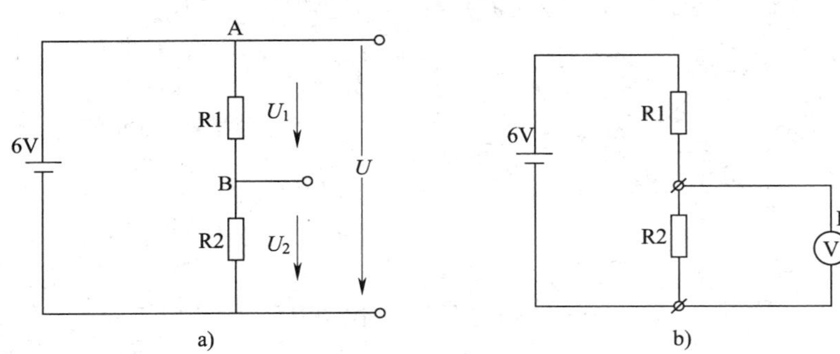

图8—10 电压表内阻对测量值的影响

解：经计算可得 U_A、U_B的理论值为：

$$U_A=6\ \text{V},U_B=3\ \text{V}$$

万用表的10 V直流电压挡可以看成是一只10 V的直流电压表，因此两只电压表的内阻分别为：

$$R_{V1}=20\times10=200(\text{k}\Omega)$$

$$R_{V2}=100\times10=1\ 000(\text{k}\Omega)$$

（1）现用电压表1测量A点和B点电压

测量总电压 U_A时，可得 $U_A=6$ V

测量分电压 U_B时，因为电压表内阻 R_{V1}与电阻R2并联，则并联电阻为 $R_{V1}/\!/R_2=50/\!/200=40$ （kΩ）

可以用分压公式求得电压 U_B：

$$U_B=6\times\frac{40}{50+40}=2.67(\text{V})$$

（2）现用电压表 2 测量 A 点和 B 点电压

测量总电压 U_A时，可得 $U_A=6$ V

测量分电压 U_B时，因为电压表内阻 R_{V1}与电阻 R2 并联，并联电阻为：

$$R_{V2} // R_2 = 50 // 1\ 000 = 47.6(\text{k}\Omega)$$

可以用分压公式求得电压 U_B为：

$$U_B = 6 \times \frac{47.6}{50 + 47.6} = 2.93(\text{V})$$

由上述结果可看出，在测量总电压 U_A时，电压表 1 和电压表 2 的测量值 6 V 和 U_A的理论值 6 V 几乎相等，电压表内阻对电压表测量值无影响，但在测量分电压 U_B时，结果却不相同，电压表 1 的测量值 2.67 V 和 U_B的理论值 3 V 相差较大，相对误差达 11%。而电压表 2 的测量值 2.93 V 和 U_B的理论值 3 V 相差较小，相对误差为 2.3%。由上述结果进一步分析可得出，用电压表测量电压时，测量误差不仅与电压表的内阻大小有关，还与电路的测量端的输出电阻大小有关。在测量强电电路时，由于电路中的电阻通常都较小，电路的电流较大，电压表的接入对电路影响小，所以电压表的内阻对测量的影响可以忽略。但在测量电子电路中高值电阻组成的电路时，电压表的内阻对测量的影响就不能忽略，为了减小测量误差，应尽量选择内阻高的电压表。

应该指出的是，一般的高准确度的实验室电动系电压表，其内阻通常比万用表要小得多，因此在测量电子电路中的电压时，其误差反而比低准确度的万用表要大。例如例 8—4 例题采用 0.5 级 10 V 的电动系电压表（其内阻 R_V为 10 kΩ）来测量 U_B时，此时，电压表内阻 R_V与电阻 R2 并联，并联电阻为：

$$R_V // R_2 = 50 // 10 = 8.33(\text{k}\Omega)$$

可以用分压公式求得电压 U_B为：

$$U_B = 6 \times \frac{8.33}{50 + 8.33} = 0.86(\text{V})$$

此测量值与 U_B的理论值 3 V 相差很大。由以上计算可知，用高准确度、低内阻的电动系电压表去测量电子电路中高值电阻组成的电路电压时，测量误差很大。

测 试 题

一、判断题

1．测量直流电流时，电流表应该串联在被测电路中，电流应从“+”端流入。

（　　）

2．使用分流器时应注意分流器的额定电压应与电流表的电压量程相配。（　　）

3．测量直流电压时，除了使电压表与被测电路并联外，还应使电压表的“＋”端与被测电路的高电位端相连。（　　）

4．选择直流电压表的量程应使电压表的指针工作在不小于满刻度值的2/3区域。（　　）

5．测量电子电路中高值电阻组成的电路时，为了减小测量误差，应尽量选择内阻高的电压表。（　　）

6．扩大直流电压表的量程可以使用电压互感器。（　　）

二、单项选择题

1．测量直流电流时，电流表应该(　　)。

A．串联在被测电路中，电流应从“＋”端流入

B．串联在被测电路中，电流应从“－”端流入

C．并联在被测支路中，“＋”端接高电位

D．并联在被测支路中，“＋”端接低电位

2．测量直流电压时，除了使(　　)外，还应使仪表的“＋”端与被测电路的高电位端相连。

A．电压表与被测电路并联　　B．电压表与被测电路串联

C．电流表与被测电路并联　　D．电流表与被测电路串联

3．外接分流器使用时，以下(　　)说法是正确的。

A．电位接头接电流表

B．电流接头接电流表

C．分流器只有两个接头，电流表与被测电流都接在一起

D．分流器的额定值是用电阻表示的

4．使用直流电压表时，除了使电压表与被测电路并联外，还应使电压表的“＋”端与被测电路的(　　)相连。

A．高电位端　　B．低电位端

C．中间电位端　　D．零电位端

5．把一个量程为100 μA、内阻为1 kΩ的微安表头做成一个50 mA的电流表，应(　　)。

A．并联一个2 Ω的电阻　　B．并联一个20 Ω的电阻

C．串联一个2 Ω的电阻　　D．串联一个20 Ω的电阻

6．一个50 μA的表头，内阻为1.0 kΩ，把它制成一个100 V的直流电压表应

（　　）。

A. 并联一个 2 MΩ 的电阻　　B. 并联一个 1 MΩ 的电阻

C. 串联一个 2 MΩ 的电阻　　D. 串联一个 1 MΩ 的电阻

测试题答案

一、判断题

1. √　2. √　3. √　4. √　5. √　6. ×

二、单项选择题

1. A　2. A　3. A　4. A　5. A　6. C

第 9 章

交流电流和电压的测量

第 1 节　交流电流的测量　/240

第 2 节　交流电压的测量　/245

第 1 节　交流电流的测量

一、交流电流表的组成

交流电流表可分为电磁系电流表和电动系电流表，实际中多采用电磁系电流表。下面主要介绍电磁系交流电流表（简称交流电流表）的组成和扩大量程的方法。电磁系交流电流表可以直接用于交流电流的测量，它是交流电流表中最简单的一种，能在相当宽的范围内直接测量交流电流。

电磁系交流电流表扩大量程的方法和磁电系电流表扩大量程的方法不同，它不采用并联分流电阻的方法，而是根据其结构的特点，利用改变线圈匝数的方法可以做成多量程的电流表。安装式电流表一般都做成单量程的，对于大多数的实验室用携带式电流表常做成多量程的。双量程交流电流表的外形及其接法如图 9—1 所示。对于双量程的交流电流表，通常把固定线圈分成两段并把接线端引出在仪表的外壳上，通过接线片的串联或并联两种接法，使仪表具有两种量程。例如图 9—1 所示的双量程交流电流表串联接法时为 5 A，并联接法时为 10 A。

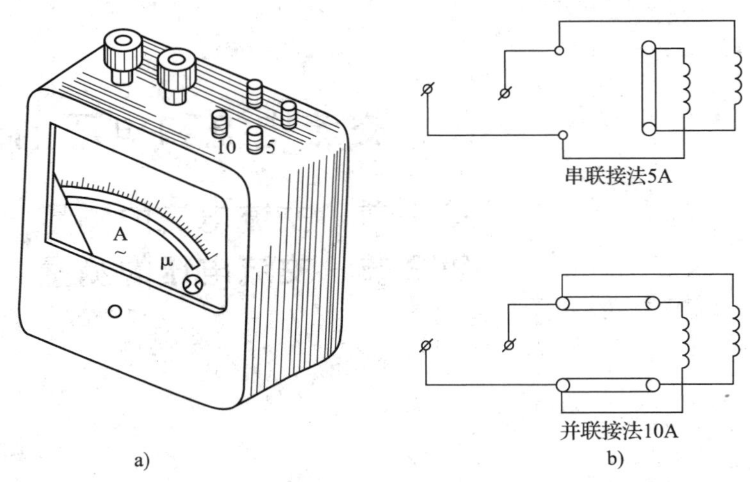

图 9—1　双量程交流电流表的外形及其接法

在测量大电流时，电磁系电流表也不采用外接分流器的办法，而是采用与电流互感器配套来扩大它的量程。其原理将在下面介绍。

二、电流互感器

电流互感器和下面介绍的电压互感器统称为互感器。互感器是按一定的比例和准确度变换电流或电压大小的仪器。互感器在电工测量中的作用有两个，一是扩大交流测量仪表的量程，二是使测量仪表和被测电路的高压隔离，以保证仪表和工作人员的安全。互感器实质上就是一种特殊类型的变压器，根据变压器的工作原理可知，变压器不仅可以改变一次绕组和二次绕组之间的电压比，而且还会改变一次绕组和二次绕组之间的电流比，利用变压器的这一性能，可以把高电压按规定的比例降低，以扩大电压量程，也可以把大电流按规定的比例减小，以扩大电流量程，这就是互感器最基本的工作原理。

1. 电流互感器的结构与工作原理

电流互感器的接线图及其符号如图 9—2 所示。图中 L1、L2 为一次绕组，匝数 W_1 很少，K1、K2 为二次绕组，匝数 W_2 较多，两个绕组的 L1 与 K1 是同极性的。一次绕组与被测电路串联，流过被测电流，它是电流互感器的一次电流。二次绕组与电流表或其他仪表的电流线圈相连接。根据变压器工作原理，可以得到：

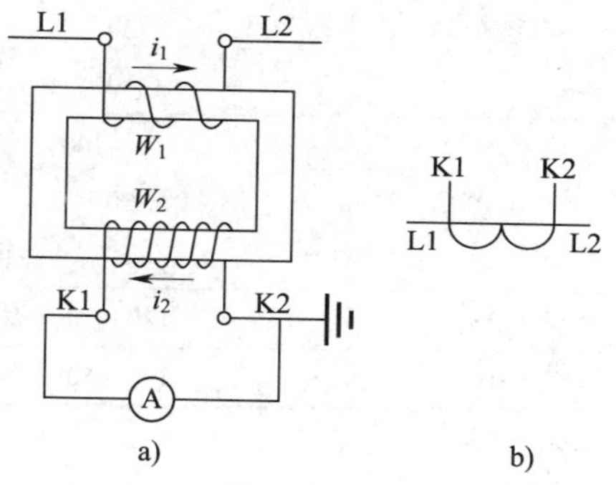

图 9—2　电流互感器的接线图及其符号

a）接线图　b）图形符号

$$\frac{I_1}{I_2} = \frac{W_2}{W_1} = K_i$$

式中　K_i ——电流互感器的电流比。

上式也可写成：$I_1 = \frac{W_2}{W_1} I_2 = K_i I_2$

可见只要测出 I_2，就可以得出被测电流 I_1，也就是使用电流互感器后将电流表的量程扩大 K_i 倍，实际上与电流互感器配套的交流电流表刻度也已经按乘上 K_i 后的数值标出，所以可以在交流电流表的刻度上直接读出交流电流数值。电流互感器的一次绕组的额定电流有多种规格，如 200 A、300 A、600 A、1 000 A 等，但电流互感器二次绕组的额定电流一般都设计为 5 A。例如 300 A/5 A、1 000 A/5 A 等，因此与电流互感器配套使用的交流电流表的量程应选择 5 A。

由于变压器存在空载电流 I_o，所以变压器的电流比与匝数比之间是存在误差的，电流互感器也不例外。为了减小空载电流、减小误差，电流互感器铁芯中的磁通密度取得很低，铁芯尺寸也较大，电流互感器的误差可分为变比误差（简称比差）和相角误差（简称角差）两种。所谓比差就是指按变流比测量所得的测量值与一次侧电流真值相比较的相对误差，即数值大小的误差；所谓角差是指一次电流与二次电流在相位上的误差。其准确度分为0.2、0.5、1.0、3.0、10 五个等级。由于电流互感器的电流是随主电路负载变化的，其误差大小还与电流大小有关。各级的误差见表9—1。

表9—1　电流互感器的准确度等级和允许误差

准确度等级	一次绕组电流（以对额定电流的百分比表示）（%）	电流允许误差（%）	角度允许误差（%）
0.2	120～100 20 10	±0.2 ±0.35 ±0.5	±10 ±15 ±20
0.5	120～100 20 10	±0.5 ±0.75 ±1.0	±40 ±50 ±60
1.0	120～100 20 10	±1.0 ±1.5 ±2.0	±80 ±100 ±120
3.0	120～50	±3	未定标准
10	120～50	±10	未定标准

两种常用的电流互感器的外形如图9—3所示。图9—3a为穿芯式电流互感器，它的特点是没有一次线圈，使用时应该把大电流铜排或电缆穿过电流互感器的铁芯，作为一次线圈。

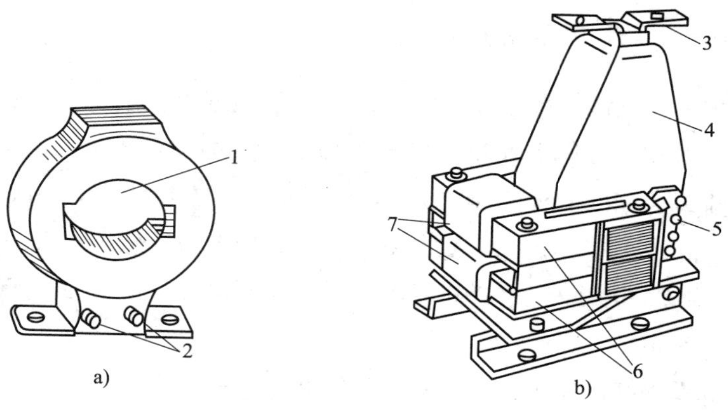

图9—3　两种常用电流互感器的外形

a）穿芯式电流互感器　b）电流互感器

1—一次绕组母线穿孔　2，5—二次绕组接线端　3—一次绕组接线端　4—一次绕组　6—铁芯　7—二次绕组

2. 使用电流互感器的注意事项

（1）电流互感器的选择。用于供配电线路的电流互感器的二次侧额定电流为5 A，都是配用5 A量程的交流电流表，使用时应根据被测电流的范围选择合适的电流互感器的一次侧额定电流与变流比，如200 A/5 A、500 A/5 A等。同时还要注意电流互感器额定电压的选择，电流互感器的额定电压等级必须与被测线路电压等级相适应。

（2）电流互感器二次侧不允许开路，这一点是应该特别强调的。电流互感器和普通变压器不一样，电流互感器的正常工作状态是短路状态，它的一次绕组是与负载串联的，其中，I_1大小取决于负载的大小，不是取决于二次绕组电流I_2。此时电流互感器的磁通是由一次侧、二次侧的I_1和I_2两个电流共同产生的。当二次绕组开路时，I_2为零，但是一次电流I_1不会像普通的变压器那样，因为I_2的减小而相应减小，I_1电流不会有变化，因为它是由负载决定的。此时，由于二次绕组I_2为零，二次绕组的磁通势立即消失，这样电流互感器铁芯中的磁通全由一次绕组的磁通势产生，结果造成铁芯内存在很大的磁通，从而使铁芯将因磁通饱和产生过热，而且在二次绕组的开路端口又会感应出高压，造成绝缘击穿，危及人身安全。所以电流互感器的二次绕组严禁开路，因此在使用时，不允许在电流互感器二次侧电路中装设熔断器。在电流互感器的一次电路接通的情况下，如需要拆除或更换二次侧仪表时，首先应将电流互感器的二次侧短路，然后才能拆除或更换二次侧仪表，以免在操作过程中造成二次侧开路。

（3）安装电流互感器时，电流互感器的铁芯及二次绕组的一端应该同时可靠接地，特别是高压电流互感器。

（4）电流互感器在连接时，必须注意一次侧、二次侧接线端的极性。一次侧和二次侧的电流正方向应如图9—2所示，此时I_1与I_2是同相的，如果接错不仅会使功率表、电能表倒走，在三相测量电路中还会引起其他严重故障。

三、交流电流表的使用方法

1. 交流电流表的接法

测量交流电路电流与测量直流电流一样，要将交流电流表串接于被测电路中，如图9—4a所示，但交流电流表接线时不需要考虑极性。用交流电流表测量交流电流时，绝对不可将电流表的接线端与被测电路并联，如图9—4b所示，这样不仅会使电流表烧坏，同时将引起电路短路事故。

2. 交流电流表的量程选择

与选择直流电流表的量程一样，应根据被测电流大小来选择交流电流表的量程，使选择的量程大于被测电流的数值。不要将小量程的电流表接入大电流的电路，以免电流表因

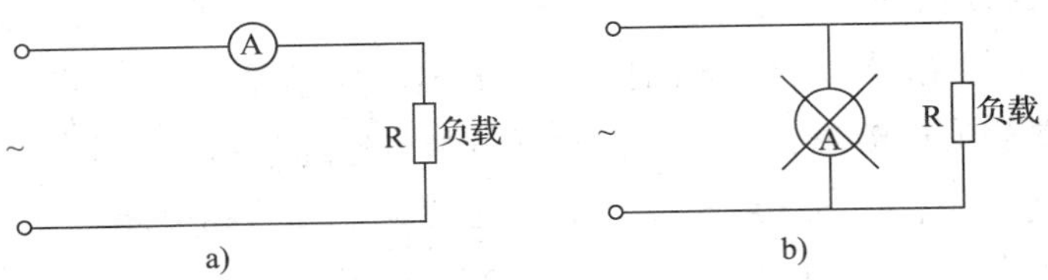

图9—4 交流电流表的接法

过载而损坏。为了减小测量误差，选择交流电流表的量程还应注意使电流表的指针工作在不小于满刻度值的2/3区域。

四、钳形电流表

使用电流表直接测量电流时，必须断开电路以后再把电流表串入电路中才能进行测量，这样当电路正在工作时就无法进行测量了。为了做到在不断开电路的情况下就能测量电流，可以使用钳形电流表。钳形电流表有钳形交流电流表（如T-301型）和钳形交直流电流表（如MG-20型）。钳形交流电流表实际上是穿芯式电流互感器与整流系电流表组合而成的便携式交流电流测量仪表。

电流互感器的二次线圈接到电流表上，电流互感器的铁芯做成可开可闭的钳形，测量时捏住手柄打开铁芯，使通电导线穿过铁芯，然后再松开手柄使铁芯闭合，此时通电导线相当于电流互感器的一次线圈，接在二次线圈的电流表就能直接读出通电导线上的被测电流值。

钳形电流表大多有几挡量程，这是通过改变电流互感器的变流比来实现，量程的改变可以用手柄上的转换开关来调节。如T—301型钳形交流电流表的量程有10 A、25 A、100 A、250 A等几种，最大的量程达1 000 A。钳形电流表的外形如图9—5所示。

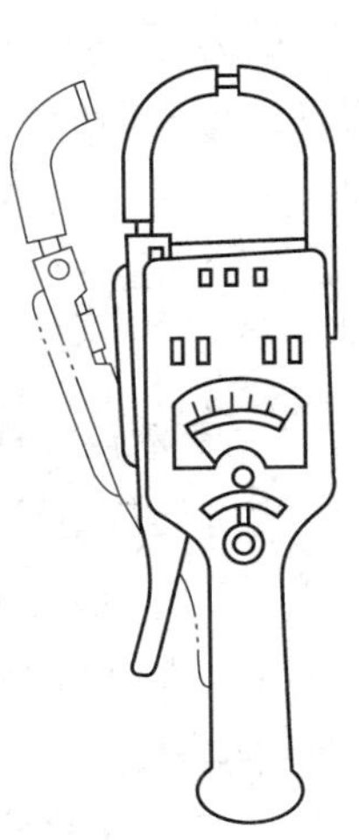
图9—5 钳形电流表的外形

钳形交直流电流表的工作原理与钳形交流电流表不同，钳形交直流电流表采用电磁系仪表，它是利用被测电流在铁芯中产生的磁场来吸引铁片，带动指针偏转。

一般来讲，钳形表的准确度较低，交直流两用的钳形表准确度则更低。

钳形电流表便于携带、使用方便，在电工测量中应用十分广泛。在使用钳形电流表测量电流时，应注意下列几点：

（1）用钳形电流表测量电流时，由于是直接手持钳形电流表在带电的线路上测量，因而要特别注意安全。钳形电流表只能测量低压电

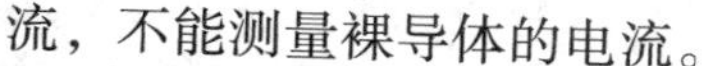

流，不能测量裸导体的电流。

（2）用钳形电流表测量电流时，要选择合适的电流量程。如果难以估计出被测电流大小，应先用最大电流量程测出大概数值，然后再用转换开关选择合适的电流量程进行测量。但不要在测量过程中转换量程挡位。

（3）测量小电流时，如果使用最小的电流挡位进行测量，电流读数也较为困难，则可以把被测导线在钳口铁芯上绕若干圈，这样就能使电流表读数增大若干倍，被测电流的实际值就等于电流表读数除以倍数。

第 2 节　交流电压的测量

一、交流电压表的组成

交流电压表大多数都采用电磁系仪表，也有采用电动系仪表及磁电系仪表和整流变换装置组成的整流系仪表。下面介绍采用电磁系仪表的电磁系交流电压表。

电磁系测量机构因为电流大，内阻小，表头的电压量程就很小，所以不能直接作为电压表使用。电磁系测量机构要做成电磁系电压表，其方法完全和磁电系电压表一样，也采用串联附加电阻的方法，附加电阻的计算方法也与直流电压表完全相同。电磁系交流电压表的组成如图 9—6 所示。串联不同数值的附加电阻就可制作多量程的交流电压表。

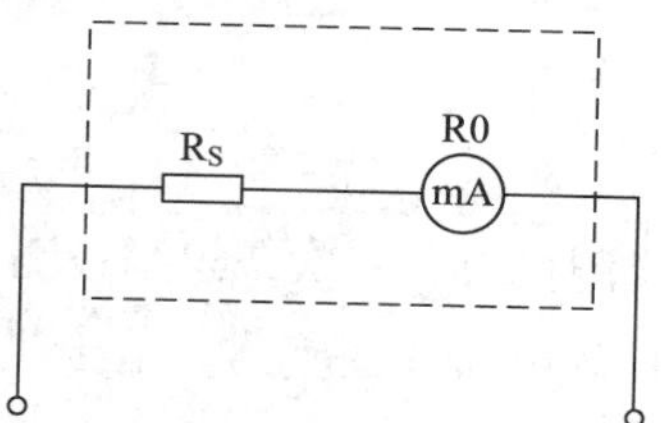

图 9—6　电磁系交流电压表的组成

由于电磁系表头一般的电流量程都为几十毫安，灵敏度较低，所以电磁系电压表的内阻（Ω/V）较小，仅为数十欧姆/伏。当电磁系电压表用在交流电力电路中测量交流电压时，由于电力电路的电阻都较小，因此电磁系电压表内阻对测量的影响不大。如果用在电子电路中测量交流信号的电压，电磁系电压表的内阻对测量的影响很大，因此不能使用，此时应该使用晶体管电压表，它是用晶体管放大、整流加上磁电系表头制成的，它的内阻很大，有关内容将在中级维修电工培训教材中介绍。

在交流高电压测量中，不采用串联附加电阻的方法来扩大量程，而是采用电压互感器，将高电压降低后再送入仪表进行测量。

二、电压互感器

1. 电压互感器的结构和工作原理

电压互感器测量电压的接线图及图形符号如图9—7所示。其中A、X为一次绕组，匝数W_1很多，a、x为二次绕组，匝数W_2很少，两个绕组的A与a是同名端（即同极性端）。

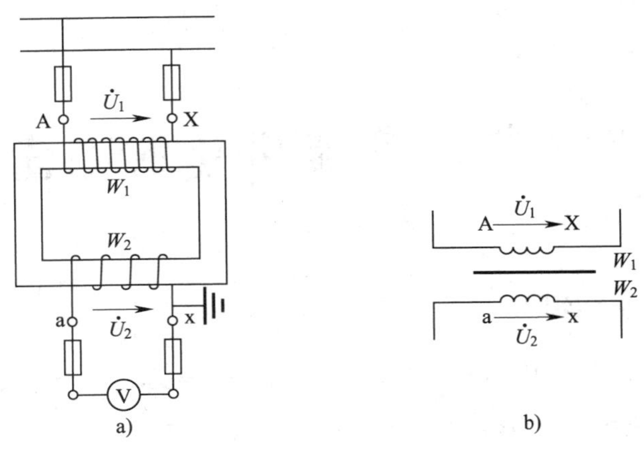

图9—7　电压互感器测量电压的接线图及图形符号

a）接法　b）图形符号

测量时，一次绕组与被测电路并联，二次绕组接电压表或其他仪表（功率表、电度表）的电压线圈支路。由于仪表的电压支路电阻较大，所以电压互感器的工作状态相当于一个降压变压器的空载状态。根据变压器工作原理，可得到：

$$\frac{U_1}{U_2} = \frac{W_1}{W_2} = K_U$$

式中　K_U——电压互感器的电压比。

上式可写成：

$$U_1 = K_U U_2$$

由此可知，只要测出二次电压U_2，就可以得出一次电压（即被测电压）$U_1 = K_u \times U_2$，使用电压互感器后将交流电压表扩大K_U倍。为了便于读数，实际上与电压互感器配套使用的交流电压表刻度值已经按乘上K_U后的数值标出，所以刻度上读出的就是被测电压U_1。为了便于使用，尽管电压互感器一次侧额定电压有6 000 V、10 000 V、35 000 V等，但电压互感器二次侧额定电压一般都设计为100 V，如6 000 V/100 V、10 000 V/100 V、35 000 V/100 V等。因此与电压互感器配套使用的交流电压表的量程应为100 V。

10 000 V/100 V 单相电压互感器的外形如图 9—8 所示。除了单相的以外，还有三相电压互感器。

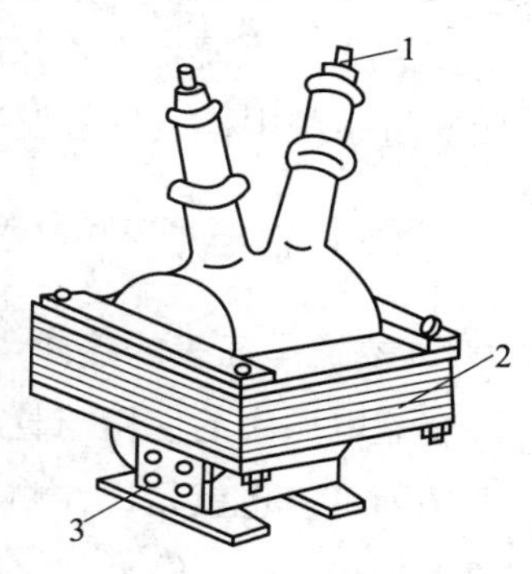

图 9—8　10 000 V/100 V 单相电压互感器的外形

1——一次绕组接线端　2—铁芯　3—二次绕组接线端

电压互感器的电压比与匝数比是存在误差的，这一误差主要是由线圈内阻、铁芯漏磁及铁芯损耗所产生的内阻抗上的压降引起的。为了减小内阻，在设计电压互感器的时候，选用的线圈导线粗、铁芯尺寸大、材料好，其结构尺寸比同容量的一般变压器要大得多。这样就可以使得互感器的电压比基本等于线圈的匝数比，以减小测量的误差，此外在结构上也可以采取一些措施，例如略微增加二次线圈的匝数以补偿内阻压降。

电压互感器的误差也可分为变比误差（简称比差）和相角误差（简称角差）两种。所谓比差就是指按电压比测量所得的测量值与一次电压真值相比较的相对误差，即数值大小的误差；所谓角差是指一次电压 U_1 与二次电压 U_2 在相位上的误差，在理想情况下，如果 U_1 与 U_2 的正方向如图 9—7 所示，应该是同相的，但是由于内阻抗的影响，U_1 与 U_2 存在一定的相位差，这就是角差。

电压互感器的准确度按照比差可分为 0.2、0.5、1.0、3.0 四个等级，各等级的误差见表 9—2。

表 9—2　　电压互感器的准确度等级和允许误差

准确度等级	电压允许误差（%）	角度最大误差（%）	准确度等级	电压允许误差（%）	角度最大误差（%）
0.2	±0.2	±10	1.0	±1.0	±40
0.5	±0.5	±20	3.0	±3.0	没有规定

2. 使用电压互感器的注意事项

（1）电压互感器的选择可从电压互感器的电压等级和容量两方面考虑。电压互感器一次侧的额定电压应略大于被测电压，二次侧的额定电压一般为 100 V，与电压互感器配套的交流电压表量程应为 100 V。电压互感器的容量应大于二次回路所有测量仪表的负载功率。

（2）电压互感器的一次侧和二次侧都不允许短路。电压互感器正常工作时二次侧近似为开路状态，如果二次侧短路则会烧毁电压互感器，为此电压互感器的一次侧和二次侧都应安装熔断器。

（3）安装电压互感器时，电压互感器的铁芯和二次线圈的一端要可靠接地，以防止一次、二次线圈之间绝缘损坏或击穿时，一次侧的高压窜入二次侧，危及人身与设备安全。

（4）电压互感器在连接时，必须注意一次、二次接线端的极性，不能接反，尤其是在三相测量系统中，接反将发生严重故障。

三、交流电压表的使用方法

1. 交流电压表的接法

交流电压表的使用与直压电压表的使用相同，只要把交流电压表的两端接到被测电压的两端即可。也就是说在测量某一支路的电压时，电压表应与被测支路并联，接线时也不需要考虑极性。

2. 交流电压表量程的选择

应根据被测电压大小来选择交流电压表的量程，使选择的量程大于被测电压的数值。不要将小量程的电压表接入高电压的电路以免电压表因过压而损坏。为了减小测量误差，选择交流电压表的量程还应注意使电压表的指针工作在不小于满刻度值的2/3区域。

测试题

一、判断题

1. 电流互感器使用时二次侧不允许安装熔断器。（ ）
2. 电压互感器正常工作时二次侧近似为开路状态。（ ）
3. 交流电流表应与被测电路串联。（ ）
4. 测量交流电压的有效值通常采用电磁系电流表并联在被测电路中来测量。（ ）
5. 钳形电流表实际上是电流表与电流互感器的组合，它能测量交流电流。（ ）
6. 电流互感器使用时二次侧不允许短路。（ ）
7. 互感器使用时一定要注意极性。（ ）
8. 电压互感器使用时二次侧不允许安装熔断器。（ ）
9. 电压互感器使用时二次侧不允许开路。（ ）
10. 电流互感器使用时二次侧不允许开路。（ ）

二、单项选择题

1. 电流互感器使用时二次侧不允许（ ）。

A. 安装电阻　B. 短接　C. 安装熔断器　D. 安装电流表

2. 电压互感器正常工作时二次侧（ ）。

A. 近似为开路状态　B. 近似为短路状态

C. 不允许为开路状态　　D. 不允许接地

3. 交流电流表应(　　)。

A. 串联在被测电路中，电流应从“+”端流入

B. 串联在被测电路中，不需要考虑极性

C. 并联在被测支路中，“+”端接高电位

D. 并联在被测支路中，不需要考虑极性

4. 测量交流电压的有效值通常采用电磁系电流表与被测电路(　　)来测量。

A. 断开　　B. 并联　　C. 串联　　D. 混联

5. 测量交流电压的有效值通常采用(　　)并联在被测电路中来测量。

A. 电磁系电流表　　B. 磁电系电流表

C. 电动系功率表　　D. 感应系电能表

6. 电磁系仪表测量交流电时，其指示值为交流电的(　　)。

A. 最大值　　B. 有效值

C. 平均值　　D. 绝对值的平均值

7. 用于供配电线路的电流互感器的二次绕组额定电流通常为(　　)A。

A. 1　　B. 2　　C. 5　　D. 100

8. 用于供配电线路的电压互感器的二次绕组额定电压通常为(　　)V。

A. 1　　B. 5　　C. 10　　D. 100

9. 把导线在钳形电流表的钳口内绕 3 圈，测得电流为 30A，则实际电流为(　　)A。

A. 3　　B. 10　　C. 30　　D. 90

测试题答案

一、判断题

1. √　2. √　3. √　4. √　5. √　6. ×　7. √　8. ×
9. ×　10. √

二、单项选择题

1. C　2. A　3. B　4. B　5. A　6. B　7. C　8. D　9. B

第 10 章

功率和电能的测量

第 1 节　功率的测量　/252

第 2 节　交流电能的测量　/258

第1节　功率的测量

一、功率表的组成及其工作原理

测量功率需要用到功率表，因为电路中功率与电压和电流的乘积有关，因此功率表必须具有两个线圈：一个用来反映被测电路的电压，称为电压线圈；另一个用来反映被测电路的电流，称为电流线圈。电动系测量机构具有两个线圈，如把可动线圈作为电压线圈来反映被测电路的电压，把固定线圈作为电流线圈反映被测电路的电流，即可构成电动系功率表。电动系功率表是交直流电路中测量功率最常用的仪表。

电动系功率表的原理示意图如图10—1所示。

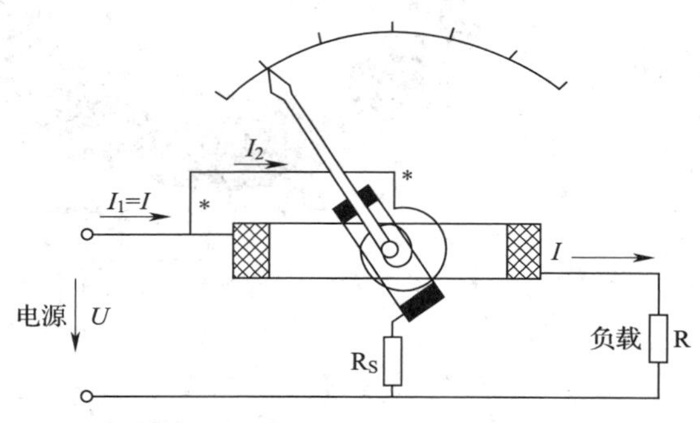

图10—1　电动系功率表的原理示意图

电动系测量机构的固定线圈的匝数较少，导线较粗，作为电流线圈，使用时与负载串联以反映电流的大小；可动线圈的匝数较多，导线较细，作为电压线圈，电压线圈再串联一个附加电阻，使用时与负载并联以反映电压的大小。

测量直流电路功率时，电流线圈中的电流 I_1 就是电路中的电流 I，即 $I = I_1$，电压线圈中的电流 I_2 为：

$$I_2 = \frac{U}{R_v}$$

式中　R_v——仪表电压线圈支路的电阻，包括线圈电阻和附加电阻。

此时，仪表指针的偏转角 α 与电压、电流的乘积成正比，也就是说与电路中的电功率成正比，即：

$$\alpha = KI_1I_2 = KI\frac{U}{R_V} = \frac{K}{R_V}UI = K_PP$$

电动系仪表两个线圈中通入交流电流时，指针的偏转角除与两个线圈的有效值成正比以外，还与两个电流之间相位差的余弦 cosφ 成正比。即：

$$\alpha = KI_1I_2\cos\varphi$$

测量单相交流电路功率时，电流线圈中的电流 I_1 为负载电流的有效值 I，电压线圈中的电流 I_2 与负载电压的有效值 U 成正比，此时指针偏转角 α 为：

$$\alpha = KI_1I_2\cos\varphi = KI\frac{U}{R_v}\cos\varphi = = \frac{K}{R_v}P$$

上式表明，电动系功率表用来测量交流功率，则其指针偏转角 α 与电路的有功功率成正比。由以上分析可知电动系功率表是交直流两用的，同时由于指针偏转角 α 与功率成正比，因而功率表的刻度是均匀的。

二、功率表的接线

功率表的电路图和接法如图 10—2 所示。图 10—2a 中圆圈和圈中垂直交叉的两条直线表示电动系功率表，功率表的电流线圈用一段水平的粗线来表示，电压线圈用一段垂直的细线来表示。电流线圈的接法与电流表一样是串联在电路中，使被测电流通过电流线圈；电压线圈与电压表内的附加电阻串联后作为功率表的电压测量支路，并联在被测电压的两端，接法与电压表相同。如果不画出电流线圈和电压线圈，可以在表示仪表的圆圈内标上字母 W 表示功率表，上面有四个接线端，左右两个表示电流线圈，上下两个表示电压测量支路，如图 10—2b 所示。功率表共有四个接线端，即两个电流接线端和两个电压接线端。

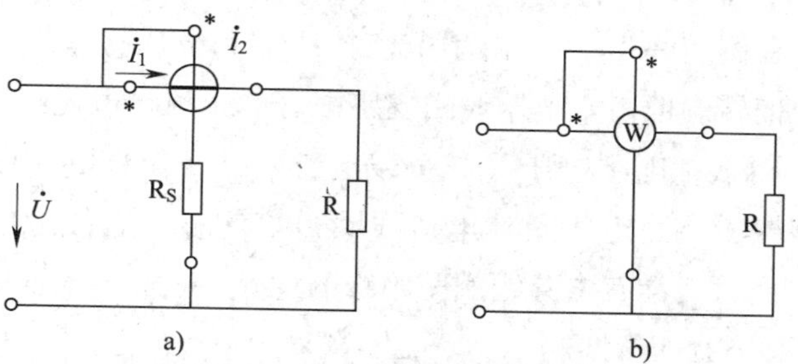

图 10—2　功率表的电路图和接法

电动系功率表的转动力矩和两线圈电流的方向有关，在测量功率时，只要其中一个线圈的电流方向接反，转动力矩就会改变方向，功率表的指针就会反向偏转，使读数为负。因而功率表的接线端是有极性的，为了使功率表在测量负载功率时读数正确，在功率表的电流接线端与电压接线端上，都可以看到其中的一个端钮标有“✶”号（或“±”号）

的标记端。在接线时有“✶”的电流接线端必须接在电源侧，而另一电流接线端接到负载端，电流线圈串联接入电路中。只要电流的正方向从“✶”端流入电流线圈，电压的正方向从“✶”端指向另一端（即电压线圈中的电流也从“✶”端流入），在测量某一负载的功率时，读数就一定是正的。

用功率表测量直流或单相交流电路的功率时，功率表的正确接法如图 10—3 所示。在测量负载的功率时，经常采用图 10—3a 所示电压线圈前接方式，此时电流和电压的两个标记端是连在一起，接在靠近电源的一端，所以这一标记端也常称为电源端。图 10—3b 所示的接法也是正确的，因为它同样保证了两个测量端钮中的电流都从标记端流入。

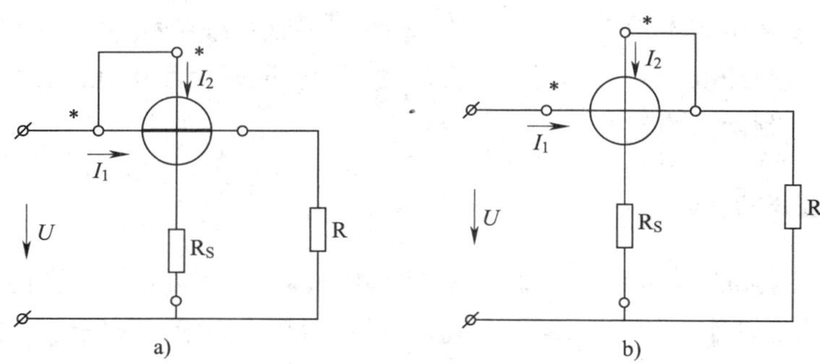

图 10—3　功率表的正确接法

a）电压线圈前接方式　b）电压线圈后接方式

功率表在使用中容易发生的几种错误接线如图 10—4 所示。在图 10—4a 中，有“✶”的电流接线端没有接在电源侧，而与负载端直接连接，电流线圈接反，功率表的指针将向负方向偏转。在图 10—4b 中，有“✶”的电压接线端接错，电压线圈接反，功率表的指针将向负方向偏转。在图 10—4c 中，由于电流接线端和电压接线端同时接反，此时功率表的指针并不会反向偏转。但由于电压线圈支路中可动线圈（电压线圈）的阻值比串联的附加电阻 R 的阻值小得多，电源电压（或负载电压）几乎全部降落在附加电阻 R 上，使得可动线圈（电压线圈）与固定线圈（电流线圈）之间存在着接近电源电压（或负载电压）的很大电位差，而可能会有击穿线圈间绝缘的危险。

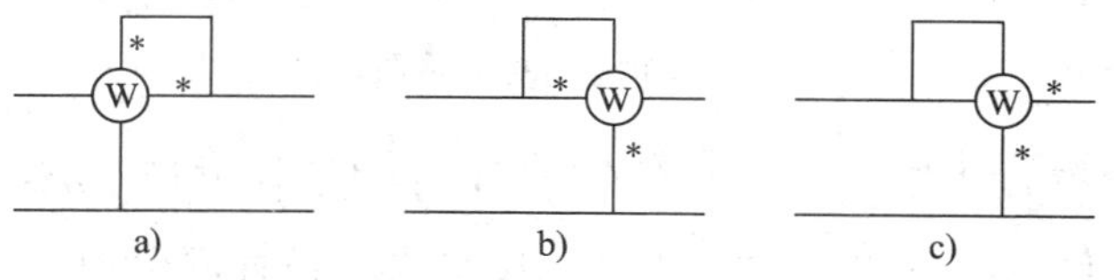

图 10—4　功率表的几种错误接线

a）电流接线端接反　b）电压接线端接反　c）电流接线端与电压接线端都接反

三、功率表的量程扩大与读数

1. 功率表的量程扩大

功率表的量程包括电流量程、电压量程、功率量程。装在开关板上的安装式功率表，通常只有一挡量程，可以直接读数。为适应不同负载电压和不同负载功率测量需要，实验室用的携带式功率表一般都是多量程的，通常电流量程有两挡，电压量程有两挡或三挡。在多量程的功率表的面板刻度上一般只刻有一条刻度尺，读数就不那么直观了。电动系功率表的电流线圈一般分成两段，所以电流量程的改变可采用电流线圈的串联或并联来实现，当两个电流线圈串联时，电流量程为 I；当两个电流线圈并联时，电流量程为 $2I$。功率表电压量程的改变也与前面介绍的电压表扩大量程方法一样，采用串联几个附加电阻的方法。由于电流量程和电压量程的扩大，功率量程便相应得到扩大。

多量程的电动系功率表的外形和内部接线图如图 10—5 所示。

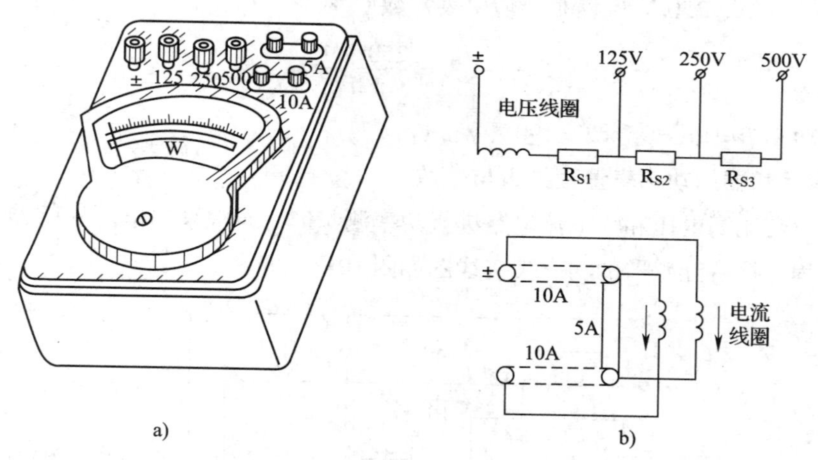

图 10—5　多量程的电动系功率表的外形和内部接线图

a）外形图　b）内部接线图

由图可知，功率表的电压量程有 125 V、250 V、500 V 三挡，电流量程有 5 A、10 A 两挡。电压量程的改变是采用附加电阻方法，电流量程的改变采用电流线圈的串联接法和并联接法。多量程功率表在接线时应注意不要将电流量程和电压量程接错。

2. 功率表的读数

对于多量程的功率表来说，功率表有几挡电压量程和电流量程，但刻度标尺却只有一条，在功率表的刻度标尺上不标瓦特数，只标分格数。在选用不同的电压量程和电流量程时，每一分格将表示不同的瓦特数。因此在使用时必须根据现选用的电压量程和电流量程以及标尺满刻度的格数求出各分格瓦特数 C（又称功率表常数），然后再乘以功率表上指针偏转的格数 n 就可得到所测量功率的瓦特数。即：

$$P = Cn$$

功率表常数 C 可由下式求出：

$$C = \frac{U_E I_E}{a_m}$$

式中 U_E——功率表选用的电压量程，V；

I_E——功率表选用的电流量程，A；

a_m——功率表满刻度的格数。

【例 10—1】 有一个 D26－W 型功率表，电流量程有 0.5 A、1 A 两挡、电压量程有 125 V、250 V、500 V 三挡，刻度板上的满刻度格数为 125，如在测量时电流量程采用 1 A，电压量程采用 250 V，现仪表读数为 95，测得的功率应为多大？

解：使用 1 A、250 V 量程时，功率表常数 C 为：

$$C = \frac{U_E I_E}{a_m} = \frac{250 \times 1}{125} = 2$$

测得的功率 $P = Cn = 95 \times 2 = 190$（W）

3. 接有互感器的功率表量程扩大与读数

当需要对交流高电压和大电流电路进行功率测量时，通常采用电压互感器和电流互感器来扩大量程。接有互感器的功率表接线图如图 10—6 所示。

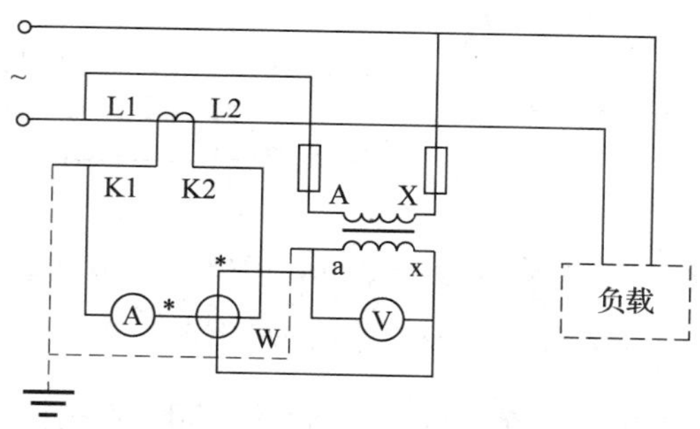

图 10—6 接有互感器的功率表接线图

通过互感器测量功率，接线时除了要注意功率表的标记端以外，还应该注意互感器的同名端，保证二次侧的电流（电压）与一次侧同相。例如一次侧电流从互感器 L1 端流入，则应该把二次侧的 K1 端接功率表的电流标记端；一次侧的电压从 A 指向 X，就应把二次侧的 a 端接功率表的电压标记端，否则功率表指针将倒走。图中电流互感器可以扩大电流量程，电压互感器可以扩大电压量程，此时被测电路的功率应为：

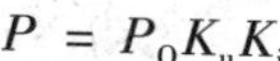

$$P = P_0 K_u K_i$$

式中　P_0——功率表的读数。

由上式可知，被测电路的功率等于功率表的读数乘以电流互感器的变比 K_i 和电压互感器的变比 K_u。这里要说明一点，与互感器配套使用的安装式功率表，通常表中功率刻度已经把这两个变比考虑在内。

在三相交流电路功率的测量中，通常用两个或三个功率表来测量电路的总功率，三相交流电路的总功率应该把这两个或三个功率表的读数相加。在开关板仪表中，通常把两个或三个电动系测量机构装在一个转轴上，做成一个二元三相功率表或三元三相功率表，使这两个或三个测量机构的力矩在转轴上直接相加，这样就可以在功率表上直接读取三相电路的总功率。三相交流电路功率测量的工作原理将在中级维修电工培训教材中介绍。

四、功率表的使用注意事项

1. 功率表量程的选择

功率表量程包括功率、电压、电流三个量程，功率量程一般就是电流量程与电压量程的乘积。选择功率表的量程实际上是选择功率表的电压量程和电流量程，使功率表的电压量程能承受被测负载电压或线路电压，使功率表的电流量程能允许流过被测负载的电流，不能只顾功率量程，不顾电流量程和电压量程。尤其在交流电路中电流不仅和功率、电压有关，而且与负载的功率因数有关。例如某一用电设备的功率为 1 kW，电压为 220 V，功率因数 $\cos\varphi = 0.7$，如采用图 10—5 所示的多量程功率表，此时功率表的量程应如何选择？首先应求出该用电设备的电路电流。如果不考虑功率因数的影响，该用电设备的电路电流 $I = \frac{P}{U} = \frac{1\ 000\ \text{W}}{220\ \text{V}} = 4.54\ \text{A}$，似乎功率表的电流量程可选择 5 A。但实际上应考虑功率因数的影响，此时该用电设备的电路电流 $I = \frac{P}{U\cos\varphi} = \frac{1\ 000\ \text{W}}{220\ \text{V} \times 0.7} = 6.5\ \text{A}$。因而功率表的电流量程应选择 10 A，才能保证功率表的电流线圈不过载，此时功率表的电压量程可选择 250 V，电流量程应选择 10 A。在实际功率测量中，为保护功率表，应接入电流表和电压表，以监视负载电流和电压，使之不超过功率表的电流和电压量程。

在测量功率时，功率表读数必须注意按所选择的电流量程和电压量程进行换算。

2. 功率表的接线方式选择

功率表的接线方式应根据被测电路情况进行选择，前面已介绍功率表的正确接线方式有两种，如图 10—3 所示。图 10—3a 称为电压线圈前接方式，适用于高电压、小电流负载，因为此时电压测量支路把电流线圈的电压降也计算在内，电压测量支路所测量的电压是负载和电流线圈的电压之和，功率表测得的功率是负载和电流线圈共同消耗的功率，小电流负载时电流线圈的功耗也小，可以忽略不计。图10—3b称为电压线圈后接方式，适用于低电压、大电流负载，因为此时电流线圈中的电流是负载和电压测量支路的电流之和，功率表测得的功率是负载和电压测量支路共同消耗的功率，因为负载电流大，则电压测量支路的电流相对就可以忽略不计，测量误差也就减小了。在一般情况下，多数采用电压线圈前接方式（即两个标记端接在一起连到电源端），因为功率表中的电流线圈的功耗都小于电压测量支路的功耗。

五、低功率因数功率表

在测量交流功率时经常会遇到一些低功率因数的负载，例如电动机、变压器的空载试验和运行。功率表在测量低功率因数的负载功率时，由于电路的电压、电流较大而功率较小，在满足电压、电流的量程后，功率的读数偏小，指针偏转角度不大，使得读数困难，相对误差增大。为此，仪表厂专门制造了一种低功率因数功率表，它与一般功率表的区别就是仪表的功率量程不是电压量程与电流量程的乘积，而是电压量程与电流量程的乘积再乘以系数0.1或0.2（这一系数称为仪表的功率因数 $\cos\varphi H$，应该说这一称呼不太确切，因为它实际上并不表示任何一条支路的功率因数），这样就大大减小了功率量程，使得指针的偏转角度增大，功率读数较为容易。低功率因数功率表的功率因数分0.1与0.2两种，在仪表的刻度板上注明，使用时应特别注意，它的功率量程是 $UI\cos\varphi H$。

第2节　交流电能的测量

大家对于交流电能的测量都比较熟悉，每家每户都有的电度表（也称交流电能表）就是用来测量交流电能的仪表，俗称“小火表”。在各企事业单位及电力系统中，各种交流单相与三相电度表使用也是十分广泛的。通常交流电度表（也称交流电能表）都是感应系仪表。本节主要对感应系仪表的结构、单相交流电度表（单相电度表）的工作原理及交流电能的测量作一介绍。

一、感应系仪表

1. 感应系仪表的结构

感应系仪表是利用两个或两个以上的线圈所产生的变化磁通，在导电的金属转盘上感应出来的交变电流与变化的磁通相互作用产生转动力矩的仪表。因此感应系仪表只能测量交流，由于感应系仪表转矩大，成本低，被广泛应用于交流电能测量仪表中，制成各种交流电度表。各种感应系电度表基本结构都大同小异，因为电能的大小与功率成正比，所以它与功率表一样有着电压线圈与电流线圈，可动部分用旋转的铝盘来替代指针，由载流线圈产生交变磁场，使铝盘中产生感应电流，感应电流又和交变磁场相互作用，产生驱动力矩，使铝盘旋转，其旋转速度与功率成正比。然后通过积算机构，将电能总和累计后再显示出来。

感应系单相电度表的结构如图10—7所示，它主要包括三个部分。

（1）驱动部分。它由电压线圈1、电流线圈7和可以旋转的铝盘5及转轴2等组成，用来产生转动力矩。电压线圈和电流线圈都绕在铁芯上。电压线圈由匝数较多的细导线绕制而成，与负载并联，接受负载电压；电流线圈由匝数较少的粗导线绕制而成，与负载串联，流过负载电流。铝盘安装在铁芯的气隙中，两个线圈产生的交变磁通都穿过铝盘，铝盘在交变磁通作用下感应产生涡流，并与磁通相互作用产生转动力矩。

（2）制动部分。它由永久磁铁6和铝盘5等组成，用于产生制动力矩。当铝盘转动时，必须有制动力矩去平衡转动力矩，才能使铝盘匀速旋转，其作用与指针式仪表中的反作用力矩相同。永久磁铁对铝盘产生制动力矩的原理与指针式仪表中磁阻尼器的工作原理相同，即铝盘转动切割磁感应线时产生涡流，涡流在磁场中受力产生制动力矩。

（3）积算机构。用来计算铝盘的转数，以达到累计电能的目的。它包括装在转轴上的蜗杆、蜗轮和计数装置（图中没有画出）。铝盘的转动通过蜗杆和蜗轮传到计数装置以累计铝盘的转动圈数，铝盘每旋转若干转便可使其中的字轮转动一个字，字轮由若干位组成，低位的字轮每转动一周（10个字）可以使高位的字轮转动一个字，显示出所测电能的度数。

2. 单相交流电度表（单相电度表）的工作原理

单相电度表的工作原理如图10—8所示。

电压线圈两端接上交流电压后，在线圈中产生交变磁通，这一磁通分成两部分，一部分穿过铝盘称为工作磁通，图中用 Φ_u 表示，另一部分不穿过铝盘而自行闭合的称为非工作磁通，用 Φ_f 表示；同时电流线圈中流入交流电流后，产生相应的交变磁通 Φ_i，称为电流磁通，它两次穿过铝盘，分别在图中标以 $\Phi_{i'}$ 和 $\Phi_{i''}$。穿过铝盘的三个磁通在铝盘中分别感应出三个涡流，这三个涡流和三个交变磁通相互作用产生转动力矩，驱动铝盘转动。通过进一步的理论分析可知，其转动力矩的大小正比于 $UI\cos\varphi$，即

$$T_1 = UI\cos\varphi = K_1 P$$

式中　U——电压线圈中负载电压的有效值；

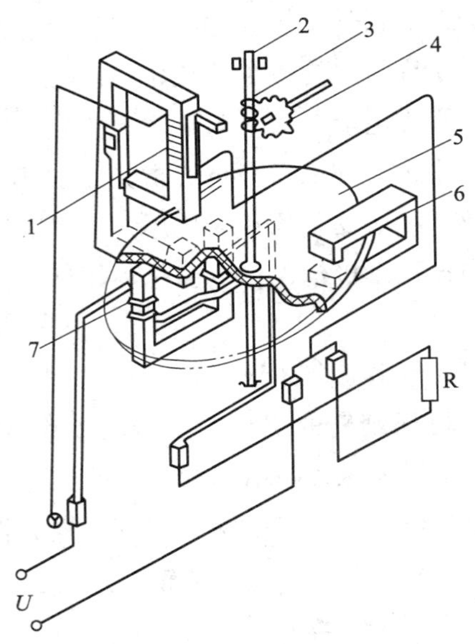

图 10—7　感应系单相电度表的结构

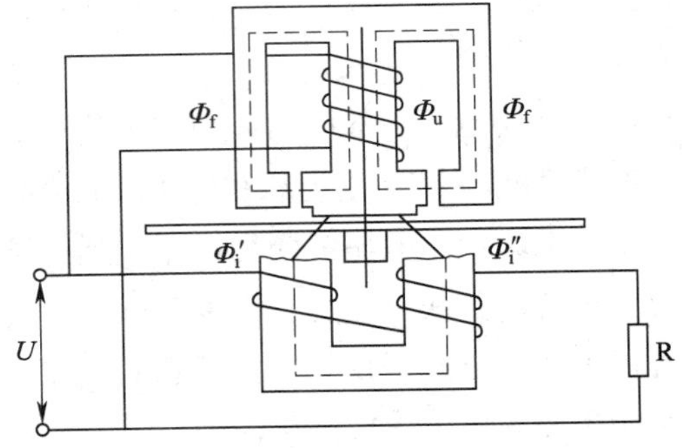

图 10—8　单相交流电度表的工作原理

I——电流线圈中负载电流的有效值；

φ——负载电压和负载电流之间的相位差。

因此，转动力矩的大小正比于负载的有功功率。

非工作磁通 Φ_f的大小是可以调节的，改变 Φ_f的大小可以改变电压 U 与工作磁通 Φ_u的相位差，以调整电度表运行的准确性。

转动力矩 T_1使铝盘旋转起来，铝盘切割永久磁铁的磁感应线产生感应电动势并在铝盘中产生感应电流，它和永久磁铁的磁通相互作用，就产生一个与铝盘旋转方向相反的制动力矩，制动力矩的方向和转动力矩方向相反。永久磁铁的磁通恒定不变，铝盘转得越快，切割磁感应线就越快，感应电流就越大，制动力矩也就越大。因此制动力矩的大小正比于铝盘转速，即：

$$T_2 = K_2 n$$

当制动力矩和转动力矩相等时，铝盘就保持匀速旋转，并带动积算机构进行计数。此时 $T_1 = T_2$，即 $K_1 P = K_2 n$。由此可得出：

$$n = \frac{K_1}{K_2} P = KP$$

由上式可知，铝盘转速与负载功率成正比。在某一时间 t 内负载消耗的电能 W 为

$$W = Pt = \frac{n}{K} t = \frac{r}{K}$$

式中 r 为铝盘在 t 时间内的总转数。

由上述分析可知，负载的功率越大，转动力矩就越大，铝盘转速也越快；用电时间越久，铝盘转的圈数就越多，积算机构累计的量也就越大。所以，最终只要知道铝盘的转数，就可以知道所测电能的大小。

在电度表铭牌上通常都注明每千瓦·时（1 kW·h）的转数。例如2 400 r/（kW·h）表示1 kW·h电能（即1度电）对应的铝盘转数为2 400转。这一数值称为电度表常数，一般电度表的电度表常数为75～5 000 r/（kW·h）。在日常工作中可以根据电度表铝盘的转速及电度表常数来测试用电设备实际功率的大小。设电度表常数为 K、负载功率为 P（W）、则运行 t 时间（min）后，电度表旋转的圈数 r 为：

$$r = K \times \frac{P}{1\,000} \times \frac{t}{60} = \frac{KPt}{60\,000}$$

设铝盘的转速为 n（r/min），则：

$$n = r/t = \frac{KP}{60\,000}$$

即：$P = \frac{60\,000\,n}{K}$

【例10—2】 某一用电回路的电度表的电度表常数为2 400 r/（kW·h），测得铝盘的转速为20 r/min，试求此时的负载功率。

解： $P = \frac{60\,000\,n}{K} = \frac{60\,000 \times 20}{2\,400} = 500$（W）

此时的负载功率为500 W。

3. 感应系仪表的特点

（1）只能用于交流测量。由于感应系仪表是靠交变磁通进行工作的，所以只能测量交流电。同时由于铝盘内感应涡流的大小与交流电的频率有关，仪表中转动力矩的大小也和频率有关。因此感应系仪表只能测量某一固定频率的交流电。

（2）仪表的转动力矩较大，过载能力较强，防御外界磁场干扰的性能较强。因为感应系仪表中的线圈都带有铁芯产生较强的磁场，仪表的电流线圈导线粗，流过电流较大，因而仪表的转动力矩较大，过载能力较强，由于仪表自身的磁场较强，所以防御外界磁场干扰的能力也较强。

（3）仪表的准确度较低。由于涡流的大小与铝盘的电阻有关，而电阻的大小又受温度影响，因此，感应系仪表的读数容易受温度的影响，仪表的准确度较低，一般家用电度表的准确度仅为2.0级。

二、交流电能的测量

1. 电度表的概述

电度表按其测量的相数分类，可分成单相电度表和三相电度表。三相电度表又可分成三相二元件电度表和三相三元件电度表。

电度表按其测量的是有功电能还是无功电能，又可分成有功电度表和无功电度表。

单相电度表的额定电压一般为220 V，用于220 V的单相供电线路。三相电度表的额定电压有380 V、380 V/220 V及100 V等规格，分别用于三相三线制、三相四线制及与电压互感器配套用于高压供电线路。

电度表的额定电流有1 A、2 A、3 A、5 A、10 A、25 A等规格。我国供电电源频率为50 Hz，所以我国电度表的工作频率为50 Hz。

2. 电度表的接线

测量单相交流电路的有功电能时，单相电度表的接线如图10—9所示。

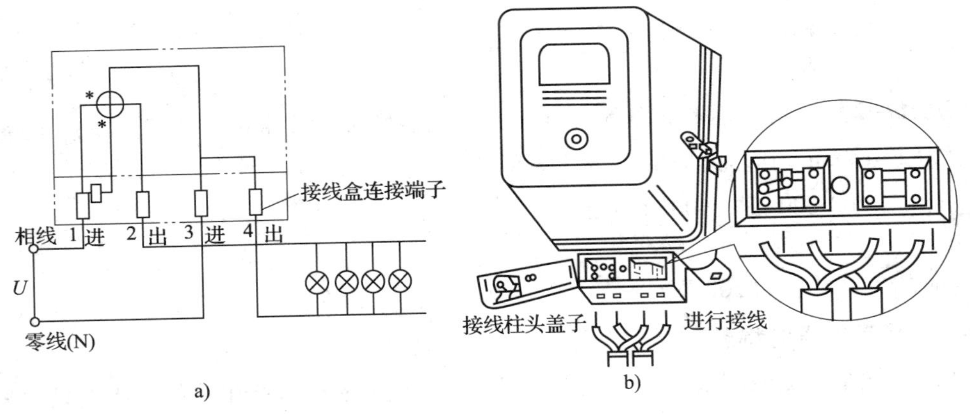

图10—9　单相电度表的接线

单相电度表都有专门的接线盒，电压线圈和电流线圈的电源端出厂时已在接线盒中用连接片连好。接线盒内设有四个引出线端钮，如把接线端自左至右编号，为1、3端接电源，2、4端接负载，相线由1进2出，3、4两端实际上内部是连接在一起的，应接零线，如图10—9所示。由图可知，电度表的接线与功率表相同，即电度表的电流线圈与负载串联，电压线圈与负载并联，两个线圈的电源端“★”号端钮连在一起接电源的相线。这种接法适用于低压（220 V）小电流的情况，一般家庭用的单相电度表都是采用这种接法。

如果要测量220 V低压较大容量的单相有功电能时，负载电流将超过电度表的额定电流，此时应通过电流互感器再接入电度表。采用电流互感器的单相电度表的接线图如图10—10所示。

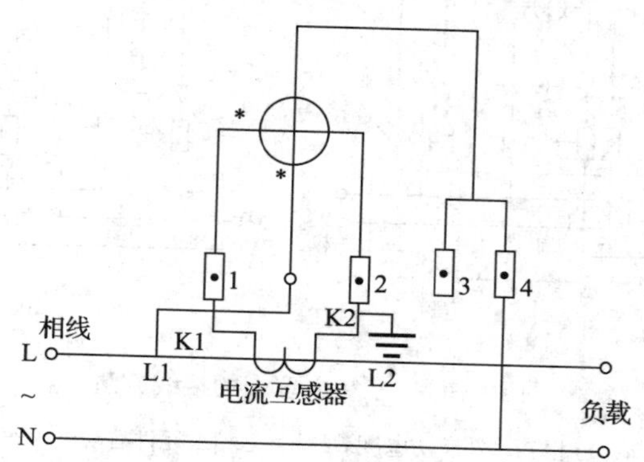

图10—10　采用电流互感器的单相电度表的接线图

电流互感器的一次侧与负载串联，二次侧与电度表的电流线圈串联。接入电流互感器时，应注意电流互感器一次侧和二次侧的极性，要保证接入电流互感器后流过电度表的电流线圈的相位与电度表直接接入电路时一致。电度表配用电流互感器，扩大了电度表的量程，其读数也要乘以电流互感器的变比才是实际的数值。例如电流互感器为100 A/5 A，因而选用5 A的电度表与电流互感器配套。此时就相当于将电度表的量程扩大了20倍，因而在计算该用电回路消耗的电能时，应把电度表直接测得的数据再乘以20才是该用电回路消耗的电能。

对于三相交流电路有功电能的测量，使用最多的是三相有功电度表，这样可以从刻度上直接读取三相交流电路总有功电能的数值。三相有功电度表可分为三相二元件有功电度表和三相三元件有功电度表，三相二元件有功电度表内部装有两个感应系测量机构，三相三元件有功电度表内部装有三个感应系测量机构。三相二元件有功电度表用于三相三线制电路交流有功电能的测量，三相三元件有功电度表用于三相四线制电路交流有功电能的测量。三相有功电度表接线如图10—11所示，图10—11a所示为三相三元件有功电度表，图10—11b所示为三相二元件有功电度表。

对于高电压（如6 kV、10 kV）、容量较大的三相供电线路，三相电度表一般采用电压互感器来扩大电压量程、电流互感器来扩大电流量程的接线方式。此时通过电压互感器、电流互感器的电度表的接线时也应注意电压互感器、电流互感器一次侧和二次侧的极性，要保证接入电压互感器、电流互感器后流过电度表的电压、电流线圈的相位与电度表直接接入电路时一致。

与上面一样，与电压互感器和电流互感器配套使用的电度表，其读数也要乘以电压互感器与电流互感器的变比才是实际的数值。

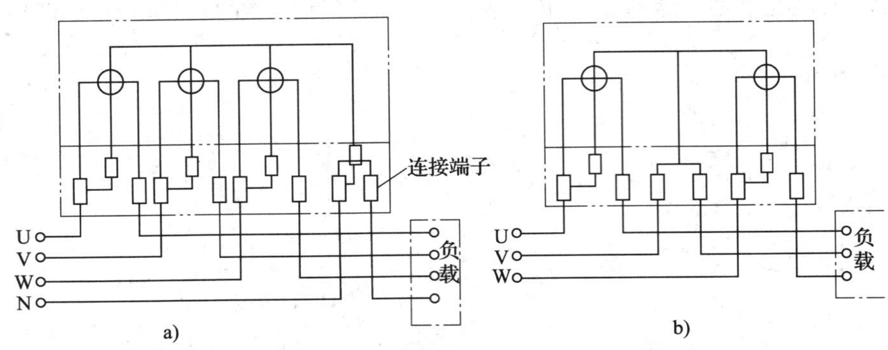

图 10—11　三相电度表的接线方法

a）三相三元件有功电度表　b）三相二元件有功电度表

3. 电度表的使用注意事项

（1）电度表的选择要合适。电度表的额定电压要与被测电压一致。通常单相交流电路的电源电压为 220 V，因而单相电度表的额定电压一般为 220 V。电度表的额定电流要大于被测电路的负载电流，但不能选得过大，否则将使电度表的误差增大。

（2）电度表的接线要正确。电度表的接线，尤其是采用互感器的电度表和三相电度表的接线比较复杂，接线较多，容易接错。因此在电度表接线时，必须按照图样要求进行接线。接线错误可能会造成电度表的反转，如电压、电流线圈极性接反，电压、电流互感器极性接反。但这里要说明一点，电度表的反转并不一定是接线错误，具体原因要进行分析。

（3）电度表的读数要正确。与电流互感器配套使用的电度表，其读数也要乘以电流互感器的变比才是实际的数值。与电压互感器和电流互感器配套使用的电度表，其读数也要乘以电压互感器与电流互感器的变比才是实际的数值。

测　试　题

一、判断题

1. 功率表的测量机构采用电动系仪表。（　　）
2. 电动系仪表可以交直流两用，既可以做成功率表，也可以做成电流表和电压表。（　　）
3. 功率表具有一个线圈，可作为电压线圈或电流线圈。（　　）

4. 测量单相功率时，功率表电压与电流的“＊”端连接在一起，接到电源侧。（　　）

5. 低功率因数功率表的功率因数分为0.1与0.2两种。（　　）

6. 低功率因数功率表特别适宜于测量低功率因数的负载功率。（　　）

7. 单相电能表的可动铝盘的转速与负载的电能成正比。（　　）

8. 感应系仪表只能测量某一固定频率的交流电能。（　　）

9. 测量三相功率必须使用三个单相功率表。（　　）

10. 电度表经过电流互感器与电压互感器接线时，实际的耗电量应是读数乘以两个互感器的变比。（　　）

11. 单相电度表的四个接线端中，自左至右1、2端为电流线圈的接线，3、4端为电压线圈的接线。（　　）

二、单项选择题

1. 功率表的(　　)采用电动系仪表。

A. 测量机构　　B. 测量电路　　C. 量程选择　　D. 接线方式

2. 测量单相功率时，功率表(　　)的接线方法是正确的。

A. 电压与电流的“＊”端连接在一起，接到电源侧

B. 电流的正方向从电流的“＊”端流入，电压的正方向从电压的“＊”端流出

C. 电压与电流的非“＊”端连接在一起，接到电源侧

D. 电压与电流的“＊”端连接在一起，接到负载侧

3. 功率表具有两个线圈：(　　)。

A. 一个电压线圈，一个电流线圈　　B. 两个都作为电压线圈

C. 两个都作为电流线圈　　D. 一个电压线圈，一个功率线圈

4. 某功率表电流量程有0.5 A及1 A两挡，电压量程有125 V、250 V、500 V三挡，刻度板上的功率满偏值为125，如果测量时电流量程采用1 A，电压量程采用250 V，功率表的读数为95，则测得的功率为(　　)W。

A. 47.5　　B. 95　　C. 190　　D. 380

5. 关于功率表，以下说法是错误的是(　　)。

A. 功率表在使用时，电压量程、电流量程都不允许超过

B. 一般的功率表，功率量程是电压量程与电流量程的乘积

C. 功率表的读数是电压有效值、电流有效值（它们的正方向都是从“＊”端指向另一端）及两者相位差的余弦这三者的乘积

D. 功率表的读数是电压有效值、电流有效值的乘积

6. 以下关于低功率因数功率表的说法正确的是(　　)。

A. 低功率因数功率表是电表本身的功率因数低

B. 低功率因数功率表的满偏值是电流量程与电压量程的乘积

C. 低功率因数功率表特别适宜测量低功率因数的负载功率

D. 低功率因数功率表是感应系仪表

7. 以下关于低功率因数功率表的说法错误的是(　　)。

A. 低功率因数功率表的功率因数分为0.1与0.2两种

B. 低功率因数功率表的满偏值是电流量程与电压量程的乘积

C. 低功率因数功率表特别适宜测量低功率因数的负载功率

D. 低功率因数功率表是电动系仪表

8. 单相电能表的(　　)的转速与负载的功率成正比。

A. 可动铝盘　　B. 可动磁钢　　C. 可动铁片　　D. 可动线圈

9. 测量三相功率通常使用(　　)单相功率表。

A. 两个　　B. 三个　　C. 四个　　D. 两个或三个

10. 电度表经过电流互感器与电压互感器接线时，实际的耗电量应是读数(　　)。

A. 乘以两个互感器的变比

B. 除以两个互感器的变比

C. 电度表读数就是实际耗电量

D. 只要乘以电流互感器的变比

11. 电度表经过电流互感器接线时，实际的耗电量应是读数(　　)。

A. 乘以电流互感器一次绕组的额定电流

B. 乘以电流互感器二次绕组的额定电流

C. 电度表读数就是实际耗电量

D. 乘以电流互感器的变比

12. 某一用电回路的电度表的电度表常数为2 400 r/（kW·h），测得铝盘的转速为20 r/min，这时的负载功率是(　　)W。

A. 250　　B. 500　　C. 1 000　　D. 1 200

测试题答案

一、判断题

1. √　2. √　3. ×　4. √　5. √　6. √　7. ×　8. √

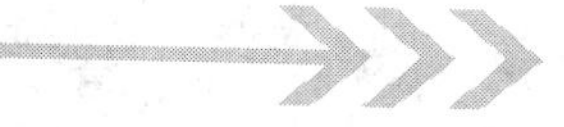

9. × 10. √ 11. ×

二、单项选择题

1. A 2. A 3. A 4. C 5. D 6. C 7. B 8. A 9. D
10. A 11. D 12. B

第 11 章

万用表和兆欧表

第 1 节　万用表及其使用　/270

第 2 节　兆欧表及其使用　/281

第1节　万用表及其使用

万用表是维修电工常用的一种多用途、多量程的便携式仪表。一般的万用表都具有测量交流电压、直流电压、直流电流以及电阻等功能，有的万用表还可以测量交流电流、电容和二极管及三极管的电流放大系数等。因此，万用表在电气设备的安装、维修及调试等工作中应用十分广泛。万用表有指针式万用表和数字式万用表两种。

一、指针式万用表（简称万用表）

1. 万用表的结构

万用表主要由三大部分组成。

（1）表头。表头是万用表进行各种测量的公用部分。一般都采用磁电系微安表，表头的电流量程为几微安到几百微安。表头电流量程越小，万用表的灵敏度越高，测量电压时表的内阻也越大。由于万用表是多用途、多量程仪表，一个表头在测量各种不同电量和使用不同的量程时要读出不同的数值，所以表头的刻度板上有几条标度尺，使用时应特别注意根据不同的测量对象及量程读出相应的读数。

（2）测量线路。万用表所测量的各种电量如交流电压与电流、直流电压与电流、电阻以及各种不同的量程，都是通过同一个表头来显示。由于表头是磁电系小量程的直流电流表，只能测量某一量程的直流电流，为了测量交流，必须通过整流电路把交流转换成直流电流，为了测量电阻也需要一套电路把电阻值转换成直流电流，此外还需要有各种分流、分压电路以扩大电流、电压的量程。所有这些附加电路统称为测量线路，它是万用表的关键部分，其作用是将各种不同的被测电量转换成磁电系表头能直接测量的直流电流。一般万用表包括多量程直流电流表、多量程直流电压表、多量程交流电压表、多量程欧姆表等几种测量线路。

（3）转换开关。转换开关是为了配合万用表中测量不同电量和量程要求，对测量线路进行变换，用于选择万用表测量的对象及量程。转换开关有几个活动触点和许多固定触点。当转换开关转到不同的位置时，活动触点就和某个固定触点闭合，从而接通相应的测量线路，实现了测量线路和测量功能的转换。转换开关的旋钮都安装在万用表的面板上，操作十分方便。

2．万用表的工作原理

各种不同型号的万用表测量线路是不同的，但其原理基本相似，现按照不同的测量功能简介如下：

（1）万用表的直流电压挡的工作原理。万用表的直流电压挡实际上是一个多量程的直流电压表，其工作原理电路如图 11—1 所示。被测电压加在“＋”“－”两端。R1、R2、R3 是串联的附加电阻，通过转换开关 S 进行连接，转换开关 S 换接到不同位置时，改变了与表头串联的附加电阻值，也就改变了电压量程。例如转换开关 S 换接到 U_1 位置时，附加电阻为 $R_1+R_2+R_3$，电压量程最大，当转换开关 S 换接到 U_3 位置时，附加电阻为 R_1，电压量程最小。图中低量程挡的附加电阻与高量程挡的附加电阻是公用的，因此称为公用式附加电阻电路。这种电路可以减少所使用的电阻元件，其缺点是一旦低量程挡的附加电阻损坏，则高量程挡也不能使用了。电压表的内阻越大，也就是仪表的灵敏度越高，从被测电路取用的电流越小，被测电路受到影响也越小。仪表的灵敏度用每伏欧姆数表示，由于万用表的表头采用磁电系微安表，因此灵敏度较高，如 MF30 型万用表直流电压挡的灵敏度为 20 kΩ/V。

（2）万用表的直流电流挡工作原理。万用表的直流电流挡实际上是一个多量程的直流电流表，其工作原理电路如图 11—2 所示。由图可见，被测电流从“＋”端流进，从“－”端流出。R1、R2、R3 是分流电阻，通过转换开关 S 进行切换，转换开关 S 换接到不同位置时，改变了与表头并联的分流电阻的阻值，也就改变了万用表的电流量程。

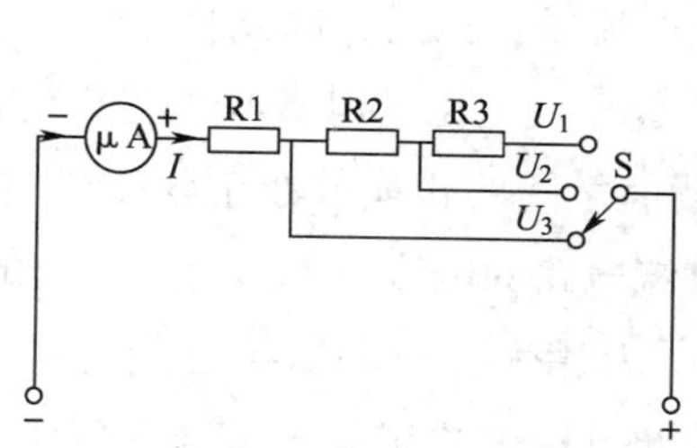

图 11—1　万用表的直流电压挡工作原理电路图

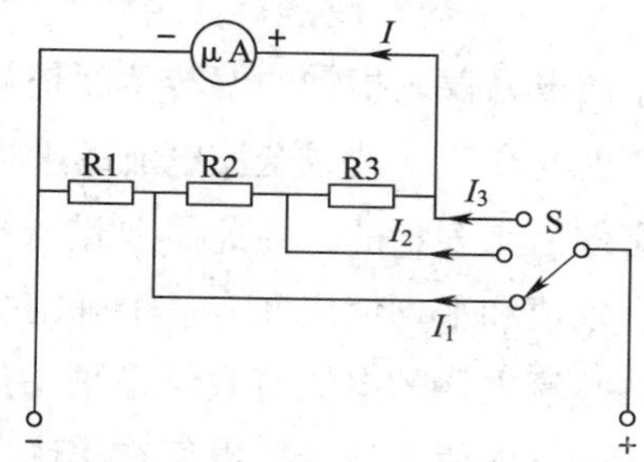

图 11—2　万用表的直流电流挡工作原理电路图

当开关 S 接到 I_1 位置时，分流电阻为 R_1，分流电阻最小，R_2、R_3 串入表头支路，此时电流量程为最大；当开关 S 接到 I_2 位置时，分流电阻为 R_1+R_2，分流电阻增大，R_3 串入表头支路，这时测量电路的分流比减小，所以电流量程就减小；当开关 S 接 I_3 位置时，分流电阻为 $R_1+R_2+R_3$，分流电阻最大，所以电流量程为最小。图中分流电阻与表头的这种接法，称为环形接法。为什么分流电阻要采用环形接法而不采用一挡量程换接一个分流电阻的简单接法？这是因为环形接法可以避免在改变电流量程切换开关位置时因分流电阻暂时断路所造成的电流全部通过电流表使得电流表烧毁的情况。

（3）万用表的交流电压挡工作原理。万用表的交流电压挡实际上是一个多量程的整流系交流电压表，其工作原理电路如图11—3所示。万用表的表头是磁电系仪表，只能直接测量直流，因此测量交流电压时，必须通过整流电路把交流转换为直流之后才能测量。磁电系仪表加上整流电路常称为整流系仪表，整流电路可采用半波整流电路和全波整流电路。如图11—3a所示的电路为采用半波整流电路的整流系交流电压表电路。被测交流电压加在“+”“-”两端，在正半周时，电流从“+”端流进，经二极管V1和微安表流出；在负半周时，电流不经过微安表直接经二极管V2从“+”端流出，通过微安表的是半波电流。如图11—3b所示的电路为采用全波桥式整流电路的整流系交流电压表电路。交流电压表的量程的改变与直流电压表一样采用串联不同的附加电阻来获得不同的量程。

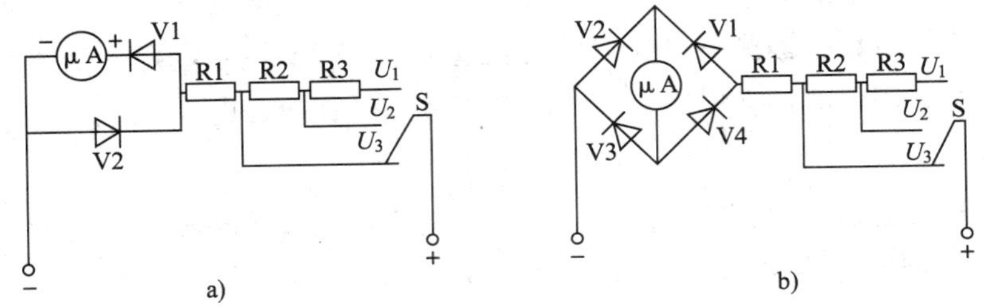

图11—3　万用表的交流电压挡工作原理电路图

a）半波整流电路　b）全波桥式整流电路

由于磁电系仪表指针的偏转角度是与表头中直流电流成正比的，因此整流系仪表指针的偏转角度与交流半波或全波电流的平均值（直流分量）成正比。但是习惯上交流电的大小是用有效值来表示的，为此需要进行平均值和有效值之间的转换。在正弦交流电路中，电流的有效值和平均值之间有一个确定关系。半波整流电路的电流有效值是平均值的1.57倍；全波整流电路的电流有效值是平均值的1.11倍。万用表交流电压挡的刻度尺是按照交流电压的有效值来标示，以便直接读出有效值。为此万用表的交流电压挡就只能用来测量正弦交流电压，不能用来测量其他波形的电压。万用表交流电压挡的灵敏度（每伏欧姆数）一般比直流电压挡的灵敏度低。

（4）万用表的电阻挡的工作原理。万用表的电阻挡实际上是一个多量程的欧姆表。下面对欧姆表工作原理进行分析。

1）欧姆表的工作原理。欧姆表测量电阻的原理电路如图11—4所示。由图可见，被测电阻R_X从a、b端钮接入，与电池、表头以及电阻R_s串联，通过测量电流的大小来求得被测电阻。电阻R_S阻值的选择应当满足当被测电阻$R_X=0$时（相当于a、b两点短路），电

路电流 I 为 I_m，表头指针能满刻度偏转，指针指在满刻度偏转位置。

在电池电动势 E、电流表内阻 R_A 及串联电阻 R_s 的阻值已知的情况下，电路电流 I 的大小就仅仅取决于被测电阻 R_x 的大小，即：

$$I = \frac{E}{R_A + R_s + R_X}$$

由上式可知：

在电池电动势 E 保持不变时，电流 I 的大小与被测电阻 R_X 的大小有着一一对应的关系，只要把电流表表头的刻度改为对应的电阻刻度，就可以直接在刻度上读出被测电阻的阻值。

被测电阻 R_X 的阻值越大，电路电流 I 越小，表头的指针偏转角也越小。当被测电阻 $R_X = 0$（相当于 a、b 两点短路）时表头指针能满刻度偏转，指针指在满刻度偏转位置。当被测电阻 $R_X = \infty$（相当于 a、b 两点开路）时，$I = 0$，这时表头指针指在零位。因此，被测电阻 R_X 在 0 ~ ∞ 变化时，电路电流 I 在满刻度 I_m 和 0 之间变化，表头指针则在满刻度和零位之间变化。因此万用表电阻挡的刻度显然与电流刻度是相反的，电流大说明电阻小。电流刻度是从 0 到满刻度值 I_m；电阻刻度则是从∞ ~0，如图 11—5 所示是某一万用表电阻挡的刻度尺。由于被测电阻 R_X 与表头电流不成线性关系，所以欧姆表的刻度是不均匀的。

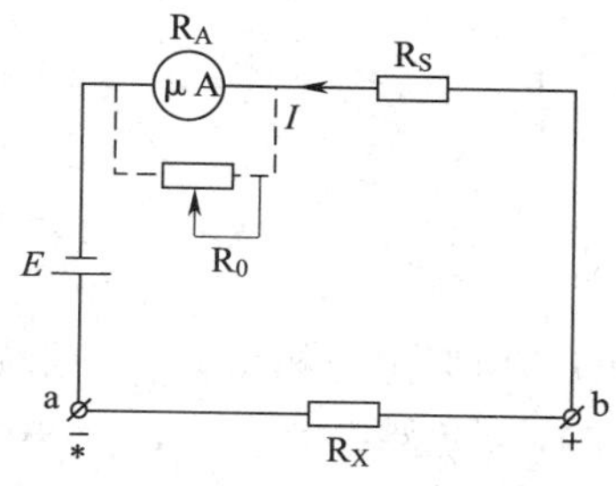

图 11—4　欧姆表测量电阻的原理电路图

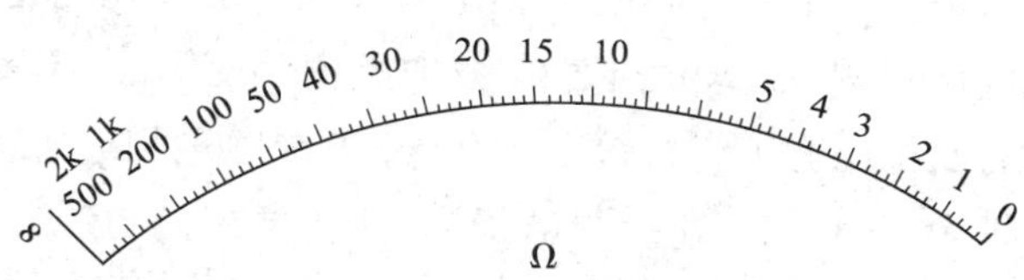

图 11—5　万用表电阻挡的刻度尺

上面的分析中，假定电池电动势 E 保持不变，但是实际应用中电池电动势 E 是不可能保持不变的。为了保证在电池电动势 E 下降时仍不影响欧姆表的测量准确度，在表头两端并联一个可变电阻 R 0，如图 11—4 中虚线部分。当电池电势 E 下降，$R_X = 0$（相当于 a、b 两点短路）时，表头指针不能满刻度偏转，此时可以调节可变电阻 R 0使表头指针能满刻度偏转，因此可变电阻 R 0称为欧姆调零电位器。

2）欧姆中心值。欧姆表测量电阻时表内的电阻为 $\frac{R_A \times R_0}{R_A + R_0} + R_s$，称为欧姆表的内阻。

由上述分析可知，当 $R_x=0$ 时，欧姆表中的电流 I_m 为满刻度电流；当被测电阻 R_X 和欧姆表的内阻相等时，则欧姆表中的电流必为满刻度电流 I_m 的一半，指针将指在标度尺中间。因此，欧姆表标度尺的中心值就是欧姆表的内阻值，通常称为欧姆中心值。它的大小在欧姆表刻度上可以看出，例如图 11—5 中刻度的欧姆中心值是 15 Ω。

由于欧姆表的分度是不均匀的，一般在靠近欧姆中心值的一段范围内，分度较细，读数也较准确。所以使用欧姆表时，应根据被测电阻值，选择欧姆中心值与被测电阻值相近的电阻挡来测量。通常欧姆表标度尺的有效读数范围为欧姆中心值的 0.1 ~ 10 倍。

3）多量程欧姆表的工作原理。图 11—4 所示的电路只是用来说明欧姆表测量电阻的原理，为了能测量各种阻值的电阻，欧姆表都做成多量程欧姆表。实际上万用表中的欧姆挡有 R×1、R×10、R×100、R×1 k 及 R×10 k 等多挡量程，因此万用表中的欧姆挡实际上是一个多量程欧姆表，其原理电路如图 11—6 所示。

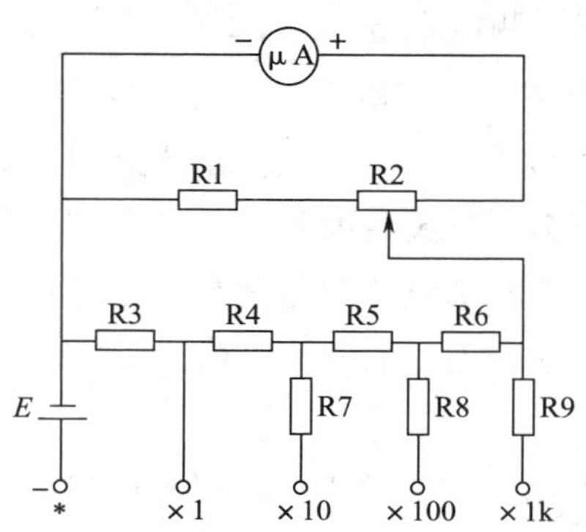

图 11—6　多量程欧姆表原理电路图

从电阻刻度上看，电阻的测量范围为 0 ~ ∞，似乎不需要扩大量程。但是实际上由于电阻刻度的不均匀，有效读数范围仅为欧姆中心值附近，当被测电阻 R_X 与欧姆中心值相差很大时，刻度非常密集，根本无法读取数值，因此必须扩大量程以便读取大阻值。电阻量程的扩大，不能像电流、电压量程的扩大那样理解为把满刻度电流扩大多少倍，因为每一挡电阻量程的刻度范围都是 0 ~ ∞，电阻量程的扩大应该理解为把欧姆中心值扩大一定的倍数。以图 11—5 所示电阻刻度尺为例，R×1 挡时欧姆中心值为 15 Ω，R×10 挡时欧姆中心值就应该是 150 Ω，R×100 挡应为 1 500 Ω。由以上分析可知，当欧姆中心值扩大了 10 倍，也就是欧姆表的内阻扩大了 10 倍，为了使表头指针在被测电阻为零时达到满刻度电流值（即 0 Ω），电流表的量程就必须相应减小 10 倍。因此把电阻量程扩大 10 倍时需要完成两项工作，一是把电流表的量程减小 10 倍，二是把欧姆表的内阻增大 10 倍。由图 11—6 所示电路可知，电阻量程的改变是通过改变表头的分流电阻来实现的。图中 R3、R4、R5、R6 分别为 R×1、R×10、R×100、R×1 k 倍率挡的分流电阻，它们组成环形分流器。低阻挡用小的分流电阻，高阻挡用大的分流电阻，扩大电阻量程的过程，就是减小电流表量程的过程，由于电阻量程每挡扩大 10 倍，所以分流电阻设计时做到电流量程每挡为上一挡的 1/10。R7、R8 和 R9 为 R×10、R×100、R×1 k 倍率挡的串联电阻，它们的作用就是用来增大各挡的欧姆表的内阻。

图中电位器 R 2称为调零电位器。它与电阻 R_1 串联后与表头并联，其作用是在被测电

阻 R_x 阻值为零时调整表头电流指到满刻度电流值（即 0 Ω）用的。在用万用表测量电阻时，测量前应先将“+”“-”两端短接，调整调零电位器，使指针指到 0 Ω（满偏）。

通常对于万用表的 R×10 k 挡，由于测量电流太小，即使把分流电阻开路，在电流量程已经减小到最小的情况下，往往还是无法使电流表的指针满刻度偏转，因而采用提高电池电压来使电流表的指针满刻度偏转，满足电路的要求。所以万用表的 R×10 k 挡一般都采用体积较小的 9 V 或 15 V 的叠层电池作为电源。

在测量各种阻值的电阻时应正确选择万用表中的欧姆挡，在用不同的量程测量电阻时，测得的读数应乘以相应的 1、10、100、1 000、10 000 等倍率。

在分析了万用表电阻挡的工作原理以后，可知用万用表测量晶体管时不能用 R×1 或 R×10 k 挡量程的原因，因为 R×1 挡测量电流较大，可能烧毁小功率的管子；R×10 k 挡测量电压较高，可能击穿耐压低的 PN 结。同时还可知，测量电阻时，被测电阻上电流的方向是从黑表棒（“-”负表棒）流向红表棒（“+”正表棒）的。因此用万用表欧姆挡去判别二极管的极性或三极管的类型及管脚时，必须注意红表棒和黑表棒的极性。万用表欧姆挡是将红表棒与内部电池的负极相连，黑表棒与内部电池的正极相连。

3. 万用表实际电路介绍与分析

上面介绍了万用表各种测量挡的基本工作原理，万用表的实际电路只是把各种测量线路组合起来然后通过转换开关进行切换。下面以 MF30 型万用表为例进行介绍与分析。

（1）测量范围。MF30 型万用表可以测量交、直流电压，直流电流及电阻。它的测量范围如下：

1）直流电流分五挡：50 μA、0. 5 mA、5 mA、50 mA、500 mA。

2）直流电压分五挡：1 V、5 V、25 V、100 V、500 V。

3）交流电压分三挡：10 V、100 V、500 V。

4）电阻分五挡：R×1、R×10、R×100、R×1 k、R×10 k。

它的面板图及原理电路图分别如图 11—7、图 11—8 所示。

（2）测量电路分析。下面结合 MF30 型万用表的原理电路图对各种测量电路加以分析。

1）直流电流挡的测量电路。由图 11—8 所示的 MF30 型万用表的原理电路图可得直流电流挡的测量电路，如图 11—9 所示。

被测电流从“+”端流进，从“-”端流出。分流电阻采用环形接法，和表头连成一个闭合回路。由图可知，利用转换开关可以进行 50 μA、0. 5 mA、5 mA、50 mA、500 mA 五个量程切换。转换开关 S 换接到不同位置时，改变了与表头并联的分流电阻的阻值，也就改变了万用表的电流量程。

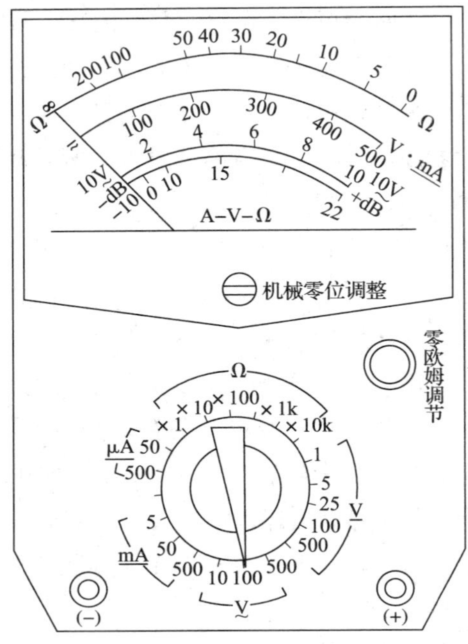

图 11—7　MF30 型万用表的面板图

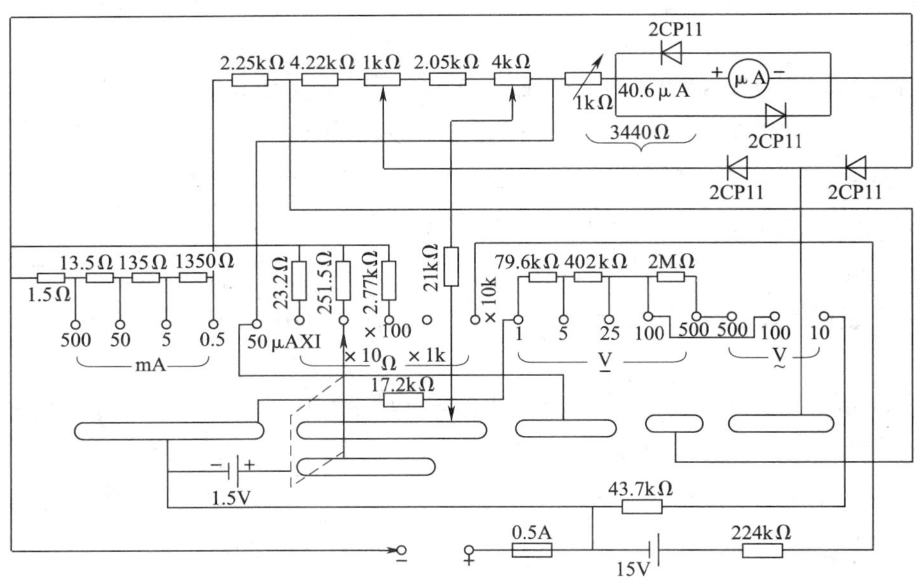

图 11—8　MF30 型万用表的原理电路图

图 11—9 中与表头反向并联的两只硅二极管 2CP11 的作用是利用其正向特性保护表头过载。

2）直流电压挡的测量电路。由图 11—8 所示的 MF30 型万用表的原理电路图可得直流电压挡的测量电路，如图 11—10 所示。

被测电压加在“＋”“－”两端。附加电阻采用公用式接法。由图 11—10 可知，利用转换开关可以进行 1 V、5 V、25 V、100 V、500 V 五个量程切换。转换开关 S 换接到不同位置时，改变了与表头串联的附加电阻的阻值，也就改变了万用表的电压量程。直流电压挡的灵敏度为 20 kΩ/V。

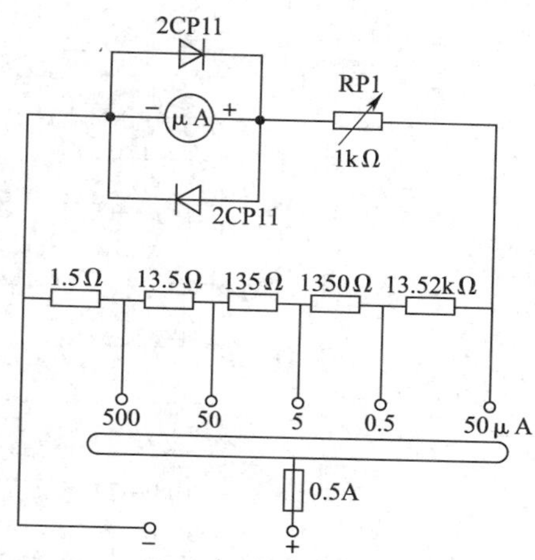

图 11—9　MF30 型万用表的直流电流挡的测量电路

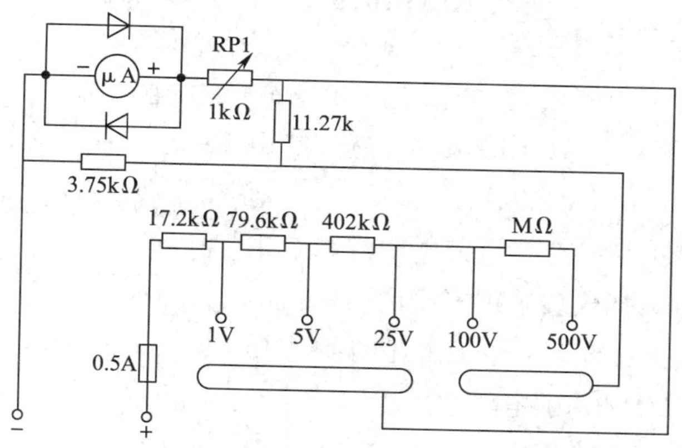

图 11—10　万用表的直流电压挡的测量电路

3）交流电压挡的测量电路。由图 11—8 所示的 MF30 型万用表的原理电路图可得交流电压挡的测量电路，如图 11—11 所示。

被测交流电压加在“＋”“－”两端。该测量电路采用半波整流电路。设正半周时，电流从“＋”端流进，经过串联的附加电阻和二极管 V1 流过万用表的表头，从“－”端流出。负半周时，电流从“－”端流进，经过二极管 V2 和串联的附加电阻直接从“＋”端流出。因而通过万用表的表头的电流是半波电流，表头的读数大小取决于该电流的平均值，为此需要将平均值转换为交流正弦电压的有效值。图中电位器 RP2 就是用来改变表盘标度尺刻度。附加电阻也采用公用式接法，由图可知，利用转换开关可以进行 10 V、100 V、

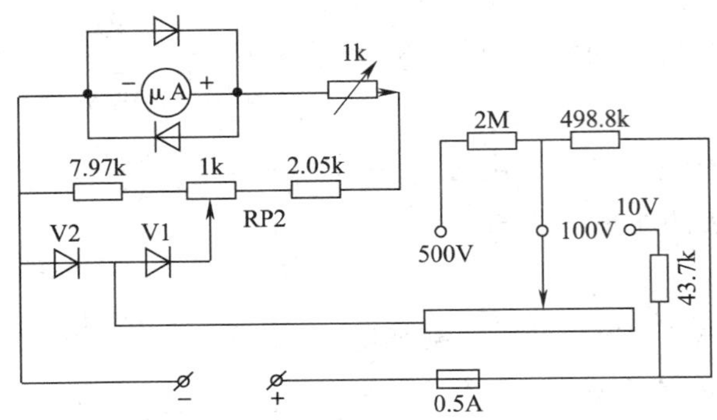

图 11—11　万用表的交流电压挡的测量电路

500 V 三个量程切换。转换开关 S 换接到不同位置时，改变了与表头串联的附加电阻的阻值，也就改变了万用表的电压量程。交流电压挡的灵敏度为 5 kΩ/V。

4）电阻挡的测量电路。由图 11—8 所示的 MF30 型万用表的原理电路图可得电阻挡的测量电路，如图 11—12 所示。

通过转换开关进行切换，共有五挡（R×1、R×10、R×100、R×1 k、R×10 k）可选。其中 R×1、R×10、R×100、R×1 k 四挡是在 1.5 V 电池情况下，通过转换开关切换改变分流电阻等阻值来改变量程，而 R×10 k 挡仪表采用提高测量电压的方法，即通过转换开关将 1.5 V 电池电压切换为 15 V 电池串联一个 224 kΩ 的附加电阻。

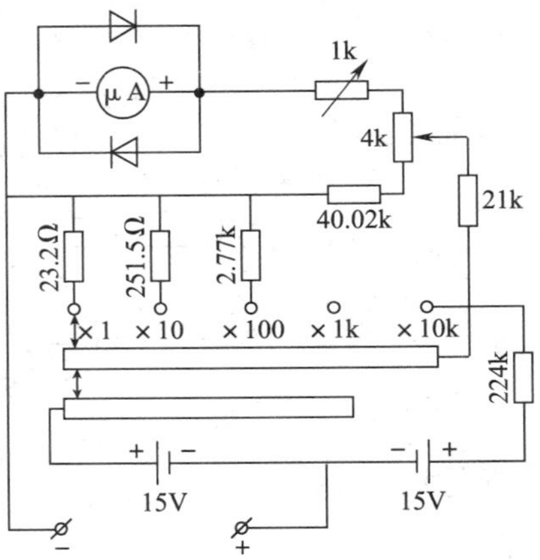

图 11—12　万用表的电阻挡的测量电路

4. 万用表使用时的注意事项

万用表的结构和电路都比较复杂，测量对象多，量程范围相差悬殊，使用中经常需要变换测量挡，稍一疏忽就可能造成万用表的损坏，因此使用万用表之前，必须熟悉各部件的作用，进行测量时应仔细小心，具体应注意以下几点。

（1）接线要正确。万用表一般配有红、黑两种颜色的测试棒，面板上也有“+”“-”（或“*”）极性的插孔，使用时应将红色测试棒的连接线插入标有“+”号的插孔内，黑色测试棒的连接线插入标有“-”号的插孔内。测量交直流电压时万用表应并联在被测电压上，测量直流电流时万用表应串联在被测支路中，绝对不能接错。测量直流电压与直流电流时，要注意万用表表棒的正、负极性，红色测试棒接正极，黑色测试棒接负极。在用万用表测量晶体管时，应牢记万用表的红表棒与表内部电池的负极相接，黑表棒与表内部电池的正极相接。

（2）选挡要正确，拨对转换开关的位置。选挡包括测量对象的选择和量程的选择。有些万用表用一个转换开关进行选择；有些万用表采用两个转换开关，一个选择测量对象，另一个选择量程。测量前一定要根据需要的测量对象（交直流电压、电流或电阻）及量程等选择好测量挡，将转换开关拨在正确的位置上。每次测量前都要检查，绝不能拿起测试棒就进行测量。使用时应先选择测量对象，再选择量程。如果测量对象选错，例如用电流挡或电阻挡测量电压，将会严重损坏万用表，对此应特别引起重视。选择量程时应使被测量值在所选量程的范围内，测量电压或电流时，指针应尽量落在量程的 1/3 或 2/3 以上；如对被测电压或被测电流的数值心中无数时，应选用最大量程挡进行测量，然后再根据所得数值转换到合适的量程挡进行测量。测量电阻时，指针应尽量落在欧姆中心值的 0.1 ~ 10 倍范围内。

（3）不能带电拨动转换开关。万用表使用中经常需要转换测量挡而拨动转换开关，此时应将电路断开，不能带电拨动转换开关。尤其是在测量较大电流时，如不事先将电路断开而转换量程，在转换量程过程中因切断电流可能产生火花，烧坏转换开关的触点。

（4）读数要正确。在万用表的表面盘上有多条标度尺，它们分别在各种不同测量对象和测量挡时使用。因此在读数时，要根据所选测量对象和测量挡选择对应的标度尺，避免读数差错。

（5）测量电阻时的注意事项。根据被测电阻的大小选择适当的欧姆倍率挡。具体应根据被测电阻值，选择欧姆中心值与被测电阻值相近的欧姆倍率挡来测量。测量前要把表棒短接，调节调零电位器，使指针指在 0 Ω，每次转换量程时都需要重新调节调零电位器，使指针指在 0 Ω。如果调节调零电位器不能使指针指在 0 Ω，则说明表中所用电池的电压不足，应更换新电池。此外，测量电阻时必须在电阻断电的情况下进行，否则不仅得不到准确读数，而且有可能损坏万用表。同时测量要在被测电阻至少有一端不与其他电路连接时进行。在测量高阻值的电阻时，不要用手捏住被测电阻的两端，以免把人体电阻并入被测电阻而加大误差。

（6）测量完毕后，为了避免下次测量时不注意选挡而损坏万用表，应将转换开关转到交流电压挡最大量程所在的位置上。

二、数字式万用表

数字式万用表是近几年发展起来的新一代仪表。由于数字式万用表具有使用方便、测量精确、显示清晰等优点，所以得到了广泛应用。现以 DT－930 型数字式万用表为例来说明它的测量范围和使用方法。

DT－930型数字式万用表可用来测量直流和交流电压、直流和交流电流、电阻、电容、二极管、三极管 h_{FE} 和频率等。电路采用大规模集成电路，采用四位半液晶显示板，工作可靠，具有自动调零、过量程显示及读数保持功能。

1. 测量范围

（1）直流电压分五挡：200 mV，2 V，20 V，200 V，1 000 V。输入阻抗为10 MΩ。

（2）交流电压分四挡：2 V，20 V，200 V，700 V。输入阻抗为10 MΩ。频率范围为40～400 Hz，显示正弦波有效值。

（3）直流电流分五挡：200 μA，2 mA，20 mA，200 mA，10 A。

（4）交流电流分四挡：2 mA，20 mA，200 mA，10 A。频率范围为40～100 Hz，显示正弦波有效值。

（5）电阻分六挡：200 Ω，2 kΩ，20 kΩ，200 kΩ，2 MΩ，20 MΩ。

（6）电容分五挡：2 000 pF，20 nF，200 nF，2 μF，20 μF。

（7）频率范围：10 Hz～20 kHz。

此外，DT－930型数字式万用表还可测量三极管的 h_{FE} 和进行二极管测试。

2. 操作面板说明

DT－930型数字式万用表的面板布置图如图11—13所示。

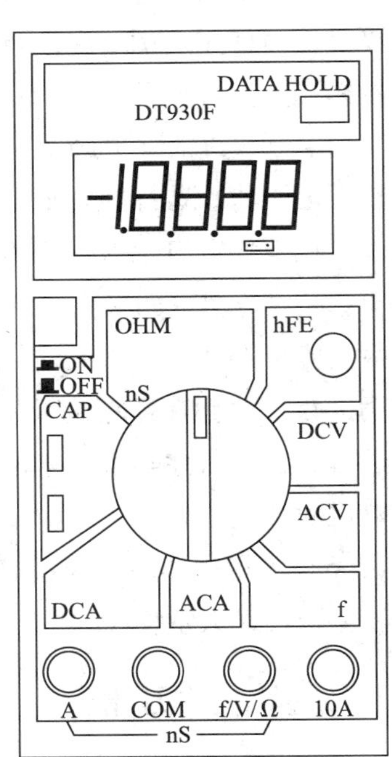

图11—13　DT－930型数字式万用表的面板布置图

（1）数字保持操作键DATA HOLD：按下时仪表工作于数据保持状态，当前测量结果被保持在显示器上。

（2）电源开关ON/OFF：按下时电源接通，松开时电源断开。

（3）量程转换开关：用以选择功能和量程。根据被测的对象（交直流电压、电流、电阻等）选择相应的功能挡；按被测量值的大小选择相应的量程。

（4）输入插座：COM为测试公共端，f/V/Ω为频率、电压和电阻测试输入端，A为200 μA ～200 mA电流测试输入端，10 A为10 A电流测试输入端。

（5）h_{FE} 为三极管 h_{FE} 测试插座。

3. 使用方法

（1）直流电压测量。将黑表棒插入COM插孔，红表棒插入V/Ω插孔。将量程转换开关转至相应的DCV量程上，然后将测试表棒跨接在被测电路上，红表棒所接的该点电压与极性显示在屏幕上。被测电压不能超过 1 000 V，如果事先对被测电压的数值心中无数时，应将量程转换开关转至最高挡位进行测量。测量时如在高位显 1，表明已过量程，需将量程转换开关转至较高的挡位上。

（2）交流电压的测量。将黑表棒插入 COM 插孔，红表棒插入 V/Ω 插孔。将量程转换开关转至相应的 ACV 量程上，然后将测试表棒并联跨接在被测电路上，红表棒所接的该点电压显示在屏幕上。被测电压不能超过 700 V。测量时如在高位显 1，表明已过量程。

（3）直流电流测量。将黑表棒插入 COM 插孔，红表棒插入 A 插孔（最大为 200 mA）或红表棒插入 10 A 插孔（最大为 10 A）。将量程转换开关转至相应的 DCA 量程上，然后将测试表棒串联接入被测电路上，流过仪表的电流值与极性就同时显示在屏幕上。测量时如在高位显 1，表明已过量程。

（4）交流电流测量。将黑表棒插入 COM 插孔，红表棒插入 A 插孔（最大为 200 mA）或红表棒插入 10 A 插孔（最大为 10 A）。将量程转换开关转至相应的 ACA 量程上，然后将测试表棒串联接入被测电路上，流过仪表的电流值显示在屏幕上。测量时如在高位显 1，表明已过量程。

（5）电阻的测量。将黑表棒插入 COM 插孔，红表棒插入 V/Ω 插孔。将量程转换开关转至相应的电阻量程上，将两表棒跨接在被测电阻上。如果电阻值超过所选量程的最大值时则会显示 1，这时应将量程转换开关调高一挡。当测量电路中的电阻时，应将被测电路的电源切断，如果电路中有电容器，应先将其放电后才能测量。

（6）电容测量。将被测电容插入电容插孔，将量程转换开关转至相应的电容量程上。如果电阻值超过所选量程的最大值时则会显示 1，这时应将量程转换开关调高一挡。

（7）频率测量。将表棒插入 COM 插孔和 f/V/Ω 插孔。将量程转换开关转至相应的频率量程上，将两表棒跨接在信号源或被测负载上。

（8）三极管 h_{FE}。将量程转换开关转至 h_{FE} 挡，根据所测三极管为 NPN 型或 PNP 型，将发射极、基极、集电极分别插入相应的插孔。

第 2 节　兆欧表及其使用

电气设备的绝缘性能是否良好，不仅关系到设备能否正常运行，而且关系到操作人员的生命安全。电气设备由于工作时的发热、受潮及老化等原因，绝缘性能往往会达不到要求，需要检修，检修前后都需要用兆欧表测量绝缘电阻。兆欧表俗称摇表，是一种专门测量绝缘电阻的直读式仪表。它的标度单位是兆欧，用 MΩ 表示，1 MΩ = 10^6 Ω。兆欧表的外形图如图 11—14 所示。

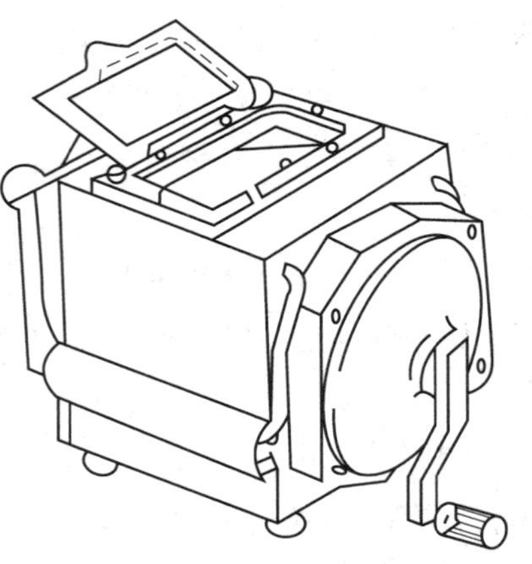

图 11—14　兆欧表的外形图

一、兆欧表的结构

通常兆欧表由两部分组成，一部分是由磁电系比率表组成的测量机构，另一部分是由手摇直流发电机组成的电源供给系统。

1. 磁电系比率表的测量机构

磁电系比率表的测量机构如图 11—15 所示。

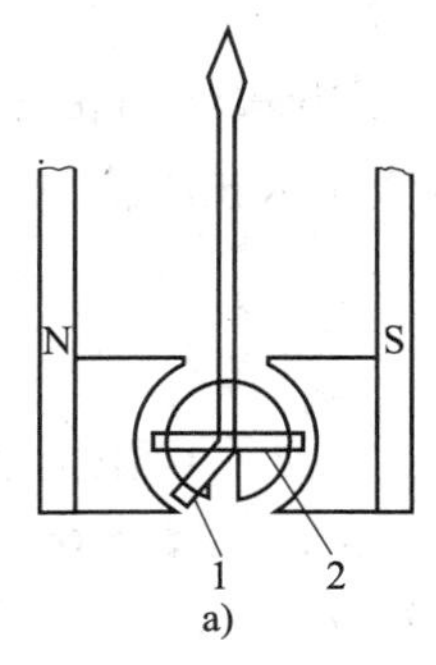

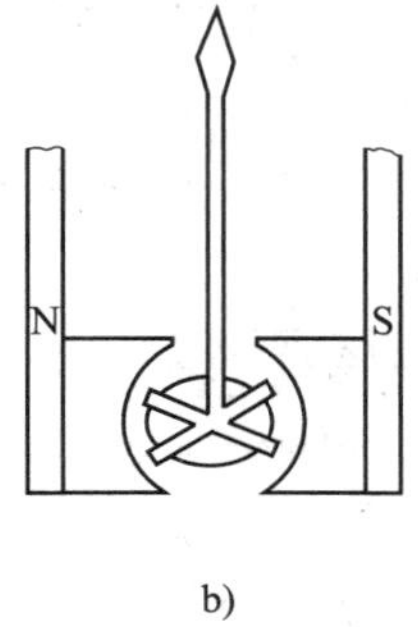

图 11—15　磁电系比率表的测量机构

由图 11—15 可知，可动部分有两个线圈，两个线圈装在同一转轴上，它们的绕向是相反的，线圈 1 的作用是产生转动力矩，作用与一般的磁电系仪表相同。线圈 2 的作用是产生反作用力矩，磁电系比率表的特点就在于此，它是没有游丝的，反作用力矩由线圈 2 的电磁力产生。由于没有游丝，在仪表未通电时，指针可以停留在任意的位置。线圈中的电流是由不会产生反作用力矩的柔韧的金属带引入的。固定部分包括永久磁铁、极掌、铁芯等部件，和一般磁电系测量机构不同之处在于它的极掌和铁芯的形状比较特殊，例如图 11—15a 所示的铁芯带有缺口，图 11—15b 所示的铁芯是椭圆形的，其目的是使铁芯和极掌间气隙不均匀，从而使气隙中的磁场分布不均匀。线圈 1 和线圈 2 通入电流后，分别产生转动力矩和反作用力矩。转动力矩不仅和线圈 1 的电流成正比，而且由于磁场分布不均匀，还和线圈 1 所处的位置有关，也就是与偏转角 α 有关，即 $T_1 = I_1 f_1(\alpha)$。

同理，反作用力矩不仅和线圈 2 的电流成正比，还和线圈 2 所处的位置有关，也就是与偏转角 α 有关，即 $T_2 = I_2 f_2(\alpha)$。

仪表的可动部分在转矩的作用下产生偏转，直到两个线圈产生的转矩相平衡。此时 $T_1 = T_2$，由此可得：

$$\alpha = f\left(\frac{I_1}{I_2}\right)$$

由上式可知，磁电系比率表的偏转角 α 只与两个线圈中的电流之比有关，而和其他因素无关，故称为比率表。比率表的读数与电源电压如手摇发电机产生的电压无关，所以手摇发电机转速快慢不影响仪表的读数，因为手摇发电机转速快慢仅引起手摇发电机产生的电压即电源电压波动，而两个线圈电流的比值 $\frac{I_1}{I_2}$ 不变，故不会影响仪表的读数。

2. 手摇发电机部分

兆欧表中的手摇发电机多数为永磁发电机，可以发出较高的直流电压，常用有 250 V、500 V、1 000 V 和 2 500 V 几种规格，可按照测量要求来选用。近年来，随着电子技术的发展，某些型号（如 ZC26、ZC30）的兆欧表已经采用晶体管直流变换器来代替手摇发电机。晶体管直流变换器将电池的低压直流转换成高压直流，取消了手摇发电机，兆欧表的使用就更方便了。

二、兆欧表的工作原理

兆欧表的原理电路如图 11—16a 所示，图中 G 表示手摇发电机，1、2 为磁电系比率表中的两个可动线圈。R_A 和 R_V 是串接在两个线圈中的限流电阻。兆欧表有三个接线端钮：线路端钮 L、接地端钮 E 以及屏蔽端钮 G，被测绝缘电阻 R_X 接在 L、E 之间。

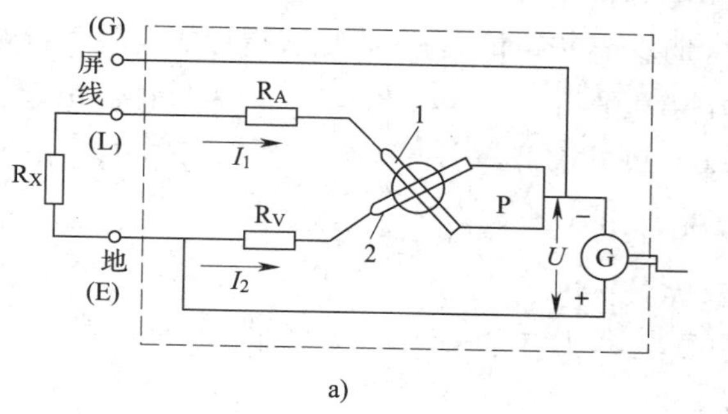

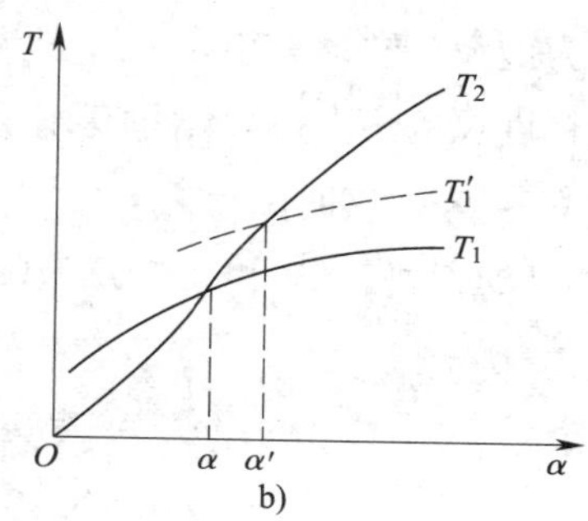

图 11—16　兆欧表的工作原理

a）原理电路图　b）力矩与转角的关系

由图 11—16a 可见，兆欧表发电机发出的电压上并联有两条支路。一条称为电流支路，它是线圈 1（线圈的电阻为 r_1）、电阻 R_A 与被测电阻 R_X 串联组成的，支路电流为 I_1，即 $I_1=\dfrac{U}{R_A+R_X+r_1}$；另一条称为电压支路，它是由线圈 2（线圈的电阻为 r_2）与电阻 R_V 串联组成的，支路电流为 I_2，即 $I_2=\dfrac{U}{R_V+r_2}$。

当发电机的电压 U 和限流电阻的阻值 R_A、R_V 保持某一恒定值时，电流支路中电流 I_1 的大小由被测电阻 R_X 决定，产生转动力矩 T_1；电压支路中的电流 I_2 也是定值，它将产生反作用力矩 T_2。由于气隙中磁场分布是不均匀的，所以转动力矩 T_1 与反作用力矩 T_2 都与两线圈在磁场中的位置有关，也就是说与指针的偏转角度 α 有关。在指针的零位处，两线圈都偏离磁场中心较远，力矩较小，随着偏转角的增大，线圈逐渐靠近磁场中心，力矩也随之增大，由于线圈 2 比线圈 1 更靠近磁场的中心，所以力矩 T_2 比 T_1 增大得更快，T_1、T_2 与偏转角 α 的关系如图 11—16b 所示。由图可见，在偏转角较小时，转动力矩 T_1 大于反作用力矩 T_2，使得指针偏转，随着偏转角的增大，两力矩也随之增大并逐渐接近相等，在偏转角 α 处两条曲线相交，此时 $T_1=T_2$，指针平衡，指出被测电阻值。如果被测电阻的阻值 R_X 减小，电流 I_1 增大，则曲线 T_1 将被抬高到 T_1' 的位置，使偏转角 α 要增大到 α' 才能使两条曲线相交，力矩平衡，指针偏转角度 α 的增大说明了被测电阻的阻值 R_X 减小。

经过数学推导，当兆欧表平衡时指针的偏转角 α 为

$$\alpha=f\left(\frac{I_1}{I_2}\right)=f\left(\frac{R_V+r_2}{R_A+R_X+r_1}\right)=f'(R_X)$$

由上可知，由于电阻的阻值 R_V、R_A 、r_1、r_2 都是常数，因此兆欧表的偏转角 α 只随被测电阻的阻值 R_X 而改变。

兆欧表的刻度也与万用表的电阻刻度一样，如图 11—17 所示。在被测电阻 $R_x=0$ 时，电流 I_1 为最大，转动力矩 T_1 也是最大（曲线 T_1 抬得最高），兆欧表指针的偏转角将顺时针偏转到标度尺的最右端才能与反作用力矩 T_2 平衡，指示出 $R_x=0$；当未接被测电阻 R_X 时，相当于 $R_X=\infty$，这时电流 $I_1=0$，$T_1=0$，可动部分在 I_2 产生的反作用力矩 T_2 作用下逆时针偏转，使指针停在标度尺的最左端，指示出 $R_X=\infty$。

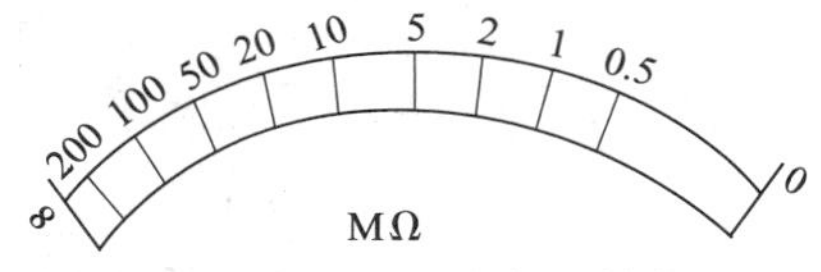

图 11—17　兆欧表的刻度

三、兆欧表的使用

1. 兆欧表的选择

兆欧表的主要性能参数有额定电压、测量范围等，额定电压有100 V、250 V、500 V、1 000 V、2 500 V等规格，测量范围有0～200 MΩ、0～500 MΩ、0～1 000 MΩ、0～2 000 MΩ、2～2 000 MΩ等规格。常见的兆欧表的主要性能参数见表11—1。

表11—1　常见兆欧表的主要性能参数

型号	额定电压（V）	测量范围（MΩ）	准确度等级	备注
ZC—7	100	0～200	1.0	手摇发电机
	250	0～500	1.0	
	500	0～1 000	1.0	
	1 000	2～2 000	1.0	
	2 500	5～5 000	1.0	
ZC11—1	100	0～500	1.0	手摇发电机
ZC11—2	250	0～1 000	1.0	
ZC11—3	500	0～2 000	1.0	
ZC11—4	1 000	0～5 000	1.0	
ZC11—5	2 500	0～10 000	1.0	
ZC11—6	100	0～20	1.0	
ZC11—7	250	0～50	1.0	
ZC11—8	500	0～100	1.0	
ZC11—9	1 000	0～200	1.0	
ZC11—10	250	0～2 500	1.0	
ZC25—1	100	0～100	1.0	手摇发电机
ZC25—2	250	0～250	1.0	
ZC25—3	500	0～500	1.0	
ZC25—4	1 000	0～1 000	1.0	
ZC—17	250/500	50/100	1.5	晶体管变换器
	500/1 000	1 000/2 000	1.5	
ZC—30	5 000	0～100 000	1.5	晶体管变换器

选择兆欧表时，主要是选择它的额定电压及测量范围。兆欧表的额定电压应根据被测电气设备或线路的额定电压来选择。例如，测量额定电压在500 V以上的电气设备绝缘电阻时一般应选择额定电压为2 500 V的兆欧表，而测量额定电压在500 V以下的电气设备

绝缘电阻时可选择额定电压为500 V或1 000 V的兆欧表。如果选用额定电压太低的兆欧表去测量高压设备的绝缘电阻，则测量结果不能正确反映被测设备在工作电压下的绝缘电阻值；如果选用额定电压太高的兆欧表去测量低压电气设备的绝缘电阻，则有可能损坏被测设备的绝缘。兆欧表额定电压可供参考的选择值见表11—2。此外，兆欧表的测量范围也应与被测电气设备或线路的绝缘电阻的范围相适应。兆欧表的测量范围不能超过被测绝缘电阻值太多，以免引起测量误差过大。例如，测量低压电气设备绝缘电阻时，可选用0～500 MΩ的兆欧表；测量高压电气设备或电缆的绝缘电阻时，可选用0～2 000 MΩ的兆欧表。另外有一些兆欧表的标尺刻度不是从0开始而是从1 MΩ或2 MΩ开始，这种兆欧表一般不宜用来测量低压电气设备的绝缘电阻，因为此时低压电气设备的绝缘电阻可能小于1 MΩ。

表11—2　　兆欧表额定电压的选择

被测对象	被测设备的额定电压（V）	兆欧表的额定电压（V）
线圈绝缘电阻	500以下	500
	500以上	1 000
电力变压器线圈绝缘电阻、电动机线圈绝缘电阻	500以下	1 000～2 500
发电机线圈绝缘电阻	500以下	1 000
电气设备绝缘电阻	500以下	500～1 000
	500以上	2 500
瓷瓶		2 500～5 000

2. 使用兆欧表测量前的检查

兆欧表使用时，应将表放置平稳，测量前应对兆欧表进行一次开路和短路试验，检查兆欧表是否良好。检查方法是：先使兆欧表的L、E端钮开路，摇动发电机，使其转速达到规定范围，这时指针应指在∞上；再将兆欧表的L、E端钮短路，缓慢摇动发电机，指针应指在0上。否则，说明兆欧表有故障应进行检修调整。

3. 兆欧表的接线

兆欧表有三个测量端钮，分别标有L（线路）、E（接地）和G（屏蔽）。一般测量时，只用L端和E端。例如测量线路对地的绝缘电阻或者三相电动机绕组对外壳的绝缘电阻时，应将被测设备的相线端如三相电动机绕组端接L线路端钮，将被测设备的外壳或接地端如三相电动机的外壳接E接地端钮，如图11—18a所示；测量三相电动机绕组相间的绝缘电阻时接线如图11—18b所示。

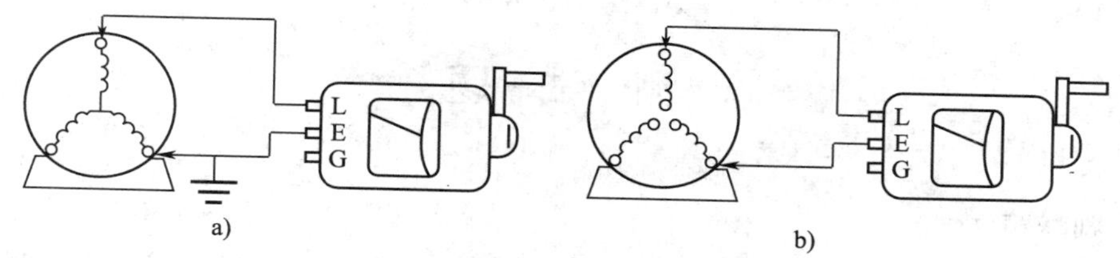

图 11—18　测量绝缘电阻的接法

a）电动机绕组对外壳的绝缘电阻　b）电动机绕组相间的绝缘电阻

G 是屏蔽端钮，应接屏蔽线，其作用是减少被测设备表面漏电流对测量值的影响，一般仅在测量电缆对地绝缘电阻或被测设备表面漏电流很严重时才使用，其接法如图 11—19 所示。

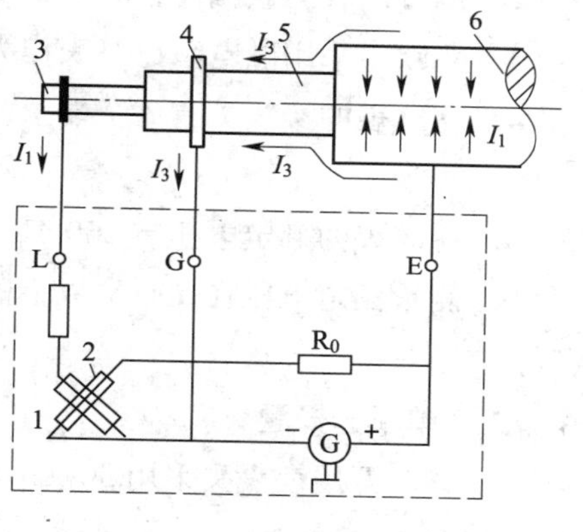

图 11—19　屏蔽端 G 的接法

当电缆表面存在漏电 I_3 时，可以通过保护环把电缆的表面接到屏蔽端 G，这样就可以把漏电流 I_3 通过屏蔽端引回到发电机，不会流到线路端 L 去增大测量电流 I_1，也就不会造成测量误差。

4. 使用时的注意事项

（1）绝缘电阻的测量必须在被测设备和线路停电状态下进行。对于电容量较大的设备，必须进行 2 ~ 3 min 的充分放电后再进行测量，以保障人身和设备安全。

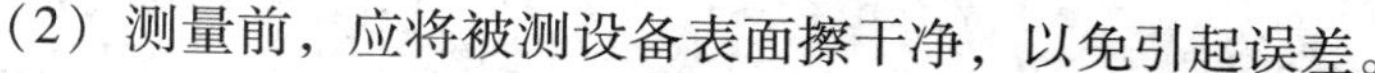

（2）测量前，应将被测设备表面擦干净，以免引起误差。

（3）兆欧表和被测设备之间的连接导线应用单股线分开单独连接，不要用双股绝缘导线，否则有可能因导线绝缘不良而引起误差。

（4）兆欧表虽然采用了比率表测量机构，测量结果与手摇发电机电压无关，但是由于仪表本身的灵敏度有限，线圈需要一定的电流才能产生足够的转动力矩与反作用力矩，因此手摇发电机必须供给足够的电源电压，为此手摇发电机应达到一定的转速以保证仪表正常工作。测量时应使手摇发电机的转速稳定在规定范围内，一般要求为 120 r/min 左右。由于绝缘电阻阻值随着测量时间的长短而有所不同，因此规定以摇测 1 min 后的读数为准。如果在摇测过程中，发现指针指 0，则不能再继续摇动手摇发电机，以防表内线圈过热而损坏。

（5）测量完毕后，在兆欧表没有停止转动或被测设备没有放电之前，不要急于拆除导线。在对电容量较大的设备进行测量后，也应注意先将被测设备对地短路放电，然后才能拆除导线，以防发生触电事故。

测 试 题

一、判断题

1. 一个万用表表头采用50 μA的磁电式微安表，直流电压挡的每伏欧姆数为20 kΩ。 （ ）

2. 用万用表测量晶体管时除了R×1挡以外，其余各挡都可使用。 （ ）

3. 兆欧表采用磁电系比率表作为测量机构。 （ ）

4. 兆欧表的接线端有3个端子，其中L为线路端，E为接地端，G为屏蔽端。 （ ）

5. 兆欧表的额定电压有100 V，250 V，500 V，1 000 V，2 500 V等规格。 （ ）

6. 测量额定电压在500 V以上的电气设备绝缘电阻时应选择额定电压为500 V的兆欧表。 （ ）

二、单项选择题

1. 一个万用表表头采用50 μA的磁电式微安表，直流电压挡的每伏欧姆数为（ ）kΩ。

A. 10　　B. 20　　C. 50　　D. 200

2. 用万用表测量晶体管时，除了（ ）挡以外，其余各挡都可以使用。

A. R×1　　B. R×10　　C. R×10 k　　D. R×1和R×10 k

3. 兆欧表的主要性能参数有（ ）、测量范围等。

A. 额定电压　　B. 额定电流　　C. 额定电阻　　D. 额定功率

4. 兆欧表的额定电压有100 V，250 V，500 V，（ ），2 500 V等规格。

A. 800 V　　B. 1 000 V　　C. 1 500 V　　D. 2 000 V

5. 万用表欧姆挡的红表棒与（ ）相连。

A. 内部电池的正极　　B. 内部电池的负极

C. 表头的负极　　D. 黑表棒

6. 用万用表的直流电压挡测量整流电路输出的电压时，其读数为输出波形的（ ）。

A. 总的有效值　　B. 平均值

C. 最大值　　D. 交流分量的有效值

7. 兆欧表的测量机构采用（ ）。

A. 磁电系电流表　　B. 感应系仪表

C．磁电系比率表　　D．电磁系电流表

8．用兆欧表测量绝缘电阻时，兆欧表的转速(　　)。

A．快慢都可以　　B．最好在 120 r/min

C．最好在 240 r/min　　D．最好在 60 r/min

测试题答案

一、判断题

1．√　2．×　3．√　4．√　5．√　6．×

二、单项选择题

1．B　2．D　3．A　4．B　5．B　6．B　7．C　8．B

第 4 篇　低压电器与动力照明

第 12 章

电工常用材料

第 1 节　导电材料　/294

第 2 节　磁性材料　/296

第 3 节　绝缘材料　/301

电工常用材料所包括的范围很广，有导电材料、绝缘材料、磁性材料、电碳制品、半导体材料、特种电工线材等。这里主要介绍电工常用的导电材料、磁性材料和绝缘材料。

第1节　导电材料

一、概述

导电材料绝大部分是金属，但不是所有的金属都可以作为导电材料，需要从电气工程实际考虑。

1．用作导电材料的金属通常具有以下五个特点：

（1）具有较高的导电性能，即电阻率越小越好，可以降低输电损耗。

（2）有一定的力学性能，适中的抗拉强度，便于施工。

（3）不易氧化，耐腐蚀，使用寿命长。

（4）容易加工和熔接。

（5）材料有丰富的资源，来源方便，价格低廉。

2．铜和铝

铜和铝基本上符合上述要求，因此它们是最常用的导电材料。但在某些场合，也需要用其他的金属或合金作为导电材料。如架空线需具有较高的力学性能，常选用铝镁硅合金；电热材料需具有较大的电阻系数，常选用镍铬合金；熔丝需具有易熔的特点，故选用铅锡合金；电光源的灯丝要求熔点高，需选用钨丝作导电材料等。

铜导线的导电性、抗氧化、耐腐蚀、可焊性、力学性能都比铝导线好，而且价格适中，因此要求较高的动力线、电气设备的控制线和电动机、电器的线圈等大部分采用铜导线。铜的电阻率为 $1.7\times10^{-8}\ \Omega\cdot m$。

铝的电阻率约为铜的1.71倍，但它密度小，只有铜的1/3。而且铝资源丰富、价格便宜，所以采用铝导线可降低成本，减小质量。目前架空线、照明线、汇流排等已广泛采用铝导线，但由于铝导线的焊接工艺比较复杂，铝的导电综合性能比铜差，因此，铝导线的应用还不广泛。但其经济优势明显，以铝代铜，势在必行。

衡量导电材料导电能力的一个重要技术参数是电阻率。

影响铜铝材料性能的主要因素：

（1）杂质磷、铁、硅使铜的电阻率上升。铁、硅是铝的主要杂质，使铝的电阻率上

升，塑性、耐蚀性降低，但提高了铝的抗拉强度。

（2）铜、铝在冷加工（锻、压、碾）后可提高其抗拉强度，但会产生内应力，电阻率也有增加。

（3）温度升高，使铜、铝的电阻率增加。

（4）环境潮湿、盐雾、酸碱气体、被污染的环境气体，都将造成对导电材料的腐蚀作用，尤其是铝材料的腐蚀更严重。对于恶劣环境用的导电材料，应首选铜合金材料。

导电材料品种繁多，按有无特殊要求，可分为普通导电材料和特殊导电材料两大类。

二、普通导电材料

普通导电材料是指专门用于传导电流的金属材料，以铜、铝为主的普通导电材料，主要有裸导线、电磁线、电线电缆、电力电缆等。

1. 裸导线

裸导线有单线、绞合线、特殊导线和型线型材四大类，主要用于电力、交通、通信工程、电动机、变压器和电器的制造。

2. 电磁线

电磁线是专门用于实现电能与磁能相互转换的有绝缘层的导线，常用于制造电动机、变压器与电气元件的线圈，漆包线常用作制造中、小型电动机、变压器及电器线圈、纱包线用于制造大、中型电动机、变压器与电器线圈。

3. 电气设备用电线电缆

电气设备用电线电缆品种繁多、用途广，习惯上按用途分为通用电线电缆与专用电线电缆两大类。通用电线电缆有塑料绝缘电线、橡胶绝缘电线、塑料绝缘塑料护套线、通用橡套电缆等。专用电线电缆有汽车拖拉机专用线、航空专用线、电动机电器引接线、电焊电缆、船用电线电缆等。电线电缆由于使用条件与技术特性不同，产品结构差异较大，有的仅有线芯和绝缘层，有的有线芯、绝缘层和护套层，还有屏蔽层、加强芯、外护层等。

Y 系列移动式通用橡套软电缆（橡皮绝缘、橡皮护套）主要用于移动电气设备，适宜于户外及耐油污场合使用。

4. 电力电缆

电力电缆用于输电和配电网络。

三、特殊导电材料

特殊导电材料除了具备普通导电材料传导电流的作用之外，还兼有其他的特殊功能，常见特殊功能的导电材料如熔体材料、电阻合金、电刷、电热合金、电触点、热电偶、双金属片等。

1. 电热材料

电热材料是用来制造各种电阻加热设备中的发热元件，作为电阻接到电路中，把电能转变为热能，使加热设备的温度升高。对电热材料的基本要求是电阻系数高，加工性能好；特别是它长期处于高温状态下工作，因此要求在高温时具有足够的力学性能和良好的抗氧化性能。常用的电热材料是镍铬合金和铁铬铝合金。

2. 电阻合金

电阻合金是制造电阻元件的主要材料之一，广泛用于电动机、家用电器、仪表及电子等领域。电阻合金除了必须具备电热材料的基本要求外，还要求电阻的温度系数低，阻值稳定。电阻合金按其主要用途可分为调节元件用、电位器用、精密元件用及传感元件用四类。这里介绍前两类。

（1）调节元件用电阻合金。主要用于电流（电压）调节与控制元件的绕组，常用的有康铜、新康铜、镍铬、镍铬铝等。它们都具有力学性能好、抗氧化及工作温度高等特点。

（2）电位器用电阻合金。主要用于各种电位器及滑线电阻，一般采用康铜、镍铬基合金和滑线锰铜。滑线锰铜具有抗氧化、焊接性能好、电阻温度系数低等特点。

3. 熔丝

熔丝又称保险丝。常用的是铅锡合金线，其特点是熔点低。在一些电流较大的线路中，也可用铜圆单线作熔丝，但应特别慎重选择截面积。

第2节　磁　性　材　料

磁性材料是电气设备、电子仪器、仪表和通信等工业中重要的材料。

一、物质的磁性

磁性是物质的一个基本属性。表征物质导磁能力的物理量是磁导率μ，磁导率μ越大，表示物质的导磁性能越好。工程上，我们通常用相对磁导率μ_r来表示物质的导磁性能。物质的磁导率μ与真空磁导率μ_0之比叫作该物质的相对磁导率μ_r，即：

$$\mu_r = \mu/\mu_0$$

μ_0是真空磁导率，用实验方法确定其值为$4\pi \times 10^{-7}$ H/m。

电工用磁性材料又称为铁磁材料，如铁、镍、钴及其合金等。它们的特点是相对磁导率μ_r远远大于1，可以达到几百甚至几万。自然界中的物质，除铁、镍、钴是铁磁性外，其余都是弱磁性物质。

磁性材料按其磁特性和应用，可以分为软磁材料、硬磁材料和特殊磁性材料三类。按材料组成又可分为金属（合金）磁性材料和非金属磁性材料（铁氧体磁性材料）两种。

二、磁性材料的磁化曲线

磁性材料的磁化曲线就是磁性材料的磁感应强度B与外磁场的磁场强度H之间的关系曲线，简称B－H曲线。

在电工工程中，磁性材料经常处于不同电流大小的交变磁化状态，如图12—1所示，我们把这些磁滞回线的顶点连接起来形成的曲线称为基本磁化曲线，也就是电工计算所用的磁化曲线。所以基本磁化曲线是一种实用的磁化曲线，它是软磁材料确定工作点的依据。

不同的磁性材料其基本磁化曲线是不同的。各种常用的软磁材料的基本磁化曲线可在有关的手册中查到。应该注意到，由于影响磁性能的因素很多（如加工方法、热处理方式及切割方向、环境温度、频率变化等），即使是同一种牌号的材料，实验测得的基本磁化曲线也是有差异的。

三、软磁材料

软磁材料的磁滞回线形状狭长且陡，如图12—2所示。这类材料的特点是磁导率μ很高，剩磁B_r很少，矫顽力H_c很小，磁滞现象不严重，因而软磁材料是一种既容易磁化也容易去磁的磁性材料。软磁材料的磁滞回线所包围的面积小，表明它的磁滞损耗也小。所

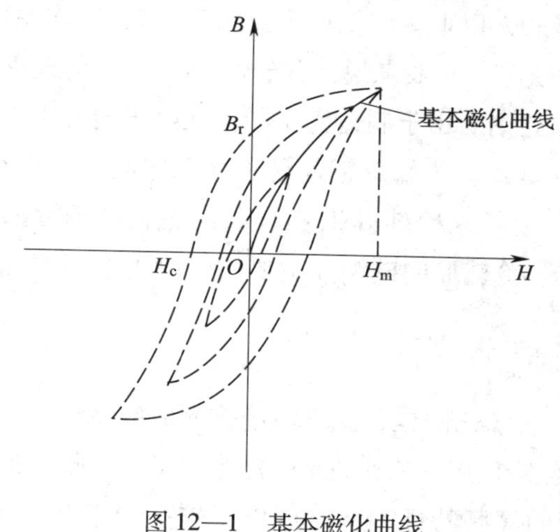

图12—1　基本磁化曲线

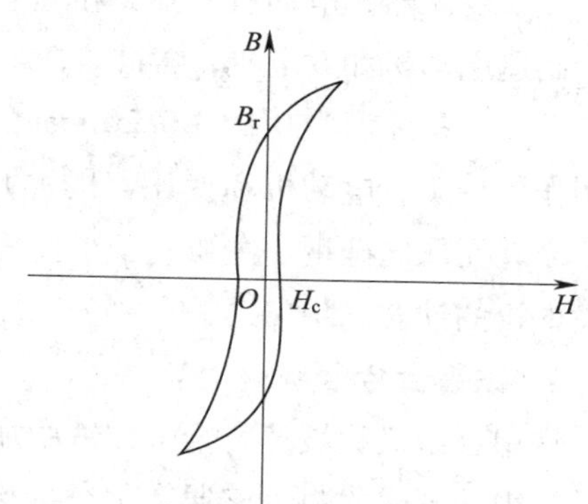

图12—2　软磁材料的磁滞回线

以在交变磁场中工作的各种设备的铁芯都是采用软磁材料。不同类型的软磁材料其磁性能是有差异的，一般把矫顽力 $H_c < 10^3$ A/m 的磁性材料归类为软磁材料。

目前，常用的软磁材料可分为金属软磁材料和铁氧体软磁材料两大类。其中金属软磁材料包括电工纯铁、硅钢片、铁镍合金和铁铝合金四类。与铁氧体软磁材料相比，金属软磁材料具有高的饱和磁感应强度和低的矫顽力，但这类材料的电阻率普遍很低，一般为 $10^{-8} \sim 10^{-6}$ Ω · m。因此金属软磁材料只适用于直流、低频和高磁场等场合。

下面是几种常用软磁材料的基本性能。

1. 电工纯铁（牌号代号 DT）

电工纯铁是一种含碳量极低（约 0.04%）的软铁。电工纯铁可分为原料纯铁、电子管纯铁和电磁纯铁三种。工程技术上广泛采用电磁纯铁。

电磁纯铁的磁化特性优良，具有高的饱和磁感应强度、高的磁导率和低的矫顽力，且居里温度高达 770℃，冷加工性能好。缺点是铁磁损耗太大，因此不能用在交流磁场中，只宜作直流磁路的材料，如电磁铁磁极、磁轭、继电器铁芯和磁屏蔽等。目前，电工纯铁基本上已被各类铁磁合金所取代。

电磁纯铁加工成磁性元件后，为了消除应力和提高磁性能，必须进行退火处理。

2. 硅钢片（牌号有 DR、DW 或 DQ）

硅钢片又名电工钢片，它是一种在铁中加入 0.5% ~4.5% 硅的铁硅合金，经轧制而成厚度为 0.05 ~1 mm 的片状材料。硅钢片按制造工艺可分为热轧和冷轧两种。硅钢片比电工纯铁的电阻率增加几倍（如含硅 3.5% 的硅钢片的电阻率是纯铁的 5 倍），硅钢片的磁导率高，磁滞损耗小，密度下降，磁老化现象显著改善。缺点是饱和磁感应强度降低，材料的硬度和脆性增大，导热系数降低，所以通常硅的含量限度为小于 5%。硅钢片是电力和通信等工业的基础材料，用量占磁性材料的 90% 以上。硅钢片主要用于工频交流电磁器件中，如变压器、电动机、开关和继电器等的铁芯。一般来说，含硅量 1% ~3% 的硅钢片用于制造电动机和发电机，含硅量 3% ~5% 的硅钢片用于制造变压器。在电子器件中应用时，则要求是厚度为 0.05 ~0.20 mm 的薄带硅钢片。热轧硅钢片是磁性无取向的硅钢片，可用作各种旋转电动机和变压器的冲片铁芯。近年来冷轧硅钢片有取代热轧硅钢片的趋势。冷轧无取向硅钢片主要用于小型叠片铁芯。冷轧取向硅钢片主要用作电力变压器和大型发电机的铁芯。

3. 铁镍合金

铁镍合金又称坡莫合金。在铁中加入 30% ~80% 的镍，经真空冶炼而成的铁镍合金是一种高级的软磁材料。它通常都被冷轧成厚度为 0.01 ~2.5 mm 的薄带（板），厚度最薄可达 0.005 mm。这类合金的特点是具有较好的高频特性，从而可用于较高频率（1 MHz

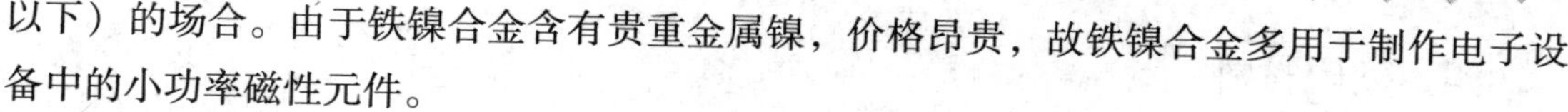

以下）的场合。由于铁镍合金含有贵重金属镍，价格昂贵，故铁镍合金多用于制作电子设备中的小功率磁性元件。

4. 铁铝合金

铁铝合金指含铝6%～16%的铁合金，是一种新型的软磁合金材料。其性能接近低镍含量的铁镍合金。这类合金不含镍，成本低，故在某些场合可以代替铁镍合金使用。但这类合金加工性能差，当含铝量超过10%时，合金变脆，塑性降低，因而影响了它的应用。

5. 铁氧体软磁材料

铁氧体实际上是一种具有铁磁性能的金属氧化物。铁氧体软磁材料是以三氧化二铁为主要成分的铁氧体材料。它的外观呈黑色，硬而脆。它与合金软磁材料相比，密度约为合金的1/2，电阻率至少是合金的1 000倍以上，相当于半导体，磁导率则与之大致相同，但居里点和饱和磁感应强度低，磁导率随温度变化大，因此它适用于1 000 Hz～1 000 MHz的中、高频和超高频。最常用的铁氧体软磁材料有锰锌铁氧体和镍锌铁氧体。锰锌铁氧体的B_s高，可达0.5 T，适用低频100 kHz以下的频率范围；镍锌铁氧体的电阻率较高，宜在1～300 MHz的高频下使用。

软磁材料的品种、主要特点和应用范围见表12—1。

表12—1　　软磁材料的品种、主要特点和应用范围

品种	主要特点	应用范围
电工纯铁	含碳量在0.04%以下，饱和磁感应强度高，冷加工性好。但电阻率低，铁损高，有磁时效现象	一般用于直流磁场
硅钢片	铁中加入0.8%～4.5%的硅，就是硅钢。它和电工纯铁相比，电阻率增高，铁损降低，磁时效基本消除。导热系数降低。硬度提高，脆性增大	电动机、变压器、继电器、互感器、开关等产品的铁芯
铁镍合金	和其他软磁材料相比，在弱磁场下，磁导率高，矫顽力低，但对应力比较敏感	频率在1 MHz以下弱磁场中工作的器件
铁铝合金	和铁镍合金相比，电阻率高，相对密度小，但磁导率低。随着含铝量增加，硬度和脆性增大，塑性变差	弱磁场和中等磁场下工作的器件
软磁铁氧体	烧结体，电阻率非常高，但饱和磁感应强度低。温度稳定性也较差	高频或者较高频率范围内的电磁元件

四、硬磁材料

硬磁材料又称永磁或恒磁材料。这类材料的磁滞回线的形状宽厚。其特点是经强磁场饱和磁化后，具有较高的剩磁和矫顽力，当将磁化磁场去掉以后，在较长时间内仍能保持强而稳定的磁性。因而，硬磁材料适合制造永久磁铁，被广泛应用于磁电系测量仪表、扬声器、永磁发电机及通信装置中。一般把矫顽力 $H_c > 10^4$ A/m 的磁性材料归为硬磁材料。

硬磁材料的种类很多，它大致可分为金属硬磁材料、铁氧体硬磁材料及其他复合硬磁、半硬磁三类。现在使用最多的是铝镍钴合金、铁氧体硬磁材料、稀土钴合金和塑性变形硬磁材料。

1. 铝镍钴合金

铝镍钴合金是一种金属硬磁材料。这种合金的剩磁较大，磁感应强度受温度影响小，居里点高，矫顽力在硬磁材料中居中等水平。它具有良好的磁特性和热稳定性。铝镍钴合金主要用于电动机、微电动机、磁电系仪表等。

2. 铁氧体硬磁材料

铁氧体硬磁材料是一种不含镍、钴等贵重金属的非金属硬磁材料，可分为钡铁氧体和锶铁氧体两个系列。其特点是矫顽力高、电阻率大、价廉，是目前产量最大的硬磁材料。硬磁铁氧体的出现为硬磁材料在高频器件中的应用开辟了新的途径，因而在许多使用方面逐渐取代了铝镍钴合金。但其缺点是剩磁较低，磁感应强度受温度影响较大，故不宜用作电测仪表的永磁体。

3. 稀土钴硬磁材料

稀土钴硬磁材料是目前磁性能最高的一种新型的金属硬磁材料。它的特点是具有极高的矫顽力（约为铁氧体硬磁材料的3倍）和磁能积，适宜做成微型或薄片的永磁体。与铝镍钴相比其缺点是价格仍较贵，居里点稍低，磁感应强度受温度影响稍大，高温会产生退磁。

上述三种硬磁材料的共同缺点是脆性大，只能研磨或电火花加工，不能进行一般的机械加工，因而不适宜制作特殊形状的永磁体。

4. 塑性变形硬磁材料

塑性变形硬磁材料也是一种金属硬磁材料。主要有永磁钢（铬钢、钨钢、钴钢）、铁钴钼型、铁钴钒型、铂钴、铜镍钴和铁铬钴型等合金。这类材料经过适当的热处理后，塑性好，具有良好的机械加工性能，可加工成丝、带、棒及其他特殊形状的永磁体。

综上可知，各种硬磁材料具有不同的特点，我们在选用硬磁材料时，通常要求其最大磁能积 $(BH)_{max}$ 大、磁性受温度影响小、磁稳定性高，另外还要考虑其形状、质量、加工性能及价格等因素。

第3节 绝缘材料

自然界中有些物质的电阻率大于10^3 Ω·m，在直流电压作用下，只有极其微弱的电流通过，一般情况下可忽略而认为其不导电。工程上把这类物质称为绝缘材料，研究绝缘材料在电场中的物理现象时，称其为电介质。绝缘材料的主要作用是隔离带电的或不同电位的导体，使电流只能沿着指定的导体流动，因此人触及具有绝缘材料外层的导体时不会发生触电事故。在某些场合下，绝缘材料往往还起着机械支撑、保护导体及防电晕、灭电弧等作用。对绝缘材料的基本要求是绝缘强度、绝缘电阻、耐热性、吸水性、介电损耗、介质常数、机械强度等。

绝缘材料品种多，一般分为以下三种：

1. 气体绝缘材料：常用的有空气、氮气、二氧化碳、六氟化硫等。
2. 液体绝缘材料：变压器油、电容器油、断路器油、电缆油等。
3. 固体绝缘材料：绝缘漆、浸渍纤维制品、层压制品、压塑制品、云母制品、薄膜和薄膜复合制品、绝缘纸和绝缘纸板等。

一、绝缘材料的电性能

1. 绝缘材料的电阻率与绝缘电阻

绝缘材料并不是绝对不导电的，当对它施加一定的电压后，在绝缘材料中会流过极其微弱的电流，称为漏电流。在固体绝缘材料中的漏电流分为两部分：表面漏电流和体积漏电流。所以，绝缘材料的电阻率也分为两部分，即表面电阻率和体积电阻率。体积电阻率为10^7 ~ 10^{19} Ω·m。表面电阻率与材料表面环境（受潮、污染、尘埃等诸多因素）有关。工程上使用的绝缘电阻是指体积电阻。用兆欧表检出的绝缘电阻值就是绝缘材料的体积电阻。其测量原理是用兆欧表（手摇发电机），使之输出一直流电压加在被测量的电介质两端，经过一定时间电介质中流过一稳定电流，兆欧表将显示介质的绝缘电阻。

测量电气设备的绝缘电阻，必须正确地选择和使用兆欧表。一般额定电压为500 V以下的设备用500 V或1 000 V的兆欧表，额定电压500 V以上的设备，要选用1 000 V或2 500 V的兆欧表。选择兆欧表的量程时，测低压电气设备绝缘电阻应选用0 ~ 200 MΩ的摇表，测高压电气设备或电缆时需用0 ~ 1 000 MΩ及以上的摇表。每次测量前均需检查兆欧表是否完好。具体方法是：兆欧表接线端钮全部断开，摇动手柄到额定转速，表的指针应指∞，将兆欧表端钮短接，缓慢摇动手柄，表的指针应指0，否则该表便不能使用。

测量开始时，应将设备从原来的电气系统中脱离出来，处于完全不带电，甚至连感应电也没有的情况下，才可用兆欧表测绝缘电阻，这样才能保证设备和人身安全，并正确地测出绝缘电阻的大小。

兆欧表接线柱一般有三个，分别标有“L”（电路）、“E”（接地）、“G”（保护环）字样，被测绝缘电阻应接于L、E之间，如图12—3所示。G端钮作用是排除被测物表面电流。但需注意：连接导线需用单线，分别连接L和E，不能用双股平行线、绞线或护套线，以免线间绝缘电阻影响测量结果的准确度。

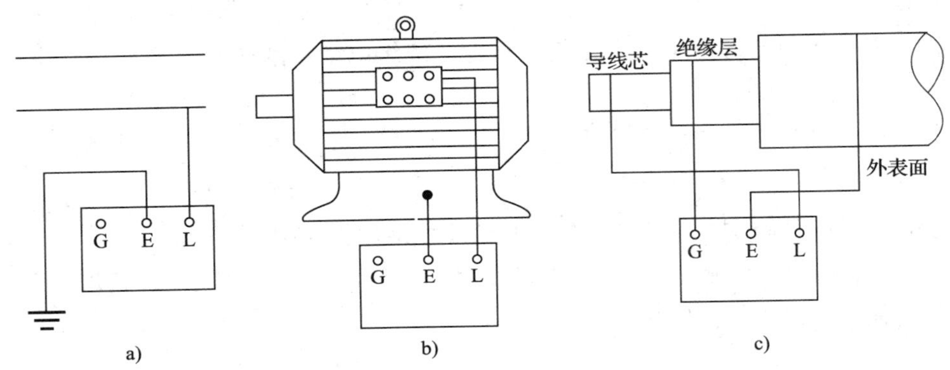

图12—3　摇表测量绝缘电阻接线图

a）测线路电阻　b）测电动机绝缘电阻　c）测电缆绝缘电阻

测量时兆欧表手柄转速应逐渐加快至额定转速，不要忽快忽慢，并且只有在指针稳定不再摇摆约1 min后再读数，才能测出准确的结果。

2. 绝缘材料的极化与介电常数

电介质在无外电场作用时，不呈现电性，在外电场作用下，电介质沿场强方向在两端出现不能自由移动的束缚电荷，这种现象称为电介质的极化，场强越大，表面束缚电荷越多，极化越显著。不同电介质，在相同的电场作用下，其极化程度不同。表征电介质极化程度的物理量称为介电系数。介电系数又称电容率，工程上常采用相对介电系数ε_γ，ε_γ越大，表明电介质在同一交流电场作用下极化程度越高。用于电气设备的一般绝缘材料，应选用ε_γ值小的材料，以减小其电容量，降低充电电流和介质损耗。

3. 绝缘材料的介质损耗

在交变电场作用下，电介质会损耗电能，这种电能损耗称为介质损耗。

4. 绝缘材料的绝缘强度与电击穿

当绝缘材料被外施电压击穿时的电场强度称为绝缘材料的绝缘强度。它反映绝缘材料在外施电压达到某一电压等级时保持绝缘性能的能力。

当施加在电介质上的电压超过其临界值时，通过电介质的电流会剧烈增大，使电介质失去其绝缘性能，这种现象称为电介质的击穿。电介质发生击穿时的临界电压称为击穿电压。

5. 绝缘材料的热性能

绝缘材料的热性能是指绝缘材料及其制品承受高温而不致损坏的能力。因此，对各种绝缘材料都规定了它们在使用时的极限温度，保证电工产品的使用寿命。绝缘材料按其极限温度划分为七个耐热等级，见表 12—2。

表 12—2 绝缘材料的耐热等级

等级代号	耐热等级	绝缘材料	极限温度（℃）
0	Y	木材、棉花、纸、纤维等天然纺织品、醋酸纤维和聚酸胺纺织品，以及易于热分解和熔化点较低的塑料（脲醛树脂）	90
1	A	工作于矿物油中的和用油或油树脂复合胶浸渍过的 Y 级材料，漆包线、漆布、漆丝、油性漆、沥青漆等	105
2	E	聚酯薄膜与 A 级材料的复合，玻璃布，油性树脂漆，聚乙烯醇醛高强度漆包线，乙酸乙烯耐热漆包线	120
3	B	聚酯薄膜，经合适树脂粘合式浸渍涂覆的云母、玻璃纤维、石棉等，聚酯漆、聚酯漆包线	130
4	F	以有机纤维材料补强和石带补强的云母片制品，以无机材料补强和石带补强的云母粉制品，以玻璃丝布和石棉材料为基础的层压制品，化学热稳定性较好的聚酯和醇酸类材料，复合硅有机聚酯漆	155
5	H	无补强的或以无机材料补强的云母制品，加厚的 F 级材料，复合云母，硅有机云母制品，硅有机漆，硅有机橡胶聚酰亚胺复合玻璃布，复合薄膜、聚酰亚胺漆等	180
6	C	不使用任何有机黏合剂和浸渍剂的无机物，如石英、石棉、云母、玻璃和电瓷材料等	>180

绝缘材料使用时的温度如果超过允许值，会大大降低绝缘材料的使用寿命，如A级绝缘材料每超过最高允许工作温度8℃，绝缘使用寿命就降低一半。对B级绝缘材料，每超过最高允许工作温度12℃，绝缘使用寿命就降低一半。

6. 绝缘材料的老化

绝缘材料在使用过程中，由于各种因素的长期作用，而发生一系列不可逆转的物理、化学变化，从而导致材料的电气性能和力学性能的劣化，这种变化通称为老化。电、热、光照、机械因素、氧化、辐射、紫外线等各种因素的作用，都有可能成为绝缘材料老化的因素，归纳起来，老化形式主要有热老化、环境老化和电老化三种。材料一旦出现老化迹象，将永远丧失其绝缘性能。

二、常用绝缘材料

绝缘漆、胶都是以高分子聚合物为基础，能在一定条件下固化成绝缘硬膜或绝缘整体的重要的绝缘材料。

1. 绝缘漆

常用的绝缘漆有浸渍漆、覆盖漆、硅钢片漆等。

（1）浸渍漆。浸渍漆主要用来浸渍电动机、电器的线圈和绝缘零件，以填充其间隙和微孔，提高它们的电气及机械强度。常用的有1030醇酸浸渍漆、1032三聚氰胺醇酸浸渍漆。这两种都是烘干漆，都具有较好的耐油及耐电弧性，漆膜平滑有光泽。

（2）覆盖漆。覆盖漆有清漆和瓷漆两种，是用来涂覆经浸渍处理后的线圈和绝缘零部件，使其表面形成均匀的漆膜，作为绝缘保护层，以防止线圈和部件机械损伤和受大气、润滑油和化学药品的侵蚀。常用的覆盖清漆有1231醇酸晾干漆。它干燥快，漆膜硬度高并有弹性，电气性能较好。常用的覆盖瓷漆有1320和1321醇酸灰瓷漆。1320是烘干漆，1321是晾干漆。它们的漆膜坚硬、光滑、强度高。

（3）硅钢片漆。硅钢片漆是用来涂覆硅钢片表面的，以降低铁芯的涡流损耗，增强防锈及耐腐蚀的能力。常用的有1611油性硅钢片漆。它附着力强、漆膜薄、坚硬、光滑、厚度均匀、耐油、防潮。

2. 浸渍纤维制品

（1）玻璃纤维漆布、带。玻璃纤维漆布、带主要用来作电动机、电器的衬垫和线圈的绝缘。常用的是2432醇酸玻璃漆布、带。它的电气性能及耐油性都比较好，并且具有较高的力学性能以及一定的防霉性能，可用于油浸变压器及热带型电工产品。

（2）漆管。漆管主要用作电动机、电器的引出线或连接线的绝缘管。常用的是2730醇酸玻璃漆管。它具有良好的电气性能及力学性能，耐油性、耐潮性较好，但弹性较差。

可用于油浸变压器及热带型电工产品。

（3）绑扎带。绑扎带主要用于绑扎变压器铁芯和代替合金钢丝绑扎电动机转子绕组的端部。常用的是 B17 玻璃纤维无纬胶带。

3. 层压制品

常用的层压制品有三种：3240 层压玻璃布板、3640 层压玻璃布管、3840 层压玻璃布棒。这三种玻璃纤维层压制品适宜做电动机、电器的绝缘结构零件，它们都具有很高的力学性能和电气性能，耐油性、耐潮性较好，加工非常方便。可在潮湿环境下及变压器油中使用。

4. 压塑料

常用的压塑料有两种：4013 酚醛木粉压塑料、4330 酚醛玻璃纤维压塑料。它们都具有良好的防潮、防霉性能，尺寸稳定，力学性能好，适宜做电动机、电器的绝缘零件，可用于热带型电工产品。

5. 云母制品

（1）柔软云母板。柔软云母板在室温时较柔软，可以弯曲。主要用于电动机的槽绝缘、匝间绝缘和相间绝缘。常用的有 5131 醇酸玻璃柔软云母板及 5131－1 醇酸玻璃柔软粉云母板。

（2）塑型云母板。塑型云母板在室温时较硬，加热变软后可压塑成各种形状的绝缘零件。主要用于做直流电动机换向器的 V 形环和其他绝缘零件。常用的有 5230 及 5235 醇酸塑型云母板，后者含胶量少，可用于温升较高及转速较高的电动机。

（3）云母带。云母带在室温时较柔软，具有优良的电气性能、力学性能及耐电晕性能，适用于电动机、电器线圈及连接线的绝缘。常用的有 5434 醇酸玻璃云母带及 5438－1 环氧玻璃粉云母带。后者厚度均匀、柔软，固化后电气及力学性能良好。

（4）换向器云母板。换向器云母板含胶量少，室温时很硬，厚度均匀。主要用来做直流电动机换向器的片间绝缘。常用的有 5535 虫胶换向器云母板及 5536－1 环氧换向器粉云母板，后者仅用于中小型电动机。

（5）衬垫云母板。衬垫云母板适宜做电动机、电器的绝缘衬垫。常用的有 5730 醇酸衬垫云母板及 5737－1 环氧衬垫粉云母板。

6. 薄膜和薄膜复合制品

电工用薄膜要求厚度薄、柔软、电气性能及力学性能高，适用于电动机槽的绝缘、匝间绝缘和相间绝缘以及电工产品线圈的绝缘；薄膜复合制品要求电气性能好、力学性能高，适用于电动机槽的绝缘、匝间绝缘和相间绝缘以及电工产品线圈的绝缘。

7. 绝缘纸和绝缘纸板

绝缘纸又称电话纸，主要用于电信电缆的绝缘，也可以用于电动机、电器作辅助绝缘材料。绝缘纸板中薄型的、不掺棉纤维的通常称为青壳纸，主要用作绝缘保护和增强材料。硬钢纸板俗称反白板，力学性能高，适宜做电动机、电器的绝缘零部件。

8. 电工热塑性塑料

目前在电动机、电器中用得最普遍的有ABS塑料和聚酰胺两种。ABS塑料是象牙色的不透明体，有良好的综合性能，表面硬度较高，易于加工成形，并可在表面镀金属。但耐热性、耐寒性较差，适宜做各种结构零件，如电动工具和台式电扇的外壳以及出线板、支架等。聚酰胺（尼龙）1010是白色的半透明体，在常温时具有较高的力学性能，耐油，耐磨，电气性能较好，吸水性小，尺寸稳定，适宜做绝缘套、插座、线圈骨架、接线板等绝缘零件。

测 试 题

一、判断题

1. 铜的导电性能在金属中是最好的。（ ）
2. 用作导电材料的金属通常要求具有较好的导电性能、化学性能和焊接性能。（ ）
3. 一般情况下应选铜作导电材料，因为铜的材料资源丰富，成本低。（ ）
4. 工程上实用的磁性材料都属于弱磁性物质。（ ）
5. 硅钢板的主要特性是电阻率低，一般只用于直流磁场。（ ）
6. 铝镍钴合金是硬磁材料，是用来制造各种永久磁铁的。（ ）
7. 固体绝缘材料内没有漏电流。（ ）
8. 绝缘材料按物理状态可以分为气体、液体、固体。（ ）
9. 绝缘材料在电场作用下，尚未发生绝缘结构的击穿时，其表面或与电极接触的空气中发生的放电现象称为绝缘闪络。（ ）
10. 绝缘材料对电子有很大的阻力，这种对电子的阻力称为绝缘材料的绝缘电阻。（ ）
11. 清漆多用于绝缘部件表面和电器外表面的涂覆。（ ）
12. 云母带具有优良的电气性能、力学性能及耐电晕性能。（ ）
13. 使用硅钢片漆可以降低铁的涡流损耗。（ ）

14．硅钢片漆是专门用来涂覆硅钢片的，使用它可降低铁的涡流损耗，增加防锈和耐腐蚀能力。（ ）

二、单项选择题

1．目前大量使用的导电金属主要为（ ）和铜。

A．金 B．银 C．锡 D．铝

2．导体材料的主要技术参数有电阻率、（ ）、密度、熔点、抗拉强度。

A．比热 B．电阻温度系数 C．膨胀系数 D．比重

3．（ ）是硬磁材料，常用来制造各种永久磁铁。

A．电工纯铁 B．硅钢片 C．铝镍钴合金 D．锰锌铁氧体

4．绝缘材料的作用是使带电部件与其他部件（ ）。

A．连接 B．支撑 C．隔离 D．互为作用

5．绝缘材料的机械强度，一般随温度和湿度升高而（ ）。

A．升高 B．不变 C．下降 D．影响不大

6．A 级绝缘材料的最高工作温度为（ ）℃。

A. 90 B. 105 C. 120 D. 130

测试题答案

一、判断题

1．× 2．× 3．× 4．× 5．× 6．√ 7．× 8．√
9．√ 10．√ 11．× 12．√ 13．√ 14．√

二、单项选择题

1．D 2．B 3．C 4．C 5．C 6．B

第 13 章

低压电器

第 1 节　低压电器概述　/310
第 2 节　低压熔断器　/313
第 3 节　刀开关　/317
第 4 节　低压断路器　/320
第 5 节　控制继电器　/325
第 6 节　接触器　/339
第 7 节　主令电器　/343
第 8 节　电阻器与变阻器　/347
第 9 节　电磁铁与电磁离合器　/349

第1节　低压电器概述

一、低压电器的定义

低压电器通常是指工作在交流50 Hz、额定电压1 200 V以下，及直流额定电压1 500 V以下的电路中的电气设备，可见低压电器应用广泛，大体上有以下几个方面的应用。

1. 对电网或配电电路实行通、断控制和操作转换。

2. 对电路负载、电工设备或电动机进行过载、过压、短路、断相等保护。

3. 对电动机实现启动、停止、正转、反转、调速。

4. 在电路中传递、变换、放大信号和自动检测、调节。

简而言之，根据外界信号或要求，自动或手动接通、断开电路或连续地改变电路参数，实现对电路或非电对象进行控制、保护、检测、变换和调节作用的电工器械都属于低压电器的范畴。

二、低压电器的主要类别

低压电器的品种规格繁多，工作原理各异，用途广泛，从应用场所提出的不同要求可以分为配电电器和控制电器两大类。

配电电器主要用于配电系统中，是对低压供电系统和电气设备进行电能分配、接通和分断及对配电系统进行保护的电器。如断路器、熔断器、刀开关、转换开关等。对低压配电电器的要求是当系统发生故障时，能准确、可靠地动作，并有足够的动、热稳定性。

控制电器主要是指用于电力拖动控制系统和用电设备中，对电动机的运行进行控制和保护的电器。如接触器、启动器、控制继电器、主令电器、电阻器、电磁铁等。对低压控制电器的要求是工作准确可靠、操作效率高、体积小、质量轻和寿命长。

本节介绍的低压电器从工作条件看主要是一般用途的低压电器，这是指电器只能用于一定的海拔高度、正常工作环境温度与湿度下、安装在一定倾斜度内、使用场合无显著振动和冲击、无爆炸危险、无腐蚀金属、无破坏绝缘的气体与尘埃和无雨雪侵袭的环境。

随着半导体技术、电力电子应用的发展，形成了开关电器中的新品——无触点开关电器。如固体继电器、传感器等，利用晶体管、晶闸管的导通和截止，满足电路的接通与断开，在这个动作过程中对电路具有接通（名义上负载获得额定电流）与断开（负载上可能还有极小的微弱电流），却没有真正的触点接通与断开的动作过程，称为无触点开关。

除了上述一般用途低压电器范围以外的其他低压电器，都有某种特殊要求，如：

1. 牵引低压电器：电气机车，振动、倾斜、冲击等工作环境。

2. 矿用低压电器：矿井下，防爆。

3. 航空低压电器：飞机上，任何位置下都能工作，耐振动耐冲击，体积小质量轻。

4. 船用低压电器：船舶有较大的倾斜环境，要求电器耐振动，耐冲击，耐潮防盐雾。

本节仅介绍一般用途低压电器。

三、低压电器产品型号

低压电器产品型号，由汉语拼音字母及阿拉伯数字组成。产品型号只代表一种类型的系列产品，不包括该系列产品中的若干派生品种。

低压电器产品型号组成如下：

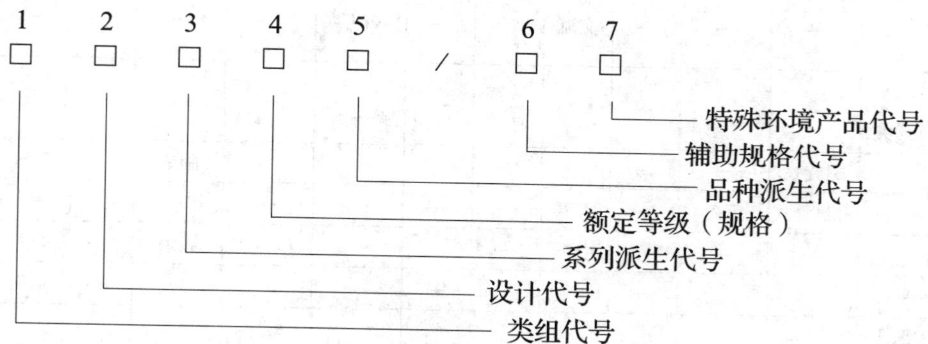

类组代号与设计代号的组合，表示产品的系列。

1. 类组代号——为两位或三位汉语拼音字母，第一位为类别代号，第二、三位为组别代号，代表产品名称，由型号登记部门确定，见表13—1。

2. 设计代号——为阿拉伯数字，位数不限，由型号登记部门统一编排。

3. 系列派生代号——一般为一位或两位汉语拼音字母，表示全系列产品变化的特征。

4. 额定等级（规格）——为阿拉伯数字，位数不限，表示额定等级（规格）。

5. 品种派生代号——一般为一位或两位汉语拼音字母，表示系列内个别产品的变化特征。

6. 辅助规格代号——为阿拉伯数字或汉语拼音字母，位数不限，表示需进一步说明的产品特征，如极数、脱扣方式、用途等。

7. 特殊环境产品代号——表示产品的环境适应性特征，如热带、高原等。

表13—1　　低压电器产品型号类组代号

代号	H	R	D	K	C	Q	J	L	Z	B	T	M	A
名称	刀开关刀形转换开关	熔断器	自动开关	控制器	接触器	启动器	控制继电器	主令电器	电阻器	变阻器	调整器	电磁铁	其他
A	—	—	—	—	—	按钮式	—	按钮	—	—	—	—	—
B	—	—	—	—	—	—	—	—	板形元件	—	—	—	触电保护器
C	—	插入式	—	—	—	电磁式	—	—	冲片元件	旋臂式	—	—	插销
D	刀开关	—	—	—	—	—	漏电	—	铁铬铝带形元件	—	电压	—	信号灯
G	—	—	—	鼓形	高压	—	—	—	管形元件	—	—	—	—
H	封闭式负荷开关	汇流排式	—	—	—	—	—	—	—	—	—	—	接线盒
J	—	—	—	—	交流	减压	—	接近开关	—	—	—	—	—
K	开启式负荷开关	—	—	—	真空	—	—	主令控制器	—	—	—	—	—
L	—	螺旋式	—	—	—	—	电流	—	—	励磁	—	—	电铃
M	—	密封管式	灭磁	—	灭磁	—	—	—	—	—	—	—	—
P	—	—	—	平面	中频	—	—	—	—	频敏	—	—	—
Q	—	—	—	—	—	—	—	—	—	启动	—	牵引	—
R	熔断器式刀开关	—	—	—	—	—	热	—	非线性电力电阻	—	—	—	—
S	刀形转换开关	快速	快速	—	时间	手动	时间	主令开关	烧结元件	石墨	—	—	—
T	—	有填料密封管式	—	凸轮	通用	—	通用	足踏开关	铸铁元件	启动减速	—	—	—
U	—	—	—	—	—	油浸	—	旋钮	—	油浸启动	—	—	—
W	—	—	框架式	—	—	—	湿度	万能转换开关	—	液体启动	—	起重	—
X	—	—	—	—	—	星三角	—	行程开关	电阻器	滑线式	—	—	—
Y	其他	其他	其他	其他	其他	其他	其他	其他	硅碳电阻元件	其他	—	液压	—
Z	组合开关	自复	塑料外壳式	—	直流	综合	中间	—	—	—	—	制动	—

第2节　低压熔断器

一、低压熔断器概述

低压熔断器是在低压配电装置和电气设备中，起保护作用的低压配电电器，当电路发生过载或短路故障时，它能自动断开电路，确保安全供电。熔断器是利用金属丝（熔丝）或金属片（熔片）串接在被保护的电路中实现保护的。一般熔断器的结构包括熔体、充填石英砂、瓷管及接线端子等。熔体是由一种熔点低、易熔断、导电性能良好的合金丝或金属片制成，在正常工作温度时，相当于一根导线。当发生短路或严重过载时，熔体产生过热而熔化，从而切断电路。由于熔断器具有安装维护简单、体积小、质量轻、分断能力大的特点，被广泛用作过载或短路保护的低压配电电器。熔断器有用于配电电路的普通型熔断器和用于半导体器件保护的快速熔断器。由于结构不同有管式熔断器和螺旋式熔断器。近年来，由于大功率电力电子器件在各行业中的广泛应用，人们研制了保护电力电子器件特殊需要的RS0、RS3系列有填料快速熔断器，这类熔断器具有效率高、尺寸小、质量轻等优点。

二、低压熔断器的主要技术参数

1. 额定电压

指熔断器长期工作时和分断后能正常工作的电压。如果熔断器所接电路超过熔断器额定电压，熔断器长期工作可能使绝缘击穿，或熔体熔断后电弧不能熄灭。为此熔断器的额定电压应大于或等于所接电路的额定电压。

2. 额定电流

指熔断器长期工作，各部件温升不超过允许值时所允许通过的最大电流。厂家为了减少熔管额定电流规格，熔管额定电流规格比较少而熔体额定电流的等级比较多。这样，在一个额定电流等级的熔管内可选用若干个额定电流等级的熔体，但熔体的额定电流不可超过熔管的额定电流。

3. 极限分断能力

指熔断器在规定的额定电压下能分断的最大电流值。它取决于熔断器的灭弧能力，与熔体的额定电流无关。

三、常用熔断器产品

1. RC1A 系列瓷插式熔断器

RC1A 系列是目前我国大量生产的瓷插式熔断器，用于交流 50 Hz、额定电压 380 V、额定电流在 200 A 以下的低压电路中，用作短路或严重过载保护，其结构如图 13—1 所示。它由瓷底座、瓷盖插件、动触点、静触点和熔体组成。额定电流在 60 A 以上的熔断器，在灭弧室中还垫有帮助熄灭电弧的编织石棉。瓷盖插件的突出部分和瓷底座之间的间隙形成灭弧室。瓷盖插件上两动触点之间跨接熔体，熔体熔断后，从瓷底座中拔出瓷盖插件即可方便地更换熔体。熔体有铅锡合金的圆线、铜圆线和变截面冲制铜片三种形式，一般额定电流在 30 A 以下的用铅锡合金圆线，30 ~ 100 A 的用铜圆单线，120 ~ 200 A 的用变截面冲制铜片。RC1A 系列瓷插式熔断器的额定电压为 380 V，其他主要技术参数见表 13—2。

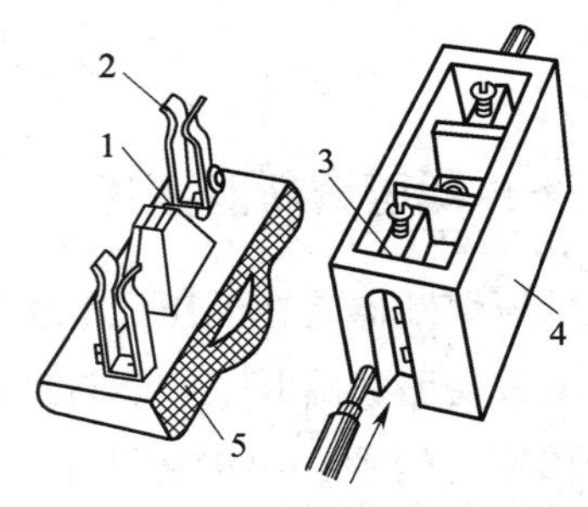

图 13—1　RC1A 瓷插式熔断器

1—熔体　2—动触点　3—静触点　4—瓷底座　5—瓷盖插件

表 13—2　　RC1A 系列瓷插式熔断器主要技术参数

熔断器额定电流（A）	熔体额定电流（A）	极限分断能力（A）
5	2，5	250
10	2，4，6，10	500
15	15	
30	20，25，30	1 500
60	40，50，60	3 000
100	80，100	
200	100，150，200	

2. RM10 系列无填料密封管式熔断器

常用的 RM10 系列无填料密封管式熔断器是一种可拆卸的熔断器，其结构如图 13—2 所示。图中 1 为厚壁反白管制成的熔管，两端紧套着黄铜套管 2，用两排铆钉与熔管固定在一起，套管把熔管套住，使它不会炸开。在套管上旋有铜帽 3 用来固定熔体 5，熔体 5

在装入熔管前用螺钉固定在插刀4上。15 A 和 60 A 熔断器与大电流熔断器不同之处是它们没有插刀，电流经过铜帽旋紧后即与熔体接触。

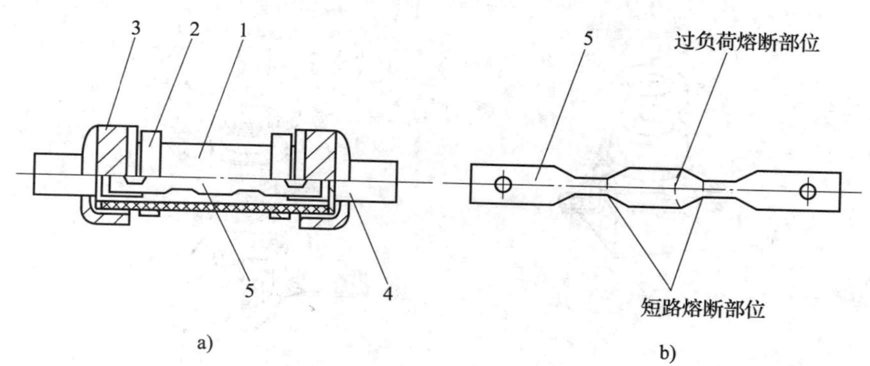

图 13—2 RM10 系列无填料密封管式熔断器

a）熔断器 b）熔体

1—熔管 2—套管 3—铜帽 4—插刀 5—熔体

熔体是用锌片冲成不均匀的截面形状，目的是使熔体作短路保护时能充分发挥它的作用，以提高分断能力。当熔体通过短路电流时，其两个狭颈立即熔断，中间大块熔体掉下，造成较大的电弧间隙，有利于灭弧。另外，反白管内壁在电弧高温作用下，在熔管内产生高压气体，使电弧很快熄灭，因此 RM10 系列的分断能力比 RC1A 系列大。熔体熔断后，可将熔断器从底座上拔下拆开更换新的熔体。

RM10 系列无填料密闭管式熔断器的额定电压为交流 220 V、380 V，直流 220 V、440 V，额定电流等级有 15 A、60 A、100 A、200 A、350 A、600 A 等几种，分断能力为 10 ~ 12 kA。

3. RL1 系列有填料螺旋式熔断器

常用的 RL1 系列有填料螺旋式熔断器，由底座、瓷帽、瓷套、熔断管和上、下接线端等组成，结构如图 13—3 所示。熔断管内装有熔体、石英砂填料和熔断指示器（上有色点）。当熔体熔断时，指示器跳出，可以通过瓷帽的玻璃窗口进行观察。在熔体周围充填石英砂。石英砂具有导热性能好、热容量大的特性，因此在熔体熔断产生电弧过程中，能大量吸收电弧的能量，使电弧迅速熄灭，从而提高了熔断器的分断能力。熔体熔断后，是无法更换的，只能更换整个熔断管。为了更安全地更换熔断管，要求接线时要把电源进线接到下接线端（把底座芯作为下接线端子），出线接到上接线端（结构上与螺旋口导通），这样更换熔断管不容易触电。RL1 系列熔断器的额定电压为 500 V，其他主要技术参数见表 13—3。

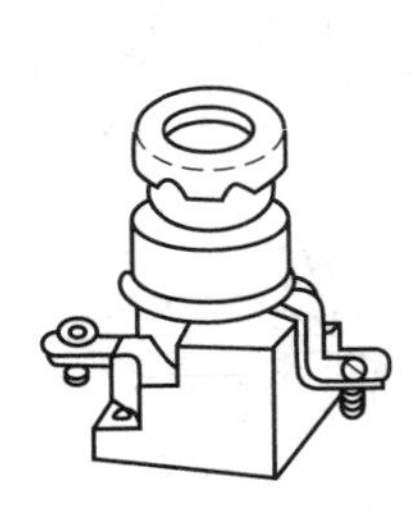

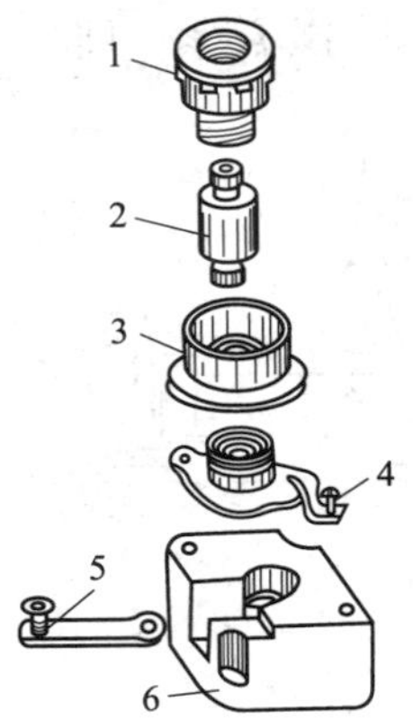

图 13—3　RL1 系列有填料螺旋式熔断器

1—瓷帽　2—熔断管　3—瓷套　4—上接线端　5—下接线端　6—底座

表 13—3　　RL1 系列熔断器主要技术参数

<table>
<tr><th rowspan="2">型号</th><th rowspan="2">额定电流（A）</th><th rowspan="2">熔体额定电流（A）</th><th colspan="2">极限分断能力（A）cos$\varphi \geqslant 0.3$</th></tr>
<tr><th>380 V</th><th>500 V</th></tr>
<tr><td>RL1－15</td><td>15</td><td>2，4，6，10，15</td><td>2 000</td><td>2 000</td></tr>
<tr><td>RL1－60</td><td>60</td><td>20，25，30，35，40，50，60</td><td rowspan="3">5 000</td><td>3 500</td></tr>
<tr><td>RL1－100</td><td>100</td><td>60，80，100</td><td>20 000</td></tr>
<tr><td>RL1－200</td><td>200</td><td>100，125，150，200</td><td>50 000</td></tr>
</table>

4. RT0 密封管式熔断器

RT0 密封管式熔断器由底座和熔断体两部分组成。其中熔断体结构如图 13—4 所示，它由高频瓷制成的管体和触刀组成，管体上安装熔断指示器，管体内安装由薄紫铜片冲制而成的熔体，熔体周围用石英砂填料充填。它的分断能力强、性能稳定，广泛使用于各种配电设备。其额定电压为交流 380 V，直流 440 V，额定电流 100～1 000 A，极限分断能力可达交流 50 kA，直流 25 kA。

5. RS 和 RLS 系列快速熔断器

RS 和 RLS 系列快速熔断器分别是 RT0 系列和 RL1 系列的派生系列，外形与基本系列大致相同，但采用变截面银片作熔体，达到快速分断的能力。快速熔断器主要用于半导体整流元件或半导体整流装置的短路保护。由于半导体元件的过载能力很低，只能在极短时间内承受较大的过载电流，因此要求短路保护具有快速熔断的特性，即在短路故障出现时，熔断器必须在极短时间内切断故障电流。显而易见，快速熔断器的熔断体是不能用普通的熔断体代替的。因为普通的熔断体不具备快速熔断特性，不能有效地保护半导体元件。

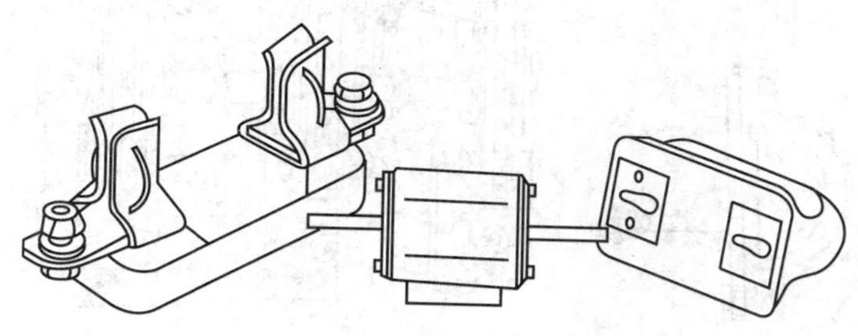

图 13—4　RT0 密封管式熔断器

第 3 节　刀　开　关

一、刀开关的基本原理

刀开关也就是通常所说的闸刀开关，是一种用于隔离电源与不频繁地接通与分断交直流电路的手动开关装置。静触座由导电材料和弹性材料制成，固定在绝缘材料制成的底板上（见图 13—5）。动触刀与触刀支座铰链连接，绝缘手柄直接与触刀固定。当触刀 3 插入静触座 7 时，电路接通；当触刀 3 与静触座 7 分开时，电路断开。使用时电源进线连接在上接线端子 1 的连接螺栓上，负载则接在下接线端子 5 的连接螺栓上，这样当电路断开时，触刀不带电。

刀开关的技术参数有额定电压、额定电流、极数、通断能力、电寿命和机械寿命等。

刀开关与熔丝可组合成胶盖瓷底刀开关；刀开关与熔断器可组合成熔断器式刀开关。刀开关按极数分为单极、双极、三极；按灭弧结构分为带灭弧罩和不带灭弧罩；按用途分为单投和双投。

刀开关必须严格按照规范安装和使用：刀片应垂直安装，手柄向上为合闸状态，向下分闸状态。刀开关的动静触点应有足够大的接触压力，接触良好，以免过热损坏。刀开关各相分闸动作应一致。刀开关一般不能用来切断负荷电流，如用来切断负荷电流应严格按照产品说明书及安全规程的要求执行。

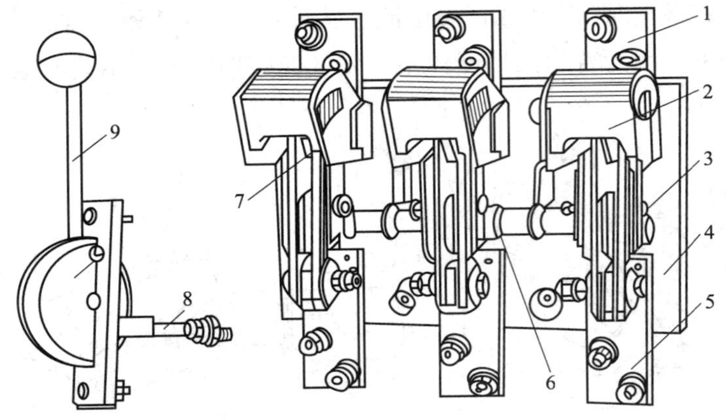

图 13—5　刀开关

1—上接线端子　2—灭弧罩　3—触刀　4—底座　5—下接线端子
6—主轴　7—静触座　8—连杆　9—手柄（中央杠杆操作）

二、胶盖瓷底刀开关

胶盖瓷底刀开关（简称刀开关）适用于交流额定电压 380 V 和直流额定电压 440 V、额定电流在 60 A 以下的电力线路中，作为一般照明、电热等电路的控制开关，也可作为分支电路的配电开关。刀开关没有灭弧装置，可用于配电设备中供不频繁地手动接通和切断负载电流。若适当地降低容量，三极胶盖刀开关可以直接用于小型电动机不频繁直接启动和停机的控制开关，并借助于熔丝起过载和短路保护作用。

胶盖瓷底刀开关有双极和三极两种，三极胶盖刀开关的结构如图 13—6 所示。

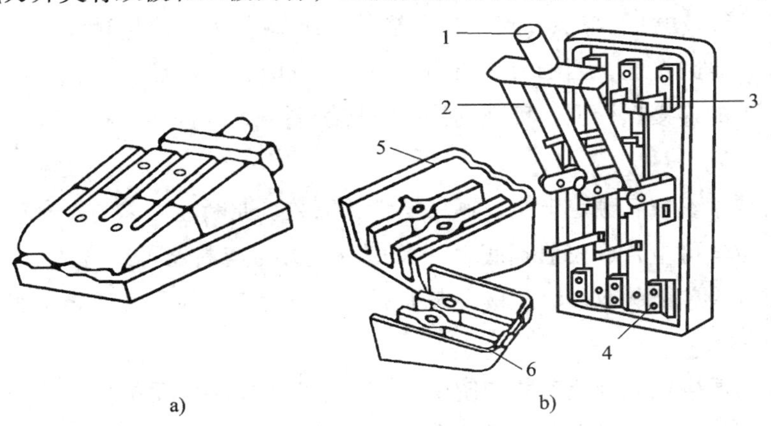

图 13—6　胶盖瓷底刀开关

a）外形　b）结构

1—瓷质手柄　2—闸刀体　3—静插座　4—熔丝接头　5—上胶盖　6—下胶盖

安装和使用时应注意下列事项。

1. 电源进线应接在静插座上，而用电设备接在闸刀下面熔丝的出线端。这样，当开关断开时，闸刀和熔丝上不带电，以保证装换熔丝时的安全。

2. 安装时，使刀开关在合闸状态下手柄应该向上，不能倒装或平装，防止闸刀误合。

三、熔断器式刀开关

熔断器式刀开关（又称负荷开关）适用于配电电路，用作电源开关、隔离开关和应急开关，并作电路保护之用。但一般不用于直接接通和断开电动机。常用的型号为 HH 系列，通常称为铁壳开关。铁壳开关结构如图 13—7 所示。

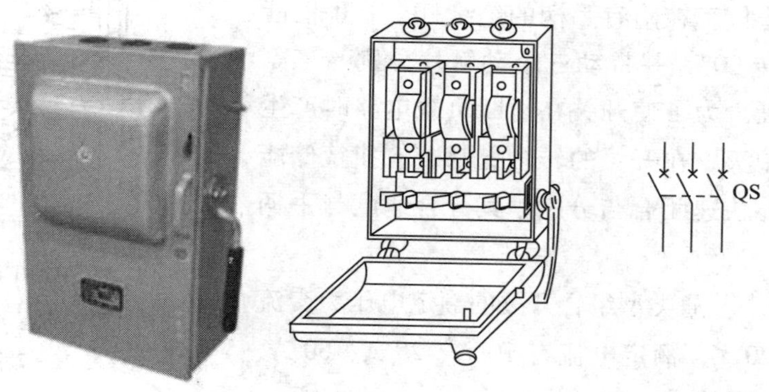

图 13—7　铁壳开关结构

熔断器式刀开关由闸刀、熔断器、操作机构和金属外壳四部分组成。外壳上装有机械联锁装置，使开关在闭合时盖子不能打开，开关打开时盖子不能闭合，保证用电的安全。另外，操作机构中装有速动弹簧，使刀开关能快速接通或切断电路，其分合速度与手柄的操作速度无关，有利于迅速切断电弧，减少电弧对闸刀和静插座的烧蚀。

使用负荷开关时应注意以下事项：

1. 外壳应可靠接地，防止意外的漏电，避免操作者发生触电事故。

2. 接线时应使电流先经过刀开关，再经过熔断器，然后进入用电设备，接反了在检修时很不安全。

四、组合开关

组合开关是一种结构很紧凑的开关电器，用途很广，其中普通类型的组合开关可用在各种低压配电设备中，作用是不频繁地接通和切断电路，例如在机床电气设备中作为电源的引入开关，有时也可用来直接控制小容量异步电动机的启动、停止和正反转，如小型砂轮机、冷却泵等。组合开关属于刀开关类型，它的特点是用动触片代替闸刀，以左右旋转操作代替刀开关的上下平面操作。组合开关的类型有单极、双极和多极之分。

如图13—8所示为HZ10系列中普通类型（所有极是同时接通和同时分断）的三极组合开关结构解剖图。这种开关有三副静触片，每一副静触片的一边固定在绝缘底板上，另一边伸出盒外，并附有接线柱，以便和电源、用电设备连接。三个动触片装在另外的绝缘垫板上，垫板套在附有手柄的绝缘杆上。手柄能沿任一方向旋转90°，并带动三个动触片分别与三副静触片保持通断。为了使开关在切断负载电路时产生的电弧能迅速熄灭，在开关的转轴上都装有扭簧储能机构，使开关能快速闭合与分断，其分合速度与手柄旋转速度无关。

HZ10系列中普通类型组合开关的额定电压为交流380 V、直流220 V，额定电流有10 A、25 A、60 A、100 A四种，极数有1～4极。

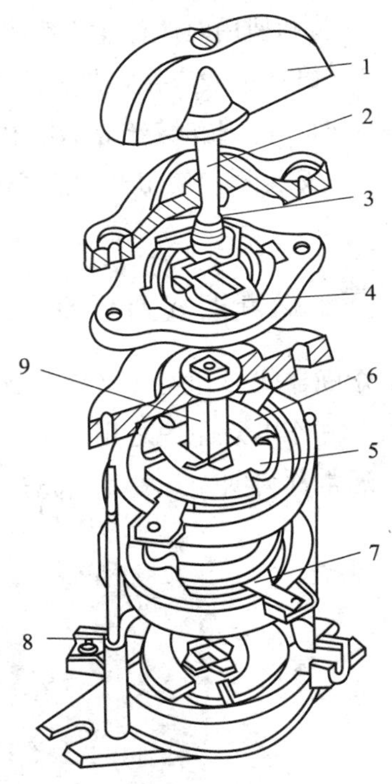

图13—8　HZ10系列组合开关

1—手柄　2—转轴　3—弹簧　4—凸轮　5—绝缘垫板　6—动触片　7—静触片　8—接线柱　9—绝缘杆

第4节　低压断路器

一、低压断路器的功能及分类

低压断路器又称自动空气开关。在功能上，它是一种既有开关作用，又能进行自动保护的低压配电电器。其作用相当于刀开关、熔断器、热继电器和欠电压继电器等电气元件的组合，是一种既有手动开关作用又能自动进行欠压、失压、过载和短路保护的电器。

低压断路器按用途分有保护配电线路用断路器、保护电动机用断路器、保护照明线路用断路器及漏电保护用断路器。按结构形式分有框架式和塑壳式断路器。按极数分有单极、双极、三极和四极等。按操作方式分有直接手柄操作、杠杆操作、电磁铁操作和电动机操作等。

二、低压断路器的结构和工作原理

各种低压断路器外形不同，但在结构上都由主触点和灭弧装置、脱扣器、自由脱扣机构和操作机构三大部分组成。

1. 主触点和灭弧装置

它是断路器的执行部件，用于接通和分断主电路，为提高其分断能力，在主触点处装有灭弧室，常用的有狭缝式灭弧室和去离子栅灭弧室。

2. 脱扣器

脱扣器是断路器的感受元件，当电路出现故障时，脱扣器检测到故障信号，经自由脱扣机构使断路器主触点分断。常用的有四种类型的脱扣器，接收不同类型的故障信号。

（1）分励脱扣器。用于远距离分断断路器的脱扣器。

（2）欠压、失压保护脱扣器。当主电路电压降到一定数值以下或消失时，欠压、失压保护脱扣器的电磁铁失去吸力，带动自由脱扣机构使断路器跳闸，从而达到欠压或失压保护的目的。

（3）电磁脱扣器。电磁脱扣器实质上是一个电磁机构，当电路出现瞬时过电流或短路电流时，电磁机构的衔铁吸合并带动自由脱扣机构使断路器跳闸，从而达到过电流或短路保护的目的。

（4）过载脱扣器。利用双金属片的特性，当电路过载时使双金属片弯曲，带动自由脱扣机构使断路器跳闸，从而达到过载保护的目的。

断路器不一定都具有上述四种脱扣器，而是根据断路器使用场合不同来选择断路器及其脱扣器装置。

3. 自由脱扣机构和操作机构

自由脱扣机构是用来联系操作机构与触点系统的机构，当操作机构处于闭合位置时，也可由自由脱扣机构进行脱扣，将触点断开。

操作机构是实现断路器闭合、断开的机构。有手动操作机构、电磁铁操作机构、电动机操作机构等。

低压断路器的工作原理如图 13—9 所示。图 13—9a 是部分断路器外形。图 13—9b 所示为一个三极断路器，主触点 2 串接于三相电路中且处于闭合状态，传动杆 3 由锁扣 4 钩住，分断弹簧 1 已被拉伸；当主电路出现过电流故障且达到电磁脱扣器的动作电流时，电磁脱扣器5的衔铁吸合，顶杆向上将锁扣4顶开，在分断弹簧1作用下使主触点断开；如果主电路出现欠压、失压及过载故障时，欠压、失压脱扣器及过载脱扣器分别将锁扣顶开，使主触点断开；分励脱扣器7由主电路电源或由其他控制电路供电，可由操作人员发出命令或继电保护信号使线圈通电，其衔铁吸合，使断路器跳闸。

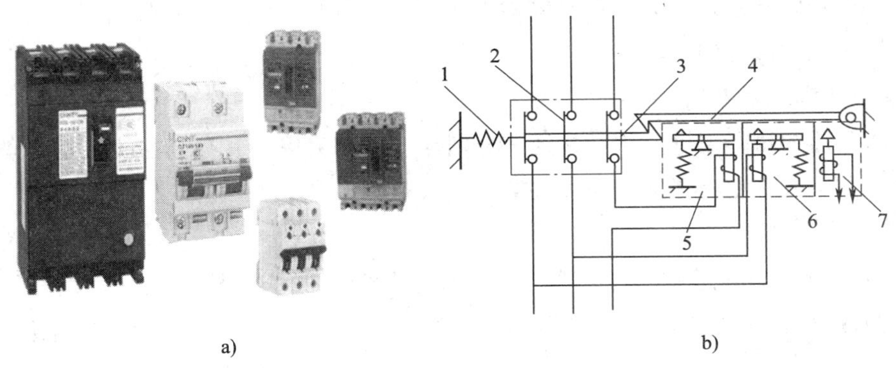

图13—9　低压断路器工作原理图

1—分断弹簧　2—主触点　3—传动杆　4—锁扣

5—电磁脱扣器　6—失压脱扣器　7—分励脱扣器

选用断路器时，应满足以下几个方面的要求：

（1）断路器的额定电压应不低于电路的额定电压。

（2）断路器的额定电流和热脱扣器的额定电流应等于或大于电动机（负载）的额定电流。

（3）极限分断能力不小于电路中的最大短路电流。

（4）欠电压脱扣器的额定电压应等于电路的额定电压。

（5）断路器应用于照明电路时，电磁脱扣器的瞬时脱扣整定电流一般取负载电流的6倍；用于保护电动机时，电磁脱扣器的瞬时脱扣整定电流一般取电动机启动电流的1.7倍或取热脱扣器额定电流的8~12倍。

三、DZ系列塑壳式低压断路器

塑壳式低压断路器的特点是它的触点系统、灭弧室、操作机构及脱扣器等元件均装在一个塑料壳体内。元件的结构比较简单、紧凑，开关的外形比较小。在机床控制电路中，常用低压断路器作为电源引入开关，操作方式多为手动。开关有DZ15、DZ20、DZ5、DZ10、DZX10、DZX19等品种。其中DZ5－20型塑壳式低压断路器结构如图13—10所示，其技术参数见表13—4。

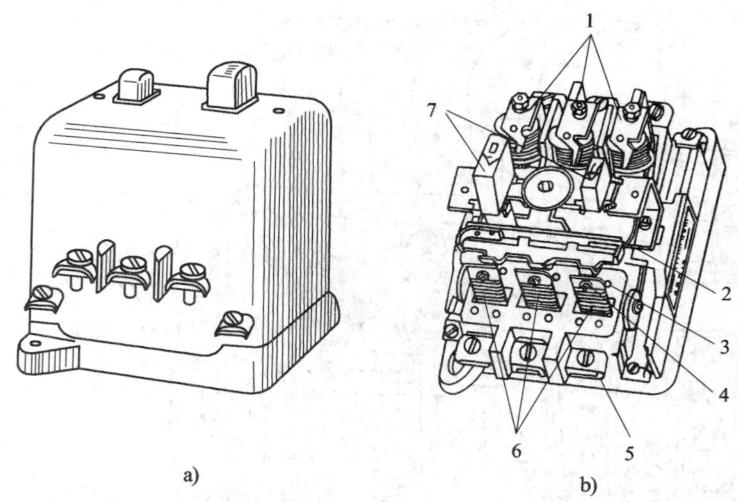

图 13—10　DZ5－20 型塑壳式低压断路器

a）外形　b）结构

1—电磁脱扣器　2—自由脱扣器　3—动触点　4—静触点　5—接线柱　6—热脱扣器　7—按钮

表 13—4　　**DZ5－20 系列塑壳式低压断路器技术数据**

<table>
<tr><th>型号</th><th>额定电压（V）</th><th>额定电流（A）</th><th>极数</th><th>脱扣器类别</th><th colspan="2">热脱扣器额定电流（A）</th><th>电磁脱扣器瞬时动作整定值（A）</th></tr>
<tr><td>DZ5－20/200</td><td rowspan="8">交流 380
直流 220</td><td rowspan="8">20</td><td>2</td><td rowspan="2">无脱扣器</td><td colspan="2" rowspan="2"></td><td rowspan="8">为热脱扣器额定电流的 8～12 倍（出厂时整定于 10 倍）</td></tr>
<tr><td>DZ5－20/300</td><td>3</td></tr>
<tr><td>DZ5－20/210</td><td>2</td><td rowspan="2">热脱扣器</td><td rowspan="6">0. 15
0. 30
0. 65
1. 5
3
6. 5
15</td><td rowspan="6">0. 20
0. 45
1
2
4. 5
10
20</td></tr>
<tr><td>DZ5－20/310</td><td>3</td></tr>
<tr><td>DZ5－20/220</td><td>2</td><td rowspan="2">电磁脱扣器</td></tr>
<tr><td>DZ5－20/320</td><td>3</td></tr>
<tr><td>DZ5－20/230</td><td>2</td><td rowspan="2">复式脱扣器</td></tr>
<tr><td>DZ5－20/330</td><td>3</td></tr>
</table>

四、DW 系列框架式低压断路器

框架式低压断路器的结构特点是有一个金属框架，所有元件都安装在框架上。多数属敞开式，为了防尘的需要，有时做成金属箱防护式（见图 13—11）。

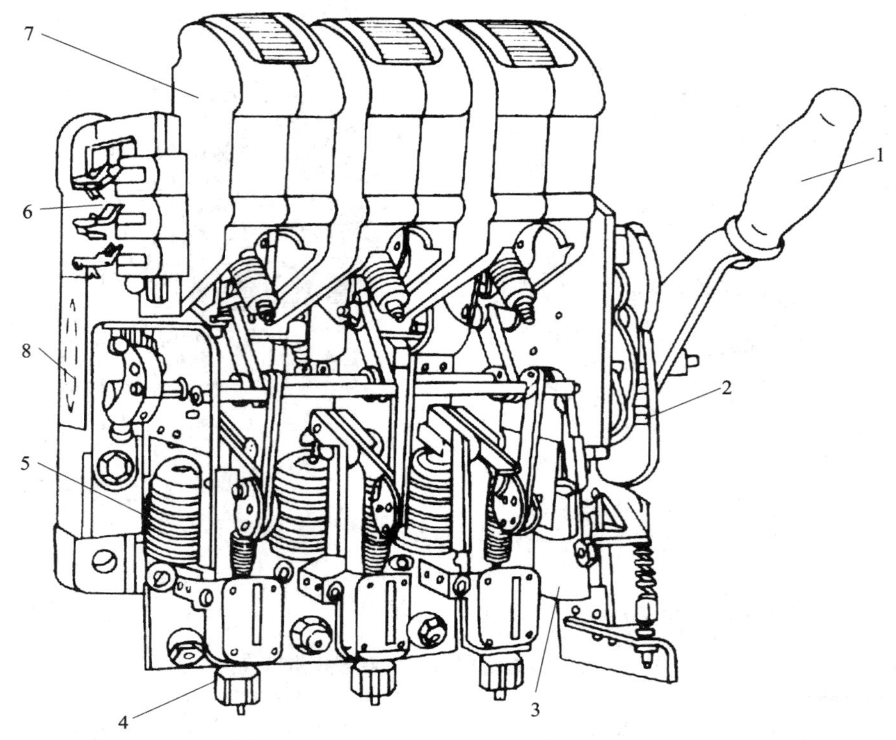

图 13—11　DW 系列框架式低压断路器

1—操作手柄　2—自由脱扣机构　3—失压脱扣器　4—脱扣电流调节螺母
5—电磁脱扣器　6—断路器辅助触点　7—灭弧罩　8—底架（内有主触点）

五、漏电保护开关

1. 漏电保护开关的结构与工作原理

漏电保护开关简称漏电开关，其特点是能够在检测与判断到触电或漏电故障后自动切断故障电路，用作低压电网人身触电保护和电气设备漏电保护的自动开关。按其脱扣原理的不同，有电压动作型和电流动作型两种，脱扣器结构有纯电磁式、半导体式和灵敏继电器式三种。如图 13—12 所示为电流动作型漏电保护开关的工作原理。图中的漏电开关由零序电流互感器、放大器、断路器和脱扣器四个主要部件组成。其工作原理是：

设备正常运行时，主电路电流的相量和为零，零序电流互感器的铁芯无磁通，其二次绕组无电压输出。若设备发生漏电或单相接地故障时，由于主电路电流的相量和不再为零，则零序电流互感器的铁芯中产生磁通，其二次绕组有电压输出。经放大器判断后，输入脱扣器，使断路器 QF 跳闸，从而切断故障电路，避免人员发生触电事故。

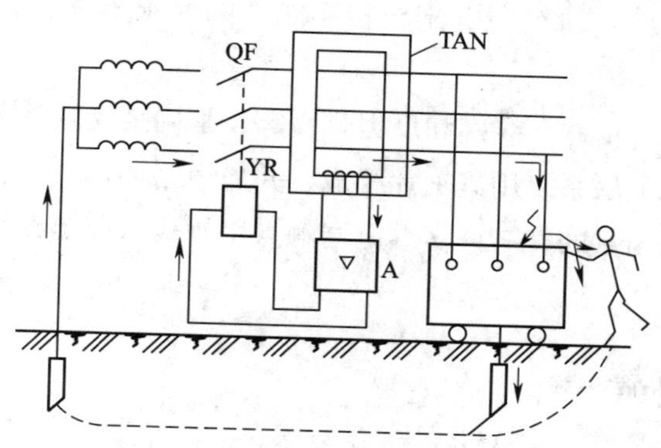

图 13—12　电流动作型漏电保护开关工作原理

2. 漏电保护开关的使用维护

（1）漏电开关的漏电、过载、短路保护特性均由制造厂整定，在使用中不可随意调节。

（2）新安装或运行一段时间后（一般每隔一个月）的漏电开关，需在合闸通电状态下，按动试验按钮，检查漏电保护性能是否正常可靠。

（3）被控制电路发生故障（漏电、过载、短路）时，漏电开关分闸操作手柄应置于中间位置，当查明故障原因、排除故障后再合闸时，先将手柄向下扳动，使操作机构再次锁扣后，才能进行合闸操作。

（4）漏电开关因被控制电路短路而分断后，需打开盖子检查触点，进行维护清理。

第 5 节　控制继电器

控制继电器是一种自动电器，适用于远距离闭合与断开交直流小容量控制回路。继电器的输入量通常是电压、电流等电量，也可以是温度、速度等非电量。当外界输入量变化到某一定值时控制继电器即动作，输出量发生突然跳跃变化，也就是继电器的触点发生分合动作，通过触点的分合动作去操作控制回路。它们在电力拖动系统中主要起控制和保护作用。

继电器的用途广泛，种类很多。按动作原理，可分为电压继电器、电流继电器、时间继电器、热与温度继电器、速度继电器和压力继电器等。其中大多数控制继电器采用电磁式结构，由电磁系统和触点组成。由于继电器的触点用于控制回路中，控制回路的功率一般不大，所以对继电器触点的额定电流与转换能力的要求不高，因此继电器没有灭弧装置，触点的结构也较简单。

电磁系统包括铁芯、衔铁、线圈和反力弹簧等，是用来反映输入量的。直流电磁系统用整体钢材制造，交流电磁系统用硅钢片叠成，并加短路环。

触点系统是反映输出量的，有许多继电器触点用桥式双断点结构，额定电流不大，一般为5～10 A。

一、电磁式继电器

直流电磁式继电器的电磁系统为U形拍合式结构，如图13—13所示。衔铁制成板状，绕棱角转动，线圈不通电时，衔铁靠反力弹簧的作用而打开。交流电磁式继电器的电磁系统一般采用双E形的结构。

电磁式继电器的一个重要特点就是在同一个电磁系统中配上不同的线圈或阻尼线圈，即能分别成为电压继电器、电流继电器或时间继电器，这类继电器从结构上看具有通用性，故又称通用继电器。

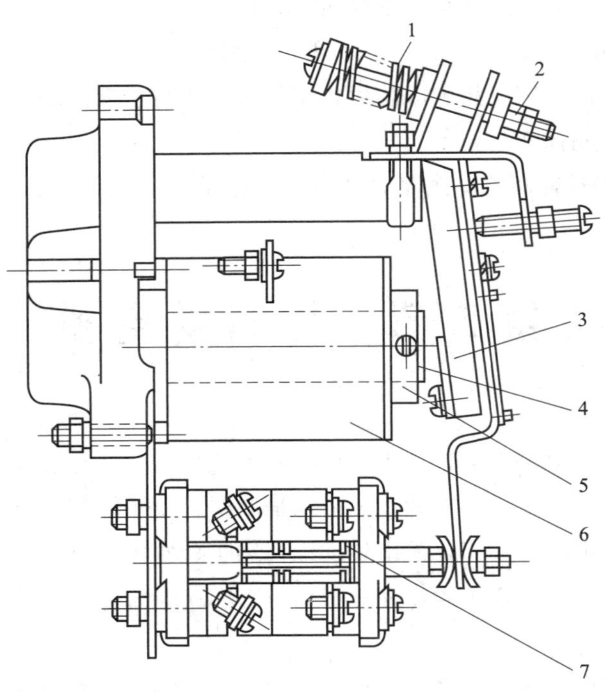

图13—13　直流电磁式继电器结构图

1—反力弹簧　2—调节螺钉　3—衔铁　4—铁芯　5—极靴　6—线圈　7—触点

1. 电压继电器

电压继电器是用来反映回路电压变化而动作的电器，如用于电动机失压或欠压保护的交、直流电压继电器；用于对绕线型电动机进行制动和反转控制的交流电压继电器；用于控制直流电动机的反转及反接制动的直流电压继电器。当电压达到动作值时，电压继电器动作。电压继电器的线圈称为电压线圈，在电路中与信号电压并联，为了在继电器磁路中产生一定的磁通势，又不影响其他电路的正常工作，要求流过电压继电器线圈的电流尽可能小，所以它具有较大的电阻和较多的匝数，所用的导线较细。电压继电器按吸合电压大小又可分为过电压继电器和欠电压继电器。

（1）过电压继电器。线圈在额定电压时，衔铁不产生吸合动作，仍处于释放状态，只有当线圈电压高于其额定电压时衔铁才动作吸合。衔铁吸合后，当电路电压降低到继电器释放电压时，衔铁才返回到释放状态。所以过电压继电器的电压释放值小于动作值。其吸合电压的调节范围为（1.05～1.2）U_N。

（2）欠电压继电器。当线圈电压低于其额定电压时衔铁即有吸合动作，而当线圈电压很低时衔铁才释放。一般直流欠电压继电器的吸合电压 U_0 =（0.3～0.5）U_N，释放电压 U_x =（0.07～0.2）U_N，而交流欠电压继电器吸合电压 U_0 =（0.6～0.85）U_N，释放电压 U_x =（0.1～0.35）U_N。

2. 电流继电器

用作电流继电器的线圈称为电流线圈，用来接收输入的电流信号，当电流达到动作值时，电流继电器就动作。电流线圈在电路中与信号电流串联。显然对电流线圈来说，由于流过电流线圈的电流较大，要求电流线圈产生的压降尽可能小，所以电流线圈的匝数很少，一般为几匝到几十匝，导线较粗，电阻很小。电流继电器按吸合电流大小不同分为过电流继电器和欠电流继电器。

（1）过电流继电器。继电器在额定参数下工作时，继电器线圈中流过负载电流，即使是额定负载电流，衔铁也不吸合，处于打开位置。当回路出现过电流时，衔铁才动作被吸合，带动触点动作。在电力拖动控制系统中，常采用过电流继电器来做电路的过电流保护。通常，交流过电流保护的继电器吸合电流 I_0 =（1.1～3.5）I_N，直流过电流继电器吸合电流 I_0 =（0.75～3）I_N。

（2）欠电流继电器。继电器在额定参数下工作时，由于流过电磁线圈的负载电流大于继电器的吸合电流，所以衔铁处于吸合位置。当回路出现欠电流，即负载电流降低到继电器释放电流时，则衔铁释放，使触点动作。在直流电路中，如果直流电动机励磁回路断线将会发生直流电动机飞车的严重后果，因此必须用欠电流继电器予以保护，而交流回路中没有欠电流继电器。

3. 中间继电器

中间继电器其实就是电压继电器，用来控制各种电磁线圈，结构小巧，反应灵敏。一般用于控制电路中作信号放大及多路控制转换。中间继电器电磁系统采用双E形铁芯直动式控制触点动作，其动作参数无须调节，返回系数值也无要求，只要零电压即可靠释放。因此中间继电器没有调节弹簧装置，触点数量较多。如图13—14所示JZ7继电器系列有8对触点，可组成三种形式，即44型、62型与26型（指常开触点与常闭触点对数）。

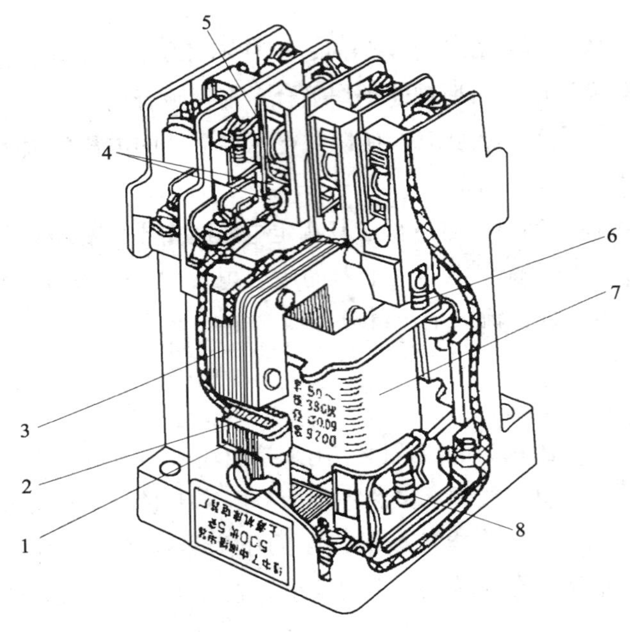

图13—14　中间继电器

1—静铁芯　2—短路环　3—动铁芯　4—常开触点　5—常闭触点
6—复位弹簧　7—线圈　8—反力弹簧

各类电磁式继电器与电磁式接触器一样都有电磁铁，设计时有类似之处，但它们之间有一定的差别。接触器的任务在于完成主回路的接通与分断，而继电器主要用于反应参数的变化。学习继电器应从它的主要参数要求出发，这些参数是指额定值、返回系数、动作时间、灵敏度、控制功率等。

二、时间继电器

当感受部分在感受外界信号后，经过一段时间延时才能使执行部分动作的继电器，叫作时间继电器。时间继电器主要有空气式、电动式、晶体管式及直流电磁式等几大类。延时方式有通电延时型和断电延时型两类。

1. 电磁阻尼式时间继电器

电磁继电器的衔铁处于打开位置时，电磁系统的磁导很小，线圈的电感也很小，直流电压继电器的线圈接上电源时，电流增长很快，触动时间很短，一般情况下可以认为是瞬时的。直流电磁式时间继电器是利用电磁系统的衔铁由吸合位置到释放的过程中磁通缓慢衰减的原理获得延时，可以用两种方法来实现，将线圈短接或带有阻尼筒。

在直流电压继电器的铁芯柱上套装一个铜或铝的套筒，便成为电磁阻尼式时间继电器，如图13—15所示。按电磁感应定律分析，在线圈接通电源时，将在铜或铝套筒内产生感应电动势和感应电流，并产生感应磁通，在感应磁通作用下，按楞次电磁感应定律，流过铁芯和衔铁中的磁通增加缓慢，从而延长了达到吸合磁通值的时间，衔铁延时吸合，触点也延时动作。当线圈断开电源时，由于铜铝套筒的作用，使磁通缓慢减小，从而延长了达到释放磁通值的时间，衔铁延时打开，带动触点延时动作。当衔铁处于打开位置时，由于气隙大，磁阻大，磁通小，阻尼套筒的作用小，因此触点延时动作不明显。而当衔铁处于闭合位置时，磁通大，阻尼套筒作用明显，因此，线圈断电获得的释放延时明显，可达0.3～5 s。在电力拖动自动控制系统中通常采用线圈断电延时型，其延时长短可用非磁性垫片改变衔铁吸合后的气隙大小或改变释放弹簧的松紧程度来调节。

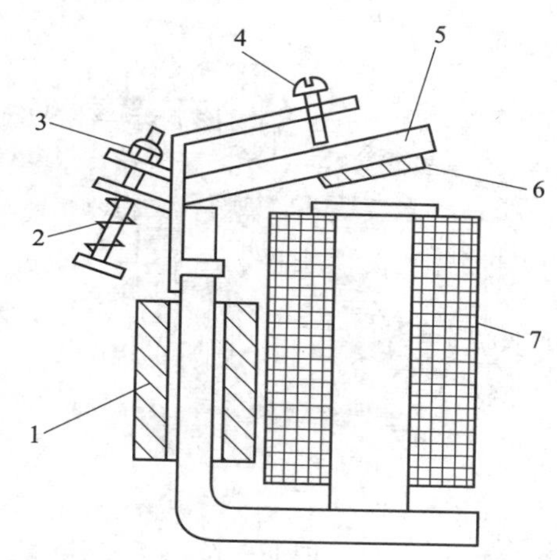

图13—15 电磁阻尼式时间继电器结构图

1—阻尼套筒 2—释放弹簧

3—调节螺母 4—调节螺栓

5—衔铁 6—非磁性垫片 7—电磁线圈

电磁式阻尼时间继电器具有结构简单、运行可靠、寿命长、允许通电次数多等优点，但也有以下缺点：

（1）仅适用于直流电路，若用于交流电路需加整流装置。

（2）仅能在断电时获得延时，且延时时间短，延时精度不高。

典型的常用电磁阻尼式时间继电器有JT1－8系列时间继电器，延时范围为0.3～0.9 s，0.8～3 s，2.5～5 s三种规格，分别可配触点为一副常开、一副常闭和两副常开、两副常闭，适用于直流电压24 V，48 V，110 V，220 V，440 V。

2. 空气阻尼式时间继电器

（1）结构与组成。空气阻尼式时间继电器是在交流电磁式通用继电器基础上，附加空气阻尼装置组成，利用空气通过小孔节流原理来获得延时动作。延时的时间是指从线圈通电开始到触点动作为止的这段时间。根据触点的延时特点，可分为通电延时动作和断电延时动作两种类型。这两种继电器的组成元件是通用的，区别是电磁铁安装位置不同。如图13—16所示为JS7－□A型空气阻尼式时间继电器的外形和结构图。

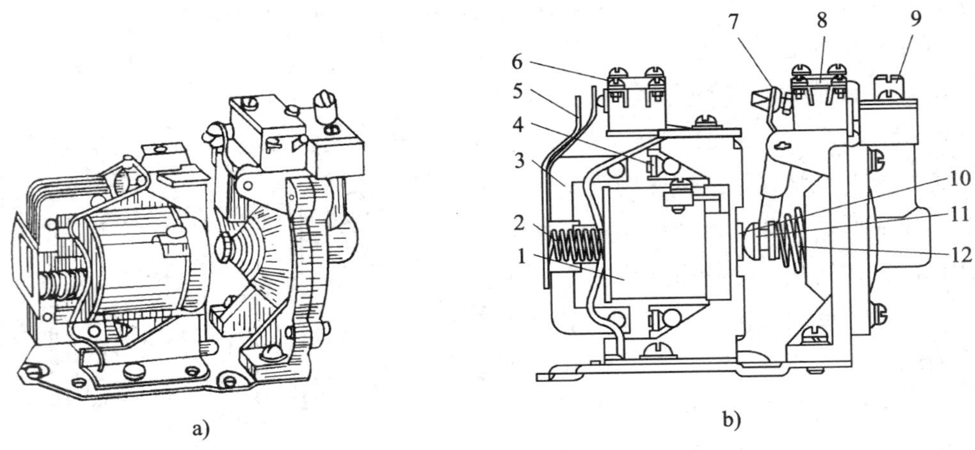

图13—16　JS7－□A型空气阻尼式时间继电器外形和结构图

a）外形　b）结构

1—线圈　2—反力弹簧　3—衔铁　4—铁芯　5—弹簧片　6—瞬时触点　7—杠杆　8—延时触点　9—调节螺栓　10—推板　11—推杆　12—宝塔弹簧

JS7－□A系列时间继电器主要由电磁系统、工作触点、空气室及传动机构等部分组成。

1）电磁系统。电磁系统由线圈、铁芯和衔铁等组成，其他还有反力弹簧和弹簧片等。

2）工作触点。本继电器利用微动开关作为工作触点。由两副瞬时动作触点（一副常开和一副常闭）和两副延时动作触点组成。

3）空气室。空气室内有一块橡皮薄膜固定在活塞上，利用空气的阻尼作用来阻滞活塞的运动达到延时的目的。气室上面有一只调节螺栓，可调节进气量的大小，从而控制了延时的长短。

4）传动机构。由推板、推杆、杠杆及宝塔弹簧等组成。

（2）动作原理。空气阻尼式时间继电器的动作原理如图13—17所示。

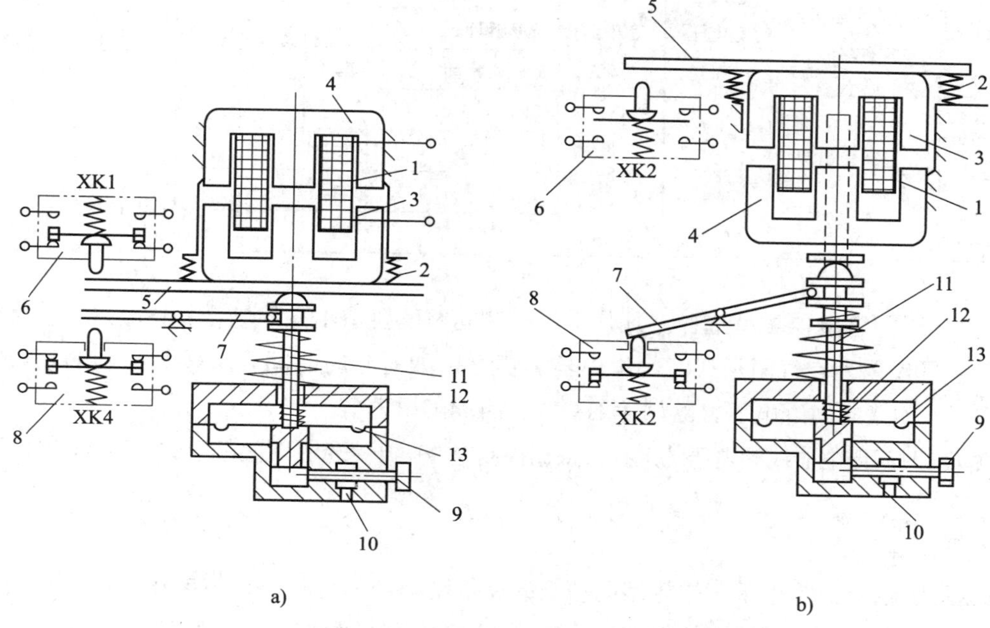

图 13—17　空气阻尼式时间继电器的动作原理图

a）通电延时　b）断电延时

1—线圈　2—反力弹簧　3—衔铁　4—铁芯　5—弹簧片　6—瞬时触点　7—杠杆

8—延时触点　9—调节螺栓　10—进气孔　11—推杆　12—活塞　13—橡皮膜

1）通电延时时间继电器的动作原理如图 13—17a 所示。继电器线圈在未通电时，衔铁已将活塞向气室内压入。当继电器线圈通电时，衔铁吸上，活塞靠复位弹簧的作用力逐渐复位。当活塞完全复位后，连在活塞杆上的推杆才推动微动开关动作，达到了通电延时的目的。

2）断电延时时间继电器的动作原理如图 13—17b 所示。继电器线圈在未通电时，活塞在原位。当继电器通电衔铁吸合时，将活塞向气室内压入。当继电器线圈断电时，衔铁复位，活塞靠复位弹簧的作用力开始复位。当活塞完全复位后，连在活塞杆上的推杆推动微动开关动作，起到了断电延时的效果。

JS7－□A 系列空气阻尼式时间继电器的技术数据见表 13—5。

3. 时间继电器的选择

（1）时间继电器延时方式的选择。时间继电器有通电延时型和断电延时型两种，应根据控制电路的要求来选择使用哪种延时方式的时间继电器。

表 13—5　　JS7 - □A 系列空气阻尼式时间继电器技术数据

型号	吸引线圈电压（V）	触点额定电压（V）	触点额定电流（A）	延时触点数				瞬时触点数		延时范围（s）	操作频率（次/h）
				通电延时		断电延时					
				常开	常闭	常开	常闭	常开	常闭		
JS7 - 1A	36，127，220，380	380	5	1	1					0.4 ~ 60 及 0.4 ~ 180 两种	600
JS7 - 2A				1	1			1	1		
JS7 - 3A						1	1				
JS7 - 4A						1	1	1	1		

（2）时间继电器类型选择。凡是对延时时间精度要求不高的场合，一般采用价格较低的 JS7 - □A 系列空气阻尼式时间继电器；反之，如对延时时间要求较为准确的场合则采用 JS11 电动式时间继电器、欧姆龙 H3Y - 3 时间继电器等。

（3）时间继电器线圈电压的选择。根据控制电路电压来选择时间继电器吸引线圈的电压。

三、速度继电器

速度继电器主要用于三相笼型电动机的反接制动控制电路中，供电动机制动后自动切断电动机电源用。使用时与接触器配合，实现对电动机的制动。如图 13—18 所示为速度继电器结构与工作原理示意图。

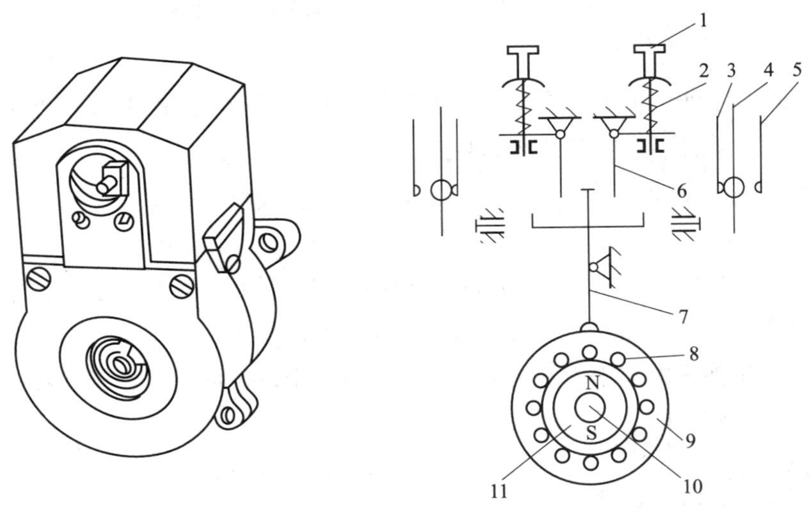

图 13—18　速度继电器结构与工作原理示意图

1—调节螺栓　2—反力弹簧　3—常闭触点　4—动触点　5—常开触点
6—返回杠杆　7—杠杆　8—定子导体　9—定子　10—转轴　11—转子

速度继电器主要由转子（永久磁铁）、定子（由硅钢片叠成，并装有笼型短路绕组）、支架、胶木摆杆和触点系统组成。永久磁铁装在轴上，与被控制电动机的轴作机械连接。当电动机旋转时，速度继电器的转子随着电动机的旋转方向转动，这样永久磁铁相当于一个旋转磁场，定子中的短路绕组就切割磁感线，感应出电动势和电流，产生电磁转矩，此转矩与永久磁铁转向相同，于是带动支架及胶木摆杆转动。由于弹簧片的阻挡，定子、支架和胶木摆杆只能转过一个不太大的角度，使常闭触点断开，常开触点闭合。当转子的转速由于反接制动降低到一定转速时（一般小于 100 r/min），定子中短路绕组的感应电动势和电流减小，电磁转矩也下降，弹性动触点及胶木摆杆在反力弹簧推动下，使常开触点断开，常闭触点闭合，随即切断电动机电源，电动机不会反转。

速度继电器的动作速度在 120 r/min 以上，复位转速在 100 r/min 以下。使用速度继电器时，应将其转子装在被控制电动机的同一根轴上，而将其常开触点串联在控制电路中，通过控制接触器就能实现反接制动。考虑到电动机的正反转需要，速度继电器的触点也有正转与反转各一副，接线时应注意不能接错。

四、热继电器

热继电器是利用电流通过发热元件产生的热量，使检测元件（双金属片）受热弯曲，推动执行机构动作的电器。由于热继电器中的发热元件有热惯性，在电路中不能用作瞬时过载保护，更不能作为短路保护，不同于过电流继电器和熔断器。它主要用于三相电动机的过载保护、断相保护或三相电流不平衡运行保护及其他电气设备发热状态的控制。

热继电器有多种形式，常见的有：

双金属片式——利用两种膨胀系数不同的金属（通常为锰镍和铜板）碾压制成的双金属片受热弯曲去推动杠杆，从而带动触点动作。

热敏电阻式——利用电阻值随温度变化而变化的特性制成的热继电器。

易熔合金式——利用过载电流的热量使易熔合金达到某一温度值时，合金熔化而使继电器动作。

在上述三种形式中，以双金属片热继电器应用最多，并且常与接触器构成磁力启动器，常用的有 JR20、JR21、JR16、JR10、JR0 系列。

1. 热继电器结构（见图 13—19）

热继电器由热元件、动作机构、触点、复位按钮和整定电流装置五个部分组成。

（1）热元件。热元件是热继电器的主要部分，它是由双金属片及围绕在双金属片外的电阻丝组成。使用时将电阻丝直接串联在异步电动机的主电路回路中，电阻丝中通过的电流就是电动机的线电流。

（2）动作机构。动作机构由导板6、补偿双金属片7（补偿环境温度的影响）、推杆10、杠杆12及弹簧15等组成。

（3）触点。触点有两副，如图13—19a所示，Ⅰ和Ⅲ为常开触点，Ⅰ和Ⅱ为常闭触点。在使用时串联在控制电路中。

（4）复位按钮。复位按钮16，是热继电器动作后进行手动复位的按钮。

（5）整定电流装置。整定电流装置是通过旋钮18和偏心轮17来调节整定电流值。

2．热继电器的动作原理（见图13—19c）

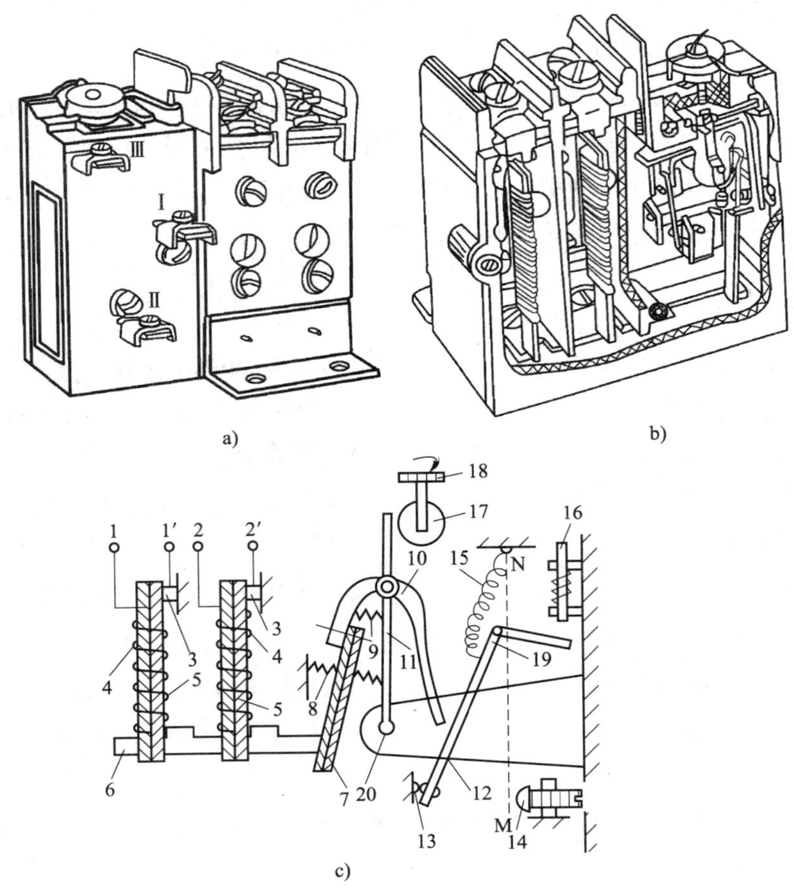

图13—19　热继电器的外形与动作原理图

a）外形　b）结构　c）动作原理

1，1′—主电路电流接线端　2，2′—主电路电流接线端　3—双金属片支柱　4—热元件　5—双金属片　6—导板　7—补偿双金属片　8、9—弹簧　10—推杆　11—支撑杠杆　12—杠杆　13—常闭触点　14—调节螺栓　15—弹簧　16—复位按钮　17—偏心轮　18—旋钮　19—轴　20—支架

当电动机过载时，过载电流通过串联在定子电路中的热元件（电阻丝）4，使双金属片受热膨胀并弯向膨胀系数小的一面（右面），通过导板6推动补偿双金属片7，使推杆10绕轴转动，又推动了杠杆12，使它绕轴19转动，于是将串联在控制线路中的常闭触点13断开，接触器线圈断电释放，主触点断开，电动机便停止转动，起到了过载保护的作用。

要使电动机再次启动，必须先查明故障的原因。在排除故障之后，使双金属片冷却约1 min，再按手动复位按钮，使热继电器的常闭触点闭合，接通控制电路。如要自动复位，可旋动调节螺栓14，使它向左越过NM轴线，在弹簧的作用下，即可自动复位。

如果安装了三个热元件，属于三相结构热继电器，其外形、结构及动作原理与两相结构的热继电器类似。

如果热继电器保护的电动机是Y形接法，当线路上发生一相断路时，另外两相电流升高，此时流过热元件的电流就是电动机绕组的电流，用普通的两相或三相结构的热继电器都可以起到保护作用。如果热继电器保护的电动机是△形接法，当电源一相断路时，电动机未断相线的线电流为电动机跨接于全电压下一相绕组电流的1.5倍，那么跨接于全电压下电动机的一相绕组的电流与线电流的比值为正常时的1.15倍。当电动机在轻载运行、热继电器整定在电动机的额定电流时发生电源一相断路，会出现线电流不超过热继电器的整定电流，而电动机其中一相绕组的电流超过了其额定电流，这时热继电器就不能起到保护作用了。

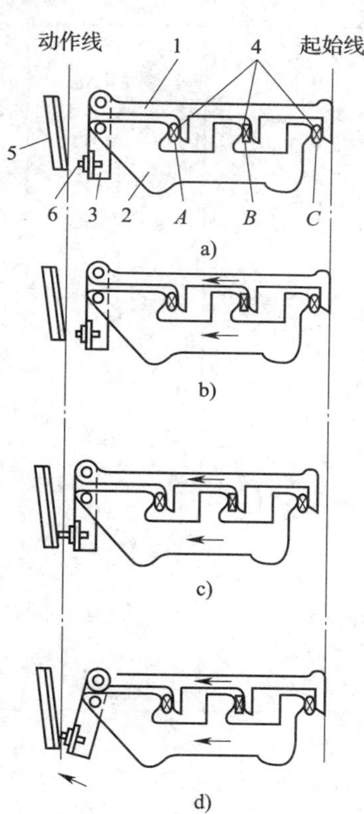

图13—20　断相保护机构及其动作原理

a）未通电前位置

b）不大于整定电流工作时，三相同时向左弯曲

c）三相同时过载情况

d）一相（例如c相）断路时

1—上导板　2—下导板　3—杠杆

4—主双金属片　5—补偿双金属片　6—顶头

若要使电动机能够达到断相保护，可将热继电器的导板改成差动机构，如图13—20所示，差动机构由上导板1、下导板2及装有顶头6的杠杆3组成，它们之间用转轴连接。图13—20a为未通电时导板的位置，图13—20b为在不大于整定电流工作时，上、下导板在主双金属片4的推动下向左移动，但主双金属片的挠度还不够，顶头6未碰到补偿双金属片5。图13—20c为电动机三相同时过载情况，三

相双金属片同时向左弯曲，顶头6碰到补偿双金属片5端部，使继电器动作。图13—20d为一相断路时的情况，这时断相的双金属片（例如c相）将冷却向右弯曲，推动上导板1向右移，而另外两相双金属片在电流加热下仍使下导板2向左移，结果使杠杆在上下导板推动下，顺时针方向旋转，迅速推动补偿双金属片5，使继电器动作。

3. 热继电器的技术数据

热继电器的主要技术数据有额定电压、额定电流、相数、热元件额定电流及整定电流范围等。常用JR0和JR16系列热继电器的技术数据见表13—6。

表13—6 **JR0和JR16系列热继电器技术数据**

型号	额定电流（A）	热元件等级		主要用途
		额定电流（A）	整定电流范围（A）	
JR0－20/3 JR0－20/3D JR16－20/3 JR16－20/3D	20	0.35 0.50 0.72 1.1 1.6 2.4 3.5 5 7.2 11 16 22	0.25～0.35 0.32～0.50 0.45～0.72 0.68～1.1 1.0～1.6 1.5～2.4 2.2～3.5 3.2～5 4.5～7.2 6.8～11 10～16 14～22	供交流500 V以下的电气回路中作为电动机过载保护用 D表示带有断相保护装置 JR0型只有JR0－40为两相结构
JR0－40 JR16－40/3D	40	0.64 1 1.6 2.5 4 6.4 10 16 25 40	0.4～0.64 0.64～1 1～1.6 1.6～2.5 2.5～4 4～6.4 6.4～10 10～16 16～25 25～40	

4. 热继电器选择

（1）热继电器类型选择。一般轻载启动、长期工作的电动机或间断长期工作的电动机，选择两相保护的热继电器。当电源电压均衡较差，工作环境恶劣或很少有人管理的电动机，应选用三相结构的热继电器。而△形接线的电动机，应选用带断相保护装置的热继电器。

（2）热继电器型号选择。根据表 13—6 选择热继电器的型号。

（3）热继电器额定电流选择。每种额定电流的继电器可装入几种不同整定电流的热元件。热继电器的额定电流是指装入热元件的最大额定电流值。热继电器的额定电流应大于电动机的额定电流。

（4）热元件额定电流的选择及整定热元件的额定电流应略大于电动机的额定电流。根据热继电器型号和热元件的额定电流，即可从表 13—6 中查出热元件整定电流的调节范围。热继电器的整定电流是指热元件能够长期通过而不致引起热继电器动作的电流值，可手动调节整定电流的范围。当电动机启动电流为其额定电流的 6 倍及启动时间不超过 5 s 时，热元件的整定电流调节到等于电动机的额定电流。当电动机的启动时间较长，拖动冲击性负载或不允许停车时，热元件整定电流调节到电动机额定电流的 1.1 ~ 1.15 倍。

五、压力继电器

1. 压力继电器的动作原理

压力继电器是利用液体压力控制电气触点通断的一种液电信号转换元件。当进入压力继电器的液体压力达到预先的动作整定值时，压力继电器就发出电信号，使电气元件（如电磁铁、电动机、时间继电器、电磁离合器等）动作，使油路卸压、换向，执行元件实现顺序动作，或关闭电动机使系统停止工作，起安全保护作用等。在自动控制中常用来检测润滑油、冷却液的有无，工件液压夹紧程度，切削力过大、自动退刀等的转换。

压力继电器有柱塞式、膜片式、弹簧管式和波纹管式四种结构形式。下面对柱塞式压力继电器（见图 13—21）的工作原理作一介绍。

图 13—21a 为压力继电器结构图。进油孔 1 与被测油压的液路相连，当液压达到整定压力值时，薄膜 2 和柱塞 3 受液压作用克服弹簧 4 的反作用力向上移动，推动钢球 7 使杠杆 8 转动，撞动微动开关 6，使触点动作发出电信号，调节螺栓 5 是用来调节压力继电器动作值的。压力继电器在液压系统中的职能符号如图 13—21b 所示，在控制线路图中其触点如图 13—21c 所示。

压力继电器必须放在压力有明显变化的地方才能输出电信号。若将压力继电器放在回油路上，由于回油路直接接回油箱，压力也没有变化，所以压力继电器也不会工作。

2. 压力继电器的应用

采用压力继电器的保压卸荷回路如图13—22所示，在工作时，电磁铁1YA、3YA通电，泵向蓄能器和液压缸无杆腔进油，并推动活塞右移，接触工件后，系统压力升高，当压力升至压力继电器的整定值时，表示工件已经夹紧，压力继电器发出信号，3YA断电，油液通过先导式溢流阀使泵卸荷。此时，液压缸所需压力由蓄能器保持，单向阀关闭。在蓄能器向系统补油的过程中，若系统压力从压力继电器区间的最大值下降到最小值，压力继电器复位，3YA通电，使液压泵重新向系统及蓄能器供油。当2YA通电时，液压缸有杆腔进油，返回至原位。

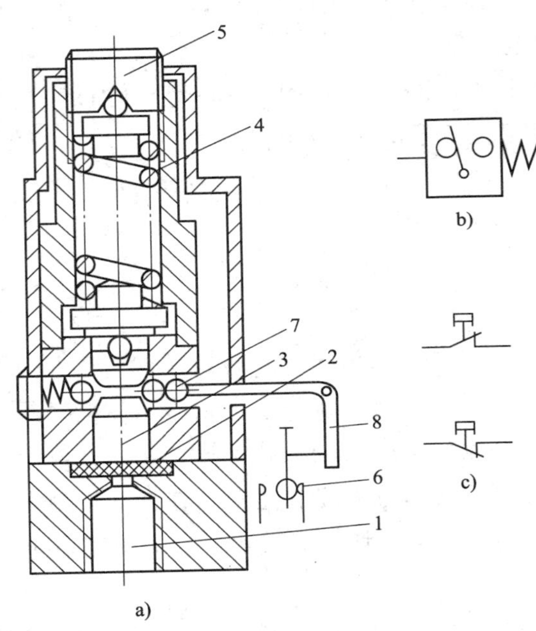

图13—21　压力继电器

a）结构图　b）液压系统中的符号　c）触点符号

1—进油孔　2—薄膜　3—柱塞　4—弹簧

5—调节螺栓　6—微动开关　7—钢球　8—杠杆

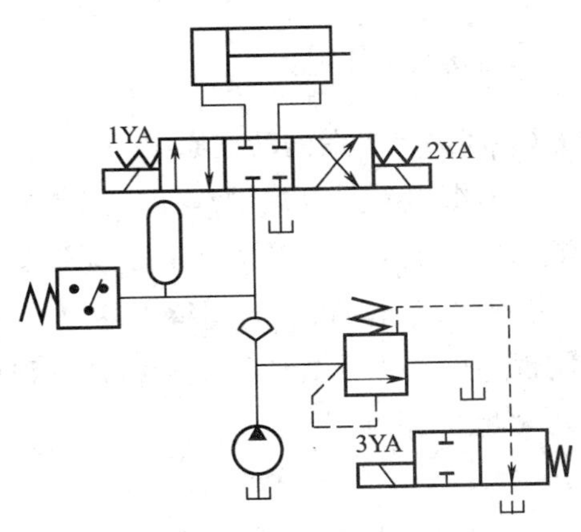

图13—22　采用压力继电器的保压卸荷回路

压力继电器的应用除了上述的保压卸荷回路之外，还广泛应用于其他液压系统回路中，以实现顺序动作控制、执行器换向、限压和安全保护等。

第 6 节　接　触　器

接触器是一种用于远距离频繁地接通和断开交直流主电路及大容量控制电路的自动切换电器，并且具有低压释放、欠压、失压保护功能。接触器主要控制对象是电动机，也可用于控制其他电力负载，如电热器、照明灯、电焊机、电容器组等。

根据我国电压标准，接触器主触点的额定工作电压为交流 380 V、660 V 与 1 140 V；直流 220 V、440 V 与 660 V。辅助触点为交流 380 V，直流 110 V 和 220 V。接触器额定工作电流为 6 ~ 8 000 A。

由于接触器的操作频率很高，为了保证一定的使用年限，接触器应有足够长的机械寿命和电寿命。接触器的机械寿命可达数百万次或 1 000 万次以上，电寿命按不同的使用类别和不同的机械寿命级别有一定的百分比。

接触器按主触点接通和分断电流的性质分为交流接触器和直流接触器两种；按接触器电磁线圈励磁方式不同可分为直流励磁方式与交流励磁方式；按接触器主触点的极数来分，直流接触器有单极与双极两种，交流接触器有三极、四极和五极三种。接触器按动作方式有拍合式、直动式与杠杆传动式等。

一、交流接触器

交流接触器的组成部分包括触点与灭弧系统、电磁系统、支架和外壳等。接触器的性能和参数与它的总体布置有关，触点、灭弧室、电磁系统结构方案以及传动方式的不同，对提高寿命和性能参数有很大的影响。

大容量交流接触器由电磁机构产生的吸力通过杠杆传动方式操纵触点的分合闸；而容量较小的交流接触器由电磁机构产生的吸力直接操纵触点的分合闸，这种结构称直动式交流接触器。如图 13—23 所示为直动式双断点布置形式的交流接触器。

1. 电磁系统

电磁系统由线圈、动铁芯（又称衔铁）和静铁芯组成。铁芯一般用硅钢片叠压铆成，以减少涡流及磁滞损耗，避免铁芯过热。在静铁芯的极面上对称地嵌装两只短路环，它的作用是维持动、静铁芯之间在交流电流过零时仍具有一定的吸力，以消除动、静铁芯之间的振动。

线圈套在铁芯上，线圈和铁芯是不动的（静铁芯），只有衔铁（动铁芯）是可动的。

当线圈通入电流后，产生磁场，磁通经铁芯、衔铁和工作气隙形成闭合回路，产生电磁吸力，在电磁吸力作用下将衔铁吸向铁芯。与此同时，衔铁还受到反作用弹簧的拉力，只有当电磁力大于弹簧反力时，衔铁才能可靠地吸合。

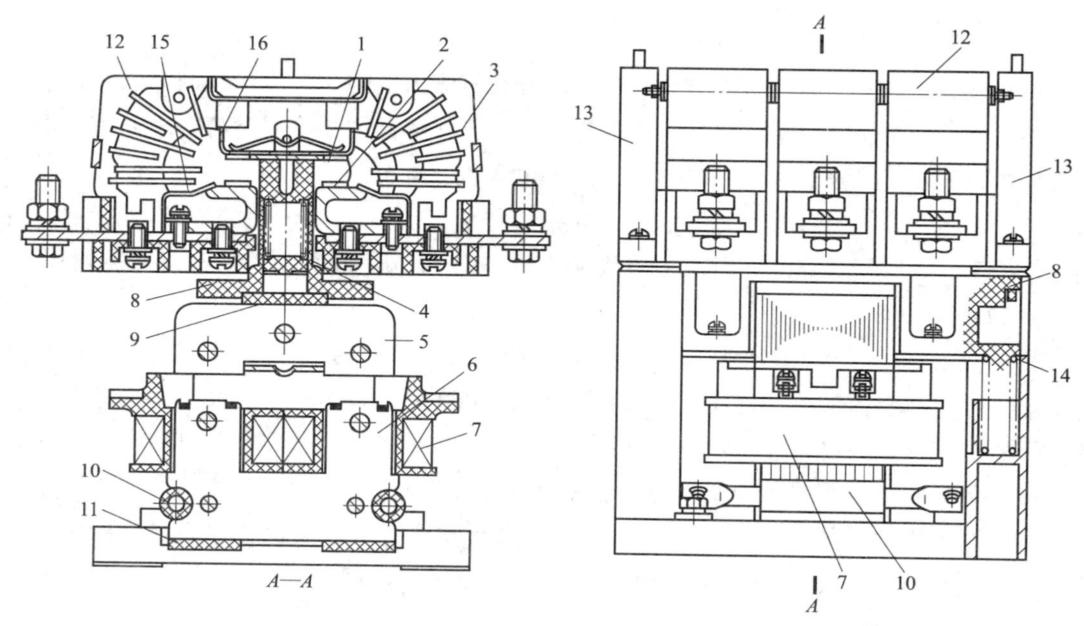

图 13—23 直动式双断点交流接触器结构

1—桥式主触点 2—静触点 3—灭弧栅片 4—压缩弹簧 5—衔铁 6—铁芯 7—线圈 8—绝缘支架 9—缓冲件 10—缓冲硅橡胶管 11—缓冲件 12—灭弧室 13—辅助触点 14—反作用弹簧 15，16—引弧片

2. 触点系统

交流接触器的触点是用紫铜片制成的。由于银的接触电阻小，并且银的黑色氧化物对接触电阻影响不大，故在触点接触部分焊上银合金。触点系统分为主触点和辅助触点两种。

主触点按其容量大小有桥式触点和指形触点两种形式。直流接触器和 20 A 以上的交流接触器的主触点上均装有灭弧室，灭弧室具有栅片灭弧或磁吹灭弧的功能。主触点用以通断主电路中较大的电流，所以体积较大，一般由三对常开触点组成，使用时串接在主电路中。

辅助触点用在控制电路中，用以通断小电流的控制电路，体积较小，容量较小，皆为桥式双断点结构且不用装设灭弧罩。它有常开触点和常闭触点两种。所谓常开、常闭是指电磁系统未通电动作时触点的状态。常闭触点和常开触点是联动的，即当线圈通电动作时，常闭触点先断开，常开触点随即闭合；线圈断电时，常开触点先恢复到原来的断开状态，常闭触点随即恢复到原来的闭合状态。

3. 灭弧装置

交流接触器在断开大电流电路时，在动、静触点之间会产生很强的电弧，如不迅速切断，将发生主触点烧毛或熔焊等现象。最简单的灭弧方式是利用触点回路电动力拉长电弧，使电弧沿其法线方向迅速运动，冷却弧柱，加强去游离作用。容量稍大一些的交流接触器中普遍采用栅片灭弧室。栅片一般用钢片制成，它对电弧电流有吸引作用。一旦触点之间存在电弧时（触点之间存在交流 250 V 的电压，才能维持电弧燃烧），电弧在双断点桥式触点结构回路电动力的作用下，电弧迅速向外扩张拉长电弧，并在栅片作用下吸入栅片灭弧室被切割成若干短弧，利用交流电流过零时的近极效应和栅片对电弧的冷却作用而熄灭。

4. 其他部分

交流接触器的其他部分，包括反力弹簧、缓冲弹簧、触点压力弹簧片、传动机构和接线柱等。

反力弹簧的作用是当线圈断电时使触点复位。缓冲弹簧的作用是保护胶木外壳，因为动铁芯受电磁吸力作用向下运动时，对静铁芯产生一个较大的冲击力，如果不放置一个刚性很强的弹簧，此冲击力将直接作用在胶木底上，易损坏胶木外壳。触点压力弹簧片的作用是增加动、静触点之间的压力而增大接触面积、减小接触电阻，否则因触点之间的压力不够，接触电阻增大，会使触点烧毛，甚至烧坏。

5. 支架与底座

用于接触器的固定和安装。

典型产品 CJ20 系列交流接触器为直动式，主触点为双断点，U 形电磁系统，采用优质吸振材料作缓冲，动作可靠。接触器采用铝基座，陶土灭弧罩，性能可靠，辅助触点采用通用辅助触点，根据需要可制成各种不同组合以适应不同需要。

6. 交流接触器的主要技术数据

（1）额定工作电压：220 V、380 V、660 V、1 140 V。

（2）额定工作电流：10 A、16 A、25 A、40 A、63 A、100 A、250 A、400 A、630 A。

（3）操作频率：每小时操作次数为 600 次、1200 次。

（4）电寿命：接触器工作在额定电压、额定电流和一定操作频率下的操作次数称电寿命，一般为几十万次到 120 万次。

（5）机械寿命：在一定操作频率下不带负载的操作次数称为机械寿命。一般为 600 万 ~1 000 万次。

（6）吸引线圈额定电压：36 V、110 V、220 V、380 V。

7. 交流接触器的选用

在选用接触器时，应根据以下原则：

（1）根据被接通或分断电流的种类选择接触器的类型。

（2）根据被控制电路中电流大小和使用类别来选择接触器的额定电流。接触器的额定电流应大于或等于电动机（负载）的额定电流。如果接触器用作频繁启动或反接电动机时，接通电流很大，为防止触点烧坏而过早损坏，应将接触器的额定电流降低一级使用。

（3）根据被控制电路中电压的等级来选择接触器的额定电压。接触器的额定电压应大于或等于负载的额定电压。

（4）根据控制电路的电压等级来选择接触器线圈的额定电压。

二、直流接触器

直流接触器主要用于额定电压440 V，额定电流600 A的直流电力电路中，作为远距离接通和分断电路，控制直流电动机的启动、停止和反转，主要用于冶金、起重和运输等设备。直流接触器由电磁系统、触点系统、灭弧装置等部分组成。如图13—24所示为杠杆传动单断点直流接触器，电磁系统是直流拍合式，衔铁12绕棱角11转动，动触点17通过支架16安装于衔铁12的后端，静触点1的后面为串联磁吹线圈3，利用串联磁吹和纵缝灭弧室的作用使电弧18能够迅速熄灭。

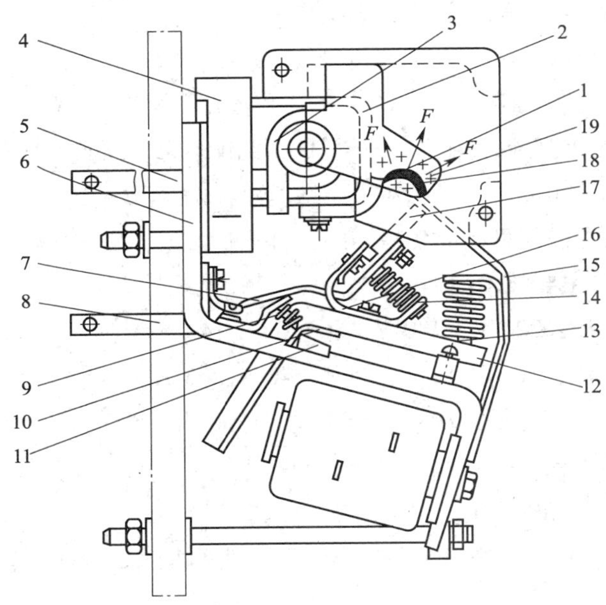

图13—24　杠杆传动单断点直流接触器

1—静触点　2—引弧板　3—串联磁吹线圈　4—绝缘座　5—电源引入母线　6—铁轭　7—软连接线　8—电源引出母线　9—压棱弹簧　10—压板　11—棱角　12—衔铁　13—反作用弹簧　14—触点弹簧　15—引弧板　16—支架　17—动触点　18—电弧　19—磁吹线圈产生的磁通

1. 电磁系统

电磁系统包括线圈、动铁芯和静铁芯。由于线圈通过的是直流电，不存在涡流的影响，铁芯和衔铁用整块铸铁或钢板制成。直流电不存在过零点，为了使衔铁能迅速分断，常在磁路中夹有非磁性垫片，以减少剩磁的影响。

2. 触点系统

直流接触器的触点分成主触点和辅助触点，小容量的直流接触器，通常采用双断点结构，有利于灭弧；对于大容量的直流接触器，通常采用单断点结构，在接触器的分合闸过程中，动静触点之间存在一个摩擦滚动的位移距离，能自动清除触点表面的氧化物。

3. 灭弧装置

直流接触器在动静触点分断过程中产生的电弧不存在电流过零点，采用串联磁吹灭弧。在磁吹力的作用下电弧被拉长，并沿着法线方向迅速进入灭弧室。灭弧室常做成多纵缝、横隔板、宽缝、窄缝、迷宫室等结构，用室壁的冷却作用使弧柱强烈去游离，使电弧迅速熄灭。

4. 直流接触器的主要技术数据

（1）额定工作电压：直流 220 V、440 V。

（2）额定发热电流：40 A、80 A、160 A、315 A、630 A、1 000 A。

（3）额定操作频率：600 次/h、1 200 次/h。

第 7 节　主 令 电 器

主令电器包括按钮、行程开关、万能转换开关、微动开关和接近开关等，主要用于闭合、断开控制电路，以发布命令或信号，达到对电力传动系统的控制。

一、控制按钮

控制按钮是一种结构简单应用广泛的主令电器，用以远距离操纵接触器、继电器等电磁装置或用于信号电路和电气联锁电路中。控制按钮的结构形式按保护形式不同，分为带指示灯（D）、开启式（K）、保护式（H）、钥匙式（Y）、防水式（S）、旋钮式（X）、防腐式（F）、紧急式（J）等。按钮的颜色有红、绿、黑、黄、白、蓝等。按钮的触点只允许通过很小的电流，一般不超过 5 A，控制按钮一般由按钮、复位弹簧、触点和外壳等部件组成，其结构如图 13—25 所示。

在机床控制电路中，常用的按钮有LA2、LA10、LA18和LA19等系列。按钮中触点的形式和数量根据需要可配成一常开一常闭到六常开六常闭等形式。按下按钮时，桥式动触点先和上面的常闭触点分离，然后和下面的常开触点闭合；手松开后，靠复位弹簧返回原位。在复位时，常开触点先断开，常闭触点后闭合。

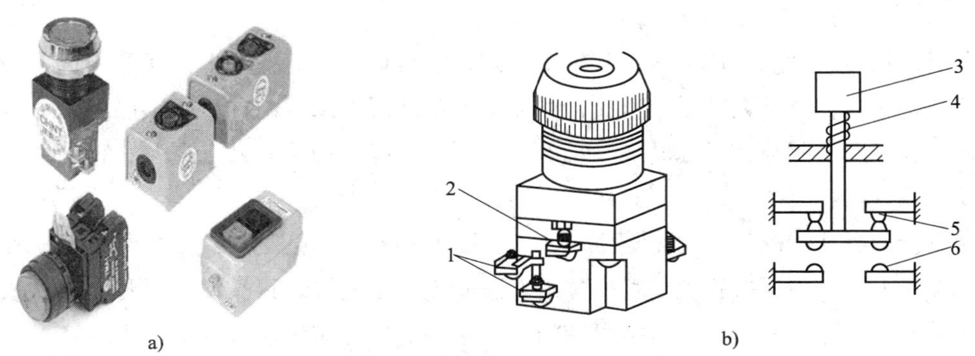

图13—25　控制按钮

a）产品外形图　b）结构

1—触点接线柱　2—指示灯接线柱　3—按钮帽　4—复位弹簧　5—常闭触点　6—常开触点

控制按钮的选择：

（1）根据使用场合、所需触点数及颜色进行选择。

（2）电动葫芦不宜选用LA18和LA19系列按钮，最好选用LA2系列按钮。

（3）铸工车间灰尘较多，不宜采用LA18和LA19系列按钮，最好选用LA14－1系列按钮。

二、行程开关

行程开关又称限位开关或终端开关，它的作用与按钮开关相同，只是触点的动作不是靠手按，而是利用生产机械某些运动部件的碰撞使其触点动作，接通或断开某些电路，以达到一定的控制要求。

行程开关由操作头、触点系统和外壳三部分组成，操作头是开关的感测部分，用以接收生产机械发出的动作信号，并将此信号传递到触点系统。触点系统是行程开关的执行部分，它将操作头传来的机械信号通过机械可动部分的动作变换为电信号，输出到有关控制电路，实现其相应的电气控制。

为了适应各种条件下的碰撞，行程开关种类很多，按结构可分为直动式（按钮式）、滚轮式（旋转式）和微动式三种，外形结构如图13—26所示。

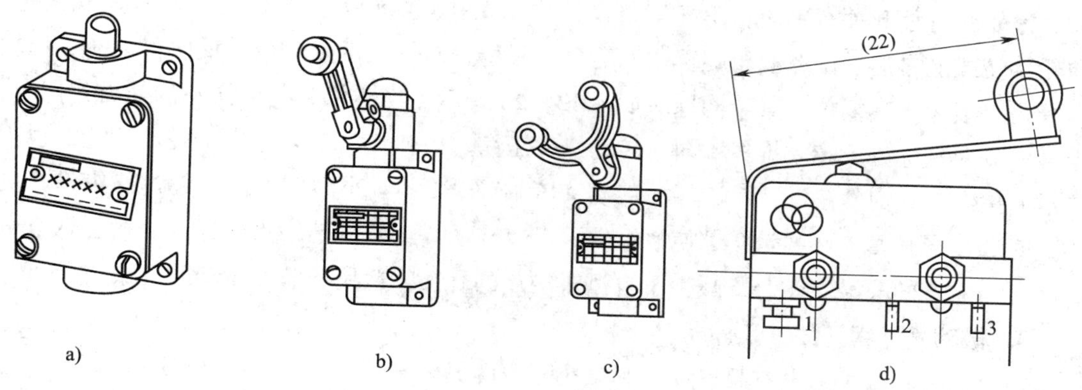

图 13—26 行程开关

a）传动杆直动自动复位式 b）单滚轮摆杆旋转自动复位式

c）双滚轮摆杆旋转非自动复位式 d）微动式

1. 直动式行程开关

直动式行程开关有传动杆直动自动复位式和单滚轮直动自动复位式两种，其开关结构原理如图 13—26a 所示。其动作原理与按钮相同（见图 13—27），它的触点分合速度取决于生产机械的移动速度，当生产机械移动速度低于 0.4 m/min 时，触点分断太慢，易受电弧烧蚀，为此应采用滚轮式行程开关。

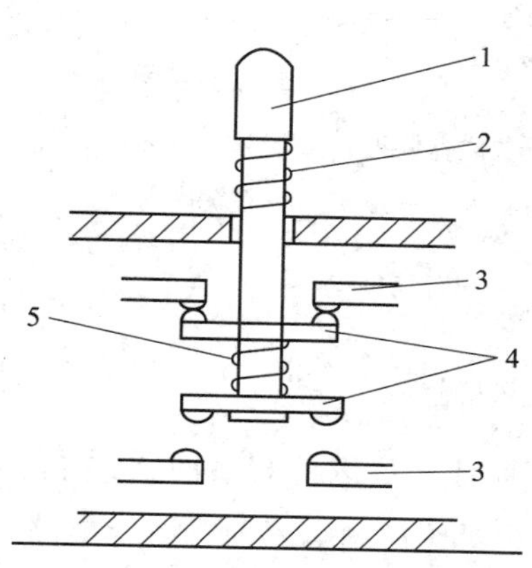

图 13—27 直动式行程开关动作原理

1—顶杆 2—复位弹簧 3—静触点

4—动触点 5—触点弹簧

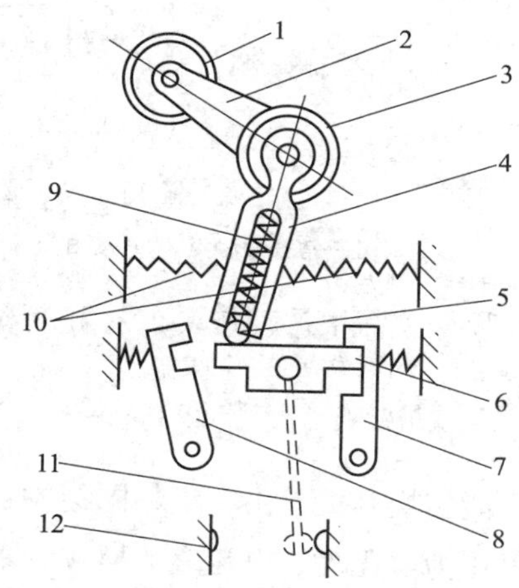

图 13—28 滚轮式行程开关动作原理

1—滚轮 2—上转臂 3—盘形弹簧 4—推杆

5—小滚轮 6—擒纵件 7，8—压板

9，10—弹簧 11—动触点 12—静触点

2. 滚轮式行程开关

滚轮式行程开关有单滚轮摆杆旋转自动复位式和双滚轮摆杆旋转非自动复位式两种。单轮旋转式能自动复位，双轮旋转式不能自动复位，而是依靠运动机械反向移动时，挡块碰撞另一滚轮将其复位，其结构原理如图13—28所示。当滚轮1受到向左的外力作用时，上转臂2向左下方旋转，推杆4向右转动，并压缩右边弹簧10，同时下面的小滚轮5也很快沿着擒纵件6向右滚动，小滚轮5滚动又压缩弹簧9，当小滚轮5滚动越过擒纵件6的中点时，盘形弹簧3和弹簧9都使擒纵件6迅速转动，从而使动触点迅速与右边静触点分开，并与左边的静触点闭合，减少了电弧对触点的烧蚀，适用于低速运动的机械。

3. 微动式行程开关

微动式行程开关是具有瞬时动作和微小行程的灵敏开关。如图13—29所示为LX31型微动式行程开关动作原理图。微动式行程开关采用了弯片状弹簧的瞬动机构，开关推杆在机械作用压力下，推动弓簧片产生变形，储存能量并产生位移，当达到预定的临界点，弓簧片连同桥式动触点瞬时动作，当外力消失时，推杆在弓簧片作用下迅速复位，触点恢复原状。由于采用瞬动机构，触点换接速度将不受推杆压下速度的影响。

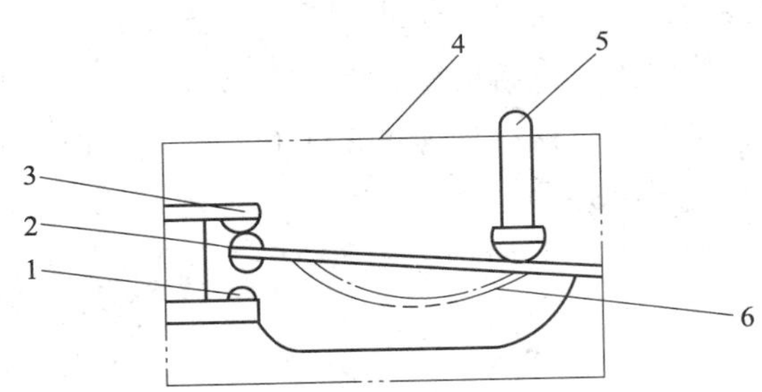

图13—29　LX31型微动式行程开关动作原理

1—常开静触点　2—动触点　3—常闭静触点　4—壳体　5—推杆　6—弓簧片

行程开关需根据动作要求及触点数量来选择。

三、万能转换开关

万能转换开关是由多组相同结构的开关元件叠装而成，可以控制多回路的主令电器。它可以作为电压表、电流表的换相测量开关，也可用于机床控制电路及开关板电路中进行线路的换接。在操作不频繁的情况下，也可用于控制小容量电动机的启动、制动、正反向转换及双速电动机的调速控制。由于开关的触点挡数多、换接线路多、用途广泛，故称为万能转换开关。常用的万能转换开关有LW5和LW6系列。LW5系列万能转换开关大量采用热塑性材料，它的触点挡数共有1~16、18、21、24、27、30多种。其中16挡以下为单列（换接一条线路），18 挡以上为三列（换接三条线路），外形及凸轮通断触点情况如图 13—30 所示。

万能转换开关由很多层触点底座叠合组成，每层触点底座内装有一对（或三对）触点和一个装在转轴上的凸轮。操作时手柄带动转轴和凸轮一起转动，凸轮就可接通或断开触点，如图 13—30b 所示。由于每层凸轮的形状不同，当手柄转到不同操作位置时，通过棘轮的作用，就可使各对触点按需要的规律接通和分断，从而达到转换电路的目的。

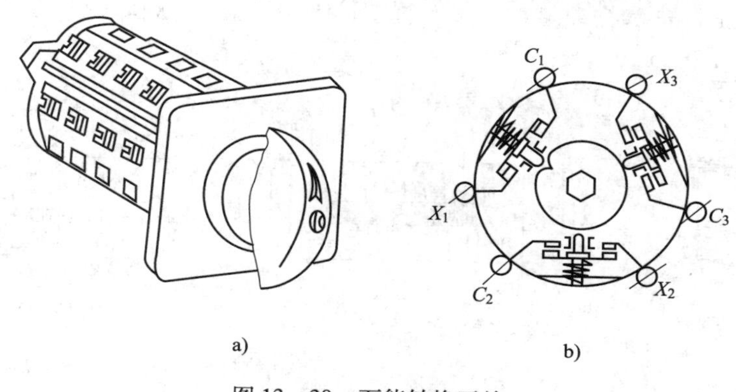

图 13—30　万能转换开关
a）外形图　b）凸轮通断触点情况

LW5 系列万能转换开关的型号以其挡数来区分，有 1 ~ 12 挡，技术数据为额定电压 380 V，额定电流 15 A，操作频率 120 次/h。万能转换开关应根据用途、触点的挡数来选择。

第 8 节　电阻器与变阻器

电阻器与变阻器用途广泛。电阻器主要用作限制电流的电气元件，还可用作发热的电气元件。而变阻器是由电阻元件、换流设备组成的独立电器，用来改变电路中的电阻值。

电阻器与变阻器的主要技术参数是额定电流、额定功率及工作制（指长期工作、反复短时工作还是短期工作）。

一、电阻元件

1. 无骨架螺旋式电阻元件

无骨架螺旋式电阻元件是用线状或带状的电阻合金绕成空心螺旋状（见图 13—31a）。

其特点是结构简单、散热冷却条件好，一般用于不振动和不摇动的场合。

2. 瓷管式电阻元件

瓷管式电阻元件是用电阻合金线绕在瓷管上，如图13—31b所示。

3. 框架式电阻元件

框架式电阻元件是在绝缘框架上绕制电阻合金线或带，构成电阻元件，如图13—31c所示，再将一定数量的电阻元件安装于金属架上组成电阻器。这种结构具有较高的机械强度，能耐受一定的冲击和振动。

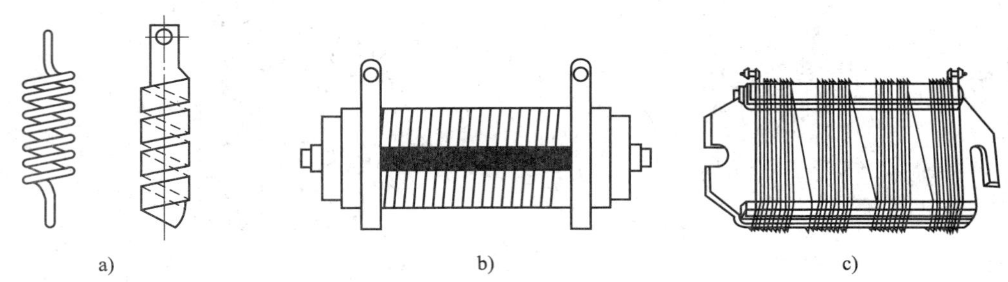

图13—31　电阻元件结构

a）无骨架螺旋式电阻元件　b）瓷管式电阻元件　c）框架式电阻元件

二、频敏变阻器

频敏变阻器是一种静止的无触点电磁元件，利用它对频率的敏感而达到自动变阻的目的。它是绕线型转子异步电动机的一种启动设备，能实现电动机平稳无极启动。频敏变阻器的结构类似于没有二次绕组的三相变压器，主要由铁芯和绕组两部分组成。它的铁芯是用6～12 mm甚至更厚的钢板制成E形和条状（作为铁轭）后叠装而成。在E形铁芯和铁轭之间留有气隙，供调整阻值用。它的绕组有多个抽头，一般接成Y形。如图13—32所示为一种频敏变阻器的外形和结构图。

将频敏变阻器的三相绕组接到交流电上，在铁芯中就产生交变磁通及铁芯损耗。由于频敏变阻器是用很厚的钢板制成的，所以铁芯损耗很大（其中大部分是涡流损耗）。钢板越厚或频率越高，涡流损耗就越大。磁通在铁芯中产生的损耗，可以等效地看作是电流在电阻中产生的损耗。因此频率变化时，铁芯损耗随之变化，相当于频敏变阻器阻值在变化。当频敏变阻器接入绕线型转子异步电动机的转子回路后，在电动机刚启动的瞬间，转子电流的频率等于交流电源的频率，频敏变阻器的阻值最大。在电动机启动过程中，随着转子电流频率的逐渐下降，频敏变阻器的阻值也逐渐减小。电动机启动完毕后，频敏变阻器即从转子回路中切除。

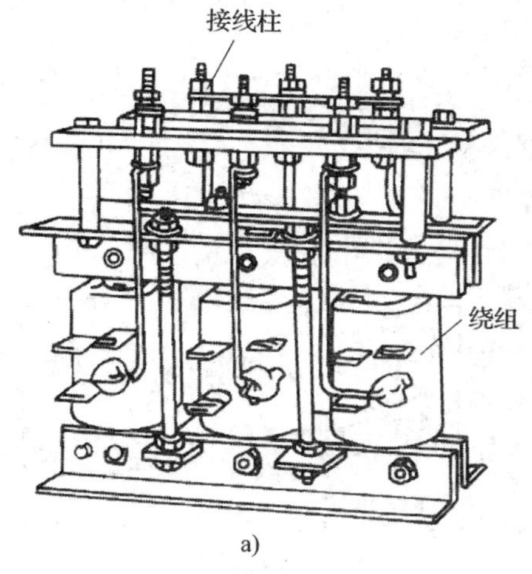

a)

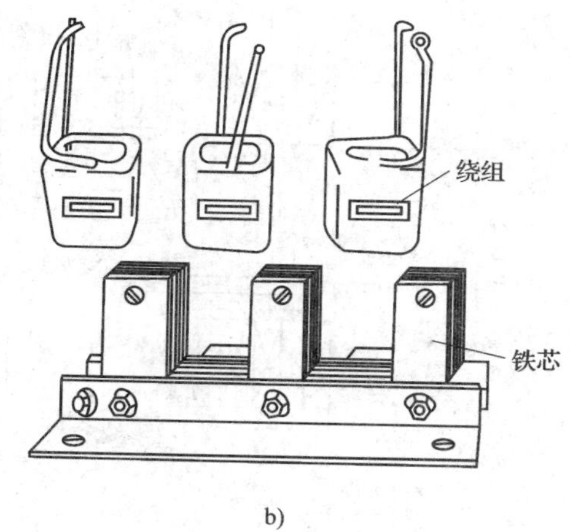

b)

图 13—32　频敏变阻器
a）外形　b）结构

频敏变阻器结构简单、价格低廉、使用维护方便，目前已被广泛采用。但由于频敏变阻器的功率因数比较低（一般小于 0.75），与采用启动变阻器相比，电动机的启动电流较大，启动转矩较低，因此不适用于重载启动的电动机。

第 9 节　电磁铁与电磁离合器

电磁铁是一种将电磁能量转换为机械能量的转换装置。电磁铁的主要任务是带动负载作机械功。

电磁铁的种类很多，有交流与直流电磁铁、牵引电磁铁、制动电磁铁、起重电磁铁、电磁吸盘、电磁振动器等。

电磁铁的结构形式有拍合式、盘式、E 形、螺管式和转动式等，如图 13—33 所示。

一、直流电磁铁

直流电磁铁是采用直流激磁的电磁铁。磁导体由整块软钢或工程纯铁加工制成。线圈无骨架结构，并且直接套在铁芯柱上，以增加散热面积，加速散热。铁芯柱通常是细长的圆柱形。磁轭和衔铁则用扁钢类的型材冲制。

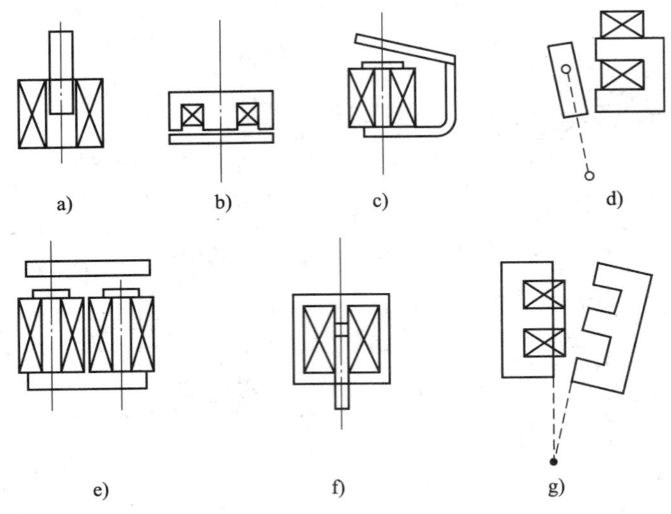

图 13—33　电磁铁结构形式

a）无甲壳螺管式　b）单 E 形　c）拍合式　d）转轴式

e）直动式　f）甲壳螺管式　g）双 E 形转轴式

直流电磁铁工作可靠、动作平稳、允许操作频率高（600 ~ 1 200 次/h）、机械故障少、寿命长（使用次数可达 1 500 万 ~ 2 000 万次），因此用途广，适用于操作频率高、行程不太大的场合。

电磁铁的铁芯对衔铁具有吸力 F（见图 13—34），可按下式计算：

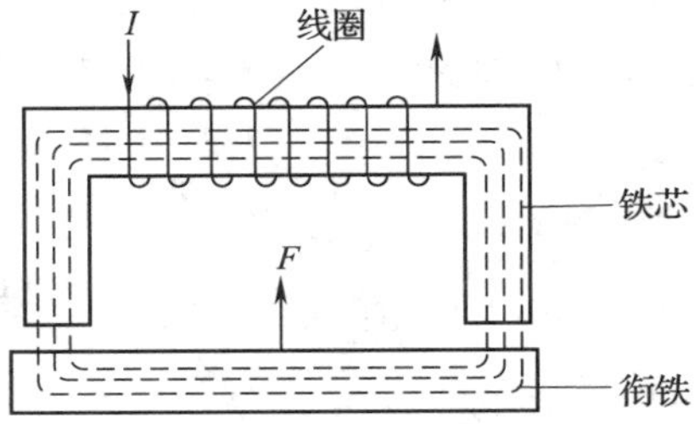

$$F = 40B_0^2S$$

式中　F——吸力，N；

B_0——气隙中的磁通密度，T；

S——气隙中磁极的总面积，cm^2。

图 13—34　电磁铁的吸力

直流电磁铁的吸力，在衔铁启动时最小，而在吸合后最大。

二、交流电磁铁

交流电磁铁采用交流激磁。为了尽可能地减少交变磁通量产生的磁滞损耗和涡流损耗，交流电磁铁的磁导体采用硅钢片制造。先把硅钢片冲制成所需的形状，然后再叠成所需的厚度，最后再用铆钉把这些冲片铆装在一起。所以，交流电磁铁的铁芯柱是矩形的或正方形的。为了克服因电磁吸力过零而产生的振动和噪声，单相交流电磁铁的铁芯柱面上要装设短路环，以削弱电磁吸力的脉动。由于磁导体产生磁滞损耗和涡流损耗而严重发热，所以一般温升比较高，为了防止或减少来自磁导体的热量，交流电磁铁的线圈通常做成有骨架的形式，其几何形状一般是矮而粗。

在交流电磁铁中，由于线圈电阻远比其电抗小，外加的电压 U 主要是与由线圈的磁通变化而产生的感应电动势 E 相平衡，即：

$$U \approx E$$

因：

$$E = 4.44 f W \Phi_m$$

故：

$$U \approx E = 4.44 f W \Phi_m$$

式中 f——交流电源的频率，Hz；

W——线圈的匝数；

Φ_m——磁通的最大值，Wb。

因此在外加电压 U 及频率 f 为定值时，磁通的最大值 Φ_m 也接近于定值，所以磁通密度最大值 B_m 也接近定值，则可得交流电磁铁的平均吸力为：

$$F = 20 B_m^2 S$$

式中 F——平均吸力，N；

B_m——磁路中磁通密度最大值，T；

S——气隙中磁极总面积，cm^2。

交流电磁铁铁芯对衔铁的平均吸力与衔铁的吸合过程无关，即衔铁吸合前后，它所受的平均吸力不变。但是，交流电磁铁在启动时的启动电流很大，直到衔铁吸合后，电流才达到一定值。一般情况下，启动电流要比吸合后的工作电流大几倍到几十倍。

交流电磁铁允许的操作频率较低（600 次/h），衔铁移动速度快，冲击力大，用硅钢片制成的衔铁易受机械冲击而损坏，机械故障较多。当衔铁被卡住而不能吸合时，线圈将过热而烧毁，所以寿命低（一般为 100 万～300 万次）。可见，交流电磁铁适用于操作不频繁、行程较大且要求动作时间短的场合。

在自动电器的电磁系统，如电磁继电器和接触器的电磁系统、自动开关的电磁脱扣器及自动操作电磁铁，磨床的电磁吸盘及电磁振动器等各种场合都广泛使用各种类型的交流与直流电磁铁。

三、牵引电磁铁

牵引电磁铁主要用于自动控制设备中，用来开启和关闭水路、油路、气路等阀门以及牵引其他机械装置，达到遥控的目的。

四、制动电磁铁

制动电磁铁一般与闸瓦制动器配合使用，在电力拖动装置中，对电动机进行机械制动，以达到准确停车的目的；在起重设备中，使吊运物在空中时不致掉下。制动电磁铁的种类较多，按衔铁行程分为长行程和短行程两种。一般行程小于5 mm的为短行程，大于10 mm的为长行程。其线圈电源有交流和直流两种。

五、起重电磁铁

起重电磁铁用于起重吊运铁磁性重物，如钢锭、钢材、铁矿石、废钢铁等。这种电磁铁是没有衔铁的，被吊运的铁磁性重物代替衔铁。

六、电磁工作台

电磁工作台又称电磁吸盘，它是一种直流电磁铁，在平面磨床上广泛应用它来代替夹具，以吸持固定铁磁性材料制成的零件，其结构如图13—35所示。其外部为一钢质箱体，其中有凸起的铁芯，铁芯上套有励磁线圈。上部为工作台的钢质面板，面板上正对着铁芯嵌入若干由铅锡合金制成的、个数与铁芯相等的隔磁环，将面板划分为许多极性不同的N区和S区。当线圈通电时，零件就被面板上的磁极牢牢吸住。线圈断电时，就可以取下工件。

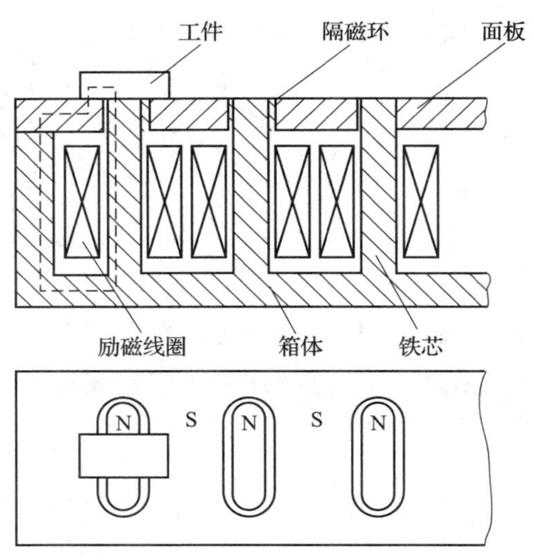

图13—35　电磁工作台结构

七、电磁离合器

电磁离合器是一种能在运转中及负载下对各种机械的主动轴和执行机构从动轴实现迅速连接、分离、制动或对从动轴的输出转矩、转速、转向进行调节的自动电磁元件。由于它易于实现远距离控制，所以是自动控制系统中的重要元件。

目前电磁离合器使用十分普遍，它广泛用于各种机械，特别是机床中的启动、停止、变速、反向及制动，动作快速的电磁离合器还可用在机床进给系统以及数控机床中代替液压马达作为执行元件。

电磁离合器种类很多，按其工作原理，主要有摩擦片式、牙嵌式、磁粉式以及转差式。其中前两类的使用较久，应用也较广，磁粉式是后期发展起来的一种新品，而转差式主要用于小功率交流调速。

1. 摩擦片式电磁离合器的工作原理

如图 13—36 所示为单片摩擦片式电磁离合器的结构原理图。其工作原理如下：当励磁线圈 1 通电时，衔铁 4 被吸向铁芯 2，衔铁 4 与摩擦片 3 相互压紧。由于摩擦片固定在铁芯上，铁芯与主动轴固定在一起，而衔铁与从动轴固定在一起，所以这时主动轴通过铁芯、摩擦片及衔铁将力矩传递至从动轴，实现了主动轴与从动轴间的连接。可见，这种电磁离合器是利用摩擦片与衔铁间的摩擦力来传递力矩的，所以称作摩擦片式电磁离合器。当励磁线圈断电时，衔铁在释放弹簧的作用下离开铁芯，使主动轴与从动轴分离。单片摩擦片式电磁离合器传递力矩小，机床上普遍采用多片摩擦片式电磁离合器。多片摩擦片式电磁离合器具有传递力矩大、体积小、容易安装的优点，摩擦片的数量在 2 ~ 12 片时，随着片数的增加，传递的力矩也增大。但片数大于 12 片后，所能传递的力矩反而减小。

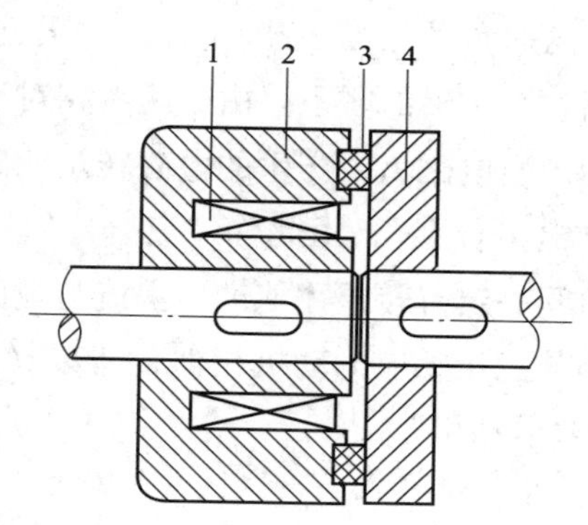

图 13—36　单片摩擦片式电磁离合器结构原理图

1—励磁线圈　2—铁芯
3—摩擦片　4—衔铁

2. 电磁转差离合器的工作原理

电磁转差离合器由电枢与磁极两个部分组成。电枢与调速异步电动机连接，是主动部分；磁极则用联轴节与负载连接，是从动部分。电枢通常用整块铸钢加工而成，形状像一个杯子，上面没有绕组。磁极则由铁芯和绕组两部分组成。如图 13—37 所示为电磁转差离合器结构示意图。

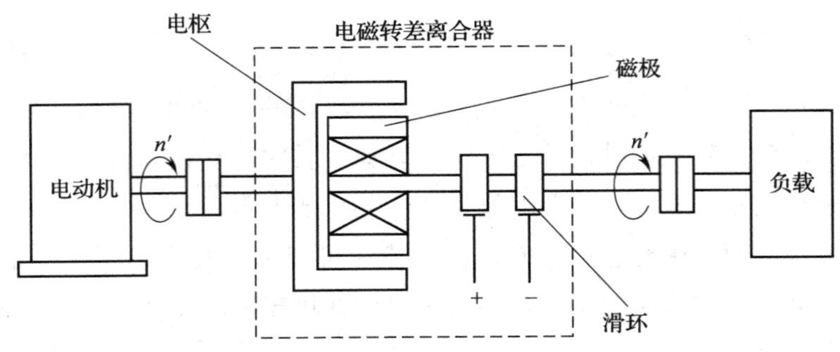

图 13—37　电磁转差离合器结构示意图

在异步电动机运行时，离合器的电枢部分随异步电动机转子同速旋转。若磁极没有通入励磁电流，电枢与磁极两者之间既无电的联系又无磁的联系，磁极及所连的负载则不转动，这时负载相当于被“离开”。若磁极通入励磁电流，磁极就有了磁性，磁极与电枢两者间就有了磁的联系。由于两者相对运动，电枢中感应产生涡流，涡流与磁极的磁场相互作用产生电磁力，产生的电磁转矩使磁极跟着电枢以电枢旋转方向旋转。这时相当于磁极与电枢“合上”，由此称“离合器”。又因为它是基于电磁感应原理工作的，而且磁极与电枢间一定有转差才能产生涡流与电磁转矩，因此称为“电磁转差离合器”。又因其工作原理与三相感应电动机相似，所以又把离合器连同拖动它的三相感应电动机在内统称为“滑差电动机”。

测　试　题

一、判断题

1．在低压电路内进行通断、保护、控制及对电路参数起检测或调节作用的电气设备属于低压电器。（　　）

2．熔断器是利用低熔点、易熔断、导电性能良好的合金金属丝或金属片串联在被保护的电路中实现保护。（　　）

3．刀开关主要用于隔离电源。（　　）

4．低压断路器在功能上是一种既有手动开关又能自动进行欠压、过载和短路保护的低压电器。（　　）

5．低压断路器在使用时，其额定电压应大于或等于线路额定电压；其额定电流应大于或等于所控制负载的额定电流。（　　）

6. 设备正常运行时，电流动作型漏电保护开关中零序电流互感器铁芯无磁通，二次绕组无电压输出。 ( )

7. 交流接触器铭牌上的额定电流是指主触头和辅助触头的额定电流。 ( )

8. 交流接触器的额定电流应根据被控制电路中的电流大小和使用类别来选择。 ( )

9. 过电流继电器在正常工作时，线圈通过的电流在额定值范围内，过电流继电器所处的状态是吸合动作，常闭触头断开。 ( )

10. 欠电压继电器当线圈电压低于其额定电压时衔铁不吸合动作，而当线圈电压很低时衔铁才释放。 ( )

11. 电压继电器的线圈特点是匝数多而导线细，电压继电器在电路中与信号电压串联。 ( )

12. 热继电器有双金属片式、热敏电阻式及易熔合金式等多种形式，其中双金属片式应用最多。 ( )

13. 热元件是热继电器的主要部分，它由双金属片及围绕在双金属片外的电阻丝组成。 ( )

14. 每种额定电流的热继电器只能装入一种额定电流的热元件。 ( )

15. 压力继电器装在气路、水路或油路的分支管路中，当管路中压力超过整定值时，通过缓冲器、橡胶薄膜推动顶杆，使微动式行程开关触头动作接通控制回路。当管路中压力低于整定值后，顶杆脱离微动式行程开关，使触头复位，切断控制回路。 ( )

16. 频敏变阻器的阻抗随电动机的转速下降而减小。 ( )

17. 频敏变阻器接入绕线型转子异步电动机转子回路后，在电动机启动的瞬间，能有效地限制电动机启动电流，其原因是转子电流的频率等于交流电源频率，此时频敏变阻器的阻抗值最大。 ( )

18. 直流电磁铁的电磁吸力，在衔铁启动时最大，而在吸合后最小。 ( )

19. 摩擦片式电磁离合器主要由铁芯、线圈、摩擦片组成。 ( )

20. 电磁离合器的工作原理是电流的磁效应。 ( )

二、单项选择题

1. 低压电器，因其用于电路电压为（ ），故称为低压电器。

A. 交流 50 Hz 或 60 Hz，额定电压 1 200 V 及以下，直流额定电压 1 500 V 及以下

B. 交直流电压 1 200 V 及以下

C. 交直流电压 500 V 及以下

D. 交直流电压 3 000 V 以下

2. 低压熔断器在低压配电设备中，主要用于（　　）。

A. 热保护　B. 过流保护　C. 短路保护　D. 过载保护

3. （　　）系列均为快速熔断器。

A. RM 和 RS　B. RL1 和 RLS　C. RS 和 RLS　D. RM 和 RLS

4. 熔断器额定电流和熔体额定电流之间的关系是（　　）。

A. 熔断器的额定电流和熔体的额定电流一定相同

B. 熔断器的额定电流小于熔体的额定电流

C. 熔断器的额定电流大于或等于熔体的额定电流

D. 熔断器的额定电流小于或大于熔体的额定电流

5. 熔断器的额定电压（　　）所接电路的额定电压。

A. 应小于　B. 可小于　C. 应大于或等于　D. 可小于或大于

6. 螺旋式熔断器在电路中正确的装接方法是（　　）。

A. 电源线应接在熔断器上接线座，负载线应接在下接线座

B. 电源线应接在熔断器下接线座，负载线应接在上接线座

C. 没有固定规律随意连线

D. 电源线应接瓷座，负载线应接瓷帽

7. 刀开关主要用于（　　）。

A. 隔离电源　B. 隔离电源和不频繁接通与分断电路

C. 隔离电源和频繁接通与分断电路　D. 频繁接通与分断电路

8. 铁壳开关的外壳上装有机械联锁装置，使开关（　　），保证用电安全。

A. 闭合时盖子不能打开，盖子打开时开关不能闭合

B. 闭合时盖子能打开，盖子打开时开关能闭合

C. 闭合时盖子不能打开，盖子打开时开关能闭合

D. 任何时间都能打开和闭合

9. 胶盖瓷底刀开关在电路中正确的装接方法是（　　）。

A. 电源进线应接在静插座上，用电设备接在刀开关下面熔丝的出线端

B. 用电设备应接在静插座上，电源进线接在刀开关下面熔丝的出线端

C. 没有固定规律随意连线

D. 电源进线应接闸刀体，用电设备接在刀开关下面熔丝的出线端

10. 低压断路器在功能上是一种既有手动开关又能自动进行（　　）的低压电器。

A. 欠压、过载和短路保护　B. 欠压、失压、过载和短路保护

C. 失压、过载和短路保护　D. 失压、过载保护

11．低压断路器的热脱扣器用作（　　）保护。

A．短路　　B．过载　　C．欠压　　D．过流

12．DZ5 小电流低压断路器系列，型号为 DZ5 －20/330，表明断路器脱扣器方式是（　　）。

A．热脱扣器　　B．无脱扣器　　C．电磁脱扣器　　D．复式脱扣器

13．漏电保护开关，其特点是能够检测与判断到（　　）故障后自动切断故障电路，用作人身触电保护和电气设备漏电保护。

A．缺相　　B．欠电压　　C．触电或漏电　　D．过电流

14．设备正常运行时，电流动作型漏电保护开关中零序电流互感器（　　）。

A．铁芯无磁通，二次绕组有电压输出

B．铁芯无磁通，二次绕组无电压输出

C．铁芯有磁通，二次绕组有电压输出

D．铁芯有磁通，二次绕组无电压输出

15．交流接触器铭牌上的额定电流是指（　　）。

A．主触头的额定电流　　B．主触头控制受电设备的工作电流

C．辅助触头的额定电流　　D．负载短路时通过主触头的电流

16．交流接触器铁芯上装短路环的作用是（　　）。

A．减小动静铁芯之间的振动　　B．减小涡流及磁滞损耗

C．减小铁芯的质量　　D．减小铁芯的体积

17．交流接触器的额定电流应根据（　　）来选择。

A．被控制电路中电流大小　　B．被控制电路中电流大小和使用类别

C．电动机实际电流　　D．电动机电流

18．容量 10 kW 的三相电动机使用接触器控制，在频繁启动制动和频繁正反转的场合下，应选择合适接触器的容量型号是（　　）。

A．CJ10 －20/3　　B．CJ20 －25/3　　C．CJ12B －100/3　　D．CJ20 －63/3

19．中间继电器的基本构造（　　）。

A．由电磁机构、触头系统、灭弧装置、辅助部件等组成

B．与接触器基本相同，不同的是它没有主辅触头之分且触头对数多，没有灭弧装置

C．与接触器结构相同

D．与热继电器结构相同

20．欠电流继电器在正常工作时，所处的状态是（　　）。

A. 吸合动作，常开触头闭合

B. 不吸合动作，常闭触头断开

C. 吸合动作，常开触头断开

D. 不吸合、触头也不动作，维持常态

21. 电流继电器线圈的正确接法是（　　）中。

A. 串联在被测量的电路　　B. 并联在被测量的电路

C. 串联在控制回路　　D. 并联在控制回路

22. 过电流继电器在正常工作时，线圈通过的电流在额定值范围内，过电流继电器所处的状态是（　　）。

A. 吸合动作，常闭触头断开　　B. 不吸合动作，常闭触头断开

C. 吸合动作，常闭触头恢复闭合　　D. 不吸合、触头也不动作，维持常态

23. 电压继电器的线圈在电路中的接法是（　　）于被测电路中。

A. 串联　　B. 并联　　C. 混联　　D. 任意连接

24. 速度继电器主要用于（　　）。

A. 三相笼型电动机的反接制动控制电路

B. 三相笼型电动机的控制电路

C. 三相笼型电动机的调速控制电路

D. 三相笼型电动机的启动控制电路

25. 下列空气阻尼式时间继电器中，（　　）属于通电延时动作空气阻尼式时间继电器。

A. JS7－1A　　B. JS7－3A　　C. JS7－5A　　D. JS7－7A

26. 热继电器主要用于电动机的（　　）保护。

A. 失压　　B. 欠压　　C. 短路　　D. 过载

27. 如果热继电器保护的电动机是三角形接法，要起到断相保护作用，应采用（　　）。

A. 热继电器　　B. 普通热继电器

C. 二相热继电器　　D. 带断相保护热继电器

28. 压力继电器正确的使用方法是（　　）。

A. 继电器的线圈装在机床电路的主电路中，微动式行程开关触头装在控制回路中

B. 继电器的线圈装在机床控制回路中，触头接在主电路中

C. 继电器装在有压力源的管路中，微动式行程开关触头装在控制回路中

D. 继电器线圈装在主电路中，触头装在控制回路中

29. 行程开关应根据（　　）来选择。

A. 额定电压　　B. 用途和触点挡铁数

C. 动作要求　　D. 动作要求和触点数量

30. 电阻器与变阻器的参数选择依据主要是额定电流、（　　）。

A. 工作制　　B. 额定功率及工作制

C. 额定功率　　D. 额定电压及工作制

31. 频敏变阻器主要用于（　　）控制。

A. 笼型转子异步电动机的启动　　B. 绕线型转子异步电动机的调速

C. 直流电动机的启动　　D. 绕线型转子异步电动机的启动

32. 频敏变阻器接入绕线型转子异步电动机转子回路后，在电动机启动的瞬间（　　），此时频敏变阻器的阻抗值最大。

A. 转子电流的频率小于交流电源频率

B. 转子电流的频率等于交流电源频率

C. 转子电流的频率大于交流电源频率

D. 转子电流的频率等于零

33. 电磁离合器的工作原理是（　　）。

A. 电流的热效应　　B. 电流的化学反应

C. 电流的磁效应　　D. 机电转换

测试题答案

一、判断题

1. √　2. √　3. √　4. √　5. √　6. √　7. ×　8. √
9. ×　10. ×　11. ×　12. √　13. √　14. ×　15. √　16. ×
17. √　18. ×　19. √　20. √

二、单项选择题

1. A　2. C　3. C　4. C　5. C　6. B　7. A　8. A　9. A
10. B　11. B　12. D　13. C　14. B　15. A　16. A　17. B　18. B
19. B　20. A　21. A　22. D　23. B　24. A　25. A　26. D　27. D
28. C　29. D　30. B　31. D　32. B　33. C

第 14 章

动力与照明

第 1 节　常用电光源　/362
第 2 节　常用照明灯具的配套插座与开关　/371
第 3 节　动力与照明电路　/373

动力线路是指专门为机械装置用电铺设的电路，照明线路是指专门为照明用电铺设的电路。在企业中，动力线路和照明线路应该是分开布置，因为动力用电比较复杂，容易出现故障，照明用电比较简单，不能够因为动力线路的临时故障而影响整体的照明。

用于照明及相同用途的截面积小于等于4 mm^2的导线套用照明线定额，用于动力或大于4 mm^2导线截面积的照明线路套用动力线定额。

插座线在4 mm^2以上时，不分动力和照明，统一套用动力线定额。插座线在4 mm^2以下时，如果是普通的住宅工程，应套用照明线定额。如果是厂房，应区分插座的线路终端为设备或只是灯具、小风扇之类的，区别后对线路加以定性。

消防报警穿线，属于控制线路，不属动力线路，一般是套用照明线定额。如果相应线径在4 mm^2以上时，也可以套用动力线定额。

插座回路是按照明计算的，照明回路里大于等于6 mm^2的导线按动力计算，其他的动力区分比较明显，像风机、水泵等。消防报警线若是BV线，和上述方法相同，若是软线就套用软线的相应定额，不分动力照明。

在电力系统中，1 kV以上的电压称为高压，1 kV以下的电压称为低压，36 V以下的电压称为安全电压，直接供电给用户的线路称为配电线路，如用户电压为380 V/220 V，则称为低压配电线路，是家用电器中的最高电压，属强电。家用电器中的照明灯具、电热水器、取暖器、冰箱、电视、音响设备、空调设备等家用电器均为强电电气设备。本节仅介绍照明灯具的配电线路。照明灯具品种繁多，使用场所广泛，安装方式多种多样，只有加强对照明灯具的了解，才能便于照明灯具的施工安装。

第1节　常用电光源

电光源种类很多，按其发光原理分类有热辐射光源和气体放电光源两大类。热辐射光源是利用电流通过物体加热时辐射发光的原理所制成的光源，如白炽灯、卤钨灯（包括碘钨灯、溴钨灯等）。气体放电光源是利用气体放电时发光的原理所制成的光源，如荧光灯、高压汞灯、高压钠灯、金属卤化物灯和氙灯等。

一、白炽灯

1. 白炽灯基本性能

白炽灯是靠钨丝（灯丝）通过电流加热到白炽状态从而引起热辐射发光。在制造白炽灯时，功率在 40 W 以下的白炽灯，通常是将玻璃壳内抽成真空，而功率超过（含）40 W 的白炽灯则是在玻璃壳内充有氩气或氮气等惰性气体，使钨不易挥发。由于白炽灯结构简单、使用方便、显色性好，因此应用广泛。但它发光效率低、使用寿命短、不耐振。白炽灯是目前最常用的一种电光源，它主要由玻璃外壳、灯丝（钨丝）和灯头三部分组成，按其出线端区分，有插口式（也称卡口式）和螺口式两种，如图 14—1 所示。

a)

b)

图 14—1　白炽灯
a）螺口式　b）插口式

白炽灯的额定电压有 12 V、24 V、36 V 和 220 V 等，其中 36 V 及以下的白炽灯属于低压安全灯，常用于机床照明、行灯等。在使用时，要注意灯泡的额定电压必须与线路电源电压相符，否则会造成发光暗或灯泡损坏。

2. 白炽灯常见故障的排除方法

白炽灯常见故障的排除方法见表 14—1。

表 14—1　　**白炽灯常见故障的排除方法**

故障现象	产生故障可能原因	排除方法
灯泡不发光	1. 灯丝断裂 2. 灯座或开关触点接触不良 3. 熔丝烧断 4. 电路开路 5. 停电	1. 更换灯泡 2. 把接触不良的触点修复或更换 3. 修复熔丝 4. 修复线路 5. 开启其他电器验证是否断电
灯光发光强烈	灯丝局部短路	更换灯泡
灯光忽亮忽暗或时亮时暗	1. 灯座或开关触点松动，或表面存在氧化物 2. 电源电压波动 3. 熔丝接触不良 4. 导线连接不妥，连接处松散	1. 修复松动的触点或接线，去除氧化层后重新接线，或去除触点氧化层 2. 更换配电变压器 3. 重新安装，或加固压接螺钉 4. 重新连接导线
不断烧断熔丝	1. 灯座或挂线盒连接处两线头碰线 2. 负载过大 3. 熔丝太细 4. 线路短路 5. 胶木灯座两触点间胶木严重烧毁	1. 重新接线头 2. 减轻负载或扩大线路导线容量 3. 正确选配熔丝规格 4. 修复线路 5. 更换灯座

续表

故障现象	产生故障可能原因	排除方法
灯光暗红	1. 灯座、开关或导线对地严重漏电 2. 灯座、开关接触不良，或导线连接处接触电阻增加 3. 线路导线太长太细，线压降太大	1. 更换完好的灯座、开关或导线 2. 修复接触不良的触点，重新连接接头 3. 缩短线路长度或更换较大截面的导线

二、碘钨灯

如果想提高白炽灯的发光效率，就必须提高灯丝温度，但是灯丝温度越高，钨的蒸发越快，钨丝就会很快变细烧断。同时由于钨蒸发沉积到灯壳上使灯壳变黑，又会降低白炽灯的发光效率，于是卤钨灯就出现了。在4个卤族元素中，碘的性质最不活泼，不像其他卤族元素那样有强烈的腐蚀作用，因此碘钨灯是主要的卤钨灯产品。

1. 碘钨灯基本性能

在灯泡中充入纯碘使蒸发出去的钨能重返灯丝。因为碘和钨在250～1 200℃的温度范围内化合成碘化钨，碘化钨是不稳定的，在1 400℃以上又会分解为钨和碘。从灯丝蒸发出来的钨在灯壁处与碘形成碘化钨分子，并向灯丝处扩散；而灯丝附近温度在1 400℃以上，碘化钨在灯丝附近分解成碘和钨，钨原子回到灯丝上，游离碘集中在灯丝附近，并向外扩散，这样形成碘钨循环，即利用碘钨循环原理来提高灯的发光效率和使用寿命。如图14—2所示是碘钨灯的管形结构图。外壳用石英玻璃制成，外壳内的钨丝绕成螺旋形状，用若干钨丝圈支撑，以免灯丝碰管壁。将灯管内抽成真空并充入氩气和适量的碘。碘钨灯的安装接线原理与白炽灯相同。为了使碘钨灯能顺利进行循环，碘钨灯必须水平安装，与水平线间的倾斜角必须小于4°，而且不允许采用人工冷却措施（如风扇冷却）。由于碘钨灯工作时管壁温度高达600℃，因此按规定灯架与可燃建筑面间的净距离不得小于1 m。碘钨灯的耐振性更差，因此需注意防振。但是它的显色性很好，使用也很方便。

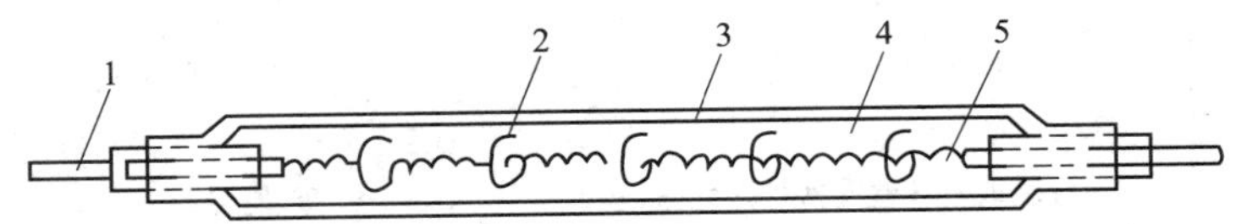

图14—2　卤钨灯的管形结构图

1—灯脚　2—灯丝支架　3—石英管　4—碘蒸气　5—灯丝

2. 碘钨灯故障的排除

碘钨灯除了会出现和白炽灯类似的常见故障外，还可能有以下故障：

（1）因灯管安装倾斜，灯丝寿命缩短。

（2）因工作时灯管过热，经反复热胀冷缩后，灯脚接触不良。

以上故障排除方法，应根据引起故障的原因，采取相应的措施。

三、日光灯

1. 日光灯发光原理

日光灯又称荧光灯，它是利用汞蒸气在外加电压作用下产生弧光放电，发出少许可见光和大量紫外线，紫外线又激励灯管内壁涂覆的荧光粉，使之发光。由此可见，日光灯的发光效率比白炽灯高得多。在使用寿命方面日光灯也优于白炽灯，但是日光灯的显色性稍差。

2. 日光灯结构

日光灯主要由灯管、镇流器、启辉器、灯架和灯座等部件组成。

（1）灯管。由灯座（俗称灯脚）、灯头、灯丝、荧光粉和玻璃管等构成。在玻璃管内壁涂有荧光材料，管内抽成真空后充入少量汞和适量惰性气体（氩），在灯丝上涂有电子发射物质（称电子粉），其构造如图 14—3 所示。日光灯管的规格较多，常用的有 8 W、12 W、15 W、20 W、30 W 和 40 W 等。

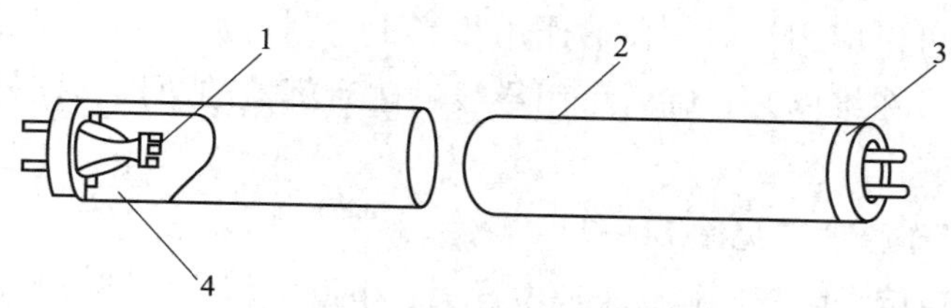

图 14—3　日光灯灯管构造

1 一阴极　2—玻璃管　3—灯头　4—汞蒸气

（2）镇流器。镇流器作用包括限制灯丝预热时流经灯丝的电流值，防止预热温度过高烧坏灯丝；维持灯管启辉工作后的工作电压并限制在额定范围内，以保证灯管能稳定工作。目前市场上的镇流器按结构分为电抗型镇流器与电子镇流器两种，按品种分有开启式、半封闭式和封闭式三种。选用时镇流器的功率参数必须与灯管、启辉器的功率参数相符。

1）电抗型镇流器。电抗型镇流器是一个铁芯线圈。它由铁芯、线圈及外壳等构成，如图 14—4 所示。

2）电子镇流器。电子镇流器没有扼流线圈，没有铁损，发光效率高，是一种节能型日光灯镇流器。成品电子镇流器一般有6根引线，其中2根接电源，其余4根分为两组，分别接灯管两端灯丝，其接线如图14—5所示。

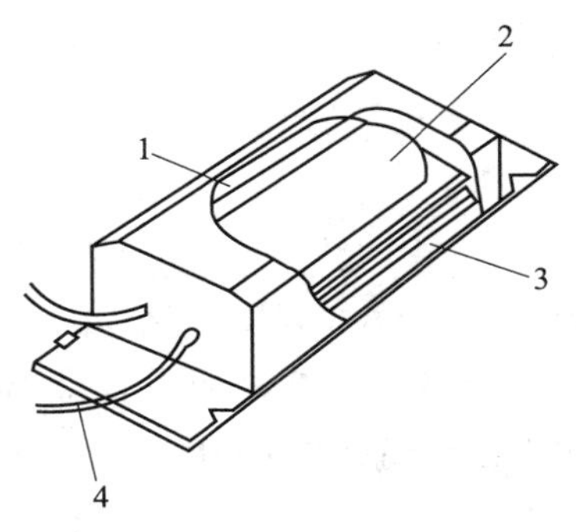

图14—4 镇流器

1—外壳 2—线圈 3—铁芯 4—引线

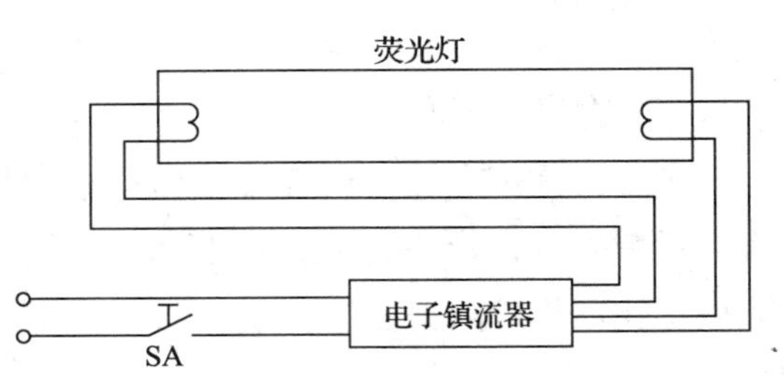

图14—5 电子镇流器接线

3）启辉器。启辉器主要由铝壳、氖管（内充惰性气体）、门形动触片（双金属片）、绝缘底座、插头、静触片和电容器等组成，如图14—6所示。启辉器的常用规格有4~8 W、15~20 W和30~40 W，以及通用型4~40 W等，选用时应选择与所用日光灯管相同的功率参数。启辉器中电容C是用来减小触片分断时的火花。当电容器击穿时，剪去电容器后氖泡仍可以应用。启辉器的作用相当于一副自动触点，仅在启动时把灯管两端短接—断开一下。在维修时，临时可用导线触碰启辉器的两极，同样可以起到启辉作用。

3. 日光灯的工作原理（见图14—7）

当线路接通电源后，由于灯管尚未放电导通，电源电压绝大部分都加在启辉器上。这时启辉器在较高电压的作用下产生辉光放电，氖泡内的温度升高，双金属片伸展使动、静触片闭合。辉光放电停止，氖管内动、静触片随温度降低冷却收缩并断开，使流经灯丝和镇流器的电流突然中断，在镇流器两端瞬时产生一个比电源电压高得多的感应电动势，该电动势与电源串联后全部加在灯管两端，使灯管内惰性气体被电离而引起弧光放电。随着弧光放电使管内温度升高，引起汞蒸气弧光放电，辐射出肉眼不可见的紫外线，并激发灯管内的荧光粉，发出近似日光的可见光。启辉结束后，启辉器不再起作用，此时的电路由灯管和镇流器串联构成。

4. 日光灯的安装与接线

日光灯的安装接线方法如图14—8所示。接线步骤一般可按如下过程进行：

（1）启辉器上的两个接线桩分别与两个灯座中的接线桩连接。

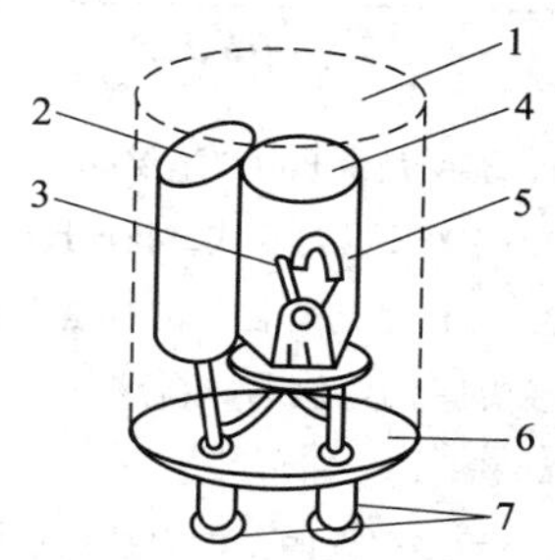

图 14—6　启辉器

1—铝壳　2—电容器　3—静触片　4—玻璃泡　5—动触片　6—绝缘底座　7—插头

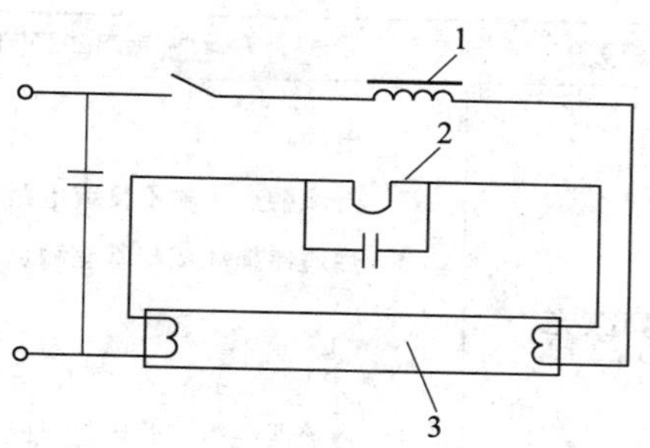

图 14—7　日光灯工作原理

1—镇流器　2—启辉器　3—日光灯

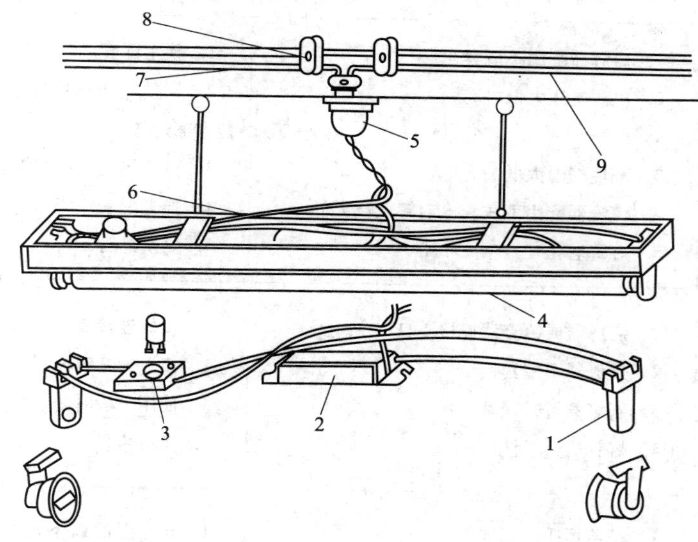

图 14—8　日光灯的安装接线方法

1—灯座　2—镇流器　3—启辉器　4—灯管　5—吊线盒　6—灯架　7—地线　8—相线　9—灯头与开关的连接线

（2）一个灯座中余下的一个接线桩与电源的中性线连接，另一个灯座中余下的一个接线桩与镇流器的一个线头连接。

（3）镇流器的另一个线头与开关一个接线桩连接，而开关的另一个接线桩与电源的火线连接。

5. 日光灯常见故障的排除方法

日光灯常见故障的排除方法见表 14—2。

表 14—2　　日光灯常见故障的排除方法

故障现象	产生故障可能原因	排除方法
灯泡不发光	1. 电源 2. 灯座触点接触不良或电路线头松散 3. 启辉器损坏或与基座触点接触不良 4. 镇流器绕组或管内灯丝断裂或脱落	1. 验明是否断电或熔丝烧断 2. 重新安装灯管或重新连接松散线头 3. 先旋动启辉器，试看是否发光，再检查线头是否脱落，排除后仍不发光，应更换启辉器 4. 用多用表的低电阻挡测量绕组和灯丝是否为通路
灯管两端发亮，中间不亮	启辉器接触不良，或内部小电容击穿，或基座线头脱落，或启辉器损坏	按上例方法 3 检查；小电容击穿，可剪去后使用
启辉困难（灯管两端不断闪烁，中间不亮）	1. 启辉器配用不成套 2. 电源电压太低 3. 环境气温太低 4. 镇流器配用不成套，启辉电流太低 5. 灯管老化	1. 换上配套启辉器 2. 调整电压或缩短电源线路，使电压保持在额定值 3. 可用热毛巾在灯管上来回烫熨 4. 换上配套镇流器 5. 更换灯管
灯光闪烁或管内有螺旋形滚动光带	1. 启辉器或镇流器连接不良 2. 镇流器不配套 3. 新灯管暂时现象 4. 灯管质量不佳	1. 接好连接点 2. 换上配套镇流器 3. 使用一段时间后会自行消失 4. 无法修复，更换灯管
镇流器过热	1. 镇流器质量不佳 2. 启辉情况不佳，连续长时间触发，增加镇流器负担 3. 镇流器不配套 4. 电源电压过高	1. 正常温度以不超过 65℃ 为限，过热严重的应更换 2. 排除启辉系统故障 3. 换上配套镇流器 4. 调整电压
镇流器异声	1. 铁芯叠片松动 2. 铁芯硅钢片质量不佳 3. 绕组内部短路（伴随过热现象） 4. 电源电压过高	1. 固紧铁芯 2. 更换硅钢片（需校正工作电流） 3. 更换绕组或整个镇流器 4. 调整电压

续表

故障现象	产生故障可能原因	排除方法
灯管两端发黑	1. 灯管老化 2. 启辉不佳 3. 电压过高 4. 镇流器不配套	1. 更换灯管 2. 排除启辉系统故障 3. 调整电压 4. 换上配套的镇流器
灯管光通量下降	1. 灯管老化 2. 电压过低 3. 灯管处于冷风直吹场合	1. 更换灯管 2. 调整电压或缩短电源线路 3. 采取避风措施

四、高压汞荧光灯

1. 工作原理

高压汞荧光灯又称高压水银荧光灯（高压汞灯），是上述荧光灯的改进产品，属于高气压的汞蒸气放电光源。它不需要启辉器来预热灯丝，但必须与相应功率的镇流器 L 串联使用。高压汞荧光灯具有省电、光效高（约为白炽灯的 3 倍）、耐用（寿命为 1 500 ~ 2 500 h）等优点。使用和安装非常方便，适用于广场、体育馆、高大建筑物和道路等场合的照明。高压汞荧光灯由玻璃外壳、石英玻璃放电管、上下主电极、引燃极、电阻和一些支架等组成，如图 14—9 所示。

高压汞荧光灯工作时，第一主电极与辅助电极（触发极）间首先击穿放电，使管内的汞蒸发，导致第一主电极与第二主电极间击穿，发生弧光放电，使管壁的荧光物质受激，产生大量可见光。

2. 高压汞荧光灯故障的排除

高压汞荧光灯附件较少，所以抗振性能较好，常见故障有：

（1）不能启辉。由于电压下降，或镇流器选配不当而电流过小，或灯管内部构件损坏等原因引起的。

（2）只亮灯芯。是由于灯管玻璃破碎或漏气等原因引起的。

（3）亮而忽熄。是由于电压下降或灯座、镇流器和开关松动。

（4）开而不亮。是由于停电、线路熔断器烧断、开关失灵、灯泡损坏、镇流器烧坏或连接导线脱落等原因引起的。

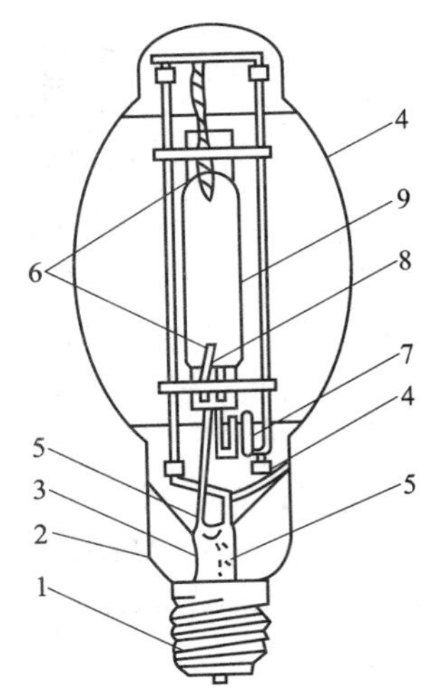

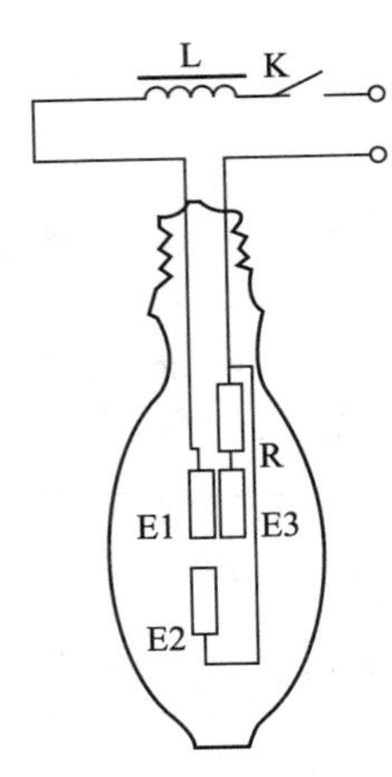

图 14—9　高压汞荧光灯

1—灯头　2—玻璃外壳　3—抽气管　4—支架　5—导线　6—主电极 E1，E2　7—启动电阻　8—辅助电极　9—石英放电管　L—镇流器　K—开关　E1，E2—主电极　E3—辅助电极　R—限流电阻

（5）灯座发热而损坏。通常是因为没有使用瓷质灯座的缘故，引起灯座发热使荧光灯损坏。

以上故障的排除方法，应根据引起故障的原因，采取相应的修理措施。

五、高压钠灯

高压钠灯的工作原理是利用高气压的钠蒸气放电发光，其辐射光谱集中在人眼较为敏感的区间，所以它的光效比高压汞灯还高一倍，且寿命长，但显色性较差，启动时间也较长。其接线与高压汞灯相同。

六、H 形节能荧光灯

H 形节能荧光灯是一种预热式阴极气体放电灯。它由两根顶部相通的玻璃管（管内壁涂有稀土三基色荧光粉）、螺旋状灯丝（阴极）和灯头构成。H 形灯与电感式镇流器配套使用时，将启辉器装在灯头塑料外壳内并与灯丝连接好，另两根灯丝引线由灯脚引出。其结构如图 14—10 所示。

H 形节能荧光灯需要配套使用电感镇流器。该镇流器装在一塑料外壳内，外壳一端是灯的插接孔，另一端做成螺纹灯头与电源连接，如图 14—11 所示。使用时将灯插在插接孔内，再将整个灯装在螺纹灯座上即可。H 形节能灯的接线与日光灯接线完全相同。

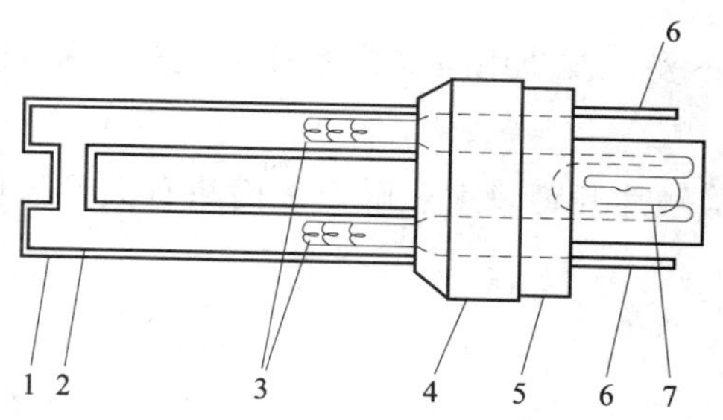

图 14—10 H 形灯结构

1—玻璃管 2—三基色荧光粉 3—螺旋状阴极 4—铝壳 5—塑料壳 6—灯脚 7—启辉器

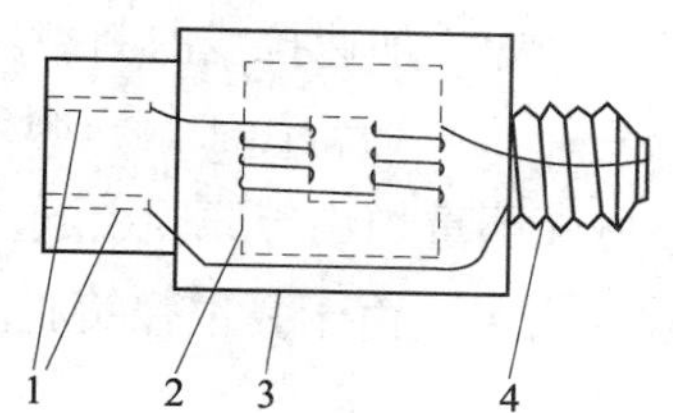

图 14—11 H 形灯镇流器

1—插口 2—镇流器 3—塑料壳 4—灯头

第 2 节 常用照明灯具的配套插座与开关

照明灯具由光源（灯泡）、灯座和开关等组成。灯具的作用为支撑光源；对光源发出的光通量进行再分配；美化和装饰环境。对于舞台、电视、电影灯具，前两条是主要的；对于民用灯具，已从单纯照明用途趋向美化装饰作用。

一、常用照明灯具的配套开关

1. 种类

按使用结构分为单联开关和双联开关。单联开关分为拉线式和拨动式。开关的品种较多，常用的开关如图 14—12 所示。

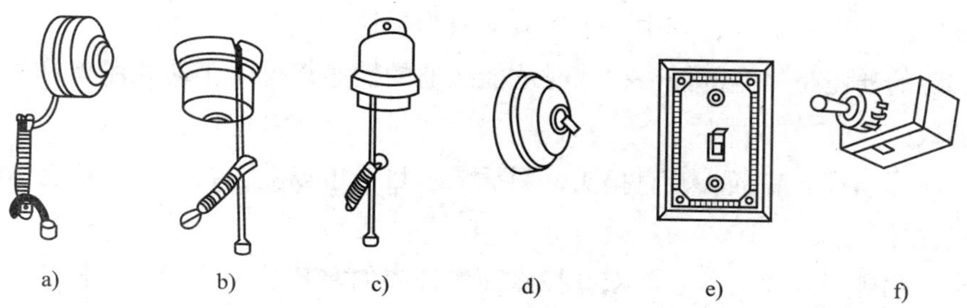

图 14—12 常用开关

a）拉线开关 b）顶装式拉线开关 c）防水式拉线开关 d）平开关 e）暗装开关 f）钮子开关

2. 电灯开关的常见故障

（1）拉线容易断裂。由于拉线口位置装得不妥，或使用时经常不使拉线处于垂直状态，致使拉线摩擦，加速拉线的断裂。

（2）接触不良。通常由于触点弹簧失效、静触片开距增大、触点表面沾有大量污垢、触点表面被电弧严重灼伤等原因引起。

（3）控制失灵。由于复位弹簧脱落引起。

二、常用照明灯具的配套插座

1. 插座种类

按使用要求，插座种类繁多，功能各异，有带开关和不带开关的双眼、三眼、四眼插座（见图14—13），此外还有电话插座、电视插座、宽带网插座等。各类插座分别有明插座、暗插座和拖线板插座及具有保护功能的插座等。

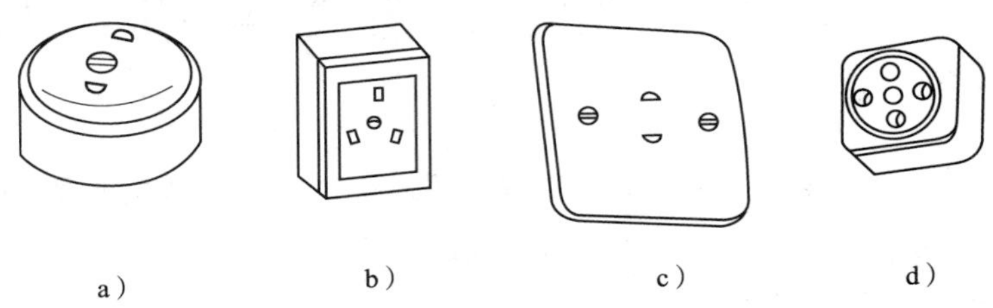

a） b） c） d）

图14—13 插座

a）圆扁双孔插座 b）扁式单相插座 c）圆扁暗装插座 d）三相四孔插座

双眼插座适用于单相负载，但没有接地线。

三眼插座用于必须要有接地线的单相负载，对于家用电器都应该用具有接地装置的三眼单相插座。

四眼插座用于三相负载，其中一个较大的眼为接地线。

保护功能的插座是当全部插头插入时才能接通的插座，可防止幼儿用单杆插入插座引起触电的事故。

为了适应圆插头、扁插头、直插头、斜插头，目前市场上还有一种多功能插座。

2. 插座接线

插座接线孔排列顺序为：单相双孔插座面对插座的左孔接零线，右孔接相线；单相三孔和三相四孔插座的接地线或接零线均在上方，如图14—14所示。

3. 插座的常见故障

（1）短路。由于接线不良、线头脱离接线柱或芯线裸露太长等原因引起。

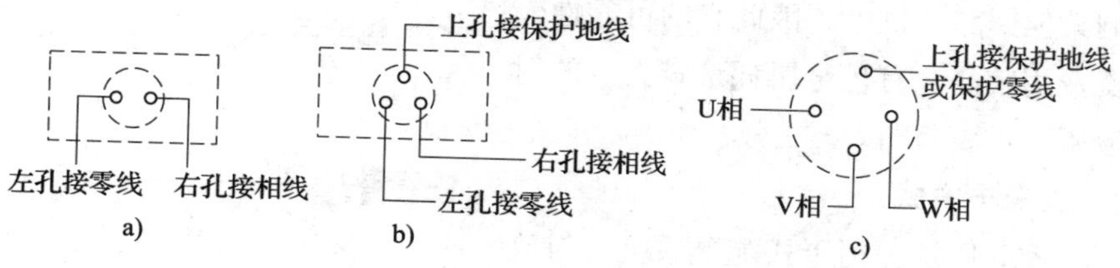

图 14—14 插座接线

a）单相两孔插座 b）单相三孔插座 c）三相四孔插座

（2）烧焦胶木。由于短路或插用过大功率的移动电气设备等原因引起。

（3）开路。由于接线不牢、导线拉断、短路烧坏插座触片或插片离位等原因引起。

（4）损坏。插座的罩盖破坏。

三、常用照明灯具配套灯座

灯座又称灯头，品种较多，常用的灯座如图 14—15 所示。选用时灯座与灯的功率应匹配。大功率灯泡要选瓷质灯座。灯座常见故障与插座相同。

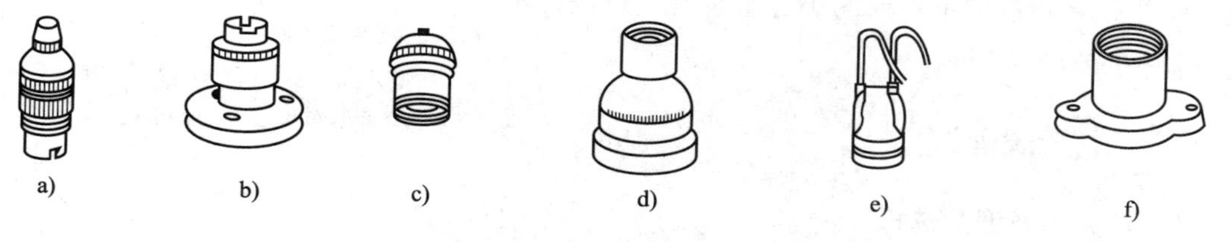

图 14—15 常用灯座

a）插口吊灯座 b）插口平灯座 c）螺口吊灯座 d）螺口平灯座
e）防水螺口吊灯座 f）防水螺口平灯座

第 3 节 动力与照明电路

一、动力与照明线路供电

动力与照明线路基本配电方式有以下四种：

1. 放射式配电方式

如图 14—16a 所示为放射式配电系统。其优点是各负荷独立受电，当线路发生故障时，不影响其他回路的供电，因此它的可靠性较高，但投资费用较高，有色金属耗量较大。放射式配电一般用于重要负荷。

2. 树干式配电方式

如图 14—16b 所示为树干式配电系统。与放射式配电系统相比较，其优点是建设费用低，但若干线发生故障时影响范围大，可靠性差。

3. 混合式配电方式

如图 14—16c 所示为混合式配电系统。它是前两种配电系统的综合应用，具有两种配电系统的优点，在实际工程中应用最为广泛。

4. 链式配电方式

如图 14—16d 所示为链式配电系统。它与树干式配电系统相似，适用于距离配电所较远、彼此之间相距又较近的不重要的小容量设备，链接的设备一般为 3 ~4 台。

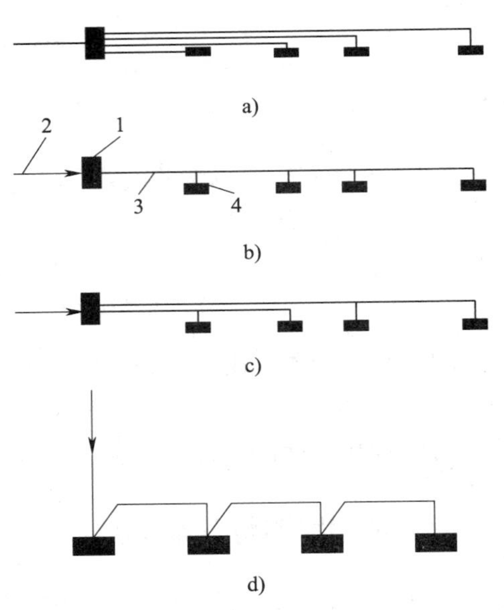

图 14—16　配电方式

a）放射式配电系统　b）树干式配电系统

c）混合式配电系统　d）链式配电系统

1—照明总配电箱　2—电源引入线

3—配电线路　4—分配电箱

二、电光源配置

1. 电光源类型的选择

工厂用的电光源类型应根据照明要求和使用场所的特点进行选择，尽量选择高效、长寿的光源。

（1）灯的开关频繁、需要及时点亮或需要调光的场所，或者不能有频闪效应及需防止电磁波干扰的场所，宜采用白炽灯。如要求高照度时，可采用卤钨灯。

（2）悬挂高度在 4 m 以下的一般工作场所，宜优先选用荧光灯。

（3）悬挂高度在 4 m 以上的工作场所，宜采用高压汞灯或高压钠灯；有高挂条件并且需大面积照明的场所，宜采用金属卤化物灯或氙灯。

（4）对一般生产车间、辅助车间、仓库、站房及非生产性建筑、办公楼、宿舍、厂区道路等，应优先选用白炽灯或荧光灯。

2. 工厂常用灯具的类型与选择

工厂常用的几种灯具的外形与图形符号如图 14—17 所示。

3. 室内灯具的布置

一般照明的灯具，通常有两种布置方案：

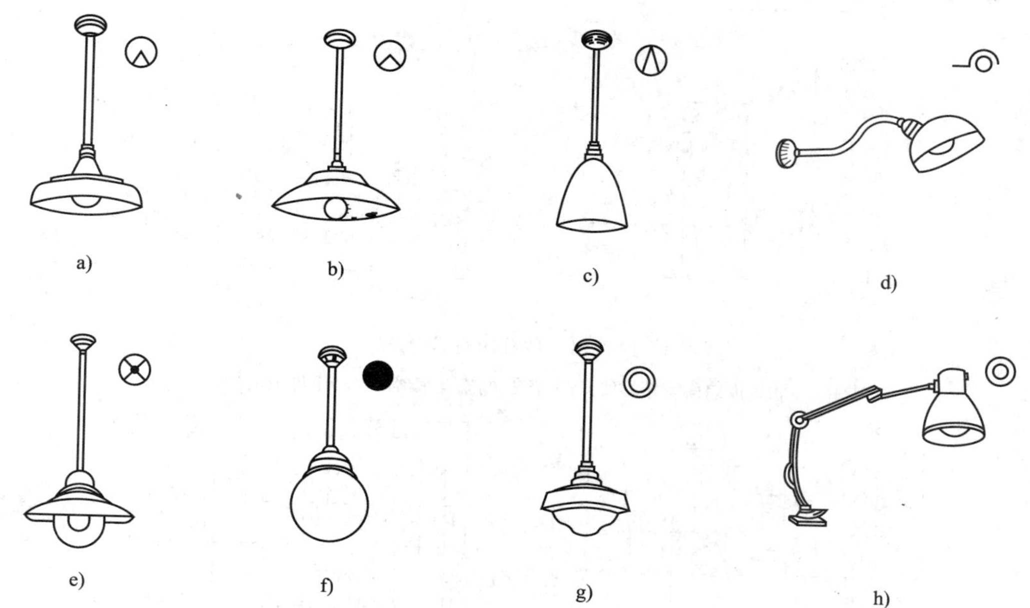

图 14—17　工厂常用灯具的外形与图形符号

a）配照型工厂灯　b）广照型工厂灯　c）深照型工厂灯
d）斜照型工厂灯　e）广照型防水防尘灯　f）圆球型工厂灯
g）双罩型（即万能型）工厂灯　h）机床工作灯

（1）均匀布置。灯具在整个工作场所均匀分布，其布置与生产设备的位置无关。

（2）选择布置。灯具布置与生产设备位置有关，大多按工作面对称布置，力求使工作面能获得最有利的光通方向并消除阴影。

三、电度表接线

电度表又称火表，它是计量电能的仪表，能够测量某一段时间内所消耗的电能。

1. 单相电度表的接线方法

在低压小电流线路中，电度表可直接接在线路中，如图 14—18a 所示，电度表的接线端子盖上一般都有接线图。在低压大电流线路中测量电能，电度表需通过电流互感器将电流变小，接线方法如图 14—18b 所示。

2. 三相电度表的接线方法

在低压三相四线制线路中，通常采用三元件的三相电度表。若线路上负载电流未超过电度表的量程，则可直接接在线路上，接线方法如图 14—19a 所示。如果负载电流超过电度表的量程，需经电流互感器将电流变小，接线方法如图 14—19b 所示。

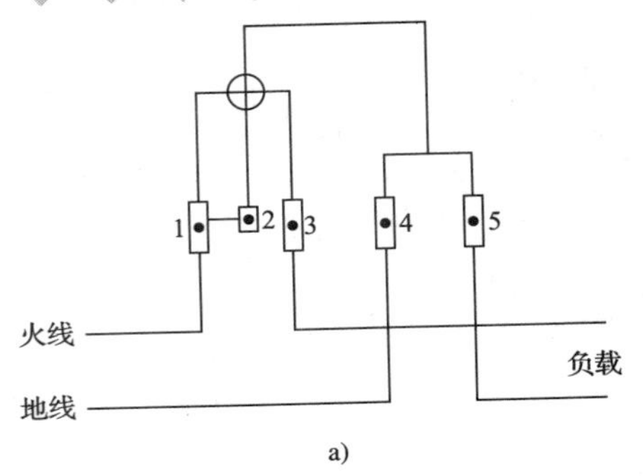

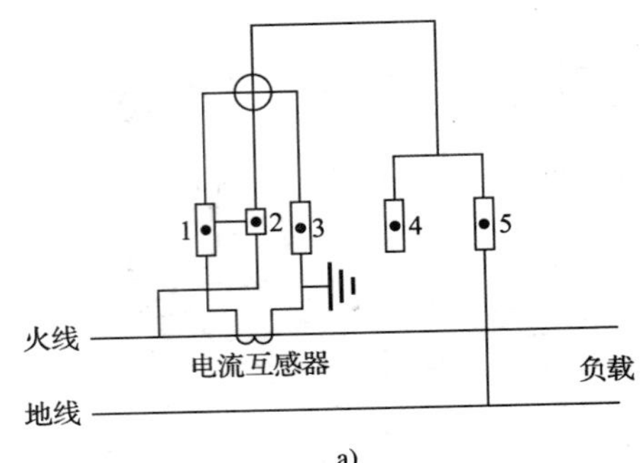

图 14—18　单相电度表接线

a）单相电度表的直接接线　b）经过电流互感器的单相电度表的接线

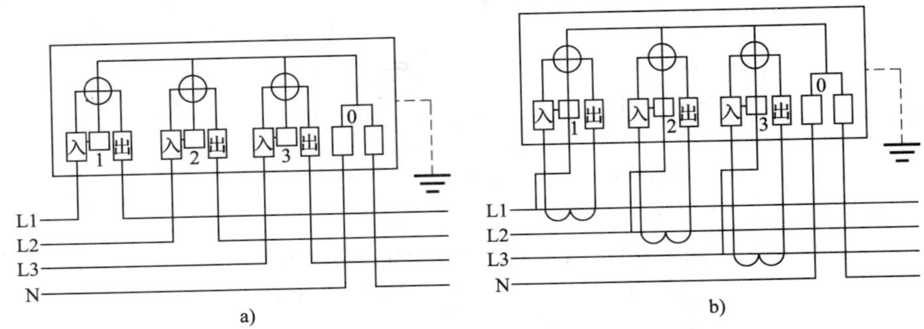

图 14—19　三相电度表接线方法

a）三相电度表直接接线　b）经过电流互感器的三相电度表的接线

四、照明电路

单联开关控制的白炽灯电路，只需将每盏白炽灯串联一只单联开关，然后并联到电源线上。其安装接线如图 14—20 所示。

安装单联开关控制白炽灯电路时，应注意以下四点：

1. 必须使相线进开关，中性线直接进灯头。这样当开关断开时，灯头不会带电，保证了使用和维修的安全。

2. 固定走线的瓷夹或金属轧头，安装要牢固，并且不要损伤导线。

3. 挂线盒接到灯头的这段导线，应在挂线盒的出线孔内部和灯头进线孔内部将导线扎一个结，以减轻挂线盒和灯头接线处的拉力。

4. 开关安装的高度不得低于 1. 3 m。

双联开关控制白炽灯的电路，是用两只双联开关控制一盏白炽灯，如楼上和楼下控制同一盏灯。双联开关控制白炽灯电路的特点是改变任何一只双联开关动触片的位置，白炽灯被点亮或熄灭。双联开关的结构及接线图如图 14—21 所示。

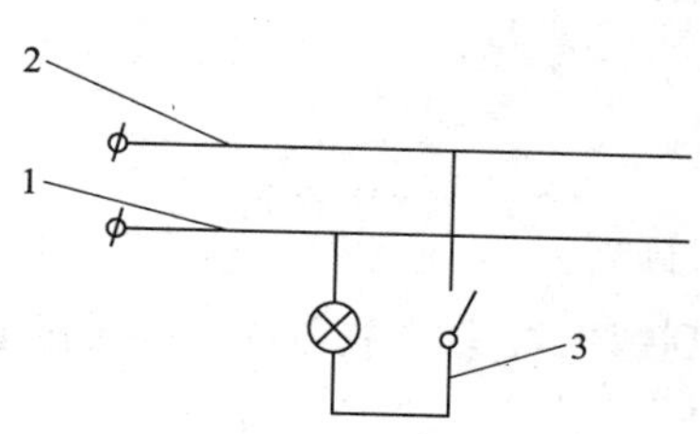

图 14—20　单联开关安装接线图

1—中性线　2—相线　3—开关线

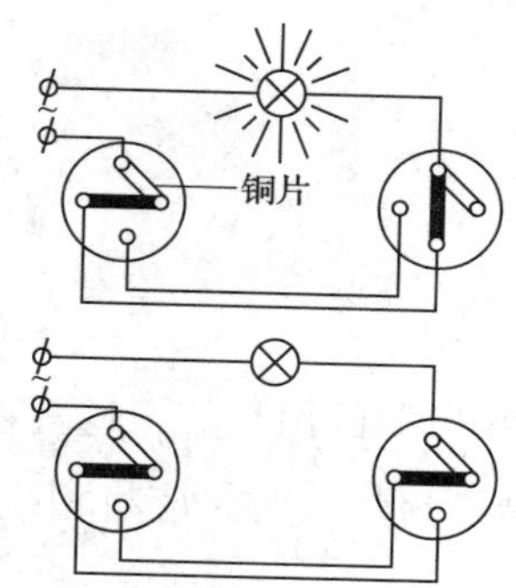

图 14—21　双联开关的结构及接线图

五、线路质量检验

线路安装结束后，必须进行严格检验，合格后才能投入运行。检验的项目如下：

1. 选用的导线、支持物和器材是否符合技术要求规定。

2. 线路的类型是否适合使用的环境条件。

3. 线路的离地高度是否符合技术规定。

4. 线路的各支持点是否牢固。

5. 管线的连接处质量是否可靠。

6. 线路的回路连接是否正确。

7. 线路的其他各处是否存在有不符合技术要求的地方，是否安装得整齐美观。

用 500 V 的兆欧表测量线路的绝缘电阻，不应低于规定值，其测量方法如图 14—22 所示。

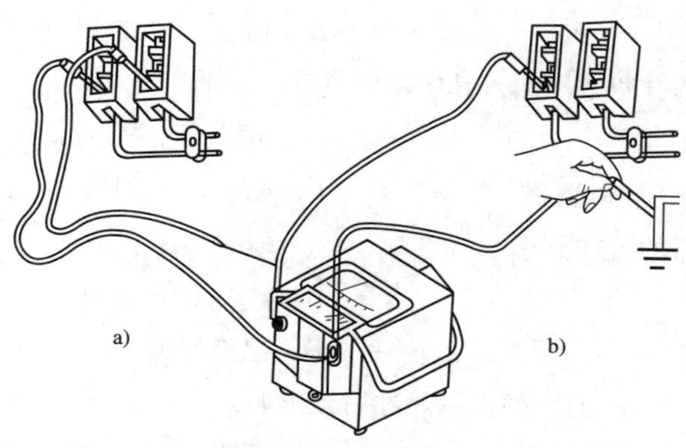

图 14—22　用 500 V 的兆欧表测量线路安全性

a）线与线之间　b）线与地之间

测 试 题

一、判断题

1. 40 W 以下的白炽灯，通常在玻璃泡内充有氩气。（　）

2. 安装螺口灯头时，应将相线进开关，再接到螺口灯头的中心簧片接线柱上。（　）

3. 日光灯镇流器的功率必须与灯管、启辉器的功率相符合。（　）

4. 日光灯的发光原理是灯丝加热到白炽灯状态而发光。（　）

5. 日光灯启辉器的作用相当于一副自动触点，仅在启动时将灯管两端短接—断开一下。（　）

6. 高压汞荧光灯灯座发热而损坏是没有用瓷质灯座的缘故。（　）

二、单项选择题

1. 40 W 以下的白炽灯，其玻璃泡内应（　）。

A. 充氩气　B. 充空气
C. 抽真空　D. 充氮气

2. 40 W 以上的白炽灯（包括 40 W），其玻璃泡内应（　）。

A. 充氩气　B. 充空气
C. 抽真空　D. 抽半真空

3. 安装单联开关控制白炽灯电路时，必须（　）。

A. 相线进灯头　B. 中性线进开关
C. 相线进开关　D. 相线、中性线同时进开关

4. 日光灯镇流器有两个作用，其中一个是（　）。

A. 整流　B. 不断产生高压脉冲
C. 限制灯丝预热电流　D. 防止灯光闪烁

5. 日光灯启辉器的工作原理是（　）。

A. 辉光放电　B. 产生热效应
C. 光电效应　D. 电磁感应

6. 碘钨灯是（　）的一种，属热发射光电源。

A. 卤钨灯　B. 荧光灯
C. 气体放电灯　D. 白炽灯

7．荧光灯启辉器中电容器的作用是（　　）。

A．吸收电子装置的杂波　　B．提高荧光灯发光效率

C．减小触片分断时的火花　　D．隔直通交

8．节能灯的工作原理是（　　）。

A．电流的磁效应　　B．电磁感应

C．氩原子碰撞　　D．气体放电

9．节能灯由于使用（　　）和高效率的荧光粉，所以节约电能。

A．电流热效应　　B．电子镇流器

C．电感镇流器　　D．启辉器

10．碘钨灯工作时，灯管表面温度很高，规定灯架距离可燃建筑面的净距离不得小于（　　）m。

A. 1　　B. 2. 5　　C. 6　　D. 10

11．碘钨灯管内抽成真空，再充入适量碘和（　　）。

A．空气　　B．氢气

C．水银蒸气　　D．氩气

12．高压汞荧光灯是一种（　　）的电光源。

A．气体放电　　B．电磁感应

C．互感应　　D．灯丝发光

13．碘钨灯安装时，灯管倾斜大于4°会造成（　　）。

A．灯管寿命缩短　　B．发光不均

C．光变暗　　D．光增亮

14．日光灯两端发黑，光通量明显下降，产生该故障可能是（　　）。

A．灯管老化　　B．启辉器老化

C．环境温度偏高　　D．电压过低

15．日光灯两端发亮，中间不亮，可能的故障原因是（　　）。

A．日光灯坏　　B．镇流器坏

C．熔丝断　　D．启辉器中电容器击穿

16．白炽灯突然变得发光强烈，可能的故障原因是（　　）。

A．熔丝过粗　　B．线路导线过粗　　C．灯泡搭丝　　D．灯座接线松动

17．白炽灯的工作原理是（　　）。

A．电流的热效应　　B．光电效应

C．电流的磁效应　　D．电磁感应

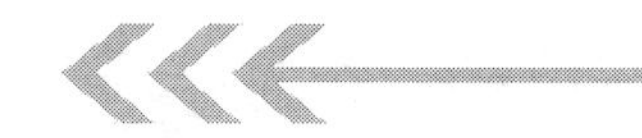

测试题答案

一、判断题

1. × 2. √ 3. √ 4. × 5. √ 6. √

二、单项选择题

1. C 2. A 3. C 4. C 5. A 6. A 7. C 8. D 9. C

10. A 11. D 12. A 13. A 14. A 15. D 16. C 17. A

第 15 章

电气安全技术

第 1 节　触电保护与安全电压　/382
第 2 节　电气安全工作规程　/384
第 3 节　保护接地和保护接零　/386
第 4 节　线路装置安全技术　/393
第 5 节　用电设备安全技术　/396
第 6 节　触电急救知识　/399

第1节　触电保护与安全电压

一、触电类型

一般按接触电源时的情况不同，触电类型有单相触电、两相触电和跨步电压触电。

1. 单相触电

是指人体在地面上，而身体上某一部位触及一根带电导线时，因为大地也能导电，所以也会造成人体触电，称为单相触电。在触电事故中，大部分属于单相触电。单相触电又分为两种，即中性点接地触电和中性点不接地触电。

中性点接地的单相触电如图15—1所示。人站在地面上，如果人体触及一根相线，电流就会从导线经过人体到大地，再从大地回中心线形成回路，这时人体承受220 V的相电压。

中性点不接地的单相触电如图15—2所示。人站在地面上，人体触及某一根相线，这时有两个回路的电流通过人体：一个回路从L3相出发，经人体到大地，再由大地通过L2相的对地电容C2流入L2相相线；另一个回路的电流从L3相经人体到大地，再由大地通过L1相的对地电容C1流入L1相相线。

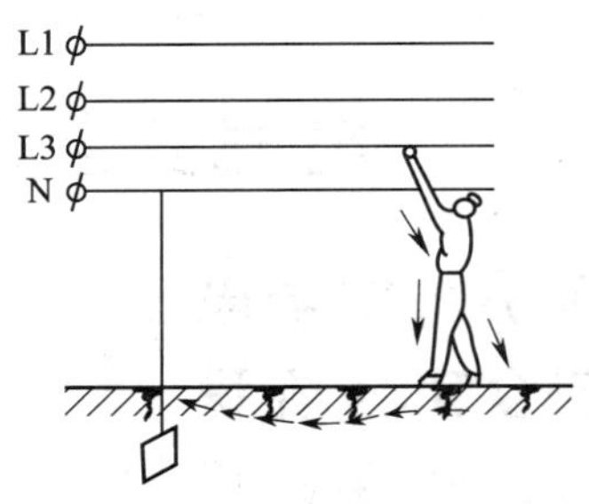

图15—1　中性点接地单相触电

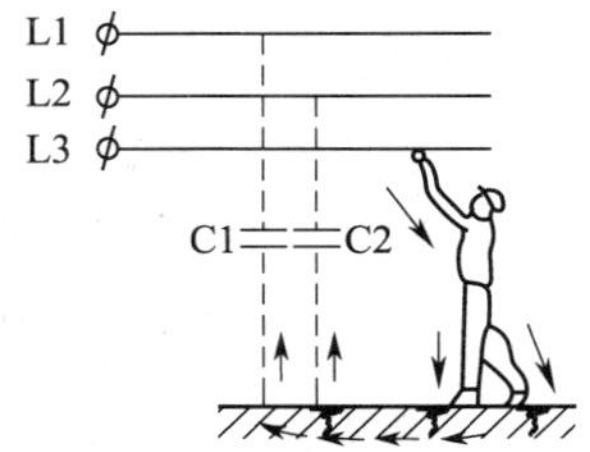

图15—2　中性点不接地单相触电

单相触电大部分是由于电气设备损坏或绝缘不良，使带电部分裸露而引起的。

2. 两相触电

人体同时触及两根带电的相线，因为人也是导体，电线上的电流就会通过人体，从一根相线流向另一根相线，形成回路，使人体触电，称为两相触电，如图15—3所示。此时加在人体之间的电压是380 V的线电压，触电的后果是很严重的。

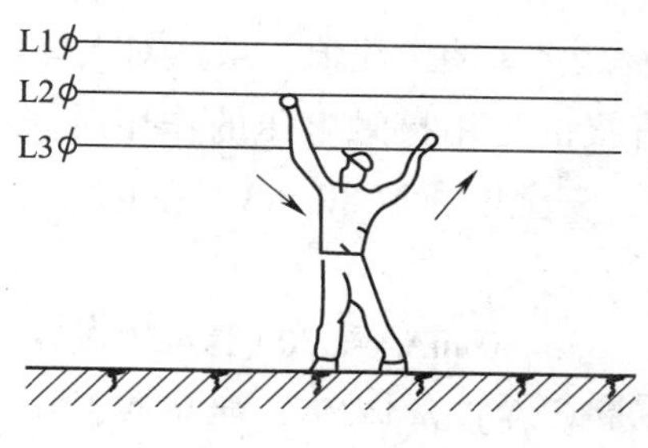

图 15—3　两相触电

3. 跨步电压触电

当输电线路发生断线故障而使导线接地时，电流将通过导线流入大地，此时地面在导线接地点周围形成一个相当强的电场，以接地点为圆心的半径方向上的不同两点之间（0. 8 m）的电位差称为跨步电压。同心圆的半径越大，电位越低，半径越小，电位越高。当人体触及跨步电压时，电流也会流过人体而触电，如图 15—4 所示。

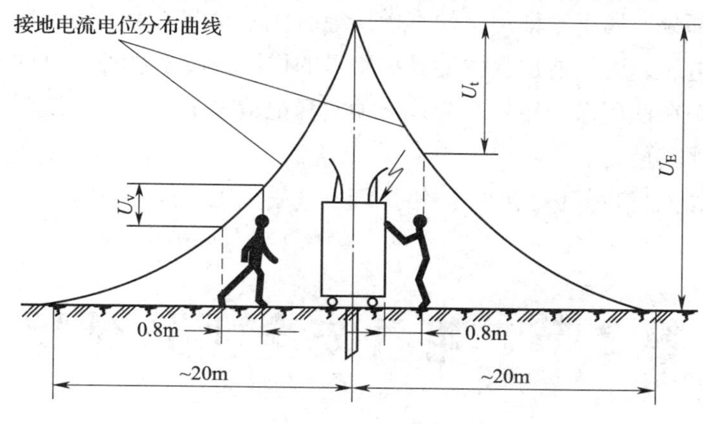

图 15—4　跨步电压触电

二、安全用电的措施

为了防止触电事故的发生，从设备来看，应采取保护接地和保护接零；而从人们自身角度来看，需要保证用电安全。

1. 安全电压

当电流通过人体就叫触电。低压触电时，在数十至数百毫安电流作用下，将使人的机体产生病理生理性反应，轻的有针刺痛感或出现痉挛、血压升高、心律不齐以致昏迷等暂时性的功能失常，重的可引起呼吸停止、心跳骤停、心室纤维性颤动等危及生命的伤害。

安全电流，也就是人体触电后最大的摆脱电流。安全电流值，我国规定交流 50 Hz 时为30 mA·s，即触电时间不超过1 s的电流值。虽然对人体的危险程度主要取决于电流，但在实际应用上不方便，更直接的是用接触电压的作用时间来表示。从触电安全角度考虑，人体电阻一般取1 700 Ω，安全电流取30 mA，在正常环境下，一般规定人体允许接触的最大安全电压为：

$$U=30\ \text{mA}\times 1\ 700\ \Omega\approx 50\ \text{V}$$

环境不同，安全电压也不同。在正常环境下为36 V，在潮湿环境下为24 V，在卫生间、浴室、泳池等场所为12 V。

由此可见，在一般情况下，人体触及36 V以下的导电体时，没有生命危险。所以，机床照明、移动的手持行灯等都采用36 V及以下的电压，如12 V、24 V和36 V等。

2. 保护用具

保护用具是用来保证工作人员进行安全操作的。绝缘保护用具可分为主要保护用具和辅助保护用具两类。主要保护用具是指它的绝缘能够可靠地耐受设备的工作电压，使用时可直接接触带电部分，属于这种用具的有操作绝缘棒、验电器等；辅助保护用具本身不能耐受设备的工作电压，而只能加强主要保护用具的作用，属于这种用具的有橡胶手套、橡胶靴、橡胶垫等。在使用保护用具之前，必须按标记检查定期试验的期限，已超过试验期限的保护用具应严禁使用。

此外，需要加强自我保护意识，严格执行电气安全工作规程。

第2节　电气安全工作规程

电气工作人员在进行电气设备操作或在电气设备上工作时，要注意安全。如果在电气设备上工作，应停电后进行。如因特殊情况必须带电工作时，需经有关部门批准，按照带电工作的安全规程进行。对未经证实无电的电气设备和导体，均应认为有电。停电设备没有做好安全措施，也应认为有电。停电以后要防止突然来电或有倒送电的可能。即使是计划停电，也有可能提前送电，因此在未拉开有关电源并做好必要的安全措施前，不可触及电气设备或进入遮栏进行工作。

一、倒闸操作的安全工作制度

倒闸操作应由专职电工进行，根据倒闸操作票顺序进行操作。倒闸操作时应有两人进行，一人操作，一人监护。操作前先核对设备，确认无误后再进行操作，实行“两点一等再执行”的操作法，即操作人先指点铭牌，再指点操作设备，等监护人核对无误，发出“对”或者“执行”命令后，再进行操作。

倒闸操作的基本操作步骤：

1. 切断电源时（断电倒闸操作），必须避免带负荷拉闸刀的事故，应先分断断路器，然后分断隔离开关。

2. 合上电源时（送电倒闸操作），也要避免带负荷合闸刀的事故，必须先合上隔离开关，然后合断路器。

装设携带型接地线（临时接地线），是保护电工作业人员，在工作地点防止突然来电的基本的可靠安全措施，同时可使电气设备断开部分的剩余电荷也因接地而放尽。所以，对于有可能送电到施工地点，以及有可能产生感应电的地方，均需装设携带型接地线。

接地线应使用截面不小于25 mm^2的多股软裸铜线制作，严禁使用不符合规定的导线作接地线和短路之用。

二、停电检修工作的安全制度

停电检修工作包括全部停电和部分停电两种。对于10 kV及以下的带电设备和线路，人体与带电体距离小于0.35 m时，均应全部停电检修；如人体与带电体距离大于0.35 m，但又小于0.7 m时，应设置临时遮栏，否则也应采取全部停电检修。

在全部停电或部分停电的电气设备或线路上检修，必须按以下步骤及要求执行：

1. 停电

应将待检修设备或线路做好全部（或部分）停电的倒闸操作。必须将有可能送电到被检修设备或线路上的开关或闸刀全部断开，并且至少要有一个明显的断开点。可见断开点是停电是否彻底的重要标志。同时还要做好防止误合闸措施，可以把开关或闸刀的操作手柄锁住、切断高压断路器的操作电源等。对多回路的线路，要防止其他回路突然来电，尤其要注意防止低压方面的倒送电。

2. 验电

按电压等级选用相应合格的验电器。验电前，应将验电器先在带电体上检验其性能确实良好后，才能进行验电工作。验电时，要逐相进行，对断路器或隔离开关验电时，应在其两侧验电，并且不要忽视对中性线与保护线的检测。在使用高压验电器时，必须戴绝缘手套、穿绝缘靴并有人监护，检测方法应为逐渐接近高压带电体（低压验电器也称电笔，必须接触带电体），至氖泡发光为止。

3. 装设携带型接地线

为防止意外来电，在再次验明确实已停电后，立即在停电检修设备或线路有可能来电的各方面装设携带型接地线。装设携带型接地线时应戴绝缘手套。装设时，应先接接地端，后接设备导体端。拆除时，应先拆设备导体端，后拆接地端。在接设备导体端时，应先接靠近人体的一相，再接其他相，拆除的顺序则相反。应将携带型接地线装设在施工人员看得见的地方。

4. 装设遮栏

在部分停电检修工作中，对有可能接触邻近带电的导体或线路，在安全距离不足时，应装设临时遮栏及护罩，将带电体与停电检修的设备和线路隔离，以确保检修作业人员的安全。

5. 悬挂标示牌

悬挂标示牌的作用是提醒人们注意。例如，在一经合闸，即可送电到被检修设备（或线路）的开关、闸刀手柄上，应悬挂“禁止合闸，有人工作”（或“禁止合闸，线路有人工作”）标示牌；在靠近带电部位的遮栏上，应悬挂“止步，高压危险”标示牌。标示牌的悬挂和撤除，应按调度员的命令，由专人负责执行。严禁工作人员在工作中移动或撤除遮栏、标示牌和拆除携带型接地线。检修人员在完成上述工作后，才能进行停电检修工作。

检修工作结束后，工作人员必须将工具、器具、材料等收拾清理干净，在清理工具无缺少后，再拆除携带型接地线，撤除临时遮栏、护罩等，最后再摘除开关、闸刀手柄上的标示牌，经检查无误，所有人员全部撤出后，才可进行送电的倒闸操作。

第 3 节　保护接地和保护接零

保护接地和保护接零，是防止人体接触意外带电的电气设备金属外壳引起触电事故的基本有效的安全措施。当电气设备绝缘损坏或被击穿而出现故障时，电气设备原来不带电的金属外壳会出现危险的对地电压，人体一旦触及，就有可能发生触电事故。如果采用了保护接地或保护接零，就会降低外壳对地电压（即降低人体的接触电压和减小流过人体的电流），或产生很大的对地电流或短路电流，将使低压断路器（即空气开关）或熔断器熔体快速动作或熔断，使电气设备脱离电源，从而避免触电事故的发生。

一、低压配电系统的形式

低压配电系统主要有 TN 系统、TT 系统和 IT 系统，其中，第一个大写字母 T 表示电源变压器中性点直接接地；I 则表示电源变压器中性点不接地（或通过高阻抗接地）。第二个大写字母 T 表示电气设备的外壳直接接地，但和电网的接地系统没有联系；N 表示电气设备的外壳与系统的接地中性线相连。

1. TN 系统

TN 电力系统是有一点直接接地，负载设备的外露可导电部分（指正常不带电压，但故障情况下可能带电压的易被触及的导电部分，如金属外壳、金属构架等）通过保护线接到接地点的系统。根据中性线 N 和保护线 PE（即保护零线）的布置，TN 系统又有 TN－S、TN－C－S 和 TN－C 三种形式。

（1）TN－S 系统。TN－S 系统的中性线 N 和保护线 PE 是分开的，如图 15—5 所示。

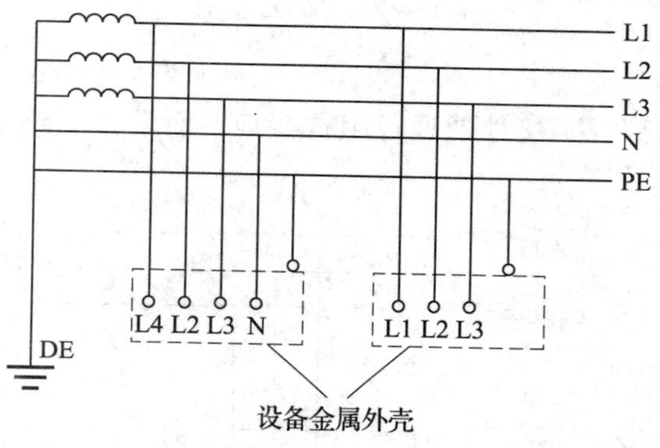

图 15—5　TN－S 系统

（2）TN－C－S 系统。TN－C－S 系统中，一部分中性线 N 和保护线 PE 的功能合在一根导线上（即为共用），而另一部分中性线 N 和保护线 PE 是由各自的导线提供的，如图 15—6 所示。

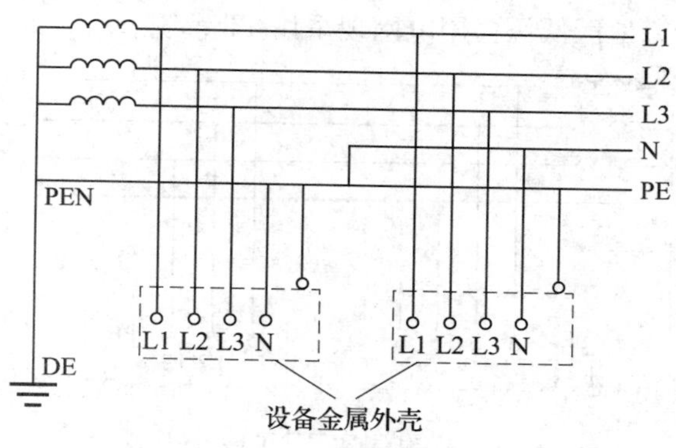

图 15—6　TN－C－S 系统

（3）TN－C系统。TN－C系统的中性线N与保护线PE是合一的，称为PEN线，如图15—7所示。

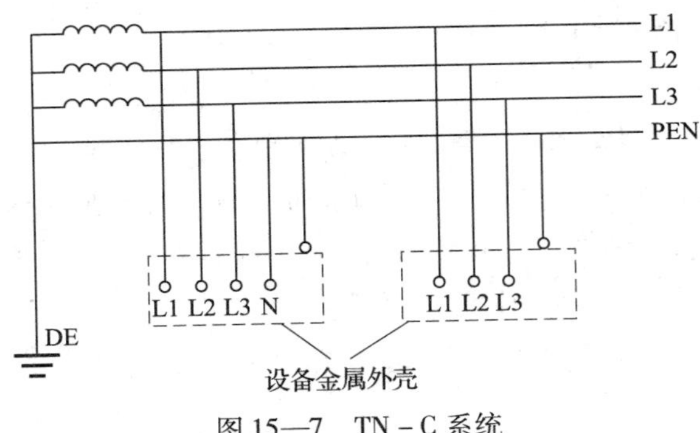

图15—7　TN－C系统

2．IT系统

IT电力系统的带电部分不接地或通过阻抗接地，而设备的外露可导电部分接地。IT系统如图15—8所示。

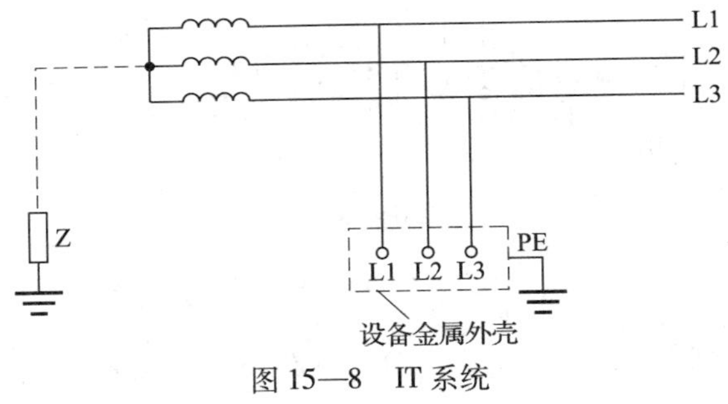

图15—8　IT系统

3．TT系统

TT电力系统有一点直接接地，设备外露可导电部分均各自经PE线单独接地。TT系统如图15—9所示。上海地区低压公用电网现采用TT系统。

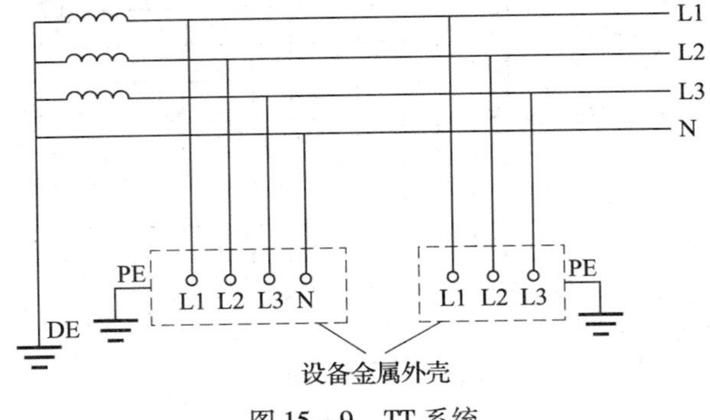

图15—9　TT系统

凡引出中性线的三相系统，包括 TN 系统、TT 系统，属于三相四线制系统；没有中性线的三相系统，如 IT 系统，属于三相三线制系统。

二、保护接地

把在故障情况下可能出现危险的对地电压的导电部分同大地紧密地连接起来的接地称保护接地。

保护接地通常应用于不接地的低压配电系统，即变压器中性点不接地系统（如 IT 系统）。也可以用于中性点接地，即有工作接地的系统（如 TT 系统），但有其局限性。

1. IT 系统的保护接地

在中性点不接地的低压配电系统中，当一相绝缘损坏时，人体一旦触及无保护接地的电气设备外壳，接地电流 I_E 则通过人体和电网对地绝缘阻抗形成回路，如图 15—10 所示。

当配电线路长度越长（即电网每相对地容抗 Xr 越小）及电网绝缘电阻越小时，人体触及故障设备的接触电压也越高。如对于长度 5 km 左右的 380 V 配电线路，且电网绝缘电阻很高，当人体阻抗为 1 500 Ω，触及漏电设备时，人体承受的接触电压可达到 98 V，通过人体的电流可达到 65 mA，这对人是很危险的。

若采取了保护接地措施，如图 15—11 所示，由于人体阻抗 Z_B 与保护接地电阻 R_P 并联，$Z_B \gg R_P$，人体承受的接触电压将大大降低。只要适当控制保护接地电阻 R_P 的大小，即可将漏电设备对地电压限制在安全范围内。如上述 5 km 线路长度时，采用保护接地后，当接地电阻 $R_P = 4\ \Omega$ 时，人体的接触电压将从原来的 98 V 降低为 0. 3 V，而通过人体的电流从原来的 65 mA 减小到 0. 2 mA。这对人是没有危险的。

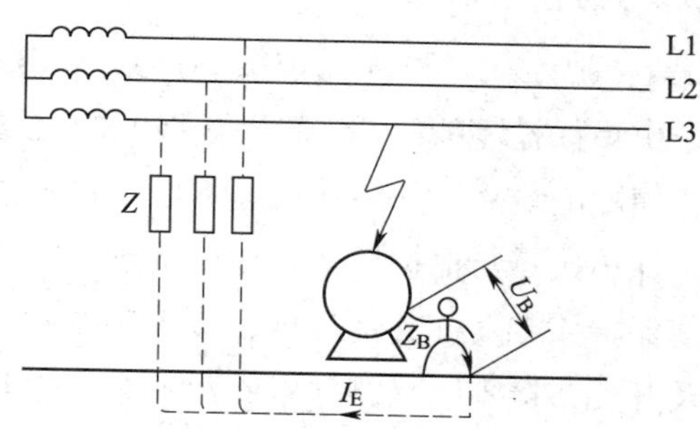

图 15—10　IT 系统设备外壳不接地原理

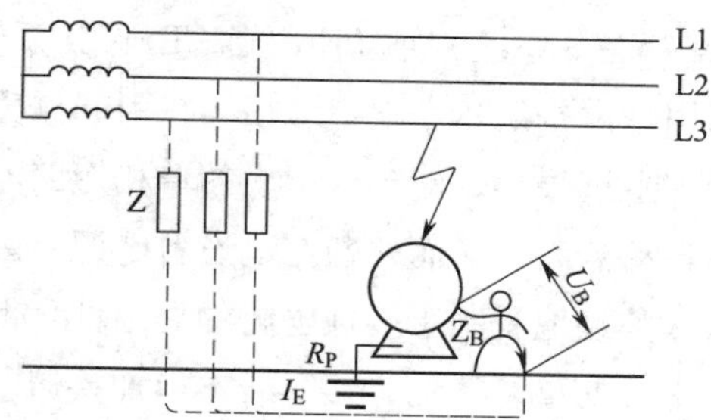

图 15—11　IT 系统保护接地原理

2. TT 系统的保护接地

在中性点接地的低压配电系统中，如果电气设备不采用保护接地，则当设备一相碰壳时，其外壳就存在相电压 U_{φ}，人体一旦接触带电的外壳，就会通过电流，造成触电事故，如图 15—12 所示。

如果采用了保护接地，如图 15—13 所示，当电气设备一相绝缘损坏时，其接地短路电流较大。在接地短路电流作用下，能使熔体熔断或低压断路器断开，切断电源，确保安全。为了安全可靠，保护接地电阻应越小越好，减小接地电阻的方法是尽量利用自然接地体、采用多点接地、网状接地等。

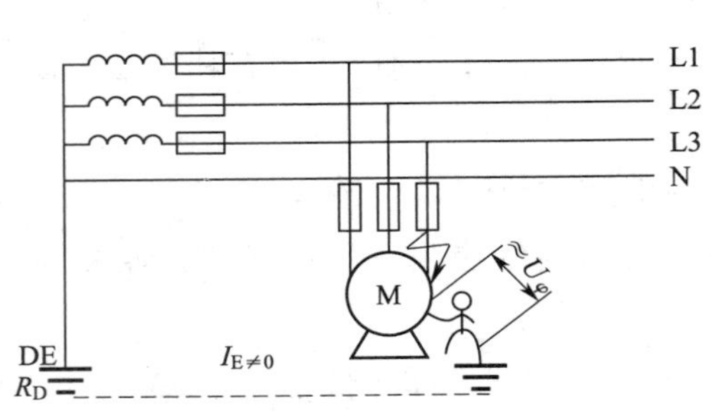

图 15—12　TT 系统设备外壳不接地原理

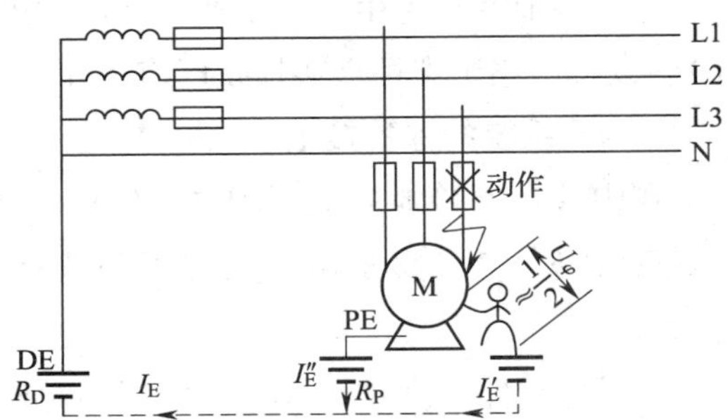

图 15—13　TT 系统保护接地原理

在变压器中性点直接接地的低压配电系统中，单纯采取保护接地虽然比不采取任何安全措施要好一些，但并没有彻底解决安全问题，危险依然存在。特别是当对地短路电流不大，使线路上的保护装置不会动作时，这一危险状态会长时间存在。因此，在中性点接地的低压配电系统中，除另有规定外，应采用保护接零。

三、保护接零

将电气设备在正常情况下不带电的金属外壳或构架用导线与系统的 PE 线（TN－S、TN－C－S 系统）或 PEN 线（TN－C 系统）紧密地连接，称为保护接零。其作用原理是当用电设备某相发生绝缘损坏，引起碰壳时，由于保护零线（PE 或 PEN 线）有足够的截面、阻抗很小，能产生很大的单相短路电流，使配电线路上的熔体迅速熔断或使低压断路器自动分断，从而切断用电设备电源。因此，保护接零与保护接地相比的优越性在于能克服保护接地受制于接地电阻的局限性。但要使保护接零发挥其优越性，接零装置必须符合要求，如重复接地，接零线不得加接熔断器及开关，接零线只能并联，绝不允许串联连接等。否则不但起不到应有的保护作用，反而会发生意外的危险。

在同一供电系统中，不允许一部分设备采用保护接零而将另一部分设备采用保护接地，如图 15—14 所示。以免当保护接地设备绝缘损坏发生碰壳故障时，零线电位升高而发生事故。

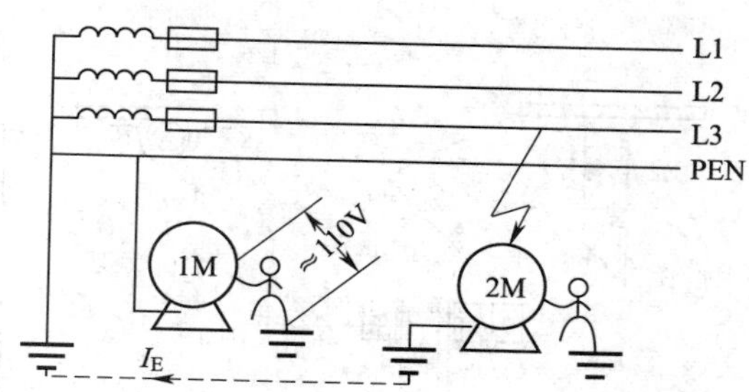

图 15—14　部分设备保护接零而部分设备保护接地的危险

四、接地装置

接地装置包括接地体与接地线。

1. 人工接地体的安装

人工接地体一般采用钢结构制成。接地体的材料通常采用钢管、角钢、圆钢等。用作人工接地体的材料，不应有严重的锈蚀，厚薄或粗细严重不均的材料也不宜应用。

（1）人工接地体的安装形式。安装形式分垂直安装和水平安装两种。垂直安装的接地体常用直径 40 ~ 50 mm、壁厚 3. 5 mm 的钢管或 40 mm × 40 mm × 4 mm ~ 50 mm × 50 mm × 5 mm 的角钢。接地体的长度随安装形式及环境有所不同。垂直安装一般为 2 ~ 3 m，不能短于 2 m，超过 3 m 对减小接地电阻的作用已不明显，却增加了施工难度。水平安装的一般都较长，最短的通常也在 6 m 左右。

1）垂直安装法。垂直安装的人工接地体在打入大地时应与地面保持垂直，不可歪斜。有效的散流深度应不小于 2 m。多极接地或接地网的接地体之间在地下应保持 2. 5 m 以上的直线距离，如图 15—15 所示。

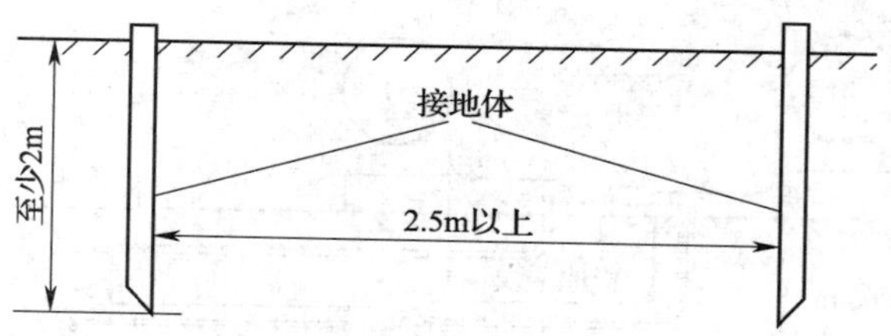

图 15—15　垂直安装法

垂直安装具有耗料省和安装简便的特点，应用较普遍。它的接地体材料一般采用角钢和钢管，接地体总长除埋入土壤的长度外，应加长 100 mm 左右，以供接地线连接使用。凡用螺钉连接的，应先钻好螺钉通孔。为了便于接地干线与接地体的连接，应在接地体一端先焊接好连接板，如图 15—16 所示。

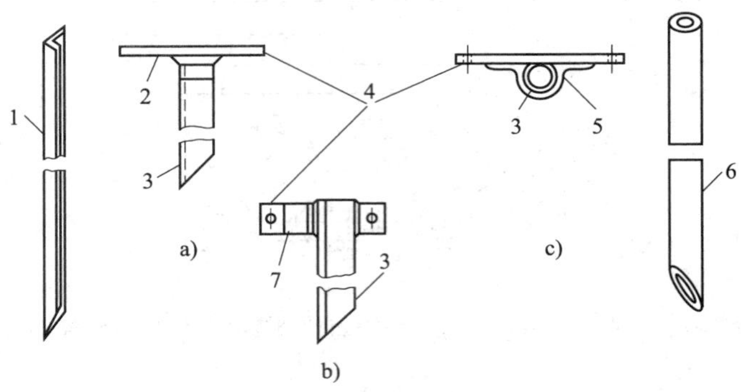

图 15—16　接地体端头结构

a）角钢接地体顶端装连接板　b）角钢接地体垂直面装连接板　c）钢管接地体垂直面装连接板

1—角钢接地体　2—加固镶块　3—接地体　4—接地干线连接板　5—骑马镶块　6—钢管接地体　7—加固镶块

角钢接地体比钢管接地体在散流效果方面稍差一些，但打入地下时比较容易，价格也低廉。与地面垂直安装的接地体，一般都采用打桩法打入地下。接地体打入地下后，四周应夯实以减小接触电阻。

2）水平安装法。与地面水平安装的接地体应用较少，一般只用于土层浅薄的地方。接地体通常采用扁钢和圆钢制成，一端应弯成直角向上，便于连接。如果采用螺钉压接的，应先钻好螺钉通孔。连接体的长度随安装条件和接地装置的构成形式而定。安装时，采用挖沟填埋方法，接地体应埋入离地面 0.6 m 以下的土壤中，如图 15—17 所示。如果是多极接地或接地网，接地体之间应保持 2.5 m 以上的直线距离。安装时，应尽量选择土层较厚的地方埋设接地体。盖土时，接地体周围与土壤之间应夯实；沟内不可堆填沙砾、砖瓦、杂物等。

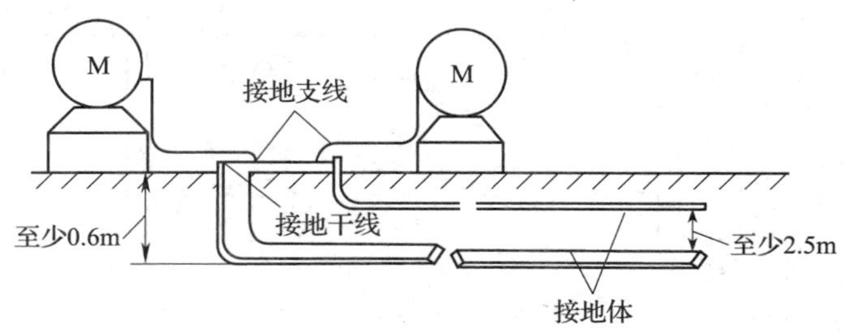

图 15—17　水平接装法

2. 自然接地体的利用

利用自然接地体作为接地线，应根据具体情况采取不同的方法。属于管道一类的自然接地体，不可采用电焊的方法，以防止焊接损坏管道，要采用金属夹头或抱箍的压接方法。自然接地体的散流面积往往很大，如果要为较多设备提供接地需要时，只要增加接点，并将所有的引出接地线连成带状即可，但引接点应尽可能地分散。如果自然接地体是整体的，如建筑物的钢筋和自来水管等，应分别引接在不同的枢干和分支部分上。为了保证有效和可靠地利用自然接地体，每副接地装置至少要有两个引接点，并尽可能分散引接在两个各自独立的金属构件上。自然接地体的每个引接点，必须置于明显而且便于检查和维修的地方。采用压接法的引接处，不允许埋设在混凝土内，以免造成维修困难。

第4节　线路装置安全技术

线路装置主要由导线及支持物组成，它起着传输电能的作用。线路装置必须按规程装设，并符合安全技术要求，否则，就极易发生漏电、触电及其他各种电气事故。对线路装置的基本要求是安全可靠、布线合理、安装牢固、便于维修、美观整齐。低压线路装置严禁利用大地或与大地连接的保护接地线（PE线）作中性线（N线）。

一、电气线路绝缘强度要求

电气线路应有足够的绝缘强度，能满足相间和相对地间的绝缘要求。线路的绝缘除能保证正常工作外，还应经得起过电压的考验。低压线路在敷设完工以后，接电之前，应进行绝缘电阻测量：用500 V兆欧表测量每一分路以及总熔断器至分熔断器的线路，对新装线路的绝缘电阻不得小于0.5 MΩ；运行中的线路，导线与导线之间的绝缘电阻不得小于0.38 MΩ，导线与大地之间的绝缘电阻不得小于0.22 MΩ；对特低电压线路的绝缘电阻不得小于0.22 MΩ。

二、导线截面的选择

导线截面的选择，必须同时满足导线的安全载流量、导线允许的电压降、导线的机械强度、导线与熔体额定电流（或低压断路器整定电流）相配合等要求，同时还与导线的材料、结构、布线方式有关。导线安全载流量主要是为满足导线在正常运行时的最高允许温度而设定的，对聚氯乙烯或橡胶绝缘的导线和电缆应不超过65℃；对铜或铝母线（裸导线）也应不超过70℃。

1. 载流量

一般情况下，导线安全载流量≥所有用电器具的额定电流之和。在选择导线截面时，还必须满足线路分相和分路的要求。在只有单相设备的配电干线上：计算负荷电流不超过40 A时，采用单相二线供电；若计算负荷电流超过40 A时，采用三相四线供电，并应将负荷尽可能地平均分配在各相上。在配电分支线路上：照明每一单相分路的最大负荷电流不宜超过16 A，装接灯具数不宜超过25只；大型组合灯具每单相分路不宜超过25 A，灯具数量不宜超过60只；建筑物轮廓照明每单相分路灯具数量不宜超过100只；插座每单相分路不宜超过10只（组）；电热每一单相分路的最大负荷电流不应超过30 A，装接插座数不宜超过6只。

导线安全载流量应与保护该线路的熔断器熔体额定电流（或断路器延时脱扣器的整定电流）相配合，当发生短路或过负荷时，熔断器内的熔体应迅速熔断，而不损伤导线。配电线路的导线安全载流量不小于熔体额定电流。

2. 电力负荷

（1）单台电动机的导线安全载流量≥该台电动机的额定电流。

（2）多台电动机导线安全载流量≥容量最大的一台电动机的额定电流＋其余各台电动机的计算负荷电流。

三、线路允许的电压降

导线截面必须满足线路允许的电压降。如电压降过大，用电设备得不到足够的电压，就不能正常工作，甚至会造成事故。低压公用电网线路允许压降应不超过额定电压的5%，如达不到这一要求，可通过加大导线截面或提高输配电的电压等级来满足这一要求。

四、导线机械强度

导线应有足够的机械强度，能承受风霜雨雪环境载荷及腐蚀、安装等因素。一般情况下，铜芯绝缘导线敷设于室外绝缘子上的最小截面为1.5 mm^2，室内为1 mm^2。具体选择导线时，为了避免铝芯导线在连接工艺和运行过程中的多种弊端，上海地区规定，低压进户的线路装置，在选用导线的材料时，宜采用铜芯导线。

五、布线方式

布线方式通常有暗敷线路和明敷线路两种。暗敷线路是指线路装置埋设在建筑面内或埋设在地下；明敷线路是指线路装置敷设在建筑面上，线路走向一目了然，在一般用电环境中，明敷线路用得较为普遍。

1. 护套线布线

护套线可分塑料护套线、橡胶护套线和铅包线等多种。铅包线路造价较高，一般用电场所已不采用；橡胶护套线路多用于临时线路；塑料护套线路主要用于照明等方面，已取代铅包线路及老式的木槽板线路、瓷夹线路。护套线路适用于户内外，具有耐潮性能好、抗腐蚀能力强、线路整齐美观和造价较低（指塑料护套线路）等优点，在照明电路中已被广泛应用，但其导线的截面较小，大容量电路不能采用。

（1）最小截面。铜芯绝缘护套线敷设于室外的最小截面为 1.5 mm^2，室内为 1 mm^2。

（2）连接。护套线的连接必须采用接线盒或在其他电气装置的接线桩头连接。护套线线头的连接方法如图 15—18 所示。

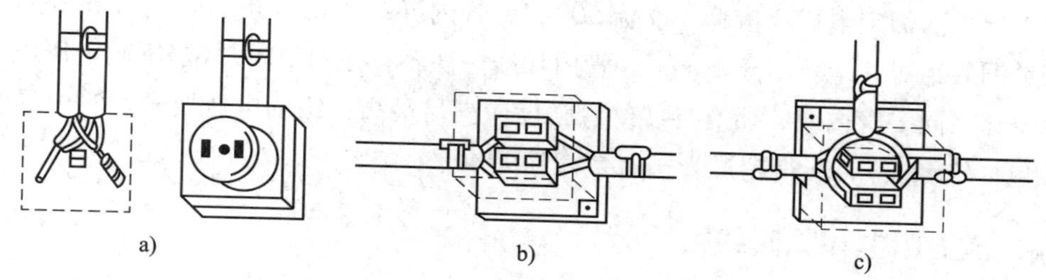

图 15—18　护套线线头的连接方法

a）在电气装置上进行中间或分支接头　b）在接线盒上进行中间接头　c）在接线盒上进行分支接头

（3）支持。护套线直接装置在敷设面上，可用专用的防锈金属轧片或塑料钢钉电线卡等进行牢固的支持。护套线路直线部分两个支持点之间的距离一般为 0.15～0.2 m；转角部分前后需各装一个支持点；两根十字交叉的护套线在交叉处的四方都要装一个支持点；进木台及管子前均应装一个支持点。护套线支持点的定位如图 15—19 所示。

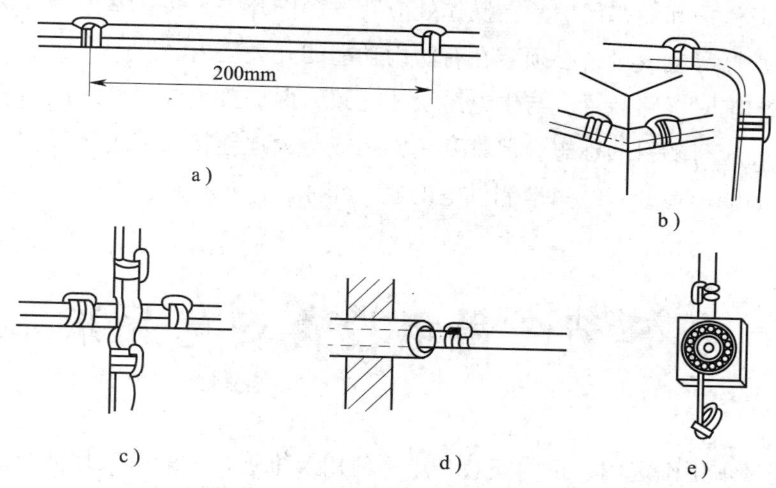

图 15—19　护套线支持点的定位

a）直线部分　b）转角部分　c）十字交叉　d）进入管子　e）进入木台

（4）离地要求。护套线布线的离地距离不得低于0.15 m。离地低于0.15 m的以下部分及穿过墙壁或楼板部分应加钢管或硬塑料管保护。

2. 管线布线

管线布线是用钢管或硬塑料管作为导线保护管所敷设的线路。钢管布线具有防潮、防火、防爆等优点，但对金属有严重腐蚀的场所不应采用钢管布线。硬塑料管布线有防潮、抗酸碱、耐腐蚀等性能，在化工或高频车间等场所，应采用硬塑料管布线。因此，管线布线是一种比较安全可靠的线路。

穿管导线的额定电压不应低于交流500 V。管内导线不得有接头。穿管导线的最小截面要求是铜芯绝缘线应不小于1 mm^2。管内导线一般不得超过10根。当不同电压或不同回路的导线穿在同一管内时，所有导线绝缘强度应满足最高一级的电压要求。管内导线的总截面（包括绝缘层），不得超过管子有效截面的40%。

六、施工用电和临时线路

施工用电和临时线路大都是临时性的用电装置。施工现场的线路装置（包括其他场所的临时线路），应根据规程布线。布线时严禁将导线打结、用铁丝捆扎悬挂，严禁将电线在地上拖来拖去和不装插头直接用线头插入插座孔内等违章作业。

施工用电和临时用电装置在容量较小时（单相220 V、三相380 V）允许用三芯或四芯橡胶护套线或塑料护套线，线路长度不宜超过100 m，离地高度户外不低于2.7 m，并注意安全可靠，布线合理，安装牢固，维修方便，美观整齐，在靠近电源的一端必须装漏电保护、过负荷保护和短路保护。在操作处应装设操作开关。装在室外的开关、插座、熔断器及漏电保护器等电气设备必须装在有防雨功能的开关箱内。

施工现场的临时线路装置应与供电系统相一致，保护接地或接零线应与相线及中性线有明显区别，并应有醒目的标志。严禁利用大地或与大地连接的接地干线作中性线，即严禁三线一地、二线一地或一线一地制供电的违章作业。

第5节　用电设备安全技术

用电设备必须正确选用、正确安装、正确使用及维护，才能有效地防止触电事故和其他电气事故的发生。如果选用不正确或使用不当，不仅会造成人身事故、电气设备损坏，也可能会发生火灾。

一、电动机

绝大部分的工农业生产机械及日用电器都用电动机驱动，所以电动机的应用十分广泛，种类也很多。

1. 根据环境选择电动机种类。安装电动机要符合防火安全要求。电动机应安装在非燃烧材料的基座上，不能安装在可燃结构内。电动机与可燃物应保持一定距离，周围不准堆放杂物。

2. 每台电动机必须装设独立的操作开关，选用适当大小的热继电器作为过负荷保护。

3. 电动机要经常检查维修，及时清扫保持清洁，要做好润滑、勤加油，电刷要完整，要严格控制温度。

二、变压器

1. 变压器上装置防爆管和监视油温的仪器。

当变压器油因热分解大量气体，使变压器内压力陡升时，将会冲破防爆管向外喷出，使变压器内压力下降。油温可用水银温度计或压力式温度计测量。如果最高油面温度达到或超过85℃，就表明变压器过负荷。如立即减负荷后，温度仍继续上升，说明内部有故障，应断开电源进行检查。

2. 变压器装设继电保护装置熔断器或电流继电器保护装置能反映变压器绝缘瓷套管的闪络，以及外部短路和过负荷。对于较大容量的变压器（800 kV · A 以上的变压器），可装设气体继电器保护，能迅速反映变压器的内部故障。

3. 加强变压器的运行管理和检修工作。定期检查变压器，监视油面温度，定期做变压器的预防性试验。

三、低压开关

1. 安装开关应与房屋的防火要求相适应。

2. 为了防止刀形开关的可动刀片自动落下接通电路，开关不可倒装或平装，并且开关必须装在阻燃的材料上。

3. 导线和开关接头处连接应牢固，防止接触电阻过大。

4. 三相闸刀最好在相间用绝缘板隔离，防止相间短路，并应安装在远离易燃物的地方，防止刀闸与刀座发热，或拉开闸刀发生火花而引起燃烧。

5. 对容量较小的负荷，可采用胶盖瓷底刀开关，但在潮湿、多尘等比较危险或特别危险场所，应采用铁壳开关。对容量较大的负荷应采用空气断路器（DW 型、DZ 型），断路容量应与电力系统的短路容量相适应。

6．低压断路器运行时要勤检查、勤清扫，防止开关触点发热，外壳积尘，引起闪络爆炸。对 DW 型断路器的灭弧室，应保持完整良好并紧固、不松动，防止移位，各相间应有绝缘板隔离，避免不能灭弧而引起相间短路，发生爆炸事故。

四、熔断器

1．熔断器的熔丝要选择合适，不准用铁丝或随便用很粗的熔丝来代替。

2．熔断器装置应安装在阻燃物的基座上（如大理石板、瓷板、石棉板等），其保护壳应用瓷或铁质材料。

3．熔断器装置应经常清扫，保持清洁。熔断器的箱子内严禁存放各种杂物。

五、电灯、日光灯

1．安装电灯必须适应周围环境的特点。例如，在有易燃、易爆气体的车间、仓库内，应安装防爆灯，室外照明应安装防雨灯具。

2．灯泡与可燃物之间应保持一定的安全距离。

3．不可使用纸灯罩或用纸布包灯泡，更不可将灯泡放在被窝里取暖。

4．导线应有良好的绝缘层，并不得与可燃物接近。要用熔断器或断路器控制照明电路，以保证发生事故时能立即切断电源。

5．日光灯不要紧贴在天花板或草屋顶等可燃物面上，应与其保持一定的安全距离，镇流器上的灰尘应定期清扫。

六、电气火灾扑救常识

1．断电灭火

电气设备发生火灾或引燃附近可燃物时，首先应尽快拉下总开关切断电源，并及时用灭火器材进行扑救。

2．带电灭火

（1）必须在确保安全的前提下进行，不能直接用导电的灭火剂（如喷射水流、泡沫灭火器等）进行喷射，否则会造成触电事故。

（2）必须注意周围环境，防止身体（手、足）或者使用的消防器材（火钩、火斧）等直接与带电部分接触或与带电部分过于接近，造成触电事故。带电灭火时，应戴绝缘橡胶手套。

（3）在灭火中若电气设备发生故障，如电线断落于地，在局部地方会形成跨步电压，扑救人员需要进入该区域灭火时，必须穿上绝缘鞋。

（4）干黄沙灭火。对有油的电气设备，如变压器油、开关油燃烧，也可用干燥的黄沙盖住火焰，使火熄灭。

第 6 节　触电急救知识

对触电者实施急救时，应注意以下事项：

一、当发生触电事故时，首先应使触电者迅速脱离电源。

二、触电者脱离电源后有摔跌的可能，应在使其脱离电源的同时做好防摔跌措施。

三、一经脱离电源，应让触电者仰天平卧，并立即进行检查，检查方法和项目如图 15—20 所示。在检查前，应松开触电者的衣衫和腰带，如在室内需打开窗户，但要注意触电者的保暖，并及时通知医务人员前来抢救。

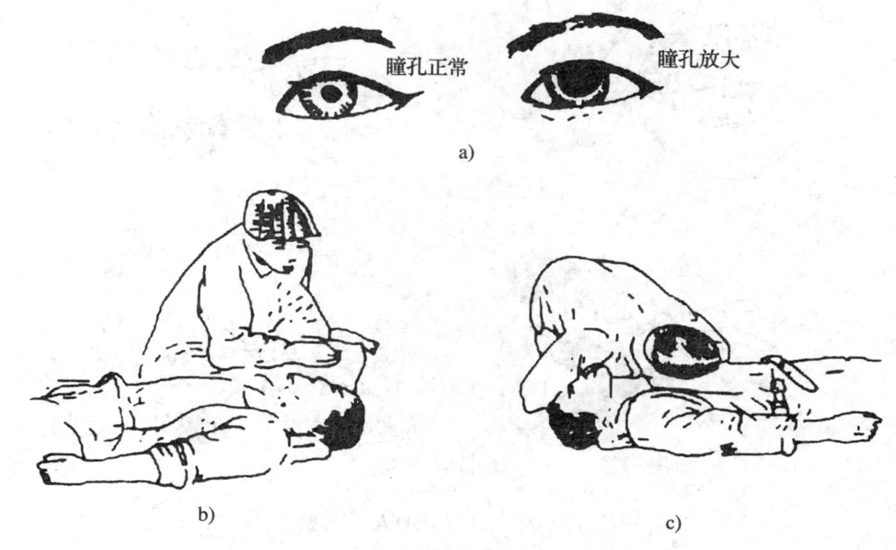

图 15—20　对触电者进行检查

a）检查瞳孔　b）检查呼吸　c）检查心跳

四、根据检查结果，立即采取相应的急救措施（见图 15—21）：对有心跳而停止呼吸的触电者，应采用口对口的人工呼吸（见图 15—22）进行抢救；对有呼吸而心脏停止跳动的触电者，应采用闭胸心脏按压进行抢救（见图 15—23）；对呼吸和心脏都停止跳动的触电者，应采用上述两种方法抢救。

五、抢救者要有耐心，抢救工作必须持续不断地进行，即使在将触电者送往医院途中，也不能停止。

图 15—21　对触电者的抢救方法

a）单人抢救　b）双人抢救

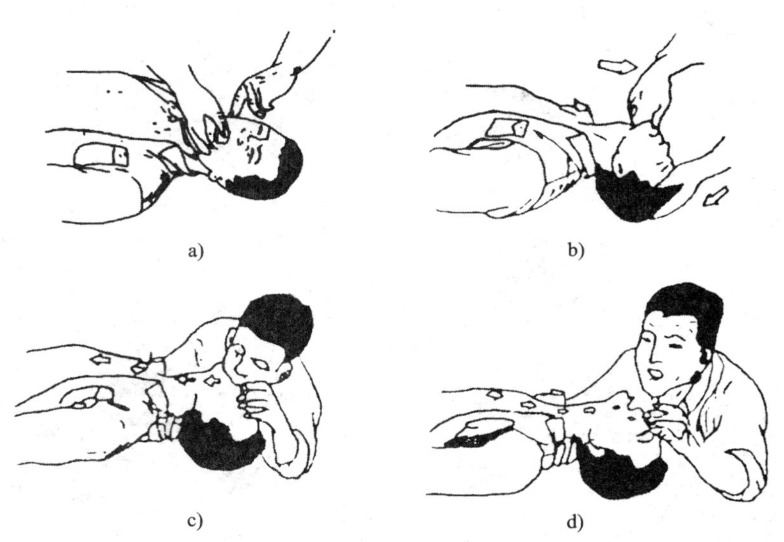

图 15—22　口对口的人工呼吸

a）清理口腔阻塞　b）鼻孔朝天头后仰　c）贴嘴吹气胸扩张　d）放开嘴鼻换气

六、对没有失去知觉的触电者，要使其保持安静，解除恐惧，不要让其走动，以免加重心脏负担，必要时请医生诊治。

七、有些失去知觉的触电者，在苏醒后会出现突然狂奔现象，这样往往会引起心力衰竭而死亡，抢救者必须要注意防止这种现象的发生。

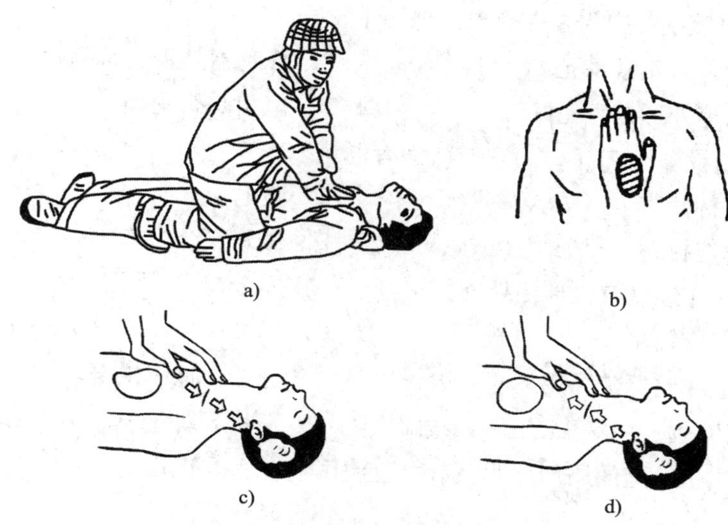

图 15—23 闭胸心脏按压

a）急救者跪跨位置 b）急救者压胸手掌位置 c）按压方法示意 d）突然放松示意

测 试 题

一、判断题

1. 移动式电动工具用的电源线应选用的导线类型是通用橡套电缆。（ ）
2. 使用验电笔前一定先要在有电的电源上检查验电笔是否完好。（ ）
3. 停电检修设备没有做好安全措施应认为有电。（ ）
4. 带电作业应由经过培训、考试合格的持证电工单独进行。（ ）
5. 上海地区低压公用电网的配电系统采用 TT 系统。（ ）
6. 临时用电线路严禁采用三相一地、二相一地、一相一地制供电。（ ）
7. 机床或钳工台上的局部照明，行灯应使用 36 V 及以下电压。（ ）

二、单项选择题

1. 移动式电动工具用的电源线，应选用的导线类型是（ ）。

A. 绝缘软线　B. 通用橡套电缆
C. 绝缘电线　D. 地埋线

2. 上海地区低压公用电网的配电系统采用（ ）系统。

A. TT　B. TN　C. IT　D. TN－S

3. 使用验电笔前一定先要在有电的电源上检查（　　）。
   A. 氖管是否正常发光　　B. 蜂鸣器是否正常鸣响
   C. 验电笔外形是否完好　　D. 电阻是否受潮

4. 停电检修设备没有（　　）应认为有电。
   A. 挂好标示牌　　B. 验电
   C. 装设遮栏　　D. 做好安全措施

5. 带电作业应经过有关部门批准，按（　　）安全规程进行。
   A. 带电工作的　　B. 常规　　C. 标准　　D. 自定的

6. 临时用电线路严禁采用三相一地、（　　）、一相一地制供电。
   A. 二相一地　　B. 三相四线　　C. 三相五线　　D. 三相三线

7. 机床或钳工台上的局部照明，行灯应使用（　　）电压。
   A. 12 V 及以下　　B. 36 V 及以下
   C. 110 V　　D. 220 V

8. 潮湿环境下的局部照明，行灯应使用（　　）电压。
   A. 12 V 及以下　　B. 36 V 及以下
   C. 24 V 及以下　　D. 220 V

测试题答案

一、判断题

1. √　2. √　3. √　4. ×　5. √　6. √　7. √

二、单项选择题

1. B　2. A　3. A　4. D　5. A　6. A　7. B　8. C

第 16 章

低压电器与动力照明操作技能实例

第 1 节　电工常用工具　/404

第 2 节　导线加工　/411

第 3 节　室内照明线路的安装　/419

第 4 节　安装有功电度表组成的量电装置　/425

第 5 节　交流接触器的拆装与检修　/428

第 6 节　空气阻尼式时间继电器的拆装与检修　/432

第1节 电工常用工具

在安装、维修各种配电线路、电气设备及电气装置时，必须正确使用各类电工工具。常用电工工具分为通用工具和线路安装工具两种。

一、通用工具

通用工具是一般专业电工都要使用的常用工具和装备。电工所需的通用工具有验电器、钢丝钳、螺钉旋具和电工刀等。

1. 验电器

验电器是检验导线、电器和电气设备是否带电的一种电工常用工具。验电器分为高压和低压两种。

（1）低压验电器。低压验电器又称测电笔，简称电笔，有钢笔式和螺钉旋具式（又称螺丝刀式或旋凿式）两种。钢笔式低压验电器由笔尖、电阻、氖管、弹簧和笔身等组成，具体结构如图16—1所示。

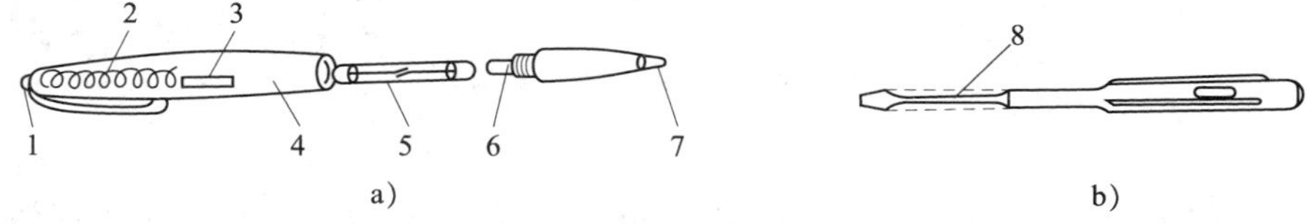

图16—1 低压验电器

a）钢笔式 b）螺钉旋具式

1—笔尾金属体 2—弹簧 3—小窗 4—笔身 5—氖管 6—电阻 7—笔尖金属体 8—绝缘套管

使用低压验电器时，必须按照如图16—2所示的方法握笔，即以手指触及笔尾的金属体，并使氖管小窗背光朝向自己，以便于观察；同时要防止笔尖金属触及皮肤，以避免触电。为此，在螺钉旋具式测电笔的金属杆上，必须套上绝缘套管，仅留出刀口部分供测试需要。

测电笔使用时应注意以下几点：

1）使用电笔前，一定要在有电的电源上检查氖管能否正常发光。

2）在明亮的光线下测试时，往往不易看清氖管的辉光，所以应当避光检测。

3）电笔的金属探头制成螺钉旋具形状时，只能承受很小的扭矩，使用时应特别注意，不能用力过猛，以免损坏。

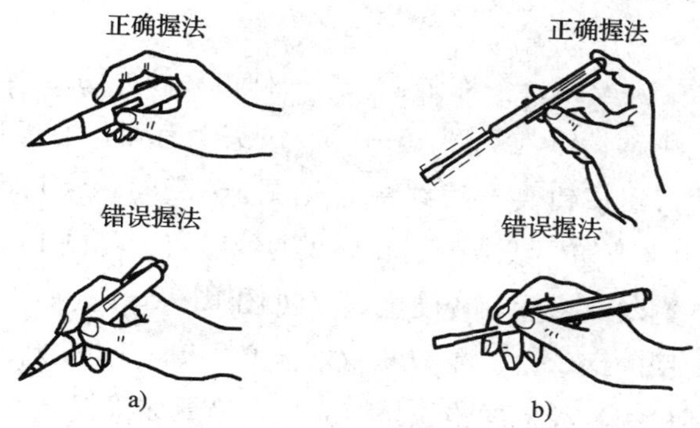

图 16—2　低压验电器握法

a）钢笔式握法　b）螺钉旋具式握法

4）电笔不可受潮，不可随意拆装或受到剧烈振动，以保证测试可靠。

当用电笔测试带电体时，有电流经带电体、电笔、人体到大地形成通电回路，只要带电体与大地之间的电位差超过 60 V 时，电笔中的氖管就发光。

低压验电笔检测电压的范围为 60 ~ 500 V。

（2）高压验电器。高压验电器又称高压测电器，10 kV 高压验电器由金属触钩、氖管、氖管窗、固定螺钉、护环和把柄等组成，如图 16—3 所示。

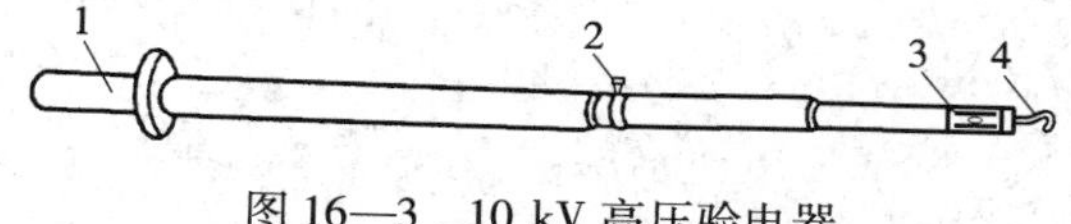

图 16—3　10 kV 高压验电器

1—把柄　2—固紧螺钉　3—氖管窗　4—金属触钩

使用高压验电器的安全常识：

1）验电器在使用前应在确有电源处试测，证明验电器确实良好，方可使用。

2）使用时，应逐渐靠近被测物体，直至氖管亮；只有氖管不亮时，才可与被测物体直接接触。

3）在气候条件良好的情况下，允许室外使用高压验电器。在霜、雨、雪、雾及湿度较大的情况下，不宜使用，以免发生危险。

4）在测试高压使用高压验电器时，必须戴好符合耐压要求的绝缘手套，不可以一个人单独测试，要有旁人监护。在测试时要防止发生相间或对地短路事故，人与带电体应保持足够的安全距离，10 kV 电压的安全距离为 0.7 m 以上。

5）手握高压验电器时，特别注意手握部位不得超过护环，如图 16—4 所示。

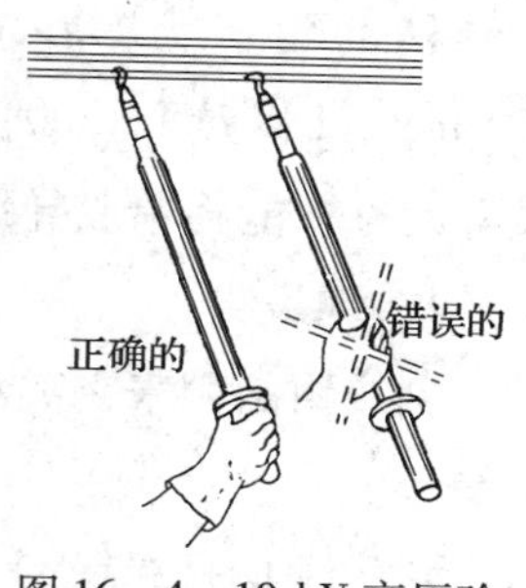

图 16—4　10 kV 高压验电器握法

2．钢丝钳

钢丝钳又称老虎钳、克丝钳，俗称钳子，是一种钳夹和剪切工具，有铁柄和绝缘柄两种，有绝缘柄的为电工用钢丝钳（见图16—5）。钳头上有钳口、齿口、刀口和铡口（见图16—5a），钳口用来弯绞或钳夹导线线头（见图16—5b），齿口用来固紧或起松螺母（见图16—5c），刀口用来剪切导线或剖切软导线的绝缘层（见图16—5d，图16—5f），铡口用来铡切导线线芯、钢丝或铅丝等较硬金属（见图16—5e）。其外形结构及正确握法如图16—5所示。电工所用的钢丝钳，在钢丝钳柄上必须套有耐压为500 V以上的绝缘管。使用钢丝钳以前，必须检查绝缘柄的绝缘是否完好。绝缘如果损坏，不能勉强使用。用电工钢丝钳剪切带电导线时，不可用刀口同时剪切相线和零线，以免发生短路故障。

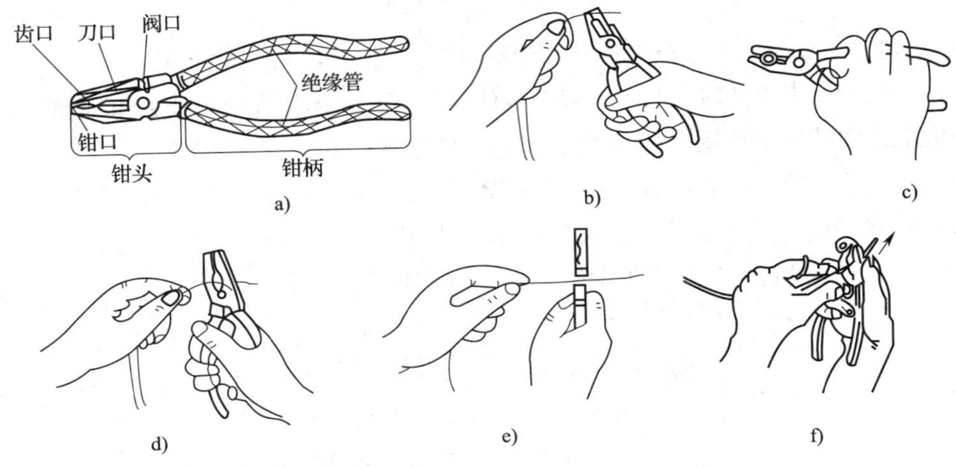

图16—5　电工钢丝钳的构造及用途

a）结构　b）弯绞导线　c）紧固、拆卸螺母　d）剪切导线　e）铡切钢丝　f）剥绝缘层

3．尖嘴钳

尖嘴钳的头部尖细，适用于在狭小的工作空间操作。尖嘴钳也有铁柄和绝缘柄两种，绝缘柄的耐压为500 V，其外形如图16—6所示。其规格以全长表示，有130 mm、160 mm、180 mm、200 mm四种。尖嘴钳能剪断细小金属丝，能夹持较小螺钉、垫圈、导线等元件，能将单股导线弯成一定圆弧的接线鼻子。

4．剥线钳

剥线钳是用来剥离小直径导线端部橡胶皮、塑料绝缘层的专用工具，外形及使用方法如图16—7所示。它的手柄是绝缘的，可以带电操作，工作电压为500 V。钳头上有压线口和切口，分有0.5～3 mm的

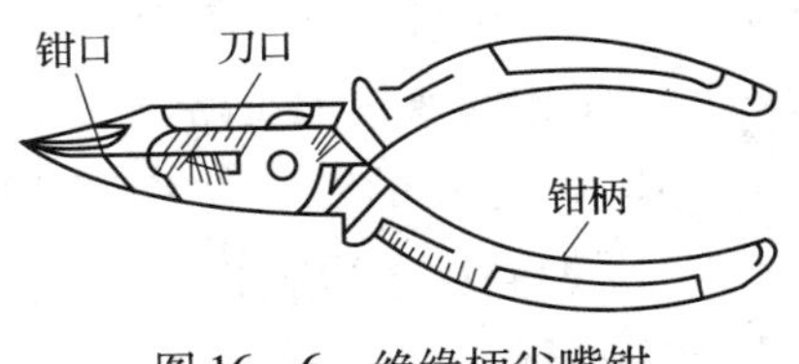

图16—6　绝缘柄尖嘴钳

几个直径切口，用于不同规格的芯线剥离。使用时，将要剥离的绝缘导线长度用标尺定好后，即可把导线端部放在大于其芯线直径的切口上，用手将钳柄一握，导线的绝缘层即被割破自动弹出。其规格以全长表示，有 140 mm 和 180 mm 两种。

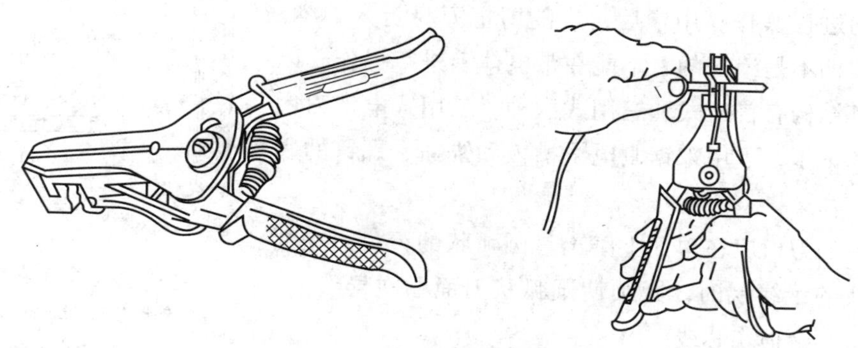

图 16—7 剥线钳与使用方法

5. 螺钉旋具

螺钉旋具俗称螺丝刀，又称起子或旋凿，是拆卸或安装坚固螺钉的稳固工具。它的种类很多，如图 16—8 所示，按头部形状不同，有固定的一字形和十字形，另外还有一种组合式，以配合不同槽形螺钉使用。按柄部材料和结构不同，可分为木柄、塑料柄和夹柄三种。电工不可使用金属杆直通柄顶的螺钉旋具（俗称通心螺丝刀）。为了避免金属杆触及皮肤或邻近带电体，应在金属杆上加套绝缘管。其中塑料柄具有较好的绝缘性能，适合电工使用。

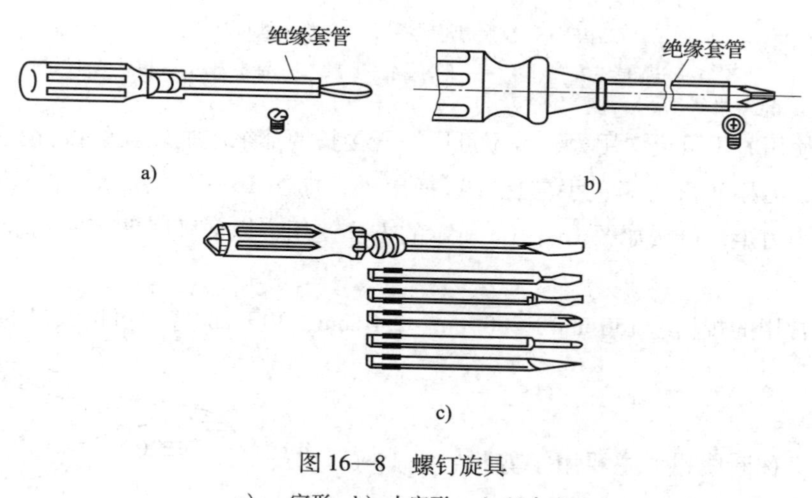

图 16—8 螺钉旋具

a）一字形 b）十字形 c）组合式

6. 电工刀

电工刀（见图16—9）适用于电工装修工作中用来剖削或切割电线电缆及软性金属等电工器材。使用时，刀口应朝外方向进行操作。用毕后，应随即把刀身折入刀柄。电工刀的刀柄不是绝缘的，不能在带电体上进行操作，以免触电。其结构有普通式和三用式两种。三用式电工刀增加了锯片和锥子，可用来锯割电线槽板和锥钻木螺钉的底孔。

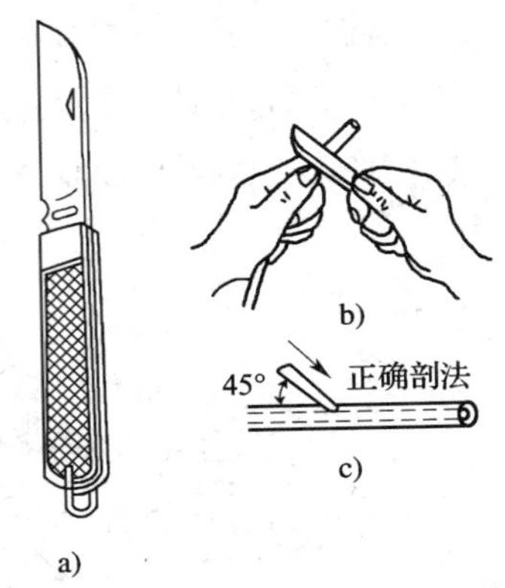

图16—9 电工刀使用

a）外形结构 b）使用方法

c）刀口倾斜度

电工刀的刀口应在单面上磨出呈圆弧状的刃口，在剖削绝缘导线的绝缘层时，必须使圆弧状刀面贴在导线上，这样刀口就不会损伤芯线。

7. 活扳手

活扳手通常称作活络扳手，头部有定、活扳唇以及蜗轮和轴销，旋动蜗轮以调节扳口大小。活扳手外形如图16—10a所示。

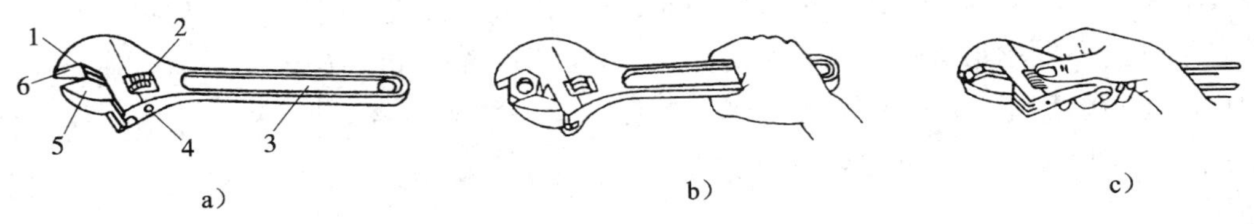

图16—10 活扳手

a）结构 b）扳大螺母时握法 c）扳小螺母时握法

1—定扳唇 2—蜗轮 3—手柄 4—轴销 5—活扳唇 6—扳口

活扳手使用时不可反向用力，也不可用钢管接长柄部来施加较大的扳拧力矩。在扳拧较大螺母时，需用较大力矩，手应握在近柄尾处，如图16—10b所示；在扳拧较小螺母时，只需较小力矩，可按如图16—10c所示的方法使用，以便随时调节蜗轮，收紧扳唇防止打滑。

活扳手常用的规格有150 mm、200 mm、250 mm、300 mm等，可按螺母的大小选用不同的规格。

8. 斜口钳

斜口钳又称断线钳，主要用于剪断导线。斜口钳的结构如图16—11所示。

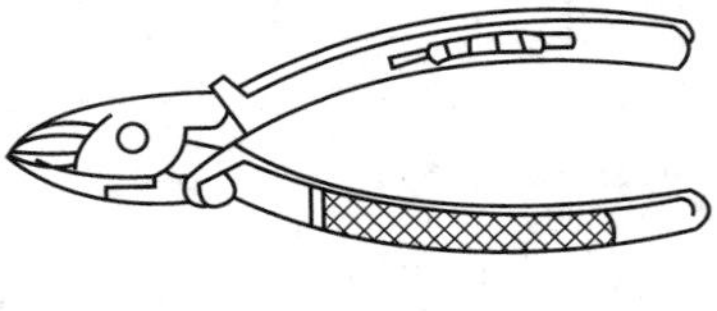

图16—11 斜口钳

9. 压线钳

压线钳分为手动压线钳与液压压线钳两种，如图16—12所示，用于导线或电缆之间的压接连接。

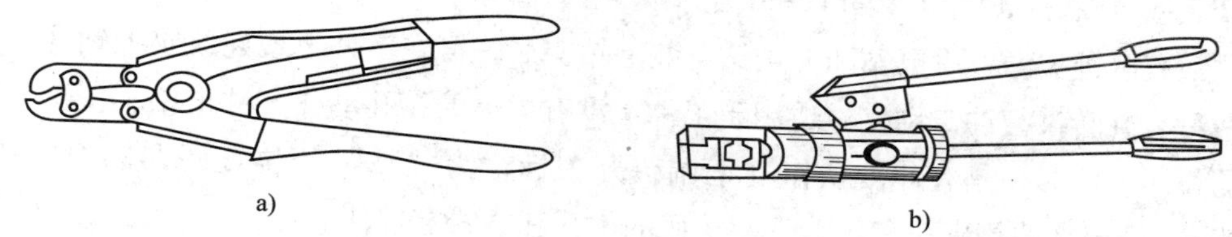

图16—12 压线钳
a）手动压线钳 b）液压压线钳

二、线路安装工具

线路安装工具是指安装或检修户内外线路时所需的工具和设备。

1. 錾

錾分为圆錾、小扁錾、大扁錾和长錾，如图16—13所示。

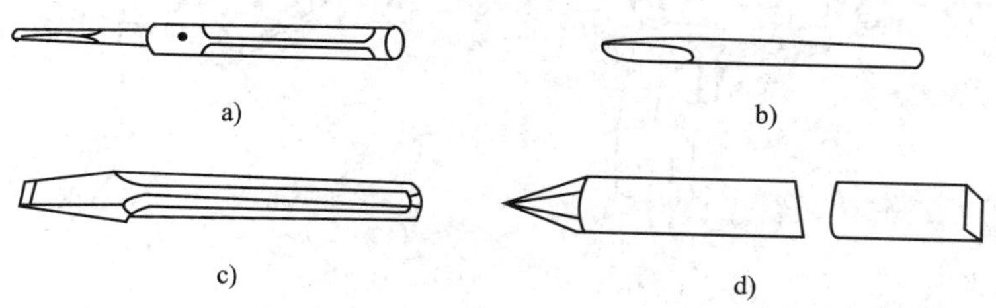

图16—13 线路安装工具
a）圆錾 b）小扁錾 c）大扁錾 d）长錾

（1）圆錾（见图16—13a）。圆錾又称麻线錾或鼻冲，用来錾打混凝土结构建筑物的木孔，常用的规格有6 mm、8 mm、10 mm等。操作时要不断转动并经常拔出錾身，使灰砂石屑及时排出，以免錾身胀塞在建筑物内。

（2）小扁錾（见图16—13b）。小扁錾用来錾打砖墙上方孔，电工常用的錾口宽12 mm。使用时要经常拔出錾身，以利于排出灰砂碎砖，并观察墙孔錾得是否平整、大小是否正确和孔壁是否垂直。

（3）大扁錾（见图16—13c）。大扁錾用来錾打角铁支架和撑脚等的埋设孔穴，常用的錾口宽为16 mm。其使用方法与小扁錾相同。

（4）长錾（见图16—13d）。长錾用来錾打墙孔和穿越线路导线的通孔。其中圆长錾用来錾打混凝土墙孔，而钢管长錾用来錾打砖墙孔。长錾直径有 19 mm、25 mm、30 mm 几种规格，长度通常有300 mm、400 mm、500 mm 等多种。使用时应不断旋转，以便及时排出碎屑。

2. 手电钻和冲击钻（见图 16—14）

电钻有两种类型，手电钻和冲击钻，装上钻头后，可在工件上或建筑物上钻孔。普通手电钻只有旋转没有冲击动作，适用于工件上没有冲击的钻孔动作；冲击钻不仅具有普通电钻的作用，同时还具有冲击动作（把调节开关标记为“钻”的位置调到标记为“锤”的位置），可用来冲打砌块和砖墙等建筑面的木孔和导线穿墙孔。

冲击钻通常可冲打直径为 6 ~ 16 mm 的圆孔。有的冲击钻还可以调节转速，有双速和单速之分。在调速或调挡时，应使冲击钻停转。用冲击钻开錾墙孔时，需配用专用冲击钻头，其规格按所需孔径选配，常用的有 8 mm、10 mm、12 mm、16 mm 等多种。

在冲钻墙孔时，应经常把钻头拔出，以利于排屑。

在钢筋建筑物上冲孔时，遇到坚实物不应加过大压力，以免钻头退火。

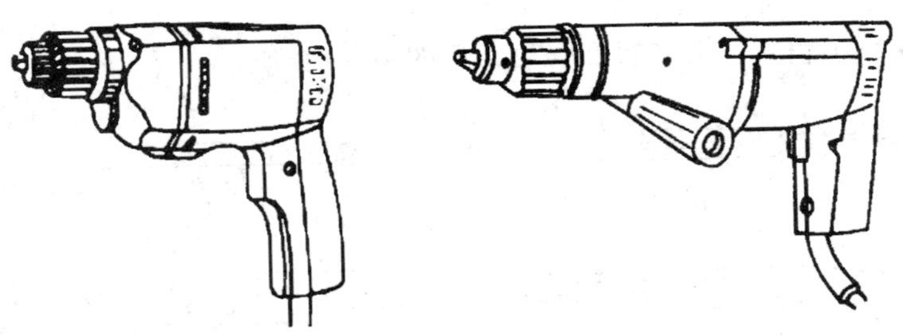

图 16—14　手电钻和冲击钻

3. 管子钳（见图 16—15）

电线管线路施工时，需要用管子钳来拧紧或放松电线管上的束节管螺母，管子钳的使用方法与活扳手类似。管子钳的常用规格有 250 mm、300 mm、350 mm 等。

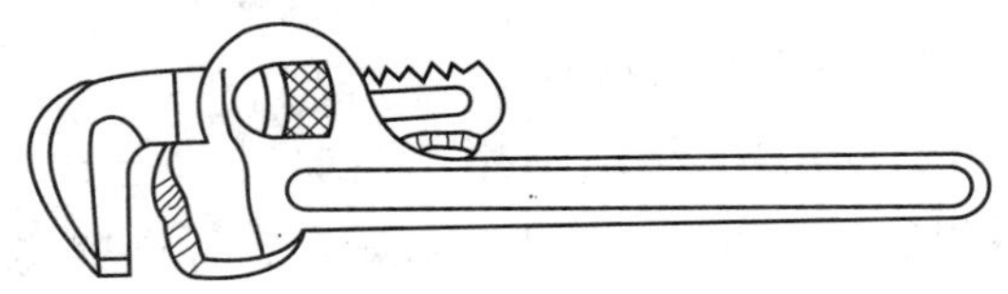

图 16—15　管子钳

4. 脚扣和安全带

脚扣和安全带是电工登杆及高空作业时的必备工具，脚扣一般和安全带配合使用。脚扣分木杆脚扣和水泥脚扣两种，由脚和防弧形扣环组成，可调节扣环大小，安全带由腰带和保险带组成，高空作业时一定要扣好安全带方可进行作业，而且安全带不可以扣在可移动的物体或梯子上。脚扣及安全带的结构和使用如图 16—16 所示。

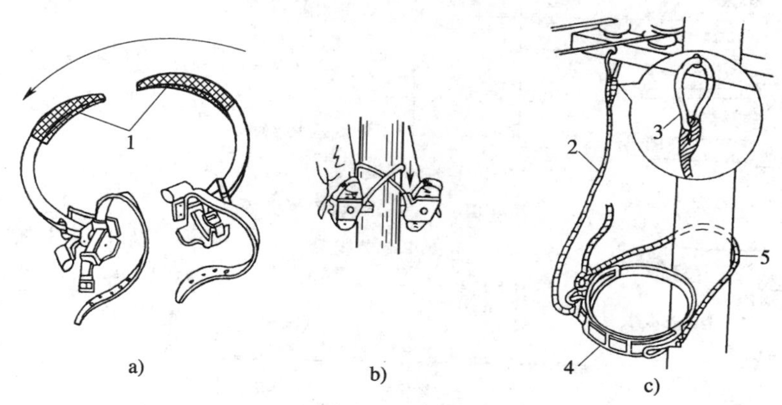

图 16—16　脚扣及安全带的结构和使用

a）脚扣　b）脚扣定位方法　c）安全带

1—防滑胶套　2—保险绳　3—保险绳扣　4—腰带　5—腰绳

第 2 节　导　线　加　工

一、加工导线的有关知识

在电气线路中用到各种类型的导线。不同的导线加工方法也略有区别。电工常用导线分成两大类，即电磁线和电力线。

1. 电磁线

电磁线主要用来制作各种电感线圈，如电动机、变压器等所用的绕组。按绝缘材料分有漆包线、丝漆包线、玻璃纤维包线和纱包线等多种；按截面的几何形状分有圆形和矩形；按导线材料分有铜芯和铝芯；按其芯线分有单股和多股。

2. 电力线

电力线主要用作各种电路的连接通路，有绝缘导线和裸导线两类。

（1）绝缘导线。品种多，按其不同绝缘材料和不同用途，有塑料线、塑料护套线、橡皮线、橡皮软线、棉纱编织橡皮线（花线）和铝包线以及各种电缆等。各种绝缘导线的结构和应用见表16—1。

表16—1　　绝缘导线的结构和应用

结构	型号	名称	用途
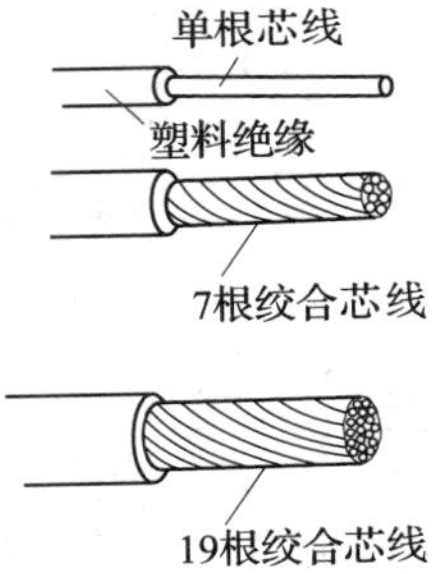 单根芯线 塑料绝缘 7根绞合芯线 19根绞合芯线	BV BLV	聚氯乙烯绝缘铜芯线 聚氯乙烯绝缘铝芯线	用来作为交、直流额定电压为500 V及以下的户内照明和动力线路的敷设导线，以及户外沿墙支架线路的架设导线
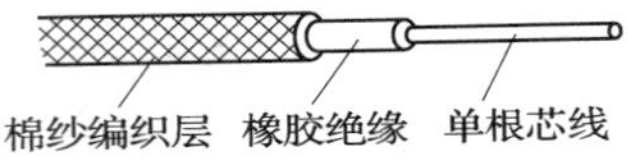 棉纱编织层　橡胶绝缘　单根芯线	BX BLX	铜芯橡胶线 铝芯橡胶线	
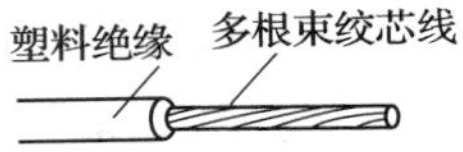 塑料绝缘　多根束绞芯线	BVR BLVR	聚氯乙烯绝缘铜芯软线 聚氯乙烯绝缘铝芯软线	适用于不作频繁活动的场合的电源连接线
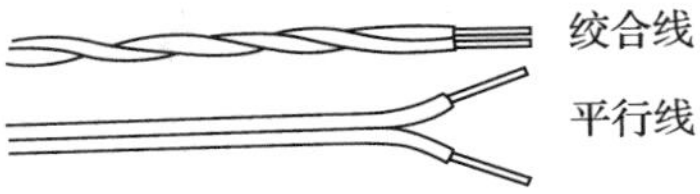 绞合线 平行线	RVS RVB	聚氯乙烯绝缘绞合软线 聚氯乙烯绝缘平行软线	用来作为交、直流额定电压为250 V及以下的移动电器、吊灯的电源连接导线
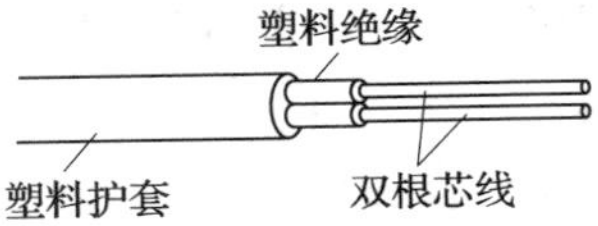 塑料绝缘 塑料护套　双根芯线	BVV BLVV	聚氯乙烯绝缘护套铜芯线 聚氯乙烯绝缘护套铝芯线	用来作为交、直流额定电压为500 V及以下的户内外照明和小容量动力线路的敷设导线
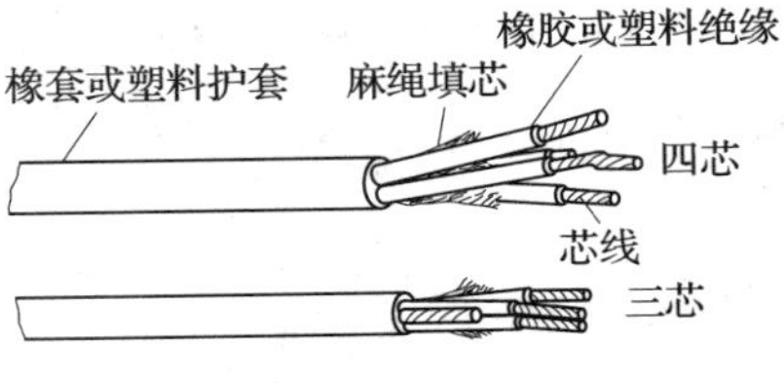 橡胶或塑料绝缘 橡套或塑料护套　麻绳填芯 四芯 芯线 三芯	RXF RX	氯丁橡套软线 橡套软线	用于移动电器的电源连接导线；或用于插座板电源连接导线；或短时期临时送电的电源馈线

续表

结构	型号	名称	用途
棉纱编织层 橡胶绝缘 多根束绞芯线 棉纱层	BXS	棉纱编织橡胶绝缘绞合软线	用来作为交、直流额定电压为250 V及以下的电热移动电器（如电熨斗、电烙铁）的电源连接导线

（2）裸导线。常用的有裸铝绞线和铜芯绞线两种。一般低压电力线路多采用裸铝绞线。电压较高或电杆档距较大的线路上，采用强度较高的铜芯绞线。

二、导线绝缘层的剥离

剥离导线就是去除导线的绝缘层及护套，使导线露出芯线，能与相应的接点连接。按照导线的结构选用相应的工具和剥离方法。

1. 剥离塑料绝缘层

剥离塑料层可用剥线钳、电工刀或钢丝钳。剥线钳适用于剥离1.5 mm^2以下较细的导线，钢丝钳适用于剥离4 mm^2及以下的塑料线。剥离时，根据线端所需长度，用钳头刀口轻切塑料层，然后右手握住钳子头部用力向外勒去塑料绝缘层（见图16—17）。对于规格较大的塑料线，可用电工刀来剥离绝缘层。方法是：根据所需线端的长度，用刀口以45°倾斜角切入塑料绝缘层，注意不可切入芯线，接着刀面与芯线保持20°角左右，用力向外削出一条缺口，然后将绝缘层剥离芯线，向后扳翻，最后用电工刀取齐切去外层，如图16—18所示。

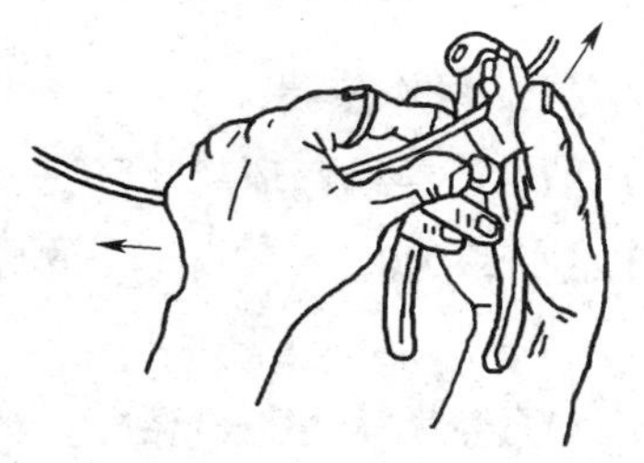

图16—17 导线剥离

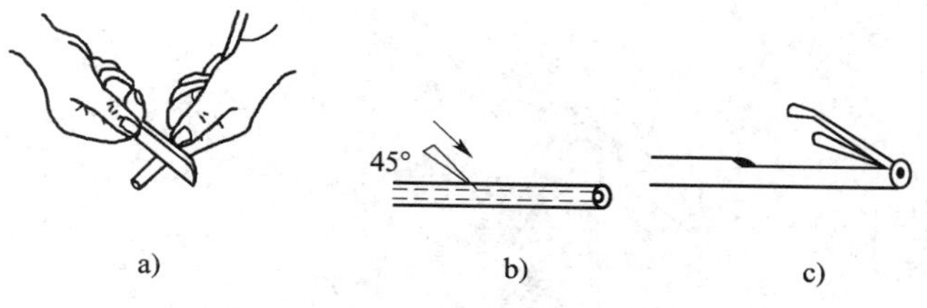

图16—18 剥离塑料绝缘层

a）手法 b）切入角度 c）切去外层

2. 剥离塑料护套线的护套层和绝缘层

用电工刀来剥离护套层的方法是：按所需长度用电工刀尖在两线芯缝隙间划开护套

层，接着扳翻，用刀口切齐，如图 16—19 所示。导线绝缘层的剥离方法类似塑料线，但绝缘层的切口与护套层的切口间应留有 5 ~ 10 mm 的距离。

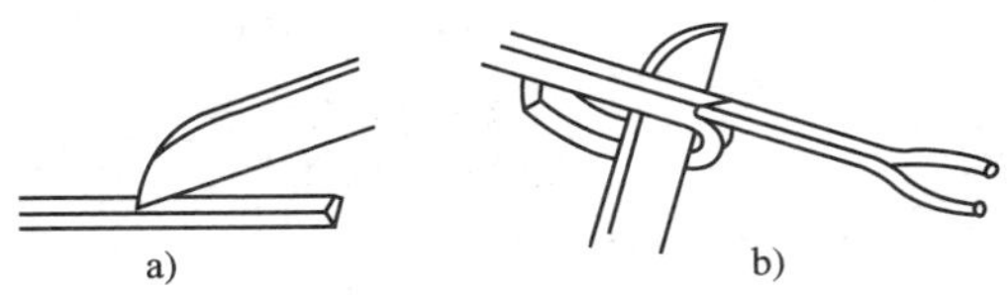

图 16—19　剥离塑料护套线的护套层和绝缘层

a）入刀　b）剥离

3. 剥离塑料软导线

常用剥线钳或钢丝钳剥离，但不能用电工刀剥离，因其容易切断芯线。

4. 剥离橡皮绝缘层

先将编织保护层用电工刀尖划开，其方法与剥离护套层类似，然后用剥离塑料绝缘层相同的方法剥离橡皮绝缘层，用电工刀切去，最后松散棉花纱层至根部。

三、导线加工

1. 操作步骤

（1）导线弯环。弯环是一种能使导线与接线桩头螺钉进行连接的准备工作之一，适用于截面积为0.75 ~ 10 mm^2的导线。

1）单芯线弯环

①去除导线的绝缘层。剥线长度为所需弯环拉直后的长度再增加 2 ~ 3 mm 的距离。

②用圆头钳把经过剥线后的导线离绝缘层根部约 3 mm 处向外弯出一定角度，如图 16—20a 所示。

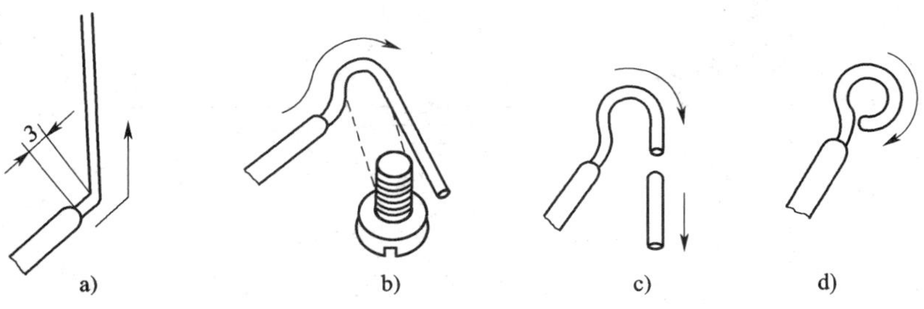

图 16—20　单芯线弯环

③用圆头钳按顺时针方向把已弯成角状的线尾按略大于标准直径大小弯曲成圆弧，如图 16—20b 所示。

④用斜口钳剪去芯线余端，对圆环进行修正，环尾间隙留 1 ~ 2 mm，并保证圆环平面平整、不扭曲，如图 16—20c、图 16—20d 所示。

⑤圆环在连接过程中，环要放在两个垫片之间。如果同一螺钉要连接几个环时，必须在所有圆环之间垫入垫片，且圆环弯曲方向与螺钉的拧紧方向保持一致。

2）7 芯线弯环

①剥离导线的绝缘层。把剥离了绝缘层的导线离绝缘层根部约 1/2 的芯线重新绞紧，越紧越好，如图 16—21a 所示。

②把重新绞紧部分的芯线在 1/3 处向外折角，然后开始弯曲圆弧，如图 16—21b 所示。

③当圆弧弯曲到将成圆环（剩下 1/4）时，应把余下的重新绞紧部分的芯线向左外折角，并使之成圆，如图 16—21c 所示。

④把弯成圆环的线头旋向，由右反至左向；捏平余下线端，使两根芯线平行，如图 16—21d 所示。

⑤把置于最外侧的两股芯线折成垂直状（要留出垫圈边宽），按 2，2，3 股分成三组，以顺时针方向紧贴芯线并各缠两圈，依次将三组芯线缠绕至绝缘层，最后剪平切口毛刺，如图 16—21e、图 16—21f 所示。

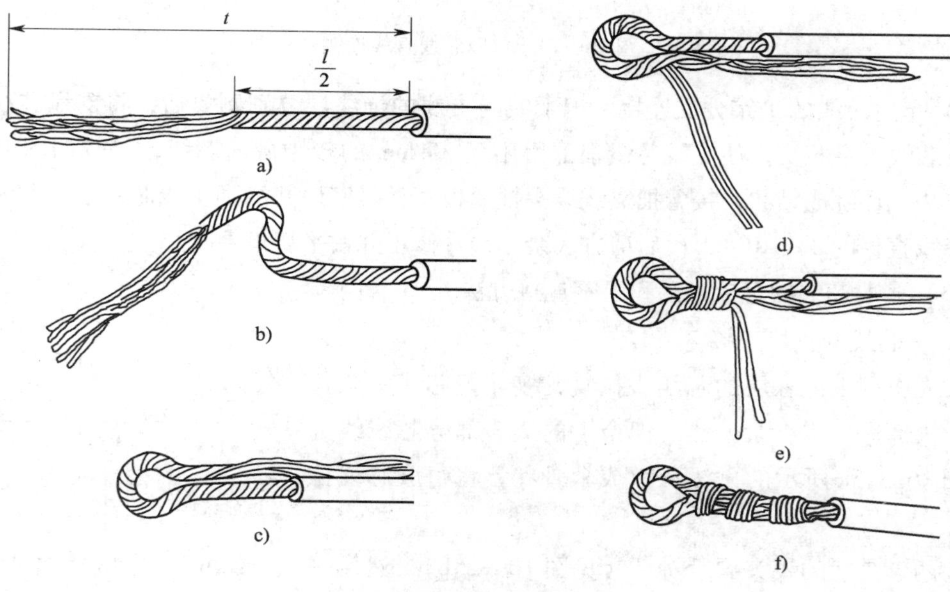

图 16—21　7 芯线弯环

⑥对载流量稍大的多股导线，应在弯环成形后再进行搪锡处理。

3）软导线线头的弯环连接方法。软导线线头的弯环连接方法如图16—22所示。

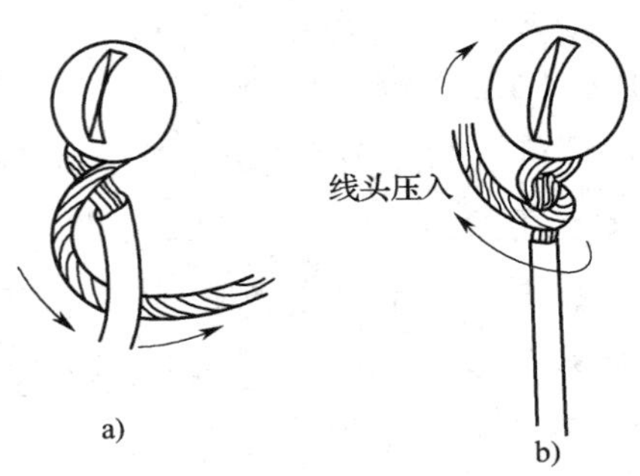

图16—22 软导线线头弯环连接

a）围绕螺钉后再自缠

b）自缠一圈后端头压入螺钉

（2）单股芯线直线连接和T字分支连接方法

1）单股芯线的直线连接。剥离两线端绝缘层后，先把两线端X形相交（见图16—23a），接着互相绞合2～3圈（见图16—23b），然后将每根线端在线芯上紧密并绕5～6圈（见图16—23c），最后剪去多余的线端，修正并钳平切口毛刺。

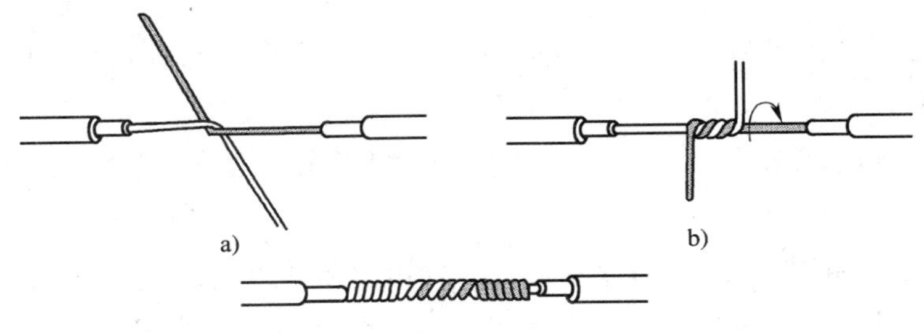

图16—23 单股芯线直线连接

2）单股芯线的T字分支连接。把干线与支线的绝缘层分别剥离后，将支线芯线线头与干线芯线十字相交，使支线芯线根部留出3～5 mm的较小截面芯线，再按如图16—24所示方法，环绕成结状，接着把支线线头抽紧扳直，紧密地并绕到干线芯线上，其缠绕长度为芯线直径的8～10倍，最后剪去多余芯线，修正并钳平切口毛刺。

（3）多股芯线的直接连接和T字连接方法

1）7芯线的直接连接

①先将剥去绝缘层的芯线头拉直，接着把芯线头全长的1/3根部进一步绞紧，然后把余下的2/3部分芯线线头按如图16—25a所示的方法分散成伞骨状，将每股芯线拉直。

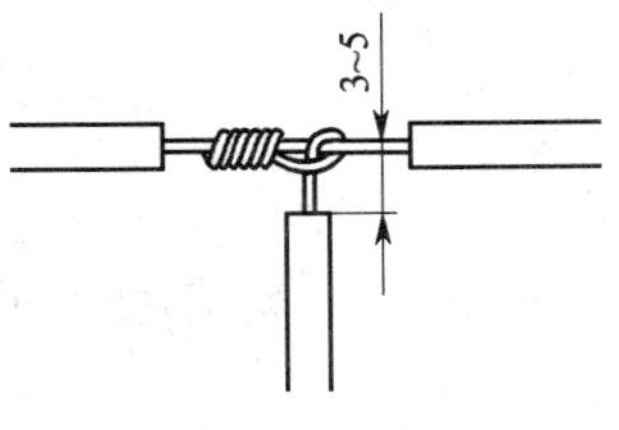

图16—24 单股芯线T字分支连接

②两伞骨状的线头隔股对叉（见图16—25b），然后一根一根捏平两端芯线（见图16—25c）。

③先把一端的 7 股芯线按 2，2，3 股分成三组，将第一组 2 股芯线扳起，垂直于芯线并缠两圈，再扳成与芯线平行的直角（见图 16—25d、图 16—25e）。

④按照上述方法依次紧缠第二、第三组芯线，但在后一组芯线扳起时，应把扳起的芯线紧贴住前一组芯线已弯成直角的根部，如图 16—25f、图 16—25g 所示；第三组芯线应紧缠 3 圈，但缠绕到第 2 圈时，就应把芯线多余的端头剪去修正，使之正好绕满 3 圈并钳平切口毛刺，如图 16—25h 所示；另一端的连接方法完全相同。

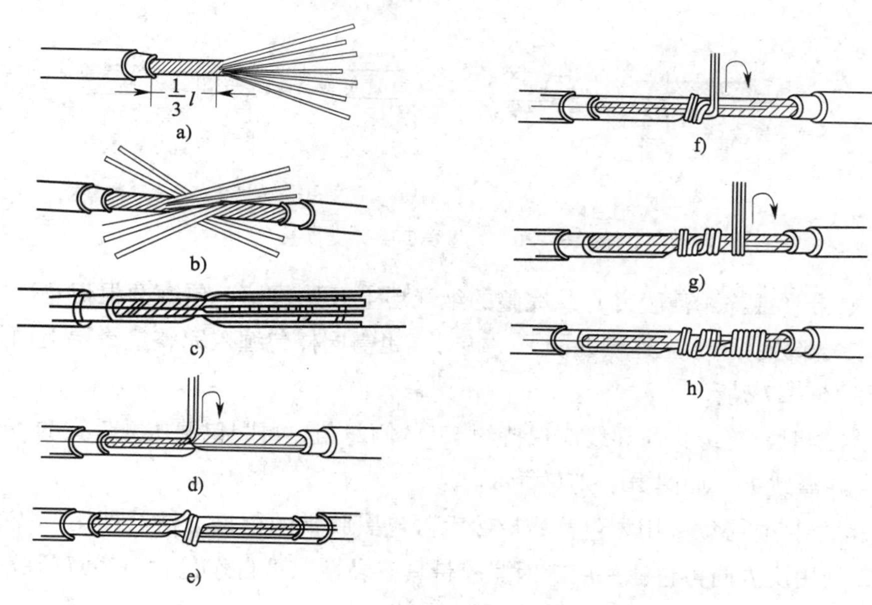

图 16—25　7 芯线直线连接

2）7 芯线的 T 字分支连接

3）把分支芯线线头的 1/8 处根部进一步绞紧，再把余下的 7/8 部分的 7 股芯线分成两组（见图 16—26a），接着把干线的芯线用旋具撬分为两组，把支线 4 股芯线的一组插入干线的两组芯线中间（见图 16—26b）；然后把 3 股芯线的一组往干线一边按顺时针方向缠绕 3 ~4 圈，剪去多余线端，钳平切口；另一组 4 股芯线也按上述方法缠绕 4 ~5 圈，钳平切口并修正两线端（见图 16—26c、图 16—26d）。

（4）导线绝缘层的恢复方法

绝缘导线的绝缘层破损后，必须恢复（包括因连接需要而剥离的绝缘层），恢复后的绝缘强度不应低于原有绝缘层。绝缘层恢复可选用黄蜡带、涤纶薄膜带或黑胶带等绝缘材料进行包缠，具体操作方法如下：

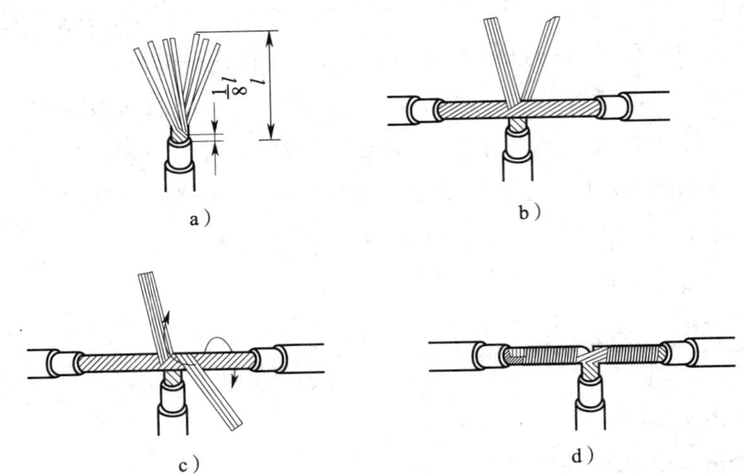

图16—26　7芯线T字分支连接

1）黄蜡带（或涤纶薄膜带）从完整的绝缘层上开始包缠，包缠两根带宽后方可进入连接处的芯线部分；包缠至连接处的另一端时，也需同样包缠入完整绝缘层上两根带宽的距离，如图16—27a所示。

2）在包缠时，绝缘带与导线应保持约55°的倾斜角，每圈包缠压叠带宽的一半，即采用1/2叠包在导线上，如图16—27b所示。

3）绝缘层恢复必须采用先包黄蜡带然后再包黑胶带的衔接方法，即用黑胶带压入黄蜡带的1/2处用反方向再包扎一层。因黑胶带具有黏性，可自作包封，注意黑胶带必须包缠紧密，且需覆盖住黄蜡带（或涤纶带），如图16—27c所示。

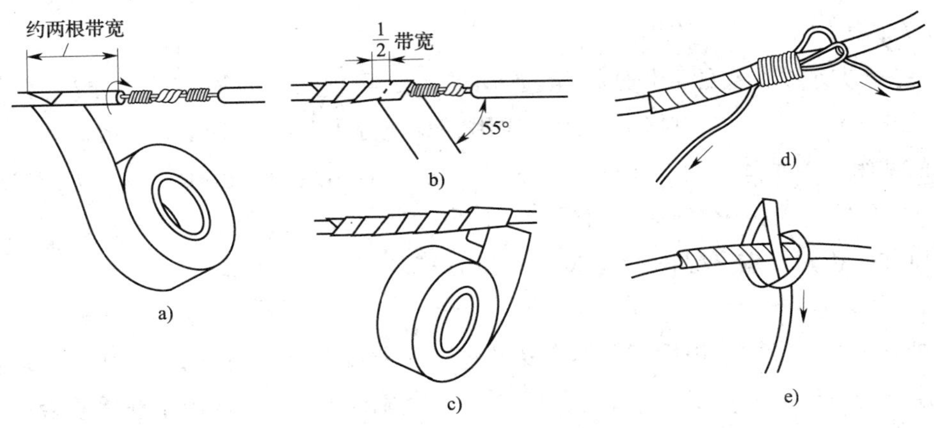

图16—27　导线绝缘层恢复方法

4）绝缘带包缠完毕后的末端应用纱线绑扎牢固，如图 16—27d 所示；或用绝缘带自身套结按箭头方向收紧，如图 16—27e 所示。但这种包法为临时防散处理，不能作为正规的绝缘恢复处理。

2. 注意事项

（1）使用电工刀剥离导线时，左右手的用力要适度，并注意操作安全。

（2）剥离导线切不可损伤芯线。

（3）拉直导线时用力适当，拉力过大会造成导线伸长量过大，从而导致导线芯线变细，载流量变小，强度也降低，严重时会折断导线。

（4）绝缘恢复应根据有关的技术要求，合理地选用相应的绝缘材料。

第 3 节　室内照明线路的安装

一、照明装置的安装要求

照明装置的安装要求为八个字，即正规、合理、牢固、整齐。

1. 正规

指各种灯具、开关、插座及所有附件必须按照有关规程和要求进行安装。

2. 合理

指选用的各种照明器具必须正确、适用、经济、可靠，安装的位置应符合实际需要和使用方便。

3. 牢固

指各种照明器具安装必须牢固可靠，使用安全。

4. 整齐

指同一使用环境和同一要求的照明器具要安装得平齐竖直整齐统一，型色协调。

二、照明装置的安装规程

1. 灯具的安装

壁灯和吸顶灯要牢固地敷设在建筑物的平面上，吊灯的电源线绝缘必须良好，较重或较大的吊灯必须采用金属链条或其他方法支持，切不可仅用吊灯电源线来支持。灯具与附件（如挂线盒）的连接必须正确、牢靠。

2．灯头的离地要求

对于潮湿、危险场所及户外的电灯离地距离不得低于2.5 m。车间、商店、办公室和住房等处所使用的电灯，一般不应低于2 m。如果因生活、工作需要而必须把电灯放低时，则不得低于1 m。在放低灯具的电源线上，应套上绝缘管，并采用安全灯座或36 V及以下的低压安全灯。

3．开关和插座的离地要求

普通电灯开关和插座离地距离不低于1.3 m。特殊需要时，其插座允许低装，但离地不得低于150 mm，且选用安全开关和插座。

三、常用照明线路导线的敷设方式

常用室内线路通常由导线、照明线路附件和用电器具（如灯座、电源插座等）组成。室内线路分明线安装和暗线安装。导线的敷设方式主要有瓷夹板配线方式、瓷瓶配线方式、槽板配线方式、塑料护套线配线方式和线管配线方式等。

四、白炽灯线路安装

以如图16—28所示单联开关控制与如图16—29所示双联开关控制为例，介绍白炽灯线路安装方法。

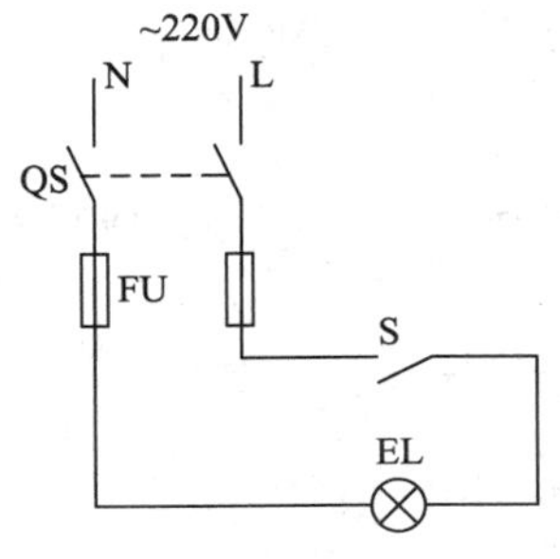

图16—28　单联开关控制

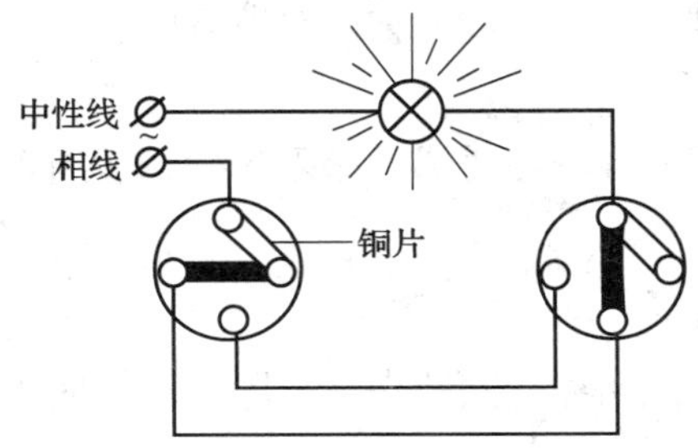

图16—29　双联开关控制

1．划线定位

在如图16—30所示规定的布局1或布局2为例的配线板上，根据接线图确定照明线路的走向及灯座、开关和其他附件的准确安装位置，然后用划线工具在配电板上定位、划线，并划出固定铝片线卡（或塑料线夹）的位置（一般要求间隔150～200 mm距离）。在距离安装灯座、开关和灯具木台的50 mm处都要设置线卡（或线夹）的固定点。

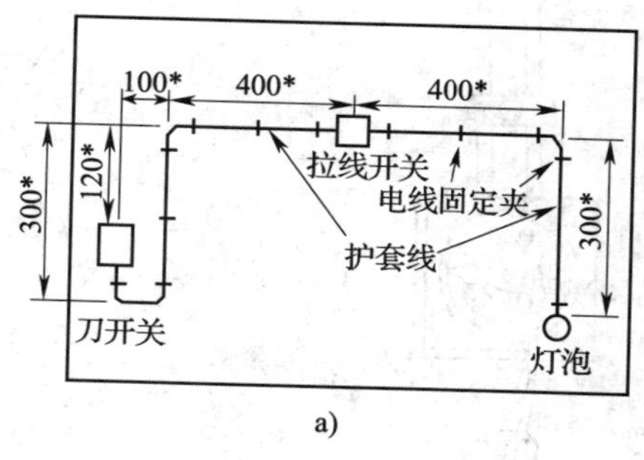

a)

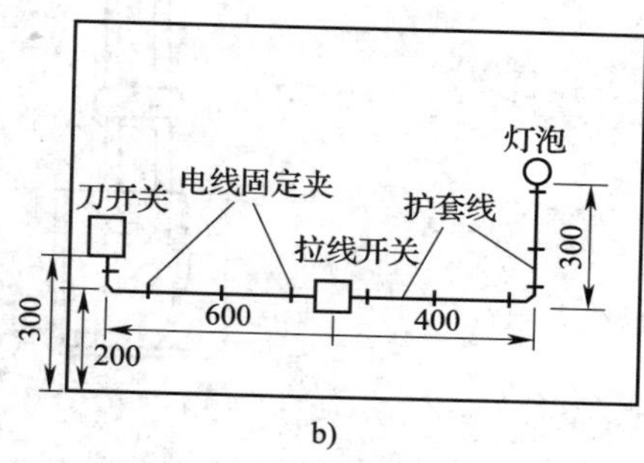

b)

图 16—30 不同的两种布局方案完成一开关控制一灯的控制要求

a）布局 1 b）布局 2

2. 固定铝片线卡（或线夹）

在配电板划有固定线卡（或线夹）的位置处用小圆钉直接将铝片线卡钉牢固定。一般采用的铝片线卡规格有 0，1，2，3 和 4 号等，号码越小其长度越短。

3. 导线的敷设

主要采用护套线的敷设方法，线路的敷设要求整齐、美观，导线的敷设必须横平竖直，并采用由上而下、从左往右的顺序敷设。导线弯曲要均匀，其弯曲半径应大于护套线宽度的 3 ~6 倍。

4. 接线盒与木台的安装

根据木台上所要安置的器具和导线敷设的位置，在木台和接线盒上钻好出线孔和锯好出线槽。接着将导线从木台的出线孔穿出，再用木螺钉将木台固定在配电板上安装牢固。

5. 开关的安装

（1）单联开关的安装。将留出在木台上的两根导线（一根相线和一根开关线）穿进单联开关的两个接线孔内并将导线弯环接好。然后用木螺钉将开关固定在木台上并盖上单联开关的盖子。如果是拉线开关，其拉线必须与拉向保持一致，否则容易磨断拉线（见图 16—31）。

（2）双联开关的安装。双联开关的安装一般用于两处共同控制一盏灯的线路。双联开关有三个接线端分别与三根导线相连接，接线安装如图 16—32 所示。其中一个开关的连铜片接线端与电源相线相连接，另一个开关的连铜片接线端与灯座的中心弹簧片相连接，而两个开关的另外四个接线端用两根导线分别连接。

检查导线连接必须正确无误，一旦接线错误易发生短路事故。

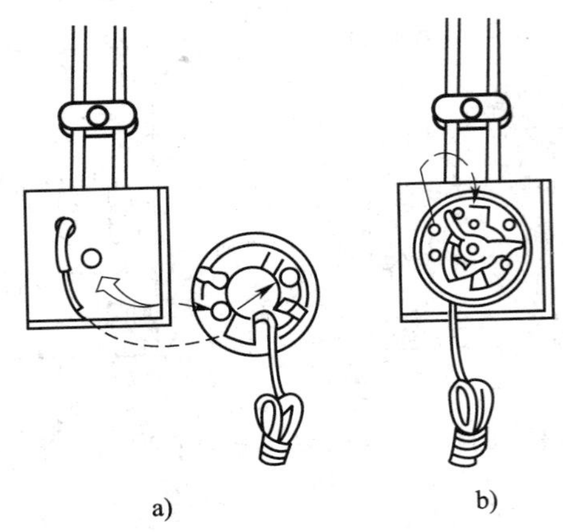

图 16—31　单联开关安装方法

a）装木台　b）装开关并接线

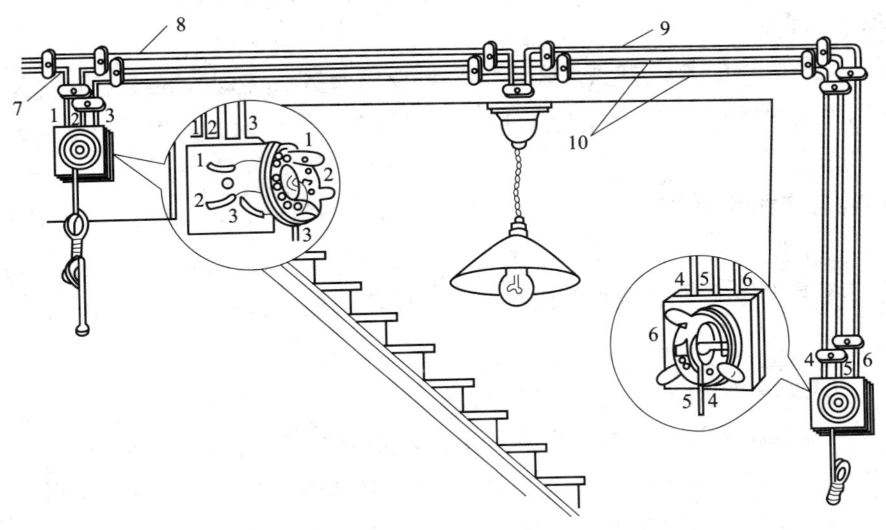

图 16—32　双联开关安装方法

1～6—开关接线端　7—相线　8—地线　9—灯头与开关的连接线　10—开关与开关的连接线

6. 灯座的安装

灯座上的两个接线端，一个与电源的中性线（地线）连接，另一个必须与来自开关的一根连接线（即通过开关的相线）相连接。

（1）平装式灯座的安装。首先将平装式灯座安装在木台上，然后接线。来自电源的中性线连接在连通螺纹圈的接线柱上，来自开关的连接线（即通过开关与相线连接的导线）接在连通灯座中心弹簧片的接线柱上，不可任意乱接。

（2）吊灯座的安装。主要采用塑料软线（或花线）作为与挂线盒（俗称先令）相连接的电源引线。先将导线的一端穿入挂线盒的孔内并打结，其目的是能承受吊灯的重量（不宜超过 1 kg）。接着将两线头分别与挂线盒内底座的接线柱相连接，并旋上挂线盒盖。再将导线的另一端穿入灯座盖内也打个结，把两根导线的线头接到吊灯座的两个接线端上，检查导线是否正确、可靠，罩上吊灯座盖，整个吊灯座安装完毕，如图 16—33 所示。

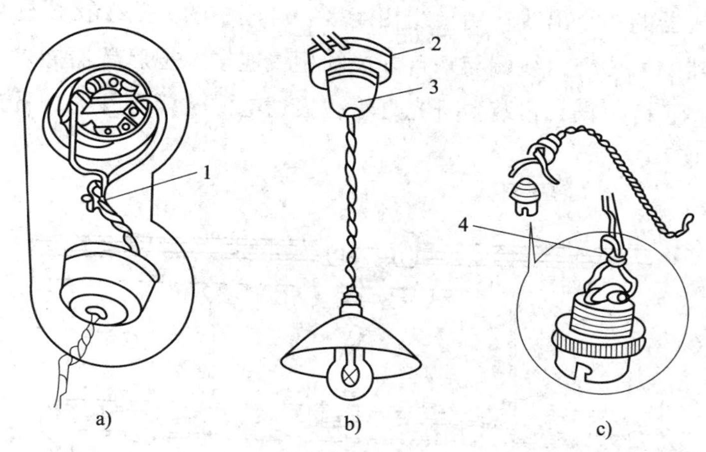

图 16—33　吊灯座安装

a）挂线盒安装　b）装成的吊灯　c）灯座的安装

1，4—打结　2—木台　3—挂线盒

上述控制要求在一个规定的配电板上安装，如图 16—30 所示不同的两种布局方案完成一开关控制一灯的控制要求。

7. 注意事项

（1）使用的灯泡电压必须与电源电压相符，同时最好根据照度安装反光适度的灯罩。

（2）大功率的白炽灯在安装使用时，要考虑通风良好，避免灯泡发热过度而引起玻璃壳与灯头松脱。

（3）白炽灯泡的拆换和清洁工作，应在关闭电灯开关条件下进行，注意不要触及灯泡螺口（或插口）部分，以免触电。

（4）照明附件必须安装牢固，开关和灯座等应安装在木台的中央且不能歪斜。

五、日光灯照明线路的安装实例

1. 日光灯的接线装配

日光灯照明线路的安装与白炽灯照明线路的安装类似，导线的敷设、接线盒和开关等照明附件的安装方法与要求，均可参照白炽灯的照明线路。日光灯部分接线装配方法如下：首先将日光灯两灯座分别固定在灯架的两端，中间的距离要按所用灯管的长度量好，以便灯管的两灯脚刚好插进灯座插孔中。接着将启辉器底座的两个接线柱用导线分别与两灯座中的两个接线柱连接，然后将底座用木螺钉固定在灯架上。将日光灯灯座中余下的另两个接线柱与镇流器的一个出线端用导线相连接。灯座中的另一个接线柱与电源的中性线连接，再把镇流器的另一个出线端与来自开关的相线连接，把启辉器插入底座内。仔细检查线路，保证线路正确无误，再装上日光灯管，接通电源，闭合开关，日光灯照明线路就安装完毕，如图16—34所示。

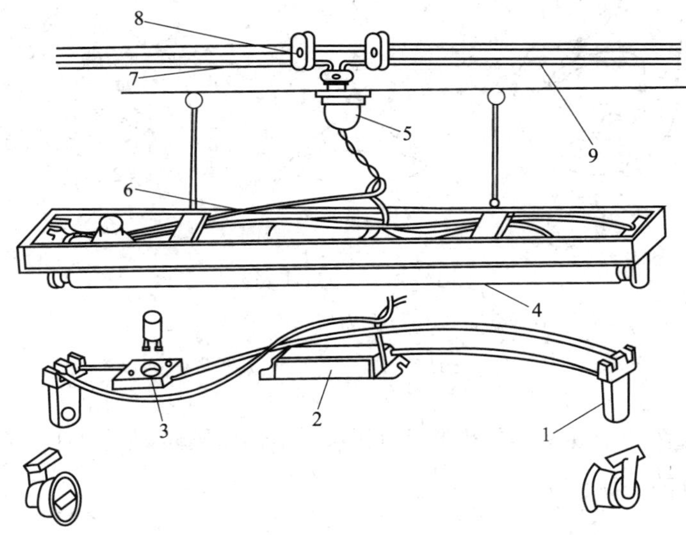

图16—34　日光灯安装

1—灯座　2—镇流器　3—启辉器　4—灯管　5—吊线盒

6—灯架　7—地线　8—相线　9—灯头与开关的连接线

2. 注意事项

（1）采用开启式灯座时，必须用细绳将灯管两端绑扎在灯架上，以防灯座松动时灯管坠下。

（2）灯架背部应加装防护盖，以防尘灰或杂物造成不良后果，且镇流器部位的盖罩上要钻孔通风，保持良好的散热环境。

（3）吊式灯架电源引线必须从挂线盒中引出，引线最好套上绝缘套管，一般要求一灯接一个挂线盒。

（4）日光灯切不可贴装在可燃性建筑材料上。

第4节　安装有功电度表组成的量电装置

一、电度表安装要求

1．电度表要装在电度表板上或配电板上。

2．电度表板应牢固地安装在可靠及干燥的墙上，尽量靠近总熔丝盒面板，其周围环境应干净、明亮，便于拆装、维护、抄表。

3．电度表中心离地高度应为1.3～1.9 m，并列装置的电度表中心距离不应小于20 cm。

4．装表方式

（1）不同电价的用电应分别装表，同一电价的用电应合并装表，动力电应分装电度表。

（2）单相供电：装一只单相电度表。

（3）二相供电：装三相四线电度表。

（4）三相供电：100 A及以下装一只三相四线电度表，100 A以上一般需加装电流互感器。

5．总线要求

电度表的进出导线称为电度表总线，应符合下列要求：

（1）必须用铜芯绝缘线，不能使用铝芯绝缘线或软线（俗称花线）。

（2）最小截面为1.5 mm^2。

（3）绝缘必须良好。

6．总线敷设安装规定

（1）不得有接头。

（2）明装

1）单根绝缘线用线夹板支持。

2）塑料护套线用钢精夹头支持，夹头要能耐腐蚀。

3）总线用钢管或硬塑料管保护时，管子也应明敷。

（3）电度表总线穿管时，每套电度表的进出线应分别穿钢管或硬塑料管。

（4）电度表总线在敷设时，应有足够的长度，上端应能接到总熔丝盒内，下端应能接到电度表的接线盒内，进入电度表时，一般以“左进右出”为接线原则。

二、电度表的安装

1. 直接式单相电度表接线

单相电度表有四个接线桩头，从左到右按 1，2，3，4 编号，接线方法一般按号码 1、3 接电源进线，2、4 接出线的方式，如图 16—35 所示。

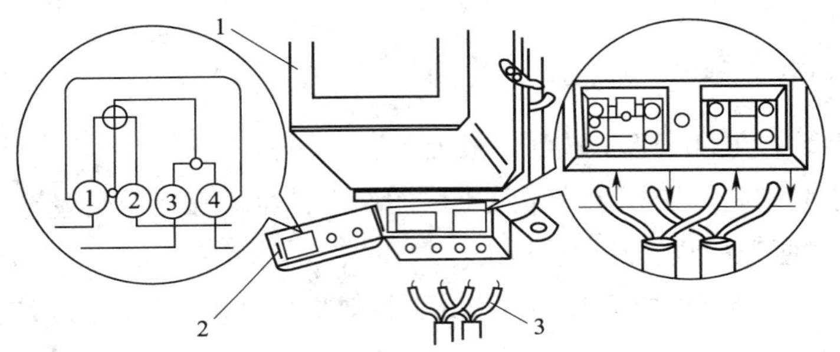

图 16—35　单相电度表的接线

1—电度表　2—电度表接线桩盖子　3—进、出线

2. 间接式单相电度表接线

这种电度表需配一只电流互感器。接线时首先把互感器二次绕组“+”“-”接线桩头分别引出铜芯塑料硬线，并穿过第一根钢管接到电度表接线桩头 1 与 3 上；把电源的一根相线与互感器一次绕组的“+”接线桩头连接，并从该“+”接线桩头处，引出一根绝缘导线穿过后一根钢管接到电度表接线桩头 2 上；将另一根电源中性线也穿过后一根钢管接到电度表 4 接线桩头上；然后从接线桩头 5 上引出一根绝缘导线穿过后一根钢管接到总开关的一个进线桩头；从互感器一次绕组“-”端引出两根铜芯塑料硬线接到总开关的另一个接线桩头上，从互感器二次绕组“-”接线桩头上再引出一根花线接到机壳上实现接地。接线方法如图 16—36 所示。

3. 直接式三相四线制电度表接线

这种电度表共有 11 个接线桩头，从左到右按 1～11 编号。其中 1，4，7 是电源相线的进线桩头，用来连接从电源总开关下桩头引来的三相电源的相线。3，6，9 是相线的出线桩头，分别去接负载总开关的三个进线桩头。10，11 是电源中性线的进、出线桩头。2，5，8 三个桩头可空着，如图 16—37 所示。

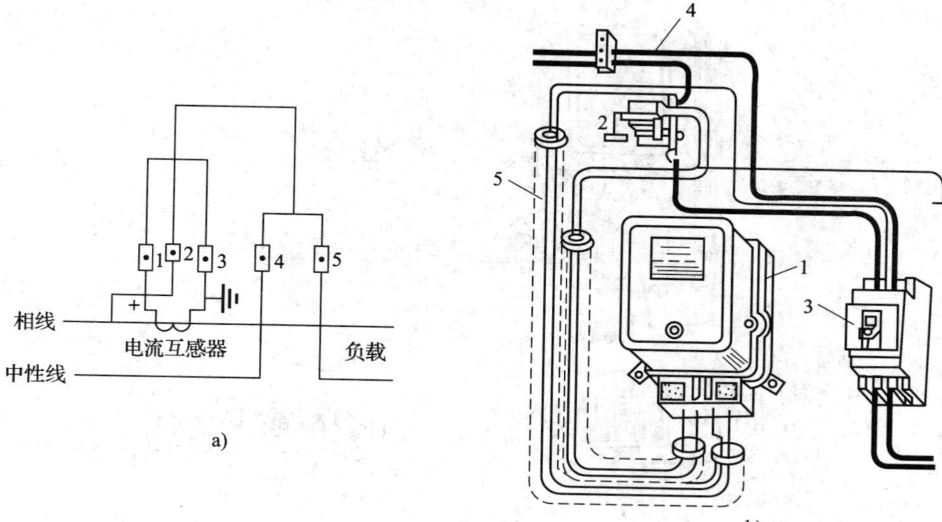

图 16—36　经电流互感器的间接式单相电度表接线

1—电度表　2—电流互感器　3—总开关　4—电源进线　5—保护管

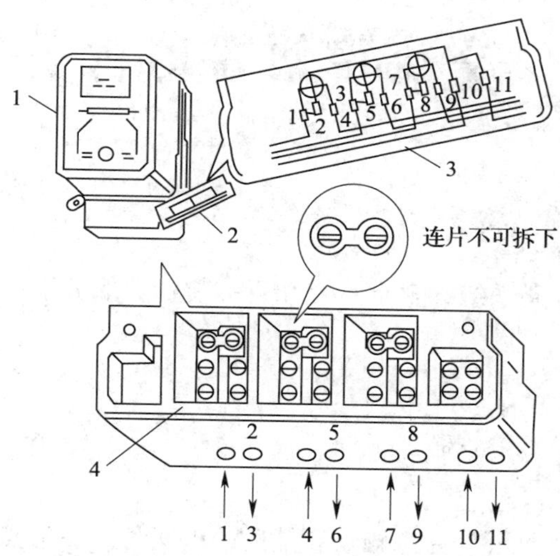

图 16—37　直接式三相四线制电度表接线

1—电度表　2—接线桩盖板　3—接线原理　4—接线桩

4. 直接式三相三线制电度表接线

这种电度表共有 8 个接线桩头，其中 1，4，6 是电源相线进线桩头，3，5，8 是相线出线桩头，2，7 两个接线桩头可空着。接线方法如图 16—38 所示。

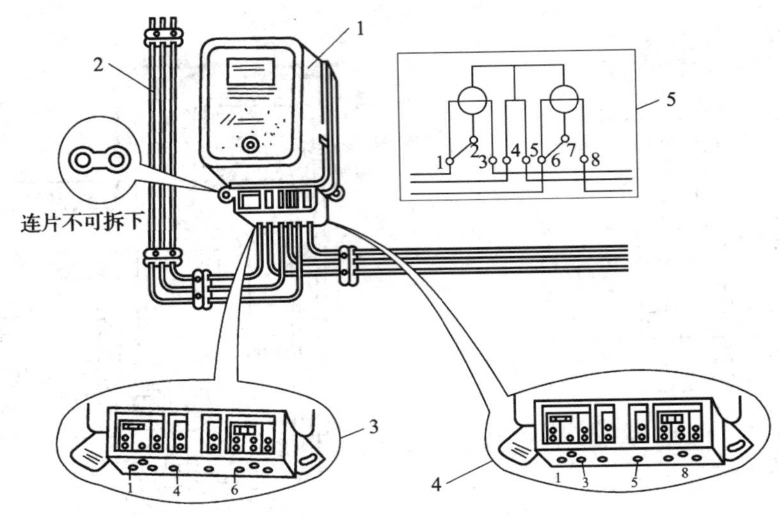

图 16—38　直接式三相三线制电度表接线

1—电度表　2—电源进线　3—进线的连接　4—出线的连接　5—接线原理图

第5节　交流接触器的拆装与检修

一、交流接触器的结构

交流接触器主要由电磁系统、触点系统和灭弧装置等部分组成。交流接触器的外形及结构如图16—39所示。

1．电磁系统

它包括线圈、动铁芯和静铁芯。

2．触点系统

按照功能的不同，触点可分为主触点和辅助触点两种。主触点接通和断开主电路，它有三副动合触点。辅助触点接通和断开控制电路，它有两副动合触点和两副动断触点。在一副触点中，与动铁芯同步动作的称为动触点，两边静止不动的称为静触点。

3．灭弧装置

主要用来熄灭主触点在断开主电路时所产生的电弧，保护触点不受烧蚀及避免拉弧产生的短路。常采用电动力灭弧、纵缝灭弧、金属栅片灭弧、磁吹灭弧等几种方式。

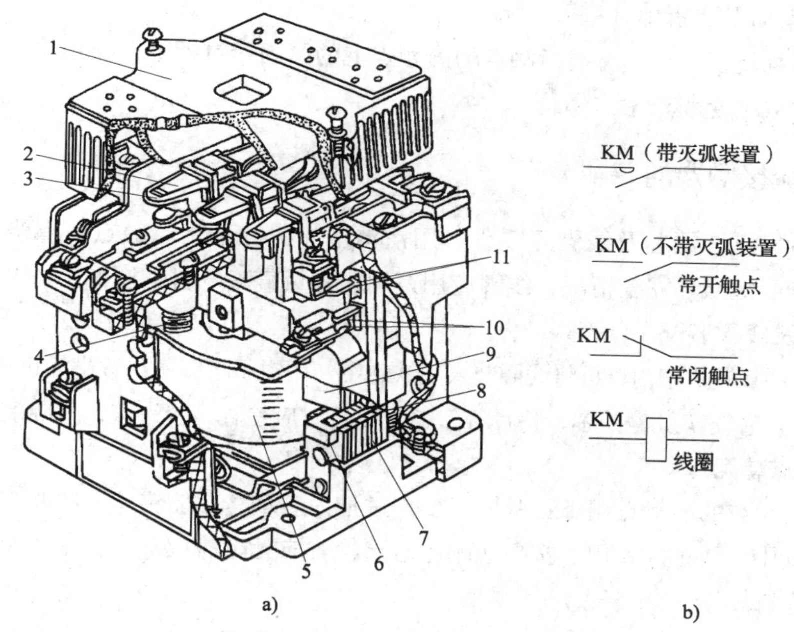

图 16—39　交流接触器的外形及结构

a）外形及结构　b）符号

1—灭弧罩　2—触点压力弹簧片　3—主触点　4—反作用力弹簧　5—线圈　6—短路环　7—静铁芯　8—缓冲弹簧　9—动铁芯　10—辅助常开触点　11—辅助常闭触点

二、交流接触器的拆卸

1. 灭弧罩拆卸

CJ 10－20 型交流接触器灭弧罩为陶瓷制品，易碎，拆卸时两边紧固螺钉应交替均匀地松开，避免单边断裂。

2. 主触点拆卸

先将压在三片动触点上面的触点压力弹簧片拆下，再拆下动触点。用旋具旋下三对静触点的紧固螺钉，即可拆下静触点。

3. 辅助动合触点拆卸

拆卸辅助动合触点的静触点时，用旋具旋下两边紧固导线螺钉与压板，再用钳子将静触点拔出。

4. 线圈及铁芯拆卸

将接触器底部朝上，用旋具将后盖拆下，取出静铁芯、铁芯支架、缓冲弹簧，用钳子将线圈的线端拔出，取下线圈、反力弹簧。

5. 辅助动断触点拆卸

将接触器翻转，用旋具将动断触点的静触点上的紧固螺钉拆下，再用钳子将静触点拔出（注意拔时要避免将动触点错位）。

三、交流接触器的装配

检查所有触点、铁芯及线圈等零件，用清洁干布去除油污。触点如有烧蚀应予以修复，铁芯应查看短路环完整情况，线圈应用万用表测量直流电阻。检查完好再行装配。

1. 铁芯及线圈装配

先将反力弹簧装进槽内，再将线圈装入动铁芯中，用钳子将线圈出线端插进接线片中，装上缓冲弹簧、铁芯支架及静铁芯、垫片等，盖上后盖时应检查是否平整，再旋上螺钉紧固。

2. 主触点装配

将三对主触点的静触点用螺钉紧固时要嵌进槽内装平，不能错位。再将三片动触点装上，压上触点压力弹簧片，用手按下三副主触点检查应无阻滞或触点接触不良情况。用旋具旋上接线螺钉。

3. 辅助触点装配

先将两对辅助动合触点的静触点推进槽内（也要平整不能错位），旋上接线螺钉。装动断触点的静触点时要用手按下主触点，使辅助触点的动触片往下移位，再用钳子将静触点嵌进槽内，旋上接线螺钉。

4. 灭弧罩装配

装灭弧罩时要将罩嵌进槽内放平整，然后再均匀地交替旋上两边的紧固螺钉。

四、交流接触器的测试

接触器经拆装后各触点应接触良好，释放迅速，并做到压力适当，动作灵活，无噪声。为此需经测试予以检验。

1. 接触器接入测试电路

按如图 16—40 所示的交流接触器测试图，将接触器所有触点及线圈均接入电路，以三只白炽灯作 Y 形联结后作为负载。

2. 测试方法

闭合 QS 三相电源开关，EL1 及 EL3 两相灯亮，表示两副辅助动断触点装配合格。按下 SB2 按钮，接触器线圈通电，三副主触点及两副辅助动合触点均闭合，两副辅助动断触点断开，三只白炽灯同时亮。两副动合触点串联后并联接在 SB2 按钮两端作为接触器自锁回路，表示所有触点均已接入电路。按 SB1 按钮接触器断开。

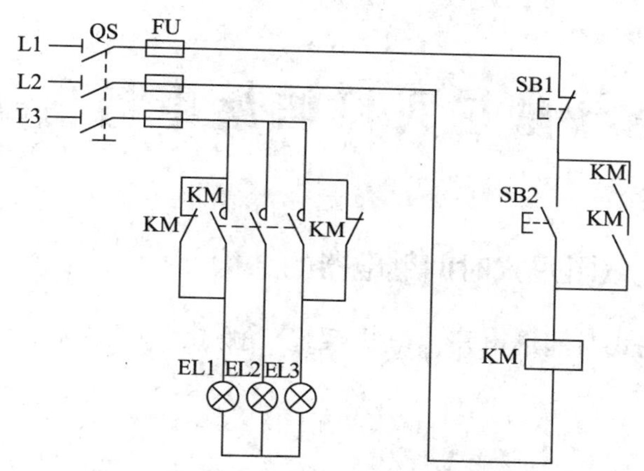

图 16—40　交流接触器测试电路

3. 力学性能检验

经多次按下 SB2 及 SB1，使接触器作通断试验，需无噪声，三相白炽灯无闪烁现象，主触点无明显火花溅出，表示其力学性能良好。

五、接触器常见故障检修方法与步骤

1. 接触器不释放或释放缓慢的检修方法与步骤

（1）检查触点是否已熔焊相连，若是则更换触点。

（2）铁芯极面是否有油污或尘埃黏着，若是则清理极面。

（3）反力弹簧是否损坏无反作用力，若是则更换反力弹簧。

2. 接触器吸不上或吸力不足的检修方法与步骤

（1）检查电源电压是否过低或线圈额定电压与电源电压不符，若是则调整电源电压。

（2）检查接触器线圈是否断路或烧毁，若是则更换线圈。

（3）检查接触器机械可动部分是否被卡住，若是则重新拆装消除卡住部分，修理受损零件。

3. 接触器通电后电磁噪声大的检修方法与步骤

（1）铁芯极面生锈或有异物嵌入，应除锈及取出异物。

（2）铁芯短路环或断裂，应更换铁芯。

第6节　空气阻尼式时间继电器的拆装与检修

一、JS7－A空气阻尼式时间继电器的结构

JS7－A空气阻尼式时间继电器由电磁系统、触点、气室及传动机构等部分组成，其结构如图16—41所示。

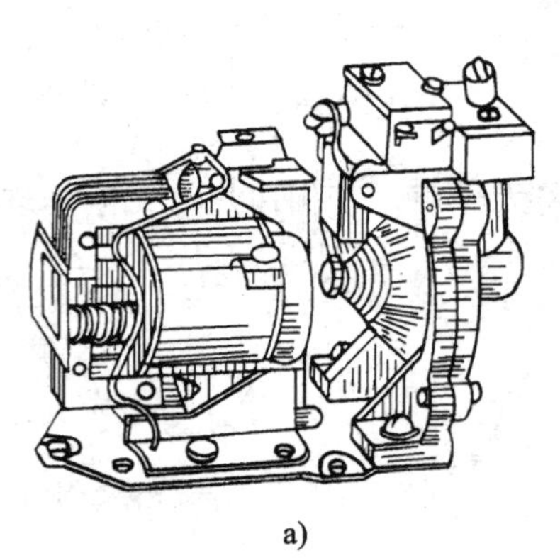

a)

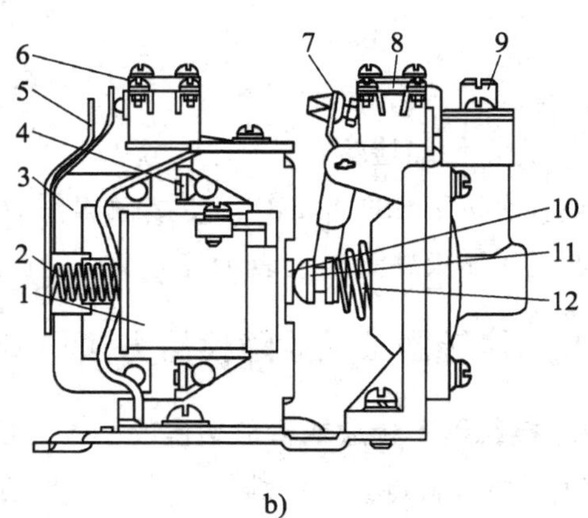

b)

图16—41　空气阻尼式时间继电器结构

1—线圈　2—反力弹簧　3—衔铁　4—铁芯　5—弹簧片　6—瞬时触点　7—杠杆　8—延时触点　9—调节螺钉　10—推板　11—推杆　12—宝塔弹簧

1. 电磁系统

包括线圈、衔铁和铁芯、反力弹簧和弹簧片等。

2. 触点

由两副瞬时闭合与断开触点及两副延时闭合与断开触点组成。

3. 气室

气室内装有一块薄膜橡胶及活塞，活塞随气室上面的调节螺钉调节空气量的增减而移动，从而调节推杆移动速度，达到触点通断时间的延迟。

4. 传动机构

由推板、杠杆及宝塔弹簧等组成。

二、空气阻尼式时间继电器的拆卸

除时间继电器的气室及微动开关（瞬时及延时触点）不必拆卸外，其余所有部件均需拆卸。

1. 气室的拆卸

气室连同杠杆装配在铁底板上，气室本身是胶木装置密封不必拆卸，但在拆卸继电器时应从底板上松下紧固螺钉取下气室，以免拆卸过程中损坏。

2. 衔铁（动铁芯）的拆卸

取下弹簧，拔出安装在固定衔铁上插销的开口销，拔出插销取下弹簧片，将衔铁连同推板架取出，注意推板架上有 3 粒滚珠不要滚落。

3. 线圈的拆卸

从铁底板中拔出固定线圈的钢丝支架。从静铁芯中抽出线圈，将静铁芯从固定架上取出，用旋具将固定铁芯架的螺钉从铁底板旋下，拆下固定架。

三、空气阻尼式时间继电器的装配

检查所有零件、铁芯及线圈，用清洁干布去除油污。铁芯短路环应完整无损，用万用表测量线圈直流电阻，检查完好再行装配（气室未拆卸但也应检查，用旋具转动调节螺钉时，推杆应也能做快慢调节）。

1. 线圈与衔铁的装配

将线圈嵌进固定支架静铁芯中，装上钢丝支架固定。将推板架插入固定支架中装上衔铁，推板架上 3 粒滚珠用牛油粘在凹槽上，将衔铁插进弹簧片，再将插销插进衔铁，装上开口销及两边弹簧。

2. 总体装配

将经过调整的气室用紧固螺钉紧固在铁底板上，将装上线圈的固定支架也紧固在铁板上，统一调整。

四、空气阻尼式时间继电器的测试

时间继电器拆装后，应动作灵活、释放迅速、瞬时触点及延时触点通断正常、延时调节正确可靠，为此需经测试予以检验。

1. 时间继电器接入测试电路

按如图 16—42 所示测试图将时间继电器所有瞬时及延时触点和线圈均接入测试电路，以三只白炽灯作 Y 形联结后作为负载，调节时间继电器延时触点转换时间为 5 s。

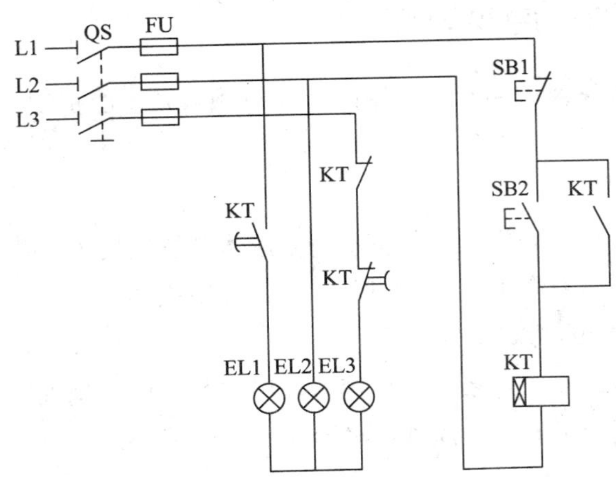

图 16—42　时间继电器接入测试电路

2. 测试方法

闭合 QS 三相电源开关，EL2 及 EL3 两相灯亮，表示瞬时动断触点及延时动断触点正常。按下 SB2 按钮，时间继电器线圈通电衔铁动作，瞬时动合触点闭合，继电器自锁，延时开始。此时瞬时动断触点断开，EL2 及 EL3 两相灯熄灭，延时 5 s 时间到时，延时动合触点闭合，EL1 及 EL2 两相灯亮。按 SB1 按钮，继电器线圈失电。EL2 及 EL3 两相灯又转亮，EL1 灯转熄灭。测试结果表示时间继电器通电延时功能正常。

3. 力学性能检验

时间继电器在通电过程中应无噪声，断电释放应迅速灵活。

五、空气式时间继电器常见故障检修方法与步骤

1. 延时触点不起作用的检修方法与步骤

（1）检查固定线圈支架的螺钉是否未旋紧，支架位置太前或太后会影响推板压合气室推杆的位置不正常，以致不能压合触点系统，应细心调节线圈固定位置。

（2）检查推杆上螺钉是否未调节好，螺钉会影响延时触点动作，应细心调节螺钉位置。

2. 时间继电器通电吸合有噪声及线圈发热的检修方法与步骤

（1）检查铁芯短路环是否损坏，若是则更换铁芯。

（2）检查线圈及铁芯安装是否松动，安装松动会使铁芯不能较好闭合，会发出噪声，也会引起线圈发热，应重新拆装。

3. 调节延时螺钉，气室无反应的检修方法与步骤

（1）调节螺钉旋过头使气室中活塞无法再调节，应将调节螺钉反方向旋转直到气室工作。

（2）气室中薄膜橡胶损坏破裂，无法控制气量，应更换薄膜橡胶，重新调整调节螺钉。

测 试 题

第1题 用PVC管明装两地控制一盏白炽灯并有一个插座的线路

一、试题单

1．操作条件

（1）电路安装接线鉴定板一块。

（2）万用表一只。

（3）白炽灯、PVC管、插座一套。

（4）电工工具一套。

2．操作内容

（1）画出两地控制一盏白炽灯并有一个插座的电路图。

（2）在电路安装接线鉴定板上进行板前明线安装接线。

（3）通电调试。

3．操作要求

（1）按设计照明电路图进行安装连接，不要漏接或错接。

（2）装接完毕后，经考评员允许后方可通电调试。

（3）安全生产，文明操作。未经允许擅自通电，造成设备损坏者该项目零分。

二、答题卷

设计电路图：

第2题　安装直接式单相有功电能表组成的量电装置线路

一、试题单

1. 操作条件

（1）电路安装接线鉴定板一块。

（2）万用表一只。

（3）单相有功电能表一套。

（4）电工工具一套。

2. 操作内容

（1）画出直接式单相有功电能表组成的量电装置的电路图。

（2）在电路安装接线鉴定板上进行板前明线安装接线。

（3）通电调试。

3. 操作要求

（1）按设计电路图进行安装连接，不要漏接或错接。

（2）装接完毕后，经考评员允许后方可通电调试。

（3）安全生产，文明操作。未经允许擅自通电，造成设备损坏者该项目零分。

二、答题卷

设计电路图：

第3题　安装经电流互感器接入单相有功电能表组成的量电装置线路

一、试题单

1. 操作条件

（1）电路安装接线鉴定板一块。

（2）万用表一只。

（3）电流互感器、单相有功电能表一套。

（4）电工工具一套。

2. 操作内容

（1）画出经电流互感器接入单相有功电能表组成的量电装置的电路图。

（2）在电路安装接线鉴定板上进行板前明线安装接线。

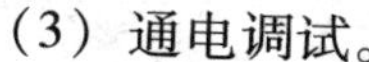

（3）通电调试。

3. 操作要求

（1）按设计电路图进行安装连接，不要漏接或错接。

（2）安装完毕，经考评员允许后方可通电调试。

（3）安全生产，文明操作。未经允许擅自通电，造成设备损坏者该项目零分。

二、答题卷

设计电路图：

第4题　交流接触器的拆装、检修及故障分析

一、试题单

1. 操作条件

（1）交流接触器一只。

（2）电工工具一套。

2. 操作内容

（1）交流接触器的拆卸。

（2）交流接触器的装配。

（3）通电调试。

（4）接触器故障分析（抽选一题）

1）接触器不释放或释放缓慢。

2）接触器吸不上或吸力不足。

3）接触器通电后电磁噪声大。

4）接触器电磁铁噪声过大。

3. 操作要求

（1）按步骤正确拆装，工具使用正确。

（2）安全生产，文明操作。未经允许擅自通电，造成设备损坏者该项目零分。

二、答题卷

交流接触器故障分析（下列故障现象由考评员抽选一题）

故障现象：

1. 接触器不释放或释放缓慢。

2. 接触器吸不上或吸力不足。

3. 接触器通电后电磁噪声大。

4. 接触器电磁铁噪声过大。

故障原因分析：

第5题　空气阻尼式时间继电器的改装及故障分析

一、试题单

1. 操作条件

（1）空气阻尼式时间继电器一只。

（2）电工工具一套。

2. 操作内容

（1）空气阻尼式时间继电器通电延时和断电延时的改装。

（2）通电调试。

（3）故障分析（抽选一题）

1）空气阻尼式时间继电器延时触头不起作用。

2）空气阻尼式时间继电器通电吸合有噪声及线圈发热。

3）空气阻尼式时间继电器调节延时螺钉但气室无反应。

3. 操作要求

（1）按步骤正确改装，工具使用正确。

（2）安全生产，文明操作。未经允许擅自通电，造成设备损坏者该项目零分。

二、答题卷

故障分析（下列故障现象由考评员抽选一题）

故障现象：

1．空气阻尼式时间继电器延时触头不起作用。

2．空气阻尼式时间继电器通电吸合有噪声及线圈发热。

3．空气阻尼式时间继电器调节延时螺钉但气室无反应。

故障原因分析：

第 5 篇　变压器与电动机

第 17 章

变压器

第 1 节　变压器种类　/444
第 2 节　变压器的铭牌数据　/446
第 3 节　变压器的基本结构　/447
第 4 节　变压器的工作原理　/450
第 5 节　变压器的极性　/454
第 6 节　小型变压器的常见故障　/457
第 7 节　特殊变压器　/459

第1节 变压器种类

变压器是输送交流电能时所使用的一种静止的、变换电压和变换电流的设备。它是利用电磁感应原理，通过磁路的耦合作用把交流电从一次绕组输送到二次绕组，将某一种交流的电压、电流系统转换成相同频率的另一种交流的电压、电流系统。由于它具有变换电压、变换电流和变换阻抗的作用，因而在电力系统和电子线路中得到广泛应用。

变压器的种类很多，可以按用途、铁芯形式、绕组数、相数、冷却方式等进行分类。

一、按用途分类

1. 电力变压器

用在输配电系统，容量从几十千伏安到几十万千伏安，电压等级从几百伏到几百千伏。

2. 特殊电源用变压器

例如冶炼金属用的电炉变压器、整流变压器、电焊变压器等。

3. 调压变压器

输出电压可以根据需要调节，有自耦变压器、感应调压器等。

4. 仪用互感器

电压互感器和电流互感器，供测量高电压和大电流用，或向继电保护装置提供控制电压和控制电流。

5. 试验变压器

提供特殊高压作为电气设备高压试验用。

6. 控制变压器

控制系统中用的小容量变压器。

二、按铁芯形式分类

主要有铁芯式变压器和铁壳式变压器两大类。而从铁芯结构来看，有辐射形铁芯和渐开线铁芯等形式。

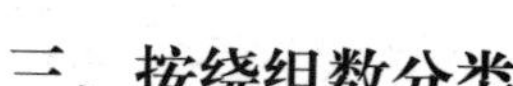

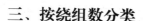

三、按绕组数分类

1. 自耦变压器

这种变压器只有一个绕组，其绕组的一部分是高压边和低压边共用的，另一部分只属于高压边，通常用在电压变比不大的场合，具有材料省、体积小、质量轻等优点。

2. 双绕组变压器

它具有两个互相绝缘的绕组，其中一个绕组接交流电源，称为一次绕组（原边），另一个绕组接负载，称二次绕组（副边）。

3. 三绕组变压器

它有三个互相绝缘、不同电压等级的绕组。用在需要两种不同二次电压的场所，或用于连接三个不同电压的电网。一台三绕组变压器可以代替两台双绕组变压器，因此比较经济。

4. 多绕组变压器

这种变压器具有一种输入电压和多种输出电压。一般用于特殊场合，例如电子设备上或控制系统里的小型变压器。

四、按相数分类

变压器按相数来分有单相变压器、三相变压器和多相变压器（如整流器用六相变压器）。

五、按变压器的冷却介质和冷却方式分类

1. 油浸变压器

这种变压器的铁芯与绕组完全浸没在变压器油里。可以分为油浸自冷、油浸风冷、强迫油循环风冷、强迫油循环水冷等冷却方式。

2. 干式变压器

这种变压器不用变压器油，依靠辐射和周围空气的冷却作用，将铁芯和绕组产生的热量发散到周围的空气中去。

3. 充气式变压器

这种变压器的铁芯和绕组放在密封的铁箱内，充以绝缘性能好、传热快、化学性能稳定的气体。目前用得最多的气体是六氟化硫（SF_6）。

第2节　变压器的铭牌数据

变压器的铭牌上记载着这台变压器的型号、额定值等技术数据。现说明如下。

一、变压器型号

根据国家标准《电力变压器》规定来确定变压器型号。变压器型号用字母和数字表示，字母表示类型，数字表示额定容量和额定电压。例如：

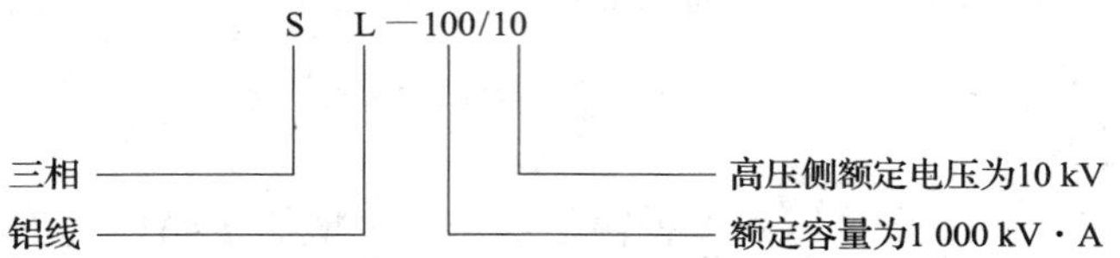

SL 为该变压器的基本型号，表示是一台三相油浸自冷式双绕组铝线变压器，额定容量为 1 000 kV · A，高压侧电压为 10 kV。

二、变压器的额定数据

1. 额定容量 S_N

变压器的视在功率，即指额定状态下变压器的输出能力，单位为 V · A 或 kV · A。对三相变压器，容量是指三相容量的总和；对双绕组变压器，其一次绕组与二次绕组的设计容量是相同的。

2. 额定电压 U_{1N}/U_{2N}

对三相变压器来说是指线电压，单位为 V 或 kV。U_{1N}是变压器一次绕组额定电压值；U_{2N}是指一次绕组加上额定电压时，二次绕组开路即空载运行时绕组的端电压，即二次绕组的空载电压值。

3. 额定电流 I_{1N}/I_{2N}

对三相变压器来说，指的是线电流，单位为 A。I_{1N}是一次绕组的输入额定电流，I_{2N}是二次绕组的输出额定电流。

4. 额定频率

我国规定标准工业用电频率为 50 Hz。

除了上述额定数据外，变压器的铭牌上还标注有相数、效率、温升、短路电压或漏阻抗标示值、使用条件、冷却方式、接线图及联结组别、总质量、变压器油质量及器身质量等。

三、额定数据间的关系

1. 单相双绕组变压器额定容量、额定电压、额定电流之间的关系：

$$S_N = U_{1N} \cdot I_{1N} = U_{2N} \cdot I_{2N}$$

2. 三相双绕组变压器额定容量、额定电压、额定电流之间的关系：

$$S_N = \sqrt{3}U_{1N} \cdot I_{1N} = \sqrt{3}U_{2N} \cdot I_{2N}$$

电力系统中三相电压是对称的，其大小相等，相位互差120°。三相电力变压器每一相的参数大小也是一样的。当变压器的一次绕组接上三相对称电压，二次绕组接上三相对称负载，这时三相变压器的三个相的一次绕组及二次绕组的电压分别都是对称的，即大小相等、相位互差120°，三个相的电流当然也是对称的。变压器的这种运行状态称为对称运行。分析对称运行的三相变压器各相中各种电量的关系时，只需分析其中一相的情况，便可得到另外两相的情况。因此对于单相变压器运行的分析结果，适用于三相变压器对称运行的情况。

第3节　变压器的基本结构

变压器的基本结构主要包括铁芯和绕组两大部分。下面以油浸式电力变压器为例（见图17—1），简要介绍变压器主要部件及其主要附件等。

一、铁芯

变压器铁芯的作用是构成磁路，它由铁芯柱（外面套绕组的部分）和铁轭（连接铁芯柱的部分）组成。为了具有较高的导磁系数以及减少磁滞和涡流损耗，铁芯多采用0.35 mm的硅钢片叠装而成，片间彼此绝缘。

铁芯磁回路不能有间隙，这样才能尽量减少变压器的励磁电流，因此相邻两层铁芯叠片的接缝要互相错开，如图17—2所示是相邻两层硅钢片的不同排法。为了利用空间，大型变压器的铁芯柱截面是阶梯形状，而小型变压器铁芯柱截面可以采用矩形或方形。为防止静电感应和漏电，铁芯及其构件都应妥善接地。

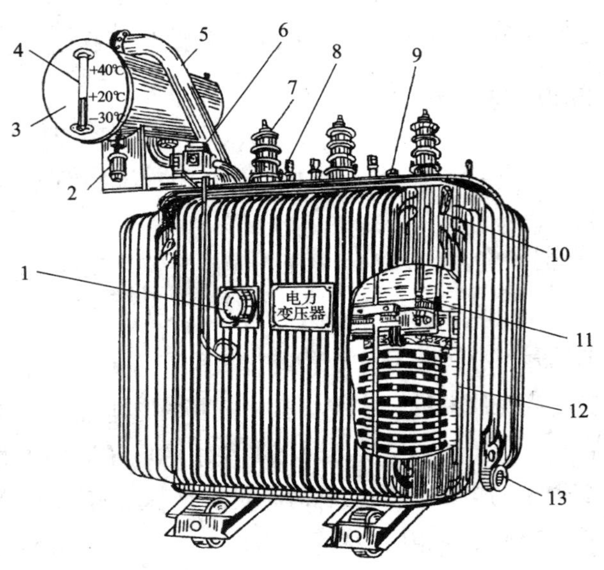

图 17—1　油浸式电力变压器

1—信号温度计　2—吸湿器　3—储油柜　4—油表　5—安全气道　6—气体继电器
7—高压套管　8—低压套管　9—分接开关　10—油箱　11—铁芯　12—绕组　13—放油阀门

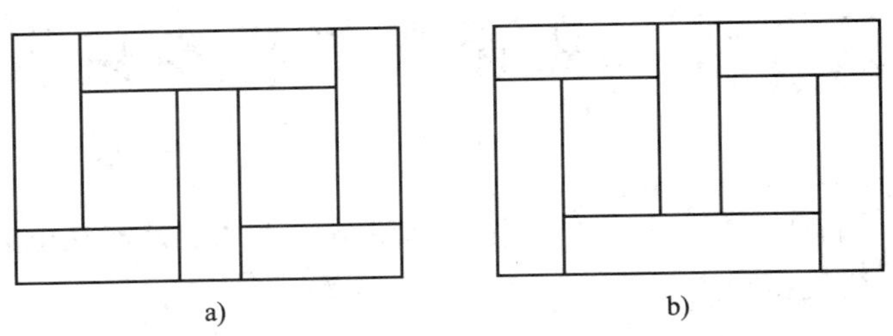

图 17—2　硅钢片的排法

a）排法一　b）排法二

二、绕组

绕组是变压器的电路部分，一般采用绝缘铜线或铝线绕制而成，对其电气、耐热、力学等性能均应有严格要求。

为了增强电磁耦合作用，变压器的高、低压绕组实际上是套装在同一铁芯柱上，采用圆筒形同心式绕组结构。一般低压绕组在里，靠近铁芯柱；高压绕组在外，套在低压绕组的外面。这样绝缘距离小，绕组与铁芯的尺寸都可以小些。

将变压器的铁芯和绕组两者装配在一起构成变压器的器身。器身不置于油箱内的称干式变压器；器身置于油箱（充满变压器油）内的称为油浸式变压器。油浸式变压器是最常见的一种电力变压器。根据器身结构，变压器可分为铁芯式和铁壳式两大类。如图 17—3 所示为三相铁芯式变压器的结构剖面图。铁芯式变压器结构的特点是线圈包围铁芯，构造比较简单。目前生产的电力变压器大多采用铁芯式变压器的结构。如图 17—4 所示为单相铁壳式变压器的外形图。这种结构的特点是铁芯包围线圈。在电子设备中或控制系统中的小型变压器多数采用这种铁壳式变压器结构，某些特殊变压器，如电焊变压器，也采用这种结构。

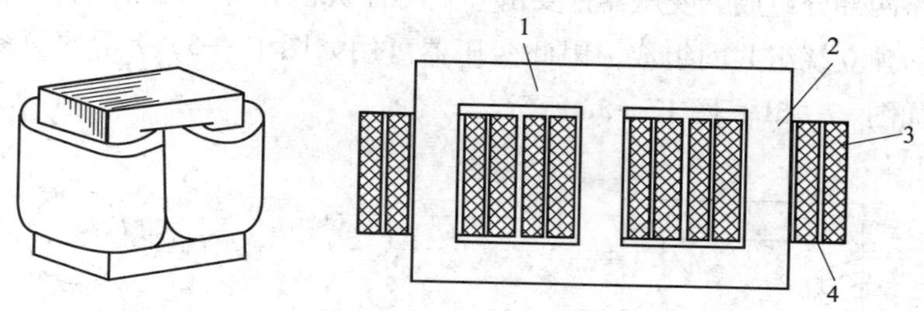

图 17—3　三相铁芯式变压器的结构剖面图

1—铁轭　2—铁芯柱　3—高压绕组　4—低压绕组

为了防止电网中高频电流对变压器负载产生干扰，常在小型电源变压器一、二次绕组间放置一薄层开口紫铜皮或绕上一层不连接的绝缘导线作为屏蔽层。

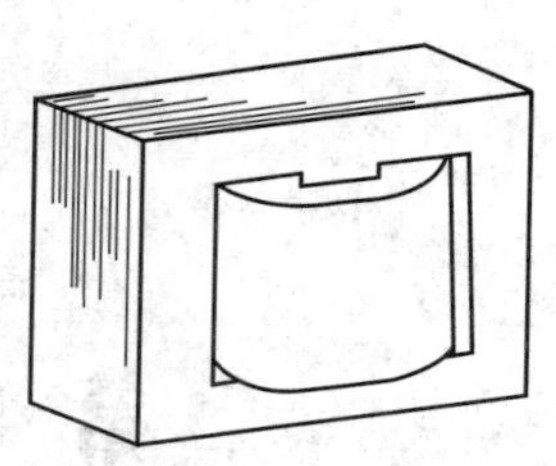

图 17—4　单相铁壳式变压器的外形

三、油箱及保护装置

1. 油箱

油箱结构与变压器容量有关。小容量采用平板式，中等容量在箱外装有散热管，容量大的采用风冷散热器。为的是较快地把变压器运行时铁芯和绕组中产生的热量散到周围空气中去。有的油箱体与散热器相连，散热效果更好。油箱盖上安装着绕组的引出线，并用绝缘套管与箱盖绝缘。

2. 储油柜

主要用以减少冷却油与空气的接触，从而降低变压器油受潮和老化的速度。

3. 气体继电器

当变压器发生故障时其绕组或铁芯温度升高，则内部绝缘物汽化，使继电器动作，发出故障信号，使自动开关跳闸。

4. 安全气道

管口用3 ~5 mm的玻璃封盖，当继电器失灵，箱内气体便冲破玻璃板，以防止油箱变形或爆炸。

5. 绝缘套管

用以保证带电的引线与接地的油箱之间绝缘。

四、变压器符号

各种变压器的用途、电压等级、功率大小是不同的，但它们的基本结构是一样的，主要由磁路和电路两部分组成。变压器主要由一个闭合铁芯组成的磁路和绕在铁芯柱上的两个或两个以上的独立绕组共同组成，因此变压器可用如图 17—5a 所示的简图表示。变压器的电路符号如图 17—5b、图 17—5c 所示。

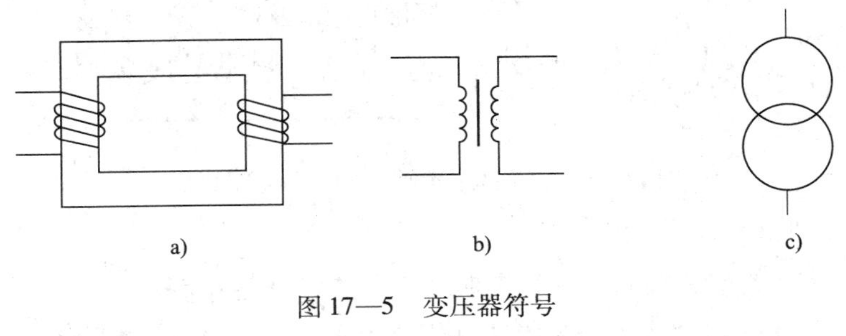

图 17—5　变压器符号

a）简图　b）c）电路符号

第4节　变压器的工作原理

一、变压器的空载运行分析

当变压器一次绕组接有正弦交流电源，而二次绕组不接负载时，二次绕组电流为零，这种状态称为变压器空载运行，如图 17—6 所示。在这种情况下，一次绕组中的电流叫作空载电流，用 I_0表示。一次绕组的匝数为 W_1，则 $I_0 W_1$ 称为空载时一次绕组的磁动势，在此磁动势作用下产生主磁通 Φ_0。主磁通经过铁芯闭合。因此，主磁通既穿过一次绕组，又穿过二次绕组，即主磁通与一、二次绕组交链。由于电源电压 U_1是交变电压，所以空载电流 I_0与主磁通 Φ 也是交变的。根据电磁感应原理可以知道，交变的主磁通将在一次绕

组内产生感应电动势 E_1，在二次绕组内产生感应电动势 E_2，它们的大小为：

$$E_1 = 4.44fW_1\Phi_m$$

$$E_2 = 4.44fW_2\Phi_m$$

式中 W_1，W_2——一、二次绕组匝数；

E_1，E_2——一、二次绕组内感应电动势，V；

f——电源频率，Hz；

Φ_m——主磁通最大值，Wb。

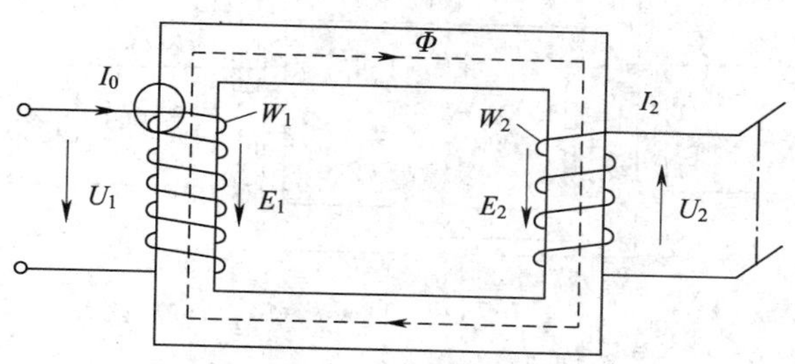

图 17—6 变压器工作原理

磁动势 $I_0 W_1$ 除了产生主磁通 Φ 以外，还产生少量的漏磁通 Φ_{s1}，它只穿过一次绕组，不穿过二次绕组。Φ_{s1} 也是交变磁通，在它所交链的一次绕组内产生感应电动势，称为漏磁电动势，通常以一次绕组的漏磁电抗压降 I_0X_1 的形式表示。空载电流 I_0 通过一次绕组时还要在一次绕组的电阻 r_1 上产生电阻压降 I_0r_1，这样，电源电压 U_1 要克服感应电动势 E_1、漏磁电抗压降 I_0X_1 和电阻压降 I_0r_1，U_1 等于这三部分作用的总和，这就是一次回路内的电压平衡关系。通常把漏磁电抗压降和电阻压降合在一起称为漏磁阻抗压降 I_0Z_1。变压器在额定电压下空载运行时，一次绕组内的漏磁阻抗压降很小，只占电源电压的百分之零点几，可以略去不计。所以，可以认为一次绕组内的感应电动势 E_1 与电源电压 U_1 的大小近似相等，即：

$$U_1 \approx E_1$$

空载时二次绕组内没有电流通过，所以二次绕组的空载端电压 U_{20} 等于二次绕组内的感应电动势 E_2，即：

$$U_{20} = E_2$$

由此可得：

$$\frac{U_1}{U_{20}} = \frac{4.44fW_1\Phi_m}{4.44fW_2\Phi_m} = \frac{W_1}{W_2} = K$$

这个公式表示变压器空载时，一、二次绕组的电压之比近似等于匝数之比，其中 K 称为变比，是变压器的一个重要参数。

二、变压器负载运行的分析

变压器的负载运行，指的是在一次绕组两端接有交流电源时，二次绕组接上负载阻抗 Z_L，如图17—7所示。在变压器的负载运行状态下，二次电路在电动势 E_2 的作用下有电流 I_2 通过。二次电流 I_2 的大小可用欧姆定律求得：

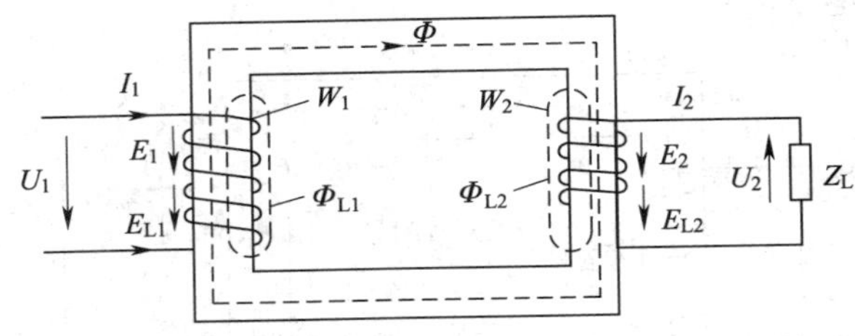

图17—7　变压器负载运行

$$I_2 = \frac{U_2}{Z_F}$$

式中　U_2——二次绕组的端电压。

对于负载而言，变压器的二次绕组可以看作是一个交流电源，它的电动势为 E_2，内部阻抗为 Z_2。此时，由于二次绕组接上负载，因此产生负载电流 I_2，由于负载消耗的能量只能由电源提供，所以 I_2 经过电磁感应作用使一次绕组的电流 I_1 增大。这就涉及一、二次电流的关系，这个关系可用磁动势平衡关系进行分析。若二次绕组的匝数为 W_2，通过的电流为 I_2，则二次绕组的磁动势为 I_2W_2。变压器在负载运行时，铁芯中的主磁通 Φ 由一、二次绕组的两个磁动势 I_1W_1 和 I_2W_2 共同产生，磁动势为 $I_1W_1+I_2W_2$。当电源电压 U_1 不变时，铁芯中的主磁通最大值 Φ_m 应基本不变。一、二次绕组磁动势 $I_1W_1+I_2W_2$ 共同产生的磁通与空载磁动势 I_0W_1 也近似相等，这就是变压器负载运行时的磁动势平衡关系。即：

$$I_1W_1+I_2W_2=I_0W_1$$

因为空载电流 I_0 很小，空载磁动势也很小，可略去不计，由此可得：

$$I_1W_1+I_2W_2\approx 0$$

$$I_1 = -\frac{W_2}{W_1}I_2$$

式中，负号表示 I_1 和 I_2 的相位差为180°。I_1 和 I_2 的数值之间的关系为：

$$\frac{I_1}{I_2} = \frac{W_2}{W_1} = \frac{1}{K}$$

以上分析表明，当二次绕组内通过电流时，一次绕组内也要通过相应的电流，一、二次绕组内的电流之比，近似等于匝数比的倒数；这说明变压器不仅改变电压，同时也改变了电流。而一、二次绕组的视在功率近似相等。

三、变压器的阻抗变换

有些场合，例如电子设备中，要求负载能获得最大功率，使电路正常工作，这就要求负载阻抗与电源内阻应具有一定的关系，这种要求通常称为阻抗匹配。其方法是只要选择变压器一、二次绕组之间的匝数比，就可以将二次绕组的负载阻抗变换成符合要求的一次绕组阻抗，满足阻抗匹配。如图 17—8 所示，接于变压器二次绕组的阻抗为：

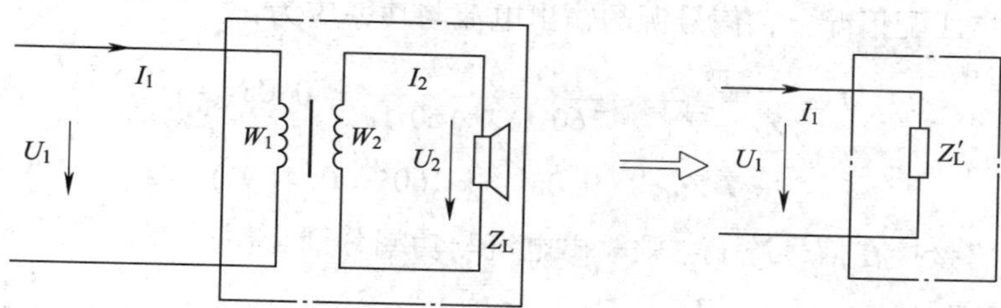

图 17—8　阻抗匹配

$$Z_L = \frac{U_2}{I_2}$$

折算到一次绕组的阻抗为：

$$Z'_L = \frac{U_1}{I_1} = \frac{KU_2}{\frac{I_2}{K}} = K^2 Z_L$$

【例 17—1】　如图 17—9 所示，有一个信号源，其电源电动势有效值为 16 V，内阻抗 $Z_0 = 160\ \Omega$，负载阻抗 $Z_L = 4\ \Omega$，（设 Z_0 与 Z_L 均为纯电阻），试求：

（1）为使负载获得最大功率，需在两者间接一多大变比的输出变压器？

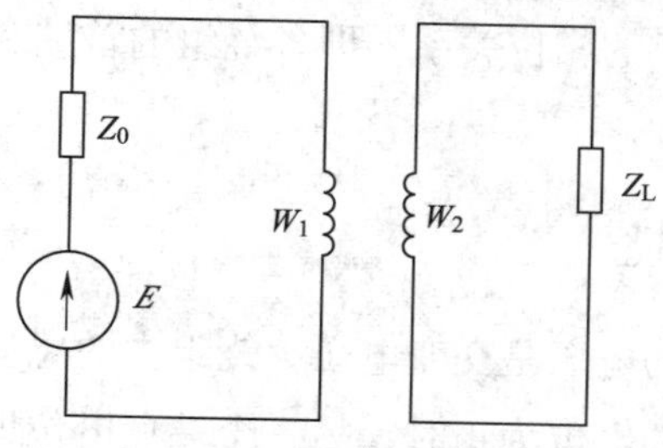

图 17—9　【例 17—1】题图

（2）在上述变比下信号源的输出功率为多大?

（3）若负载直接接入信号源，信号源输出功率为多大?

解：（1）已知 $Z_L = 4\ \Omega$，阻抗匹配时，应使负载等效阻抗 Z'_L 等于电源内阻 Z_0，即 $Z_0 = 160\ \Omega$，则：

$$Z'_L = K^2 Z_L$$

$$K_2 = \frac{Z'_L}{Z_L}$$

$$K = \sqrt{\frac{Z'_L}{Z_L}} = \sqrt{\frac{Z_0}{Z_L}} = \sqrt{\frac{160}{4}} = \sqrt{40} \approx 6.3$$

（2）在阻抗匹配情况下，信号源的输出电流与功率应为：

$$I = \frac{E}{Z_0 + Z'_L} = \frac{16\ \text{V}}{160\ \Omega + 160\ \Omega} = 0.05(\text{A})$$

$$P = I^2 Z'_L = (0.05)^2 \times 160 = 0.4(\text{W})$$

（3）负载直接接在信号源上，则输出电流与功率分别为：

$$I = \frac{E}{Z_0 + Z_L} = \frac{16\ \text{V}}{160\ \Omega + 4\ \Omega} = 0.098(\text{A})$$

$$P = I^2 Z_L = (0.098)^2 \times 4 = 0.038(\text{W})$$

第 5 节　变压器的极性

变压器的电路系统涉及其绕组的连接，使用变压器有时要串联，可提高电压；有时要并联，可增大电流。在电子线路中，有时对变压器绕组电动势有相位要求。在三相变压器中，又有三相绕组的不同连接方式，即 Y 联结和△联结。要实现绕组的正确连接，必须先知道高、低压绕组之间电动势的相位关系，即各绕组的首端和末端的标志，否则变压器就不能正常工作，甚至被烧坏。

一、变压器绕组的极性

变压器绕组两端所施加的电压是交变电压，绕组内的感应电动势也随时间变化，即某一瞬间一个绕组的某个端点的电位为正时，另一个端点电位即为负，因此对于具有两个或两个以上绕组的变压器，就有一个相互之间的极性关系问题。在一般变压器中，高、低压绕组是套在同一个铁芯柱上，它们与同一个磁通交链。当磁通量交变时，在两个绕组中感应电动势的极性有一固定的对应关系，即任一瞬时某绕组的一个端点的电位为正时，另一绕组必有一个端点的电位也是正的。两个对应的相同极性端，称为同名端，通常标以“·”记号。因此，同名端表示各绕组瞬时极性间的相对关系，瞬时极性是随时间变化而变化的，但它们的相对极性是不变的，如图 17—10 所示为磁通变化时电动势的实际方向。

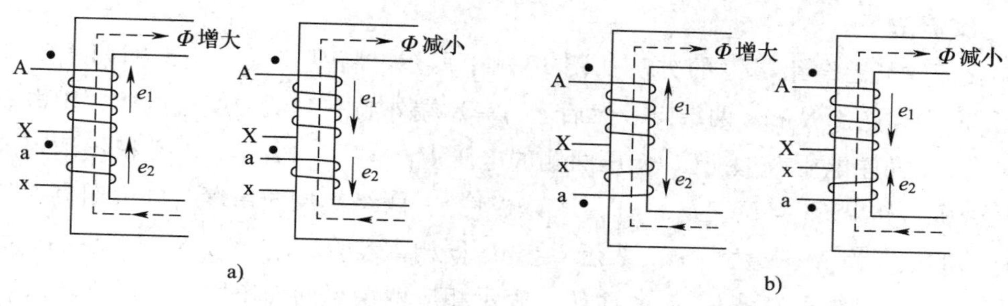

图 17—10 变压器绕组极性

a）两绕组绕向一致时 b）两绕组绕向相反时

变压器的同名端取决于绕组的绕向，改变绕向，极性也随之改变。为了便于分析和使用绕组，按国家标准对变压器高、低压绕组的头尾有统一的标志。对于单相变压器来说，标志方法是把一、二次绕组的两个同极性的端点标为绕组的始端 A 和 a，其余两个端点标为绕组的末端 X 和 x，用这种方法标志时，一次绕组电动势 E_{AX}与二次绕组电动势 E_{ax}是同相的。用同样方法可标出三相一次绕组的始端分别为 A、B、C，末端为 X、Y、Z，中性点为 N；三相二次绕组始端为 a、b、c，末端分别为 x、y、z，中性点为 n 。高、低压绕组星形联结标 Y，三角形联结标△。

在变压器箱盖上的绕组标志，关系到各相相序和一、二次绕组的相位关系，所以不允许任意改变。

二、变压器的联结组

变压器的联结组表示高、低压绕组的接法和高、低压电动势（或电压）之间的相位关系。用字母表示绕组的接法，单相变压器用 I/I 表示；以钟面上的 12 个数字来区别高、低电动势（或电压）的相位关系，长针代表高压电动势的相量，并始终指在数字 12 上，短针代表低压电动势的相量，长针与短针之间的角度表示高、低压电动势相量间的相位差，其角度用短针所指的数字来区别。例如单相变压器的联结组 I/I－12，其中 12 表示长短针重合，即高、低压电动势同相位。又如 I/I－6，其中 6 表示长短针指向相反，即高、低压电动势反相，相位差 180°。单相变压器的联结组只有这两种。

三、绕组极性的测定方法

按前所述，当已知绕组的绕向时，用右手螺旋定则就不难判定出其同名端。但是，对于已经装在变压器箱内的绕组，则无法辨别其实际绕向，这就需要用测试方法来判别其同名端。

1. 交流法

用交流法测定绕组极性的方法如图 17—11 所示。将高、低压绕组的两端随意标以 A－X和 a－x，连接 X 和 x 两端点。然后于 A－X 端外施一较低的交流电压，用电压表分别测取 A、a 两端电压 U_{Aa}和高、低压两侧的电压 $U_{AX}=U_1$，$U_{ax}=U_2$，并根据测得的数据作比较分析。如果 $U_{Aa}=U_1-U_2$，称为“减极性”，两绕组反向串联，则说明高、低压绕组电动势的指向为 A→X 及 a→x，表示 U_1和 U_2同相，表明 A 与 a 或 X 与 x 是同名端，因此是 I/i－12 联结组；如果 $U_{Aa}=U_1+U_2$，表示相应两绕组同向串联，表示 U_2和 U_1反相，则说明 A 与 x 或 X 与 a 是同名端，因此是 I/I－6 联结组。

2. 直流法

如图 17—12 所示为用直流法测定绕组极性的方法，在高压绕组 U 端经开关 S 接至电动势为 1.5 V 或 3 V 直流电源的正极，负极与 X 相接。在低压绕组接入一直流毫安表（或毫伏表），电表的正极与 a 端相连，负极与 x 端相连。当开关 S 刚闭合瞬间，铁芯中的磁通量 Φ 就迅速增加，而低压绕组中将产生一个感应电动势和感应电流，作用是阻止磁通量的增长。若直流电表的指针正向偏转时，则说明连接直流电表的正极 a 端与连接电动势正极的 A 端为同名端，若直流电表的指针反向偏转时，则说明连接直流电表的负极 x 端与连接电动势正极的 A 端为同名端。

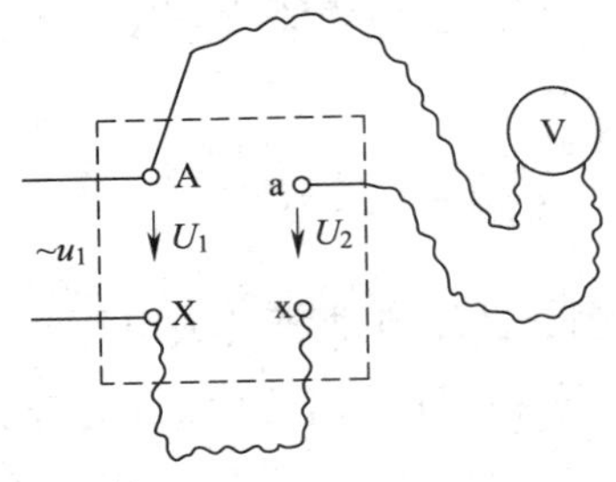

图 17—11　交流法测绕组极性

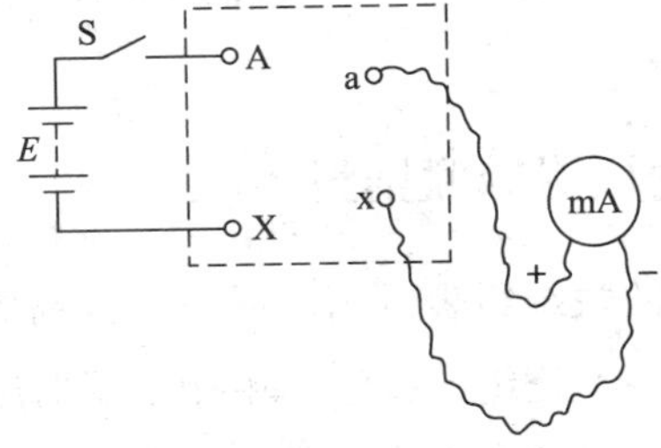

图 17—12　直流法测绕组极性

【例 17—2】　单相变压器额定容量 $S_N=5$ kV·A，额定电压 $U_N=2\times220/2\times60$ V，额定电流 $I_N=2\times11.36/2\times41.6$ A，表明该变压器具有两套同规格的高、低压线圈，它们分别安装在两个铁芯柱上。若电源电压分别为 220 V 与 440 V，高压绕组应如何连接？如果采用不同方式连接，共有几种组合应用？

解：如图 17—13 所示，设高压绕组为 W_1，W_2与W_3，W_4，低压绕组为 W_5，W_6与 W_7，W_8。

首先确定连接绕组的同名端，测量方法如前所述。

连接方法：电源为 440 V 时，两高压绕组的异名端相连（如图中的 2 和 4）。电源为 220 V 时，应将两高压绕组的同名端相连后并接（图中 1 和 4 连接，2 和 3 连接）。采用不同方式连接，可得四种组合应用：

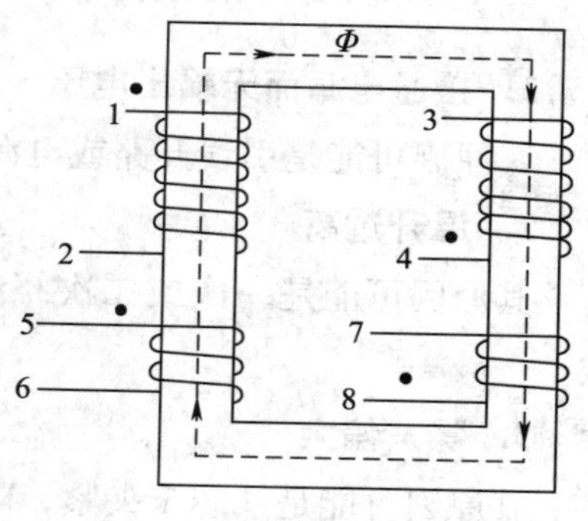

图 17—13 【例 17—2】题图

（1）高压绕组串联，低压绕组串联，则高压绕组 440 V，11. 36 A；低压绕组 120 V，41. 6 A。

（2）高压绕组串联，低压绕组并联，则高压绕组 440 V，11. 36 A；低压绕组 60 V，83. 2 A。

（3）高压绕组并联，低压绕组并联，则高压绕组 220 V，22. 72 A；低压绕组 60 V，83. 2 A。

（4）高压绕组并联，低压绕组串联，则高压绕组 220 V，22. 72 A；低压绕组 120 V，41. 6 A。

第 6 节　小型变压器的常见故障

一、小型变压器的基本结构

控制变压器是一类小型干式变压器，在工矿企业中用作局部照明电源，在电气设备中控制变压器基本上都是 BK 系列变压器。该系列的变压器为单相开启式，一、二次绕组分开绕制，并相互绝缘。用硅钢片叠制的铁芯，采用交叉插片的方法，即 E 形硅钢片与 I 形硅钢片的位置互相错开，先将 E 形硅钢片插满，再把 I 形硅钢片从两侧空隙插入，数量应和 E 形片一致。

BK 系列的改进型 BKC 系列是用硅钢片卷绕成 C 形铁芯，扩大了窗口面积，减轻了变压器质量。

二、控制变压器故障判断

1. 接通电源而无输出电压

其原因可能是引线开路或电源插头有故障，也可能是一次或二次绕组开路。

2. 温升过高

其原因可能是一次或二次绕组短路，硅钢片间绝缘损坏，叠厚不足，匝数不足或过载。

3. 噪声偏大

其原因可能是铁芯未夹紧，电源电压过高，过载或短路。

4. 铁芯带电

其原因可能是一次或二次绕组通地，绝缘老化，引线绝缘脱落碰到铁芯或线圈受潮。

三、控制变压器故障检测方法

1. 外观检查

检查有无断线、脱焊，绝缘有无损伤，通电后有无烧焦味等。

2. 绕组检查

用万用表测量电阻，以判断绕组有无短路、断线，以及绝缘有无损坏。若变压器绕组的电阻特别小，则可用电桥检测。用兆欧表测量绕组之间或绕组和铁芯之间的绝缘电阻，应大于10 MΩ。

3. 电气性能测量

测量空载电流，如偏大，说明空载损耗变大，温升将会升高。测量变压器的输出电压，检验输出电压是否和额定值相符。测量电压调整率，以检验变压器的负载能力。

4. 进行耐压试验及温升试验

以上试验方法可参阅第19章有关内容。

四、维修

1. 铁芯的检修

变压器铁芯绝缘损坏时，应拆下铁芯进行检修。由于变压器是线圈连同铁芯一起浸漆烘干的，而变压器的叠片又插得很紧，因此拆下铁芯并不容易。一般应将变压器放在烘箱中，在80～100℃下烘烤2 h左右，使绝缘软化。然后将硅钢片逐片划开，用一字旋具撬出几片，再用小铁片插入铁芯中，用小锤子轻轻击打，将硅钢片取出。在击打时应注意用力均匀，以保持硅钢片的完好。

拆下的硅钢片可浸在汽油中，清除原来的绝缘漆，然后应仔细检查，若发现绝缘漆有损伤或发现有锈斑，则应清除残留的绝缘漆膜，重新喷涂或刷上绝缘漆。

2. 线圈的检修

变压器绕组发生短路或断路，首先应找到短路或断路的部位。若故障发生在外部可见的地方，应先把变压器烘热，使绝缘漆软化。若有短路现象，应垫好绝缘纸。若有断路，则小心挑出断线的线头，进行焊接修复。

若短路或断路严重，且发生在绕组中部，维修时，必须拆下铁芯，拆除线包，找出故障点进行维修，若故障严重，漆包线绝缘老化，则应重绕线圈。重绕时，应注意导线的规格、绕向及线圈的匝数必须与原来的一样。绕制好的线圈应进行绝缘处理。对变压器进行绝缘处理的主要方法有三种：浸漆、环氧树脂浇注和浸蜡。

浸漆处理可采用真空浸漆法。先把线圈放入真空箱中预热，然后放入绝缘漆中浸渍。

由于线圈中空气很少，用这种方法可浸得很透。如果不具备设备条件，只能采用简易的方法。先将线圈放入烘箱预热至60～80℃，保持3～5 h，放入绝缘漆中浸渍，直到无气泡冒出为止，然后取出滴漆，再放入烘箱烘干，先在低温70～80℃下烘4～6 h，再在90～100℃下烘8 h即可。

对绝缘要求比较高的变压器可采用环氧树脂进行浇注。对要求不高的变压器也可用浸蜡的方法。

3. 其他故障

（1）引线故障。引线导电部分碰到铁芯，致使铁芯带电。若故障可用肉眼直接观察，则只要重新包好绝缘或套上套管即可排除故障。若最里圈的线圈接触到铁芯，无法重新包绕时，则可塞入绝缘材料，并用绝缘漆或胶粘牢。

（2）绝缘损坏。若绝缘损坏或线圈受潮造成漏电，则应重新烘干，烘干后立即浸漆再烘干。若绝缘性能仍未能恢复，则只能重绕线圈。

第7节 特殊变压器

除电力系统外，变压器在电子设备、自控系统、工业应用等多种领域均有广泛应用，形成了各种类型的变压器，如整流变压器、自耦变压器、电压互感器、电流互感器、电焊变压器等。本节仅对自耦变压器、电焊变压器结构、功能特点作简略介绍。

一、自耦变压器

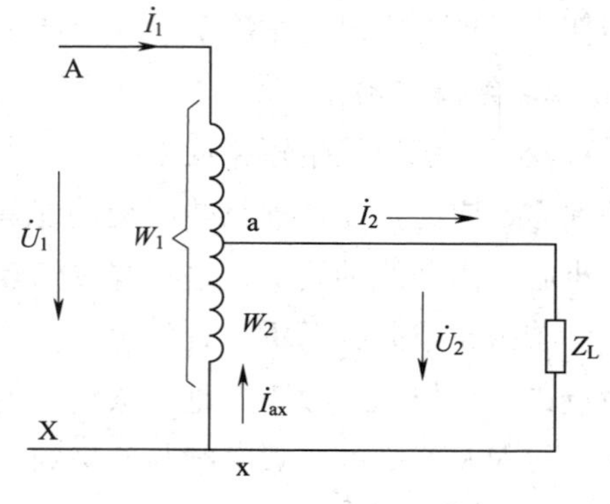

图 17—14　自耦变压器

自耦变压器如图 17—14 所示，从原理上看，自耦变压器实质上就是利用一个绕组抽头的办法来实现改变电压的一种单绕组变压器，其特点是一、二次绕组之间既有磁的耦合，又有电的联系。这是自耦变压器区别于一般变压器的特点。

自耦变压器的绕组分为两个部分，其中 ax 为高、低压两边共有，称为公共部分，Aa 部分属于高压边，称为串联部分。从 A 到 X 为自耦变压器的高压边，匝数为 W_1；从 a 到 x 为自耦变压器的低压边，匝数为 W_2。当 A，X 间加上额定电压 U_1，自耦变压器作空载运行时，如果不考虑绕组内的阻抗压降，则：

$$\frac{U_1}{U_2} \approx \frac{E_1}{E_2} = \frac{W_1}{W_2} = K_Z$$

式中　K_z——自耦变压器的变比。

当自耦变压器接上负载，二次侧有电流 I_2输出，和双绕组变压器类似，一、二次侧电流大小与绕组匝数成反比，即：

$$\frac{I_1}{I_2} = \frac{W_2}{W_1} = \frac{1}{K_Z}$$

在自耦变压器的绕组中，公共部分的电流为：

$$I_{ax} = I_2 - I_1 = I_2\left(1 - \frac{1}{K_Z}\right)$$

当变比 K_z接近 1 时，I_{ax}很小，W_2的绕组可用截面积很小的导线，以节省用铜量。

将自耦变压器与同样容量、变比和电压的双绕组变压器比较，自耦变压器的体积、质量和耗材只有同容量双绕组变压器的（$1-1/K_z$）倍，故具有体积小，质量轻，造价低等优点。变比 K_z越接近 1，上述优点越显著。自耦变压器适用于变比不大的场所。

自耦变压器的主要缺点是一、二次绕组的电路直接联系在一起，不能用在要求一、二次绕组互相绝缘的场所，所以不能作安全变压器用。因此接到低压边的设备均要求按高压边的高电压绝缘。

自耦变压器可用作电力变压器，还广泛用于三相笼型异步电动机减压启动用的补偿启动器。

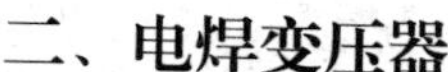

二、电焊变压器

电焊变压器通常用于交流弧焊机，实际上是一个专供电弧焊接用的特殊单相降压变压器，也就是电焊变压器。其作用原理与普通变压器相同，但工作性能差别很大。这是由于焊接工艺对电焊变压器有如下特殊要求。

1. 起弧电压较高

由于工件表面不清洁，需要较高的起弧电压才能引起电弧进行焊接；同时为了安全，电压又不能太高。因此，对电焊变压器的要求是在空载时二次绕组应有足够的起弧电压，即 60～80 V 的空载输出电压。

2. 短路电流适度

电焊变压器是工作在弧光短路和直接短路两种情况下。在弧光短路时（起弧前），短路电流不能太大（应与工作电流相差不大）。而在焊接过程中，电弧长度不断变化时，也要求电流尽量保持不变，以保证焊接质量。在额定工作状态时输出电压约为 30 V，二次绕组短路（例如焊条碰在工件上，使二次绕组电压为零）时，二次绕组电流也不致过大。也就是说，电焊变压器的二次绕组电压 U_2 与二次绕组电流 I_2 之间，应具有如图 17—15 所示的陡降的外特性。这就要求电焊变压器的绕组必须具有较大的漏磁电抗。在结构上，它的一、二次绕组不是同心地套在一起，而是分装在两个铁芯柱上。

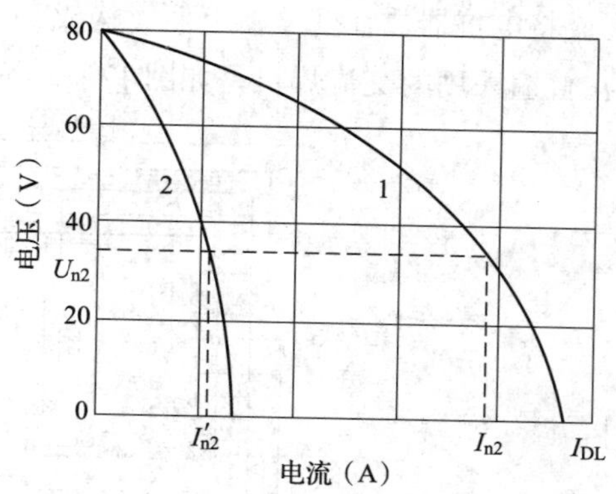

图 17—15　电焊变压器陡降外特性

3. 调整特性

电焊变压器二次绕组的输出电流的大小可以调节，以满足不同焊件或不同规格的焊条对焊接电流的要求。因此要求交流弧焊机能够根据需要调节其输出电流。为了满足这个要求，可在二次绕组电路中串联一个气隙可调节的铁芯式电抗器，相当于增加了电焊变压器二次绕组的阻抗，如图 17—16 所示。

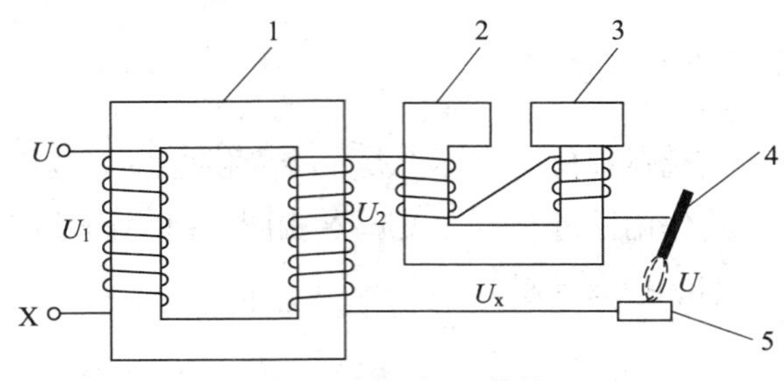

图 17—16　调整特性

1—普通降压变压器　2—电抗器　3—活动铁芯　4—焊条　5—工件

焊接时，先将焊条与焊件接触，这相当于输出端短路，这时因受绕组和漏磁阻抗和电抗器阻抗的限制，短路电流并不很大（见图 17—15 中曲线 1 的 I_{DL}）；然后将焊条迅速提起，焊条与焊件之间就产生了电弧。电弧就其性质来说，相当于一个电阻，电弧上的电压降大致上就是输出电压，约 30 V（见图 17—15 中曲线 1 的 I_{n2}），相当于电焊变压器的额定负载，这时输出电流（焊接电流）就是 I_{n2}。当焊条与焊件之间的距离发生变化而使电弧长度变化时，电弧压降也要在 I_{n2} 上下变化，输出电流也要作相应的变化。由于电焊变压器的外特性曲线很陡，所以当电弧压降变化时，焊接电流的变化并不显著，故电弧比较稳定。

要改变焊接电流的大小，可以改变与二次绕组串联的电抗器的感抗大小，也就是调节电抗器铁芯的气隙长度，气隙长度减小，则感抗增加，焊接电流减小。

后来电焊变压器又发展成将电抗器放在变压器上面，构成一个整体的复合式电焊变压器，如图 17—17 所示。现在普遍采用的交流焊机是如图 17—18 所示增加漏磁的电焊变压

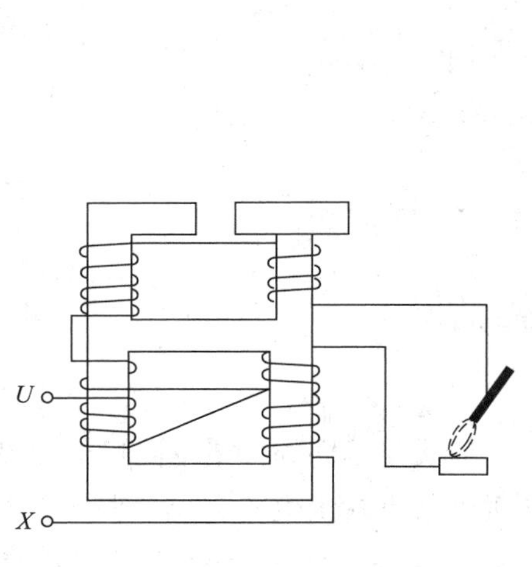

图 17—17　复合式电焊变压器

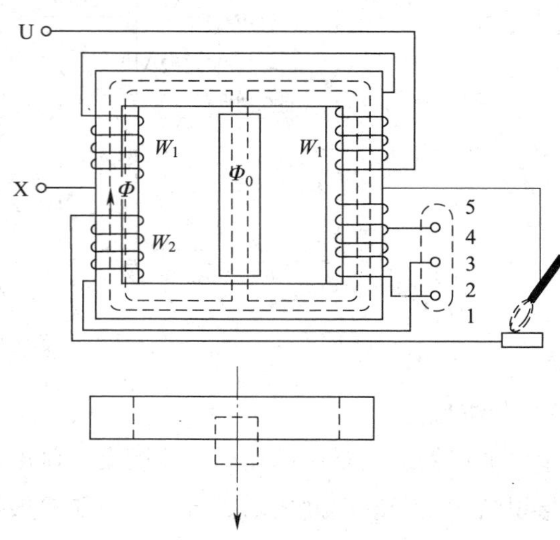

图 17—18　漏磁电焊变压器

器，它是从复合式电焊变压器改进而来。它的二次绕组分成两部分，其中一部分有中间抽头4，引出端5接焊条，引出端1接焊件，3与2连接是小电流，3与4连接是大电流。中间活动铁芯柱是用来调节漏磁的，漏磁的调节可由活动铁芯的调进、调出来达到，以满足电焊工艺的要求。所以这种电焊变压器又称磁分路电焊变压器。

测 试 题

一、判断题

1. 变压器是利用电磁感应原理制成的一种静止的交流电磁设备。（　　）

2. 电力变压器主要用于供配电系统。（　　）

3. 一台变压器型号为S7－500/10，其中500代表额定容量500 V・A。（　　）

4. 对三相变压器来说，额定电压是指相电压。（　　）

5. 为了减小变压器铁芯内的磁滞损耗和涡流损耗，铁芯多采用高磁导率、厚度0.35 mm或0.5 mm的表面涂绝缘漆的硅钢片叠成。（　　）

6. 假如有一个电流分别从两个同名端同时流入，该电流在两个绕组中所产生的磁场方向是相同的，即两个绕组的磁场是相互加强的。（　　）

7. 三相变压器联结组别标号为Y，y0（Y/Y－12），表示高压侧星形联结、低压侧三角形联结。（　　）

8. 理想双绕组变压器的变比等于一、二次侧的匝数之比。（　　）

9. 变压器正常运行时，在电源电压一定的情况下，当负载增加时，主磁通增加。（　　）

10. 自耦变压器实质上就是利用改变绕组抽头的办法来实现调节电压的一种单绕组变压器。（　　）

11. 自耦变压器一、二次侧绕组间具有电的联系，所以接到低压侧的设备均要求按高压侧的高压绝缘。（　　）

12. 电焊变压器是一种特殊的降压变压器。空载时输出电压约为30 V，负载时电压为60～75 V。（　　）

13. 改变电焊变压器焊接电流的大小，可以改变与二次绕组串联的电抗器的感抗大小，也就是调节电抗器铁芯的气隙长度。气隙长度减小，感抗增加，焊接电流减小。（　　）

二、单项选择题

1. 变压器的基本工作原理是（　　）。

A. 电磁感应　　　　B. 电流的磁效应

C. 楞次定律　　　　D. 磁路欧姆定律

2. 变压器是一种将交流电压升高或降低，并且又能保持其（　　）不变的静止电气设备。

A. 峰值　　B. 电流　　C. 频率　　D. 损耗

3. 电力变压器的主要用途是在（　　）。

A. 供配电系统中　　　　B. 自动控制系统中

C. 供测量和继电保护用　　　　D. 特殊用途场合

4. 控制变压器的主要用途是在（　　）。

A. 供配电系统中　　　　B. 自动控制系统中

C. 供测量和继电保护用　　　　D. 特殊用途场合

5. 一台变压器型号为 S7－1000/10，其中 10 代表（　　）。

A. 一次侧额定电压为 10 kV　　　　B. 二次侧额定电压为 1 000 V

C. 一次侧额定电流为 10 A　　　　D. 二次侧额定电流为 10 A

6. 变压器的额定容量是变压器额定运行时（　　）。

A. 输入的视在功率　　　　B. 输出的视在功率

C. 输入的有功功率　　　　D. 输出的有功功率

7. 对三相变压器来说，额定电压是指（　　）。

A. 相电压　　　　B. 线电压

C. 特定电压　　　　D. 相电压或线电压

8. 为了便于绕组与铁芯绝缘，变压器的同心式绕组要把（　　）。

A. 高压绕组放置在里面　　　　B. 低压绕组放置在里面

C. 将高压低压交替放置　　　　D. 上层放置高压绕组，下层放置低压绕组

9. 单相铁壳式变压器的特点是（　　）。

A. 绕组包围铁芯　　　　B. 一次绕组包围铁芯

C. 铁芯包围绕组　　　　D. 绕组包围铁芯或铁芯包围绕组

10. 同名端表示两个绕组瞬时极性间的相对关系，瞬时极性是随时间而变化的，但它们的相对极性（　　）。

A. 瞬时变化　　　　B. 缓慢变化

C. 不变　　　　D. 可能变化

11. 三相变压器联结组别标号 Y，y0（Y/Y－12）表示（　　）。

A. 高压侧与低压侧均星形联结

B. 高压侧三角形联结，低压侧星形联结

C. 高压侧星形联结，低压侧三角形联结

D. 高压侧与低压侧均三角形联结

12. 变压器空载运行时，其（ ）较小，所以空载时的损耗近似等于铁耗。

A. 铜耗 B. 涡流损耗 C. 磁滞损耗 D. 附加损耗

13. 变压器正常运行时，在电源电压一定的情况下，当负载增加时，其主磁通将（ ）。

A. 增加 B. 减小 C. 不变 D. 不定

14. 单相变压器其他条件不变，当二次电流增加时，一次侧的电流（ ）。

A. 增加 B. 减小 C. 不变 D. 不定

15. 自耦变压器的特点是一、二次绕组之间（ ）。

A. 有磁的联系 B. 既有磁的耦合，又有电的联系

C. 有电的联系 D. 无任何关系

16. 当自耦变压器接上负载，二次绕组有电流输出，一、二次电流大小与绕组匝数成（ ）。

A. 正比 B. 反比 C. 平方正比 D. 平方反比

17. 由于自耦变压器一、二次绕组间具有电的联系，所以接到低压侧的设备要求（ ）考虑。

A. 按高压侧的电压绝缘 B. 按低压侧的电压绝缘

C. 按高压侧或低压侧的电压绝缘 D. 按一定电压绝缘

18. 由于自耦变压器一、二次绕组间（ ），所以不允许作为安全变压器使用。

A. 有磁的联系 B. 有电的联系

C. 有互感的联系 D. 有自感的联系

19. 电焊变压器在空载时输出电压通常为（ ）V。

A. 30 ~ 40 B. 60 ~ 80 C. 100 ~ 120 D. 120 ~ 150

20. 改变电焊变压器焊接电流的大小，可以改变与二次绕组串联的电抗器的感抗大小，也就是调节电抗器铁芯的气隙长度，（ ），焊接电流减小。

A. 气隙长度减小，感抗增加

B. 气隙长度增大，感抗减小

C. 气隙长度减小，感抗减小

D. 气隙长度增大，感抗增加

测试题答案

一、判断题

1. √　2. √　3. ×　4. ×　5. √　6. √　7. ×　8. √
9. ×　10. √　11. √　12. ×　13. √

二、单项选择题

1. A　2. C　3. A　4. B　5. A　6. B　7. B　8. B　9. C
10. C　11. A　12. A　13. C　14. A　15. B　16. B　17. A　18. B
19. B　20. A

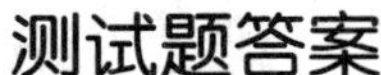

第 18 章

交流异步电动机

第 1 节　异步电动机的用途、分类与结构　/468
第 2 节　异步电动机的工作原理　/474
第 3 节　异步电动机的启动、调速和制动　/478
第 4 节　异步电动机的常见故障及修理　/487

交流异步电动机（简称异步电动机）的作用是将电能转变为机械能，结构比直流电动机简单，制造方便，工作可靠，是目前国民经济中应用最广泛的一种交流电动机。因为转子绕组中的电流是由电磁感应产生的，所以交流异步电动机又称感应电动机。

异步电动机按其相数可分为单相异步电动机和三相异步电动机两类，工业上主要使用的是三相异步电动机，因此这里着重介绍三相异步电动机。

第1节　异步电动机的用途、分类与结构

一、异步电动机的基本特点

直流电动机、异步电动机和同步电动机是电动机的三大类型。其中异步电动机与其他两种电动机的最大区别，是异步电动机的转子绕组不需要与其他的电源相连接，而它的定子电流直接取自交流电网。显然，异步电动机比其余两种电动机结构简单，制造、使用和维修方便，运行可靠，质量轻，成本较低，还具有较高的效率和较好的工作特性，能满足大多数机械设备的拖动要求。

现阶段由于变频调速日趋完善，早期大都采用直流电动机调速的场合，现在都可以采用异步电动机实现变频调速。异步电动机运行时，必须从电网中吸取无功励磁功率，因而使电网的功率因数下降，所以在功率较大、转速较低的场合下使用时，不如同步电动机合适。

二、异步电动机的用途

由于异步电动机具有一系列优点，因此被广泛应用于一般机械设备的动力，是各种电动机中应用最广、使用量最大的一种。在电网总负载中，异步电动机的用电量占60%以上。

在工业方面异步电动机可用于拖动中、小型轧钢设备，以及金属切削机床、起重运输机械、轻工机械、矿山机械、通风设备等。在农业方面可用于拖动水泵、排灌机械、脱粒机、粉碎机及其他农副产品的加工机械。在家用电器方面可用于电风扇、洗衣机、电冰箱、空调机等。

三、异步电动机的分类

为了适应各种机械设备的配套要求，异步电动机的系列、品种、规格繁多，按不同特

征可做以下分类：

1．按电动机转子的结构形式

按电动机转子的结构形式可分为笼型（鼠笼型）和绕线型两类。笼型异步电动机的转子绕组本身自成闭合回路，整个转子形成一个坚实的整体，其结构简单，应用最为广泛，小型异步电动机绝大部分属于这一类。绕线型异步电动机，其转子回路中通过集电环和电刷接入外接电阻，可以改变启动特性，并在需要时可供调速用。这两类异步电动机的定子结构是完全一样的。

2．按电动机外壳的防护形式

按电动机外壳不同的防护形式可分为开启式、防护式、封闭式及全封闭式等。

3．按电动机通风冷却方式

按电动机通风冷却方式可分为自冷式、自扇冷式、他扇冷式和管道通风式。

4．按电动机安装结构形式

按电动机安装结构形式可分为卧式、立式。

5．按电动机绝缘等级

按电动机绝缘等级可分为 E 级，B 级，F 级和 H 级四个等级。

6．按电动机尺寸大小

按电动机尺寸大小可分为小型（外圆 120 ~ 500 mm）、中型（外圆 500 ~ 990 mm）和大型（外圆 1 000 mm 以上）三种。

7．按电动机电源相数

按电动机电源相数可分为三相电动机和单相电动机两类。

四、异步电动机的结构

异步电动机的结构与其他旋转电动机一样，都由固定不动的部分（定子）和旋转的部分（转子）组成，定子、转子之间有气隙。此外，还有端盖、轴承、风冷装置和接线盒等，如图 18—1 所示为笼型异步电动机的结构剖面。

1．定子

定子由定子铁芯、定子绕组和机座三部分组成。

（1）定子铁芯。定子铁芯是电动机磁路的一部分，用 0.5 mm 厚的硅钢片经冲剪、涂漆、叠压而成，如图 18—2 所示为小型电动机定子铁芯结构图。当铁芯直径小于 1 m 时，用整圆片叠成；当铁芯直径大于 1 m 时，用扇形片组合成整圆叠成。

在定子铁芯内圆上开有均匀分布的槽，定子绕组就嵌在槽内。根据绕组不同的形状，定子槽可分为开口槽、半开口槽和半闭口槽，如图 18—3 所示。

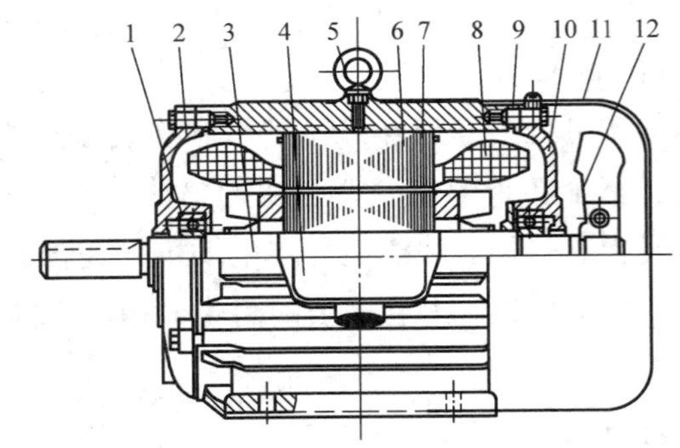

图 18—1　笼型异步电动机结构剖面

1—轴承　2—后端盖　3—转轴　4—出线盒　5—吊环　6—定子铁芯　7—转子　8—定子绕组　9—机座　10—前端盖　11—风罩　12—风扇

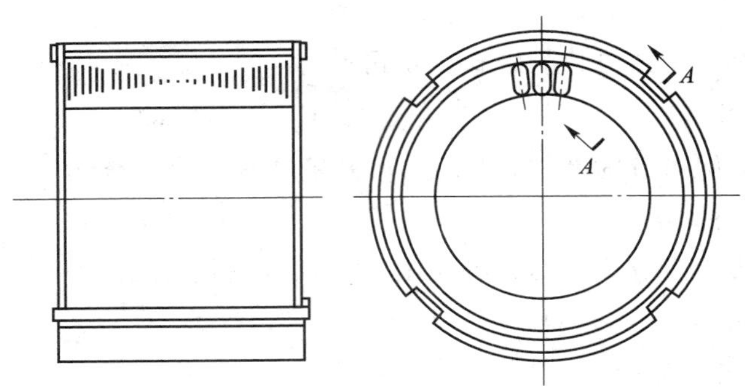

图 18—2　小型电动机定子铁芯结构

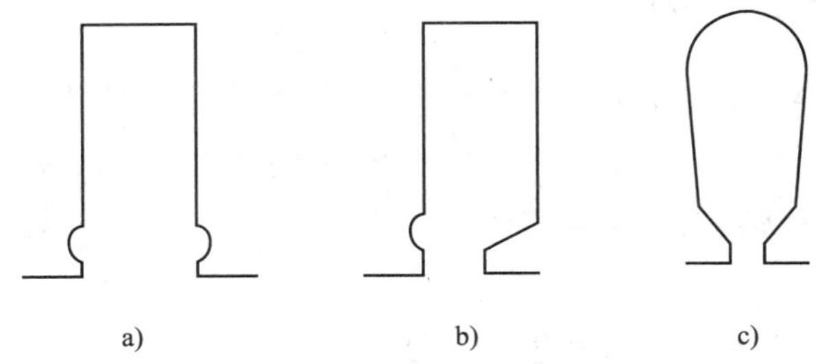

图 18—3　定子铁芯开槽形状

a）开口槽　b）半开口槽　c）半闭口槽

（2）定子绕组。定子绕组是定子的电路部分，由许多线圈连接而成。每个线圈的两个有效边分别放在两个槽内。绕组与铁芯之间有隔槽绝缘。如果采用双层绕组，在两层之间还要垫有层间绝缘。导线用槽楔固定在槽内。中小型异步电动机的定子绕组一般采用漆包

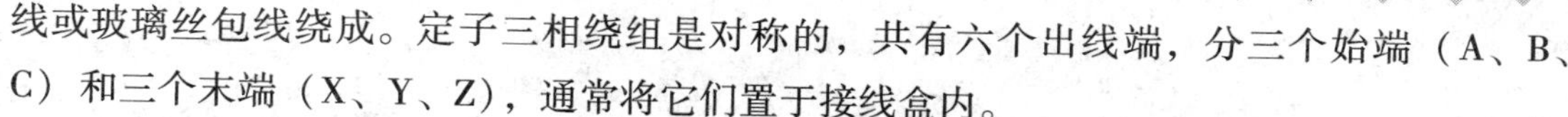

线或玻璃丝包线绕成。定子三相绕组是对称的，共有六个出线端，分三个始端（A、B、C）和三个末端（X、Y、Z），通常将它们置于接线盒内。

（3）机座。机座的主要作用是固定定子铁芯和端盖，中、小型机座采用铸铁制成，小机座可用铝合金压铸而成，大型机座则采用钢板焊接而成。

2. 转子

转子由转子铁芯、转子绕组、转轴、风扇等组成。其中的转子铁芯也是电动机磁路的一部分，也是用0.5 mm厚的硅钢片叠压而成。小型电动机的转子铁芯直接固定在转轴上，中、大型电动机的转子铁芯与转轴之间套有转子支架。硅钢片的外圆冲有均匀分布的槽。叠成铁芯后，槽内嵌放转子绕组。

异步电动机转子根据其绕组结构不同，分为笼型和绕线型两种。

（1）笼型转子。笼型转子的绕组是在转子铁芯的槽内插进一根裸铜条（称为导条或笼条），在伸出铁芯两端的槽口处分别焊在两个铜环（称为端环）上，把所有导条都连接起来，构成闭合回路，绕组外形像一个鼠笼，如图18—4所示，所以称为笼型。

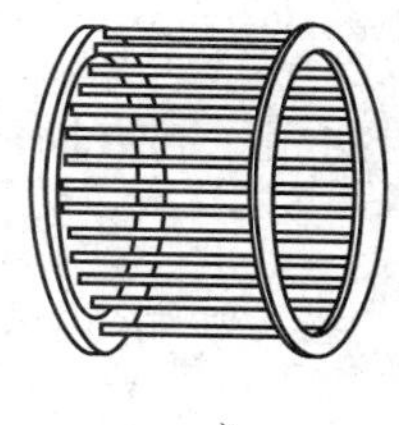

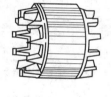

a）　b)

图18—4　笼型转子

a）笼型绕组　b）转子外形

为了节约铜材，对中、小型异步电动机大多采用铸铝的笼型转子。即把熔化的铝浇铸在铁芯的槽内，形成导条，并同时铸出端环和风叶。采用铸铝转子，简化了工艺，降低了成本。

（2）绕线型转子。绕线型转子的铁芯与笼型相同，不同的是在转子铁芯槽内嵌制对称的三相绕组，三相绕组按规定接法，把三根引出线分别接到轴上的三个彼此绝缘的集电环（滑环）上，再通过电刷与外电路连接，如图18—5所示。

绕线型转子异步电动机结构比较复杂，成本比笼型转子异步电动机高，但它具有较好的启动性能，即启动电流较小，启动转矩较大，需要时，可以在转子电路中串接可变电阻进行调速。适用于对启动有特殊要求或需要调速的场所。

3. 异步电动机绕组的出线接线方法

异步电动机的定子三相绕组一般有六个出线端，可按星形（Y）和三角形（△）两

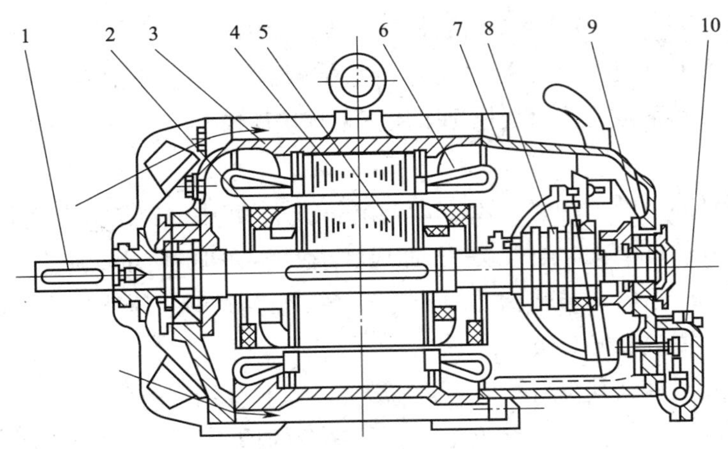

图 18—5　绕线型转子异步电动机

1—转轴　2—转子绕组　3—机座　4—定子铁芯　5—转子铁芯
6—定子绕组　7—端盖　8—集电环　9—轴承　10—接线盒

种方法接线。接线后，当出线端字母的顺序与线端电压的相序同方向时，从轴伸出端看，电动机应按顺时针方向旋转。

（1）星形接法。将三相绕组的末端 X、Y、Z 接在一起，始端 A、B、C 分别与三相电源 L1、L2、L3 连接，如图 18—6 所示。

（2）三角形接法。三角形接法如图 18—7 所示。

绕线型转子异步电动机的转子三相绕组，一般都在转子内部按星形或三角形连接后，引出三个出线端，分别接在三个集电环上，再通过电刷与外部电路连接。

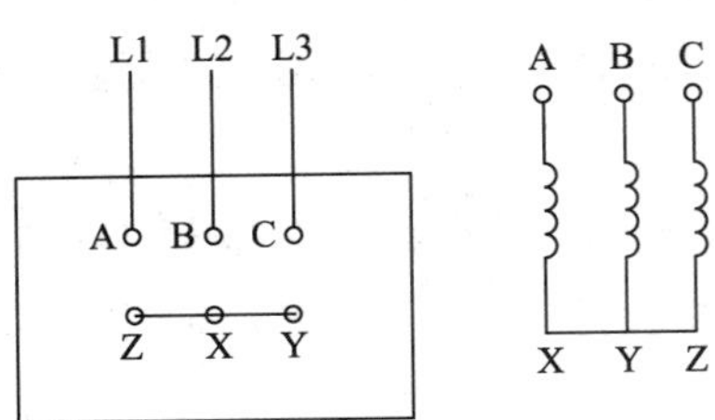

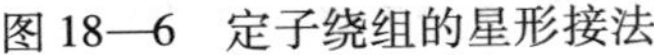
图 18—6　定子绕组的星形接法

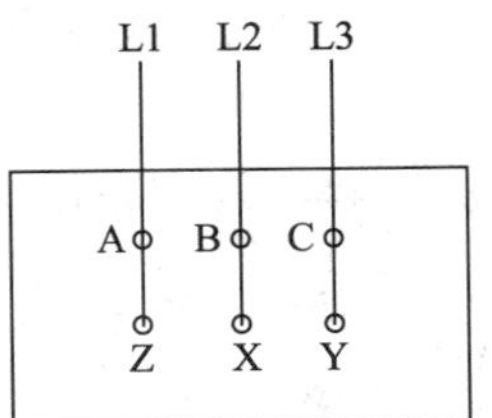

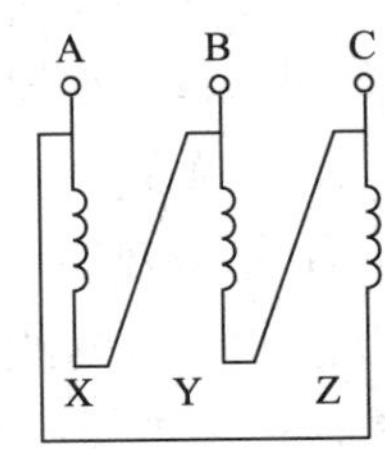

图 18—7　定子绕组的三角形接法

五、异步电动机的铭牌数据

每台异步电动机都有一块铭牌，铭牌包括以下内容。

1. 型号

型号表示电动机的类型、结构特点、设计序号、规格及使用环境。例如 Y 系列三相异步电动机表示如下：

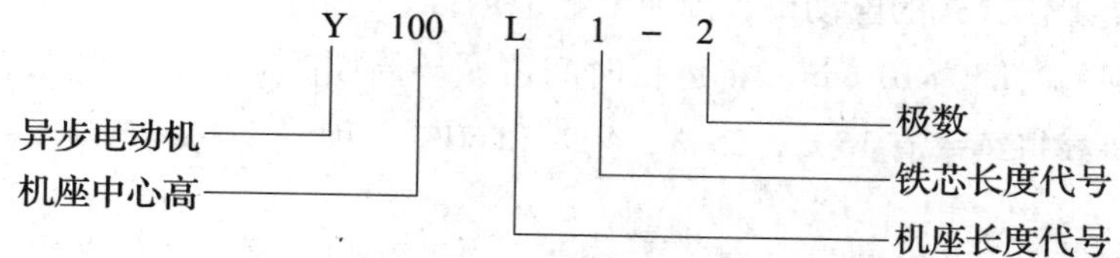

我国生产的异步电动机种类很多。例如有 Y 系列小型笼型全封闭自冷式三相异步电动机、JQ2 和 JQQ2 系列高启动转矩异步电动机、JR 系列防护式三相绕线型转子异步电动机、J22 和 JZR2 系列起重和冶金用的三相异步电动机等。

2. 额定功率

表示电动机在额定运行情况下，允许从转轴输出的机械功率，单位为瓦（W）或千瓦（kW）。

3. 额定电压

表示电动机在额定运行情况下，输入定子三相绕组的线电压（单相电动机为相电压），单位为伏（V）。

4. 额定电流

表示电动机在额定运行情况下，定子三相绕组的线电流，单位为安（A）。

5. 额定转速

表示电动机在额定运行情况下的转速，单位为转/分（r/min）。

6. 额定频率

规定电动机所接交流电源的频率，单位为赫兹（Hz），我国的电源标准频率为 50 Hz。

7. 接法

表示电动机在额定电压下，定子三相绕组采用的连接方法，一般有三角形（△）和星形（Y）两种接法。

（1）当电动机铭牌上标明“电压 380/220 V，接法 Y/△”，这个数据表示电动机每相绕组额定电压是 220 V，这表示如果电源线电压为 380 V 时，定子绕组应接成 Y；如果电源线电压为 220 V 时，定子绕组应接成△。

（2）当电动机铭牌上标明“电压 380 V，接法△”时，则只有一种△接法。

8. 绝缘等级

表示电动机所有的绝缘材料的耐热等级，E 级为 120℃；B 级为 130℃；F 级为 155℃。

9. 工作方式

工作方式是指电动机运行的允许时间，电动机的工作方式分连续、短时和周期三种。连续工作方式的电动机可以长时间连续运行；短时工作方式的电动机只能在规定的时间内限时运行；周期工作方式的电动机，周而复始地运行、停止，完成一系列完全相同的周期循环工作，周期的时间为10 min。将运行时间占循环周期时间的百分比称为负载持续率，电动机的标准负载持续率有15%，25%，40%和60%四种。

第2节　异步电动机的工作原理

当三相异步电动机的定子绕组通入三相交流电流之后，在电动机内部将产生一个旋转磁场，转子导体在这一旋转磁场的作用下会产生感应电流，这个电流在磁场中受力会产生转动力矩使电动机旋转。为此需要分析以下两个问题：第一，转子导体在旋转磁场作用下是如何产生转动力矩的。第二，旋转磁场是如何产生的。

一、旋转磁场对导体的作用

异步电动机的电磁作用原理如图18—8所示。N、S是模拟异步电动机的一对磁极，在两磁极之间形成磁场，中间是导体组成的笼型转子。设想用外力将这对磁极顺时针方向转动时，磁场跟着旋转，转子导体相对于磁场为逆时针方向切割磁感应线，用右手定则可确定导体内产生的感应电动势及其方向。由于转子导体通过端环相互连接成回路，因此导体中也有电流流过，其方向与电动势一致。通电的导体，相对于磁场为逆时针方向切割磁感应线，可用左手定则确定该导体在磁场中受到力的作用，而且力的方向与磁场旋转方向相同，这就是说，该导体形成了顺着磁场旋转方向的力矩，从而使转子顺着旋转磁场旋转。

二、三相绕组的旋转磁场

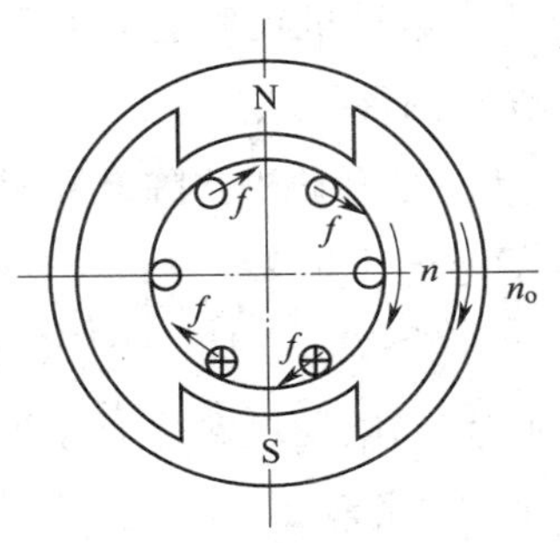

图18—8　异步电动机电磁作用原理

如图18—9所示说明了两极三相异步电动机定子绕组的旋转磁场形成原理。三相定子绕组位置对称，即A－X，B－Y，C－Z彼此相隔120°。通入三相绕组的三相交流电互相对称，三相电流相位彼此相隔120°，即：

$$i_A = I_m \sin\omega t$$

$$i_B = I_m \sin(\omega t - 120°)$$

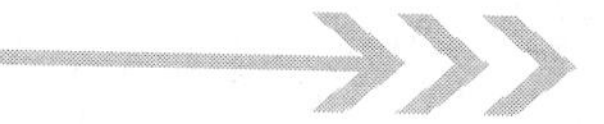

$$i_C = I_m \sin(\omega t - 240°)$$

式中，I_m为每相电流的峰值。

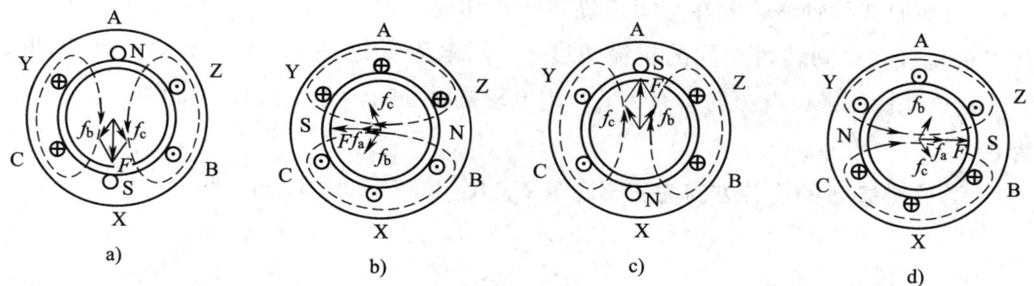

图 18—9　两极三相异步电动机定子绕组旋转磁场形成原理图

a）$\omega t = 0°$　b）$\omega t = 90°$　c）$\omega t = 180°$　d）$\omega t = 270°$

各相电流随时间变化的曲线，如图 18—10 所示。

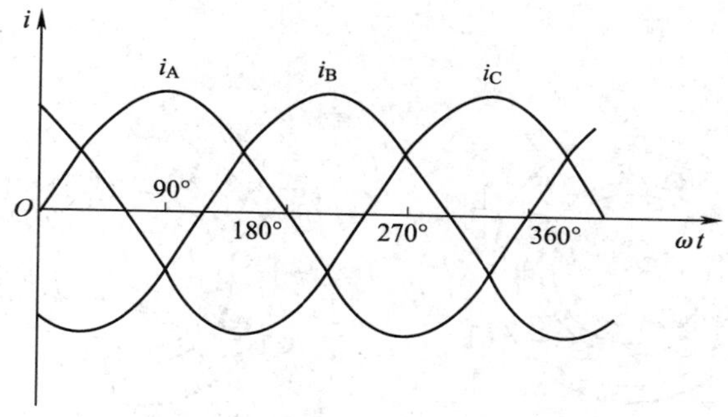

图 18—10　电流随时间变化曲线

设三相线圈的头分别为 A，B，C，尾为 X，Y，Z，并规定电流的正方向为从线圈的头指向尾。那么电流为正时，电流的实际方向从头入尾出；电流为负时，则从尾入头出。

当 $\omega t = 0°$时，由波形图可见 $i_A = 0$，i_B为负值，i_C为正值，此时可得磁场（合成磁势，图中用f_A、f_B、f_C表示三相电流产生的磁势，F 表示合成磁势）情况如图 18—9a 所示。

当 $\omega t = 90°$时，$i_A = i_m$为最大值，i_B和 i_C均为负值，由此可得磁场（合成磁势）情况如图 18—9b 所示。

当 $\omega t = 180°$时，$i_A = 0$，i_B为正值，i_C为负值，由此可得磁场（合成磁势）情况如图 18—9c 所示。

当 $\omega t = 270°$时，$i_A = -i_m$为负最大值，i_B和 i_C均为正值，磁场情况（合成磁势）如图 18—9d 所示。

当 $\omega t=360°$时，又重复到 $\omega t=0°$的情况。

所以，两极三相电动机定子磁场的规律为：

1．合成磁势的轴线位置在空间是旋转的，其规律为电流相位每变化 α 电角度，合成磁势 F 的轴线在空间转过相同的机械角度 α。当电流变化一周，则合成磁势在空间转过 360°机械角度。如果设电源的频率为 f_1，则电动机磁场的转速 n_0同样为每秒 f_1 转，即每分钟为 $60f_1$转。

2．合成磁势 F 的旋转方向为三相绕组 A，B，C 在空间顺序的方向。

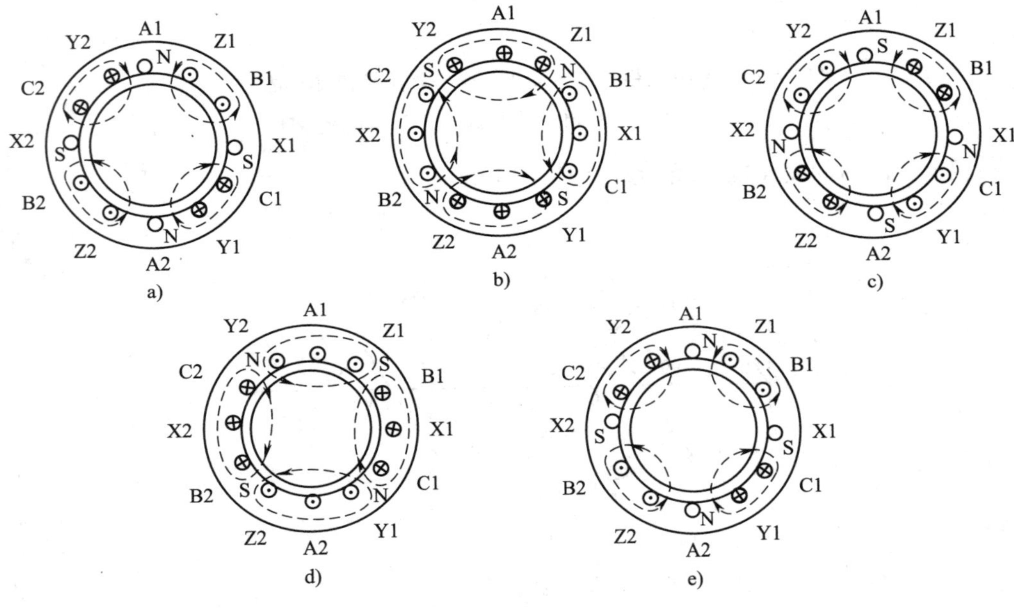

图 18—11　四极异步电动机磁场分析图

a）$\omega t=0°$　b）$\omega t=90°$　c）$\omega t=180°$　d）$\omega t=270°$　e）$\omega t=360°$

如果把三相绕组的每一相都做成两个线圈串联，并作如图 18—11 所示的安排，则可以看到电动机的磁场有四个磁极，称为四极电动机。并且可以看到当电流变化一个周期时，磁感势在空间只旋转 180°。可见旋转磁场的转速 n_0与磁极对数 p 成反比（四极电动机的磁极对数 $p=2$），即：

$$n_0=\frac{60\cdot f_1}{p}\ (\text{r/min})$$

三、转子的转速和转差率

三相对称绕组通以三相对称的正弦交流电后，在空间产生旋转磁场，其转速为 $n_0=$

$\frac{60 \cdot f_1}{p}$（r/min），这个转速称为同步转速。

旋转的磁场将切割转子导体，转子内将产生感应电动势及感应电流，使转子朝着同步转速的方向旋转。转子旋转后，转速为 n，只要 $n < n_0$，转子导体与磁场仍有相对运动，产生与转子不转时相同方向的电动势、电流及受力，电磁转矩 T 仍旧与旋转磁场同向，转子继续旋转，将稳定运行在 $T = T_L$ 的情况下。但是转子的转速不能与同步转速相等，否则转子导体与旋转磁场的位置相对固定，不发生相对切割，感应电动势及电流均为零，转子上就不存在转矩。因此异步电动机转子的转速 n 永远不会等于同步转速 n_0，转子转速 n 总是小于同步转速 n_0。异步电动机的名称就是由此而来的。

通常把同步转速 n_0 与电动机转子转速 n 之差称为转差。把转差与同步转速 n_0 的比值称为转差率，用 S 表示，即：

$$S = \frac{n_0 - n}{n_0}$$

转差率是异步电动机的一个重要参数。它是一个没有单位的数，它的大小也能反映电动机转子的速度。异步电动机在启动瞬时，转速为零，转差率 $S = 1$；随着转速的上升，转差率逐渐减小到接近于零；在额定负载下，转差率很小，一般为 0.02 ~ 0.06。转差率越小，转子转速越接近于同步转速，说明电动机性能也越好。已知转差率即可求得电动机转速，即：

$$n = n_0 (1 - S)$$

四、转子绕组的电动势频率及转子磁场

1．转子绕组的电动势频率

转子绕组中电动势的频率是一个变量，频率的高低取决于转子绕组切割磁感应线的速度，也就是说取决于电动机转子转速相对于同步转速的转速差。

当转子转速 $n = 0$ 时，转子导体内感应电动势的频率 f_2 就等于电网频率 f_1；当转子转速接近同步转速时，切割磁感应线的速度极慢，即 $f_2 \approx 0$。转子从静止状态 $n = 0$ 上升到接近同步转速 $n \approx n_0$ 的过程中，转子电动势频率从 f_1 逐步下降到接近于零。转子电动势频率 f_2 与转差率 S 之间的关系为：

$$f_2 = Sf_1$$

异步电动机在额定状态下运行时的转子频率很低，为 1 ~ 3 Hz。

2．转子磁场

笼型转子的导体中，感应产生的交流电流也会产生一个转子磁场，这一磁场具有以下

几个特点：

（1）转子磁场的极对数与定子磁场的极对数相同。

（2）转子旋转磁场相对于转子的转速为：

$$n_2 = \frac{60 \times f_2}{p} = \frac{60 \times Sf_1}{p} = Sn_0$$

（3）转子磁场的旋转方向与转子旋转方向相同。

所以相对于定子来说，转子旋转磁场的转速为转子的转速 n 加上转子旋转磁场相对于转子的转速 n_2，即：

$$n + n_2 = n + Sn_0 = n_0\ (1 - S)\ + Sn_0 = n_0$$

由此可见，不论转子的转速是多大，转子旋转磁场与定子旋转磁场相对于定子来说，均以相同的转向和转速旋转，两者在空间上是相对静止的。电动机中的磁通量是由定子电流和转子电流共同产生的，电动机中定子电流 I_1 与转子电流 I_2 的关系与变压器中一次绕组电流 I_1 与二次绕组电流 I_2 的关系十分相似。电动机中转子电流 I_2 的变化，同样也会引起定子电流 I_1 的变化，以维持铁芯中的磁通量恒定。

第3节　异步电动机的启动、调速和制动

在交流电力拖动系统运行时，在拖动各种不同负载的条件下，若改变异步电动机电源电压的大小、相序及频率，或者改变绕线型异步电动机转子回路所串电阻等参数，三相异步电动机就会运行在各种不同的状态下。若电磁转矩 T 与转速 n 的方向一致时，电动机运行于电动状态，若 T 与 n 的方向相反时，电动机运行于制动状态。制动运行状态中，根据 T 与 n 的不同情况，又分成了回馈制动、反接制动、倒拉反接制动及能耗制动等。

一、异步电动机的启动和反转

当异步电动机投入电网时，电动机从静止开始转动，直至升速到稳定的转速，这个过程称为启动。

异步电动机启动时，因为转差率大，转子感应的电流大，反映在定子绕组上的电流也随之增大，通常异步电动机的启动电流可达额定电流的4～7倍，即 I_{ST} =（4～7）I_N。由于启动时转子电流频率高，电抗大，功率因数低，所以启动转矩并不是很大，通常异步电动机的启动转矩仅为额定转矩的1～2倍，即 T_{st} =（1～2）T_N。

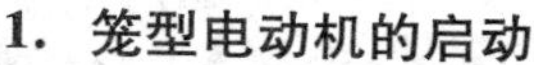

1. 笼型电动机的启动

笼型电动机的启动，根据电源容量与电动机容量间的关系，可分为直接启动与降压启动两种。

（1）直接启动。小容量的异步电动机可以采用直接启动。直接启动不需要专门的启动设备，但是主要受供电变压器容量的限制。因为三相异步电动机启动时，变压器提供较大的启动电流，会使变压器输出电压下降，造成两个后果：

1）对正在启动的电动机本身来说，由于电源电压太低，使启动转矩下降很多，当负载较重时，可能启动不了。

2）影响由同一台配电变压器供电的其他负载，可能使电灯变暗，数控设备不正常，重载异步电动机停转等。

这就是说只有当变压器容量相对于电动机容量足够大时，三相异步电动机才允许直接启动。根据经验，电动机启动电流倍数若能满足下面关系式时可以直接启动：

$$\frac{I_{st}}{I_N}\text{（电动机）}\leqslant\frac{1}{4}\left[3+\frac{S\text{（电源总容量）（kV·A）}}{p\text{（启动的电动机容量）（kW）}}\right]$$

一般来说，当变压器容量较大时，容量在 7.5 kW 以下的小容量笼型异步电动机都可以直接启动。

（2）减压启动。当供电电源容量不够大时，可采用减压启动，以限制启动电流。由于启动转矩与电压的平方成正比，因此减压启动将使启动转矩下降很多，所以这种方法只适用于轻载或空载下启动。

1）自耦变压器减压启动（补偿启动）。自耦变压器减压启动是利用三相自耦变压器将电动机启动过程中的电压适当减低，以减小电动机的启动电流。其原理如图 18—12 所示。图中 QS 为转换开关。启动时，将开关 QS 投向“启动”位置，电动机在自耦变压器二次绕组控制下启动，启动电压较低，为减压启动；当转速上升到接近额定转速时，将 QS 开关转到“运行”位置，自耦变压器被切除，电动机就在额定电压下继续启动至额定转速运行，完成启动过程。

自耦变压器备有几个抽头，有几个电压供选择，例如，输出电压可以为电源电压的 65% 和 80%。用自耦变压器减压启动，可以减小通过线路的启动电流。如选用 80% 电源电压启动时，电动机的启动电流（变压器二次绕组电流 I_2）只有全电压启动时的 80%，而通过线路的电流$\left(\text{变压器一次绕组电流 } I_1=\frac{U_2}{U_1}I_2=\frac{80}{100}I_2\right)$只有全电压启动时的 64%。电动机的启动转矩与电压的平方成正比，因此这时的启动转矩也只有全电压启动的 64%。

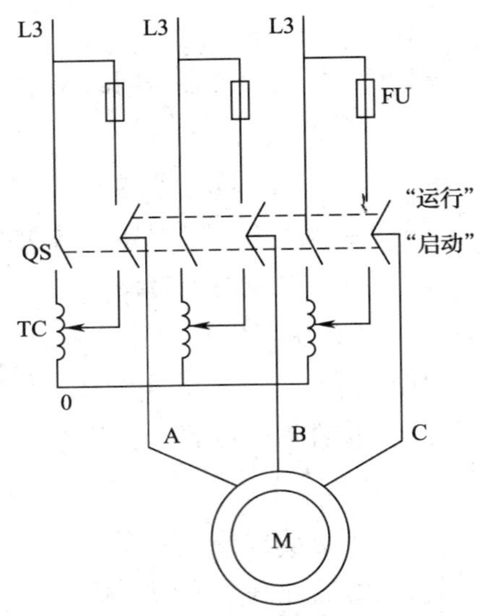

图 18—12　自耦变压器减压启动

自耦变压器减压启动适用于功率较大或正常运行时为星形接法的笼型异步电动机。

2）Y－△减压启动。对于定子绕组六个出线端都已经引出，额定电压 380 V，绕组为三角形接法的异步电动机，可以采用 Y－△降压启动。启动时先将三相定子绕组接成星形，这时定子绕组承受的相电压只有三角形接法时的$\frac{1}{\sqrt{3}}$，电动机处于降压启动。待电动机转速接近额定转速时，换接成三角形接法，使电动机定子绕组在全电压下运行。Y－△启动可使启动电流减小到直接启动的 1/3，但是启动转矩也减小到直接启动的 1/3，因此 Y－△启动适用于轻载或空载启动。

Y－△启动可以用三极双投开关实现，如图 18—13 所示。图中 1Q 为电源开关，2Q 是

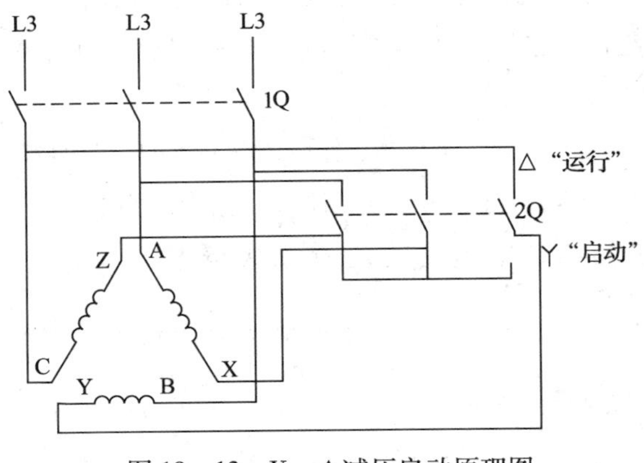

图 18—13　Y－△减压启动原理图

Y－△换接开关。启动时，先合上1Q，再将2Q投向“启动”位置，于是电动机以星形接法启动；待转速上升到接近额定转速时，迅速将2Q开关从“启动”位置投向“运行”位置，于是电动机就以三角形接法运行。

2. 绕线型异步电动机转子串电阻启动

笼型电动机采用减压启动虽然可以减小启动电流，但也减小了启动转矩。绕线型异步电动机可以采用在转子绕组串电阻的方法启动，这样既可以减小启动电流，又可以增大启动转矩。

绕线型异步电动机的串电阻启动线路如图18—14所示。由图可见，其转子回路通过滑环和电刷，可以和星形接法的三相启动电阻相连。

在开始启动时，全部电阻接入转子电路中，使电动机在较大的启动转矩下启动。随着转速的升高，再将启动电阻分段切除，最后全部切除电阻，使电动机进入稳定运行状态，启动过程结束。

一般在启动较困难的机械上，如卷扬机、起重吊车等大多使用绕线型电动机，可获得较好的启动性能。

3. 异步电动机的反转

异步电动机的转向，主要取决于定子旋转磁场的旋转方向，而定子旋转磁场的转向由定子三相电源的相序确定。因此，要改变三相异步电动机的转向，只需将定子绕组上任意两相电源的进线位置交换一下即可。如图18—15所示，闸刀QS向上推时，电源L1，L2，L3接到电动机上，电动机处于正转电动运行状态；闸刀向下推时，L1，L2两相进线交换了位置使相序反接，电动机就处于反转电动运行状态。

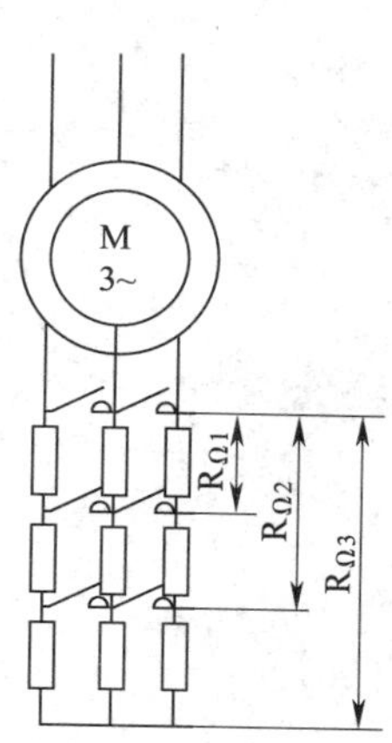

图18—14 绕线型异步电动机转子串电阻启动

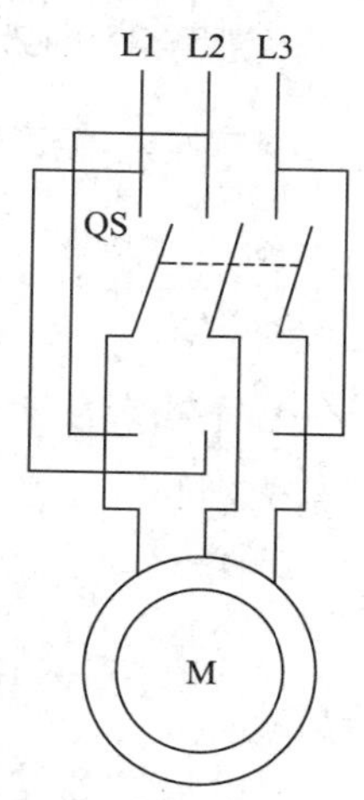

图18—15 异步电动机反转

本节所介绍的异步电动机启动、正反转仅是工作原理，实际的控制电路通常是用按钮、接触器及继电器电路来控制的，具体内容在后续的单元中介绍。

二、异步电动机的速度调节

异步电动机的转速为：

$$n = n_0 \ (1 - S) \ = \frac{60 \cdot f_1}{p} \ (1 - S)$$

从上式可知，改变磁场极对数 p、转差率 S 和电源频率，都可以改变转速。因此，三相异步电动机的调速方法有变极、变频和变转差率三种。

1. 变极调速

异步电动机旋转磁场同步转速 n_0与电动机极对数成反比，改变笼型三相异步电动机定子绕组极对数，就改变了同步转速 n_0，实现变极调速。这种方法只适用于笼型异步电动机，因为笼型转子的极对数永远随定子绕组极对数而定。定子绕组产生的磁极对数的改变，是通过改变绕组的接线方式得到的。变极调速有两种方法：双绕组法和反向变极法。

（1）双绕组法。双绕组法是在定子槽内安放两套不同极对数的独立绕组。当一套绕组运行时，另一套绕组被闲置。

（2）反向变极法。反向变极法是采用改变连接方法使每相绕组中的一半绕组的电流反向，从而达到改变极对数的目的。

如图 18—16 所示为三相异步电动机定子绕组接线及产生的磁极数，只画出 A 相绕组的情况。每相绕组为两个等效集中绕组正向串联，例如 AX 绕组为 A1X1 与 A2X2 头尾串联。因此由 AX 绕组产生的磁极数便是四极的，即为四极异步电动机。

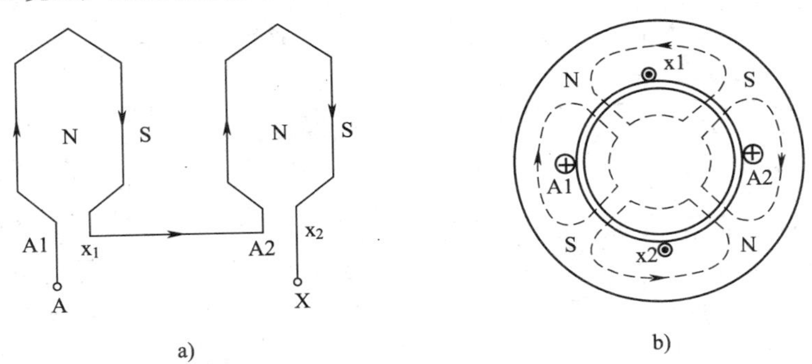

图 18—16　四极三相异步电动机定子 A 相绕组

a）头尾串联　b）磁极

如果把如图 18—16 所示接线方式改变一下，每相绕组不再是两个线圈头尾串联，而变成为两个线圈尾尾串联，即 A 相绕组 AX 为 A1X1 与 A2X2 反向串联，如图 18—17 所示，或者每相绕组两个线圈变为头尾串联后再并联，即 AX 为 A1X1 与 A2X2 反向并联。改变后的两种接线方式，A 相绕组产生的磁极数都是二极的，而电动机转速提高了 1 倍。

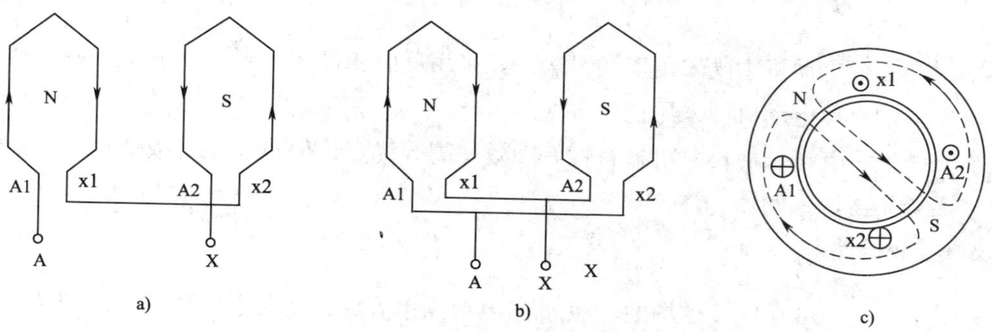

图 18—17　二极三相异步电动机定子 A 相绕组

a）尾尾串联　b）反向并联　c）磁极

由上面分析可见，三相笼型异步电动机的定子绕组，若把每相绕组中一半线圈的电流改变方向，即半相绕组反向，则电动机的极对数便成倍变化。因此，同步转速 n_0 也成倍变化，电动机运行的速度也接近成倍改变。

反向变极法可以成倍地改变电动机的极对数，通常双速电动机多采用这一方法。双速电动机的定子绕组通常引出六个接线端，低速时一般接成△形（也有少数接成 Y 形的），高速时接成 Y 形（两个 Y 形并联），如图 18—18 所示。

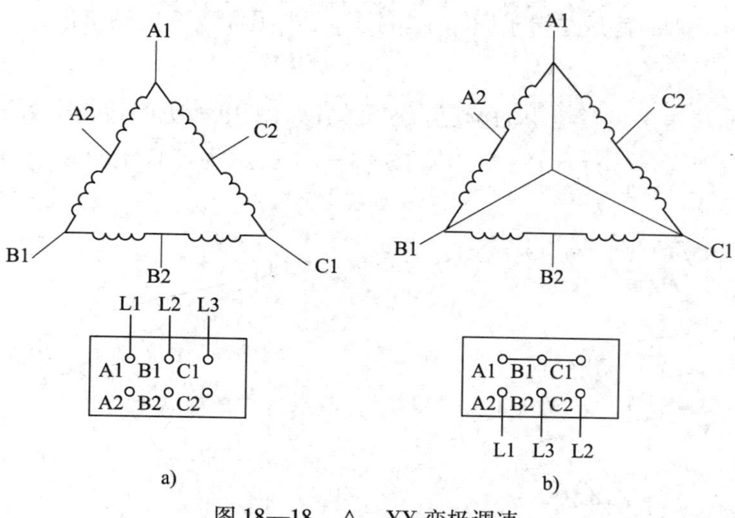

图 18—18　△－YY 变极调速

用反向变极法必须注意的是：由于极对数成倍地改变，空间电角度也成倍地变化，使原来两相绕组间的电角度从 120°变为 60°（极数减少一半）或 240°（极数增加一倍），绕组在空间的相序方向变成相反，从而使旋转磁场的转向相反。要保持原来的转向，就必须对调任意两相电源的端头（如图中的低速△接法变为高速YY接法时，L2和L3交换位置）。

如果在一台电动机中既采用双绕组法，又采用反向变极法，则可制造出多种转速的电动机，常见的三速电动机即采用这一方法。

变极调速具有操作简便、机械特性好、效率高等优点，但只能是有级调速，只适用于不要求无级平滑调速的场合。

2．变频调速

从 $n_0=\dfrac{60\cdot f_1}{p}$ 可知旋转磁场的转速 n_0 与电源频率 f_1 成正比关系，所以连续地调节频率就可以平滑地调节异步电动机的转速。

为保证变频调速时保持恒转矩的特性，必须在调节频率 f_1 的同时，使 u_1 与 f_1 的比值保持常数不变。

由图可见，电动机的转速 n 与电磁转矩 T 之间的关系可以用电动机的机械特性来表示，频率变化时的调速机械特性如图18—19所示，变频调速性能较好，调速平滑性好，特性硬度不变。变频调速的调速范围大，一般可达10∶1～50∶1。但是，变频电源投资较大，而近年来随着变流技术的发展，促进了变频调速的应用。

3．变转差率的调速

变转差率的调速，就是在转子回路中串接可变电阻和改变电动机的外施电源电压等多种方法。

（1）转子回路串接可变电阻的调速。这是用以改变电动机的转差率 S 进行调速的方法之一，它只适用于绕线型转子电动机，如图18—20所示为在转子回路中串接电阻调速的

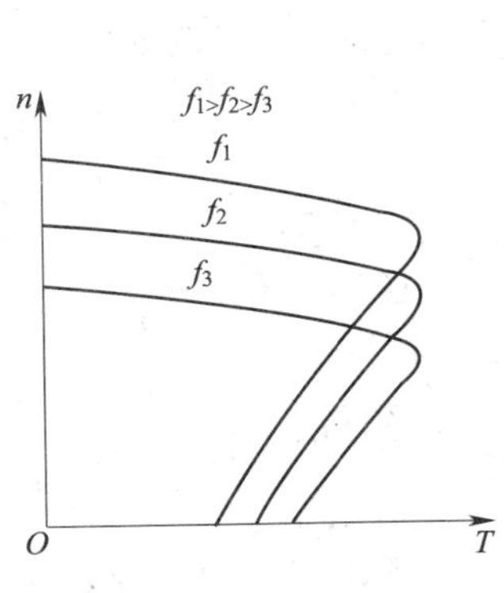

图18—19　变频调速的机械特性

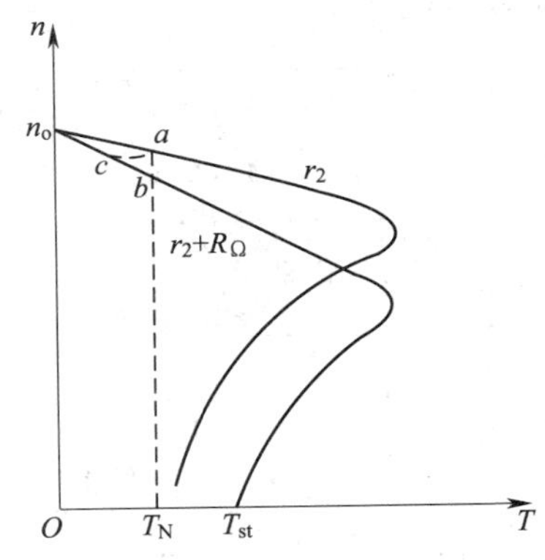

图18—20　串接电阻调速

原理图。由图可见，当转子绕组 r_2 串联电阻 r_Ω 之后，特性曲线下降，在电动机输出同样的转矩 T_N 时，工作点将由 a 点下降到 b 点，使转差率增大，转速降低。

这种调速方法使机械特性变软，稳定性差，调速运行时效率降低。但由于其方法简便，在起重运输等重复短时负载设备上得到比较广泛的应用，如起重机、卷扬机等。

（2）改变外施电源电压调速。当外施电源电压改变时，同一转矩下的转速也有所下降。电压越低，则最大转矩越小，异步电动机机械特性的稳定部分斜度越大、越软化，电动机运行稳定性越差。如电压下降过低，最大转矩可能低于额定转矩，电动机无法运行，故本法对恒转矩机械负载实用价值不大，一般可用于通风机的调速，因风机类负载低速时转矩较小。

三、异步电动机的电气制动

一般情况下，电动机在运行时其电磁转矩与旋转方向总是一致的，称为电动运行状态。如果突然切断电源、电动机刹车、吊车下放重物等场合，电动机应进入制动运行状态。

所谓制动运行，是指电动机的电磁转矩 T 作用的方向与转子的转向相反的运行状态。

制动分两种：电气制动与机械制动。用机械方式，例如抱闸一类的制动属于机械制动。本节介绍电气制动。

异步电动机的电气制动可分为能耗制动、反接制动和回馈制动三种情况。

1．能耗制动

将正在运行的异步电动机的定子绕组从电网断开，然后接上直流电源，在定子气隙中建立一个方向恒定的磁场。在电源切换后的瞬间，电动机转子由于机械惯性，其转速不能突变，继续维持原方向旋转，转子转速相对于定子磁场来说，超前并接近同步转速而切割磁感应线。因切割磁感应线方向与原来电动运行状态时相反，电磁转矩 T 反向成为制动转矩，使电动机进入制动状态，如图 18—21 所示。这种制动主要依靠转子的惯性动能转化为电能，并消耗在转子回路中所串接的电阻上，故称为能耗制动。

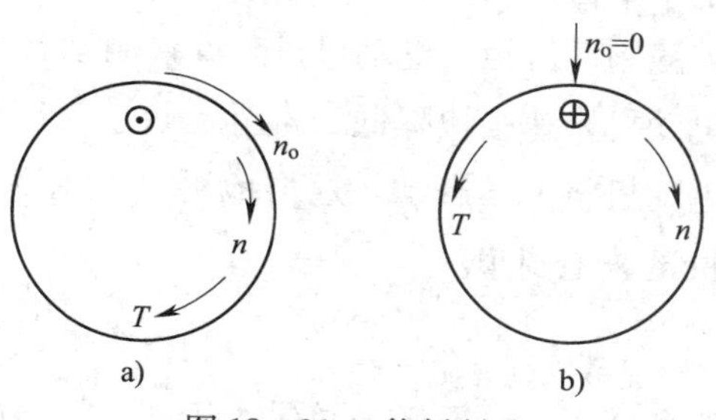

图 18—21　能耗制动

a）电动状态　b）能耗制动

2. 反接制动

反接制动状态，就是指转子旋转的方向与定子磁势旋转的方向相反时的工作状态。有倒拉反接和电源反接两种制动状态。

（1）倒拉反接制动。拖动位能性恒转矩负载运行的三相绕线型异步电动机，若在转子回路内串入一定值的电阻，可以降低电动机的转速。如果所串的电阻超过某一数值后，电动机还会反转，运行于 T 轴的下面第四象限，如图 18—22 所示的 A 点，称之为倒拉反接制动。

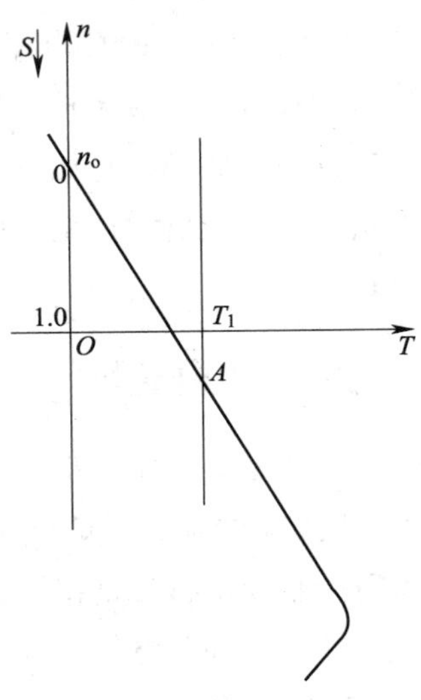

图 18—22　倒拉反接制动

倒拉反转运行是转差率 $S>1$ 的一种稳态，运行时负载（起重机下放重物时）向电动机送入机械功率使负载储存的位能减少。倒拉反接制动，限制了重物下降速度，以确保安全。

绕线型异步电动机在提升重物（重物产生的负载转矩为 T_L）时作电动运行，若在其转子电路中增大串接电阻值，将使电动机的力学性能下降，提升速度减缓。如串接电阻大到一定数值，将使电动机由如图 18—20 所示的工作状态转化到如图 18—22 所示的倒拉反接制动状态，图中的 A 点为电动机的工作点，可以看出此时电动机的转速为负值，即电动机的转速反向，但是电磁转矩仍为正向，电动机进入倒拉反接制动状态。从能量角度来看，此时电源提供的能量并没有消耗在重物的提升上，而是与重物下放时重力所做的功一起都消耗在转子电路电阻的发热上。

（2）电源反接制动。当异步电动机在电动状态下运行时，若将其定子绕组两相对调连接，则定子旋转磁场立即反转，使转子切割磁感应线的方向、感应电流的方向及电磁转矩的方向都随之反向，但转子由于机械惯性还来不及改变转向，故与电磁转矩方向相反，电磁转矩成了阻碍电动机旋转的制动转矩，电动机进入反接制动状态，在反向电磁转矩与负载转矩的共同作用下，使电动机转速很快降低，直至 $n=0$。这时应切除电源，使电动机停车，反接制动结束，否则电动机将反向启动。通俗地讲，电源反接制动就是用“开倒车”的方法使正在运转的电动机迅速地刹车。

3. 回馈制动

异步电动机在电动运行状态下，转子转速总是小于同步转速的，如果因外力作用（例如电车下坡、行车开倒车、快速下放重物等）把转子转速提高到超过同步转速，使转子切割磁感应线的方向、感应电流的方向以及电磁转矩的方向都随之反向，这种工作状态称为回馈制动，如图 18—23 所示。

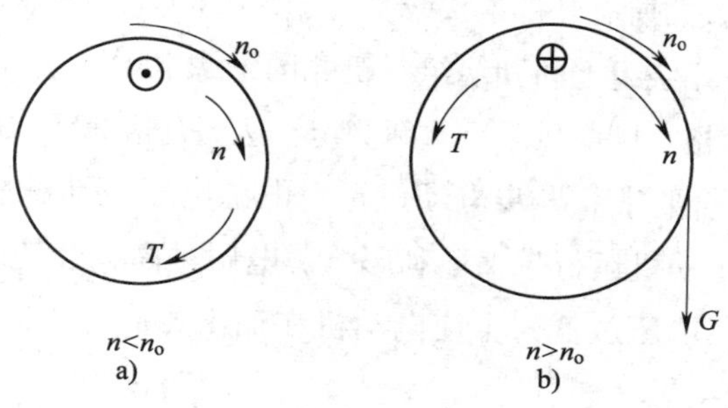

图 18—23　回馈制动

a）电动状态　b）回馈制动

在变频和变极调速中，当电动机由高速向低速变换时，也会出现过渡性的回馈制动工作状态。例如运行于 YY 接的定子绕组（高速）改接为三角形联结方式运行（低速），电动机从高速到低速的降速过程中的转速，始终大于三角形联结的空载转速。这个降速过程，就是处于一个回馈制动运行状态。从能量角度看，回馈制动时电动机已不是工作在电动机状态，而是工作在发电机状态，即外力（或惯性）提供的机械能转换成电能回馈给电源。

第 4 节　异步电动机的常见故障及修理

一、异步电动机运行前的准备

新安装的或久未使用的异步电动机运行前做一些必要的检查，是避免异步电动机运行中发生故障的重要措施之一。

1．清除电动机内部污垢和杂物，并用不大于 2×10^5 Pa（2 个大气压）的干燥的压缩空气吹净内部。

2．检查电动机铭牌所示的电压、频率等数据是否与电源相符，绕组的接法是否正确。

3．检查启动设备的接线是否正确，接触是否良好，电动机所配熔丝的型号是否合适，启动设备和电动机外壳接地是否良好，操作机构是否灵活。

4．检查被电动机拖动的机械设备安装是否良好，它的轴线和电动机的轴线是否对准。用手转动机组的转动部分，观察其转动是否灵活，是否有相擦的现象。

5．拆除与电动机连接的所有外部连接线，对于500 V以下的电动机可用500 V的兆欧表检查电动机定子、转子各相绕组之间和绕组对机壳的绝缘电阻，最低不能小于0.38 MΩ。若相间或对地绝缘电阻不合格，则应烘干后重新测定，达到合格标准方能投入运行。

6．检查电源是否符合要求。异步电动机是对电源电压波动敏感的设备。无论电源电压过高或过低，都会给电动机运行带来不利影响。电压过高，会使磁通量过于饱和，电动机迅速发热，甚至烧毁；电压过低，会使电动机在输出相同力矩时电流增大，转速下降，甚至停转。

二、异步电动机启动时的注意事项

1．电源接通后，如发现电动机不转、启动缓慢或不正常的响声等情况时，则应立即停机检查。若不及时断电，电动机可能在短时间内烧毁。拉闸后，检查电动机不转的原因，予以消除后重新投入运行。

2．对不可逆转的电动机，启动后如发现旋转方向与标志的方向相反，应立即停机。将三根电源线中的两根对换一下，即能纠正旋转方向。

3．启动后应注意观察电动机和被电动机拖动的机械设备的工作情况，并监视各种仪表的指示值，如发现异常情况应停机检查。

4．笼型异步电动机采用全压启动时，连续启动的次数不宜过多。电动机冷态时，连续启动次数不宜超过4次，两次启动时间间隔一般不小于5 min；热态时，连续启动次数不宜超过两次，间隔时间要长一些。

三、异步电动机运行中的监视和维护

1．电动机温升监视

监视电动机运行中的温升，是监视电动机运行状况的重要和有效手段。电动机温度升高，是电动机负载引起发热、电压波动引起铁芯及绕组发热、三相电流不平衡引起发热等各种因素综合作用的结果。对未装电流表的中小型电动机，测量其温升是运行维护电动机的有效措施。所谓温升，是指电动机运行温度与环境温度的差值。温升值反映了电动机运行中的发热状况，是电动机的运行参数。电动机运行时各发热部分的温升限度见表18—1。

上表所列允许温升是指环境温度为40℃的数据。若环境温度低于40℃，可允许电动机保持表内规定温升值不变，若环境温度高于40℃时，应以最高允许温度为准。

表 18—1 异步电动机各发热部分的温升限度（℃）

电动机部件	A 级绝缘				E 级绝缘				B 级绝缘			
	最高允许温度	最高允许温升	最高允许温度	最高允许温升	最高允许温度	最高允许温升	最高允许温度	最高允许温升	最高允许温度	最高允许温升	最高允许温度	最高允许温升
	温度计法	电阻法	温度计法	电阻法	温度计法	电阻法	温度计法	电阻法	温度计法	电阻法	温度计法	电阻法
定子绕组	90	100	50	60	105	115	65	75	110	120	70	80
定子铁芯	100		60		115		75		120		80	
滑动轴承	80		40		80		40		80		40	
滚动轴承	95		55		95		55		95		55	

对中小型电动机，常用酒精温度计进行温度测量。测量时可用温度计紧靠被测轴承表面或定子铁芯，读取表中温度指示。测绕组温度时，可旋下吊环，把温度计插入吊环螺孔内（温度计底部用金属箔包住），读得的温度为绕组表面温度，再加上 15℃就是绕组的实际温度。

2. 电动机电流监视

电动机发生故障时，定子电流往往会剧烈增加，使电动机的温度急速上升。如不及时发现，电动机就有被烧毁的危险。因此，电动机运行时应经常监视其定子电流。功率较大的电动机一般都装有电流表，功率较小的电动机一般不装电流表，也应经常用钳形电流表检查。运行中的异步电动机，所带负载的轻重必须适当。负载过轻，电动机容量不能得到充分利用，电动机的功率因数和效率均要下降；电动机过载则会导致电动机发热，加剧温度升高，影响电动机使用寿命。只有在接近额定负载下运行的电动机的运行参数最好。

检查负载电流时，还应对照三相电流的大小，当三相电流不平衡的差值超过 10% 时应停机检查。

3. 电动机电压监视

运行中的电动机长期运行电压应不超过额定电压的 10%，不低于额定电压的 5%，三相电压不对称的差值也不应超过额定电压的 5%，否则应减载或调整电源。

电源电压和频率过高或过低以及三相电压不平衡，都可能引起电动机局部过热或其他不正常现象。因此，电动机运行时要经常监视，如超过规定偏差时，要及时采取有效措施，防止电动机发生故障。

4. 电动机运行监视

电动机正常运行时，应平稳、轻快、无异常的气味和噪声，运行中应经常检查轴承的声音和发热情况。此外，需要定期测量定子、转子绕组的绝缘电阻。如绝缘电阻过低，要进行干燥处理。

5. 电动机运行中故障现象监视

对运行中的异步电动机，应经常检查其外壳有无裂纹，螺钉是否有脱落或松动，电动机有无异响或振动等。监视时要特别注意电动机有无冒烟和异味出现，若嗅到焦煳味或看到冒烟，必须立即停机检查处理。

在发生以下严重故障情况时，应立即停机处理：

（1）人身触电事故。

（2）电动机冒烟。

（3）电动机剧烈振动。

（4）电动机轴承剧烈发热。

（5）电动机转速突然下降，温度迅速升高。

四、异步电动机常见故障及处理方法

异步电动机的故障一般分为电气故障和机械故障两种。电气方面除了电源、线路及启动控制设备的故障外，其余的均属电动机本身的电气故障。机械方面包括被电动机拖动的机械设备和传动装置的故障，基础和安装问题以及电动机本身的机械结构故障。这里只介绍电动机本身的电气与机械故障。

三相异步电动机长期运行可能会发生各种故障。及时判断故障原因，进行相应处理，是防止故障扩大，保证设备正常运行的重要工作。三相异步电动机的主要故障现象、故障原因分析和处理方法见表18—2，供分析处理故障时参考。

表18—2　　三相异步电动机的主要故障现象、故障原因分析和处理方法

故障现象	故障原因	处理方法
通电后电动机不能转动，但无异响，也无异味和冒烟	1. 电源未通（至少两相未通）	1. 检查电源回路开关、熔丝、接线盒处是否有断点，如是则予以修复
	2. 熔丝熔断（至少两相熔断）	2. 检查熔丝型号、熔断原因，换新熔丝
	3. 过流继电器调得过小	3. 调节继电器整定值与电动机配合
	4. 控制设备接线错误	4. 改正接线
通电后电动机不转，然后熔丝烧断	1. 缺一相电源，或定子线圈一相反接	1. 检查刀闸是否有一相未合好，或电源回路有一相断线，消除反接故障
	2. 定子绕组相间短路	2. 查出短路点，予以修复
	3. 定子绕组接地	3. 消除接地
	4. 定子绕组接线错误	4. 查出误接，予以更正
	5. 熔丝截面过小	5. 更换熔丝
	6. 电源线短路或接地	6. 消除接地点

续表

故障现象	故障原因	处理方法
通电后电动机不转，有“嗡嗡”声	1. 定子、转子绕组有断路（一相断线）或电源一相失电 2. 绕组引出线始末端接错或绕组内部接反 3. 电源回路接点松动，接触电阻大 4. 电动机负载过大或转子卡住 5. 电源电压过低 6. 小型电动机装配太紧或轴承内油脂过硬 7. 轴承卡住	1. 查明断点，予以修复 2. 检查绕组极性；判断绕组首末端是否正确 3. 紧固松动的接线螺钉，用万用表判断各接头是否假接，予以修复 4. 减载或查出并消除机械故障 5. 检查是否把规定的△接法误接为 Y 接法；是否由于电源导线过细使压降过大 6. 重新装配使之灵活，更换合格油脂 7. 修复轴承
电动机启动困难，带额定负载时，电动机转速低于额定转速较多	1. 电源电压过低 2. △接法电动机误接为 Y 接法 3. 笼型转子开焊或断裂 4. 定子、转子局部线圈错接、接反 5. 修复电动机绕组时增加匝数过多 6. 电动机过载	1. 测量电源电压，设法改善 2. 纠正接法 3. 检查开焊和断开并修复 4. 查出误接处，予以改正 5. 恢复正确匝数 6. 减载
电动机空载电流不平衡，相差大	1. 重绕时，定子三相绕组匝数不相等 2. 绕组首尾端接错 3. 电源电压不平衡 4. 绕组存在匝间短路、线圈反接等故障	1. 重新绕制定子绕组 2. 检查并纠正 3. 测量电源电压，设法消除不平衡 4. 消除绕组故障
电动机空载、过负载时，电流表指针不稳，摆动	1. 笼型转子导条开焊或断条 2. 绕线型转子故障（一相断路）或电刷、集电环短路装置接触不良	1. 查出断路予以修复或更换转子 2. 检查绕线转子回路并加以修复
电动机空载电流平衡，但数值大	1. 修复时，定子绕组匝数减少过多 2. 电源电压过高 3. Y 接法电动机误接为△接法 4. 电动机装配中，转子装反，使定子铁芯未对齐，有效长度减短 5. 气隙过大或不均匀 6. 大修拆除旧绕组时，使用热拆法不当，使铁芯烧损	1. 重绕定子绕组，恢复正确匝数 2. 检查电源，设法恢复额定电压 3. 改接为 Y 接法 4. 重新装配 5. 更换新转子或调整气隙 6. 检修铁芯或重新计算绕组，适当增加匝数

续表

故障现象	故障原因	处理方法
电动机运行时响声不正常，有异声	1. 转子与定子绝缘层或槽楔相擦 2. 轴承磨损或油内有沙粒等异物 3. 定子、转子铁芯松动 4. 轴承缺油 5. 风道填塞或风扇擦风罩 6. 定子、转子铁芯相擦 7. 电源电压过高或不平衡 8. 定子绕组错接或短路	1. 修剪绝缘，削低槽楔 2. 更换轴承或清洗轴承 3. 检修定子、转子铁芯 4. 加油 5. 清理风道，重新安装风罩 6. 削除擦痕，必要时车小转子 7. 检查并调整电源电压 8. 削除定子绕组故障
运行中电动机振动较大	1. 由于磨损轴承间隙过大 2. 气隙不均匀 3. 转子不平衡 4. 转轴弯曲 5. 铁芯变形或松动 6. 联轴器（带轮）中心未校正 7. 风扇不平衡 8. 机壳或基础强度不够 9. 电动机地脚螺钉松动 10. 笼型转子开焊，断路，绕线转子断路 11. 定子绕组故障	1. 检查轴承，必要时更换 2. 调整气隙，使之均匀 3. 校正转子动平衡 4. 校直转轴 5. 校正重叠铁芯 6. 重新校正，使符合规定 7. 检修风扇，校正平衡，纠正其几何形状 8. 进行加固 9. 紧固地脚螺钉 10. 修复转子绕组 11. 修复定子绕组
轴承过热	1. 润滑脂过多或过少 2. 油质不好，含有杂质 3. 轴承与轴颈或端盖配合不当 4. 轴承盖内孔偏心，与轴相擦 5. 电动机端盖或轴承盖未装平 6. 电动机与负载间联轴器未校正或带过紧 7. 轴承间隙过大或过小 8. 电动机轴弯曲	1. 按规定加润滑脂 2. 更换清洁的润滑脂 3. 过松可用黏结剂修复，过紧应车、磨轴颈或端盖内孔，使之适合 4. 修理轴承盖，消除擦点 5. 重新装配 6. 重新校正，调整带张力 7. 更换新轴承 8. 校正电动机轴或更换转子

续表

故障现象	故障原因	处理方法
电动机过热，甚至冒烟	1. 电源电压过高使铁芯发热大大增加 2. 电源电压过低，电动机又带额定负载运行，电流过大使绕组发热 3. 修理拆除绕组时，采用热拆法不当，烧坏铁芯 4. 定子、转子铁芯相擦 5. 电动机过载或频繁启动 6. 笼型转子断条 7. 电动机缺相，两相运行 8. 重绕后定子绕组浸漆不充分 9. 环境温度高，电动机表面污垢多，或通风道堵塞 10. 电动机风扇故障，通风不良 11. 定子绕组故障（相间、匝间短路；定子绕组内部连接错误）	1. 降低电源电压，若是 Y、△接法错误引起，则应改正接法 2. 提高电源电压或换粗供电导线 3. 检修铁芯，排除故障 4. 消除擦点（调整气隙或锉、车转子） 5. 减载；按规定次数控制启动 6. 检查并消除转子绕组故障 7. 恢复三相运行 8. 采用两次浸漆及真空浸漆工艺 9. 清洗电动机，改善环境温度，采用降温措施 10. 检查并修复风扇，必要时更换 11. 检修定子绕组，消除故障

测 试 题

一、判断题

1. 异步电动机按转子的结构形式分为单相和三相两类。（ ）

2. 异步电动机按转子的结构形式分为笼型和绕线型两类。（ ）

3. 异步电动机的额定功率，指在额定运行情况下，从轴上输出的机械功率。（ ）

4. 三相异步电动机额定电压是指其在额定工作状况下运行时，输入电动机定子三相绕组的相电压。（ ）

5. 一台三相异步电动机，其铭牌上标明额定电压为 220/380 V，其接法应是 Y/△。（ ）

6. 三相异步电动机转子绕组中的电流是由电磁感应产生的。（ ）

7. 三相异步电动机定子极数越多，则转速越高，反之则越低。（ ）

8. 减压启动虽能降低电动机启动电流，但此法一般只适用于电动机空载或轻载启动。（ ）

9. 三相电动机采用自耦变压器减压启动器以80%的抽头减压启动时，电动机的启动电流是全电压启动电流的80%。（　）

10. 交流异步电动机Y/△减压启动虽能降低电动机启动电流，但一般只适用于电动机空载或轻载启动。（　）

11. 绕线型转子异步电动机转子绕组串电阻启动适用于笼型或绕线型异步电动机。（　）

12. 改变三相异步电动机定子绕组的极数，可改变电动机的转速大小。（　）

13. 绕线型异步电动机转子串电阻调速，电阻变大，转速变高。（　）

14. 能耗制动是将转子惯性动能转化为电能，并消耗在转子回路的电阻上。（　）

15. 异步电动机的故障一般分为电气故障与机械故障。（　）

二、单项选择题

1. 交流异步电动机按电源相数可分为（　）。

A. 单相和多相　B. 单相和三相　C. 单相和二相　D. 单相、三相和多相

2. 异步电动机转子根据其绕组结构不同，分为（　）两种。

A. 普通型和封闭型　B. 笼型和绕线型

C. 普通型和半封闭型　D. 普通型和特殊型

3. 异步电动机由（　）两部分组成。

A. 定子和转子　B. 铁芯和绕组　C. 转轴和机座　D. 硅钢片与导线

4. 三相异步电动机额定功率是指其在额定工作状况下运行时，异步电动机（　）。

A. 输入定子三相绕组的视在功率　B. 输入定子三相绕组的有功功率

C. 从轴上输出的机械功率　D. 输入转子三相绕组的视在功率

5. 三相异步电动机额定电压是指其在额定工作状况下运行时，输入电动机定子三相绕组的（　）。

A. 相电压　B. 电压有效值　C. 电压平均值　D. 线电压

6. 三相异步电动机额定电流是指其在额定工作状况下运行时，输入电动机定子三相绕组的（　）。

A. 相电流　B. 电流有效值　C. 电流平均值　D. 线电流

7. 一台三相异步电动机，其铭牌上标明额定电压为220/380 V，其接法应是（　）。

A. Y/△　B. △/Y　C. △/△　D. Y/Y

8. 一台三相异步电动机的额定电压为380/220 V，接法为Y/△，其绕组额定电压为（　）V。

A. 220　　B. 380　　C. 400　　D. 110

9. 三相异步电动机旋转磁场的转向是由（　　）决定的。

A. 频率　　B. 极数　　C. 电压大小　　D. 电源相序

10. 对称三相绕组在空间位置上应彼此相差（　　）电角度。

A. 60°　　B. 120°　　C. 180°　　D. 360°

11. 三相异步电动机的转速取决于极对数 p、转差率 S 和（　　）。

A. 电源频率　　B. 电源相序　　C. 电源电流　　D. 电源电压

12. 三相异步电动机的启动分直接启动和（　　）启动两类。

A. Y/△　　B. 串变阻器　　C. 减压　　D. 变极

13. 三相笼型异步电动机全压启动的启动电流一般为额定电流的（　　）倍。

A. 1 ~ 3　　B. 4 ~ 7　　C. 8 ~ 10　　D. 11 ~ 15

14. 三相电动机采用自耦变压器减压启动器以 80% 的抽头减压启动时，电动机的启动转矩是全压启动转矩的（　　）%。

A. 36　　B. 64　　C. 70　　D. 81

15. 三相异步电动机 Y/△启动是（　　）启动的一种方式。

A. 直接　　B. 减压　　C. 变速　　D. 变频

16. 交流异步电动机 Y/△启动适用于（　　）联结运行的电动机。

A. 三角形　　B. 星形　　C. V 形　　D. 星形或三角形

17. 异步电动机转子绕组串电阻启动适用于（　　）。

A. 笼型转子异步电动机

B. 绕线型转子异步电动机

C. 笼型转子或绕线型转子异步电动机

D. 串励直流电动机

18. 交流异步电动机的调速方法有变极、变频和（　　）三种。

A. 变功率　　B. 变电流　　C. 变转差率　　D. 变转矩

19. 改变转子电路的电阻进行调速，此法只适用于（　　）异步电动机。

A. 笼型转子　　B. 绕线型转子　　C. 三相　　D. 单相

20. 绕线型转子异步电动机转子串电阻调速，（　　）。

A. 电阻变大，转速变低　　B. 电阻变大，转速变高

C. 电阻变小，转速不变　　D. 电阻变小，转速变低

21. 绕线型转子异步电动机转子串电阻调速，属于（　　）。

A. 改变转差率调速　　B. 变极调速

C. 变频调速　　　　D. 改变端电压调速

22. 异步电动机的电气制动方法有反接制动、回馈制动和（　　）制动。

A. 降压　　B. 串电阻　　C. 力矩　　D. 能耗

23. 所谓制动运行，是指电动机的（　　）的运行状态。

A. 电磁转矩作用的方向与转子转向相反

B. 电磁转矩作用的方向与转子转向相同

C. 负载转矩作用的方向与转子转向相反

D. 负载转矩作用的方向与转子转向相同

24. 所谓温升是指电动机（　　）的差值。

A. 运行温度与环境温度　　　　B. 运行温度与零度

C. 发热温度与零度　　　　D. 外壳温度与零度

测试题答案

一、判断题

1. × 2. √ 3. √ 4. × 5. × 6. √ 7. × 8. √ 9. ×
10. √ 11. × 12. √ 13. × 14. √ 15. √

二、单项选择题

1. B 2. B 3. A 4. C 5. D 6. D 7. B 8. A 9. D
10. B 11. A 12. C 13. B 14. B 15. B 16. A 17. B 18. C
19. B 20. A 21. A 22. D 23. A 24. A

第 19 章

电动机与变压器操作技能实例

第 1 节　异步电动机的拆装　/498

第 2 节　异步电动机装配后的检查与测试　/502

第 3 节　异步电动机常见故障与检修方法　/503

第 4 节　三相笼型异步电动机绕组判别与试验　/509

第1节　异步电动机的拆装

电动机因为发生故障需要检修或维护保养等，所以必须定期进行拆卸和装配、维护和检修。因此，不仅要掌握其基本结构和原理，而且还要掌握拆装技能、测试方法及一般故障的检查方法。

一、预备知识

1. 三相笼型异步电动机的基本结构

三相笼型异步电动机的结构具有两个基本部分：定子（静止部分）和转子（旋转部分）。

（1）定子。定子是由机座、定子铁芯和定子绕组等组成。

（2）转子。转子的中心是一根用低碳钢制成的转轴。轴上装有铁芯及转子绕组，轴两端装有轴承、风扇等。

2. 电动机拆卸的注意事项

（1）在拆卸前，应先在线头、端盖、联轴器等需拆卸的部件上做好标记，尤其是前后端盖标记应予以区别，以便于修复后或维护保养后的装配，避免装配时错位。在拆卸过程中，应同时进行检查和测试。

（2）带轮、联轴器、轴承拆卸时需使用拉具，如已生锈可使用煤油注入轴端间隙处，或使用 YSM－1 松锈润滑剂喷注，等数小时后再进行拆卸。不能用铁锤猛力敲打，以免造成电动机转轴、轴承、带轮的变形或损坏。

（3）前后端盖及轴承外盖拆卸时，应依次把对称的螺钉逐渐拧松，以免端盖受力不均而产生裂缝。如使用铁锤敲打时必须在中间垫上木板，以免将转轴端盖敲损变形。

二、小型三相笼型异步电动机拆卸步骤

首先将电动机切断电源，拆开电动机与电源连接线，并对电源线线头做好绝缘处理，然后按如图 19—1 所示结构进行拆卸。

1. 带轮或联轴器的拆卸

先在带轮（或联轴器）的轴伸端做好尺寸标记，再将带轮或联轴器上的定位螺钉或销子松脱取下，装上如图 19—2 所示的拉具。拉具的丝杠尖端要对准电动机机轴的中心，然

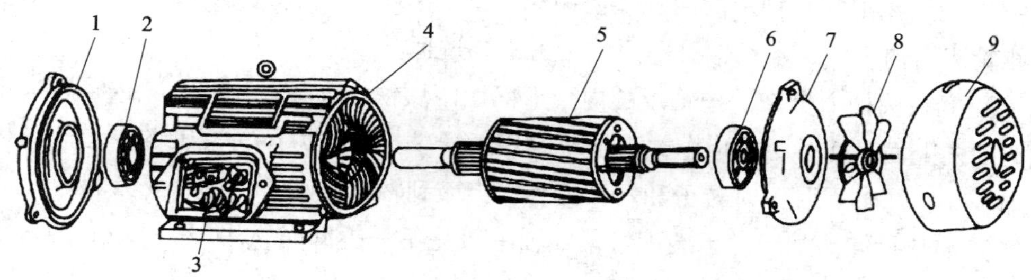

图 19—1　小型三相笼型异步电动机结构

1—端盖　2，6—轴承　3—接线盒　4—定子　5—转子　7—后端盖　8—风扇　9—风扇罩

后转动丝杠，用力要均匀，把带轮或联轴器拉出。如拉不出，不要硬卸，可在定位螺孔内注入些煤油，几小时以后用小铁锤沿带轮四周向转轴轴端方向轻轻敲打松动后，再用拉具将带轮拉出。在拆卸过程中不能用锤直接敲出带轮，因为敲打会使带轮或联轴器碎裂，使轴变形，端盖受损等。

图 19—2　拉具

2. 风叶罩及风扇叶的拆卸

用螺钉旋具将风叶罩与机座连接螺钉旋出，取下风叶罩，然后松脱或取下转子轴尾端风扇上的定位螺钉或销子，用木锤在风扇四周均匀轻敲，风扇就可以松脱下来。如风扇叶为软塑料制成时，可用沸水浇淋，使风扇叶膨胀后再拆卸。小型电动机的风扇一般不拆卸，可随转子一起抽出。但是，当后端盖内的轴承需要加油或更换时就必须拆卸。

3. 轴承盖及端盖的拆卸

拆轴承盖时应先在轴承盖及端盖上用旋具划一道印痕做标记；拆端盖时应在端盖及机座上做好标记，前后端盖标记应能区别。做好标记后，先将轴承外盖螺钉拆下，取下轴承外盖。再将前后端盖螺钉拆下，用木锤敲打前轴端面，可以使转子连同后端盖一起从定子中间向后面脱出。在抽出转子过程中要注意不能碰伤定子绕组。最后将后轴承端盖拆下，再用木锤均匀敲打后端盖四周，拆下后端盖时要防止落地时跌碎。

4. 轴承的拆卸

拆卸轴承常用以下几种办法。

（1）用拉具拆卸。用拉具拆卸时，应根据轴承的大小，选用适宜的拉具，拆卸时可参照带轮拆卸方法。使用拉具时脚爪要扣住轴承内圈，切忌扣在轴承外圈以免损坏轴承，拉具的丝杆顶点要对准转子轴的中心，拧进丝杠时要慢，用力要均匀。

（2）用铜棒拆卸。轴承的内圈垫上铜棒，把轴承敲出。敲打时要在轴承内圈四周的相对两侧轮流均匀敲打，不可偏敲一边，用力不要过猛。

（3）搁在圆桶上拆卸。把轴承的内圈下面用两块铁板夹住，搁在一只内径略大于转子外径的圆桶上面，在轴的端面上垫上铜块，用锤子敲打，着力点对准轴的中心，圆桶内放一些棉纱头，防轴承脱下时转子和转轴摔坏。当敲到轴承松动时，用力要减弱。

（4）加热拆卸。如因轴承装配过紧或轴承氧化不易拆卸时，用100℃左右的机油淋浇在轴承内圈上，趁热用上述方法拆卸，可用布包好转轴，防止热量扩散。

5. 轴承在端盖内的拆卸

若遇到轴承留在端盖的轴承孔内时，应将端盖止口面向上，平稳地搁在两块铁板上，垫上一段直径小于轴承外径的金属棒，用金属棒抵住轴承外圈，用锤子敲打金属棒，并使金属棒在轴承外圈不断移动，即可将轴承敲出。

三、小型三相笼型异步电动机装配步骤

电动机的装配工序按拆卸时的逆顺序进行。装配前，各配合处要先清理除锈。装配时，应将各部件按拆卸时所做标记复位。

1. 装配前清洗零部件

将转子用汽油或煤油洗净油污再用清洁干布擦干待装，定子铁芯表面也用清洁干布擦干净油污，并用压缩空气吹净定子绕组上的灰尘及污垢。拆下的轴承用汽油或煤油去除油污擦干，再检查有无锈蚀，内外轴承圈有无裂痕，用手转动内圈应灵活无阻滞或过松现象，转动时应无异常噪声。如不正常应换用同牌号的轴承，切忌勉强使用。如果换新轴承，应将其置放在70～80℃的变压器油中加热5 min左右，待全部防锈油熔去后，再用汽油洗净，用洁净的布擦干待装。

2. 定子绕组测量

将电动机的三相定子绕组头尾并头拆开，用万用表测量三相绕组电阻值，阻值应相等。使用500 V的兆欧表测量各绕组间和绕组对铁芯的绝缘电阻，其绝缘电阻的阻值应不低于0.5 MΩ。

3. 轴承装配

在套装前，应将轴颈部分揩干净，把经过清洗并加好润滑脂的内轴承盖套在轴颈上，然后再将轴承装套到转子轴颈上。轴承的套装有冷套法和热套法两种方法。

（1）冷套法。将轴承套到轴上，对准轴颈。用一段内径大于轴颈直径、外径要略小于轴承内圈外径的铜套，铜套的一端压在轴承内圈上，用铁锤敲打铜套另一端，将轴承慢慢敲进去。如果有条件，最好用压床压入。

（2）热套法。将轴承放在 80～100℃变压器油中加热 30～40 min。加热时将轴承放在网架上，不要与油箱箱底或箱壁接触，油面要覆盖轴承，加热要均匀，温度不能过高，时间也不宜过长，以免轴承退火。热套时，要趁热迅速把轴承一直推到轴颈。如套不进去，应检查原因，如无外因，可用铜套顶住轴承内圈，用木锤把轴承轻轻敲入轴颈。轴承套好后，用压缩空气吹去清洗轴承内残留的变压器油，并擦干净。

4. 装润滑脂

在轴承内外圈里和轴承盖里装的润滑脂应洁净，塞装要均匀，不应完全装满。一般二极电动机装满 1/3～1/2 的空腔容积，四极和四极以上的电动机装满轴承 2/3 的空腔容积。轴承内外盖的润滑脂一般为盖内容积的 1/3～1/2。

5. 后端盖安装

用木锤将后端盖轻轻敲入轴颈，使轴承装入端盖，要装平不能歪斜，并用旋具将轴承盖（已装好润滑脂）装上。将后端盖连同转子装入机座，安装时要按原来标记位置定位安装。后端盖止口嵌入机座时用木锤轻轻敲平，再旋上螺钉，但不要拧紧。

6. 前端盖装配

将前轴承按规定加入润滑脂，用安装后端盖步骤装入前端盖。将前端盖止口嵌入机座，仍用木锤均匀地轻轻敲击端盖四周，敲平后拧上螺钉，也不要拧紧。再用螺钉从轴承外盖安装孔内伸入端盖内，用手转动转子，使轴承内盖被螺钉拧上。在拧紧前后端盖螺钉时要用手转动转子，转子转动应无阻滞或偏重现象，应灵活、均匀，方可拧紧螺钉，要按对角线上下左右逐步拧紧，不能先拧紧一个，再拧紧另一个。否则易造成凸耳断裂和转子同心度不良等问题。然后再装前轴承外端盖，先在外轴承盖孔内插入一根螺栓，一手顶住螺栓，另一手缓慢转动转轴，轴承内盖也随之转动，当手感觉到轴承内外盖螺栓对齐时，即可将螺栓拧入轴承盖的螺孔内，再装另外两根螺栓。拧紧时也应逐步拧紧。这一步骤是装配电动机关键所在，要耐心细致地进行，以免影响电动机运行性能。

7. 风叶与风罩的装配

安装风叶时要按照拆卸时位置装进，否则将会碰擦端盖或风叶罩。最后安装风叶罩，将螺钉拧紧，转动转子应无异常现象。

8. 带轮或联轴器的装配

将转子轴端的键槽内装入新的键，键的前端要压低些，后端略高于平面。将带轮键槽对准转轴键槽后，用木锤均匀地轻轻敲打带轮。当键进入键槽后再用力敲打，直到带轮进入原定位置。电动机装配完成。

第2节　异步电动机装配后的检查与测试

一、一般检查

检查所有的紧固螺栓是否拧紧，装配紧固情况是否良好，转子转动是否灵活，轴伸端径向偏摆是否符合允许规定值（例如轴伸直径 30～50 mm 的径向允许偏摆不超过 0.05 mm，轴伸直径 120～180 mm 的径向允许偏摆不超过 0.1 mm），出线端连接是否正确。

二、电动机直流电阻的测定

1. 电动机三相直流电阻应平衡，测定电动机直流电阻的目的是判断电动机绕组是否断线或短路。电动机的直流电阻很小，原则上先用万用表测量，当阻值在 10 Ω 以下时改用电桥测量。

2. 将万用表欧姆挡置于 R×1 挡位，分别测量电动机三相绕组的阻值。测量时转子应静止不动（通过测量，可区分出三相的三个绕组）。应进行三次测量，将三次测量的电阻值予以记录，求出每相绕组电阻的平均值，三相绕组的最大值（或最小值）和平均值之差，不应超过平均值的2%。电阻小于 10 Ω 时应采用电桥测量。

三、电动机绝缘电阻的测量

电动机修复拆装后，其绕组的绝缘电阻一般都在冷态（室温）下测定。测量步骤如下。

1. 用 500 V 兆欧表测量

将兆欧表上标明的接地端与电动机机座上接地端相连，兆欧表另一端与电动机一相绕组头或尾相连，如图 19—3 所示（电动机三相绕组头与尾并头拆开）。

以 120 r/min 速度旋转兆欧表摇柄，观察兆欧表上指针停留的读数。另两相绕组也做同样测量。

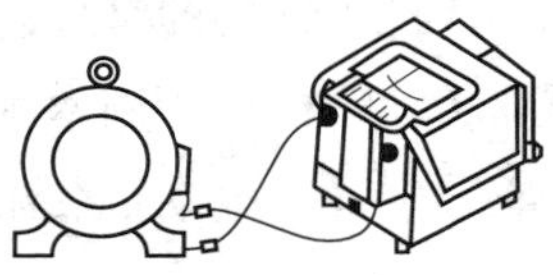
图 19—3　用兆欧表测量

2. 电动机三相绕组间的绝缘测量

三相 380 V 的电动机，绕组对机座、绕组各相间绝缘电阻的阻值均应大于 0.5 MΩ 方可使用。

四、电动机空载试验

电动机通过上述检查后，即可在定子绕组上加三相交流额定电压，空载运行30 min以上。具体方法见第4节。

第3节　异步电动机常见故障与检修方法

一、电动机故障的分析与检查

三相异步电动机的故障虽多，但故障的产生总是和一定的因素相关联。如电动机绕组绝缘烧坏是与绕组过热有关，而绕组过热总是和电动机绕组中电流过大有关。只要根据电动机的基本原理、结构和性能，结合有关的各种情况，即可对故障做出正确判断。因此，在修理前，要通过看、问、听、闻、摸，充分掌握电动机的情况，有针对性地对电动机做必要的检查。其方法如下。

1. 调查情况

进行观察，并向电动机使用者了解电动机在运行时的情况，如有无异常响声和剧烈震动，开关及电动机绕组内有无窜火冒烟及焦臭味等，了解电动机使用情况和电动机的维修情况。

2. 电动机的外部检查

包括机械和电气两个方面。

（1）机座、端盖有无裂纹，转轴有无裂痕或弯曲变形，转轴转动是否灵活，有无不正常的响声，风道是否被堵塞，风扇、散热片等是否完好。

（2）检查绝缘是否完好，接线是否符合铭牌规定，绕组的首末端是否正确。

（3）测绝缘电阻和直流电阻。这是检查测量绝缘是否损坏，绕组中有无断路、短路及接地现象。

（4）上述检查未发现问题时，可直接通电试验检查。用三相调压器施加约30%的额定电压，再逐渐上升至额定电压。若发现声音不正常，或有焦味，或不转动，应立即断开电源进行检查，以免故障进一步扩大。当启动未发现问题时，要测量三相电流是否平衡，电流大的一相可能是绕组有短路；电流小的一相可能是多路并联的绕组中有支路断路。若三相电流基本平衡，可使电动机连续运行1～2 h，随时用手检查铁芯部位、轴承端盖，如烫手应停车，立即拆开电动机，手摸绕组端部及铁芯部分。如线圈过热，应是线圈短路；如铁芯过热，说明绕组匝数不足，或铁芯硅钢片间的绝缘损坏。

3. 电动机内部检查

经上述检查后，确认电动机内部有问题时，就应拆开电动机，做进一步检查。

(1) 检查绕组部分。查看绕组端部有无积尘和油垢，绝缘有无损伤，绕组有无烧伤，若有烧伤，烧伤处的颜色会变成暗黑色或烧焦和有烧焦味。若烧坏的是一个线圈中的几匝线圈，即是匝间短路造成的；若烧坏几个线圈，多数是相间或连接线（过桥线）的绝缘损坏引起的。若烧坏一相，是三角形接线中有一相电源断电引起的；如果烧坏两相，是一相绕组断路引起的；如果三相全部烧坏，多数是由于长期过载，或启动时堵转引起的，也可能是绕组接线错误，还要检查导线是否烧断和绕组的焊接处有无脱焊、虚焊现象。

(2) 检查铁芯部分。查看转子、定子铁芯表面有无擦伤痕迹。如果转子表面只有一处擦伤，而定子表面全部擦伤，即是转轴弯曲或转子不平衡造成的；若转子表面一周全有擦伤，而定子表面只有一处擦伤，即是定子与转子不同心造成的，这可能是机座和端盖止口变形或轴承严重磨损使转子下降引起的；若定子、转子表面均有局部擦伤痕迹，即是由于上述两种原因共同引起的。

(3) 检查风扇叶有无损坏或变形。

(4) 查看转子端环有无裂纹或断裂，再用短路测试器检验导条有无断裂。

(5) 检查轴承内外圈与轴颈和轴承盖配合是否合适，检查轴承磨损程度。

二、定子绕组故障检查

定子绕组常见故障有：绕组断路、绕组通地（碰壳或漏电）、绕组短路及绕组接错嵌反等。

1. 绕组断路故障

(1) 故障原因。断路故障多数发生在电动机绕组端部，各绕组元件的接线头或电动机引出线等处附近。故障原因是：绕组受外力的作用而断裂；接线头焊接不良而松脱；绕组短路或电流过大、过热而烧毁。

(2) 检查方法。检查断路可用万用表、校灯来检验。星形接法的电动机应用如图19—4所示的方法进行检查、测试。对于三角形接法的电动机，必须把三相绕组的接线拆开后，按如图19—5所示的方法检查并分别测试。

中等容量电动机绕组大多是用多根导线并绕或多支路并联组成的，如果断掉若干根导线或断开一条支路时，通常采用下面两种方法检查。

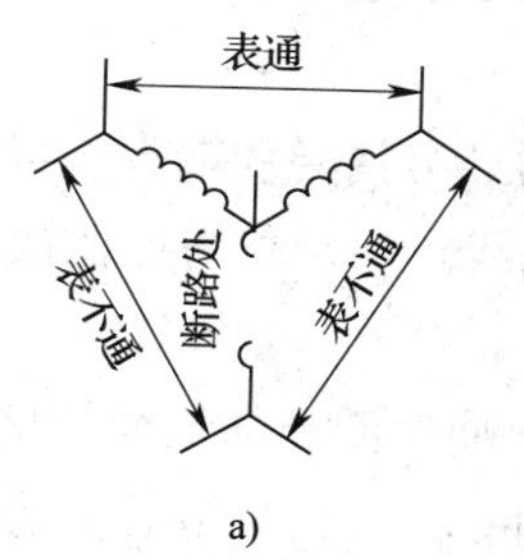

a)

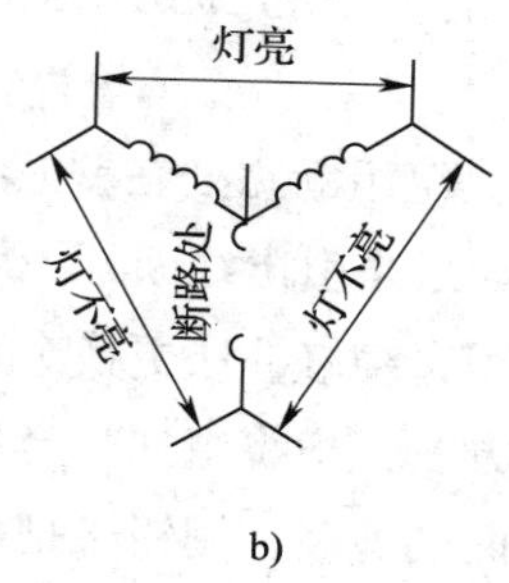

b)

图 19—4　检查星形接法绕组断路

a）万用表检查　b）校灯检查

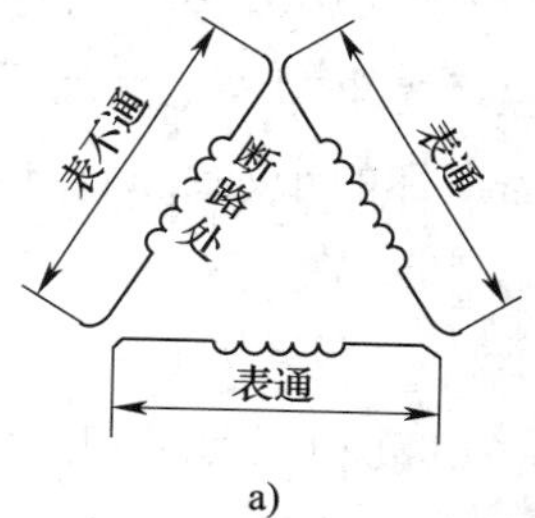

a)

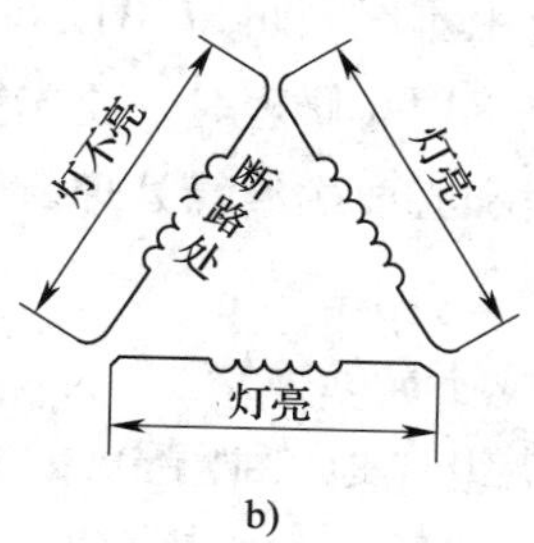

b)

图 19—5　检查三角形接法绕组断路

a）万用表检查　b）校灯检查

1）三相电流平衡法。对于星形接法的电动机，将三相绕组并联后，通入低电压大电流，如果三相电流值相差大于 5% 时，电流小的一相为断路相（见图 19—6a）。对于三角形接法的电动机，先把三角形的接头拆开一个，然后通入低电压大电流，用电流表逐相测量每相绕组的电流，其中电流小的一相为断路相（见图 19—6b）。

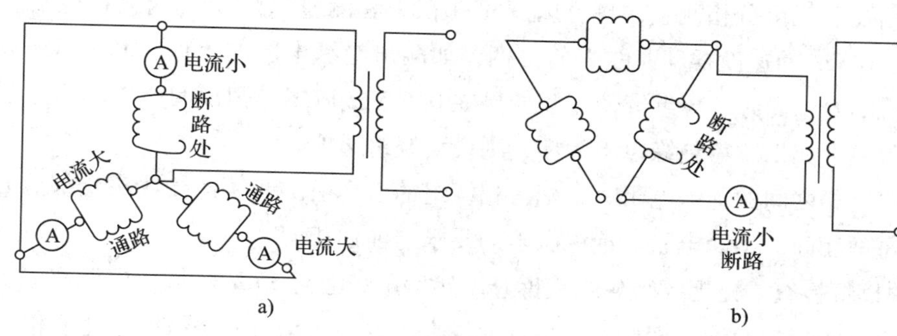

图 19—6　电流平衡法检查并联绕组断路

a）星形联结　b）三角形联结

2）电阻法。用电桥测量三相绕组的电阻，若三相电阻值相差大于5%时，电阻较大的一相为断路相。

（3）修理方法。绕组断路处在铁芯线槽外部时，分清导线端头，将断开的导线连接焊牢，并包好绝缘。如果是引出线断开，就更换引出线。如果断路处在铁芯线槽内，若是个别槽内的线圈，可用穿绕修补法更换个别线圈。

线圈穿绕修补方法：把绕组加热至80℃左右，使线圈外部绝缘软化，取出断路线圈的槽楔，将这个线圈两端剪断，用钳子把导线从槽内一根一根抽出后，清理槽绝缘，换上新的槽绝缘。若原来的槽绝缘难以清除，可用一层聚酯薄膜青壳复合纸做成圆桶形，套进槽内，用原来规格的导线，长度要比原线圈的长度稍长些，在槽内来回穿绕到原来的匝数。若最后几匝穿绕有困难时，可以用比导线稍粗的竹扦做成引线棒进行穿绕。若是双层绕组，且断路线圈在下层，修理时，要先把上层线圈轻轻挖出槽外，然后再穿绕修补，穿绕修补后，进行接线和必要的绝缘处理。由于其他原因损坏的个别线圈，也可采用穿绕修补法进行修补。

2．通地和绝缘不良的检修

引起电动机绕组通地（碰壳）的主要原因是：电动机长期不用，在潮湿环境中受潮；电动机长期过载运行及有害气体的侵蚀等，使绕组的绝缘性能降低，绝缘电阻下降；金属异物掉进绕组内部损坏绝缘，或在重绕定子绕组时，损伤了绝缘，使导线与铁芯相碰等。

绕组通地后，会引起绕组过电流发热，从而造成匝间短路及电动机外壳带电，容易引发人身触电事故，这类故障必须及时修理。

（1）检查及测量绝缘电阻的方法

1）用兆欧表测量电动机绕组对机座的绝缘电阻。把兆欧表的“L”端接在电动机绕组的引出端线上（可分相测量，也可以三相并在一起测量），“E”端接在电动机的机座上，以120 r/min的速度摇动兆欧表的手柄，如测出绝缘电阻的阻值在0.5 MΩ以上，说明该电动机的绝缘尚好，可继续使用。如果在0.5 MΩ以下，则说明该电动机已受潮，或绕组绝缘很差。如果测得绝缘电阻为零，则说明绕组通地。

测量绕组相之间的绝缘电阻时，把三相绕组的六个引出线端连接线头全部拆开，用兆欧表测量每两相间的绝缘电阻。绝缘电阻的要求与前述相同。

2）用校灯检查。先把绕组各线头拆开，然后用灯泡与36 V的低压电源串联，逐相测量相与机座、相与相间绝缘情况。如果灯泡发亮，说明电动机的绕组已通地或相间击穿。

测得某一相通地后，拆开电动机，把通地相线圈的连接线拆开，然后逐一进行测定哪一个线圈通地。

（2）修理方法。如果测定是绕组受潮，将电动机两端盖拆下，放在烘箱内烘焙，烘到其绝缘电阻达到要求后，加浇一层绝缘漆，以防止回潮。

如果测定的是绕组通地或碰相，要分情况进行修理。新嵌线的电动机，其通地点往往发生在槽口处，这是因嵌线不慎引起的，可用绝缘纸或竹片垫入线圈与铁芯的槽口间防止其发生。如果发生在端部，可用绝缘带包扎，再涂上自干绝缘漆。如果发生在槽内，需更换绕组或用穿绕修补法更换线圈。

3．短路故障的排除

绕组短路故障主要是由于电动机电流过大，电压过高，机械损伤，重新嵌绕时碰伤绝缘，绝缘老化脆裂，受潮等原因引起的。绕组短路情况有绕组匝间短路、极相组短路和相间短路。

（1）检查方法

1）外部检查。使电动机空载运行 20 min，然后拆卸两边端盖，用手摸线圈的端部，如果某一部分线圈比邻近的线圈温度高，这部分线圈很可能短路。也可以观察线圈有无焦脆现象，如果有，则说明该线圈可能短路。

2）用兆欧表或万用表检查相间短路。拆开三相绕组的线头，分别检查两相绕组间的绝缘电阻，若绝缘电阻很低，说明该两相间短路。

3）用电流平衡法检查并联绕组的短路。用如图 19—7a 所示的方法分别测量三相绕组的电流，电流大的一相为短路相。

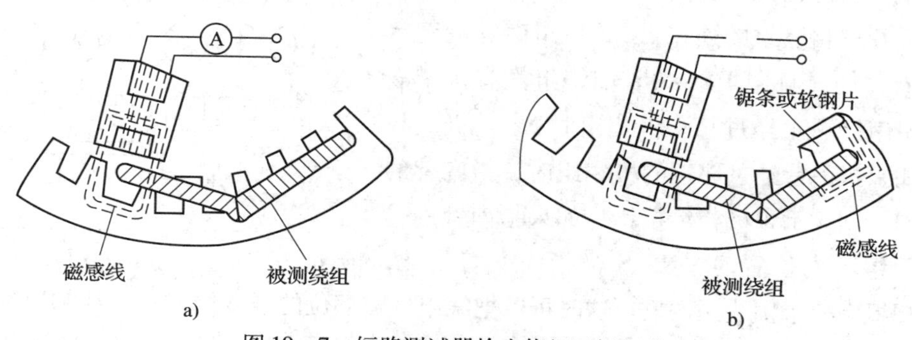

图 19—7　短路测试器检查绕组匝间短路

a）安培表测定　b）钢片测定

4）直流电阻法检查。利用低阻值欧姆表或电桥分别测量各相绕组的直流电阻，电阻值较小的一相有可能是匝间短路相。

5）用短路测试器检查绕组匝间短路。短路测试器是利用变压器原理检查绕组匝间短路的。测试时，将短路测试器励磁绕组接通 36 V 低压交流电源，沿槽口逐槽移动，当经过短路绕组时，相当于变压器两次绕组短路，此时电流表指示的励磁电流会显著增大（见图 19—

7a)，从而查出短路线圈。也可用如图19—7b所示的方法，将叶片厚0.5 mm的钢片或废锯条安放在被测绕组的另一边所在的槽口上，若被测绕组短路，钢片就会产生震动。

（2）修理方法。绕组容易短路的是同极同相的两个相邻线圈间，上下层的线圈间及线圈的槽外部分。

1）如能明显看出短路点，可用竹楔插入两线圈间，把这两线圈短路部分分开，垫上绝缘。

2）如果短路点发生在槽内，先将该绕组加热软化以后，翻出受损绕组，换上新的槽绝缘，将导线损坏部位用薄的绝缘带包好，重新嵌入槽内，再进行绝缘处理。

3）如果个别线圈短路，可用穿绕修补法调换个别线圈。如果短路较严重，或重新绝缘的导线无法嵌入槽内，或无法进行穿绕修补，就必须拆下重绕。

4. 绕组接错或嵌反的检查与纠正

绕组接错或嵌反后，会引起电动机震动，发出噪声，三相电流严重不平衡、电动机过热、转速降低，甚至电动机不转或熔断器熔断。绕组接错与嵌反有两种情况：一种是外部接线错误；另一种是绕组的某极相组中一只或几只线圈嵌反，或极相组接错。

检查方法为：检查时，拆开电动机，取出转子。把一相绕组接到3～6 V的直流电源上（对于星形接法的绕组，需将直流电源两端分别接到中性点和某相绕组的出线头；对于三角形接法的绕组，则必须拆开三相绕组的连接点)，用指南针沿着定子内圆周移动（见图19—8）。如绕组没有接错嵌反，则指南针顺次经过每一极相组时N、S极交替变化；如果指南针经过邻近的极相组时，指南针的指向相同，则表示该极相组接错；如果指南针经过同一极相组不同位置时，N、S极指向交替变化，则该极相组中有个别线圈嵌反。这时可以把绕组故障部位的连接线或过桥线加以纠正。如果指南针的指向不清楚，要适当提高直流电源的电压，或调换磁性较强的指南针再进行检查。依照此法，分别测试三相绕组。

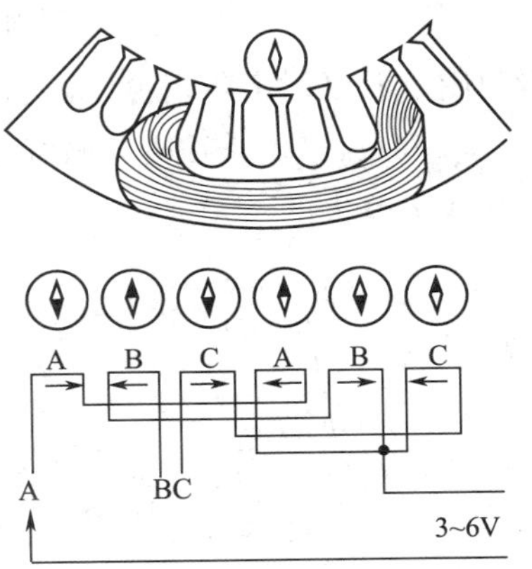

图19—8　指南针法检查绕组接错或接反

三、转子绕组故障检查

1. 笼型转子故障的排除

笼型转子的常见故障是断条，断条后，电动机能空载运行，但加负载后，转速会降低，测量三相定子绕组电流时，电流表指针会往返摆动。

（1）用短路测试器检查（见图 19—9）。短路测试器接通 36 V 交流电源，放在转子铁芯槽口上沿转子圆周逐槽移动，如导条完好，电流表指示正常的短路电流。若某一槽口电流有明显的下降，则该处导条断裂。

（2）导条通电法。在转子两端端环上加上 2 ~ 3 V 的交流电，再在转子表面撒上铁粉，或用锯条沿着导条依次测试，当某一部位不吸铁粉或不吸引锯条时，则该处导条已断裂。

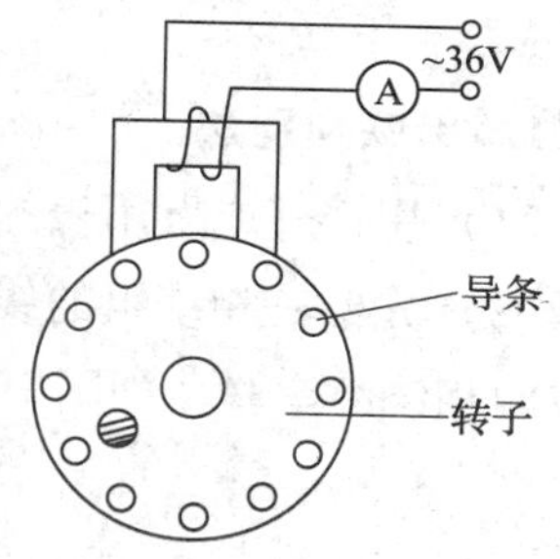

图 19—9　短路测试器检查断条

2. 断条的修理

（1）铜条断条的修理。如果在槽外处脱焊，用锉刀清理后再用磷铜焊料焊接。如槽内铜条断裂，若数量不多，可在断条两端的端环上开一缺口，用錾子把断条錾去，换上新铜条，铜条两端伸出约 15 mm，把伸出端敲弯紧贴在短路环上，然后用气焊焊牢，再将缺口处用铜焊补上。堆焊高度要略高于端环，再用车床车平，并校准转子的平衡。如转子铜条断裂较多，就要全部更换，先把转子两端环用车床车去，抽出槽内的铜条，换上截面相同的新铜条，且两端各伸出槽口约 20 mm，清除伸出端的油污后，依次把铜条伸出端朝一个方向敲弯，互相重叠贴紧，用铜焊焊接成端环后再用车床车平，并校准平衡。

（2）铸铝转子断条修理。铸铝转子有断条故障时，要将转子槽内铝熔化后重新铸铝或换成铜条。熔铝前，应车去转子两端的端环，用夹具将铁芯夹紧。把转子放到 10% 氢氧化钠溶液中，并加热到 80 ~ 100℃，直到铝熔化为止。取出转子后用清水冲净，并清除残余的铝层。可以重新铸铝或改成铜条转子。改成铜条转子时，铜条的截面积为槽面积的 55% 左右，两端环的截面积应是原铝端环截面积的 70%。

第 4 节　三相笼型异步电动机绕组判别与试验

一、三相异步电动机定子绕组首末端的判别

当电动机接线板损坏，定子绕组的六个线头分不清时，不能盲目接线，以免引起三相电流不平衡、电动机定子绕组过热、转速降低甚至不转、熔丝烧断或定子绕组烧坏等严重后果。因此，必须分清六个线头的首末端后，才允许接线。六个线头首末端判别方法

如下。

1. 串联判别法

（1）用摇表或万用表的电阻挡，分别找出三相绕组的各相两个线头。

（2）先给三相绕组的线头做假设编号 A、X；B、Y 和 C、Z。并把 B、X 连接起来，构成两相绕组串联。如图 19—10 所示。

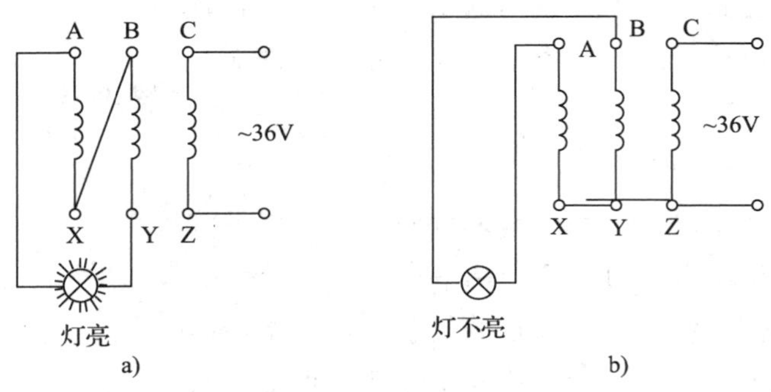

图 19—10　串联判别法接线方法

a）灯亮说明两相首末端正确　b）灯不亮说明两相首末端不对

（3）A、Y 线头上接一只灯泡。

（4）C、Z 两个线头上接通 36 V 交流电源，如果灯泡发光或用万用表测量 A、Y 两个线头上有电压，说明线头 A、X 和 B、Y 的编号正确。如果不发光，或用万用表测不出电压，则把 A、X 或 B、Y 任意两个线头的编号对调一下即可。

（5）再按上述方法对 C、Z 两个线头进行判别。

2. 用万用表或微安表判别六个线头的首末端

（1）方法一

1）先用摇表或万用表电阻挡分别找出三相定子绕组的各相两个线头。

2）给各相绕组假设编号为 A、X；B、Y；C、Z。

3）按如图 19—11 所示接线，用手转动电动机转子，如万用表（微安挡）指针不动，则证明假设的编号正确；若指针有偏转，说明其中有一相首末端假设编号不对。应逐相对调重测，直至正确为止。

（2）方法二

1）先分清三相绕组各相的两个线头，并进行假设编号，按如图 19—12 所示的方法接线。

2）合上开关瞬间，特别关注万用表（微安挡）指针摆动方向。如果指针向正方向偏转，则接电池正极的线头与万用表负极所接的线头为同名端（同为首端或末端）。如果指针向负方向偏转，则电池正极所接的线头与万用表正极所接的线头为同名端。

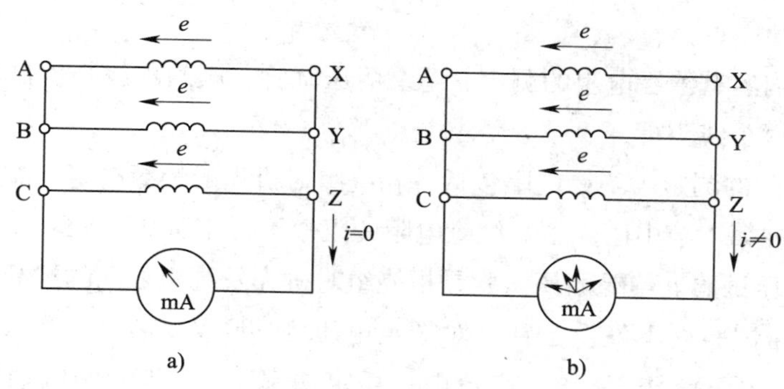

图 19—11 万用表判首末端方法一

a）指针不动首末端正确 b）指针摆动首末端不对

3）再将电池和开关接另一相两个线头进行测试，即可正确判别各相的首末端。

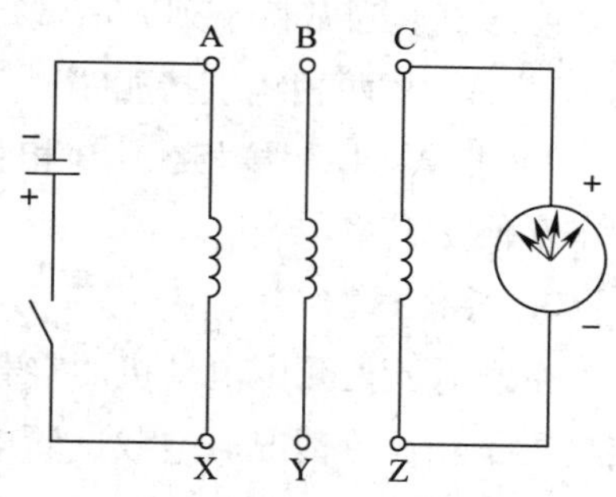

图 19—12 万用表判首末端方法二

二、三相异步电动机参数测试

1. 测试内容

电动机保养修复或绕组重绕后，要进行一些必要的测量及试验才能投入运行。试验项目有：绝缘试验、空载试验、短路试验等。

电动机绝缘性能的测量及试验尤为重要，它将影响电动机的使用寿命及人身安全。电动机绝缘电阻测量达到规定数值后，即可进行耐压试验。通过耐压试验可以检验电动机的绝缘性能是否达到规定要求。耐压试验是指绕组对机座和绕组各相间施加 1 min 工频试验电压而无击穿现象的实验。耐压试验因施加的交流电压较高，应在专用试验台上进行操作。耐压试验时应将试验电源的一极接在电动机一相绕组线端，另一极接在电动机的机壳接地端上。试验一个绕组时，其他绕组都应与机座相连接。

除了耐压试验外，短路试验也是很重要的一个测试项目。

短路试验主要是对电动机的空载电流及启动电流做出测定的试验。在电动机转子堵转情况下，用三相调压器从零开始逐渐调高电压，使电动机达到额定电流，这时调压器上标示的电压即为短路电压。对于额定电压为 380 V 的电动机，短路电压以 70 ~ 95 V 为合格。短路电压太高，电动机的空载电流小，启动电流和启动转矩也小，性能表现为过载能力较差。短路电压太低，电动机的空载电流大，启动电流大，性能表现为效率低、损耗大、温升高、功率不足。

2. 绝缘试验

绝缘试验的内容有绝缘电阻的测定、绝缘耐压试验、匝间绝缘强度试验。试验时，应先将定子绕组的六个线头拆开。

（1）绝缘电阻的测定。绝缘电阻包括各相绕组对机壳的绝缘电阻、相与相之间的绝缘电阻，测量方法在第1节中已介绍。绝缘电阻的阻值不得小于0.5 MΩ。

（2）绝缘耐压试验。绝缘耐压试验是指绕组对机壳及绕组之间的绝缘强度试验。必须经过1 min的耐压试验而不发生击穿。对额定电压为380 V，额定功率大于1 kW的电动机，试验电压为1 760 V/50 Hz正弦交流电；额定功率小于1 kW的电动机，试验电压为1 200 V/50 Hz正弦交流电。对于修复的电动机或重绕的电动机，以75%标准试验电压进行试验，施加的电压应从试验电压全值的50%开始，然后逐渐增加。

耐压试验通常按下列方法进行：

1）A、B两相绕组接相线，C相和机壳接地，进行一次耐压试验。

2）把A、C相接相线，B相和机壳接地，再进行一次耐压试验。在两次试验中都未发生击穿便是合格。

3. 空载试验

空载试验是测定电动机的空载电流和空载损耗功率的，利用电动机空载检查电动机的装配质量和运行情况。空载试验电路如图19—13所示，试验中应测量三相电压、三相电流及三相功率。

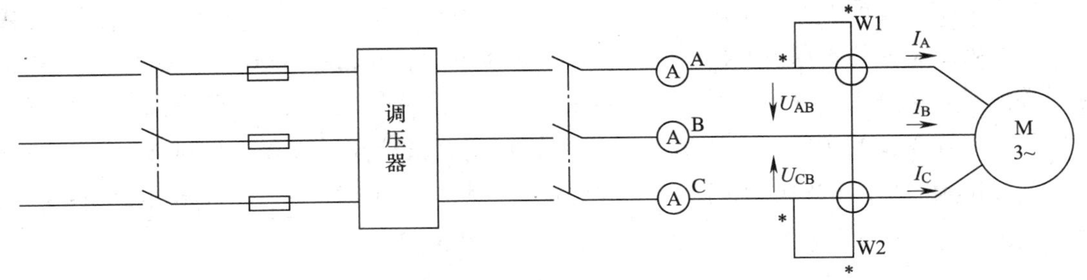

图19—13　空载试验

由于空载时电动机的功率因数较低，为了测量正确，宜选用低功率因数瓦特表来测量功率。电流表和瓦特表的电流线圈要按可能出现的最大空载电流来选择量程。启动过程中，要慢慢升高电压，以免启动电流过大而冲击仪表。

将电动机接上对称三相试验电压且等于电动机额定电压，连续空载运行30 min，注意电流表上空载电流的变化。空载电流与额定电流的百分比要符合表 19—1 所列范围。如空载电流高出范围很多，表示定子绕组匝数不够；如空载电流太低，表示定子绕组匝数太多，或将三角形接法的定子绕组误接成星形，或两路并联误接成一路。电动机任一相空载电流与三相电流平均值的偏差均不得大于 10%。若超过 10%，应查明原因。

表 19—1 电动机空载电流与额定电流的百分比

极数 \ 容量	0.125 kW 以下	0.5 kW 以下	2 kW 以下	10 kW 以下	50 kW 以下	100 kW 以下
2	70 ~ 95	45 ~ 70	40 ~ 55	30 ~ 45	23 ~ 35	18 ~ 30
4	80 ~ 96	65 ~ 85	45 ~ 60	35 ~ 55	25 ~ 40	20 ~ 30
6	85 ~ 98	70 ~ 90	50 ~ 65	35 ~ 65	30 ~ 45	22 ~ 33
8	90 ~ 98	75 ~ 90	50 ~ 70	37 ~ 70	35 ~ 50	25 ~ 35

空载试验时，应检查铁芯是否过热、轴承的温升是否符合规定，还应检查轴承运行时声音是否正常，电动机是否有杂声、震动。

4. 短路试验

短路试验的目的是测定短路电压和短路损耗。试验电路与空载试验相同，但电流表和瓦特表的电流线圈应按电动机的额定电流来选择量程。

短路试验时，要将电动机堵转，逐渐升高电压，使定子电流达到额定值，此时的电压即为短路电压。电动机的短路电压值应符合表 19—2 所列规定的数值。若短路电压过大，一般是因为定子绕组匝数太多，漏抗大，空载电流小，启动电流和启动转矩都很小；若短路电压过小，情况则相反。

表 19—2 13 kW 以下电动机的短路电压值

电动机容量（kW）	0.6 ~ 1.0	1.0 ~ 7.5	7.5 ~ 13
短路电压（V）	90	75 ~ 85	75

短路试验时，因为电动机不转，不输出机械功率，摩擦损耗为零，所以试验时的输入功率可认为是消耗在定子和转子上的铜耗。

5. 三相有功功率测量

在如图 19—13 所示中需要测量有功功率。可采用两表法测三相有功功率。

测量时功率表 PW_1 和 PW_2 分别接在线电压 U_{AB}、U_{CB} 和电流 I_A、I_C 回路上，它们的指示值分别是瞬时功率 $P_1 = U_{AB}I_A$ 和 $P_2 = U_{CB}I_C$ 在一个周期的平均值。两表指示值之和即为 $P_1 + P_2$，正好等于三相电路的有功功率。空载时，电动机不输出机械功率，此时的输入功率是电动机的空载损耗功率 P_0。

两表法接线规则：两只功率表的电流线圈接在不同的两个相线上，并且将其发电机端（*）接到电源，使通过电流线圈的电流是三相电路的线电流。两只电压线圈的发电机端（*）接到各自电流线圈所在的相上，并且将另一端共同接到没有电流线圈的公共相上，使加在电压回路上的电压是三相电路的线电压。

测　试　题

第1题　三相异步电动机定子绕组引出线首尾端判断、接线及故障分析

一、试题单

1．操作条件

（1）万用表一只。

（2）兆欧表一只。

（3）三相异步电动机一台。

（4）电工工具一套。

2．操作内容

（1）三相异步电动机定子绕组引出线首尾端判断。

（2）根据电动机铭牌画出定子绕组接线图，并进行接线。

（3）通电调试。

（4）故障分析（抽选一题）

1）通电后三相异步电动机不能转动，但无异响，也无异味和冒烟。

2）通电后三相异步电动机不转，然后熔丝烧断。

3）通电后三相异步电动机不转，有“嗡嗡”声。

4）三相异步电动机启动困难。带额定负载时，电动机转速低于额定转速较多。

5）三相异步电动机空载，过负载时，电流表指针不稳，摆动。

3．操作要求

（1）判断步骤要正确，能正确使用仪表及工具。

（2）安全生产，文明操作，未经允许擅自通电，造成设备损坏者该项目零分。

二、答题卷

1．根据三相异步电动机铭牌接线方式，画出其定子绕组接线图。

2．故障分析（下列故障现象由考评员抽选一题）。

故障现象：

（1）通电后三相异步电动机不能转动，但无异响，也无异味和冒烟。

（2）通电后三相异步电动机不转，然后熔丝烧断。

（3）通电后三相异步电动机不转，有“嗡嗡”声。

（4）三相异步电动机启动困难。带额定负载时，电动机转速低于额定转速较多。

（5）三相异步电动机空载，过负载时，电流表指针不稳，摆动。

故障原因分析：

第2题　中、小型异步电动机测试及故障分析

一、试题单

1．操作条件

（1）万用表一只。

（2）兆欧表一只。

（3）钳形电流表一只。

（4）三相异步电动机一台。

（5）电工工具一套。

2．操作内容

（1）三相异步电动机的电阻测量

1）三相异步电动机直流电阻测量。

2）三相异步电动机绝缘电阻测量。

（2）三相异步电动机空载试验：接线、运转、测量空载电流。

（3）故障分析（抽选一题）

1）电动机过热，甚至冒烟。

2）运行中电动机震动较大。

3）电动机运行时响声不正常，有异响。

4）通电后电动机不转，有“嗡嗡”声。

5）通电后电动机不能转动，但无异响，也无异味和冒烟。

3. 操作要求

（1）判断步骤要正确，能正确使用仪表及工具。

（2）安全生产，文明操作，未经允许擅自通电，造成设备损坏者该项目零分。

二、答题卷

1. 测量各相绕组的直流电阻

U 相________、V 相________、W 相________；

2. 测量各相绕组的对地绝缘电阻

U 相________、V 相________、W 相________；

3. 测量各相绕组的相间绝缘电阻

U – V ________、V – W ________、W – U ________；

4. 测量三相空载电流

U 相________、V 相________、W 相________；

5. 故障分析（下列故障现象由考评员抽选一题）

故障现象：

（1）电动机过热，甚至冒烟。

（2）运行中电动机震动较大。

（3）电动机运行时响声不正常，有异响。

（4）通电后电动机不转，有“嗡嗡”声。

（5）通电后电动机不能转动，但无异响，也无异味和冒烟。

故障原因分析：

第6篇 电气控制

电气控制技术在工业生产、科研及其他各领域的应用十分广泛，电气控制技术涉及面广，各种电气控制设备种类多，功能各不相同。本篇以电动机及其他执行电器为控制对象，介绍电气控制的基本原理及基本线路，以培养对电气控制系统的分析能力。

第 20 章

识图知识

第 1 节　电气图的分类　/520
第 2 节　电气制图的原则与图示符号　/523
第 3 节　电气控制原理图的阅读与分析　/526

第1节　电气图的分类

电气图是用电气图形符号绘制的图，通常又称为“简图”或“略图”。它是电工领域中最主要的提供信息方式，其信息内容包括功能、位置、设备制造及接线等。

按国家标准《电气制图》规定，电气图主要有系统图与框图、电路图与等效电路图、接线图与接线表、功能图与功能表图、逻辑图、位置简图与位置图等。各种图的命名主要是根据其所表达信息的类型和表达方式而确定的。

1. 系统图与框图是用符号或注解表示的框，概略表示系统或分系统的基本组成、相互关系及主要特征的一种简图。

2. 电路图是用图形符号并按工作顺序排列，详细表示电路、设备或成套装置的全部组成和连接关系，而不考虑实际位置的一种简图。

3. 接线图是表示成套装置的连接关系，用以进行接线和检查的一种简图。

4. 功能图是表示理论与理想的电路而不涉及方法的一种简图。

5. 逻辑图是用二进制逻辑单元图形符号绘制的一种简图。

6. 位置简图与位置图是表示成套装置、设备或装置中各个项目的位置的一种简图。

电气控制系统是由电气设备及电气元件按照一定的控制要求连接而成。为了表达电气控制系统的组成结构、工作原理及安装、调试、维修等技术要求，需要用统一的工程语言即工程图的形式来表达，这种工程图是一种电气图，叫作电气控制系统图。

电气控制系统图一般有三种：电气原理图（电路图）、电气接线图、电器元件布置图。电气控制系统图是根据国家电气制图标准，用规定的图形符号、文字符号以及规定的画法绘制的。

一、电气原理图

电气原理图是采用图形符号和项目代号并按工作顺序排列，详细表明设备或成套装置的组成和连接关系及电气工作原理的，而不考虑其实际位置的一种简图。一般生产机械设备的电气控制原理图可分成主电路、控制电路及辅助电路。

电气原理图上将主电路画在一张图纸的左侧；控制电路按功能布置，并按工作顺序从左到右、或从上到下排列；辅助电路（如信号电路）与主电路、控制电路分开。在电气原理图上连接线、设备或元器件图形符号的轮廓线、可见轮廓线、表格用线都用实线绘制，一般一张图样上选用两种线宽。虚线是辅助用图线，可用来绘制屏蔽线，机械连动线，不可见轮廓线及连线、计划扩展内容的连线。点画线用于各种围框线。双点画线用做各种辅助围框线。

如图 20—1 所示为普通设备电气原理图。

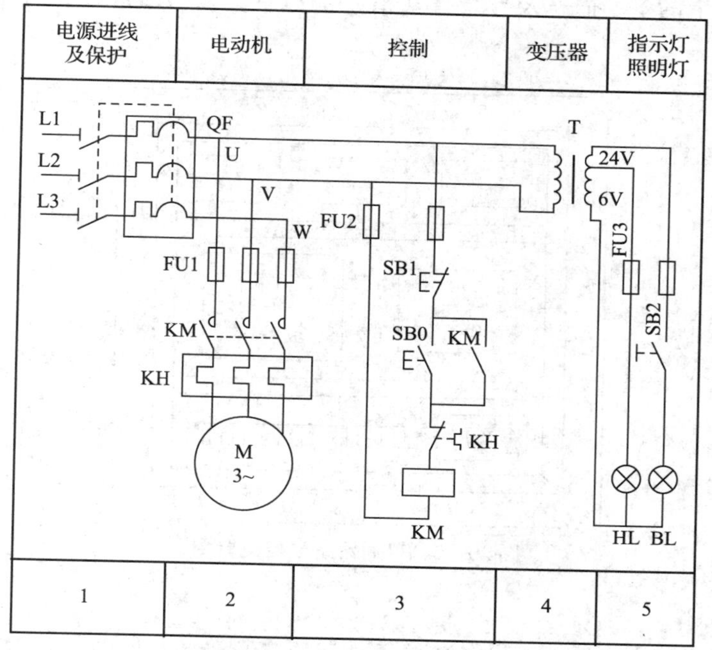

图 20—1　普通设备电气原理图

二、电气接线图

电气接线图用来表示电气控制系统中各电器元件的实际安装位置和接线情况。一般包括：元器件的相对位置、元器件的代号、端子号、导线号、导线类型、导线截面积、屏蔽及导线绞合等内容。

在电气接线图中的元器件应采用简化外形（如：正方形、矩形、圆形等）表示，必要时也可用图形符号表示，元器件符号旁应标注项目代号，并与电气原理图中的标注一致。

在电气接线图中的端子，一般用图形符号和端子代号表示，当用简化外形表示端子所在的项目时，可不画出端子符号，用端子代号格式及标注方法表示即可。

在电气接线图中的导线可用连续线和中断线表示，导线、电缆等可用加粗的线条表示。

电气接线图可分为电器位置图和电气互连图两部分。

1. 电器位置图

在电器位置图中，详细绘制出电气设备零件的安装位置。如图 20—2 所示的普通设备电器位置图，图中各电器代号应与有关电路图和电器清单上所有元器件代号相同，在图中往往留有 10% 以上的备用面积及导线管（槽）的位置，以供改进设计时用。图中不需标注尺寸。

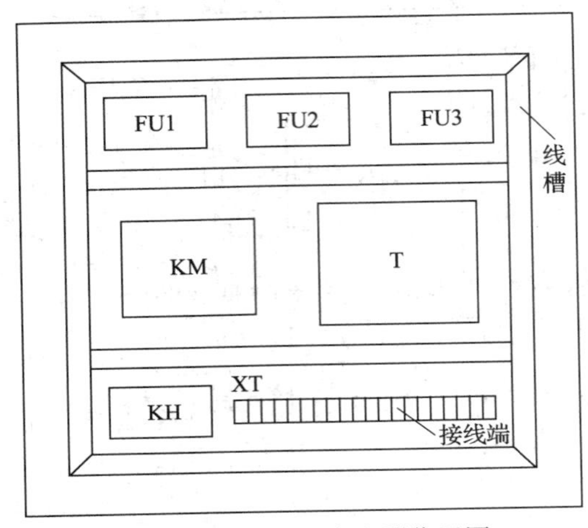

图 20—2　普通设备电器位置图

2. 电气互连图

电气互连图是用来表明电气设备各单元之间的接线关系。如图 20—3 所示的普通设备电气互连图，它清楚地表明了电气设备外部元件的相对位置及它们之间的电气连接，是实际安装接线的依据，在具体施工和检修中能够起到电气原理图所起不到的作用，在生产现场得到广泛应用。

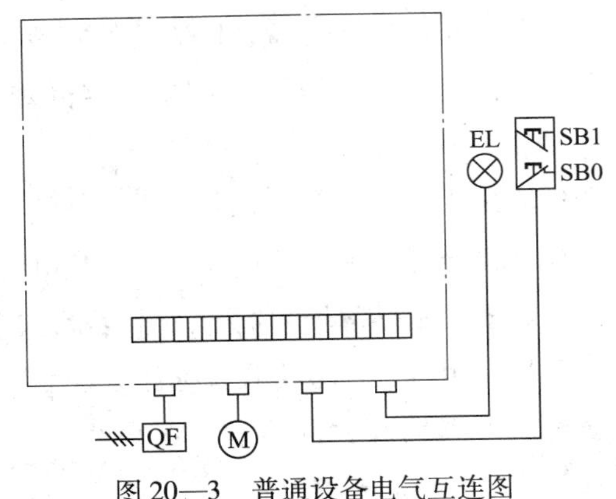

图 20—3　普通设备电气互连图

三、电气元件布置图

电气元件布置图主要用来表明各种电气设备在机械设备上和电气控制柜中的实际安装位置，为机械电气控制设备的制造、安装、维修提供必要的资料。各电气元件的安装位置是由机床的结构和工作要求决定的，如电动机要和被拖动的机械部件在一起，行程开关应放在要取得信号的地方，操作元件要放在操纵台及悬挂操纵箱等操作方便的地方，一般电气元件应放在控制柜内。

机床电气元件布置图主要由机床电气设备布置图、控制柜及控制板电气设备布置图、操纵台及悬挂操纵箱电气设备布置图等组成。在绘制电气设备布置图时，所有能见到的以及需表示清楚的电气设备均用粗实线绘制出简单的外形轮廓，其他设备（如机床）的轮廓用双画线表示。

第 2 节　电气制图的原则与图示符号

国家标准《电气制图》规定了电气图的编制方法及电气制图的一般原则。

一、电气制图的一般原则

1. 电气原理图绘制的原则

由于电气原理图结构简单、层次分明，适用于研究和分析电路工作原理，在设计部门和生产现场得到广泛的应用。其绘制原则为：

（1）电器元件的工作状态应是未通电时的状态，二进制逻辑元件应是置零时的状态。机械操作开关应是非工作状态时的位置。例如终端开关在没有达到极限行程前的位置，断路器和隔离开关应在断开位置，带零位的手动控制开关在零位位置，而完全不考虑电路的实际工作状态。

（2）原理图上的动力线路、控制电路和信号电路应分开绘出。

（3）原理图上应标出各个电源电路的电压值、极性或频率及相数，某些元器件的特性（如电阻、电容的数值等），不常用电器（如传感器、手动触点等）的操作方式和功能。

（4）原理图上各电路的安排应便于分析、维修和寻找故障，原理图应按功能分开画出。

（5）动力线路的电源电路绘成水平线，受电的动力装置（如电动机）及保护电器支路，应垂直电源电路画出。

（6）控制电路和信号电路应垂直地绘在两条或几条水平电源线上。耗能元件（如线圈、电磁铁、信号灯等）应直接接在接地的水平电源线上，而控制触点应连在另一电源线上。

（7）为了阅读方便，图中自左至右或自上而下表示操作顺序，并尽可能减少线条和避免线条交叉。

（8）在原理图上方将图分成若干区，并标明该区电路的用途。继电器、接触器线圈的下方列有线圈和触点的从属关系。

2. 电气互连图绘制的原则

（1）外部单元同一电器的各部件画在一起，布置尽可能符合电器的实际情况。

（2）各电气元件的图形符号、文字符号和回路标记均以电气原理图为准，并保持一致。

（3）不在同一控制箱和同一配电盘上的各电气元件的连接，必须经接线端子板进行。互连图中的电气互连关系用线束表示，连接导线应标明导线规范（数量、截面积等），一般不表示实际走线途径，施工时由操作者根据实际情况选择最佳走线方式。

（4）对于控制装置的外部连接线，应在图上或用接线表示清楚，并标明电源的引入点。

二、常用电气图示符号

电力拖动控制系统由电动机和各种控制电器组成。为了表达电气控制系统的设计意图，便于分析电气控制系统的工作原理、安装、调试和检修，必须采用统一的文字符号和图形符号来表达。国家标准局参照国际电工委员会（IEC）颁布的有关文件，制定了我国电气设备的有关国家标准。

电气图示符号有图形符号、文字符号及回路标号等。

1. 图形符号

图形符号通常用于图样或其他文件，用以表示一个设备或概念的图形、标记或字符。

国家电气图用符号标准规定了《电气图常用图形符号》的画法。国家标准中规定的图形符号基本与国际电工委员会（IEC）发布的有关标准相同。图形符号含有符号要素、一般符号和限定符号。

（1）符号要素。它是一种具有确定意义的简单图形，必须同其他图形组合才能构成一个设备或概念的完整符号。如接触器常开主触点的符号就由接触器触点功能符号和常开触点符号组合而成。

（2）一般符号。用以表示一类产品和此类产品特征的一种简单的符号。如电动机可用一个圆圈表示。

（3）限定符号。用于提供附加信息的一种加在其他符号上的符号。

运用图形符号绘制电气系统图时应注意：

1）符号尺寸大小、线条粗细依国家标准可放大或缩小，但在同一张图中，同一符号的尺寸应保持一致，各符号间及符号本身比例应保持不变。

2）标准中标示出的符号方位，在不改变符号含义的前提下，可根据图面布置的需要旋转或成镜像位置，但文字和指示方向不得倒置。

3）大多数符号都可以附加上补充说明标记。

4）有些具体器件的符号由设计者根据国家标准的符号要素、一般符号和限定符号组合而成。

5）国家标准未规定的图形符号，可根据实际需要，按突出特征、结构简单、便于识别的原则进行设计，但需报国家标准局备案。当采用其他来源的符号和代号时，必须在图解和文件上说明含义。

2. 文字符号

文字符号适用于电气技术领域中技术文件的编制，用来标明电气设备、装置和元器件的名称及电路的功能、状态和特征。

国家标准《电气技术中的文字符号制订通则》规定了电气工程图中的文字符号，它分为基本文字符号和辅助文字符号。

（1）基本文字符号。基本文字符号分为单字母符号和双字母符号两种。单字母符号按拉丁字母顺序将各种电气设备、装置和元器件划分为23大类，每一大类用一个专用的单字母符号表示。如“K”表示继电器类，“R”表示电阻器类等。

双字母符号是由一个表示种类的单字母符号与另一个字母组成，其组合形式以单字母符号在前，另一个字母在后的次序列出，如“F”表示保护器件类，“FU”表示熔断器。双字母符号是在单字母符号不能满足要求，需将大类进一步划分时，采用的符号，可以较详细和更具体地表述电气设备装置和元器件。

（2）辅助文字符号。辅助文字符号是用来表示电气设备、装置和元器件以及电路的功能、状态和特征的。如“RD”表示红色，“L”表示限制等。辅助文字符号也可以放在表示种类的单字母符号之后组成双字母符号，如“SP”表示压力传感器，“YB”表示电磁制动器等。为了简化文字符号，若辅助文字符号由两个以上字母组成时，允许只采用第一位字母进行组合，如“MS”表示同步电动机。辅助文字符号还可以单独使用，如“ON”表示接通，“M”表示中间线等。

(3) 补充文字符号的原则。规定的基本文字符号和辅助文字符号如不敷使用，可按国家标准中文字符号组成规律和下述原则予以补充：

1）在不违背国家标准文字符号编制原则的条件下，可采用国家标准中规定的电气技术文字符号。

2）在优先采用基本文字符号和辅助文字符号的前提下，可补充国家标准中未列出的双字母文字符号和辅助文字符号。

3）使用文字符号时，应按电气名词术语国家标准或专业技术标准中规定的英文术语缩写而成。

4）基本文字符号不得超过两位字母，辅助文字符号一般不得超过三位字母。文字符号采用拉丁字母大写正体字，且拉丁字母中“I”和“O”不允许单独作为文字符号使用。

3. 回路标号

三相交流电源引入线采用L1、L2、L3标记。

电源开关之后的三相交流电源主电路分别按U、V、W顺序标记。

分级三相交流电源主电路采用三相文字代号U、V、W的前边加上阿拉伯数字1、2、3等来标记，如1U、1V、1W；2U、2V、2W等。

各电动机分支电路各接点标记采用三相文字代号后面加数字来表示，数字中的个位数表示电动机代号，十位数字表示该支路各接点的代号，从上到下按数值大小顺序标记。如U11表示M1电动机的第一相的第一个接点代号，U21为第一相的第二个接点代号，以此类推。

电动机绕组首端分别用U、V、W标记，尾端分别用U′、V′、W′标记。双绕组的中点则用U″、V″、W″标记。

控制电路采用阿拉伯数字编号，一般由三位或三位以下的数字组成。标注方法按“等电位”原则进行，在垂直绘制的电路中，标号顺序一般由上而下编号，凡是被线圈、绕组、触点或电阻、电容等元件所间隔的线段，都应标以不同的电路标号。

电气图常用图形及文字符号的新旧对照表见附录。

第3节 电气控制原理图的阅读与分析

一般设备电气控制原理图上的电路可分成主电路（又称主回路）、控制电路、辅助电路、保护环节、联锁环节以及特殊控制电路等部分。

一、主电路

主电路是指受电的动力装置及保护电路，在该部分电路中通过的是电动机的工作电流，电流较大。主电路通常用实线画在电气原理图的左侧。在电力拖动线路中，实际上就是设备的电源、电动机及其他用电设备等。如图 20—4 所示为主电路部分。

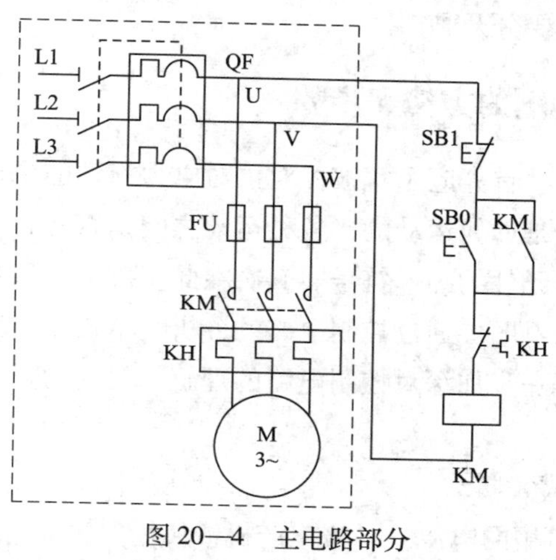

图 20—4　主电路部分

二、控制电路

控制电路是指控制主电路工作状态的电路，在该部分电路中通过的电流都较小。控制电路通常用实线表示在电气原理图的右侧。控制电路画出控制主电路工作的控制电器的动作顺序，以及用做其他控制要求的控制电器的动作顺序。如图 20—5 所示为控制电路部分。

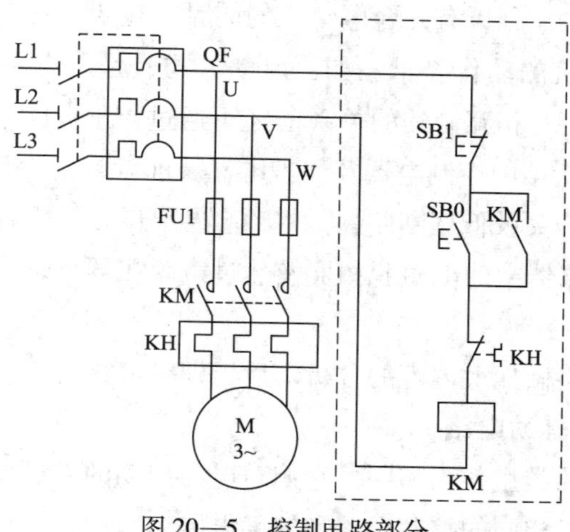

图 20—5　控制电路部分

三、辅助电路

辅助电路是指设备中的信号电路和照明电路部分等。信号电路是指显示主电路工作状态的电路。照明电路是指实际机床设备局部照明的电路。辅助电路通常用实线表示在电气原理图的右侧。

控制电路、辅助电路要分开画出。

四、阅读电气原理图的方法和步骤

在阅读电气原理图时，首先应了解被控对象对电力拖动的要求，了解被控对象有哪些运动部件，这些运动部件是如何运动的，各种运动之间是否有相互制约的关系，熟悉电气原理图的制图规则及电器元件的图形符号。其次在此基础上采取先看主电路，后分析控制电路及辅助电路的步骤来看图。通过控制电路的分析，掌握主电路中电器的动作规律，根据主电路的动作要求，进一步加深对控制电路的理解。最后通过辅助电路的分析，全面了解电气原理图的工作原理。

1. 阅读主电路的步骤

（1）首先看本设备所用的电源。一般生产机械所用电源通常均是三相、380 V、50 Hz的交流电源，对需采用直流电源的设备，往往都是采用直流发电机供电或采用整流装置。随着电子技术的发展，特别是大功率整流管及晶闸管的出现，一般情况下都由整流装置来获得直流电。

（2）分析主电路中有几台电动机，分清各台电动机的用途。目前，一般生产机械中所用的电动机以笼型异步电动机为主，但绕线型转子异步电动机、直流电动机、同步电动机也有着各种应用。所以，在分析有几台电动机的同时，还要注意电动机的类别。

（3）分清各台电动机的动作要求。如：启动方式、是否有正反转，调速及制动的要求，各台电动机之间是否有相互制约的关系（还可通过控制电路来分析）。

（4）了解主电路中所用的控制电器及保护电器。前者是指除常规接触器以外的控制元件，如电源开关（转换开关及低压断路器）、万能转换开关。后者是指短路保护器件及过载保护器件，如低压断路器中的电磁脱扣器及热过载脱扣器、熔断器、热继电器及过电流继电器等元件。

一般来说，对主电路做如上内容的分析以后，即可分析控制电路和辅助电路。

2. 阅读控制电路和辅助电路

由于生产机械设备的类型各不相同，它们对电力拖动的控制要求也各不相同，所以在电气原理图上会表现各不相同的控制电路和辅助电路。因此，要说明如何分析控制电路和辅助电路，就只能介绍方法和步骤。分析控制电路时，首先应分析控制电路的电源电压。通常的生产机械设备，如仅有一台电动机拖动或较少电动机拖动的设备，控制电路较简单，为减少电源种类，控制电路的电源电压常采用交流 380 V，可直接由主电路引入。对于采用多台电动机拖动且控制要求又较复杂的设备，当线圈总数（包括电磁铁，电磁离合器线圈）超过 5 个时（包括 5 个），控制电路的电源电压应采用交流 110 V、交流 220 V（其中优选电压为交流 110 V）。此控制电压应由隔离变压器获得，变压器的一端需接地，各线圈的一端也应接在一起并接地。当控制电路采用直流控制电压时，常由整流装置来供电。其次，了解控制电路中所采用的各种继电器、接触器的用途，如采用了一些特殊结构的继电器，还应了解它们的动作原理。只有这样，才能理解它们在电路中如何动作和具有何种用途。

分析了上面这些内容再结合主电路中的要求，即可分析控制电路的动作过程。

控制电路总是按动作顺序画在两条水平线或两条垂直线之间的。因此，即可从左到右或从上到下来进行分析。对复杂的控制电路，还可将其分成几个功能来分析，如启动部分、制动部分、循环部分等。对于控制电路的分析必须随时结合主电路的动作要求来进行，只有全面了解主电路对控制电路的要求以后，才能真正掌握控制电路的动作原理，不可孤立地看待各部分的动作原理，而应注意各个动作之间是有互相制约的关系，如电动机正、反转之间应设有联锁等。

辅助电路一般比较简单，它常包含有照明和信号部分。照明电压规定对白炽灯为 24 V。用日光灯照明时应有防止灯光在转动部件上产生频闪效应的措施，以免影响操作者的视觉。信号是指示生产机械动作状态的，工作过程中可使操作者随时观察，掌握各运动部件的状况，判别工作是否正常。通常以绿灯或白灯指明工作正常，以红灯指明出现故障。

上面所介绍的读图方法和步骤，只是一般的通用方法，需通过具体线路的分析逐步掌握，不断总结，才能提高看图能力。

测 试 题

一、判断题

1. 电气图包括：电路图、功能表图、系统图、框图以及元件位置图等。（ ）
2. 电气图上各直流电源应标出电压值、极性。（ ）
3. 按照国家标准绘制的图形符号，通常含有文字符号、一般符号、电气符号。（ ）

4．电气原理图上电器图形符号均指未通电的状态。（　　）

二、单项选择题

1．电气图包括：电路图、功能表图、系统图、框图以及(　　)等。

A．位置图　B．部件图　C．元件图　D．装配图

2．电气图不包括（　　）等。

A．电路图　B．功能表图　C．系统框图　D．装配图

3．电气图上各直流电源应标出（　　）。

A．电压值、极性　B．频率、极性　C．电压值、相数　D．电压值、频率

4．电气图上各交流电源应标出（　　）。

A．电压值、极性　B．频率、极性

C．电压有效值、相数　D．电压最大值、频率

5．按照国家标准绘制的图形符号，通常含有（　　）。

A．文字符号、一般符号、电气符号　B．符号要素、一般符号、限定符号

C．要素符号、概念符号、文字符号　D．方位符号、规定符号、文字符号

6．按照国家标准绘制的图形符号，通常不含有（　　）。

A．符号要素　B．一般符号　C．限定符号　D．文字符号

7．在电气图上，一般电路或元件是按功能布置，并按（　　）排列。

A．从前向后，从左到右　B．从上到下，从小到大

C．从前向后，从小到大　D．从左到右，从上到下

测试题答案

一、判断题

1．√　2．√　3．×　4．√

二、单项选择题

1．A　2．D　3．A　4．C　5．B　6．D　7．D

第 21 章

交流异步电动机控制电路

第 1 节　交流异步电动机的启动控制电路 /532
第 2 节　交流异步电动机的正反转控制电路 /538
第 3 节　交流异步电动机的位置控制与自动往返控制线路 /542
第 4 节　交流异步电动机的顺序控制与多地控制线路 /546
第 5 节　交流异步电动机的降压启动控制线路 /549
第 6 节　交流异步电动机的制动控制线路 /557
第 7 节　绕线式异步电动机的启动控制线路 /568

用电动机来带动生产机械使之运动的一种方法称为电力拖动。不同的生产机械有不同的运动规律，从而对电动机的运转也有不同的要求。一般来说可有如下几种：电动机启动、改变电动机转动方向（正、反转）、改变电动机转动速度（调速）、电动机制动等。

在电气控制电路实施中，必须包括下列三个组成部分：电动机、电动机的控制设备和保护设备、电动机与生产机械的传动装置。

第1节　交流异步电动机的启动控制电路

启动控制线路一般指只使电动机朝一个方向旋转，并带动生产机械的运动部件朝一个方向运动的线路。

一、手动启动控制线路

手动启动控制线路通过胶盖瓷底刀开关或铁壳开关来控制电动机的启动和停止。在工厂中常被用来控制三相电风扇和砂轮机等设备，如图21—1所示。

有的设备（如台钻）也常采用转换开关和熔断器来控制电动机的启动和停止，如图21—2所示。

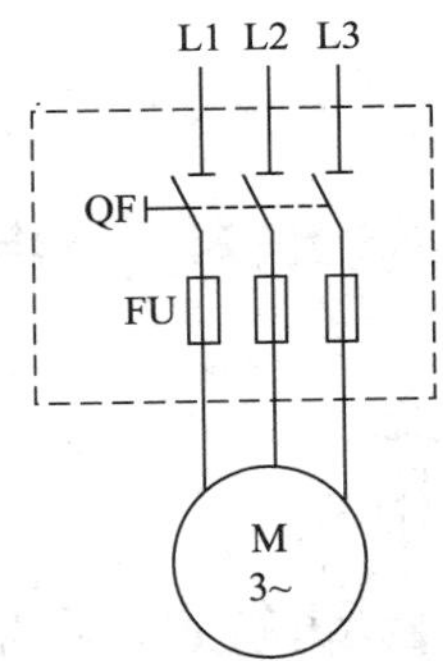

图21—1　铁壳开关控制电动机启动控制线路

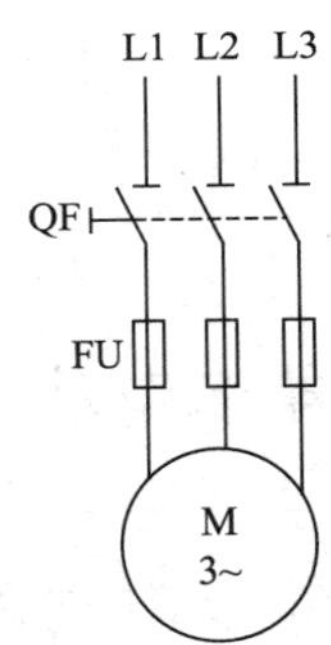

图21—2　转换开关控制电动机启动控制线路

以上两种线路中，铁壳开关QF或组合开关起接通、断开电源用；熔断器FU做短路保护用。

线路的工作原理如下：启动时，合上铁壳开关或转换开关QF，电动机M接通电源启动运转。停止时，拉开铁壳开关或转换开关QF，电动机M脱离电源失电停转。

上述手动启动控制线路虽然所用电器少，线路比较简单，但在启动、停车频繁的场合（如电动葫芦），使用这种手动控制方法既不方便，也不安全，操作劳动强度大，还不能进行自动控制。因此，目前广泛采用按钮、接触器等电器来控制电动机的运转。

二、点动启动控制线路

点动启动控制线路是用按钮、接触器来控制电动机运转的最简单的启动控制线路。接线示意图如图 21—3 所示。

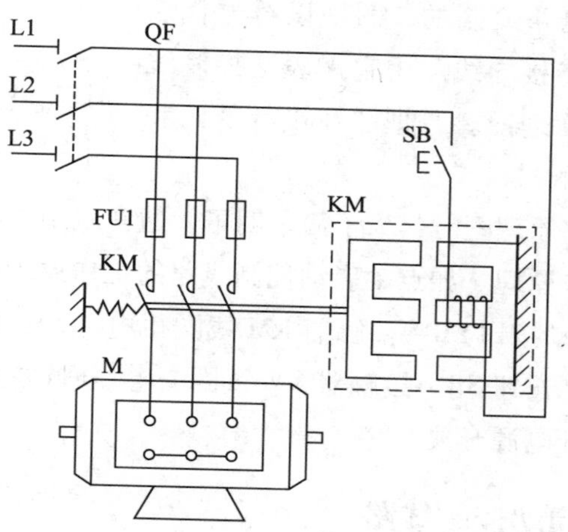

图 21—3　点动启动控制接线示意图

所谓点动启动控制是指：按下按钮，电动机就得电运转；松开按钮，电动机就失电停转。这种控制方法常用于电动葫芦的起重电动机控制和车床拖板箱快速移动的电动机控制。

由图 21—3 中可看出，点动启动控制线路是由转换开关 QF、熔断器 FU、启动按钮 SB、接触器 KM 及电动机 M 组成。其中以转换开关 QF 做电源隔离开关，熔断器 FU 做短路保护，按钮 SB 控制接触器 KM 的线圈得电、失电，接触器 KM 的主触头控制电动机 M 的启动与停止。

线路工作原理如下：当电动机 M 需要点动时，先合上转换开关 QF，此时电动机 M 尚未接通电源。按下启动按钮 SB，接触器 KM 的线圈得电，使衔铁吸合，同时带动接触器 KM 的三对主触头闭合，电动机 M 便接通电源启动运转。当电动机需要停转时，只要松开启动按钮 SB，使接触器 KM 的线圈失电，衔铁在复位弹簧作用下复位，带动接触器 KM 的三对主触头恢复断开，电动机 M 失电停转。

如图 21—3 所示的点动启动控制接线示意图是用近似实物接线图的画法表示的，看起来比较直观，初学者易学易懂，但画起来却很麻烦，特别是对一些比较复杂的控制线路，由于所用电器较多，画成接线示意图的形式反而使人觉得繁杂难懂，很不实用。因此，控制线路通常不画接线示意图，而是采用国家统一规定的电器图形符号和文字符号，画成控制线路原理图。点动启动控制线路原理图，如图21—4所示。

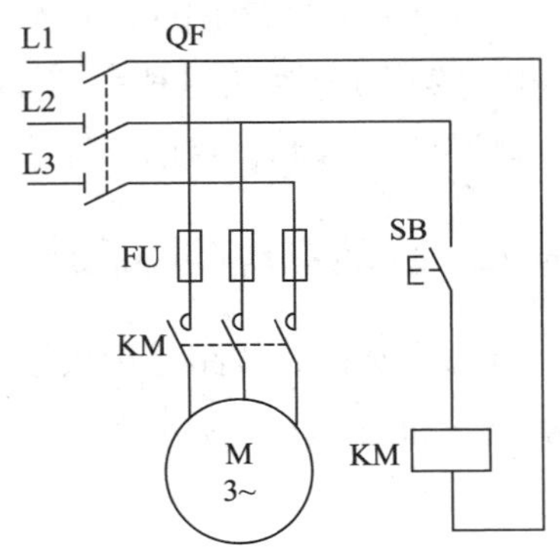

图21—4　点动启动控制线路原理图

它是根据实物接线电路绘制的，图中以符号代表电器元件，以线条代表连接导线。用它来表达控制线路的工作原理，故称为原理图。原理图在设计部门和生产现场都得到广泛应用。

在分析各种控制线路原理图时，为了简单明了，通常就用电器文字符号和箭头配以少量文字来表示线路的工作原理。如点动启动控制线路的工作原理可叙述如下：先合上电源开关QF。启动：按下启动按钮SB→接触器KM线圈得电→KM主触头闭合→电动机M启动运转。停止：松开启动按钮SB→接触器KM线圈失电→KM主触头断开→电动机M失电停转。停止使用时，断开电源开关QF。

三、接触器自锁启动控制线路

在要求电动机启动后能连续运转时，就不能采用上述点动启动控制线路。因为要使电动机M连续运转，启动按钮SB就不能断开，这显然是不符合生产实际要求的。为实现电动机的连续运转，可采用如图21—5所示的接触器自锁启动控制线路。

这种线路的主电路和点动控制线路的主电路相同，但在控制电路中又串接了一个停止按钮SB1，在启动按钮SB0的两端并接了接触器KM的一对常开辅助触头。

线路的工作原理如下，先合上电源开关QF。

启动：按下启动按钮SB0→KM线圈得电→KM主触头闭合、KM常开辅助触头闭合→电动机M启动连续运转。

当松开SB0，其常开触头恢复分断后，因为接触器KM的常开辅助触头闭合时已将SB0短接，控制电路仍保持接通，所以接触器KM继续得电，电动机M实现连续运转。像这种当松开启动按钮SB0后，接触器KM通过自身常开辅助触头而使线圈保

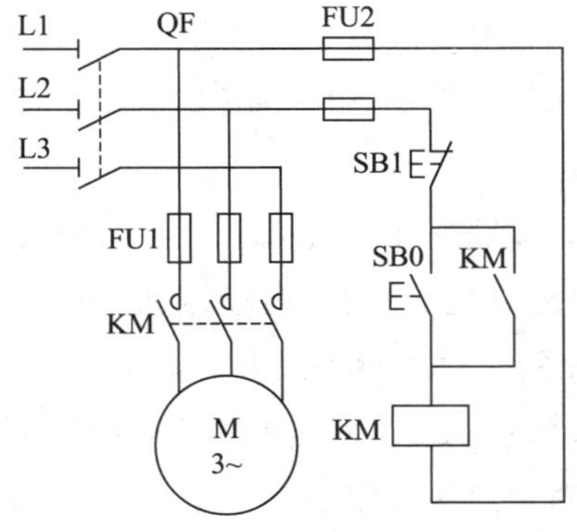

图21—5　接触器自锁启动控制线路图

持得电的作用叫作自锁（或自保）。与启动按钮 SB0 并联起自锁作用的常开辅助触头叫自锁触头（或自保触头）。

停止：按下停止按钮 SB1→KM 线圈失电→KM 主触头分断、KM 自锁触头分断→电动机 M 失电停转。当松开 SB1，其常闭触头恢复闭合后，因接触器 KM 的自锁触头在切断控制电路时已分断，解除了自锁，SB0 也是分断的，所以接触器 KM 不能得电，电动机 M 也不会转动。

接触器自锁启动控制线路不但能使电动机连续运转，而且还有一个重要的特点，就是具有欠压和失压（或零压）保护作用。

1. 欠压保护

“欠压”是指线路电压低于电动机应加的额定电压。“欠压保护”是指当线路电压下降到某一数值时，电动机能自动脱离电源电压停转，避免电动机在欠压下运行的一种保护。电动机为什么要有欠压保护呢？这是因为当线路电压下降时，电动机的转矩随之减小（$T \propto u^2$），电动机的转速也随之降低，从而使电动机的工作电流增大，影响电动机的正常运行。电压下降严重时还会引起“堵转”（即电动机接通电源但不转动）的现象，以致损坏电动机，发生事故。采用接触器自锁控制线路就可避免电动机欠压运行。这是因为当线路电压下降到一定值（一般指低于额定电压 85% 以下）时，接触器线圈两端的电压也同样下降到此值，从而使接触器线圈磁通减弱，产生的电磁吸力减小。当电磁吸力减小到小于反作用弹簧的拉力时，动铁芯被迫释放，带动着主触头，自锁触头同时断开，自动切断主电路和控制电路，电动机失电停转，达到了欠压保护的目的。

2. 失压（或零压）保护

失压保护是指电动机在正常运行中，由于外界某种原因引起突然断电时，能自动切断电动机电源，当重新供电时，保证电动机不能自行启动。在实际生产中，失压保护是很有必要的。例如：当机床（如车床）在运转时，由于其他电气设备发生故障引起突然断电，电动机被迫停转，与此同时机床的运动部件也跟着停止了运动，切削刀具的刃口便卡在工件表面上。如果操作人员没有及时切断电动机电源，又忘记退刀，那么当故障排除恢复供电时，电动机和机床便会自行启动运转，很可能导致工件报废或折断刀具等设备及人身伤亡事故。采用接触器自锁控制线路后，由于接触器自锁触头和主触头在电源断电时已经断开，使控制电路和主电路都不能接通，所以在电源恢复供电时，电动机就不会自行启动运转，这样操作人员可以从容地退出刀具，然后再重新启动电动机，保证了人身和设备的安全。

四、具有过载保护的自锁启动控制线路

上述线路由熔断器 FU 做短路保护，由接触器 KM 做欠压和失压保护，但还不够。因

为电动机在运行过程中，如果长期负载过大或启动操作频繁，或者缺相运行等，都可能使电动机定子绕组的电流增大，超过其额定值。而在这种情况下，熔断器往往并不熔断，从而引起定子绕组过热使温度升高。若温度超过允许温升就会使绝缘损坏，缩短电动机的使用寿命，严重时甚至会使电动机的定子绕组烧毁。因此，对电动机还必须采取过载保护措施。过载保护是指当电动机出现过载时能自动切断电动机电源，使电动机停转的一种保护。最常用的过载保护是由热继电器来实现的。如图21—6所示为具有过载保护的自锁启动控制线路。

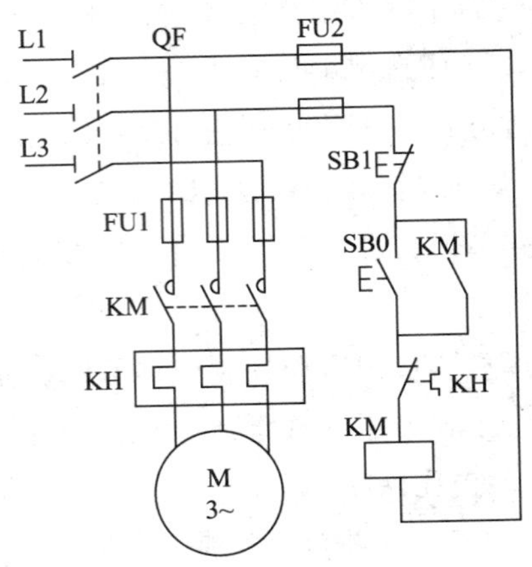

图21—6　具有过载保护的自锁启动控制线路

此线路与接触器自锁启动控制线路的区别是增加了一个热继电器KH，并把其热元件串接在电动机三相主电路上，把常闭触头串接在控制电路中。

如果电动机在运行过程中，由于过载或其他原因使电流超过额定值，那么经过一定时间，串接在主电路中的热继电器的热元件因受热发生弯曲，通过动作机构使串在控制电路中的常闭触头断开，切断控制电路。接触器KM的线圈失电，其主触头、自锁触头断开，电动机M失电停转，达到了过载保护之目的。

在照明、电加热等一般电路里，熔断器FU既可以做短路保护，也可以做过载保护。但对三相异步电动机控制线路来说，熔断器只能用做短路保护。这是因为三相异步电动机的启动电流很大（全压启动时的启动电流能达到额定电流的4~7倍），若用熔断器做过载保护，则选择熔断器的额定电流就应等于或略大于电动机的额定电流，这样电动机在启动时，由于启动电流大大超过了熔断器的额定电流，使熔断器在很短的时间内爆断，造成电动机无法启动。所以熔断器只能做短路保护，其额定电流应取电动机额定电流的1.5~3倍。

热继电器在三相异步电动机控制线路中也只能做过载保护，不能做短路保护。这是因为热继电器的热惯性大，即热继电器的双金属片受热膨胀弯曲需要一定的时间。当电动机发生短路时，由于短路电流很大，热继电器还没来得及动作，供电线路和电源设备可能已经损坏。而在电动机启动时，由于启动时间很短，热继电器还未动作，电动机已启动完毕。总之，热继电器与熔断器两者所起作用不同，不能相互代替。

五、连续运行与点动混合控制的启动控制线路

机床设备在正常工作时，一般需要电动机处在连续运转状态。但在试车或调整刀具与

工件的相对位置时，又需要电动机能点动控制，实现这种工艺要求的线路是连续运行与点动混合控制的启动控制线路，如图 21—7 所示。

如图 21—7 所示是在接触器自锁启动控制线路的基础上，把手动开关 SA 串接在自锁电路中实现的。显然，当把 SA 闭合或打开时，就可实现电动机的连续运行或点动控制。

如图 21—8 所示是在按钮 SB2 自锁启动控制线路的基础上，增加了一个点动按钮 SB3 来实现连续运行与点动混合启动控制的。

线路的工作原理如下：先合上电源开并 QF。

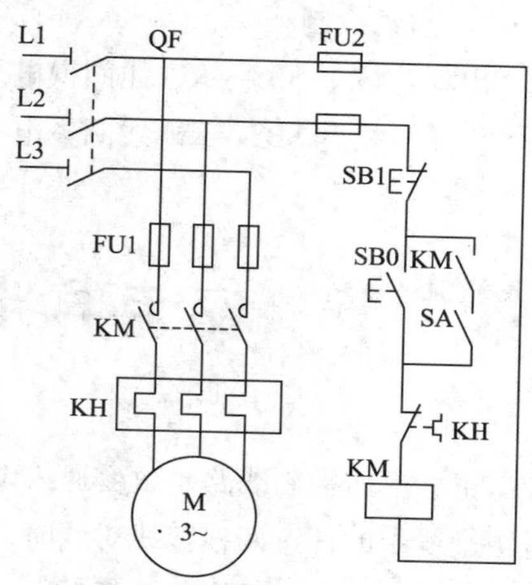

图 21—7　连续运行与点动混合控制的启动控制线路（一）

1. 连续运行控制

启动：按下 SB2→KA 线圈得电→KA 自锁触头闭合自锁→KA 常开触头闭合使 KM 线圈得电，KM 主触头闭合→电动机 M 启动连续运转。

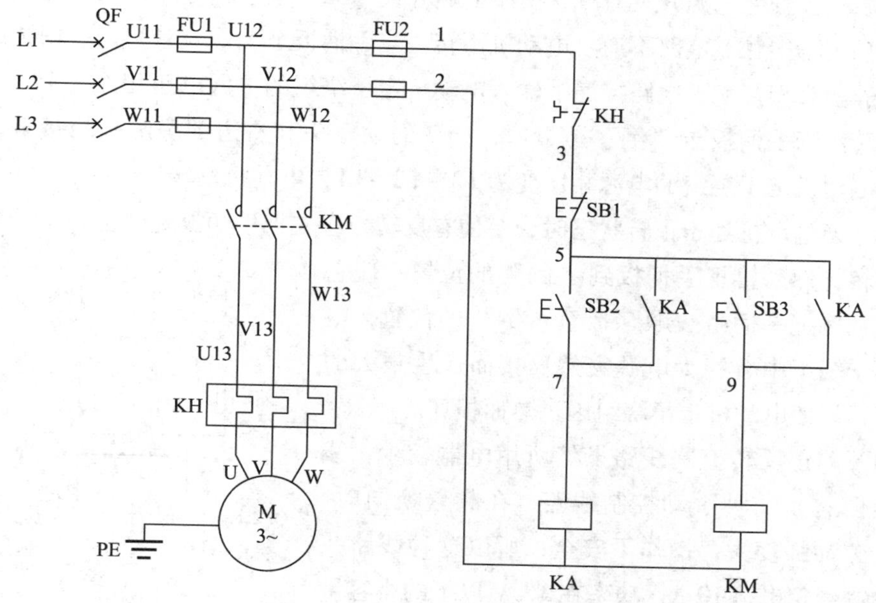

图 21—8　连续运行与点动混合控制的启动控制线路（二）

停止：按下 SB1→KA 线圈、KM 线圈失电→KM 主触头分断→电动机 M 失电停转。

2. 点动控制

启动：按下SB3→KM线圈得电→KM主触头闭合→电动机M得电启动运转。

停止：松开SB3→KM线圈失电→KM主触头分断→电动机M失电停转。

第2节 交流异步电动机的正反转控制电路

正、反转控制线路是改变通入电动机定子绕组的三相电源相序，即把接入电动机三相电源进线中的任意两根接线对调时，电动机就可以进行正、反方向旋转，以实现生产机械的运动部件朝正反两个方向运动。

一、倒顺开关正反转控制线路

倒顺开关也叫可逆转换开关，利用它可以改变电源相序来实现电动机的手动正反转控制。如图21—9所示是倒顺开关正反转控制线路。

工作原理：合上电源开关QF1，操作倒顺开关QF2。当手柄处于“停”位置时，QF2的动、静触头不接触，电路不通，电动机不转。当手柄扳至“顺”位置时，QF2的动触头和左边的静触头相接触，电路接通，输入电动机定子绕组的电源电压相序为L1－L2－L3，电动机正转。当手柄扳至“倒”位置时，QF2的动触头和右边的静触头相接触，电路接通，输入电动机定子绕组的电源相序变为L3－L2－L1，电动机反转。

注意：当电动机处于正转状态时，要使它反转，应先把手柄扳到“停”的位置，使电动机先停转，然后再把手柄扳到“倒”的位置，使它反转。若直接把手柄由“顺”扳至“倒”的位置，电动机的定子绕组中会因为电源突然反接而产生很大的反接电流，易使电动机定子绕组因过热而损坏。

倒顺开关正反转控制线路虽然所用电器较少，线路简单，但它是一种手动控制线路，在频繁换向时，操作人员劳动强度大，操作不安全，所以这种线路一般用于控制额定电流10 A、功率在3 kW以下的小容量电动机。在生产实践中更常用的是接触器联锁的正反转控制线路。

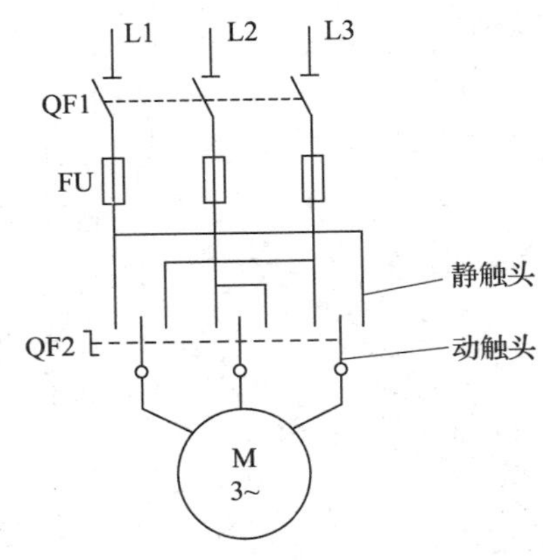

图21—9 倒顺开关正反转控制线路

二、接触器联锁的正反转控制线路

接触器联锁的正反转控制线路如图 21—10 所示。线路中采用了两个接触器，即正转用的接触器 KM1 和反转用的接触器 KM2，它们分别由正转按钮 SB2 和反转按钮 SB3 控制。从主电路中可以看出，这两个接触器的主触头所接通的电源相序不同，KM1 按 L1 – L2 – L3 相序接线。KM2 则对调了两相的相序，按L3 – L2 – L1相序接线。相应地控制电路有两条，一条是由按钮 SB2 和 KM1 线圈等组成的正转控制电路；另一条是由按钮 SB3 和 KM2 线圈等组成的反转控制电路。

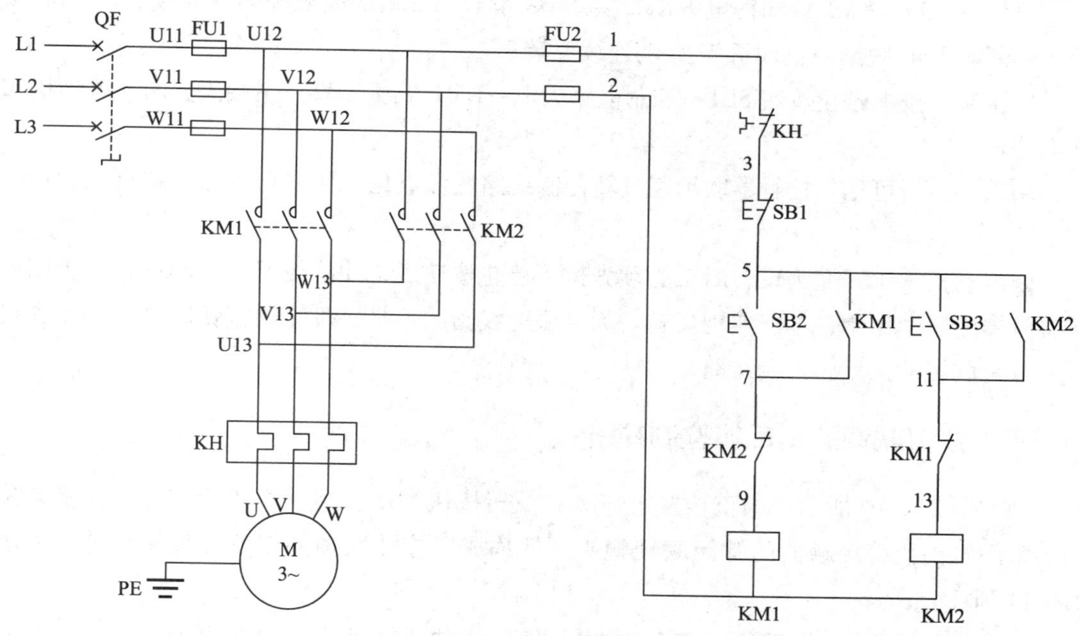

图 21—10　接触器联锁的正反转控制线路

必须指出，接触器 KM1 和 KM2 的主触头绝不允许同时闭合，否则将造成两相电源（L1 相和 L3 相）短路事故。为了保证一个接触器得电动作时，另一个接触器不能得电动作，以避免电源的相间短路，就在正转控制电路中串接了反转接触器 KM2 的常闭辅助触头，而在反转控制电路中串接了正转接触器 KM1 的常闭辅助触头。这样，当 KM1 得电动作时，串在反转控制电路中的 KM1 的常闭触头分断，切断了反转控制电路，保证了 KM1 主触头闭合时，KM2 的主触头不能闭合。同样，当 KM2 得电动作时，其 KM2 的常闭触头分断，切断了正转控制电路，从而可靠地避免了两相电源短路事故的发生。像上述这种在一个接触器得电动作时，通过其常闭辅助触头使另一个接触器不能得电动作的作用叫联锁

（或互锁）。实现联锁作用的常闭辅助触头称为联锁触头（或互锁触头）。

工作原理：先合上电源开关 QF。

1. 正转控制

按下 SB2→KMl 线圈得电→KM1 主触头闭合、KM1 自锁触头闭合自锁、KM1 联锁触头分断对 KM2 联锁→电动机 M 启动连续正转。

2. 反转控制

先按下 SB1→KM1 线圈失电→KM1 主触头分断、KM1 自锁触头分断解除自锁、KM1 联锁触头恢复闭合解除对 KM2 联锁→电动机 M 失电停转；

再按下 SB3→KM2 线圈得电→KM2 主触头闭合、KM2 自锁触头闭合自锁、KM2 联锁触头分断对 KMl 联锁→电动机 M 启动连续反转；

停止时，按下停止按钮 SB1→控制电路失电→KM1（或 KM2）主触头分断→电动机 M 失电停转。

从以上分析可见，接触器联锁正反转控制线路的优点是工作安全可靠，缺点是操作不便。

因电动机从正转变为反转时，必须先按下停止按钮后，才能按反转启动按钮，否则由于接触器的联锁作用，不能实现反转。为克服此线路的不足，可采用按钮联锁或按钮和接触器双重联锁的正反转控制线路。

三、按钮联锁的正反转控制线路

把如图 21—10 所示中的正转按钮 SB2 和反转按钮 SB3 换成两个复合按钮，使复合按钮的常闭触头代替接触器的常闭联锁触头，就构成了按钮联锁的正反转控制线路，如图 21—11 所示。

这种控制线路的工作原理与接触器联锁的正反转控制线路的工作原理基本相同，只是当电动机从正转改变为反转时，可直接按下反转按钮 SB3 即可实现，不必先按停止按钮 SB1。

因为当按下反转按钮 SB3 时，串接在正转控制电路中 SB3 的常闭触头先分断，使正转接触器 KM1 线圈失电，KM1 的主触头和自锁触头分断，电动机 M 失电惯性运转。SB3 的常闭触头分断后，其常开触头才随后闭合，接通反转控制电路，电动机 M 便反转。这样既保证了 KM1 和 KM2 的线圈不会同时通电，又可不按停止按钮而直接按反转按钮实现反转。同样，若使电动机从反转运行变为正转运行时，也只要直接按下正转按钮 SB2 即可。

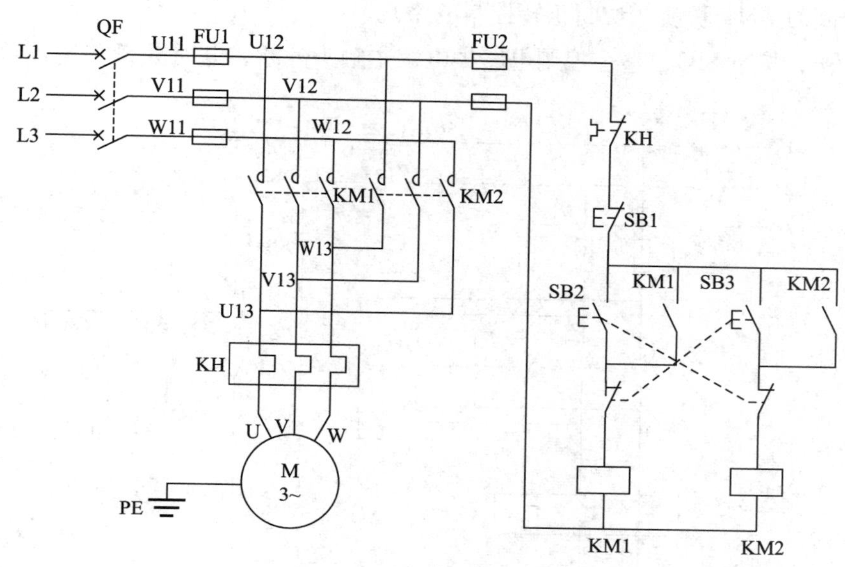

图 21—11　按钮联锁的正反转控制线路

这种线路的优点是操作方便。缺点是容易产生电源两相短路故障。如：当正转接触器 KM1 发生主触头熔焊或被杂物卡住等故障时，即使接触器线圈失电，主触头也分断不开，这时若直接按下反转按钮 SB3，KM2 得电动作，触头闭合，必然造成电源两相短路故障。所以此线路工作欠安全可靠，在实际工作中，经常采用的是按钮、接触器双重联锁的正反转控制线路。

四、按钮、接触器双重联锁的正反转控制线路

如图 21—12 所示为按钮、接触器双重联锁的正反转控制线路。这种线路操作方便，工作安全可靠。因此，在电力拖动中被广泛采用。

工作原理：先合上电源开关 QF。

1. 正转控制

按下 SB1→SB1 常闭触头先分断对 KM2 联锁（切断反转控制电路）、SB1 常开触头后闭合→KM1 线圈得电→KM1 主触头闭合→电动机 M 启动连续正转、KM1 联锁触头分断对 KM2 联锁（切断反转控制电路）。

2. 反转控制

按下 SB2→SB2 常闭触头先分断→KM1 线圈失电→KM1 主触头分断→电动机 M 失电、SB2 常开触头后闭合→KM2 线圈得电→KM2 主触头闭合→电动机 M 启动连续反转、KM2

联锁触头分断对 KM1 联锁（切断正转控制电路）。

若要停止，按下 SB3，整个控制电路失电，主触头分断，电动机 M 失电停转。

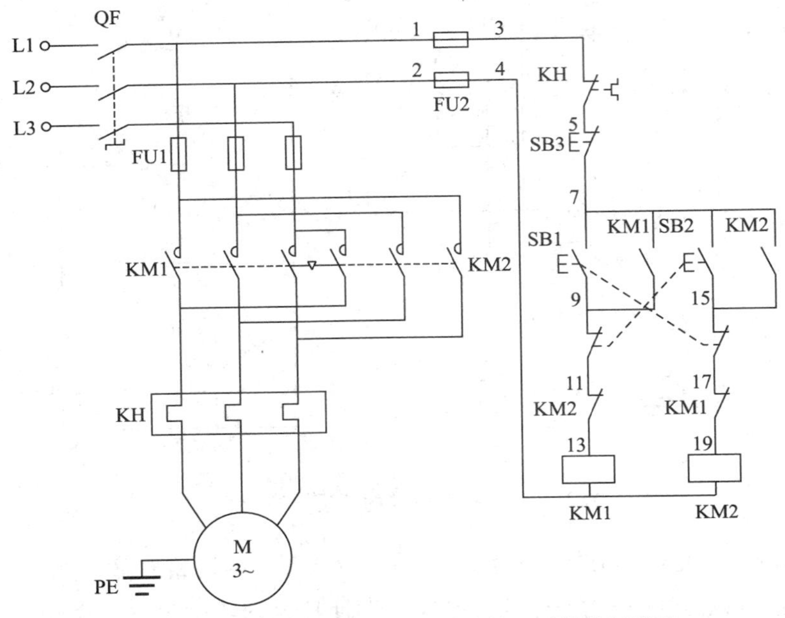

图 21—12　按钮、接触器双重联锁的正反转控制线路

第 3 节　交流异步电动机的位置控制与自动往返控制线路

在生产过程中，常遇到一些生产机械运动部件的行程或位置受到限制，或者需要其运动部件在一定范围内自动往返循环等问题。如在摇臂钻床等机床设备中就经常遇到这种控制要求。而实现这种控制要求所依靠的主要电器是位置开关（又称限制开关）。

一、位置控制（又称行程控制，限位控制）线路

位置开关是一种将机械信号转换为电气信号以控制运动部件位置或行程的控制电器。而位置控制就是利用生产机械运动部件上的挡铁与位置开关碰撞，使其触头动作，来接通或断开电路，达到控制生产机械运动部件的位置或行程的一种方法。如图 21—13 所示为小车运动示意图。

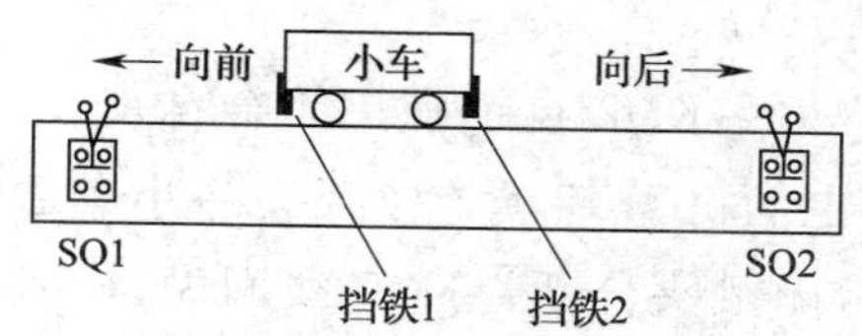

图 21—13 小车运动示意图

小车的两头终点处各安装一个位置开关 SQ1 和 SQ2，将这两个位置开关的常闭触头分别串接在正转控制电路和反转控制电路中。小车前后各装有挡铁 1 和挡铁 2，小车的行程和位置可通过移动位置开关的安装位置来调节。如图 21—14 所示是位置控制线路。

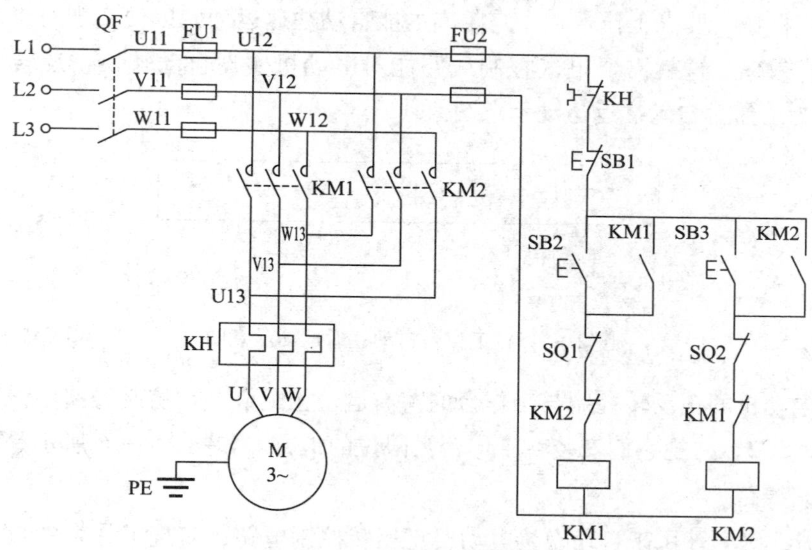

图 21—14 位置控制线路

工作原理：先合上电源开关 QF。

1. 小车向前运动

按下 SB2→KM1 线圈得电→KM1 主触头闭合、KM1 自锁触头闭合自锁、KM1 联锁触头分断对 KM2 联锁→电动机 M 启动连续正转→小车前移→移至限定位置挡铁 1 碰撞位置开关 SQ1→SQ1 常闭触头分断→KM1 线圈失电→KM1 自锁触头分断解除自锁、KM1 主触头分断、KM1 联锁触头恢复闭合解除联锁→电动机 M 失电停转→小车停止前移。

此时，即使再按下 SB2，由于 SQ1 常闭触头已分断，接触器 KM1 线圈也不会得电，保证了小车不会超过 SQ1 所在的位置。

2. 小车向后运动

按下 SB3→KM2 线圈得电→KM2 自锁触头闭合自锁、KM2 主触头闭合、KM2 联锁触头分断对 KM1 联锁→电动机 M 启动连续反转→小车后移→移至限定位置挡铁 2 碰撞位置开关 SQ2→SQ2 常闭触头分断→KM2 线圈失电→KM2 自锁触头分断解除自锁、KM2 主触头分断、KM2 联锁触头恢复闭合解除联锁→电动机 M 失电停转→小车停止后移。

停车时只需按下 SB1 即可。

二、自动往返行程控制线路

有些生产机械，要求工作台在一定距离内能自动往返运动，以便实现对工件的连续加工，提高生产效率。这就需要电气控制线路能对电动机实现自动转换正反转控制。如图 21—15 所示为工作台自动往返运动示意图。

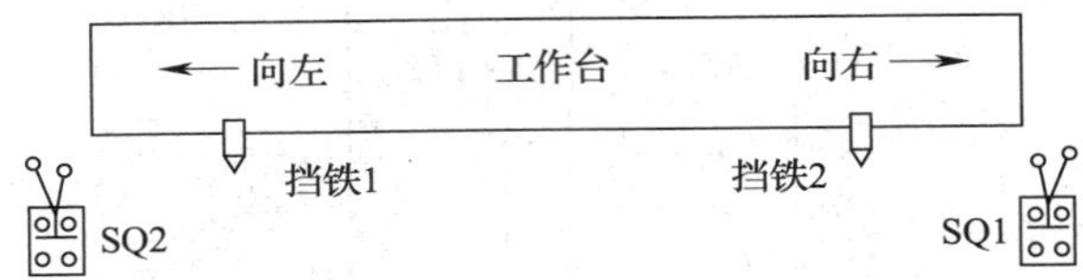

图 21—15　工作台自动往返运动示意图

为了使电动机的正反转控制与工作台的左右运动相配合，在控制线路中设置了两个位置开关 SQ1、SQ2，并把它们安装在工作台需限位的地方。如图 21—16 所示是工作台自动往返行程控制线路。

其中 SQ1、SQ2 被用来自动换接电动机正反转控制电路，实现工作台的自动往返行程控制。在工作台边的 T 型槽中装有两块挡铁，挡铁 1 只能和 SQ2 相碰撞，挡铁 2 只能和 SQ1 相碰撞。当工作台运动到所限位置时，挡铁碰撞位置开关，使其触头动作，自动换接电动机正反转控制电路，通过机械传动机构使工作台自动往返运动。工作台行程可通过移动挡铁位置来调节，拉开两块挡铁间的距离，行程短，反之则长。

工作原理：先合上电源开关 QF。

按下 SB2→KM1 线圈得电→KM1 自锁触头闭合自锁、KM1 主触头闭合、KM1 联锁触头分断对 KM2 联锁→电动机 M 正转→工作台左移→至限定位置挡铁 1 碰 SQ2→SQ2 -2 先分断、SQ2 -1 后闭合→KM1 线圈失电、KM1 主触头分断、KM1 联锁触头恢复闭合→KM1 自锁触头分断解除自锁→电动机停止正转、工作台停止左移→KM2 线圈得电→KM2 自锁触头闭合自锁、KM2 主触头闭合、KM2 联锁触头分断对 KM1 联锁→电动机 M 反转→工

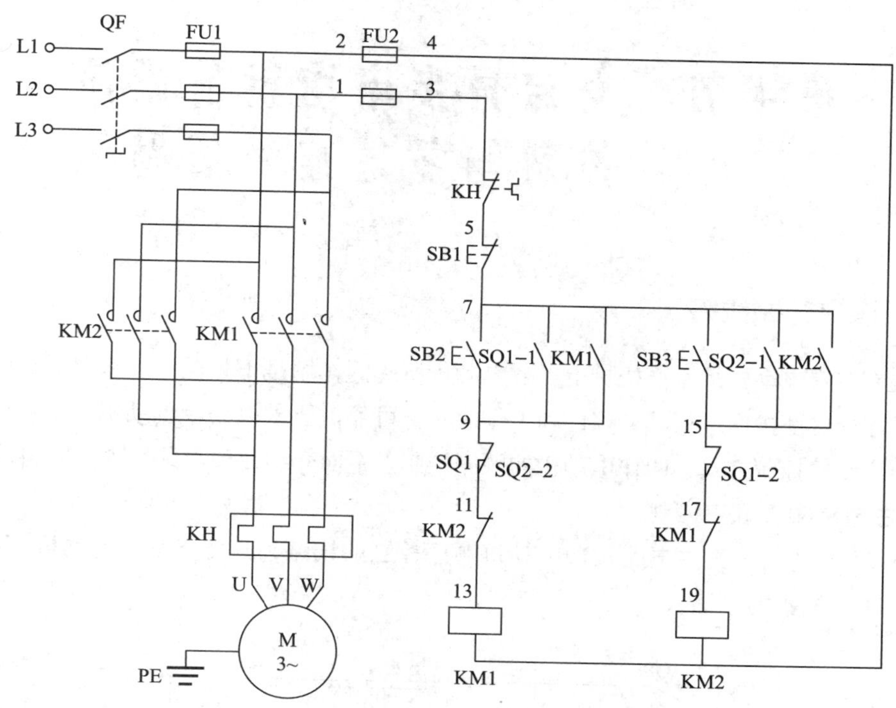

图 21—16　工作台自动往返行程控制线路

作台右移（SQ2 触头复位）→至限定位置挡铁 2 碰 SQ1→SQ1 －2 先分断、SQ1 －1 后闭合→KM2 线圈失电、KM2 主触头分断、KM2 联锁触头恢复闭合→KM2 自锁触头分断解除自锁→工作台停止右移→KM1 线圈得电→KM1 自锁触头闭合自锁、KM1 主触头闭合、KM1 联锁触头分断对 KM2 联锁→电动机 M 又正转→工作台又左移（SQ2 触头复位）→……，以后重复上述过程，工作台就在限定的行程内自动往返运动。

停止时，按下 SB1→整个控制电路失电→KM1（或 KM2）主触头分断→电动机 M 失电停转→工作台停止运动。

这里 SB2、SB3 分别作为正转启动按钮和反转启动按钮，若启动时工作台在左端，应按下 SB3 进行启动。

第4节 交流异步电动机的顺序控制与多地控制线路

一、顺序控制线路

在装有多台电动机的生产机械上，各电动机所起的作用是不相同的，有时需按一定的顺序启动，才能保证操作过程的合理性和工作的安全可靠。要求以一台电动机启动后另一台电动机才能启动的控制方式，叫作电动机的顺序控制。下面介绍几种常见的顺序控制线路。

1. 主电路实现顺序控制

如图21—17所示为主电路实现电动机顺序控制的线路，其特点是，电动机M2的主电路接在KM主触头的下面。

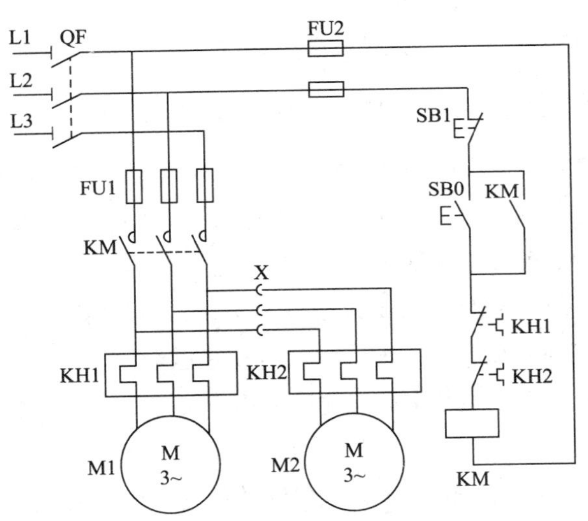

图21—17 主电路实现电动机顺序控制线路（一）

线路中，电动机M2是通过接插器X接在接触器KM主触头的下面，因此，只有当KM主触头闭合，电动机M1启动运转后，电动机M2才可能接通电源运转。

如图21—18所示线路中，电动机M1和M2分别通过接触器KM1和KM2来控制，接触器KM2的主触头接在接触器KM1主触头的下面，这样就保证了当KM1主触头闭合，电动机M1启动运转后，M2才可能接通电源运转。

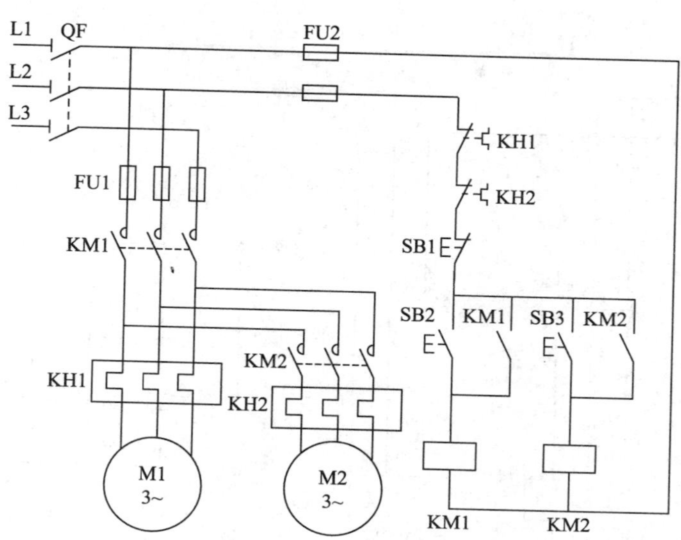

图 21—18　主电路实现电动机顺序控制线路（二）

工作原理：先合上电源开关 QF。

按下 SB2→KM1 线圈得电→KM1 自锁触头闭合自锁、KM1 主触头闭合→电动机 M1 启动连续运转。

按下 SB3→KM2 线圈得电→KM2 自锁触头闭合自锁、KM2 主触头闭合→电动机 M2 启动连续运转。

按下 SB1→控制电路失电→KM1、KM2 主触头分断→M1、M2 失电停转。

2. 控制电路实现顺序控制

如图 21—19 所示为两台三相异步电动机顺序启动、顺序停止控制电路。

线路特点：电动机 M1 启动后，M2 才能启动；电动机 M2 停止后，M1 才能停止的顺序控制要求。如果 M1 不启动，即使按下 SB4，由于 KM1 的常开辅助触头未闭合，KM2 线圈也不能得电。如果 M2 不停止，即使按下 SB1，由于 KM2 的常开辅助触头未分断，KM1 线圈也不能停止。从而保证了 M1、M2 顺序启动，M2、M1 逆序停止的控制要求。

工作原理：先合上电源开关 QF。

按下 SB2→KM1 线圈得电→KM1 主触头闭合、KM1 自锁触头闭合自锁→电动机 M1 启动连续运转→再按下 SB4→KM2 线圈得电→KM2 主触头闭合、KM2 自锁触头闭合自锁→电动机 M2 启动连续运转。

按下 SB3→KM2 线圈失电→KM2 主触头分断→电动机 M2 停转→再按下 SB1→KM1 线圈失电→KM1 主触头分断→电动机 M1 停转。

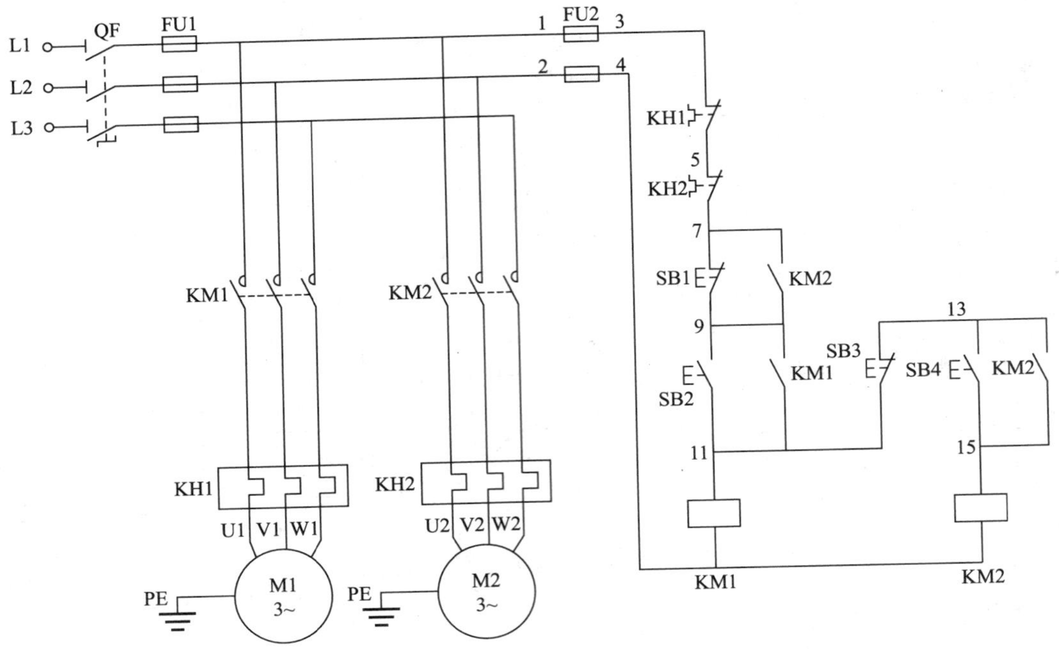

图 21—19　两台三相异步电动机顺序启动、顺序停止控制电路

二、多地控制线路

大型机床为了操作方便，常常要在两个或两个以上的地点都能进行操作。实现多点控制的控制线路如图 21—20 所示，即在各操作地点各安装一套按钮，其接线原则是各按钮的常开触点并联连接，常闭触点串联连接。

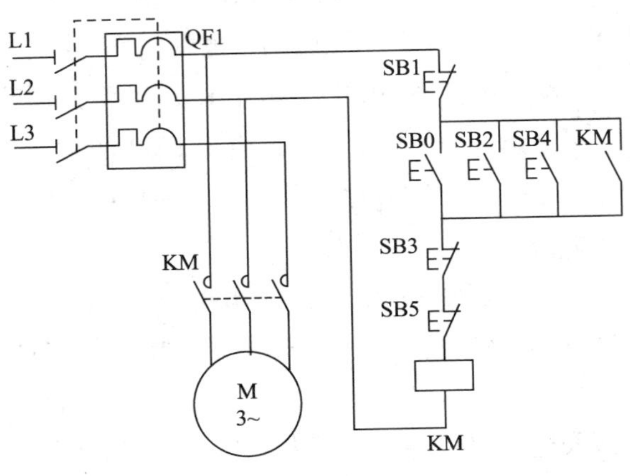

图 21—20　多点控制线路（一）

多人操作的大型冲压设备，为了保证操作安全，要求各操作者都发出主令信号（如按下启动按钮）后，设备才能压下。此时应将启动按钮的常开触点串联，如图 21—21 所示。

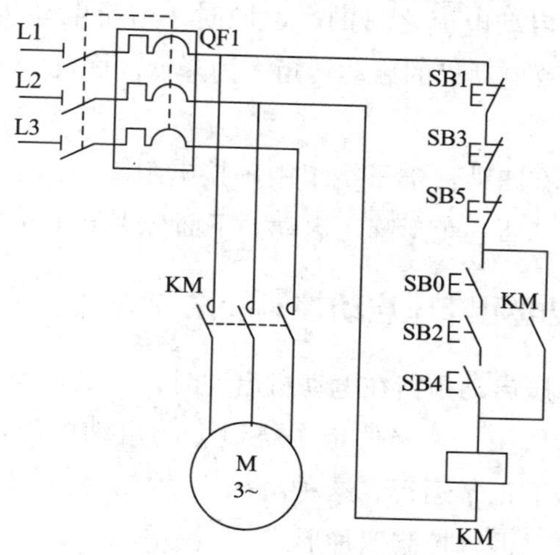

图 21—21　多点控制线路（二）

第 5 节　交流异步电动机的降压启动控制线路

当控制线路启动时加在电动机定子绕组上的电压就是电动机的额定电压，属于全压启动，也称直接启动。直接启动的优点是电气设备少、线路简单、维修量较小。但在电源变压器容量不够大的情况下，直接启动将导致电源变压器输出电压大幅度下降（因为异步电动机的启动电流比额定电流大很多），不仅会减小电动机本身的启动转矩，而且会影响同一供电线路中其他设备的正常工作。因此，较大容量的电动机需要采取降压启动。

通常规定：电源容量在 180 kV · A 以上，电动机容量在 7 kW 以下的三相异步电动机可采用直接启动。

判断一台电动机能否直接启动，还可以用经验公式来确定：

$$\frac{I_{ST}}{I_N} \leqslant \frac{3}{4} + \frac{\text{电源变压器容量（kV·A）}}{4 \times \text{电动机功率（kW）}}$$

式中　I_{ST}——电动机全压启动电流；

I_N——电动机额定电流。

凡不满足直接启动条件的，均需采用降压启动。

降压启动是指利用启动设备将电压适当降低后加到电动机的定子绕组上进行启动，待电动机启动运转后，再使其电压恢复到额定值正常运转。由于电流随电压的降低而减小，所以降压启动达到了减小启动电流之目的。但同时，由于电动机转矩与电压的平方成正比，所以降压启动也将导致电动机的启动转矩大为降低。因此，降压启动需要在空载或轻载下启动。

常见的降压启动方法有四种：定子绕组中串接电阻降压启动；自耦变压器降压启动；星形—三角形降压启动；延边三角形降压启动。下面分别给予介绍。

一、定子绕组串接电阻降压启动控制线路

定子绕组串接电阻降压启动是指在电动机启动时，把电阻串接在电动机定子绕组与电源之间，通过电阻的分压作用，来降低定子绕组上的启动电压。待启动后，再将电阻短接，使电动机在额定电压下正常运行，这种降压启动控制线路有手动控制、接触器控制、时间继电器控制和手动自动混合控制四种形式。

1. 手动控制线路

如图 21—22 所示为手动控制线路。

工作原理：先合上电源开关 QF1，电源电压通过串联电阻 R 分压后加到电动机的定子绕组上进行降压启动。当电动机的转速升高到一定值时，再合上 QF2，这时电阻 R 被开关 QF2 的触头短接，电源电压直接加到定子绕组上，电动机便在额定电压下正常运转。

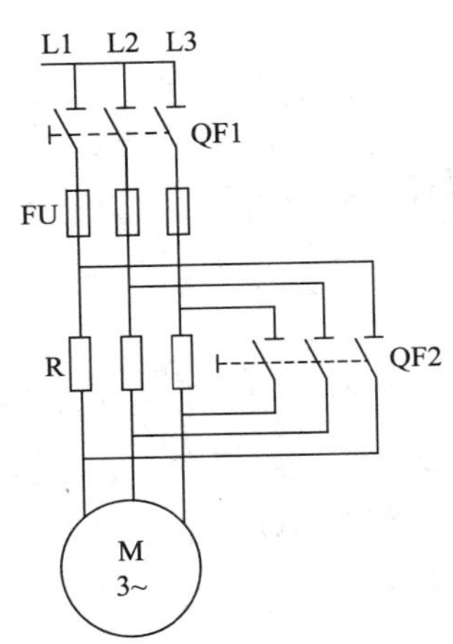

图 21—22　手动控制串接电阻降压启动控制线路

2. 接触器控制线路

如图 21—23 所示为按钮、接触器控制线路。

工作原理：先合上电源开关 QF，降压启动，全压运行。

按下 SB1→KM1 线圈得电→KM1 自锁触头闭合自锁、KM1 主触头闭合→电动机 M 串接电阻 R 降压启动至转速上升到一定值；

按下升压按钮 SB2→KM2 线圈得电→KM2 自锁触头闭合自锁、KM2 主触头闭合→R 被短接→电动机 M 全压运转。

停止时，只需按下 SB0，控制电路失电，电动机 M 失电停转。

从手动控制、接触器控制线路中可知，电动机从降压启动到全压运转是由操作人员操作转换开关 QF 或按钮 SB2 来实现的，工作既不方便也不可靠。因此，实际的控制线路常采用时间继电器来自动完成短接电阻的要求，以实现自动控制。

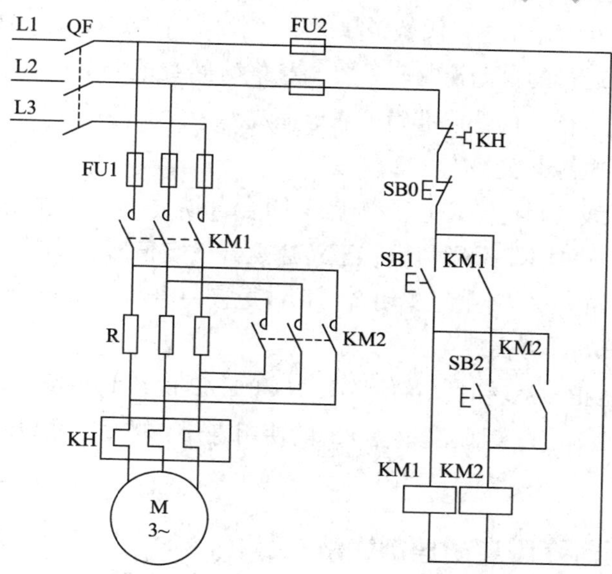

图 21—23　接触器控制串接电阻降压启动控制线路

3. 时间继电器自动控制线路

如图 21—24 所示为时间继电器自动控制串接电阻降压启动控制线路。

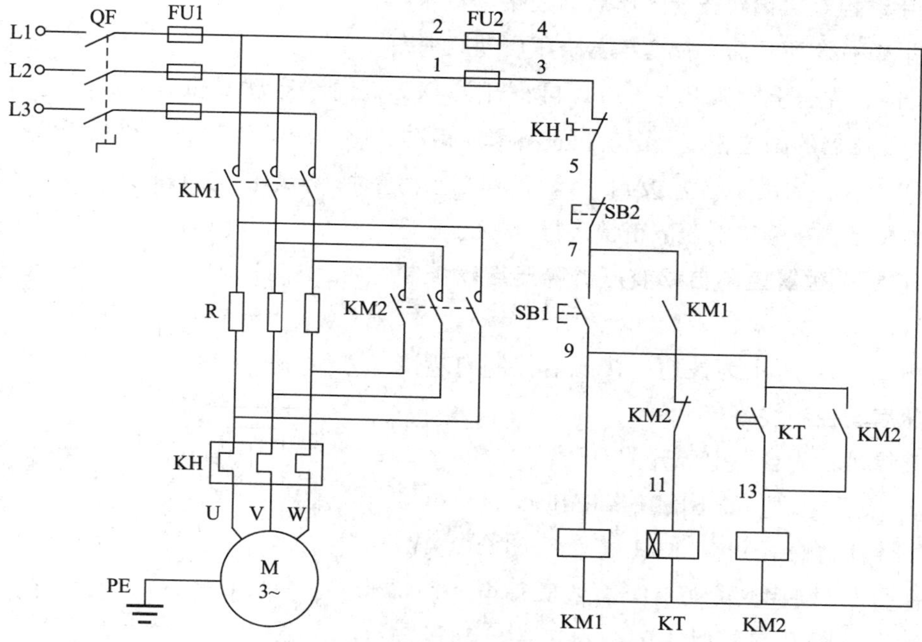

图 21—24　时间继电器自动控制串接电阻降压启动控制线路

这个线路中用时间继电器 KT 代替了接触器控制线路中的按钮 SB2，从而实现了电动机从降压启动到全压运行的自动控制。只要调整好时间继电器 KT 触头的动作时间，电动机由启动过程切换成运行过程就能准确可靠地完成。

工作原理：合上电源开关 QF。

按下 SB1→KM1 线圈得电→KM1 自锁触头闭合自锁、KM1 主触头闭合→电动机 M 串接电阻 R 降压启动；同时 KT 线圈得电，至转速上升一定值时，KT 延时结束→KT 常开触头闭合→KM2 线圈得电→KM2 主触头闭合→R 被短接→电动机 M 全压运转。

停止时，按下 SB2 即可实现。

当电动机 M 全压正常运转时，接触器 KM1 和 KM2 的线圈需长时期通电，时间继电器 KT 的线圈失电。从而延长了时间继电器 KT 的使用寿命，节省了电能，提高了电路的可靠性。

二、自耦变压器降压启动控制线路

自耦变压器降压启动是指电动机启动时利用自耦变压器来降低加在电动机定子绕组上的启动电压。待电动机启动后，再使电动机与自耦变压器脱离，从而在全压下正常运动。这种降压启动分为手动控制和自动控制两种。

1. 手动控制自耦变压器降压启动线路

如图 21—25 所示为自耦变压器降压启动原理图。

启动时，先合上电源开关 QF1，再将开关 QF2 扳向“启动”位置，此时电动机的定子绕组与变压器的副边相接，电动机进行降压启动。待电动机转速上升到一定值时，迅速将开关 QF2 从“启动”位置扳到“运行”位置，这时，电动机与自耦变压器脱离，而直接与电源相接，在额定电压下正常运行。

2. 按钮接触器控制自耦变压器降压启动控制线路

如图 21—26 所示为按钮、接触器控制自耦变压器降压启动控制线路。

工作原理：先合上电源开关 QF。

（1）降压启动。按下 SB1→KM1 线圈得电→KM1 常开辅助触头闭合、KM1 主触头闭合、KM1 联锁触头分断对 KM3 联锁→KM2 线圈得电→KM2 主触头闭合、KM2 自锁触头闭合自锁→电动机 M 接入 T 降压启动。

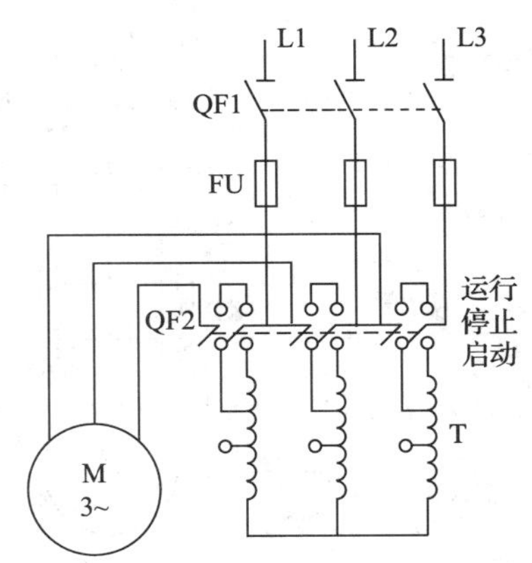

图 21—25　自耦变压器降压启动原理图

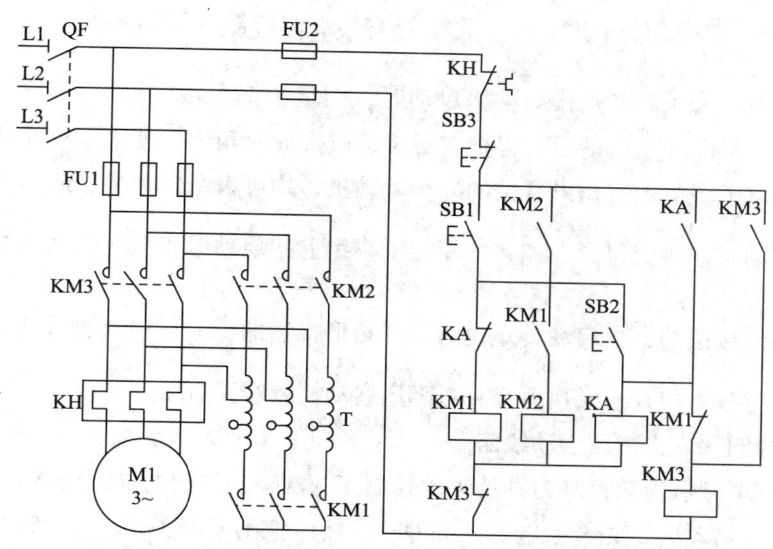

图 21—26　按钮、接触器控制自耦变压器降压启动控制线路

（2）全压运转。当电动机转速上升到接近额定转速时，按下 SB2→KA 线圈得电→KA 常闭触头先分断、KA 常开触头后闭合→KM1 线圈失电→KM1 常开触头分断、KM1 主触头分断解除 T 的 Y 联结、KM1 联锁触头闭合→KM2 线圈失电→KM2 自锁触头分断、KM2 主触头分断，T 切除→KM3 线圈得电→KM3 主触头闭合、KM3 自锁触头闭合自锁→电动机 M 全压运转、KM3 常闭辅助触头分断→对 KM1 联锁、KA 线圈失电→KA 触头复位。

停止时，按下 SB3 即可。

该控制线路的特点如下。

1）启动时若操作者直接误按 SB2，接触器 KM3 线圈也不会得电，避免电动机全压启动。

2）由于接触器 KM1 的常开触头与 KM2 线圈串联，所以当降压启动完毕后，接触器 KM1、KM2 均失电，即使接触器 KM3 出现故障使触头无法闭合时，也不会使电动机在低压下运行。

3）接触器 KM3 的闭合时间领先于接触器 KM2 的释放时间，所以不会出现启动过程中电动机的间隙断电，也就不会出现第二次启动电流。

该线路的缺点是从降压启动到全压运转，需两次按动按钮，故操作不便，且间隔时间也不能准确掌握。优点是：启动转矩和启动电流可以调节，但设备庞大，成本较高。因此，这种方法适用于额定电压为 220/380 V，接法为△/Y，容量较大的三相异步电动机的降压启动。

三、星形—三角形（Y－△）降压启动控制线路

星形—三角形降压启动是指电动机启动时，把定子绕组接成星形，以降低启动电压，限制启动电流，待电动机启动后，再把定子绕组改接成三角形，使电动机全压运行。凡是在正常运行时定子绕组做三角形联结的异步电动机，均可采用这种降压启动方法。

电动机启动时，接成星形，加在每相定子绕组上的启动电压只有三角形接法的$\frac{1}{\sqrt{3}}$，启动电流为三角形接法的$\frac{1}{3}$，启动转矩也只有三角形接法的$\frac{1}{3}$。所以这种降压启动方法，只适用于轻载或空载下启动。常用的 Y－△降压启动控制线路有以下几种。

1. 手动控制 Y－△降压启动线路

如图 21—27 所示为双投闸刀开关手动控制 Y－△降压启动的控制线路。

工作原理：启动时，先合上电源开关 QF1，然后把闸刀开关 QF2 扳到“启动”位置，电动机定子绕组便接成“Y”降压启动；当电动机转速上升到接近额定值时，再将闸刀开关 QF2 扳到“运行”位置，电动机定子绕组改接成“△”全压正常运行。

手动空气式星形—三角形启动器专门作为手动 Y－△降压启动用，有 QX1 和 QX2 系列，按控制电动机的容量等级分 13 kW 和 30 kW 两种，启动器的正常操作频率为 30 次/h。如图 21—28 所示为 QX1 型手动空气式星形—三角形启动器外形图。

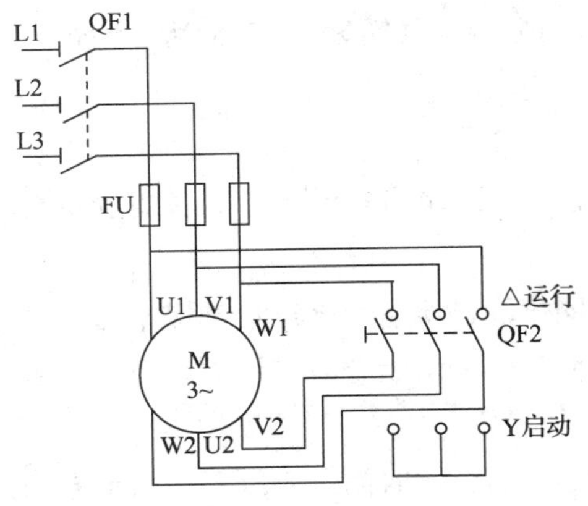

图 21—27　手动控制 Y－△降压启动控制线路

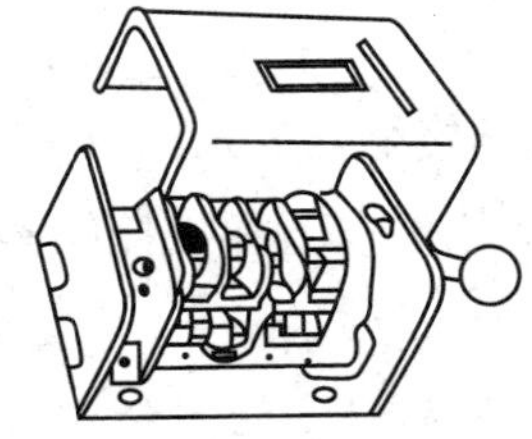

图 21—28　QX1 型手动空气式星形—三角形启动器外形图

2. 按钮、接触器控制 Y－△降压启动线路

如图 21—29 所示是用按钮和接触器控制 Y－△降压启动的控制线路。

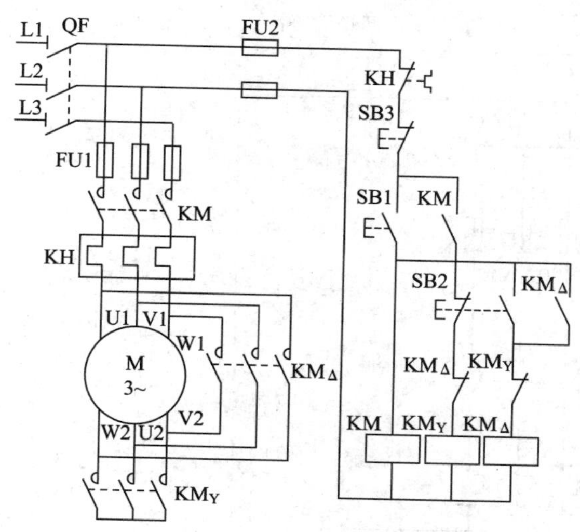

图 21—29　按钮和接触器控制 Y－△降压启动控制线路

该线路使用了三个接触器、一个热继电器和三个按钮。接触器 KM 做引入电源用，接触器 KM_Y和 $KM_{\triangle}$分别做星形启动用和三角形运行用，SB1 是启动按钮，SB2 是 Y－△换接按钮，SB3 是停止按钮，FU1 作为主路的短路保护，FU2 作为控制电路的短路保护，KH 做过载保护。

工作原理：先合上电源开关 QF。

（1）电动机 Y 接法降压启动。按下 SBl→KM 线圈得电、KM_Y线圈得电→KM 主触头闭合、KM 自锁触头闭合自锁，KM_Y主触头闭合、KM_Y联锁触头分断对 $KM_{\triangle}$联锁→电动机 M 接成 Y 降压启动。

（2）电动机△接法全压运行。当电动机转速上升到接近额定值时，按下 SB2→SB2 常闭触头先分断、常开触头后闭合→KM_Y线圈失电→KM_Y主触头分断、解除 Y 联结、KM_Y联锁触头恢复闭合→$KM_{\triangle}$线圈得电→$KM_{\triangle}$主触头闭合、$KM_{\triangle}$自锁触头闭合自锁、$KM_{\triangle}$联锁触头分断对 KM_Y联锁→电动机 M 接成△全压运行。

停止时按下 SB3 即可实现。

3. 时间继电器自动控制 Y－△降压线路

如图 21—30 所示为时间继电器自动控制 Y－△降压线路。该线路由三个接触器、一个热继电器、一个时间继电器和两个按钮组成。时间继电器 KT 做控制星形降压启动时间和完成 Y－△自动换接用，其他电器的作用与上述线路相同。

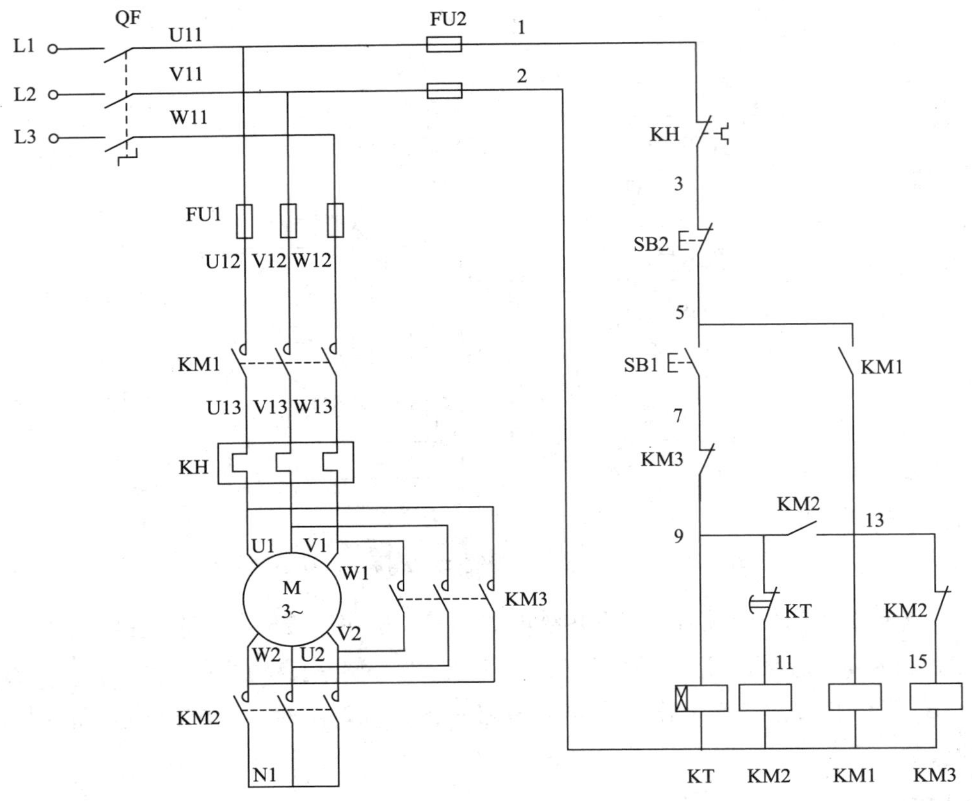

图 21—30　时间继电器自动控制 Y－△降压线路

工作原理如下：先合上电源开关 QF。

按下 SB1→KT 线圈得电、KM2 线圈得电→KM2 主触头闭合、KM2 常开辅助触头闭合、KM2 常闭辅助触头断开对 KM3 联锁→KM1 线圈得电→KM1 主触头闭合、KM1 常开辅助触头闭合自锁→电动机 M 接成 Y 降压启动→当 M 转速上升到一定值时、KT 延时结束→KT 常闭触头分断→KM2 线圈失电→KM2 常开触头分断、KM2 主触头分断、解除 Y 联结、KM2 联锁触头闭合→KM3 线圈得电→KM3 主触头闭合、KM3 联锁触头分断→对 KM2 联锁、KT 线圈失电→KT 常闭触头瞬时闭合→电动机 M 接成△全压运行。

停止时按下 SB2 即可。

该线路接触器 KM2 得电后，通过 KM2 的常开辅助触头使接触器 KM1 得电动作，这样 KM2 的主触头是在无负载的条件下进行闭合的，故可延长接触器 KM2 主触头的使用寿命。

四、延边三角形降压启动线路

延边三角形降压启动是指电动机启动时，把定子绕组的一部分接成“△”形，另一部分接成“Y”形，使整个绕组接成延边三角形，如图 21—31a 所示；待电动机启动后，再把定子绕组改接成三角形全压运行，如图 21—31b 所示。

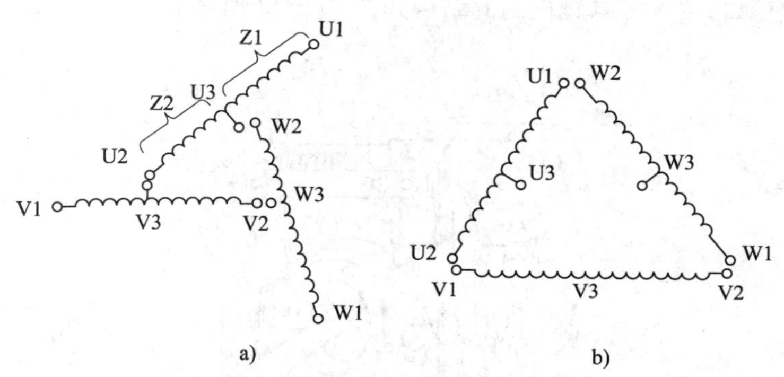

图 21—31　延边三角形降压启动电动机定于绕组的连接方式

a）延边三角形接法　b）三角形接法

延边三角形降压启动是在 Y－△降压启动方法的基础上加以改进而形成的一种新的启动方法。它把星形和三角形两种接法结合起来，使电动机每相定子绕组承受的电压小于三角形接法时的相电压，而大于星形接法时的相电压，并且每相绕组电压的大小可随电动机绕组抽头（U3、V3、W3）位置的改变而调节，从而克服了 Y－△降压启动时启动电压偏低，启动转矩太小的缺点。采用延边三角形启动的电动机需要有九个出线端，能适应这个要求的是 JO3 系列三相笼型异步电动机。

第 6 节　交流异步电动机的制动控制线路

电动机断开电源以后，由于惯性作用不会马上停止转动，而需要转动一段时间才会完全停止。这种情况对于某些生产机械是不适宜的。为实现生产机械的制动要求就需要对电动机进行制动。

所谓制动，就是给电动机一个与转动方向相反的转矩使它迅速停转（或限制其转速）。制动的方法一般有两类：机械制动和电气制动。

一、机械制动

利用机械装置使电动机断开电源后迅速停转的方法叫机械制动。机械制动常用的方法有：电磁抱闸和电磁离合器制动。

1. 电磁抱闸制动

（1）电磁抱闸的结构。电磁抱闸的结构如图21—32所示。

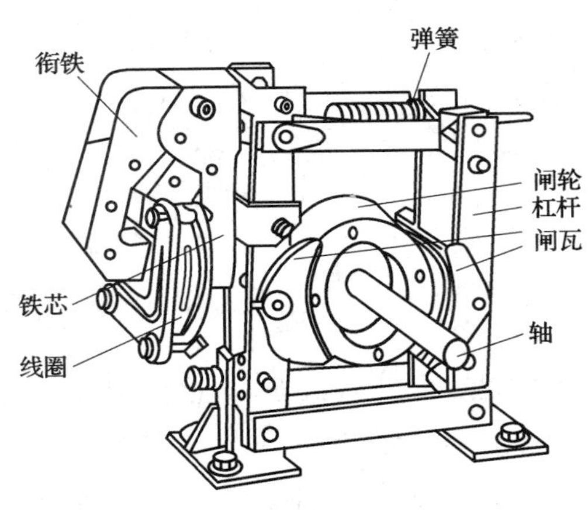

图21—32 电磁抱闸结构

它主要由两部分组成：制动电磁铁和闸瓦制动器。制动电磁铁由铁芯、衔铁和线圈三部分组成，并有单相和三相之分。闸瓦制动器包括闸轮、闸瓦、杠杆和弹簧等，闸轮与电动机装在同一根转轴上。制动强度可通过调整机械结构来改变。电磁抱闸分为断电制动型和通电制动型两种。断电制动型的性能是：当线圈得电时，闸瓦与闸轮分开，无制动作用；当线圈失电时，闸瓦紧紧抱住闸轮制动。通电制动型的性能是：当线圈得电时，闸瓦紧紧抱拄闸轮制动；当线圈失电时，闸瓦与闸轮分开，无制动作用。

（2）电磁抱闸断电制动控制线路。此线路如图21—33所示。线路工作原理如下：先合上电源开关QF。

启动运转：按下启动按钮SB3或SB4，接触器KM线圈得电，其自锁触头和主触头闭合，电动机M便接通电源，同时电磁抱闸YB线圈得电，吸引衔铁与铁芯闭合，衔铁克服弹簧拉力，迫使制动杠杆向上移动，从而使制动器的闸瓦与闸轮分开，电动机正常运转。

制动停转：按下停止按钮SB1或SB2，接触器KM线圈失电，其自锁触头和主触头分断，电动机M失电，同时电磁抱闸线圈YB也失电，衔铁与铁芯分开，在弹簧拉力的作用下，闸瓦紧紧抱住闸轮，使电动机被迅速制动而停转。

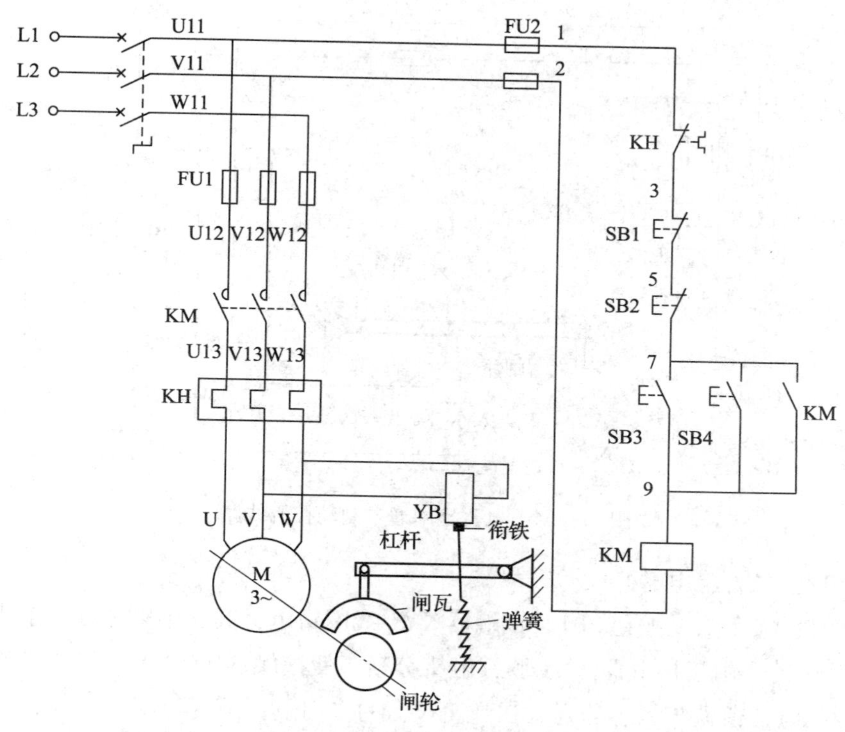

图 21—33　电磁抱闸断电制动两地控制线路

这种制动方法在起重机械上被广泛采用。其优点是能够准确定位，同时可防止电动机突然断电时重物自行坠落。当重物起吊到一定高度时，按下停止按钮，电动机和电磁抱闸的线圈同时断电，闸瓦立即抱住闸轮，电动机立即制动停转，重物随之被准确定位。如果电动机在工作时，线路发生故障而突然断电时，电磁抱闸同样会使电动机迅速制动停转，从而避免了重物自行坠落的事故。这种制动方法的缺点是不经济。因电磁抱闸线圈耗电时间与电动机一样长，另外切断电源后，由于电磁抱闸的制动作用，使手动调整工件就很困难。因此，对要求电动机制动后能调整工件位置的机床设备不能采用这种制动方法，可采用下述通电制动控制线路。

（3）电磁抱闸通电制动控制线路。这种线路如图 21—34 所示。这种通电制动与上述断电制动方法稍有不同。当电动机得电运转时，电磁抱闸线圈断电，闸瓦与闸轮分开无制动作用；当电动机失电需停转时，电磁抱闸的线圈得电，使闸瓦紧紧抱住闸轮制动，当电动机处于停转常态时，电磁抱闸线圈也无电，闸瓦与闸轮分开，这样操作人员可以用手扳动主轴进行调整工件、对刀等。

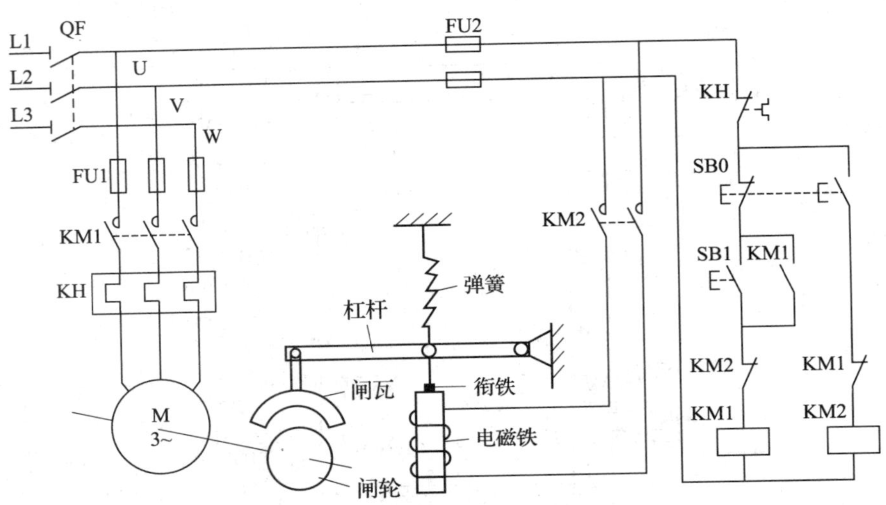

图 21—34　电磁抱闸通电制动控制线路

工作原理：先合上电源开关 QF。

启动运转：按下启动按钮 SB1，接触器 KM1 线圈得电，其自锁触头和主触头闭合，电动机 M 启动运转。由于接触器 KM1 联锁触头分断，使接触器 KM2 不能得电动作。所以电磁抱闸线圈无电，衔铁与铁芯分开，在弹簧拉力的作用下，闸瓦与闸轮分开，电动机不受制动正常运转。

制动停转：按下复合按钮 SB0，其常闭触头先分断，使接触器 KM1 线圈失电，其自锁触头、主触头分断，电动机 M 失电，KM1 联锁触头恢复闭合，待 SB0 常开触头闭合后，接触器 KM2 线圈得电，KM2 主触头闭合，电磁抱闸 YB 线圈得电，铁芯吸合衔铁，衔铁克服弹簧拉力，带动杠杆向下移动，使闸瓦紧抱闸轮，电动机被迅速制动而停转。KM2 联锁触头分断对 KM1 联锁。

2. 电磁离合器制动

电磁离合器制动的原理和电磁抱闸的制动原理类似。电动葫芦的绳轮常采用这种制动方法。如图 21—35 所示为断电制动型电磁离合器的结构示意图。其结构及制动原理简述如下。

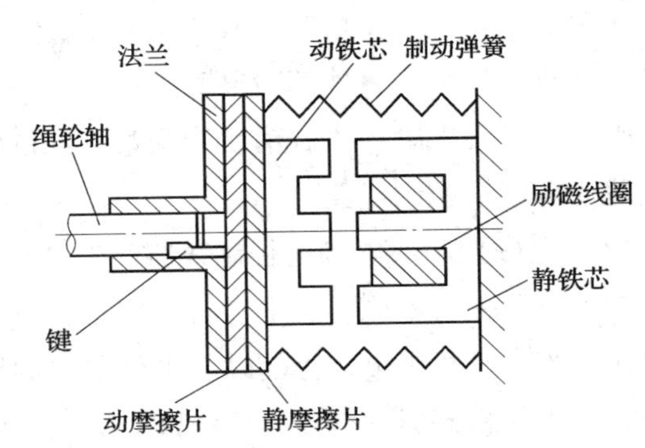

图 21—35　断电制动型电磁离合器结构示意图

（1）结构。电磁离合器主要由制动电磁铁（包括：静铁芯、动铁芯和励磁线圈)、静摩擦片、动摩擦片以及制动弹簧等组成。电磁铁的静铁芯靠导向轴（图中未画出）连接在电动葫芦本体上，动铁芯与静摩擦片固定在一起，并只能做轴向移动而不能绕轴转动。动摩擦片通过连接法兰与绳轮轴（与电动机共轴）由键固定在一起，可随电动机一起转动。

（2）制动原理。电动机静止时，励磁线圈无电，制动弹簧将静摩擦片紧紧地压在动摩擦片上，此时电动机通过绳轮轴被制动。当电动机通电运转时，励磁线圈也同时得电，电磁铁的动铁芯被静铁芯吸合，使静摩擦片与动摩擦片分开，于是动摩擦片连同绳轮轴在电动机的带动下正常启动运转。当电动机切断电源时，励磁线圈也同时失电，制动弹簧立即将静摩擦片连同动铁芯推向转动着的动摩擦片，强大的弹簧张力迫使动、静摩擦片之间产生足够大的摩擦力，使电动机断电后立即受制动停转。

二、电气制动

使电动机在切断电源停转的过程中，产生一个和电动机实际旋转方向相反的电磁力矩（制动力矩），迫使电动机迅速停转的方法叫电气制动。电气制动常用的方法有：反接制动、能耗制动、电容制动和再生发电制动等。

1. 反接制动

依靠改变电动机定子绕组的电源相序来产生制动力矩，迫使电动机迅速停转的方法叫反接制动。其制动原理如图 21—36 所示。

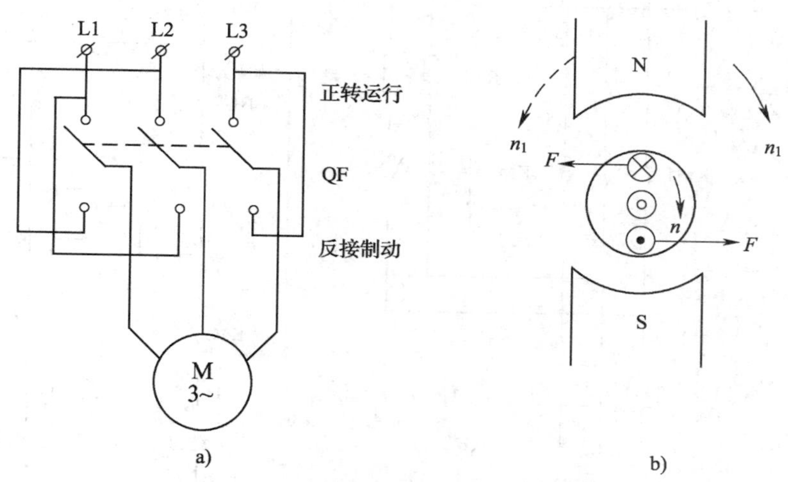

图 21—36 反接制动原理图

在如图 21—36a 所示中，当 QF 向上投合时，电动机定子绕组电源相序为 L1 – L2 – L3，电动机将沿旋转磁场方向（如图 21—36b 中顺时针方向）以 $n < n_1$ 的转速正常运转。

当电动机需要停转时，可拉开开关 QF，使电动机先脱离电源（此时转子由于惯性仍按原方向旋转），随后，将开关 QF 迅速向下投合。由于 L1、L2 两相电源线对调，电动机定子绕组电源相序变为 L2 - L1 - L3，旋转磁场反转（如图 21—36b 中逆时针方向），此时转子将以 n_1+n 的相对转速沿原转动方向切割旋转磁场，在转子绕组中产生感应电流，其方向用右手定则判断，如图 21—36b 所示。而转子绕组一旦产生电流又受到旋转磁场的作用产生电磁转矩，其方向由左手定则判断。可见此转矩方向与电动机的转动方向相反，使电动机受制动迅速停转。

值得注意的是，当电动机转速接近零值时，应立即切断电动机电源。否则电动机将反转。为此，在反接制动设施中，为保证电动机的转速被制动到接近零值时，能迅速切断电源，防止反向起动，常利用速度继电器（又称反接制动继电器）来自动地及时切断电源。

三相异步电动机反接制动控制电路如图 21—37 所示。该线路的主电路和正反转控制线路的主电路相同，只是在反接制动时增加了三个限流电阻 R。线路中 KM1 为正转运行接触器，KM2 为反接制动接触器，SR 为速度继电器，其轴与电动机轴相连（图中用点画线表示）。

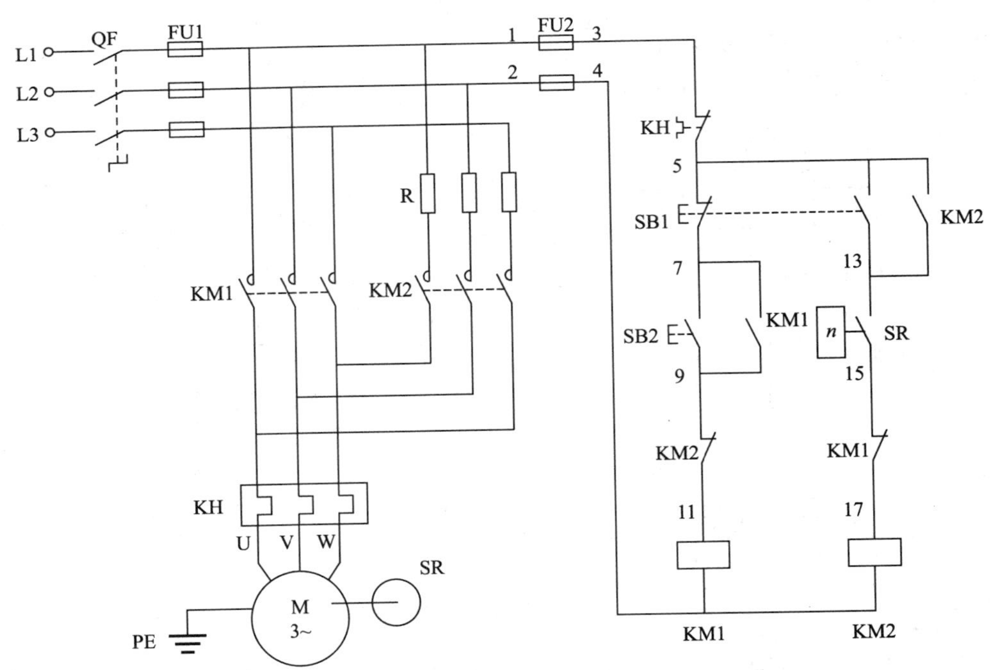

图 21—37　三相异步电动机反接制动控制电路

工作原理：先合上电源开关 QF。

单向启动：按下 SB2→KM1 线圈得电→KM1 主触头闭合、KM1 自锁触头闭合自锁、KM1 联锁触头分断对 KM2 联锁→电动机 M 启动运转→至电动机转速上升到一定值（100 r/min 左右）时→SR 常开触头闭合、为制动做准备。

反接制动：按下复合按钮 SB1→SB1 常闭触头先分断、SB1 常开触头后闭合→KM1 线圈失电→KM1 主触头分断、M 暂失电，KM1 自锁触头分断解除自锁，KM1 联锁触头闭合→KM2 线圈得电→KM2 主触头闭合、KM2 自锁触头闭合自锁、KM2 联锁触头分断对 KM1 联锁→电动机 M 串接 R 反接制动→至电动机转速下降到一定值（100 r/min 左右）时→SR 常开触头分断→KM2 线圈失电→KM2 主触头分断、KM2 联锁触头闭合解除联锁→电动机 M 脱离电源停转，制动结束。

反接制动时，由于旋转磁场与转子的相对转速（n_1+n）很高，故转子绕组中感应电流很大，致使定子绕组中的电流也很大，一般约为电动机额定电流的 10 倍。因此，反接制动适用于 10 kW 以下小容量电动机的制动，并且对 4.5 kW 以上的电动机进行反接制动时，需在定子回路中串入限流电阻 R，以限制反接制动电流。限流电阻 R 的大小可参考下述经验计算公式进行估算。

在电源电压为 380 V 时，若要使反接制动电流不大于电动机直接启动时的启动电流 I_{ST}，则三相电路每相应串入的电阻及值可取为：

$$R=1.5\times\frac{220}{I_{ST}}\ (\Omega)$$

若使反接制动电流等于启动电流 I_{ST}，则每相串入的电阻 R'值可取为：

$$R'=1.3\times\frac{220}{I_{ST}}\ (\Omega)$$

如果反接制动时只在电源两相中串接电阻，则电阻值应加大，分别取上述电阻值的 1.5 倍。

反接制动的优点是：制动力强，制动迅速。缺点是：制动准确性差，制动过程中冲击强烈，易损坏传动零件，制动能量消耗大，不宜经常制动。因此，反接制动一般适用于制动要求迅速、系统惯性较大，不经常启动与制动的场合。

2. 能耗制动

当电动机切断交流电源后，立即在定子绕组的任意两相中通入直流电，迫使电动机迅速停转的方法叫能耗制动。其制动原理如图 21—38 所示。

先断开电源开关 QF1，切断电动机的交流电源，这时转子仍沿原方向惯性运转。随后立即合上开关 QF2，并将 QFl 向下合闸。电动机 V、W 两相定子绕组通入直流电，使定子中产生一个恒定的静止磁场，这样做惯性运转的转子因切割磁感应线而在转子绕组中产生感应电流，其方向用右手定则判断出上面为⊕，下面为⊙。转子绕组中一旦产生了感应电流，又立即受到静止磁场的作用，产生电磁转矩，用左手定则判断出此转矩的方向正好与电动机的转向相反，使电动机受制动迅速停转。由于这种制动方法是在定子绕组中通入直流电以消耗转子惯性运转的动能来进行制动的，所以称为能耗制动，又称动能制动。

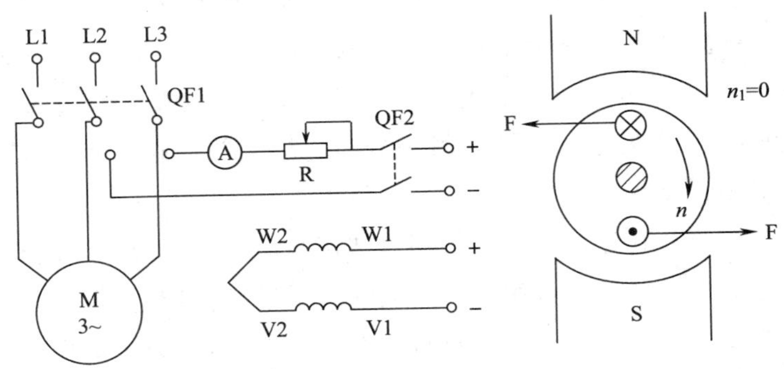

图 21—38　能耗制动原理图

（1）无变压器半波整流能耗制动自动控制线路。无变压器半波整流单向启动能耗制动自动控制线路如图 21—39 所示。该线路采用二极管半波整流器作为直流电源，所用附加设备较少，线路简单，成本低，常用于 10 kW 以下小容量电动机，且对制动要求不高的场合。

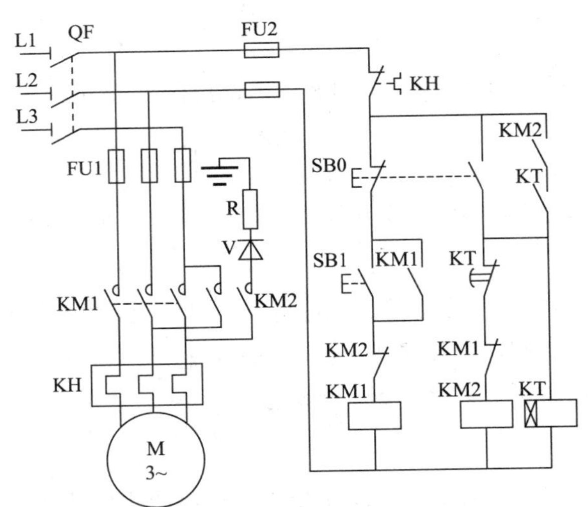

图 21—39　无变压器半波整流单向启动能耗制动控制线路

工作原理：先合上电源开关 QF。

单相启动运转：按下 SB1→KM1 线圈得电→KM1 主触头闭合、KM1 自锁触头闭合自锁、KM1 联锁触头分断对 KM2 联锁→电动机 M 启动运转。

能耗制动停转：按下 SB0→SB0 常闭触头先分断、SB0 常开触头后闭合→KM1 线圈失电→KM1 主触头分断、KM1 联锁触头闭合、KM1 自锁触头分断解除自锁→M 暂失电→KM2 线圈得电→KM2 主触头闭合、KM2 自锁触头闭合自锁、KM2 联锁触头分断对 KM1 联锁→电动机 M 接入直流电能耗制动→KT 线圈得电→KT 常开触头瞬时闭合自锁、KT 常闭触头延时后分断→KM2 线圈失电→KM2 主触头分断、KM2 联锁触头恢复闭合、KM2 自锁触头分断、KT 线圈失电→KT 触头瞬时复位→电动机 M 切断直流电源，能耗制动结束。

图中 KT 瞬时闭合常开触头的作用是：当 KT 出现线圈断线或机械卡住等故障时，按下 SB0 后能使电动机制动后脱离直流电源。

（2）有变压器全波整流能耗制动自动控制线路。对于 10 kW 以上容量较大的电动机，多采用有变压器全波整流能耗制动自动控制线路。

如图 21—40 所示为有变压器全波整流单向启动能耗制动自动控制线路。其中直流电源由单相桥式整流器 VC 供给，T 是整流变压器，电阻 R 是用来调节直流电流的，从而调节制动强度。整流变压器原边与整流器的直流侧同时进行切换，有利于提高触头的使用寿命。

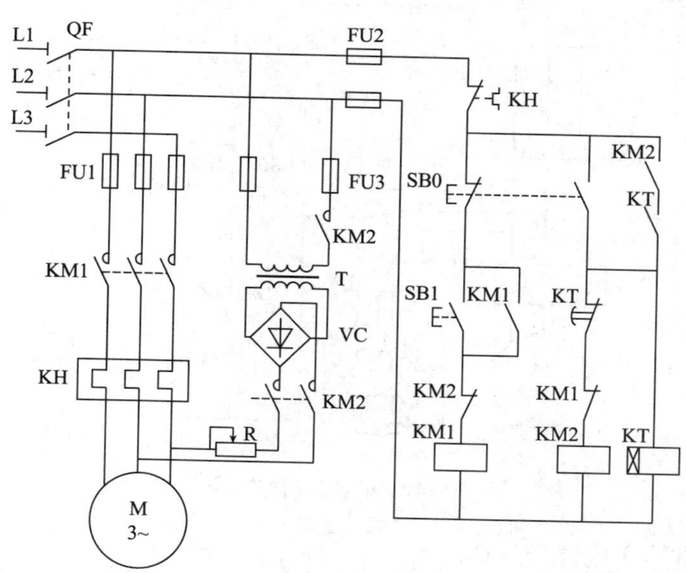

图 21—40　有变压器全波整流单向启动能耗制动控制线路

能耗制动的优点是制动准确、平稳，且能量消耗较小。缺点是需附加直流电源装置，设备费用较高，制动力较弱，在低速时制动力矩小。因此，能耗制动一般用于要求制动准确、平稳的场合。

能耗制动时产生的制动力矩大小，与通入定子绕组中的直流电流大小、电动机的转速及转子电路中的电阻有关。电流越大，产生的静止磁场就越强，而转速越高，转子切割磁感应线的速度就越大，产生的制动力矩也就越大。但对笼型异步电动机，增大制动力矩只能通过增大通入电动机的直流电流来实现，而通入的直流电流又不能太大，过大会烧坏定子绕组。

3. 电容制动

当电动机切断交流电源后，立即在电动机定子绕组的出线端接入电容器来迫使电动机迅速停转的方法叫电容制动。其制动原理是，当旋转着的电动机断开交流电源时，转子内仍有剩磁，随着转子的惯性转动，有一个随转子转动的旋转磁场。这个磁场切割定子绕组产生感应电动势，并通过电容器回路形成感应电流，该电流与磁场相互作用，产生一个与旋转方向相反的制动转矩，对电动机进行制动，使它迅速停车。

电容制动控制线路如图 21—41 所示。

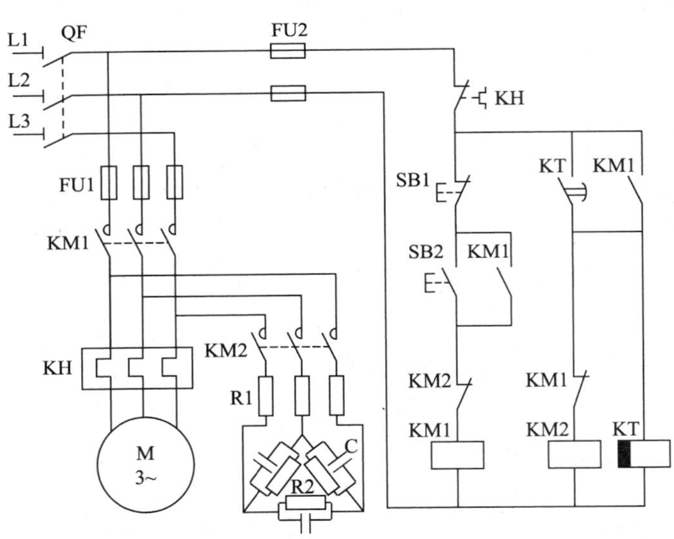

图 21—41　电容制动控制线路

工作原理：先合上电源开关 QF。

启动运转：按下 SB2→KM1 电线圈得电→KM1 主触头闭合、KM1 自锁触头闭合自锁、KM1 联锁触头分断对 KM2 联锁→电动机 M 启动运转、KM1 常开辅助触头闭合→KT 线圈得电→KT 延时分断的常开触头瞬时闭合为 KM2 得电做准备。

电容制动停转：按下 SB1→KM1 线圈失电→KM1 自锁触头分断解除自锁、KM1 主触头分断→电动机 M 失电惯性运转、KM1 联锁触头闭合→KM2 线圈得电→KM2 联锁触头分断对 KM1 联锁、KM2 主触头闭合→电动机 M 接入三相电容进行电容制动至停转、KM1 常开辅助触头分断→KT 线圈失电→经 KT 整定时间→KT 常开触头分断→KM2 线圈失电→KM2 联锁触头恢复闭合、KM2 主触头分断→三相电容被切除。

实验证明，对于5.5 kW、△接法的三相异步电动机，无制动停车时间为22 s，采用电容制动后其停车时间仅需 1 s。对于5.5 kW、Y 接法的三相异步电动机，无制动停车时间为36 s，采用电容制动后仅为2 s。所以电容制动是一种制动迅速、能量损耗小、设备简单的制动方法。一般用于 10 kW 以下的小容量电动机，特别适用于存在机械摩擦和阻尼的生产机械和需要多台电动机同时制动的场合。

4. 发电制动（又称再生制动、回馈制动）

发电制动是一种比较经济的制动方法。制动时不需改变线路即可从电动运行状态自动地转入发电制动状态，把机械能转换成电能再回馈到电网，节能效果显著。缺点是应用范围较窄，仅当电动机转速大于同步转速时才能实现发电制动。所以常用于起重机械在位能负载作用和多速异步电动机由高速转为低速时的情况。下面以起重机械为例说明其制动原理。

当起重机在高处开始下放重物时，电动机转速 n 小于同步转速 n_1，这时电动机处于电动运行状态，其转子电流和电磁转矩的方向如图 21—42a 所示。但由于重力的作用，在重物的下放过程中，会使电动机的转速 n 大于同步转速 n_1，这时电动机处于发电运行状态，转子相对于旋转磁场切割磁感应线的运动方向发生了改变（沿顺时针），其转子电流和电磁转矩的方向都与电动运行时相反，如图 21—42b 所示。可见，电磁力矩变为制动力矩，从而限制了重物的下降速度，不至于使重物下降得过快，保证了设备和人身安全。

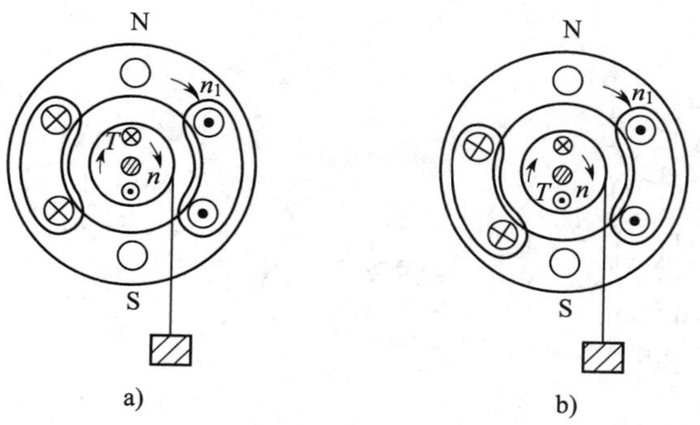

图 21—42　发电制动原理图

对多速电动机变速时，如使电动机由二级变为四级时，定子旋转磁场的同步转速 n_1 由 3 000 r/min 变为 1 500 r/min，而转子由于惯性仍以原来的转速 n（接近 3 000 r/min）

旋转，此时 $n > n_1$，电动机产生发电制动作用。

第 7 节　绕线式异步电动机的启动控制线路

前面介绍了三相笼型异步电动机的各种降压启动控制线路，但在实际生产中对要求启动转矩较大、且能平滑调速的场合，常常采用三相绕线式异步电动机。绕线式异步电动机的优点是可以通过滑环在转子绕组中串接电阻来改善电动机的机械特性，从而达到减小启动电流，增大启动转矩以及平滑调速之目的。

启动时，在转子回路中接入做星形联结、分级切换的三相启动变阻器，并把可变电阻放到最大位置，以减小启动电流，获得较大的启动转矩。随着电动机转速的升高，可变电阻逐渐减小。启动完毕后，可变电阻减小到零，转子绕组被直接短路，电动机便在额定状态下运行。

电动机转子绕组中串接的外加电阻在每段切除前和切除后，三相电阻始终是对称的，称为三相对称变阻器，如图 21—43 所示。启动过程依次切除 R1、R2、R3，最后全部电阻被切除。

与上述相反，启动时串入的全部三相电阻是不对称的，而每段切除后三相仍不对称，称为三相不对称变阻器，如图 21—44 所示。启动过程依次切除 R1、R2、R3、R4，最后全部电阻被切除。

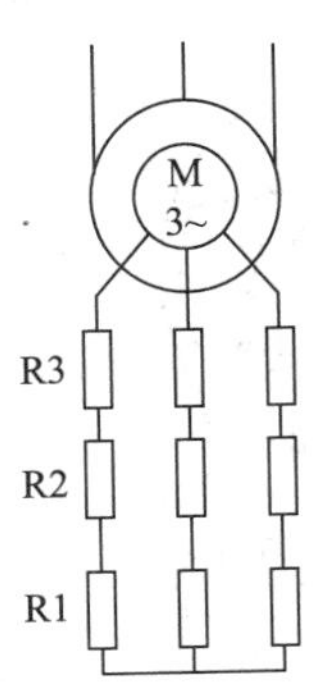

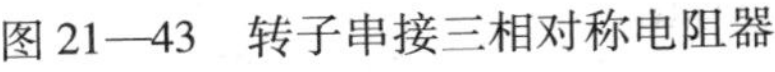
图 21—43　转子串接三相对称电阻器

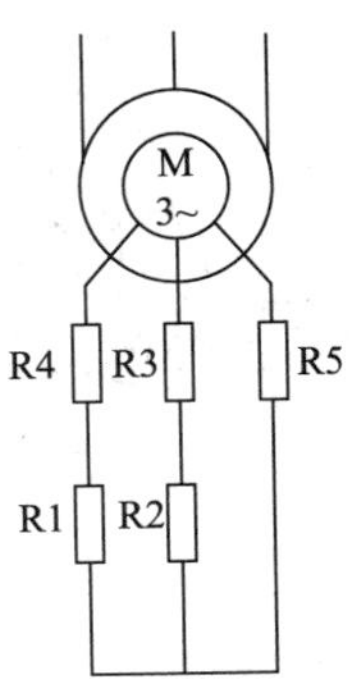

图 21—44　转子串接三相不对称电阻器

如果电动机要调速，则将可变电阻调到相应的位置即可，这时可变电阻便成为调速电阻。

一、转子绕组串接电阻启动按钮操作控制线路

如图 21—45 所示为转子绕组串接电阻启动按钮操作控制线路。

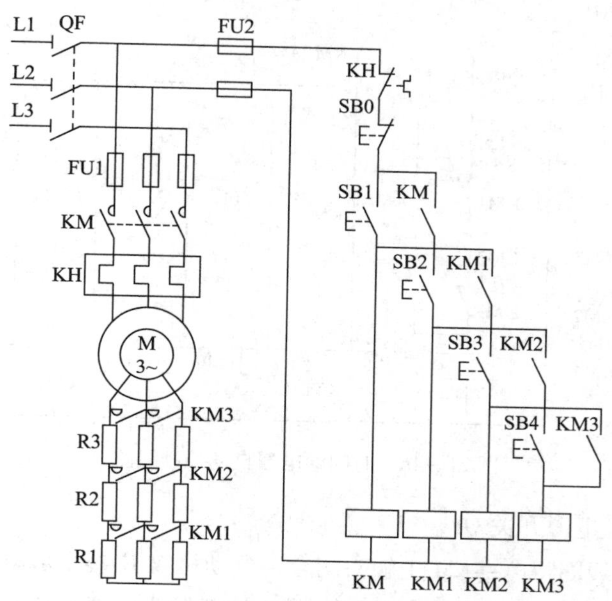

图 21—45 串接电阻启动按钮操作控制线路

工作原理：合上电源开关 QF。

按下 SB1→KM 线圈得电→KM 主触头闭合、KM 自锁触头闭合自锁→电动机 M 串接全部电阻启动→经一定时间→按下 SB2→KM1 线圈得电→KM1 主触头闭合、切除第一组启动电阻 R1、电动机串接 2 组电阻继续启动、KM1 自锁触头闭合自锁→经一定时间→按下 SB3→KM2 线圈得电→KM2 主触头闭合、切除第二组启动电阻 R2、电动机串接 1 组电阻继续启动、KM2 自锁触头闭合自锁→经一定时间→按下 SB4→KM3 线圈得电→KM3 主触头闭合、切除全部电阻、电动机启动结束正常运转→KM3 自锁触头闭合自锁。

停止时，按下停止按钮 SB0，KM、KM1、KM2、KM3 线圈均失电，电动机 M 停转。

这种线路的缺点是操作不便，工作不安全也不可靠，所以在实际生产中常采用自动控制短接启动电阻的控制线路。

二、转子绕组串接电阻启动时间继电器自动控制线路

如图 21—46 所示的时间继电器自动控制线路是用三个时间继电器 KT1、KT2、KT3 和三个接触器 KM1、KM2、KM3 的相互配合来依次自动切除转子绕组中的三级电阻的。

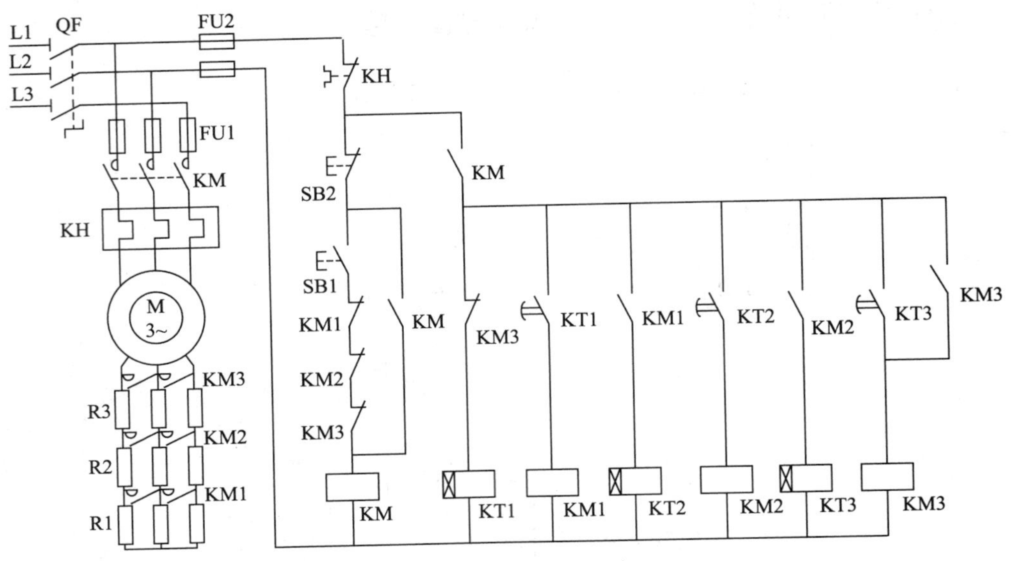

图 21—46　时间继电器自动控制线路

工作原理：合上电源开关 QF。

按下 SB1→KM 线圈得电→KM 主触头闭合→电动机 M 串接全部电阻启动、KM 常开触头闭合→KT1 线圈得电→经 KT1 整定时间→KT1 常开触头闭合→KM1 线圈得电→KM1 主触头闭合、切除第一组电阻 R1、KM1 常开辅助触头闭合→KT2 线圈得电→经 KT2 整定时间→KT2常开触头闭合→KM2 线圈得电→KM2 主触头闭合、切除第二组电阻 R2、KM2 常开辅助触头闭合→KT3 线圈得电→经 KT3 整定时间→KT3 常开触头闭合→KM3 线圈得电→KM3 主触头闭合、切除第三组电阻 R3、电动机 M 启动结束正常运转、KM3 常闭辅助触头分断→使 KT1、KM1、KT2、KM2、KT3 依次断电释放，触头复位。

与启动按钮 SB1 串接的接触器 KM1、KM2、和 KM3 常闭辅助触头的作用是保证电动机在转子绕组中接入全部外加电阻的条件下才能启动。如果接触器 KM1、KM2 和 KM3 中任何一个触头因熔焊或机械故障而没有释放时，启动电阻就没有被全部接入转子绕组中，从而使启动电流超过规定的值。把 KM1、KM2 和 KM3 的常闭触头与 SB1 串接在一起，就可避免这种现象的发生，因三个接触器中只要有一个触头没有恢复闭合，电动机就不可能接通电源直接启动。

停止时按下 SB2 即可。

测 试 题

一、判断题

1. 三相笼型异步电动机的启动方式只有全压启动一种。 ( )

2. 用倒顺开关控制电动机正反转时，可以把手柄从“顺”的位置直接扳至“倒”的位置。 ( )

3. 要求一台电动机启动后另一台电动机才能启动的控制方式称为顺序控制。 ( )

4. 将多个启动按钮串联，才能达到多地启动电动机的控制要求。 ( )

5. 位置控制就是利用生产机械运动部件上的挡铁与位置开关碰撞，达到控制生产机械运动部件的位置或行程的一种控制方法。 ( )

6. 自动往返控制线路需要对电动机实现自动转换的点动控制才能达到要求。 ( )

7. 三相异步电动机定子绕组串接电阻降压启动的目的是提高功率因数。 ( )

8. 不论电动机定子绕组采用星形联结或三角形联结，都可使用自耦变压器降压启动。 ( )

9. 三相笼型异步电动机都可以用 Y－△降压启动。 ( )

10. 能耗制动的制动力矩与电流成正比，因此电流越大越好。 ( )

11. 转子绕组串接电阻启动适用于绕线型异步电动机。 ( )

12. 电磁离合器制动属于电气制动。 ( )

二、单项选择题

1. 在电网变压器容量不够大的情况下，三相笼型异步电动机全压启动将导致( )。

A. 电动机启动转矩增大　　B. 线路电压增大

C. 线路电压下降　　D. 电动机启动电流减小

2. 为保证交流电动机正反转控制的可靠性，常采用（ ）控制线路。

A. 按钮联锁　　B. 接触器联锁

C. 按钮、接触器双重联锁　　D. 手动

3. 三相笼型异步电动机的顺序控制是指（ ）。

A. 一台电动机启动后另一台电动机才能启动

B. 启动按电动机功率大小

C. 启动按电动机电流大小

D. 启动按电动机电压高低

4. 对于三相笼型异步电动机的多地控制，需将多个启动按钮（　　），多个停止按钮串联，才能达到要求。

A. 串联　B. 并联　C. 自锁　D. 混联

5. 工厂车间的桥式起重机需要位置控制，桥式起重机两头的终点处各安装一个位置开关，两个位置开关要分别（　　）在正转和反转控制回路中。

A. 串联　B. 并联　C. 混联　D. 短接

6. 位置控制就是利用（　　）达到控制生产机械运动部件的位置或行程的一种控制方法。

A. 生产机械运动部件上的挡铁与位置开关碰撞

B. 司机控制

C. 声控原理

D. 无线电遥控原理

7. 自动往返控制线路需要对电动机实现自动转换的（　　）控制才能达到要求。

A. 自锁　B. 点动　C. 联锁　D. 正反转

8. 自动控制电动机往返的主电路常采用（　　）控制。

A. 晶闸管　B. 刀型开关　C. 大功率晶体管　D. 接触器

9. 三相笼型异步电动机，可以采用定子串接电阻降压启动，由于它的主要缺点是（　　），所以很少采用此方法。

A. 产生的启动转矩太大　B. 产生的启动转矩太小

C. 启动电流过大　D. 启动电流在电阻上产生的热损耗过大

10. 三相异步电动机定子绕组串接电阻降压启动是指，在电动机启动时把电阻接在电动机定子绕组与电源之间，通过电阻的（　　）作用，来降低定子绕组上的启动电压。

A. 分压　B. 分流　C. 发热　D. 防止短路

11. 自耦变压器降压启动方法一般适用于（　　）的三相笼型异步电动机。

A. 容量较大　B. 容量较小　C. 容量很小　D. 各种容量

12. 三相笼型异步电动机的降压启动中，使用最广泛的是（　　）。

A. 定子绕组串接电阻降压启动　B. 自耦变压器降压启动

C. Y－△降压启动　D. 延边三角形降压启动

13. 为了使异步电动机能采用Y－△降压启动，电动机在正常运行时必须是（　　）。

A. 星形接法　B. 三角形接法

C. 星/三角形接法　D. 延边三角形接法

14．一台电动机需要制动平稳和制动能量损耗小时，应采用电力制动，其方法是（　　）。

A．反接制动　　B．能耗制动　　C．发电制动　　D．机械制动

15．电动机需要能耗制动时，线圈中应（　　）电流。

A．加入交流　　B．加入直流　　C．加入交直流　　D．无须加入

16．三相绕线型转子异步电动机启动时，在转子回路中接入做（　　）的三相启动变阻器。

A．串联　　B．并联　　C．星形联结　　D．三角形联结

17．电磁制动器断电制动控制线路，当电磁制动器线圈（　　）时，电动机迅速停止。

A．失电　　B．得电　　C．电流很大　　D．短路

18．电磁制动器断电制动控制线路，当电磁制动器线圈失电时，电动机迅速停转，此方法最大的优点是（　　）。

A．节电　　B．安全可靠

C．降低线圈温度　　D．延长线圈寿命

测试题答案

一、判断题

1．×　2．×　3．√　4．×　5．√　6．×　7．×　8．√

9．×　10．×　11．√　12．×

二、单项选择题

1．C　2．C　3．A　4．B　5．A　6．A　7．D　8．D　9．D

10．A　11．A　12．C　13．B　14．B　15．B　16．C　17．A　18．B

第 22 章

电气控制操作技能实例

第 1 节　异步电动机正反转控制电路及其故障分析与排除/576

第 2 节　异步电动机星三角降压启动控制电路及其故障分析与排除/578

第 3 节　异步电动机延时启动、延时停止控制电路及其故障分析与排除/580

第 4 节　异步电动机连续运行与点动混合控制电路及其故障分析与排除/583

第 5 节　带抱闸制动的异步电动机两地控制电路及其故障分析与排除/585

第1节　异步电动机正反转控制电路及其故障分析与排除

一、操作条件

1. 三相异步电动机控制线路排除故障模拟鉴定板。
2. 三相异步电动机正反转控制线路图。
3. 电工常用工具、万用表。

二、操作内容

1. 根据给定的三相异步电动机控制线路排除故障模拟鉴定板和三相异步电动机正反转控制线路图（见图21—10），利用万用表等工具进行检查，对故障现象和原因进行分析，找出具体故障点。

2. 将故障现象、故障原因分析、具体故障点填入答题卷中。

3. 排除故障，使电路恢复正常工作。

三、操作要求

1. 检查故障方法步骤应正确，使用工具方法要规范。
2. 安全生产，文明操作，未经允许擅自通电，造成设备损坏者该项目零分。

四、操作步骤

1. 电动机正反转均无，KM1、KM2线圈均不吸合

（1）故障分析。结合三相异步电动机正反转控制线路图，KM1、KM2线圈均不得电，控制电路回路中的共用回路有器件、元件触点及线路的损坏。

（2）故障检查。用万用表检查L1电源端、QF电源开关、U11线段、FU1熔断器、U12线段、FU2熔断器、1#线段、KH热继电器、3#线段、SB1停止按钮、5#线段及2#线段、FU2熔断器、V12线段、FU1熔断器、V11线段、L2电源端的器件是否损坏或线段是否开路。

（3）故障排除。U11线段开路、FU1熔断器上端开路、FU2熔断器上端开路、1#线段开路、SB1 停止按钮开路。

2. 电动机无正转，KM1 线圈不吸合

（1）故障分析。结合三相异步电动机正反转控制线路图，KM1 线圈不得电，控制电路正转回路中有器件、元件触点及线路的损坏。

（2）故障检查。用万用表检查 5#线段、SB2 正转按钮常开触点、7#线段、KM2 常闭触点、9#线段、KM1 线圈、2#线段的器件是否损坏或线段是否开路。

（3）故障排除。9#线段开路、SB2 正转按钮触点开路、KM1 线圈开路。

3. 电动机无反转，KM2 线圈不吸合

（1）故障分析。结合三相异步电动机正反转控制线路图，KM2 线圈不得电，控制电路反转回路中有器件、元件触点及线路的损坏。

（2）故障检查。用万用表检查 5#线段、SB3 反转按钮常开触点、11#线段、KM1 常闭触点、13#线段、KM2 线圈、2#线段的器件是否损坏或线段是否开路。

（3）故障排除。SB3 反转按钮触点开路、KM2 线圈开路。

附图：三相异步电动机正反转控制线路图常见故障分布，如图 22—1 所示。

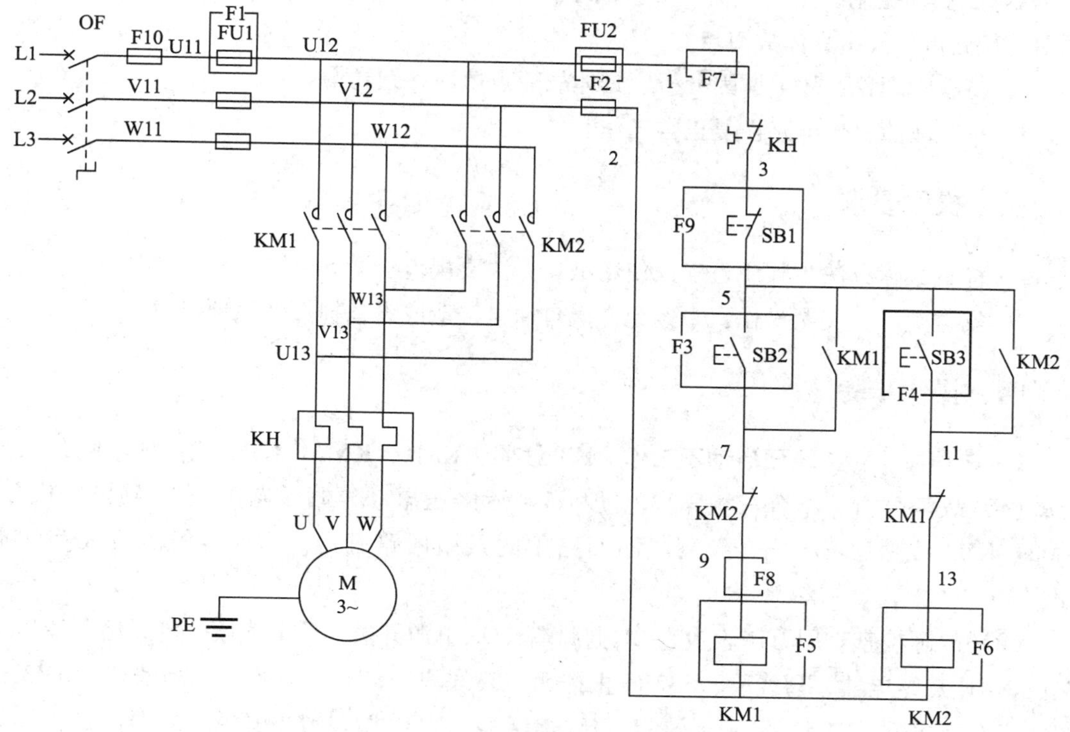

图 22—1　三相异步电动机正反转控制线路图常见故障分布图

第2节　异步电动机星三角降压启动控制电路及其故障分析与排除

一、操作条件

1. 三相异步电动机控制线路排除故障模拟鉴定板。
2. 三相异步电动机Y－△降压启动控制线路图。
3. 电工常用工具、万用表。

二、操作内容

1. 根据给定的三相异步电动机控制线路排除故障模拟鉴定板和三相异步电动机Y－△降压启动控制线路图（见图21—30），利用万用表等工具进行检查，对故障现象和原因进行分析，找出具体故障点。
2. 将故障现象、故障原因分析、具体故障点填入答题卷中。
3. 排除故障，使电路恢复正常工作。

三、操作要求

1. 检查故障方法步骤应正确，使用工具方法要规范。
2. 安全生产，文明操作，未经允许擅自通电，造成设备损坏者该项目零分。

四、操作步骤

1. 电动机Y－△降压启动不工作，KT线圈、KM1、KM2、KM3线圈均不吸合

（1）故障分析。结合三相异步电动机Y－△降压启动控制线路图，KT线圈、KM1、KM2、KM3线圈均不得电，控制电路回路中的共用回路有器件、元件触点及线路的损坏。

（2）故障检查。用万用表检查L1电源端、QS电源开关、U11线段、FU2熔断器、1#线段、KH热继电器、3#线段、SB2停止按钮、5#线段、SB1启动按钮、7#线段、KM3常闭触点、9#线段、KT线圈、2#线段、FU2熔断器、V11线段、L2电源端的器件是否损坏或线段是否开路。

（3）故障排除。FU2 熔断器上端开路、SB2 停止按钮开路、SB1 启动按钮开路、1#线段开路、7#线段开路。

2. 电动机 Y－△降压启动不工作，只有 KT 线圈点动、KM1、KM2、KM3 线圈均不吸合

（1）故障分析。结合三相异步电动机 Y－△降压启动控制线路图，KM2 线圈不得电，控制电路 KM2 线圈回路中有器件、元件触点及线路的损坏。

（2）故障检查。用万用表检查 9#线段、KT 常闭触点、11#线段、KM2 线圈、2#线段可能有故障。

（3）故障排除。KM2 线圈开路。

3. 电动机 Y－△降压启动不工作，只有 KT、KM2 线圈点动，KM1、KM3 线圈均不吸合

（1）故障分析。结合三相异步电动机 Y－△降压启动控制线路图，KM1 线圈不得电，控制电路 KM1 线圈及自锁回路中有器件、元件触点及线路的损坏。

（2）故障检查。用万用表检查 9#线段、KM2 常开触点、13#线段、KM1 线圈、2#线段及 5#线段、KM1 常开触点可能有故障。

（3）故障排除。KM1 线圈开路、13#线段开路。

4. 电动机 Y－△降压启动不工作，KM3 线圈不吸合

（1）故障分析。结合三相异步电动机 Y－△降压启动控制线路图，KM3 线圈不得电，控制电路 KM3 线圈回路中有器件、元件触点及线路的损坏。

（2）故障检查。用万用表检查 13#线段、KM2 常闭触点、15#线段、KM3 线圈、2#线段可能有故障。

（3）故障排除。KM3 线圈开路。

5. 电动机 Y－△降压启动工作异常，控制线路线圈均得电

（1）故障分析。结合三相异步电动机 Y－△降压启动控制线路图，主电路中有器件、元件触点及线路的损坏。

（2）故障检查。用万用表检查 FU1 熔断器、KM1、KM2、KM3 主触点、KH 热继电器热元件、三相主线段可能有故障。

（3）故障排除。FU1 熔断器开路。

附图：三相异步电动机 Y－△降压启动控制线路图常见故障分布如图 22—2 所示。

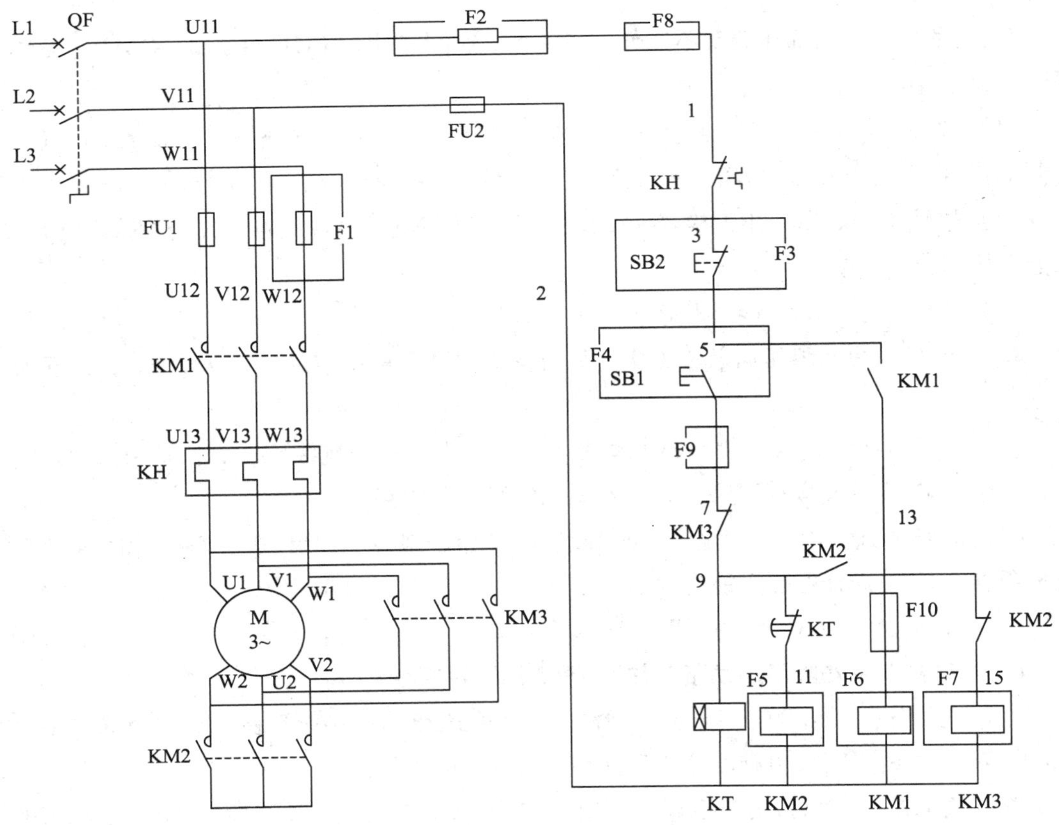

图 22—2　三相异步电动机 Y－△降压启动控制线路图常见故障分布图

第 3 节　异步电动机延时启动、延时停止控制电路及其故障分析与排除

一、操作条件

1．三相异步电动机控制线路排除故障模拟鉴定板。

2．三相异步电动机延时启动、延时停止控制电路电路图。

3．电工常用工具、万用表。

二、操作内容

1. 根据给定的三相异步电动机控制电路排除故障模拟鉴定板和三相异步电动机延时启动、延时停止控制电路电路图（见图22—3），利用万用表等工具进行检查，对故障现象和原因进行分析，找出具体故障点。

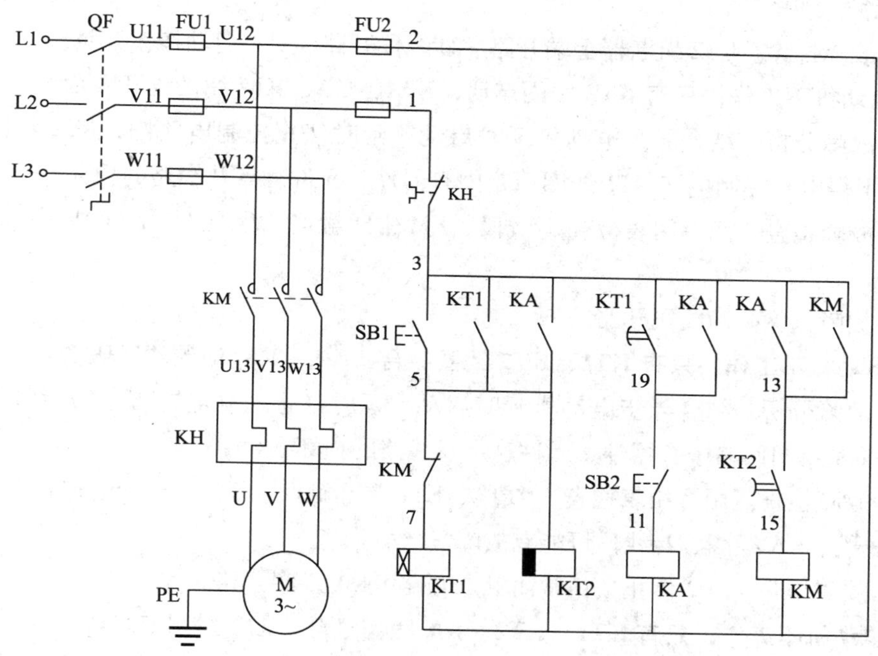

图22—3 异步电动机延时启动、延时停止控制电路电路图

2. 将故障现象、故障原因分析、具体故障点填入答题卷中。
3. 排除故障，使电路恢复正常工作。

三、操作要求

1. 检查故障方法步骤应正确，使用工具方法要规范。
2. 安全生产，文明操作，未经允许擅自通电，造成设备损坏者该项目零分。

四、操作步骤

1. 电动机不工作，KT1、KT2、KA、KM线圈均不吸合

（1）故障分析。结合异步电动机延时启动、延时停止控制电路图，KT1、KT2、

KA、KM线圈均不得电，控制电路回路中的共用回路有器件、元件触点及线路的损坏。

（2）故障检查。用万用表检查L1电源端、QS电源开关、U11线段、FU1熔断器、U12线段、FU2熔断器、2#线段、及L2电源、V11线段、V12线段、1#线段、KH热继电器、3#线段、SB1启动按钮、5#线段、KM常闭触点、7#线段、KT1线圈的器件是否损坏或线段开路。

（3）故障排除。FU2熔断器上端开路、1#线段开路、SB1启动按钮开路。

2．电动机不工作，只有KT2线圈点动，KT1、KA、KM线圈均不吸合

（1）故障分析。结合异步电动机延时启动、延时停止控制电路图，KT2线圈得电而KT1线圈不得电，控制电路KT1线圈回路中有器件、元件触点及线路的损坏。

（2）故障检查。用万用表检查5#线段、KM常闭触点、7#线段、KT1线圈、2#线段可能有故障。

（3）故障排除。7#线段开路。

3．电动机不工作，只有KT1、KT2线圈吸合，KA、KM线圈均不吸合

（1）故障分析。结合异步电动机延时启动、延时停止控制电路图，KA线圈不得电，控制电路KA线圈回路中有器件、元件触点及线路的损坏。

（2）故障检查。用万用表检查3#线段、KT1常开触点、9#线段、SB2停止按钮常闭触点、11#线段、KA线圈、2#线段可能有故障。

（3）故障排除。SB2停止按钮常闭触点开路、KA线圈开路。

4．电动机不工作，只有KT1、KT2、KA线圈吸合，KM线圈不吸合

（1）故障分析。结合异步电动机延时启动、延时停止控制电路图，KM线圈不得电，控制电路KM线圈回路中有器件、元件触点及线路的损坏。

（2）故障检查。用万用表检查3#线段、KA常开触点、13#线段、KT2常开触点、15#线段、KM线圈、2#线段可能有故障。

（3）故障排除。15#线段开路、KM线圈开路。

5．电动机工作异常，控制线路线圈均得电

（1）故障分析。结合异步电动机延时启动、延时停止控制电路图，主电路中有器件、元件触点及线路的损坏。

（2）故障检查。用万用表检查L3电源端、W11线段、FU1熔断器、KM主触点、三相主线段、KH热继电器热元件可能有故障。

（3）故障排除。FU1熔断器下端开路、U13线段开路。

附图：异步电动机延时启动、延时停止控制电路图常见故障分布如图22—4所示。

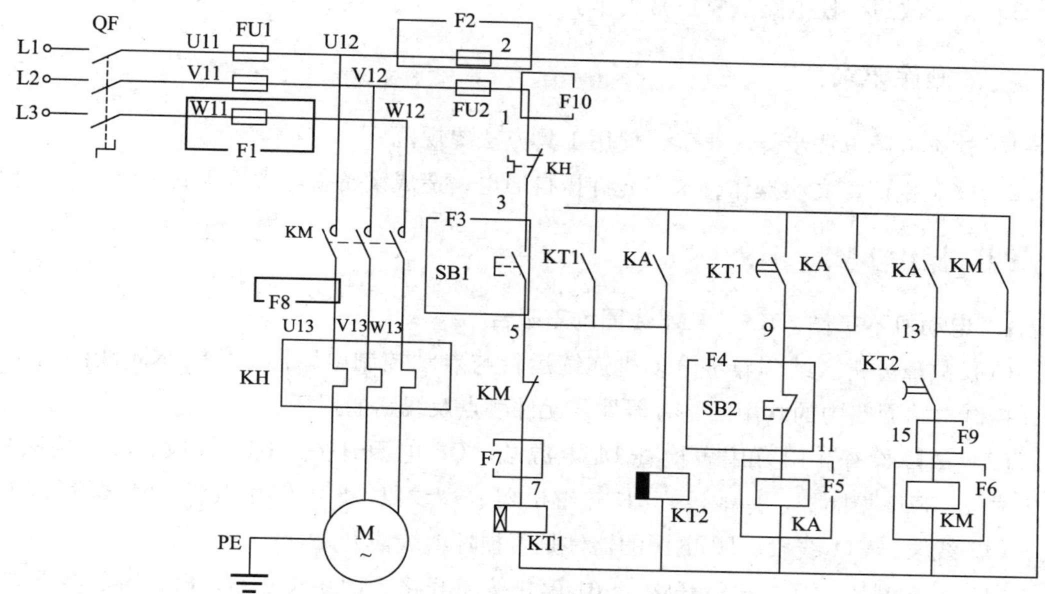

图 22—4　异步电动机延时启动、延时停止控制电路图常见故障分布图

第 4 节　异步电动机连续运行与点动混合控制电路及其故障分析与排除

一、操作条件

1. 三相异步电动机控制线路排除故障模拟鉴定板。
2. 三相异步电动机连续运行与点动控制电路图。
3. 电工常用工具、万用表。

二、操作内容

1. 根据给定的三相异步电动机控制线路排除故障模拟鉴定板和三相异步电动机连续运行与点动控制电路图（见图 21—8），利用万用表等工具进行检查，对故障现象和原因进行分析，找出具体故障点。

2. 将故障现象、故障原因分析、具体故障点填入答题卷中。

3．排除故障，使电路恢复正常工作。

三、操作要求

1．检查故障方法步骤应正确，使用工具方法要规范。

2．安全生产，文明操作，未经允许擅自通电，造成设备损坏者该项目零分。

四、操作步骤

1．电动机不工作，KA、KM线圈均不吸合

（1）故障分析。结合异步电动机连续运行与点动控制电路图，KA、KM线圈均不得电，控制电路回路中的共用回路有器件、元件触点及线路的损坏。

（2）故障检查。用万用表检查L1电源端、QF电源开关、U11线段、FU1熔断器、U12线段、FU2熔断器、1#线段、KH热继电器、3#线段、SB1停止按钮、5#线段及2#线段、V12线段、V11线段、L2电源的器件是否损坏或线段开路。

（3）故障排除。U11线段开路、SB1停止按钮开路、1#线段开路、FU2熔断器下端开路。

2．电动机点动工作，不能连续运行，KA线圈不吸合

（1）故障分析。结合异步电动机连续运行与点动控制电路图，KA线圈不得电，KM线圈不能自锁，控制电路KA线圈回路中有器件、元件触点及线路的损坏。

（2）故障检查。用万用表检查5#线段、SB2启动按钮、7#线段、KA线圈、2#线段可能有故障。

（3）故障排除。SB2启动按钮开路、KA线圈开路。

3．电动机连续运行，不能点动工作

（1）故障分析。结合异步电动机连续运行与点动控制电路图，按SB3启动按钮KM线圈不得电，控制电路SB3启动按钮有器件及线路的损坏。

（2）故障检查。用万用表检查5#线段、SB3启动按钮常开触点、9#线段可能有故障。

（3）故障排除。SB3启动按钮常开触点开路。

4．电动机不工作，只有KA线圈吸合，KM线圈不吸合

（1）故障分析。结合异步电动机连续运行与点动控制电路图，KM线圈不得电，控制电路KM线圈回路中有器件、元件触点及线路的损坏。

（2）故障检查。用万用表检查5#线段、SB3启动按钮常开触点、9#线段、KM线圈、2#线段可能有故障。

（3）故障排除。KM线圈开路。

5．电动机工作异常，控制线路线圈均得电

（1）故障分析。结合异步电动机连续运行与点动控制电路图，主电路中有器件、元件触点及线路的损坏。

（2）故障检查。用万用表检查 L3 电源端、W11 线段、FU1 熔断器、KM 主触点、三相主线段、KH 热继电器热元件可能有故障。

（3）故障排除。FU1 熔断器下端开路、U13 线段开路。

附图：异步电动机连续运行与点动控制电路图常见故障分布如图 22—5 所示。

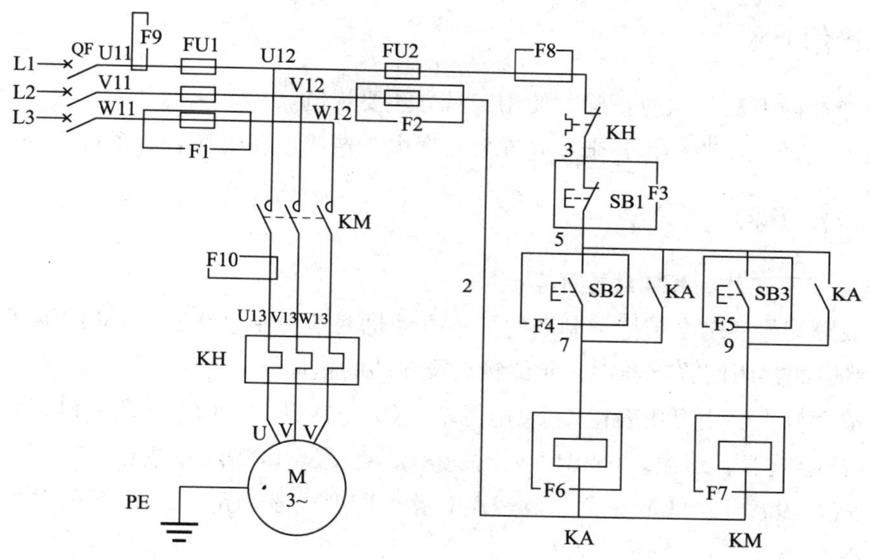

图 22—5　异步电动机连续运行与点动控制电路图常见故障分布图

第 5 节　带抱闸制动的异步电动机两地控制电路及其故障分析与排除

一、操作条件

1．三相异步电动机控制线路排除故障模拟鉴定板。

2．带抱闸制动的异步电动机两地控制电路图。

3．电工常用工具、万用表。

二、操作内容

1．根据给定的异步电动机控制线路排除故障模拟鉴定板和带抱闸制动的异步电动机两地控制电路图（见图21—33），利用万用表等工具进行检查，对故障现象和原因进行分析，找出具体故障点。

2．将故障现象、故障原因分析、具体故障点填入答题卷中。

3．排除故障，使电路恢复正常工作。

三、操作要求

1．检查故障方法步骤应正确，使用工具方法要规范。

2．安全生产，文明操作，未经允许擅自通电，造成设备损坏者该项目零分。

四、操作步骤

1．电动机不工作，KM线圈不吸合

（1）故障分析。结合带抱闸制动的异步电动机两地控制电路图，KM线圈不得电，控制电路回路中的共用回路有器件、元件触点及线路的损坏。

（2）故障检查。用万用表检查L1电源端、QF电源开关、U11线段、FU2熔断器、1#线段、KH热继电器、3#线段、SB1停止按钮、5#线段、SB2停止按钮、7#线段、SB3或SB4启动按钮、9#线段、KM线圈、2#线段开路、U11线段开路、L2电源的器件是否损坏或线段开路。

（3）故障排除。FU2熔断器下端开路、SB1停止按钮开路、SB2停止按钮开路、KM线圈开路、5#线段开路。

2．按SB3启动按钮电动机不工作，按SB4启动按钮电动机能运行

（1）故障分析。结合带抱闸制动的异步电动机两地控制电路图，按SB3启动按钮，KM线圈不得电，控制电路SB3启动按钮回路中有器件、元件触点及线路的损坏。

（2）故障检查。用万用表检查7#线段、SB3启动按钮、9#线段可能有故障。

（3）故障排除。SB3启动按钮开路。

3．按SB4启动按钮电动机不工作，按SB3启动按钮电动机能运行

（1）故障分析。结合带抱闸制动的异步电动机两地控制电路图，按SB4启动按钮，KM线圈不得电，控制电路SB4启动按钮回路中有器件、元件触点及线路的损坏。

（2）故障检查。用万用表检查7#线段、SB4启动按钮、9#线段可能有故障。

（3）故障排除。SB4启动按钮开路。

4. 电动机工作异常，控制线路线圈得电

（1）故障分析。结合带抱闸制动的异步电动机两地控制电路图，主电路中有器件、元件触点及线路的损坏。

（2）故障检查。用万用表检查 L3 电源端、W11 线段、FU1 熔断器、KM 主触点、三相主线段、KH 热继电器热元件可能有故障。

（3）故障排除。U13 线段开路、FU1 熔断器右端开路。

5. 电动机工作无制动，控制线路线圈得电

（1）故障分析。结合带抱闸制动的异步电动机两地控制电路图，主电路中有器件、元件触点及线路的损坏。

（2）故障检查。用万用表检查 YB 的 W 线段、YB 线圈、YB 的 V 线段可能有故障。

（3）故障排除。YB 的 W 线段开路。

附图：带抱闸制动的异步电动机两地控制电路图常见故障分布如图 22—6 所示。

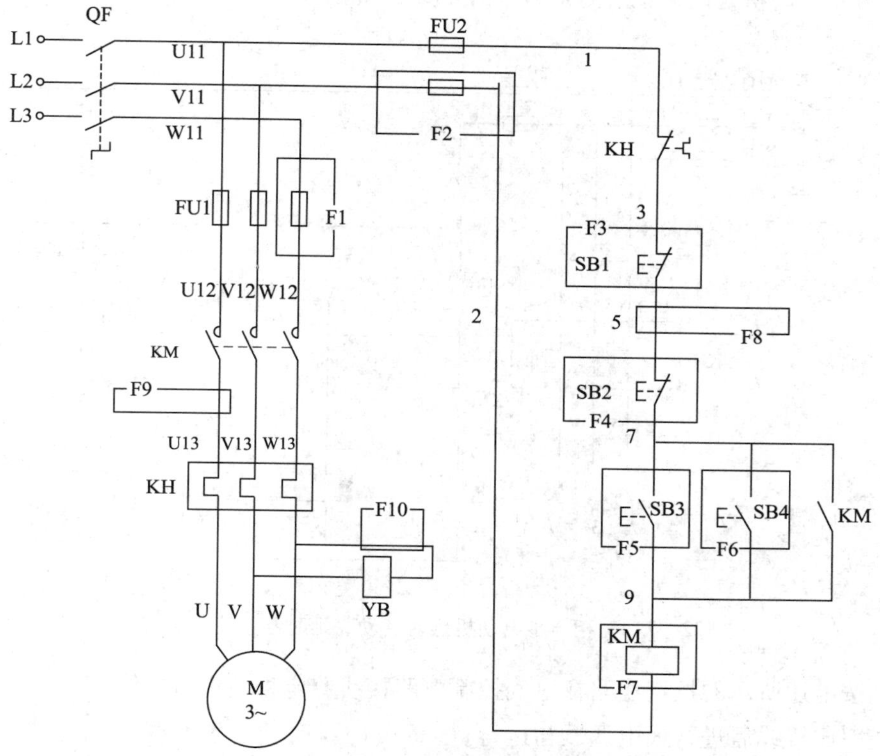

图 22—6　带抱闸制动的异步电动机两地控制电路图常见故障分布图

测 试 题

第1题 电气控制——三相异步电动机延时启动、延时停止控制电路安装调试

一、试题单

1．操作条件

（1）电气控制电路接线鉴定板。

（2）三相异步电动机。

（3）连接导线、电工常用工具、万用表。

2．操作内容

三相异步电动机延时启动、延时停止控制线路如图22—7所示。

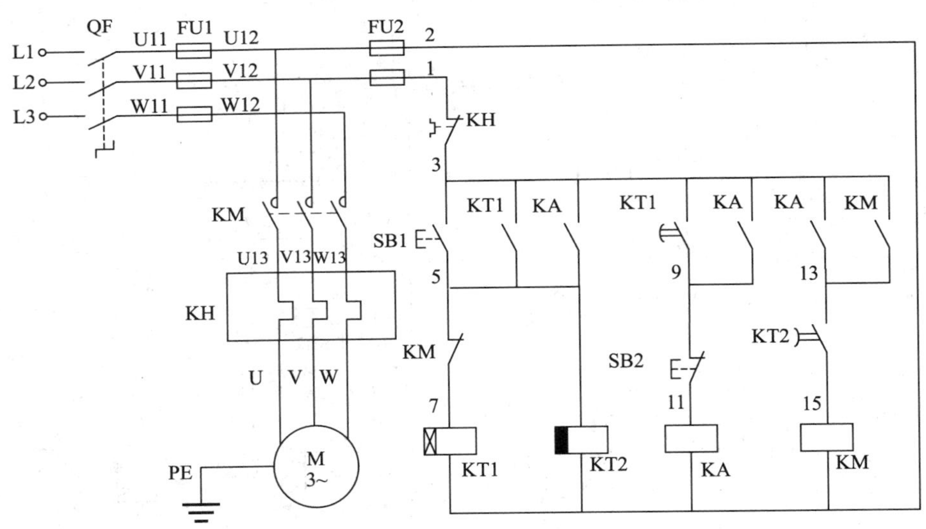

图22—7 三相异步电动机延时启动、延时停止控制线路

（1）按上述所示的控制线路在电气控制电路接线鉴定板上进行接线。

（2）完成接线后进行通电调试与运行。

（3）电气控制线路及故障现象分析（抽选一题）

1）如果KT1时间继电器的延时触点和KT2时间继电器的延时触点互换，这种接法对

电路有何影响?

2）如果电路出现只能延时启动，不能延时停止控制的现象，试分析产生该故障的接线方面的可能原因。

3. 操作要求

（1）根据给定的设备和仪器仪表，完成接线、调试、运行。

（2）板面导线经线槽敷设，线槽外导线需平直，各节点必须紧密，接电源、电动机及按钮等的导线必须通过接线柱引出。

（3）装接完毕后，经考评员允许后方可通电调试与运行，如遇故障自行排除。

安全生产，文明操作，未经允许擅自通电，造成设备损坏者该项目零分。

二、答题卷

按考核要求书面说明（抽选一题）:

1. 如果KT1时间继电器的延时触点和KT2时间继电器的延时触点互换，这种接法对电路有何影响?

2. 如果电路出现只能延时启动，不能延时停止控制的现象，试分析产生该故障的接线方面的可能原因。

第2题　电气控制线路排除故障——三相异步电动机正反转控制电路故障检查及排除

一、试题单

1. 操作条件

（1）三相异步电动机控制线路排除故障模拟鉴定板。

（2）三相异步电动机正反转控制线路图。

（3）电工常用工具、万用表。

2. 操作内容

（1）根据给定的三相异步电动机控制线路排除故障模拟鉴定板和三相异步电动机正反转控制线路图（见图22—8)，利用万用表等工具进行检查，对故障现象和原因进行分析，找出具体故障点。

（2）将故障现象、故障原因分析、具体故障点填入答题卷中。

（3）排除故障，使电路恢复正常工作。

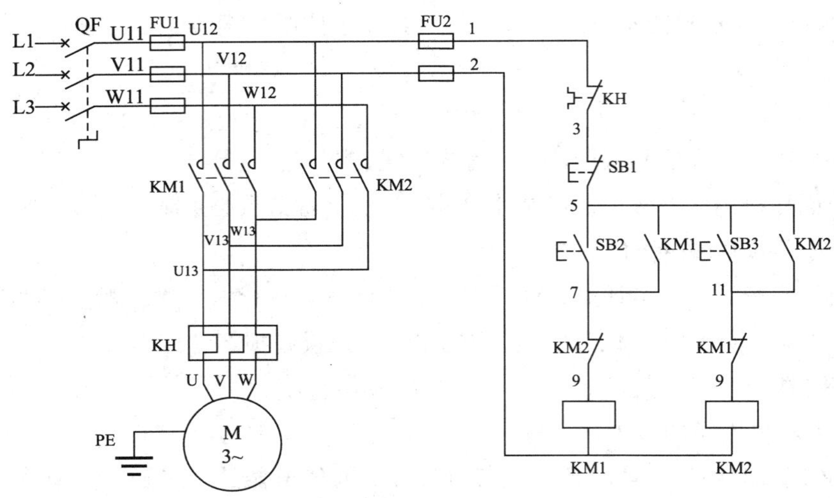

图22—8　三相异步电动机正反转控制线路

3．操作要求

（1）检查故障方法步骤应正确，使用工具方法要规范。

（2）安全生产，文明操作，未经允许擅自通电，造成设备损坏者该项目零分。

二、答题卷

第一题：

故障现象

分析可能的故障原因

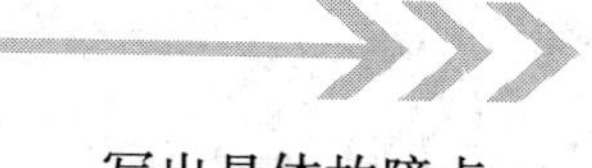

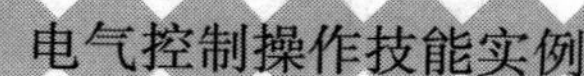

写出具体故障点

第二题：
故障现象

分析可能的故障原因

写出具体故障点

理论知识考试模拟试卷

一、判断题（第1题~第60题。将判断结果填入括号中。正确的填“√”，错误的填“×”。每题0.5分，满分30分）

1. 若将一段电阻为 R 的导线均匀拉长至原来的两倍则其电阻值为4 R。（　）

2. 用4个0.5 W、100 Ω的电阻分为两组分别并联后再将两组串联连接，可以构成一个2 W、100 Ω的电阻。（　）

3. 1.4 Ω的电阻接在内阻为0.2 Ω，电势为1.6 V的电源两端，内阻上通过的电流是1.4 A。（　）

4. $\sum IR=\sum U$ 适用于任何闭合回路。（　）

5. 两只“100 W、220 V”灯泡串联接在220 V电源上，每只灯泡的实际功率是25 W。（　）

6. 电容器具有隔直流，通交流的作用。（　）

7. 根据物质磁导率的大小可把物质分为逆磁物质、顺磁物质和铁磁物质。（　）

8. 通电直导体在磁场里受力的方向应按左手定则确定。（　）

9. 两个极性相同的条形磁铁相互靠近时它们会相互排斥。（　）

10. 磁感应线总是从N极出发到S极终止。（　）

11. 正弦交流电的三要素是指最大值，角频率，初相位。（　）

12. 在RLC串联电路中，总电压的瞬时值时刻都等于各元件上电压瞬时值之和。（　）

13. 三相对称负载做星形联结时，线电压与相电压的相位关系是线电压超前相电压30°。（　）

14. 在RL串联电路中，电感上电压是超前于电流90°的。（　）

15. 额定电压为“380 V、Y”的负载接在380 V的三相电源上，应接成△接法。（　）

16. 铝镍钴合金是硬磁材料，是用来制造各种永久磁铁的。（　）

17. 使用验电笔前一定要先在有电的电源上检查验电笔是否完好。（　）

18. 停电检修设备没有做好安全措施应认为有电。（　）

19. 带电作业应由经过培训、考试合格的持证电工单独进行。（ ）

20. 临时用电线路严禁采用三相一地，二相一地，一相一地制供电。（ ）

21. 机床或钳工台上的局部照明，行灯应使用 36 V 及以下电压。（ ）

22. 低压熔断器在低压配电设备中，主要用于过载保护。（ ）

23. 熔断器的额定电压必须大于或等于所接电路的额定电压。（ ）

24. 刀开关主要用于隔离电源。（ ）

25. 低压断路器使用时，其额定电压应大于或等于线路额定电压；其额定电流大于或等于所控制负载的额定电流。（ ）

26. 漏电保护开关，其特点是能够检测与判断到触电或漏电故障后自动切断故障电路，用做人身触电保护和电气设备漏电保护。（ ）

27. 接触器按接触器电磁线圈励磁方式不同分为直流励磁方式与交流励磁方式。（ ）

28. 交流接触器铁芯上装短路环的作用是减小铁芯的震动和噪声。（ ）

29. 直流接触器切断电路时，由于电流不过零点，灭弧比交流接触器困难，故采用磁吹灭弧。（ ）

30. 过电流继电器在正常工作时，线圈通过的电流在额定值范围内，过电流继电器所处的状态是吸合动作，常闭触头断开。（ ）

31. 欠电压继电器当线圈电压低于其额定电压时衔铁不吸合动作，而当线圈电压很低时衔铁才释放。（ ）

32. 空气阻尼式时间继电器有通电延时动作和断电延时动作两种。（ ）

33. 热继电器有双金属片式、热敏电阻式及易熔合金式等多种形式，其中双金属片式应用最多。（ ）

34. 行程开关、万能转换开关、接近开关、自动开关及按钮等属于主令电器。（ ）

35. 频敏变阻器的阻抗随电动机的转速下降而减小。（ ）

36. 电磁离合器的工作原理是电流的磁效应。（ ）

37. 变压器是利用电磁感应原理制成的一种静止的交流电磁设备。（ ）

38. 一台变压器型号为 S7—500/10，其中 500 代表额定容量 500 V · A。（ ）

39. 对三相变压器来说，额定电压是指相电压。（ ）

40. 为了减小变压器铁芯内的磁滞损耗和涡流损耗，铁芯多采用高导磁率、厚度 0.35 mm 或 0.5 mm 表面涂绝缘漆的硅钢片叠成。（ ）

41. 三相变压器连接组别标号 Y，y0（Y/Y－12）表示高压侧星形联结、低压侧三角形联结。（ ）

42．电流互感器在正常工作时，其二次线圈绝对不能短路。（　）

43．电压互感器在正常工作时，其二次线圈绝对不能开路。（　）

44．改变电焊变压器焊接电流的大小，可以改变与二次绕组串联的电抗器的感抗大小，也就是调节电抗器铁芯的气隙长度，气隙长度减小，感抗增加，焊接电流减小。（　）

45．异步电动机的额定功率，指在额定运行情况下，从轴上输出的机械功率。（　）

46．三相异步电动机额定电压是指其在额定工作状况下运行时，输入电动机定子三相绕组的相电压。（　）

47．三相异步电动机定子级数越多，则转速越高，反之则越低。（　）

48．三相电动机采用自耦变压器降压启动器以80%的抽头降压启动时，电动机的启动电流是全压启动电流的80%。（　）

49．绕线型异步电动机转子串接电阻调速，电阻变大，转速变高。（　）

50．电气原理图上电器的图形符号均指未通电的状态。（　）

51．能耗制动的制动力矩与电流成正比，因此电流越大越好。（　）

52．半导体中的载流子只有自由电子。（　）

53．晶体二极管按结构可分为点接触型和面接触型。（　）

54．用指针式万用表测量晶体二极管的反向电阻，应该是用R×1 k挡，黑表棒接阴极，红表棒接阳极。（　）

55．单相半波整流电路输入的交流电压 U_2 的有效值为100 V，则输出的直流电压平均值大小为90 V。（　）

56．单相桥式整流、电容滤波电路，输入的交流电压 U_2 的有效值为50 V，则负载正常时，输出的直流电压平均值大小约为60 V。（　）

57．指示仪表按工作原理分可以分为磁电系、电动系、整流系、感应系四种。（　）

58．指示仪表中，和偏转角成正比的力矩是反作用力矩。（　）

59．测量交流电压的有效值通常采用电磁系电流表并联在被测电路中来测量。（　）

60．电度表经过电流互感器与电压互感器接线时，实际的耗电量应是读数乘以两个互感器的变比。（　）

二、单项选择题（第1题～第70题。选择一个正确的答案，将相应的字母填入题内的括号中，每题1分，满分70分）

1．电路中某点的电位就是（　）。

A．该点的电压　　　　B．该点与相邻点之间的电压

C．该点到参考点之间的电压　　　　D．参考点的电位

2. $\sum IR=\sum U$ 适用于（　　）。

A. 复杂电路　B. 简单电路　C. 有电源的回路　D. 任何闭合回路

3. 用电多少通常用“度”来做单位，它表示的是（　　）的物理量。

A. 电功　B. 电功率　C. 电压　D. 热量

4. 电源电势是（　　）。

A. 电压

B. 外力将单位正电荷从电源负极移动到电源正极所做的功

C. 衡量电场力做功本领大小的物理量

D. 电源两端电压的大小

5. 用 4 个 100 μF 的电容并联，可以构成一个（　　）的电容。

A. 100 μF　B. 200 μF　C. 400 μF　D. 25 μF

6. 当导体在磁场里沿磁感应线方向运动时，产生的感应电势（　　）。

A. 最大　B. 较大　C. 为 0　D. 较小

7. 两个极性相同的条形磁铁相互靠近时它们会（　　）。

A. 相互吸引　B. 相互排斥

C. 互不影响　D. 有时吸引，有时排斥

8. 三相对称负载做星形联结时，线电压与相电压的相位关系是（　　）。

A. 相电压超前线电压 30°　B. 线电压超前相电压 30°

C. 线电压超前相电压 120°　D. 相电压超前线电压 120°

9. 在三相供电系统中，相电压与线电压的相位关系是（　　）。

A. 相电压超前线电压 30°　B. 线电压超前相电压 30°

C. 线电压超前相电压 120°　D. 相电压与线电压同相位

10. 三相交流电通到电动机的三相对称绕组中，（　　）是电动机旋转的根本原因。

A. 产生脉动磁场　B. 产生旋转磁场

C. 产生恒定磁场　D. 产生合成磁场

11. 通常把正弦交流电每秒变化的电角度称为（　　）。

A. 角度　B. 频率　C. 弧度　D. 角频率

12. 潮湿环境下的局部照明，行灯应使用（　　）电压。

A. 12 V 及以下　B. 36 V 及以下　C. 24 V 及以下　D. 220 V

13. 低压电器，因其用于电路电压为（　　），故称为低压电器。

A. 交流 50 Hz 或 60 Hz，额定电压 1 200 V 及以下，直流额定电压 1 500 V 及以下

B. 交直流电压 1 200 V 及以下

C. 交直流电压500 V及以下

D. 交直流电压3 000 V以下

14. 低压熔断器在低压配电设备中，主要用于（　　）。

A. 热保护　B. 过流保护　C. 短路保护　D. 过载保护

15. 熔断器式刀开关适用于（　　）做电源开关。

A. 控制电路　B. 配电线路　C. 直接通、断电动机　D. 主令开关

16. 自动开关的热脱扣器用做（　　）。

A. 短路保护　B. 过载保护　C. 欠压保护　D. 过流保护

17. 交流接触器铭牌上的额定电流是指（　　）。

A. 主触头的额定电流　B. 主触头控制受电设备的工作电流

C. 辅助触头的额定电流　D. 负载短路时通过主触头的电流

18. 欠电流继电器在正常工作时，欠电流继电器所处的状态是（　　）。

A. 吸合动作，常开触头闭合　B. 不吸合动作，常闭触头断开

C. 吸合动作，常开触头断开　D. 不吸合，触头也不动作维持常态

19. 过电压继电器在正常工作时，线圈在额定电压范围内，电磁机构的衔铁所处的状态是（　　）。

A. 吸合动作，常闭触头断开　B. 不吸合动作，常闭触头断开

C. 吸合动作，常闭触头恢复闭合　D. 不吸合，触头也不动作维持常态

20. 过电压继电器的电压释放值（　　）吸合动作值。

A. 小于　B. 大于　C. 等于　D. 大于或等于

21. 速度继电器的构造主要由（　　）组成。

A. 定子、转子、端盖、机座等部分

B. 电磁机构、触头系统、灭弧装置和其他辅件等部分

C. 定子、转子、端盖、可动支架、触头系统等部分

D. 电磁机构、触头系统和其他辅件等部分

22. 在反接制动中，速度继电器（　　），其触头接在控制电路中。

A. 线圈串接在电动机主电路中　B. 线圈串接在电动机控制电路中

C. 转子与电动机同轴连接　D. 转子与电动机不同轴连接

23. 时间继电器按其动作原理可分为（　　）及空气式等几大类。

A. 电动式、晶体管式　B. 电磁阻尼式、晶体管式

C. 电磁阻尼式、电动式、晶体管式　D. 电动式、晶体管式

24. 热继电器有双金属片式、热敏电阻式及易熔合金式等多种形式，其中（　　）应

用最多。

A. 双金属片式　B. 热敏电阻式　C. 易熔合金式　D. 电阻式

25. 电阻器有适用于长期工作制、短时工作制、（　　）三种工作制。

A. 临时工作制　B. 反复长期工作制　C. 反复短时工作制　D. 反复工作制

26. 频敏变阻器主要用于（　　）控制。

A. 笼型转子异步电动机的启动　B. 绕线型转子异步电动机的调速

C. 直流电动机的启动　D. 绕线型转子异步电动机的启动

27. 绕线型异步电动机在转子回路中串入频敏变阻器进行启动，频敏变阻器的特点是阻值是随转速上升而自动地（　　），使电动机能平稳地启动。

A. 平滑地增大　B. 平滑地减小

C. 分为数级逐渐增大　D. 分为数级逐渐减小

28. 直流电磁铁的电磁吸力与气隙大小（　　）。

A. 成正比　B. 成反比　C. 无关　D. 有关

29. 电力变压器的主要用途是在（　　）。

A. 供配电系统中　B. 自动控制系统中

C. 供测量和继电保护中　D. 特殊场合中

30. 变压器的额定容量是变压器额定运行时（　　）。

A. 输入的视在功率　B. 输出的视在功率

C. 输入的有功功率　D. 输出的有功功率

31. 根据器身结构，变压器可分为铁芯式和（　　）两大类。

A. 长方式　B. 正方式　C. 铁壳式　D. 铁骨式

32. 一台变压器型号为 S7－1 000/10，其中 10 代表（　　）。

A. 一次侧额定电压为 10 kV　B. 二次侧额定电压为 1 000 V

C. 一次侧额定电流为 10 A　D. 二次侧额定电流为 10 A

33. 电流互感器可以把（　　）供测量用。

A. 高电压转换为低电压　B. 大电流转换为小电流

C. 高阻抗转换为低阻抗　D. 小电流转换为大电流

34. 为了便于使用，尽管电压互感器一次绕组额定电压有 6 000 V、10 000 V 等，但两次绕组额定电压一般都设计为（　　）。

A. 400 V　B. 300 V　C. 200 V　D. 100 V

35. 异步电动机转子根据其绕组结构不同，分为（　　）两种。

A. 普通型和封闭型　B. 笼型和绕线型

C. 普通型和半封闭型　　D. 普通型和特殊型

36. 三相异步电动机旋转磁场的转向是由（　　）决定的。

A. 频率　　B. 极数　　C. 电压大小　　D. 电源相序

37. 三相异步电动机的转速取决于极对数 p、转差率 S 和（　　）。

A. 电源频率　　B. 电源相序　　C. 电源电流　　D. 电源电压

38. 绕线型异步电动机转子绕组串接电阻启动具有（　　）性能。

A. 减小启动电流、增加启动转矩　　B. 减小启动电流、减小启动转矩

C. 减小启动电流、启动转矩不变　　D. 增加启动电流、增加启动转矩

39. 交流异步电动机 Y/△启动适用于（　　）接法运行的电动机。

A. 三角形　　B. 星形　　C. V 型　　D. 星形或三角形

40. 交流异步电动机的调速方法有变极、变频和（　　）三种。

A. 变功率　　B. 变电流　　C. 变转差率　　D. 变转矩

41. 绕线型异步电动机转子串接电阻调速，（　　）。

A. 电阻变大，转速变低　　B. 电阻变大，转速变高

C. 电阻变小，转速不变　　D. 电阻变小，转速变低

42. 异步电动机的电气制动方法有反接制动、回馈制动和（　　）制动。

A. 降压　　B. 串接电阻　　C. 力矩　　D. 能耗

43. 电气图上各直流电源应标出（　　）。

A. 电压值、极性　　B. 频率、极性

C. 电压值、相数　　D. 电压值、频率

44. 按国家标准绘制的图形符号，通常含有（　　）。

A. 文字符号、一般符号、电气符号

B. 符号要素、一般符号、限定符号

C. 要素符号、概念符号、文字符号

D. 方位符号、规定符号、文字符号

45. 白炽灯的工作原理是（　　）。

A. 电流的磁效应　　B. 电磁感应

C. 电流的热效应　　D. 电流的光效应

46. 日光灯两端发黑，光通量明显下降，产生该故障可能是（　　）。

A. 灯管衰老　　B. 启辉器衰老

C. 环境温度偏高　　D. 电压过低

47. 对于三相笼型异步电动机的多地控制，需将多个启动按钮（　　），多个停止按

钮串联，才能到达要求。

A. 串联　B. 并联　C. 自锁　D. 混联

48. 工厂车间的行车需要位置控制，行车两头的终点处各安装一个位置开关，两个位置开关要分别（　）在正转和反转控制回路中。

A. 串联　B. 并联　C. 混联　D. 短接

49. 电磁抱闸断电制动控制线路，当电磁抱闸线圈（　）时，电动机迅速停转。

A. 失电　B. 得电　C. 电流很大　D. 短路

50. 小电流硅二极管的死区电压约为0.5 V，正向压降约为（　）。

A. 0.4 V　B. 0.5 V　C. 0.6 V　D. 0.7 V

51. 用指针式万用表测量晶体二极管的反向电阻，应该是（　）。

A. 用R×1 挡，黑表棒接阴极，红表棒接阳极

B. 用R×10 k 挡，黑表棒接阴极，红表棒接阳极

C. 用R×1 k 挡，红表棒接阴极，黑表棒接阳极

D. 用R×1 k 挡，黑表棒接阴极，红表棒接阳极

52. 稳压管工作于反向击穿状态下，必须（　）才能正常工作。

A. 反向偏置　B. 正向偏置

C. 串联限流电阻　D. 并联限流电阻

53. 下列晶体管的型号中，（　）是稳压管。

A. 2AP1　B. 2CW54　C. 2CK84　D. 2CZ50

54. 光敏二极管工作时应加上（　）。

A. 正向电压　B. 反向电压　C. 限流电阻　D. 三极管

55. 发光二极管发出的颜色取决于（　）。

A. 制作塑料外壳的材料　B. 制作二极管的材料

C. 电压的高低　D. 电流的大小

56. 晶体三极管内部的PN 结有（　）。

A. 1 个　B. 2 个　C. 3 个　D. 4 个

57. 晶体三极管电流放大的偏置条件是（　）。

A. 发射结反偏、集电结反偏　B. 发射结反偏、集电结正偏

C. 发射结正偏、集电结反偏　D. 发射结正偏、集电结正偏

58. 晶体管的（　）随着电压升高而略有增大。

A. 电流放大倍数　B. 漏电流　C. 饱和压降　D. 输入电阻

59. 单相全波整流电路也叫（　）。

A. 桥式整流电路 B. 半波整流电路 C. 双半波整流电路 D. 滤波电路

60. 单相桥式整流电路，加上电感滤波之后，其输出的直流电压将（ ）。

A. 增大1倍 B. 增大1．4倍 C. 不变 D. 减小

61. 在电源电压不变时，稳压管稳压电路输出的电流如果减小10 mA，则（ ）。

A. 稳压管上的电流将增加10 mA B. 稳压管上的电流将减小10 mA

C. 稳压管上的电流保持不变 D. 电源输入的电流将减小10 mA

62. 串联型稳压电路的稳压过程中，当输入电压上升而使输出电压增大时，调整管的U_{CE}自动（ ），从而使负载上电压保持稳定。

A. 减小 B. 增大 C. 不变 D. 不确定

63. 用一个1.5级，500 V的电压表测量电压，读数为200 V，则其可能的最大误差为（ ）。

A. ±1.5 V B. ±7.5 V C. ±3 V D. ±15 V

64. 测量直流电压时，除了使（ ）外，还应使仪表的“+”端与被测电路的高电位端相连。

A. 电压表与被测电路并联 B. 电压表与被测电路串联

C. 电流表与被测电路并联 D. 电流表与被测电路串联

65. 交流电流表应（ ）。

A. 串联在被测电路中，电流应从“+”端流入

B. 串联在被测电路中，不需要考虑极性

C. 并联在被测支路中，“+”端接高电位

D. 并联在被测支路中，不需要考虑极性

66. 一个万用表表头采用50 μA的磁电式微安表，直流电压挡的每伏欧姆数为（ ）。

A. 10 k B. 20 k C. 50 k D. 200 k

67. 功率表具有两个线圈（ ）。

A. 一个电压线圈，一个电流线圈 B. 两个都作为电压线圈

C. 两个都作为电流线圈 D. 一个电压线圈，一个功率线圈

68. 测量单相功率时，功率表（ ）的接线方法是正确的。

A. 电压与电流线圈的“*”端连接在一起，接到电源侧

B. 电流的正方向从电流的“*”端流入，电压的正方向从电压的“*”端流出

C. 电压与电流的非“*”端连接在一起，接到电源侧

D. 电压与电流线圈的“*”端连接在一起，接到负载侧

69. 电度表经过电流互感器接线时，实际的耗电量应是读数（　　）。

A. 乘以电流互感器一次绕组的额定电流

B. 乘以电流互感器二次绕组的额定电流

C. 电能表读数就是实际耗电量

D. 乘以电流互感器的变比

70. 兆欧表的额定电压有 100 V，250 V，500 V，（　　），2 500 V 等规格。

A. 800 V　　B. 1 000 V　　C. 1 500 V　　D. 2 000 V

理论知识考试模拟试卷答案

一、判断题

1. √	2. √	3. ×	4. √	5. √	6. √	7. √	8. √	9. √
10. ×	11. √	12. √	13. √	14. √	15. ×	16. √	17. √	18. √
19. ×	20. √	21. √	22. ×	23. √	24. √	25. √	26. √	27. √
28. √	29. √	30. ×	31. ×	32. √	33. √	34. ×	35. ×	36. √
37. √	38. ×	39. ×	40. √	41. ×	42. ×	43. ×	44. √	45. √
46. ×	47. ×	48. ×	49. ×	50. √	51. ×	52. ×	53. √	54. √
55. ×	56. √	57. ×	58. √	59. √	60. √			

二、单项选择题

1. C	2. D	3. A	4. B	5. C	6. C	7. B	8. B	9. B
10. B	11. D	12. C	13. A	14. C	15. B	16. B	17. A	18. A
19. D	20. A	21. C	22. C	23. C	24. A	25. C	26. D	27. B
28. B	29. A	30. B	31. C	32. A	33. B	34. D	35. B	36. D
37. A	38. A	39. A	40. C	41. A	42. D	43. A	44. B	45. C
46. A	47. B	48. A	49. A	50. D	51. D	52. C	53. B	54. B
55. B	56. B	57. C	58. B	59. C	60. C	61. A	62. B	63. B
64. A	65. B	66. B	67. A	68. A	69. D	70. B		

操作技能考核模拟试卷（一）

第 1 题　动力、照明电路的接线与调试（15 分）

试题单

试题名称：用 PVC 管明装两地控制一盏白炽灯并有一个插座的线路。

考核时间：30 min。

1. 操作条件

（1）电路安装接线鉴定板一块。

（2）万用表一只。

（3）白炽灯、PVC 管、插座等配件一套。

（4）电工工具一套。

2. 操作内容

（1）画出两地控制一盏白炽灯并有一个插座的电路图。

（2）在电路安装接线鉴定板上进行板前明线安装、接线。

（3）通电调试。

3. 操作要求

（1）按设计照明电路图进行安装、接线，不要漏接或错接。

（2）安装、接线完毕后，经考评员允许后方可通电调试。

（3）安全生产，文明操作，未经允许擅自通电，造成设备损坏者该项目零分。

答题卷

试题名称：用 PVC 管明装两地控制一盏白炽灯并有一个插座的线路。

设计电路图：

第2题　控制电路的接线与调试（25分）

试题单

试题名称：工作台自动往返控制电路安装调试。

考核时间：60 min。

1. 操作条件

（1）电气控制电路接线鉴定板。

（2）三相异步电动机。

（3）连接导线、电工常用工具、万用表等。

2. 操作内容

工作台自动往返控制电路如附图—1所示。

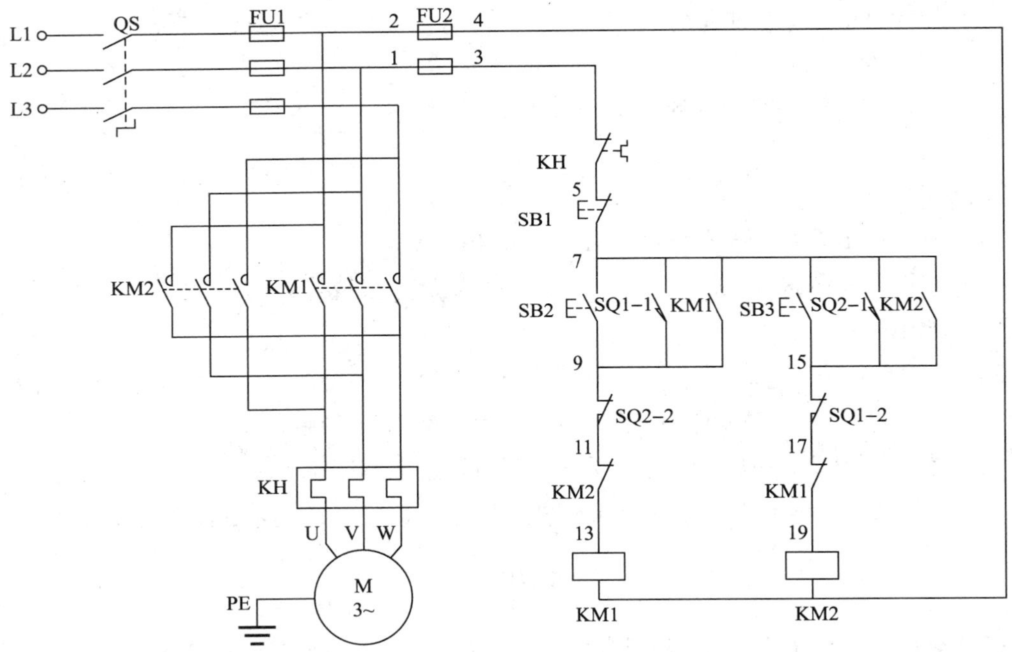

附图—1　工作台自动往返控制电路

（1）按附图—1所示的控制电路在电气控制电路接线鉴定板上进行接线。

（2）完成接线后进行通电调试与运行。

（3）电气控制电路及故障现象分析（抽选一题）

1）电路中与SB2并联的KM1接触器的常开触点和串联在KM2接触器线圈回路中的

KM1 接触器的常闭触点各起什么作用。

2）如果 KM1 接触器不能自锁，试分析此时电路工作现象。

3. 操作要求

（1）根据给定的设备和仪器仪表，完成接线、调试、运行。

（2）板面导线经线槽敷设，线槽外导线需平直，各节点必须紧密，接电源、电动机及按钮等的导线必须通过接线柱引出。

（3）装接完毕后，经考评员允许后方可通电调试与运行，如遇故障自行排除。

（4）安全生产，文明操作，未经允许擅自通电，造成设备损坏者该项目零分。

答题卷

试题名称：工作台自动往返控制电路安装调试。

按考核要求书面说明（抽选一题）：

1. 电路中与 SB2 并联的 KM1 接触器的常开触点和串联在 KM2 接触器线圈回路中的 KM1 接触器的常闭触点各起什么作用。

2. 如果 KM1 接触器不能自锁，试分析此时电路工作现象。

第 3 题　低压电器及电动机的拆装维修（10 分）

试题单

试题名称：三相异步电动机定子绕组引出线首尾端判断、接线及故障分析。

考核时间：30 min。

1. 操作条件

（1）万用表一只。

（2）兆欧表一只。

（3）三相异步电动机一台。

（4）电工工具一套。

2. 操作内容

（1）三相异步电动机定子绕组引出线首尾端判断。

（2）根据电动机铭牌画出定子绕组接线图，并进行接线。

（3）通电调试。

（4）故障分析（抽选一题）

1）通电后三相异步电动机不能转动，但无异响，也无异味和冒烟。

2）通电后三相异步电动机不转，然后熔丝烧断。

3）通电后三相异步电动机不转，有“嗡嗡”声。

4）三相异步电动机启动困难。带额定负载时，电动机转速低于额定转速较多。

5）三相异步电动机空载，过负载时，电流表指针不稳，摆动。

3. 操作要求

（1）判断步骤要正确，能正确使用仪表及工具。

（2）安全生产，文明操作，未经允许擅自通电，造成设备损坏者该项目零分。

答题卷

试题名称：三相异步电动机定子绕组引出线首尾端判断、接线及故障分析。

1. 根据三相异步电动机铭牌接线方式，画出其定子绕组接线图。

2. 故障分析（下列故障现象抽选一题）。

故障现象：

（1）通电后三相异步电动机不能转动，但无异响，也无异味和冒烟。

（2）通电后三相异步电动机不转，然后熔丝烧断。

（3）通电后三相异步电动机不转，有“嗡嗡”声。

（4）三相异步电动机启动困难。带额定负载时，电动机转速低于额定转速较多。

（5）三相异步电动机空载，过负载时，电流表指针不稳，摆动。

故障原因分析：

第 4 题　电动机控制电路的维修（25 分）

试题单

试题名称：三相异步电动机 Y－△降压启动控制电路故障检查及排除。

考核时间：30 min。

1．操作条件

（1）三相异步电动机控制线路排除故障模拟鉴定板。

（2）三相异步电动机 Y－△降压启动控制线路图。

（3）电工常用工具、万用表等。

2．操作内容

（1）根据给定的三相异步电动机控制线路排除故障模拟鉴定板和三相异步电动机 Y－△降压启动控制电路图（见附图—2），利用万用表等工具进行检查，对故障现象和原因进行分析，找出具体故障点。

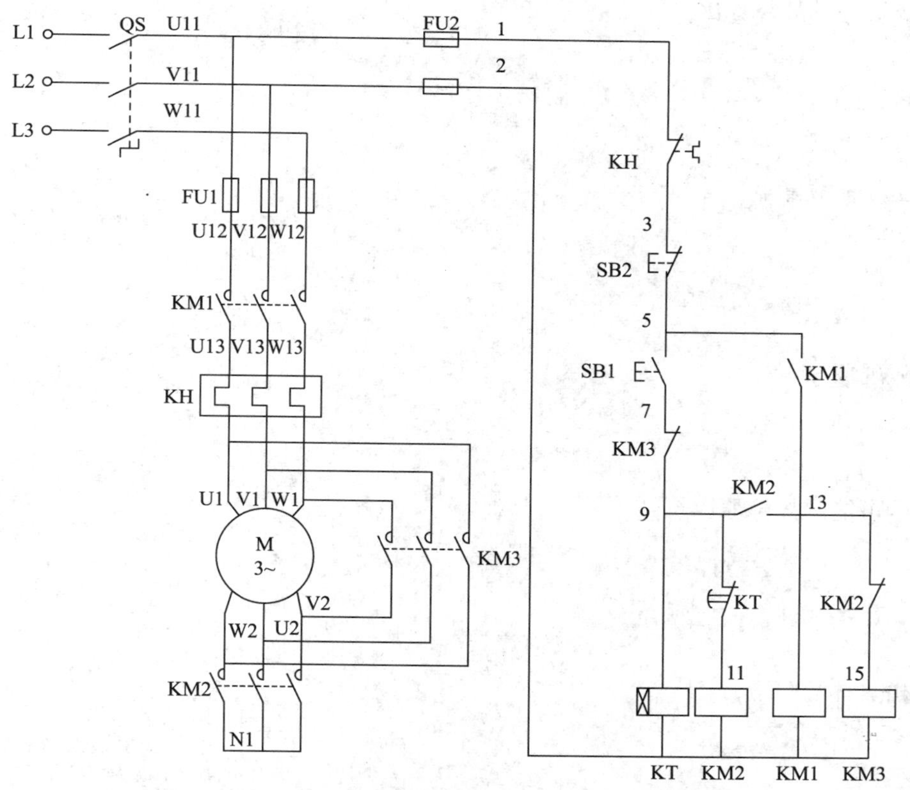

附图—2　三相异步电动机 Y－△降压启动控制电路图

（2）将故障现象、故障原因分析、具体故障点填入答题卷中。

（3）排除故障，使电路恢复正常工作。

3. 操作要求

（1）检查故障方法步骤应正确，使用工具方法要规范。

（2）安全生产，文明操作，未经允许擅自通电，造成设备损坏者该项目零分。

答题卷

试题名称：三相异步电动机 Y－△降压启动控制电路故障检查与排除。

第一题：

故障现象

分析可能的故障原因

写出具体故障点

第二题：

故障现象

分析可能的故障原因

写出具体故障点

第 5 题　基本电子电路装调（25 分）

试题单

试题名称：负载变化的单相半波、电容滤波、稳压管稳压电路。

考核时间：30 min。

1．操作条件

（1）基本电子电路印制电路板。

（2）万用表一只。

（3）焊接工具一套。

（4）相关元器件一袋。

（5）变压器一只。

2．操作内容

（1）用万用表测量二极管、三极管和电容，判断好坏。

（2）按附图—3 所示的负载变化的单相半波整流、电容滤波、稳压管稳压电路图元件明细表配齐元件，并检测筛选出技术参数合适的元件。

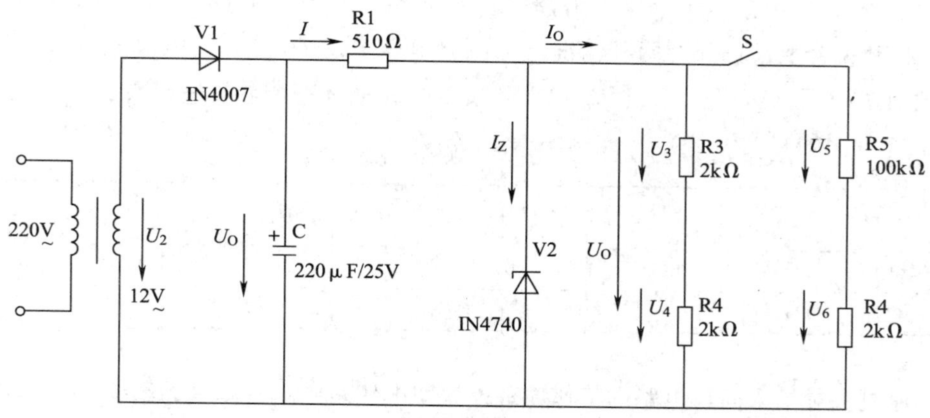

附图—3　负载变化的单相半波、电容滤波、稳压管稳压电路

（3）按附图—3 所示的单相半波整流、电容滤波、稳压管稳压电路进行安装。

（4）安装后，通电调试，在开关合上及打开的两种情况下，测量电压 U_2、U_C、U_O；电流 I、I_Z、I_0及四个负载电阻上的电压 U_3、U_4、U_5、U_6。

（5）通过测量结果简述电路的工作原理，说明电压表内阻对测量的影响。

3．操作要求

（1）根据给定的印制电路板和仪器仪表，完成焊接、调试、测量工作。

（2）调试过程中一般故障自行解决。

（3）焊接完成后必须经考评员允许后方可通电调试。

（4）安全生产，文明操作，未经允许擅自通电，造成设备损坏者该项目零分。

答题卷

试题名称：负载变化的单相半波、电容滤波、稳压管稳压电路。

1．元件检测

（1）判断二极管的好坏______并选择原因______。

A．好　B．坏　C．正向导通，反向截止

D．正向导通，反向导通　E．正向截止，反向截止

（2）判断三极管的好坏______。

A．好　B．坏

（3）判断三极管的基极______。

A．1号脚为基极　B．2号脚为基极　C．3号脚为基极

（4）判断电解电容______。

A．有充放电功能　B．开路　C．短路

2．在开关合上及打开的两种情况下，测量电压 U_2、U_C、U_O；电流 I、I_Z、I_O 及四个负载电阻上的电压 U_3、U_4、U_5、U_6 填入附表1中（抽选三个参数进行测量）。

附表1　**测量结果**

开关S的状态	U_2	U_C	U_O	I	I_Z	I_O	U_3	U_4	U_5	U_6
合上										
打开										

3．通过测量结果简述电路的工作原理，说明电压表内阻对测量的影响。

操作技能考核模拟试卷（二）

第 1 题　动力、照明及控制电路的安装与配管（15 分）

试题单

试题名称：室内照明线路导线敷设。

考核时间：30 min。

1. 操作条件

（1）线路敷设鉴定板一块（1 200 mm ×600 mm）。

（2）HK2 -10/2 型开启式负荷开关（胶盖瓷底刀开关）一只。

（3）BVV 型塑料绝缘双芯护套电线（1 mm^2）若干米。

（4）圆木台 2 个、拉线开关 1 个、螺旋式灯座 1 个、电线固定夹、木螺钉、1/2 英寸圆钉、绝缘胶带等若干。

（5）220 V 40 W 螺旋式白炽灯 1 只。

（6）电工工具一套。

2. 操作内容

（1）按如附图—4 所示照明电路安装平面图选择合适的材料敷设、安装用刀开关、拉线开关控制 1 只照明灯的线路。

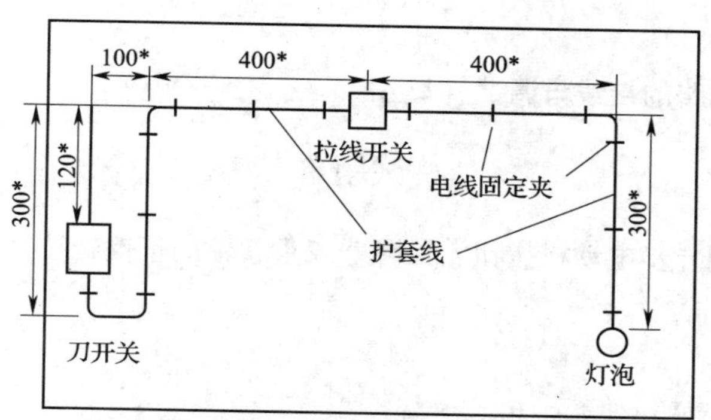

*注:此尺寸考评员可在底板尺寸允许范围内进行变动

附图—4　照明电路安装平面图

（2）在模拟板上按如附图—4 所示照明电路安装平面图确定照明线路的走向及灯座、开关的准确安装位置。

（3）按安装平面图用双芯护套线进行明线安装。

（4）通电调试。

（5）画出用刀开关、拉线开关控制 1 只照明灯电路的电气原理图。

3. 操作要求

（1）按要求进行安装连接，不要漏接或错接，线路敷设应规范，导线固定应紧固、整齐、美观，线夹距离合理，弯曲半径合适，不能架空。

（2）安装完毕经考评员允许后进行通电试运行。

（3）安全生产，文明操作，未经允许擅自通电，造成设备损坏者该项目零分。

答题卷

试题名称：室内照明线路导线敷设。

电气原理图：

第 2 题　控制电路的接线与调试（25 分）

试题单

试题名称：三相异步电动机按钮、接触器双重联锁的正反转控制电路安装调试。

考核时间：60 min。

1. 操作条件

（1）电气控制电路接线鉴定板。

（2）三相异步电动机。

（3）连接导线、电工常用工具、万用表。

2. 操作内容

三相异步电动机按钮、接触器双重联锁的正反转控制电路如附图—5 所示。

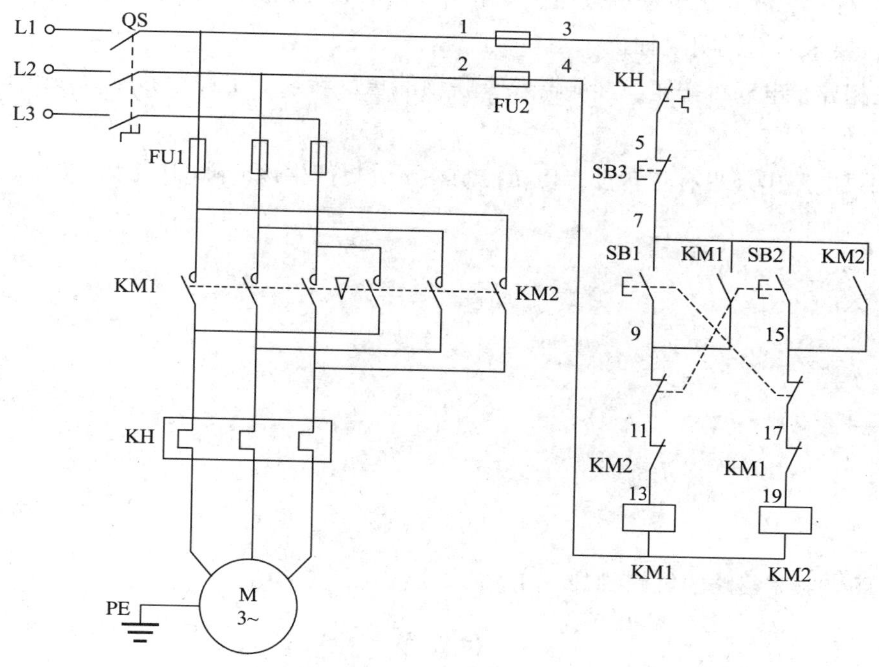

附图—5 三相异步电动机按钮、接触器双重联锁的正反转控制电路

（1）按如附图—5 所示的控制线路在电气控制电路接线鉴定板上进行接线。

（2）完成接线后进行通电调试与运行。

（3）电气控制线路及故障现象分析（抽选一题）

1）三相异步电动机按钮、接触器双重联锁的正反转控制电路与接触器联锁的正反转控制电路有何不同？

2）如果电路只有正转没有反转控制，试分析产生该故障的可能原因。

3. 操作要求

（1）根据给定的设备和仪器仪表，完成接线、调试、运行。

（2）板面导线经线槽敷设，线槽外导线需平直，各节点必须紧密，接电源、电动机及按钮等的导线必须通过接线柱引出。

（3）装接完毕后，经考评员允许后方可通电调试与运行，如遇故障自行排除。

（4）安全生产，文明操作，未经允许擅自通电，造成设备损坏者该项目零分。

答题卷

试题名称：三相异步电动机按钮、接触器双重联锁的正反转控制电路安装调试。

按考核要求书面说明（抽选一题）：

1．三相异步电动机按钮、接触器双重联锁的正反转控制电路与接触器联锁的正反转控制电路有何不同？

2．如果电路出现只有正转没有反转控制，试分析产生该故障的可能原因。

第3题　照明线路的维修（10分）

试题单

试题名称：经电流互感器接入单相有功电度表组成的量电装置故障分析与排除。

考核时间：30 min。

1．操作条件

（1）量电装置模拟鉴定板。

（2）经电流互感器接入单相有功电度表组成的量电装置电路图。

（3）电工常用工具、万用表等。

2．操作内容

（1）根据如附图—6所示的经电流互感器接入单相有功电度表组成的量电装置模拟实训板和电路图，对故障现象和原因进行分析，找出具体故障点。

（2）将故障现象、故障原因分析、具体故障点填入答题卷中。

（3）排除故障，使量电装置电路恢复正常工作。

3．操作要求

（1）检查故障方法步骤应正确，使用工具方法要规范。

（2）安全生产，文明操作，未经允许擅自通电，造成设备损坏者该项目零分。

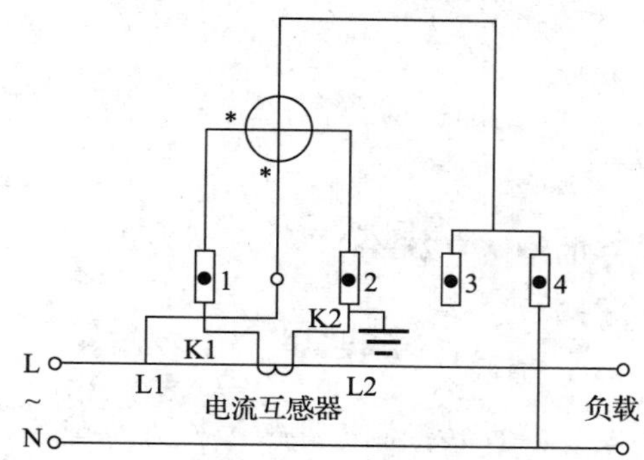

附图—6　经电流互感器接入单相有功电度表组成的量电装置电路图

答题卷

试题名称：经电流互感器接入单相有功电度表组成的量电装置故障分析与排除。

第一题：

故障现象

分析可能的故障原因

写出具体故障点

第二题：

故障现象

分析可能的故障原因

写出具体故障点

第4题　电动机控制电路的维修（25分）

试题单

试题名称：三相异步电动机正反转控制电路故障检查及排除。

考核时间：30 min。

1．操作条件

（1）三相异步电动机控制电路排除故障模拟鉴定板。

（2）三相异步电动机正反转控制电路图。

（3）电工常用工具、万用表等。

2．操作内容

（1）根据给定的三相异步电动机控制电路排除故障模拟鉴定板和三相异步电动机正反转控制电路图（见附图—7），利用万用表等工具进行检查，对故障现象和原因进行分析，找出具体故障点。

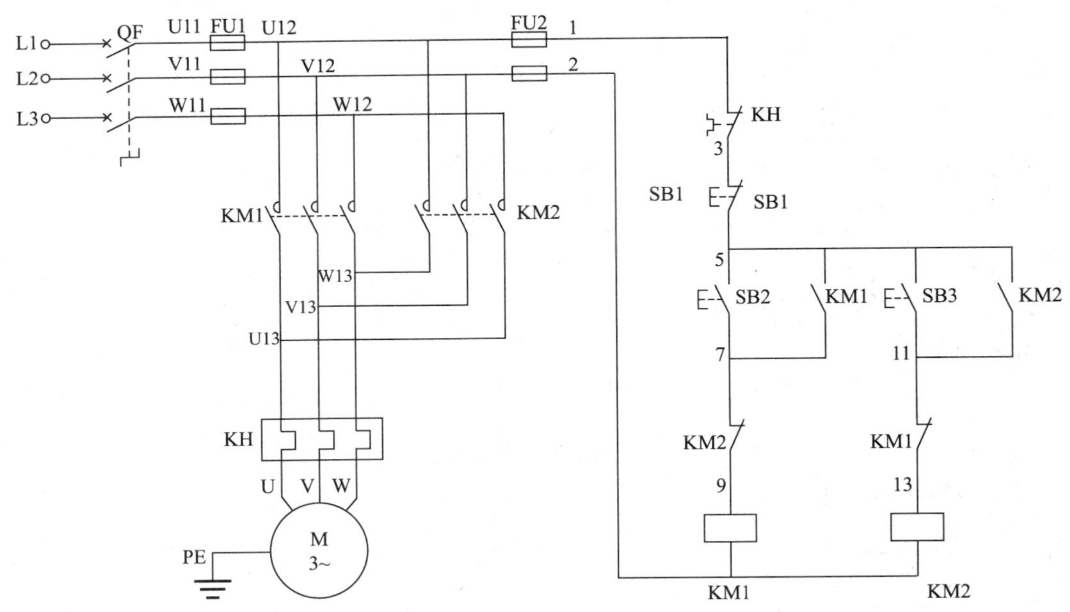

附图—7　三相异步电动机正反转控制电路图

（2）将故障现象、故障原因分析、具体故障点填入答题卷中。

（3）排除故障，使电路恢复正常工作。

3．操作要求

（1）检查故障方法步骤应正确，使用工具方法要规范。

（2）安全生产，文明操作，未经允许擅自通电，造成设备损坏者该项目零分。

答题卷

试题名称：三相异步电动机正反转控制电路故障检查与排除。

第一题：

故障现象

分析可能的故障原因

写出具体故障点

第二题：

故障现象

分析可能的故障原因

写出具体故障点

第5题　基本电子电路装调（25分）

试题单

试题名称：直流电源与三极管静态工作点的测量（直流电源与三极管基本放大电路）。

考核时间：30 min。

1．操作条件

（1）基本电子电路印制电路板。

（2）万用表一只。

（3）焊接工具一套。

（4）相关元器件一袋。

（5）变压器一只。

2．操作内容

（1）用万用表测量二极管、三极管和电容，判断好坏。

（2）按如附图—8所示的直流电源与三极管基本放大电路元件明细表配齐元件，并检测筛选出技术参数合适的元件。

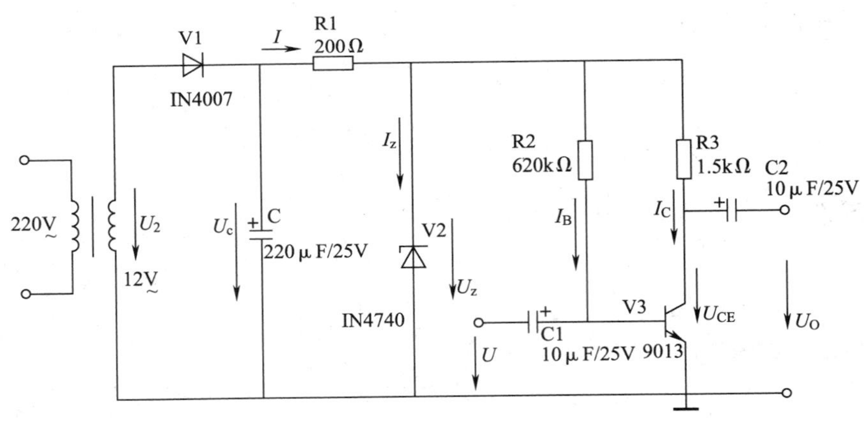

附图—8　直流电源与三极管静态工作点的测量（直流电源与三极管基本放大电路）

（3）按如附图—8所示的直流电源与三极管基本放大电路进行安装。

（4）安装后，通电调试，并测量电压 U_2、U_C、U_Z 及测量三极管静态工作点电流 I_B、I_C 及静态电压 U_{CE}。

（5）通过测量结果简述电路的工作原理，说明三极管是否有电流放大作用，静态工作点是否合适。

3. 操作要求

（1）根据给定的印制电路板和仪器仪表，完成焊接、调试、测量工作。

（2）调试过程中一般故障自行解决。

（3）焊接完成后必须经考评员允许后方可通电调试。

（4）安全生产，文明操作，未经允许擅自通电，造成设备损坏者该项目零分。

答题卷

试题名称：直流电源与三极管静态工作点的测量（直流电源与三极管基本放大电路）。

1. 元件检测

（1）判断二极管的好坏______并选择原因______。

A. 好　B. 坏　C. 正向导通，反向截止

D. 正向导通，反向导通　E. 正向截止，反向截止

（2）判断三极管的好坏______。

A. 好　B. 坏

（3）判断三极管的基极______。

A. 1 号脚为基极　B. 2 号脚为基极　C. 3 号脚为基极

（4）判断电解电容______。

A. 有充放电功能　B. 开路　C. 短路

2. 测量电压 U_2、U_C、U_Z 填入下表中，测量三极管静态工作点电流 I_B、I_C 及静态电压 U_{CE} 填入附表 2 中。（抽选三个参数进行测量）

附表 2　**测量结果**

U_2	U_C	U_Z	I_B	I_C	U_{CE}

3. 通过测量结果简述电路的工作原理，说明三极管是否有电流放大作用，静态工作点是否合适。

附　　录

电气图常用图形及文字符号新旧对照表

名称	GB 312—64 旧图形符号	GB 1203—75 旧文字符号	GB/T 4728—1999 新图形符号	GB/T 7159—87 新文字符号
直流电	——		——	
交流电	～		～	
交、直流电	$\overline{\sim}$		$\overline{\sim}$	
正、负极	+ －		+ －	
三角形联结的三相绕组	△		△	
星形联结的三相绕组	Y		Y	
导线	——		——	
三根导线				
导线连接	• ┬		• ┬	
端子	○		○	
可拆卸的端子	∅		∅	
端子板	1 2 3 4 5 6 7 8	JX	1 2 3 4 5 6 7 8	XT
接地	⏚		⏚	E

续表

名称	GB 312—64 旧图形符号	GB 1203—75 旧文字符号	GB/T 4728—1999 新图形符号	GB/T 7159—87 新文字符号
插座		CZ		XS
插头		CT		XP
滑动（滚动）连接器			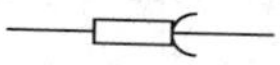	E
电阻器一般符号		R		R
可变（可调）电阻器	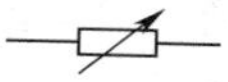	R	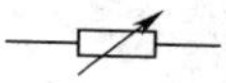	R
滑动触点电位器	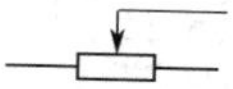	W	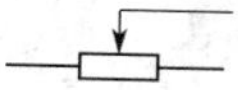	RP
电容器一般符号	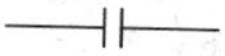	C	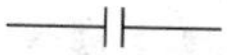	C
极性电容器	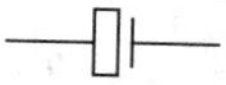	C	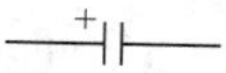	C
电感器、线圈、绕组、振流圈		L		L
带铁芯的电感器		L	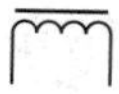	L
电抗器		K		L
可调压的单相自耦变压器	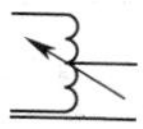	ZOB	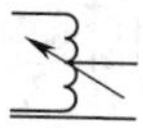	T
有铁芯的双绕组变压器	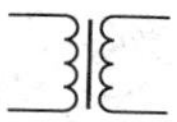	B	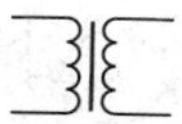	T

续表

名称	GB 312—64 旧图形符号	GB 1203—75 旧文字符号	GB/T 4728—1999 新图形符号	GB/T 7159—87 新文字符号
三相自属变压器星形联结		ZOB		T
电流互感器		LH		TA
电机放大机		JF		AG
串励直流电动机	D	ZD	M	M
并励直流电动机	D	ZD	M	M
他励直流电动机	D	ZD	M	M
三相笼型异步电动机	D	JD	M 3~	M 3 ~
三相绕线转子异步电动机	D	JD	M 3~	M 3 ~
永磁式直流测速发动机	SF	SF	IG	BR

续表

名称	GB 312—64 旧图形符号	GB 1203—75 旧文字符号	GB/T 4728—1999 新图形符号	GB/T 7159—87 新文字符号
普通刀开关		K		Q
普通三相刀开关		K		Q
按钮开关 动合触点 （启动按钮）		QA		SB
按钮开关 动断触点 （停止按钮）		TA		SB
位置开关 动合触点		XK		SQ
位置开关 动断触点		XK		SQ
熔断器		RD		FU
接触器动合 主触点		C		KM
接触器动合 辅助触点				

续表

名称	GB 312—64 旧图形符号	GB 1203—75 旧文字符号	GB/T 4728—1999 新图形符号	GB/T 7159—87 新文字符号
接触器动断主触点		C	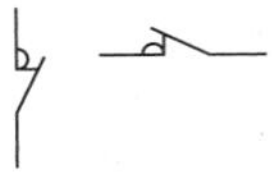	KM
接触器动断辅助触点		C	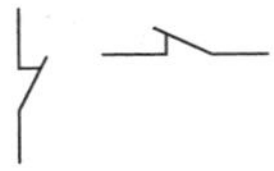	KM
继电器动合触点	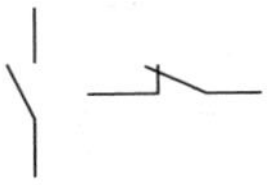	J	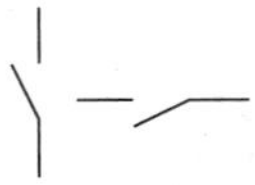	KA
继电器动断触点	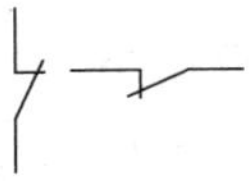	J	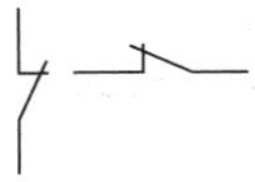	KA
延时闭合动合触点	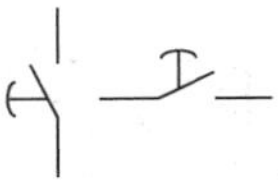	SJ	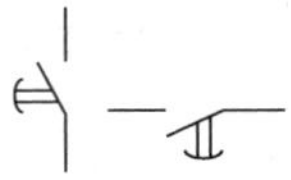	KT
延时断开动合触点	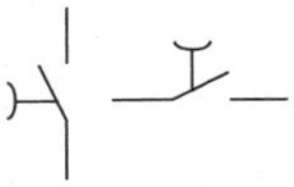	SJ	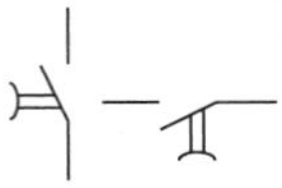	KT
延时闭合的动断触点	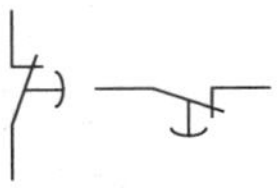	SJ	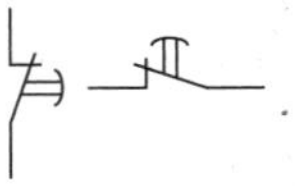	KT
延时断开的动断触点	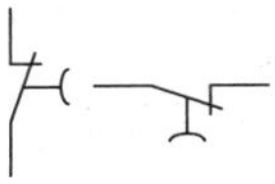	SJ	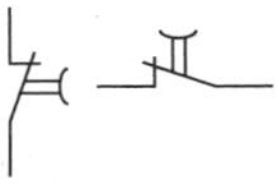	KT

续表

名称	GB 312—64 旧图形符号	GB 1203—75 旧文字符号	GB/T 4728—1999 新图形符号	GB/T 7159—87 新文字符号
延时开关动合触点	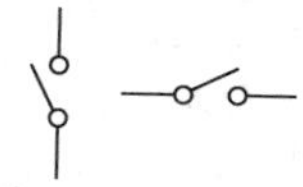	XK	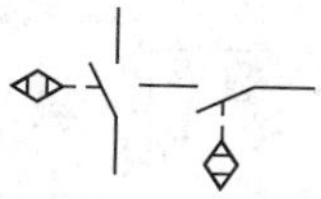	SQ
接近开关动断触点	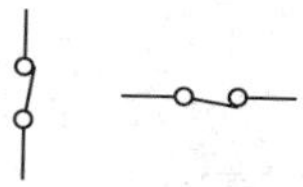	XK	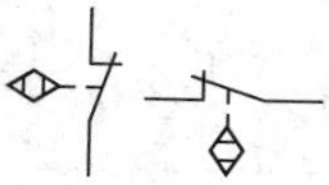	SQ
气压式液压继电器动合触点	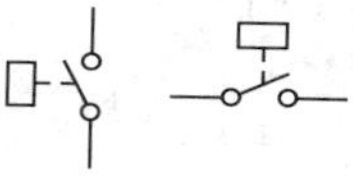	YJ	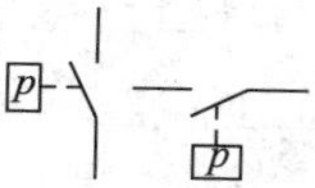	SP
气压式液压继电器动断触点	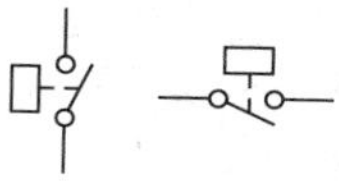	YJ	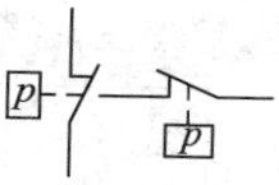	SP
速度继电器动合触点	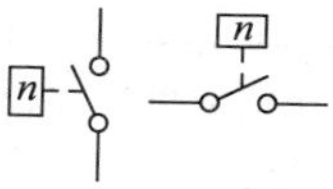	SDJ	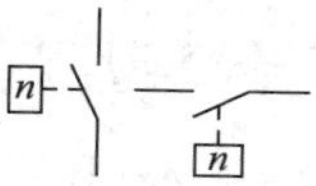	KV
速度继电器动断触点	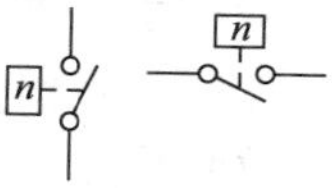	SDJ	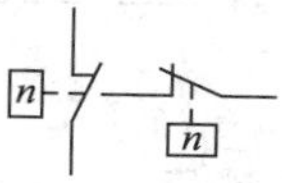	KV
操作器件一般符号接触器线圈	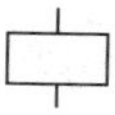	C	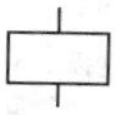	KM
缓慢释放继电器的线圈		SJ	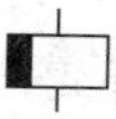	KT

续表

名称	GB 312—64 旧图形符号	GB 1203—75 旧文字符号	GB/T 4728—1999 新图形符号	GB/T 7159—87 新文字符号
缓慢吸合继电器的线圈		SJ		KT
热继电器的驱动器件		JR		FR
电磁离合器		CH		YC
电磁阀		YD		YV
电磁制动器		ZC		YB
电磁铁		DT		YA
照明灯一般符号		ZD		EL
指示灯/信号灯一般符号		ZSD/XD		HL
电铃		DL		HA

续表

名称	GB 312—64 旧图形符号	GB 1203—75 旧文字符号	GB/T 4728—1999 新图形符号	GB/T 7159—87 新文字符号
电喇叭	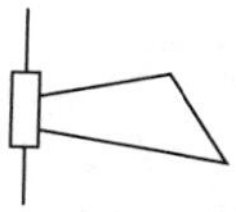	LB	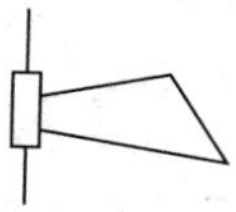	HA
蜂鸣器	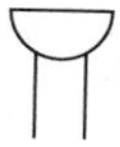	FM	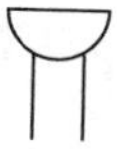	HA
电警笛、报警器		JD		HA
普通二极管		D		V（VD）
普通晶闸管		T SCR KP		VT
稳压二极管		DW CW		V
PNP 三极管		BG		V
NPN 三极管		BG		V
单结晶体管		BT		V
运算放大器	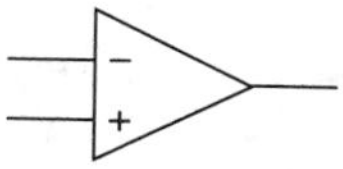	BG	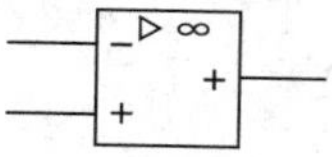	N